AutoCAD 完全学习手册系列

中文版

AutoCAD 2012 建筑设计完全学习手册

★ 张 静 侯宝稳 编著 ★

★ **专业老师传授**

一线专业老师全力打造，配合专业视频教学，盘书结合，如同一对一授课

★ **理论全面贯穿**

全书共**分14章**，全面系统地讲解了与建筑设计相关的AutoCAD软件的功能和命令，同时介绍了相关案例的制作方法和操作技巧

★ **提升专业技能**

全书通过**60多**个边学边练和**70多**个相关建筑设计的实例制作，更加快捷地提升读者的专业技能水准

附赠超值DVD视频教学

★ 300多分钟的AutoCAD建筑设计视频教学以及超值赠送的800多分钟相关建筑设计视频教学

★ 近3GB的200多个源文件、最终文件和视频文件

U0913481

兵器工业出版社

北京希望电子出版社
Beijing Hope Electronic Press
www.bhp.com.cn

内 容 简 介

本书主要通过一系列实例，讲解如何利用 AutoCAD 绘制建筑图形必备的基本知识和具体方法，对涉及建筑平面图、立面图、剖面图和一些典型三维图形进行绘制。

全书共 14 章。第 1 章主要讲解了 AutoCAD 2012 的基础知识；第 2~4 章主要讲解 AutoCAD 中的基本操作，包括基本二维图形的绘制命令、编辑命令和绘图辅助工具等；第 5~6 章主要讲解了三维实体的绘制及一些基本的实例；第 7~14 章讲述建筑设计图纸的绘制，包括建筑总平面图、建筑平面图、建筑立面图、建筑剖面图等。

本书由浅入深，以图例的方式解读知识，使读者易于理解掌握。本书既适合建筑设计专业人员使用，又适合作为相关专业学生的教材。

本书配套光盘中提供了部分案例的视频教学，以及案例的源文件和最终文件，方便读者学习。

图书在版编目（CIP）数据

中文版 AutoCAD 2012 建筑设计完全学习手册 / 张静，侯宝稳编著. —北京：兵器工业出版社，2012.1

ISBN 978-7-80248-685-0

Ⅰ. ①中… Ⅱ. ①张… ②侯… Ⅲ. ①建筑设计：计算机辅助设计—AutoCAD 软件 Ⅳ. ①TU201.4

中国版本图书馆 CIP 数据核字（2011）第 232538 号

出版发行：兵器工业出版社　北京希望电子出版社
邮编社址：100089　北京市海淀区车道沟 10 号
　　　　　100085　北京市海淀区上地三街 9 号
　　　　　嘉华大厦 C 座 611
电　　话：（010）82702660（发行）（010）82702675（邮购）
经　　销：各地新华书店　软件连锁店
印　　刷：北京市媛明印刷厂
版　　次：2012 年 1 月第 1 版第 1 次印刷

封面设计：付　巍
责任编辑：刘燕丽　刘秀青
责任校对：小　亚
开　　本：787mm×1092mm　1/16
印　　张：28 （彩插 6 面）
印　　数：1－3000
字　　数：637 千字
定　　价：55.00 元（配 1 张 DVD 光盘）

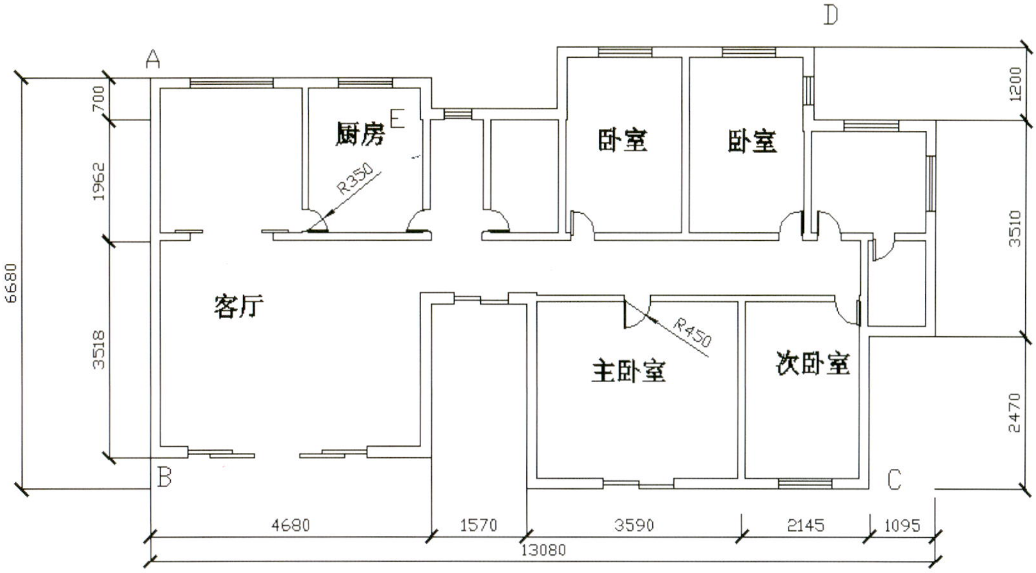

第4章　平面图

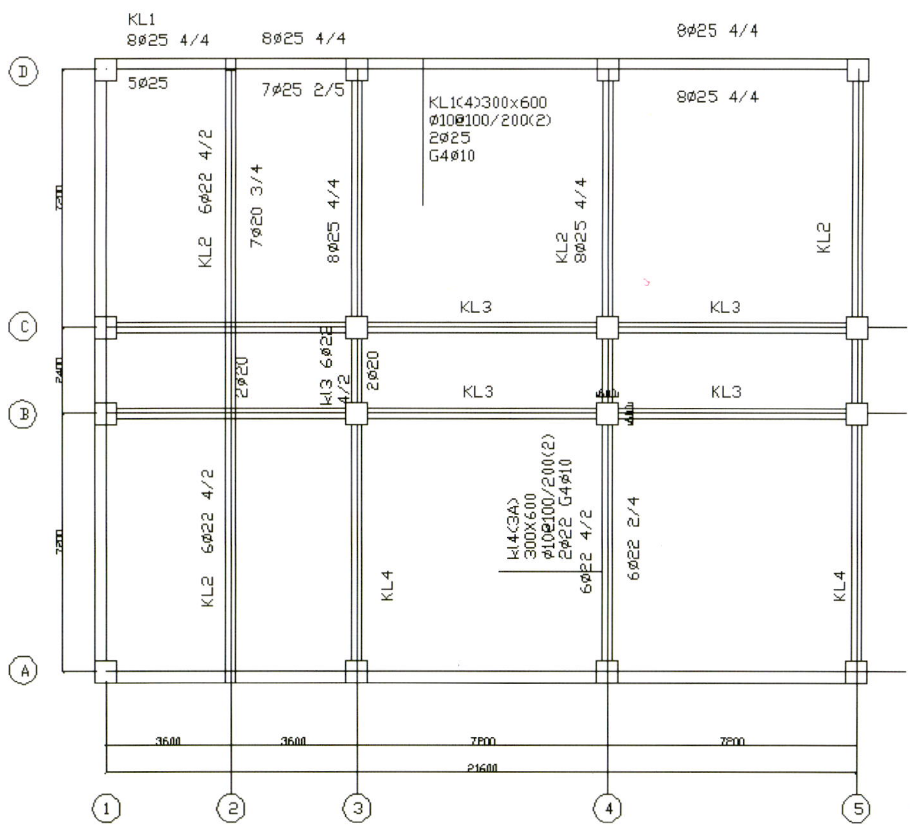

第2章　梁施工图

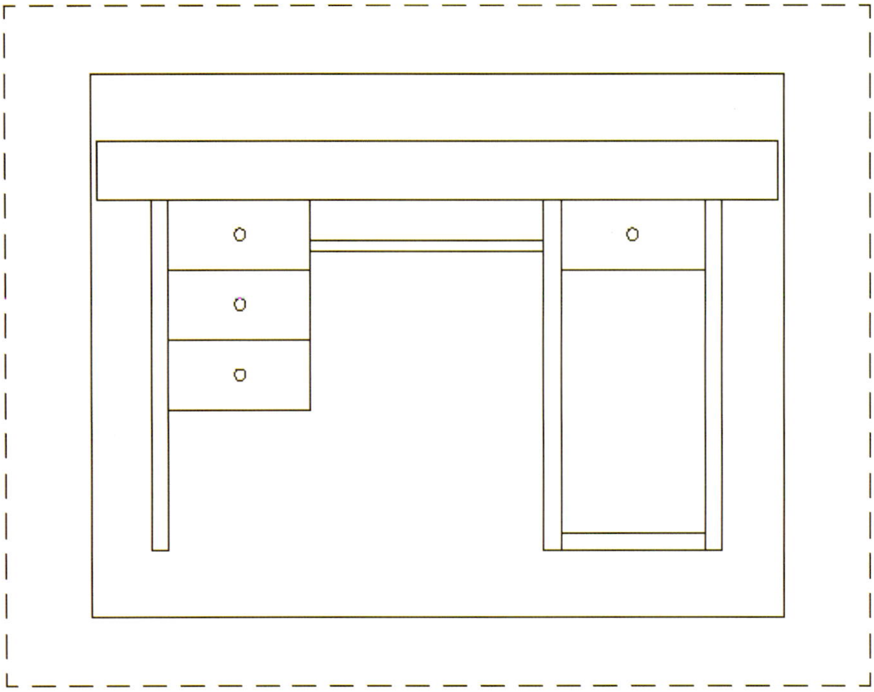

第2章 电脑桌主视图

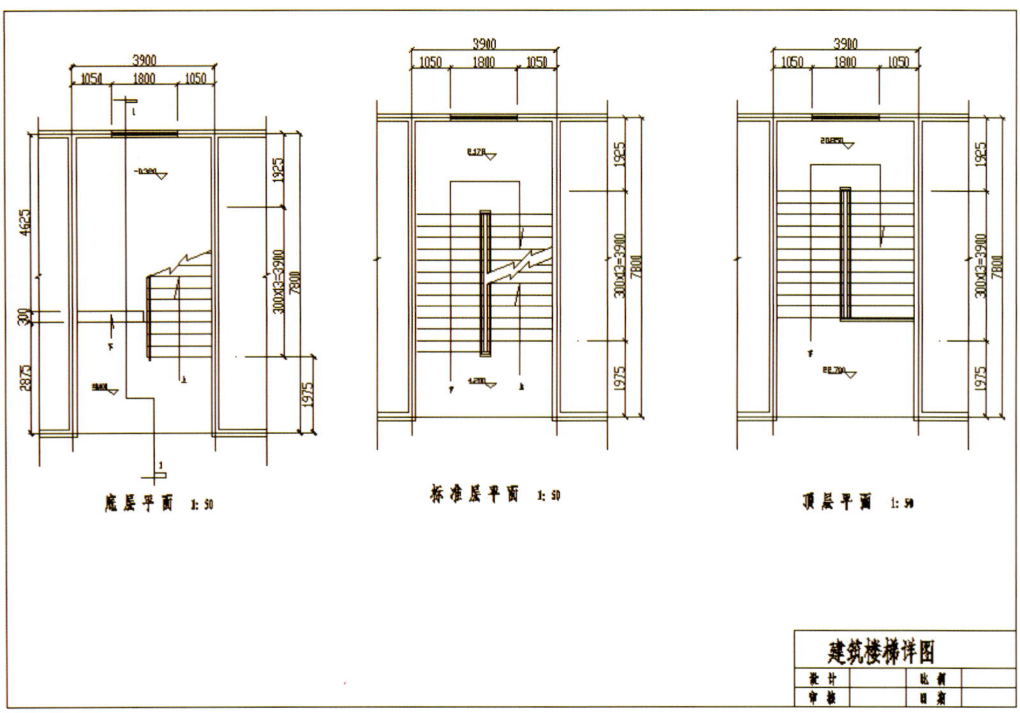

第7章 建筑楼梯详图

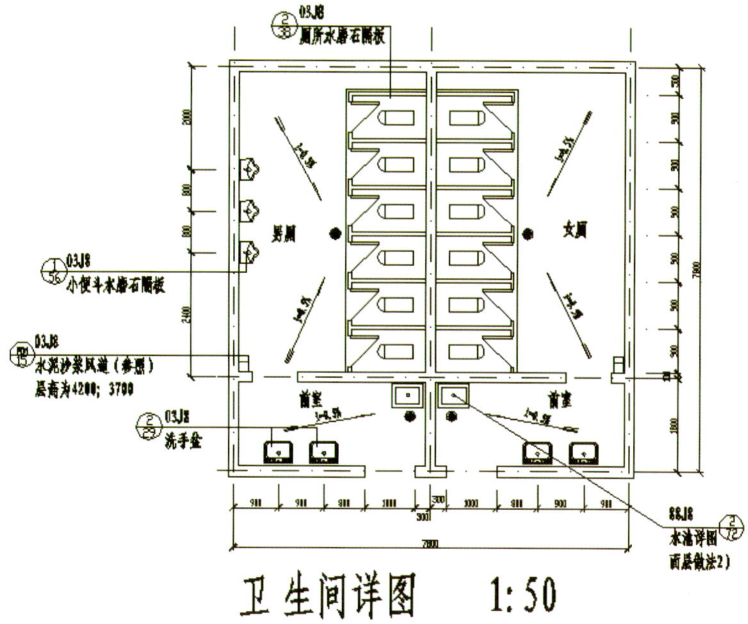

第7章　卫生间详图

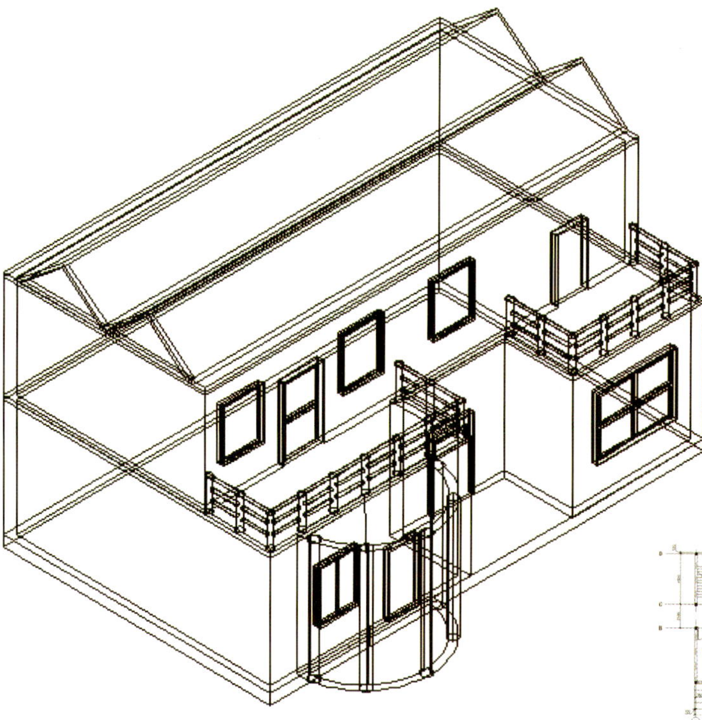

第8章　别墅三维模型

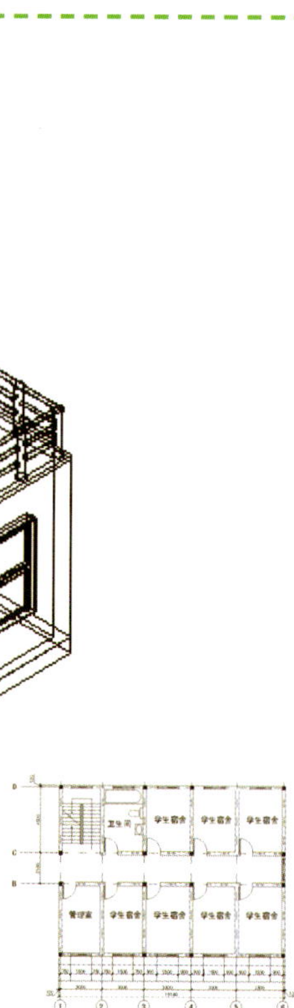

建筑平面图

第9章　建筑立面图

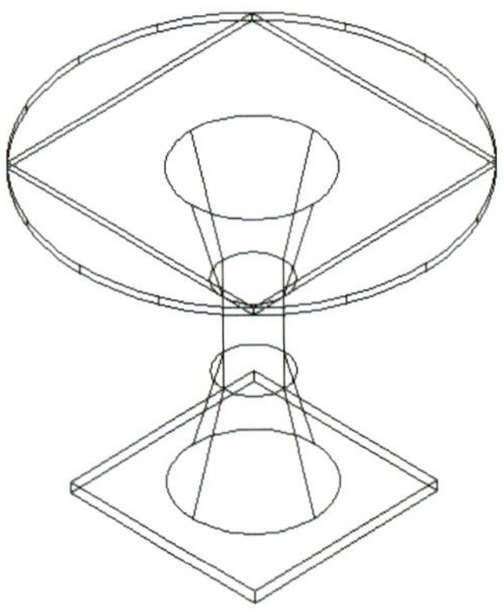

第9章　餐桌

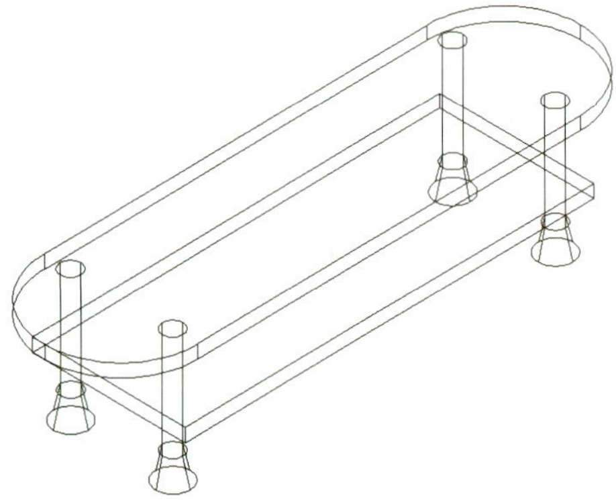

第9章　茶几

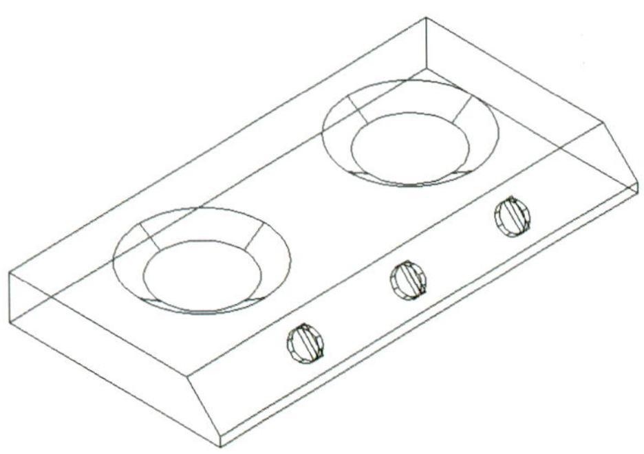

第9章　煤气灶

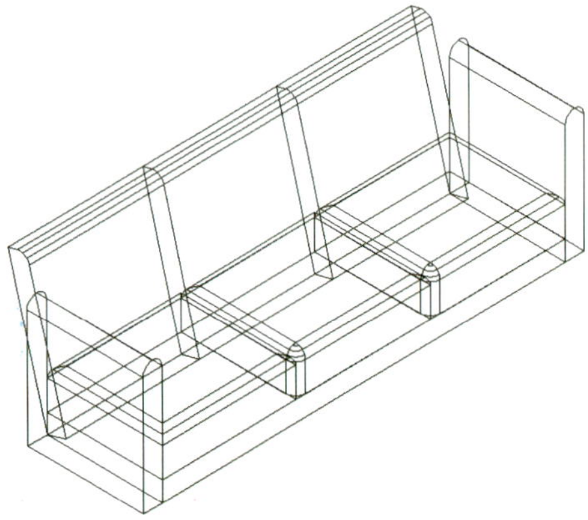

第9章　沙发

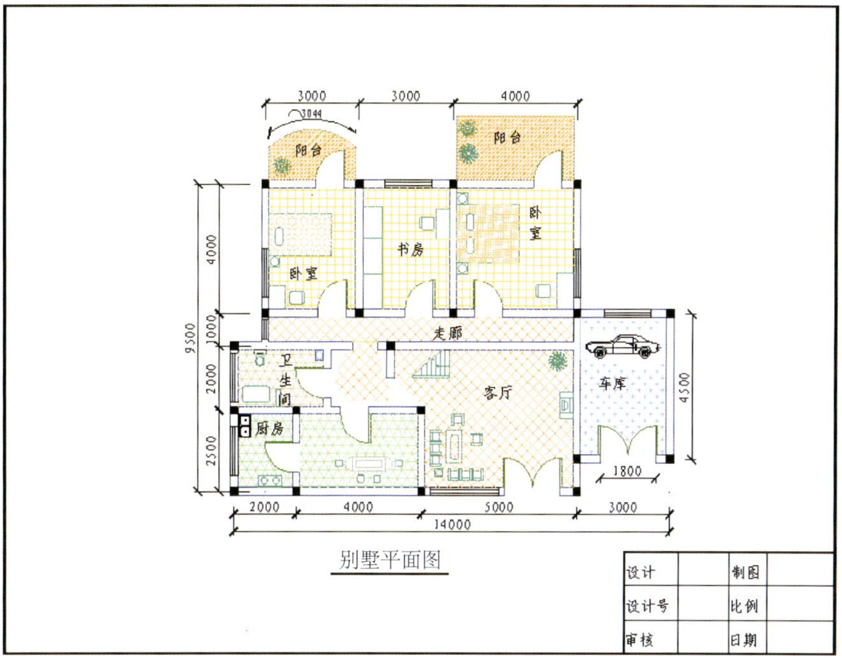

第10章　别墅平面图

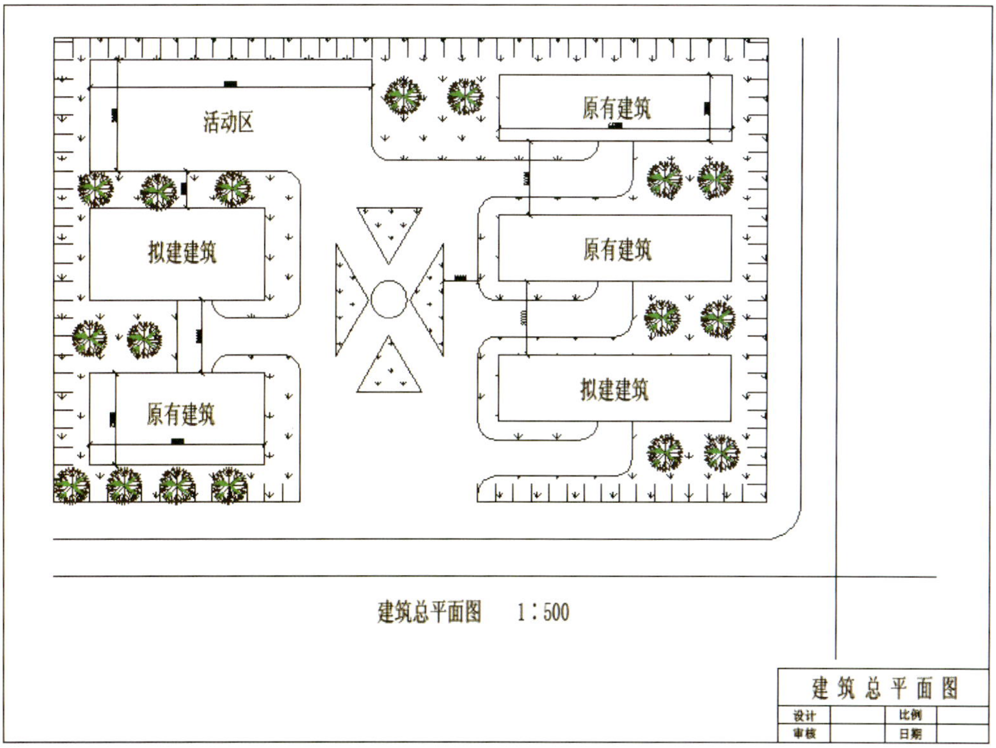

第11章　建筑总平面图

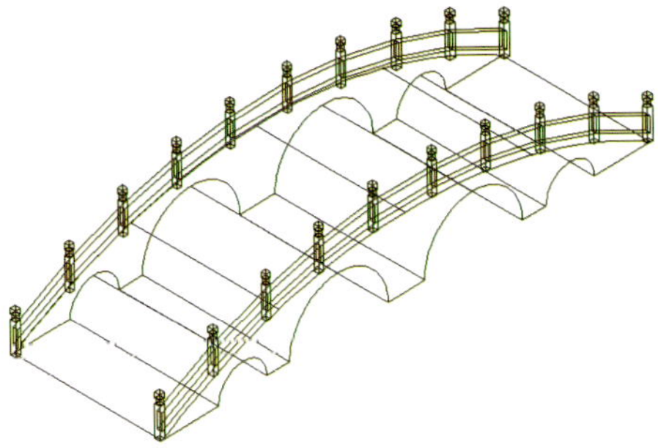

第12章　拱桥

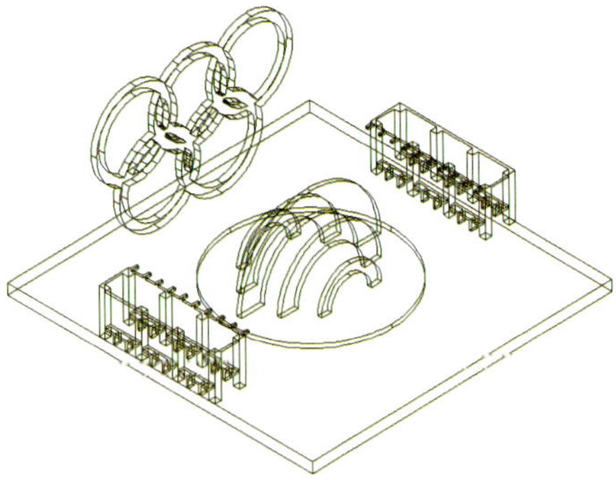

第12章　广场

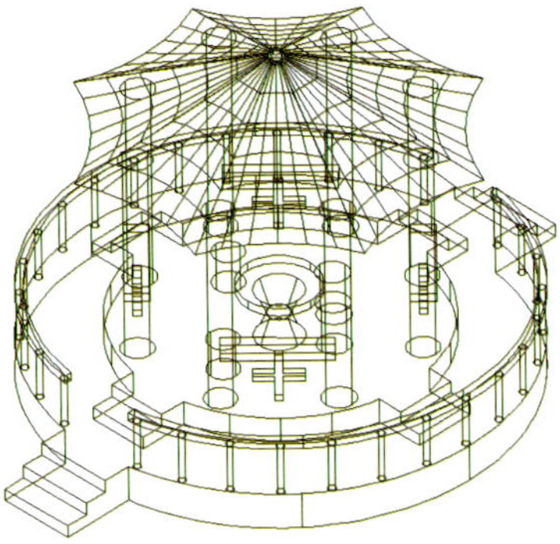

第12章　凉亭

第12章　亭子

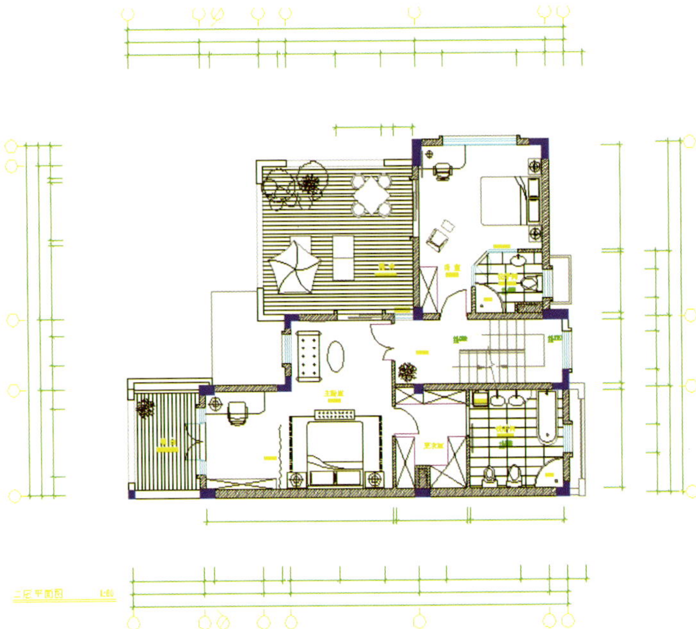

第14章　装修图

前言

AutoCAD是美国Autodesk公司开发的著名计算机辅助设计应用软件，也是世界上使用最广泛的计算机辅助设计软件。它具有易于掌握、使用方便、体系结构开放等优点，能进行二维及三维图形的绘制、编辑、标注和渲染等操作，在机械、建筑、航空、水利、电子、化工等行业有着广泛的应用，现已成为各个行业设计师的得力工具。AutoCAD 2012较之前的版本在功能及界面上有了改进，使得软件功能更加强大。

本书讲解细致，内容设置合理，安排了大量的实例供读者学习借鉴，读者学习时易轻松上手。此外，书中实例已录制成视频，从视觉上让读者感受AutoCAD的强大及绘图的操作方法，轻松掌握AutoCAD的使用技巧。

本书内容

本书知识结构合理，讲解由浅入深、循序渐进，将复杂问题简单化。针对建筑设计领域，本书系统地介绍了AutoCAD 2012的基础知识，并结合绘图知识讲解如何使用AutoCAD绘制建筑施工图。全书共14章，分为4部分。第1～4章为第1部分，主要讲解AutoCAD 2012的基础知识，包括AutoCAD的绘图环境、二维绘图命令、二维图形的修改和编辑、文字标注和尺寸标注等内容；第5～6章为第2部分，主要介绍如何绘制和编辑三维图形。第7～13章为第3部分，内容包括建筑总平面图的绘制、建筑平面图的绘制、建筑立面图的绘制、建筑剖面图的绘制、建筑施工图的绘制、三维建模、结构施工图的绘制等；第14章为第4部分，主要介绍图纸的布局和打印方法。

本书特点

- **结构合理**：本书按照软件的特点，由浅入深、分步骤、按顺序地编写内容。每章都安排了很多讲解细致的实例，章后提供实际应用中的综合实例，然后给出练习供读者检验该章的学习成果。
- **通俗易懂**：本书图文并茂，所介绍的内容让读者有亲自操作的感受。每一个重要知识点都设置了实例，及时巩固读者所学知识。实例步骤详细，容易理解和掌握。

- 实用性强：本书采用“基础知识+操作实战+典型实例”的教学模式，帮助读者分层次地将知识真正应用到实际中去，达到学以致用的目的。

配书光盘

光盘中提供了部分案例的源文件、最终文件、视频教学文件和赠送的相关建筑设计视频课件，手把手地把知识传授给读者。这样，就像一位老师在身旁一对一指导，您不仅可以通过本书了解每一个细节，而且可以通过多媒体教学演示学习到更多实用的绘图技巧。

读者对象

本书深入浅出、语言简练，力求使读者能够很快掌握AutoCAD的基本操作和技巧，不但适合建筑制图的入门者使用，而且适用于具有一定设计经验的建筑设计师及大中专院校建筑土木专业的师生。

本书由张静、侯宝稳编著，参与编写的还有黄斌、于香芝、程明明、范依航、刘宁、王维涛、王永忠、吴艳臣、孙跃杰、张才祥、张中耀、张金忠、王娟、郝金忠、安彩忠、李卓、尹庆栋、王金兰、李鸿芳、周中一、于德江、宁秋丽等，在此一并表示感谢。

由于笔者水平有限，书中难免存在疏漏之处，敬请广大读者指正，并衷心感谢各位读者能够提出宝贵意见。

编著者

目录

第1章 AutoCAD 2012基础

第2章 绘制基本二维图形

第3章 编辑和修改二维图形

第4章 尺寸标注和文字标注

第5章 绘制简单三维对象

第6章 编辑三维图形

第7章　建筑总平面图

第8章　建筑平面图

第9章　建筑立面图

第10章 建筑剖面图

第11章 建筑施工图

第12章 三维建模——亭子

第13章 结构施工图

第14章　布局和打印

第1章 AutoCAD 2012基础

本章内容提示

通过本章的学习，读者应掌握AutoCAD 2012的基本功能，经典界面组成，图形文件的创建、打开和保存方法，以及启动和退出等。通过对模型空间与图纸空间、坐标系简单地介绍，使读者更清楚地了解AutoCAD的绘图环境；通过视图显示的控制、基本绘图设置及AutoCAD设计中心的讲解，使读者加深对绘图基本知识的理解。

学习要点

- □ AutoCAD 2012的操作界面及基本功能
- □ 模型空间和图纸空间的概念
- □ 图形文件的创建、打开和保存方法
- □ 绘图环境的设置

1.1 AutoCAD 2012简介和发展

Autodesk AutoCAD 2012官方已正式发行，这个最新软件版本将直观强大的概念设计和视觉工具结合在一起，促进了2D设计向3D设计的转换。

欧特克在2012年世界媒体日上提出了壮观、令人向往的战略前景，并展示了几乎覆盖现代社会各行业的Autodesk 2012系列数字设计软件产品，这些产品除满足企业实现创新设计的需求之外，还能够支持各行各业实现可持续发展等行业新方向。

- AutoCAD 2012有一个类似于Office宏录制器的功能，可以把操作过程和步骤录制下来。
- AutoCAD 2012软件整合了制图和可视化，加快了任务的执行，能够满足个人用户的需求和偏好，更快地执行常见的CAD任务，更容易找到那些不常用的命令。可以在不需要软件编程的情况下自动操作制图，从而进一步简化制图任务，提高效率。
- 借助于AutoCAD，可以对建筑设计反复进行多方案的比较、评价，可以选取各个不同的角度观察拟建建筑物，十分精确地求出任意观察方向的透视，甚至可以进入建筑物内部。简而言之，AutoCAD是建筑师最忠实的助手，可以用它做出任何想得到的设计方案。

1.1.1 AutoCAD的简介

AutoCAD软件是美国Autodesk公司开发的产品，问世于1982年，是用在微机平台上的设计软件。它将制图带入了个人计算机时代。CAD是Computer Aided Design的缩写，意思是“计算机辅助设计”。AutoCAD软件现已成为全球领先的、使用最为广泛的计算机绘图软件，用于二维绘图、详细绘制、设计文档和基本三维设计等方面。

Autodesk是世界领先的设计软件和数字内容提供商，目前全球财富排行100强的全部客户和排行500强的98%客户都已经采用了Autodesk软件技术和应用解决方案。从1995年进入中国以来，Autodesk产品已成为中国制造业、建筑工程行业、土木及基础设施建设等多种产业技术信息化的一个重要工具，也是中国参与国际竞争的重要工具。

1.1.2 AutoCAD的发展

AutoCAD绘图软件由美国Autodesk公司于1982年推出，第一个应用于微型计算机，是计算机应用历史上的一次重大变革。该软件从1.0版本开始，逐步改进和完善，经历了十几个版本的更新。从DOS版本到Windows版本，从二维到三维的开发和升级，逐步适应社会的发展，随后又增加了Internet功能和影视动画功能，使其功能更加强大，现已经成为国际上广为流行的绘图工具。

AutoCAD的发展过程可分为初级阶段、发展阶段、高级发展阶段、完善阶段和进一步完善阶段5个阶段。

1. 初级阶段

在初级阶段里，AutoCAD更新了5个版本。

- 1982年11月，首次推出了AutoCAD 1.0版本。
- 1983年4月，推出了AutoCAD 1.2版本。
- 1983年8月，推出了AutoCAD 1.3版本。
- 1983年10月，推出了AutoCAD 1.4版本。
- 1984年10月，推出了AutoCAD 2.0版本。

2. 发展阶段

在发展阶段里，AutoCAD更新了以下版本。

- 1985年5月，推出了AutoCAD 2.17版本和2.18版本。
- 1986年6月，推出了AutoCAD 2.5版本。
- 1987年9月后，陆续推出了AutoCAD 9.0版本和9.03版本。

3. 高级发展阶段

在高级发展阶段里，AutoCAD经历了3个版本，使AutoCAD的高级辅助设计功能逐步完善。

- 1988年8月，推出了AutoCAD 10.0版本。
- 1990年，推出了AutoCAD 11.0版本。
- 1992年，推出了AutoCAD 12.0版本。

4. 完善阶段

在完善阶段中，AutoCAD版本逐步由DOS平台转向Windows平台。

- 1996年6月，AutoCAD R13版本问世。
- 1998年1月，推出了划时代的AutoCAD R14版本。
- 1999年1月，AutoCAD公司推出了AutoCAD 2000版本。

5. 进一步完善阶段

在进一步完善阶段中，AutoCAD经历了两个版本，功能逐渐加强。

- 2001年9月，Autodesk公司发布了AutoCAD 2002版本。
- 2003年5月，Autodesk公司在北京正式宣布推出其AutoCAD软件的划时代版本——AutoCAD 2004简体中文版。
- 2004年8月，Autodesk公司在北京正式宣布推出更具划时代意义的AutoCAD版本——AutoCAD 2005简体中文版。
- 2005年，推出AutoCAD 2006版本和AutoCAD 2007版本。
- 2007年，AutoCAD更新到AutoCAD 2008版本。
- 2010年，AutoCAD更新到AutoCAD 2010版本。
- 2011年，AutoCAD又更新到AutoCAD 2011版本。
- 最近推出的AutoCAD 2012简体中文版，使其版本更加趋于完善。

1.2 AutoCAD 2012工作界面

AutoCAD窗口中大部分元素的用法和功能与其他Windows软件一样，而有一些元素则是AutoCAD所特有的。AutoCAD的工作界面主要有标题栏、菜单浏览器、功能区、十字光标、绘图区域、命令窗口、状态栏等，如图1-1所示。还有一些元素，需调用相关命令才会显示。

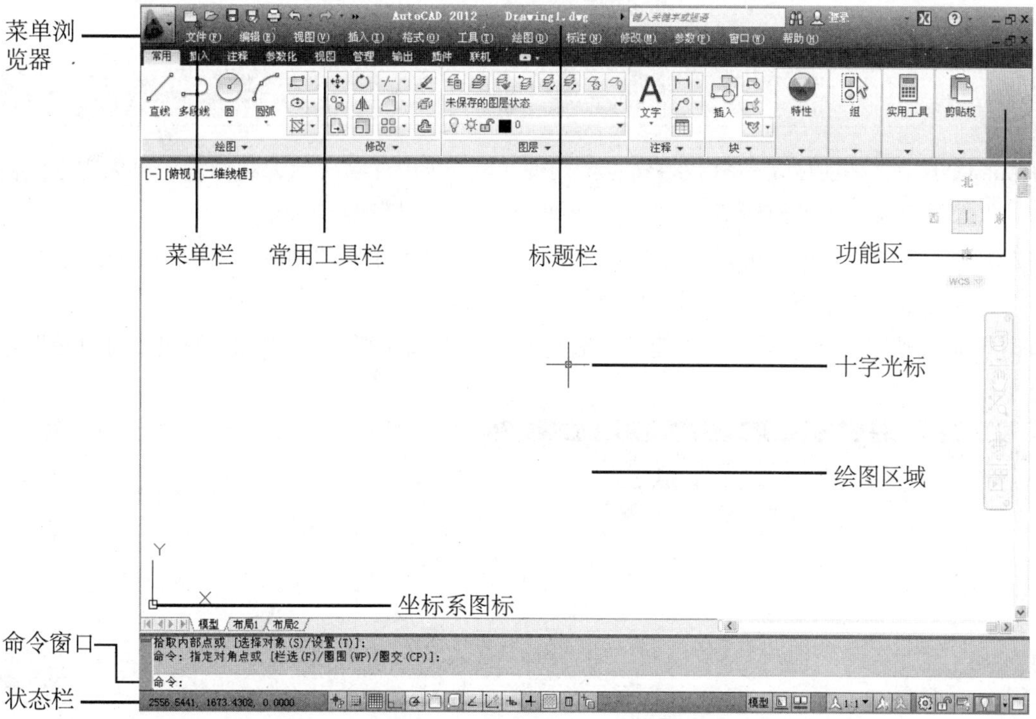

图1-1　AutoCAD 的工作界面组成

注意

中文版AutoCAD 2012为用户提供了“AutoCAD经典”和“三维建模”两种工作空间模式。习惯于AutoCAD传统界面的用户，可以采用“AutoCAD经典”工作空间。

1.2.1 标题栏

AutoCAD窗口同Windows应用程序一样，都有标题栏，它可以显示当前正在运行的程序名及文件名。把鼠标移到标题栏上，右击鼠标或按Alt+Space键，将弹出窗口控制菜单，如图1-2所示。可以用该菜单进行窗口的最大化、还原、最小化、移动、关闭等操作。

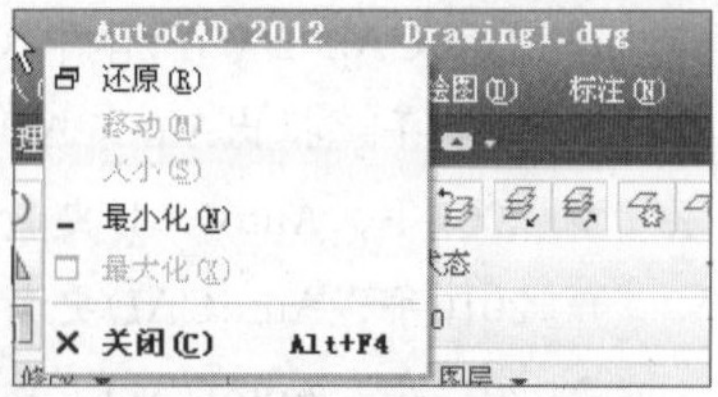

图1-2 标题栏控制菜单

1.2.2 菜单栏

如图1-3所示为菜单栏。菜单栏包括文件、编辑、视图、插入、格式、工具、绘图、标注、修改、参数、窗口、帮助12个菜单项。菜单栏用下拉菜单的形式包含了AutoCAD运行、绘图、编辑、标注、图层、约束等各方面的命令，几乎所有的命令均可通过菜单中的选项来实现。

图1-3 菜单栏

1.2.3 功能区

在AutoCAD中，功能区是一种代替命令的简便工具，如图1-4所示，利用它们可以完成绘图过程中的大部分工作，而且使用工具比使用菜单的工作效率要高得多。

在AutoCAD的功能区单击标题，会以下拉列表的方式显示相应的功能。有的功能项的右下角带有一个三角符号，表示该工具带有附加工具。

有时候为了画图方便，可以将功能区隐藏起来，单击标题栏右边的按钮，可以设置不同的最小化选项。

图1-4 功能区

1.2.4 常用工具栏

AutoCAD 2012提供了40余种已命名的工具栏，在默认情况下，工具栏处于隐藏状态。

如果绘图窗口已经有一些工具栏，而用户想要显示某个隐藏的工具栏，可以直接在某个工具栏上右击，在弹出的快捷菜单中，可以选择想要显示的工具栏，还可以通过“自定义用户界面”对话框来管理工具栏。

1.2.5 绘图区域和坐标系图标

绘图区域是用来绘制图形的“图纸”，坐标系图标显示当前的视角方向，如图1–5所示。

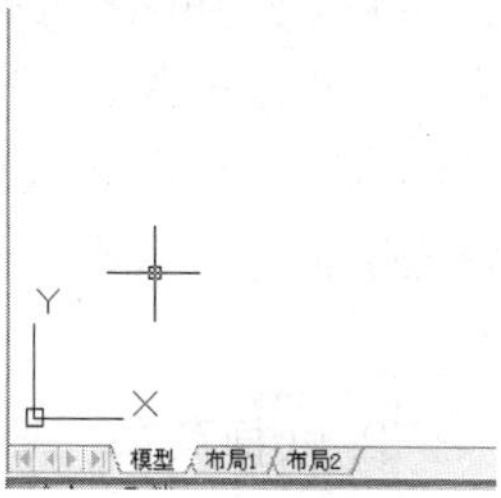

图1–5 绘图区域和坐标系图标

1. 绘图区域

绘图区域是用户的工作窗口，相当于“图纸”，是绘制、编辑和显示图形对象的区域。状态栏上有“模型”和“布局”两种模式，单击可在两种模式之间进行切换。通常情况下，用户先在“模型”空间绘制图形，然后转至“布局”空间安排图纸输出布局。

2. 坐标系图标

坐标系图标用于显示当前坐标系的设置，如坐标原点，X、Y、Z轴的正向等。AutoCAD有一个默认的坐标系，即世界坐标系WCS。如果重新设置坐标系原点或调整坐标系的其他设置，则世界坐标系WCS就变成用户坐标系UCS。

1.2.6 命令窗口和文本窗口

命令窗口用来手动输入命令，并通过文本窗口显示出来。

1. 命令窗口

命令窗口是供用户通过键盘输入命令、参数等信息的地方，用户通过菜单和功能区执行的命令也会在命令窗口中显示命令的执行过程。默认状态下，命令窗口位于绘图区域的下面，用户可以通过拖动命令窗口的左边框将其移到任意位置，还可上下拖动命令窗口上方的拆分条，调整命令窗口的尺寸。

2. 文本窗口

文本窗口是记录AutoCAD历史命令的窗口，是一个独立的窗口，如图1–6所示。默认状态下的文本窗口是不显示的，可以通过下列方法显示文本窗口：

- 选择功能区“视图”选项卡“窗口”组“用户界面”下拉列表中的“文本窗口”复选框。
- 在命令窗口输入TEXTSCR，按Enter键。
- 按F2键。

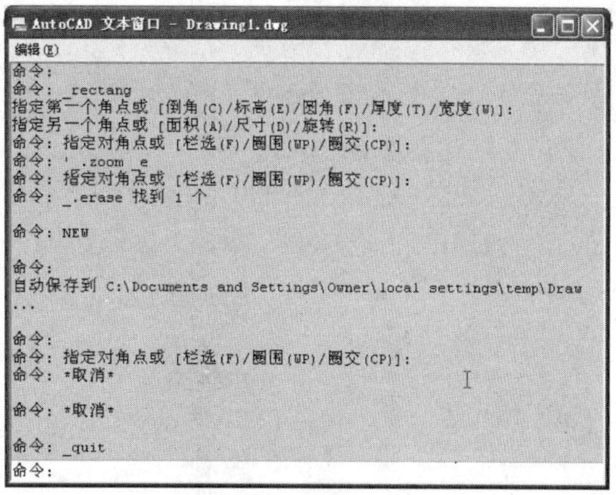

图1–6 文本窗口

1.2.7 状态栏和快捷菜单

状态栏用于显示当前的绘图状态，快捷菜单用于对图形对象的属性进行快速编辑。

1. 状态栏

状态栏如图1-7所示，其左边显示当前十字光标的坐标，其后是推断约束、捕捉模式、栅格显示、正交模式、极轴追踪、对象捕捉、三维对象捕捉、对象捕捉追踪、允许/禁止动态UCS、动态输入、显示/隐藏线宽和显示/隐藏透明度等绘图辅助功能的控制按钮。

图1-7　状态栏

2. 快捷菜单

在AutoCAD中，用户可以随时通过单击鼠标右键打开一个和当前操作状态相关的快捷菜单，用户可从中选择相应的命令。

1.2.8 工具选项板

工具选项板是为用户提供组织、共享和放置块与填充图案选项卡，如图1-8所示。用户可以通过下列方法打开或关闭工具选项板。

- 单击功能区“视图”选项卡“选项板”组中“工具选项板”按钮。
- 在菜单栏中选择“工具”→“选项板”→“工具选项板”命令。

此外，单击工具选项板右上角的“特性”按钮，显示特性菜单，如图1-9所示，从中可以对工具选项板进行移动、改变大小、关闭，设置是否允许固定、自动隐藏、设置透明、重命名、更改图标显示样式和大小等特性等方面的操作。

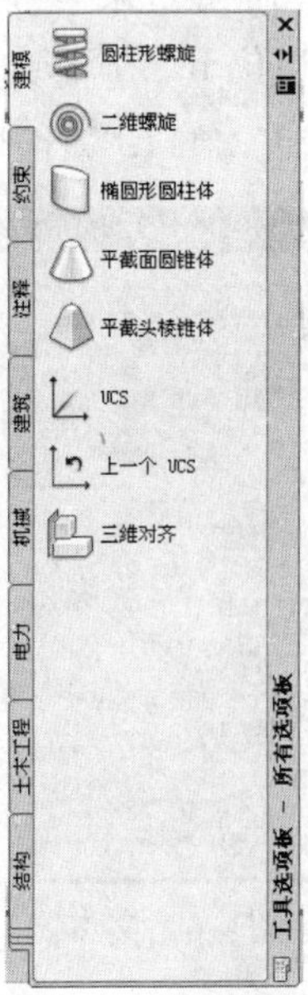

图1-8　工具选项板

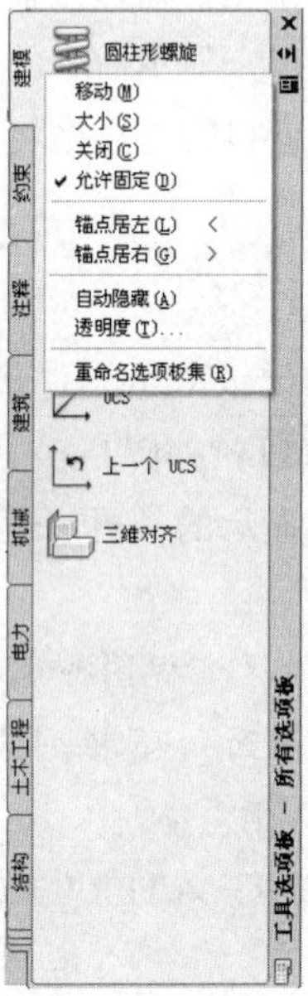

图1-9　设置工具选项板的特性

1.3 AutoCAD 2012的文件操作

在使用AutoCAD 2012绘图之前，应该掌握该软件的各种图形文件管理方法，如新建、保存、打开及关闭等基本操作。

1.3.1 创建新图形文件

用户可通过以下方法创建新的图形文件。

- 选择“文件”→“新建”菜单命令。
- 在“标准”工具栏中单击“新建”按钮。

此时会打开“选择样板”对话框，如图1-10所示。

图1-10 “选择样板”对话框

在此对话框中，可以在“名称”列表框中选中某一样板文件，这时在其右面的“预览”框中将显示出该样板的预览图像。单击“打开”按钮，可以以选中的样板文件为样板创建新图形，此时会显示图形文件的布局（选择样板文件acad.dwt或acadiso.dwt除外）。例如，以样板文件Tutorial-iMfg.dwt创建新图形文件后的效果如图1-11所示。

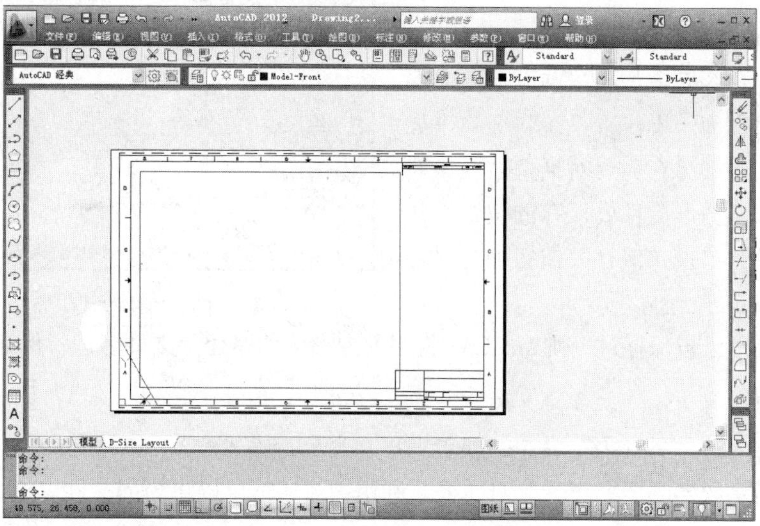

图1-11 以Tutorial-iMfg.dwt创建新图形文件

当无特殊要求时，则采用默认文件名，直接单击“打开”按钮，创建一个新文件。

1.3.2 打开图形文件

用户可以通过以下3种方法打开原有图形文件：

- 在命令行中输入OPEN命令。
- 单击“标准”工具栏中的“打开”按钮。
- 选择“文件”→“打开”菜单命令。

在执行上述命令后，系统弹出如图1–12所示的“选择文件”对话框。在该对话框中，可以直接输入文件名打开已有图形，也可以双击要打开的文件或选中文件后单击“打开”按钮打开该文件。

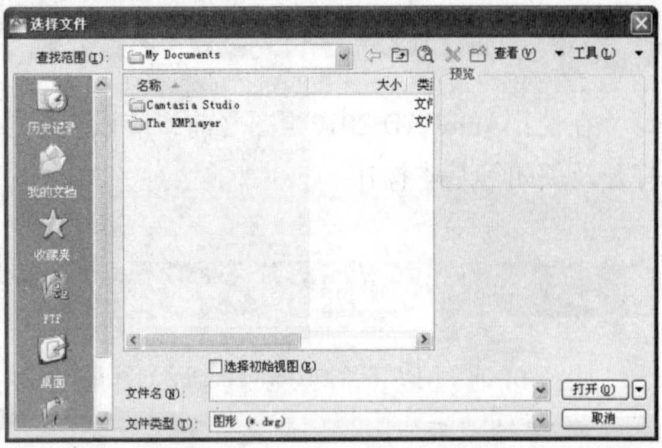

图1–12 “选择文件”对话框

1.3.3 保存图形文件

在使用AutoCAD绘图时，应每隔10~15min保存一次绘制的图形，执行这一操作不需要退出AutoCAD。定期保存绘制的图形，是为了防止一些突发情况，如电源被切断、错误编辑和一些其他故障等。

1. 将图形以当前的名字或者指定的名字保存

用户可以通过以下3种方法保存图形文件：

- 在命令行中输入SAVE命令。
- 单击“标准”工具栏中的“保存”按钮。
- 选择“文件”→“保存”菜单命令。

在执行上述命令后，如果当前图形尚未保存或执行了“另存为”操作，系统将会弹出如图1–13所示的“图形另存为”对话框。在该对话框中，可以指定图形文件要保存的位置、文件名和文件类型，单击“保存”按钮即可保存该文件。

图1–13 “图形另存为”对话框

如果当前图形已被保存过，则AutoCAD将当前图形按原路径及文件名进行保存。

2. 另名保存

执行“文件”→“另存为”命令，或者直接在命令行输入SAVEAS，AutoCAD 2012均会自动弹出如图1–13所示的“图形另存为”对话框。利用该对话框可以将当前文件以一个新的名字和路径进行保存。

1.3.4 关闭图形文件

用户可以通过以下3种方法打开原有图形文件：

- 在命令行中输入CLOSE命令。

- 单击标题栏右侧的“关闭”按钮×。
- 选择“文件”→“退出”菜单命令。

1.4 坐标系及其图标

任何物体在空间中的位置都是通过一个坐标系来定位的，坐标系是确定对象位置的最基本的手段。掌握各种坐标系的概念、坐标系的创建及正确的坐标数据输入方法，对于正确、高效地绘图是非常重要的。

按定制对象的不同，AutoCAD 2012的坐标系可以分为世界坐标系和用户坐标系；按照坐标值参考点的不同，可以分为绝对坐标系和相对坐标系：按照坐标轴的不同，可以分为直角坐标系、极坐标系、球坐标系和柱坐标系，其中球坐标系和柱坐标系主要用于三维绘图，在这里不做详细介绍。

1.4.1 世界坐标系

AutoCAD 2012默认的坐标系为世界坐标系。沿X轴正方向向右为水平距离增加的方向，沿Y轴正方向向上为竖直距离增加的方向，垂直于XY平面、沿Z轴正方向从所视方向向外为距离增加的方向。这一套坐标轴确定了世界坐标系，简称WCS。世界坐标系WCS的重要之处在于：它总是存在于每一个设计的图形之中，并且不可更改。图1-14所示为世界坐标系（WCS）的图标。

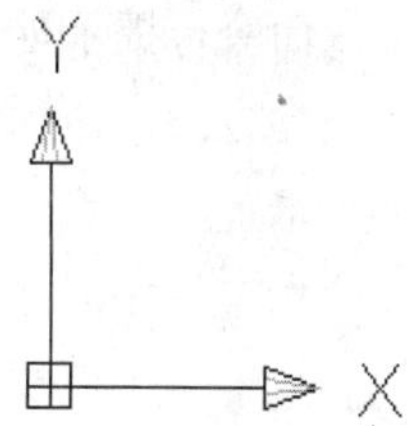

图1-14　世界坐标系（WCS）的图标

1.4.2 用户坐标系

相对于世界坐标系，可以创建无限多的坐标系，这些坐标系通常称为用户坐标系（UCS），通过调用UCS命令可以创建用户坐标系。尽管世界坐标系WCS是固定不变的，但可以从任意角度、任意方向来观察和旋转世界坐标系WCS，而不用改变其他坐标系。AutoCAD提供的坐标系图标，可以在同一图纸不同坐标系中保持同样的视觉效果，并通过指定X、Y轴的正方向来显示当前UCS的方位。用户坐标系的图标如图1-15所示。

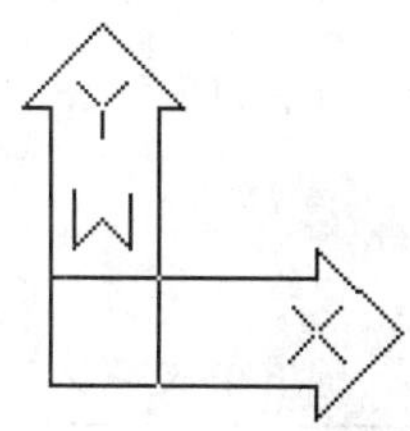

图1-15　用户坐标系图标

在命令行直接输入UCS，命令行显示如下提示：

指定 UCS 的原点或 [面(F)/命名(NA)/对象(OB)/上一个(P)/视图(V)/世界(W)/X/Y/Z/Z 轴(ZA)] <世界>:

指定UCS坐标原点后，命令行提示：

指定 X 轴上的点或 <接受>:

指定 XY 平面上的点或 <接受>:

根据具体需要，可设置用户坐标系的方向和位置。

> **提示**
>
> 在建筑设计时，一般采用的是系统默认的坐标系，用户不需要单独设置。

1.4.3 笛卡儿坐标系

AutoCAD 2012采用三维笛卡儿坐标系来确定点的位置，在状态栏里显示的三维坐标值就是笛卡儿坐标值，它的精度达到0.1 μm，极其精确地反映出十字光标所处的位置。

1.4.4 用坐标确定点的位置

用户通过坐标可以准确地确定点的位置，下面主要介绍确定点的坐标的方法。

1. 绝对坐标

绝对坐标是指相对于坐标原点，该点的坐标值不会改变。绝对坐标又分为绝对直角坐标和绝对极坐标。

（1）绝对直角坐标

绝对直角坐标是通过输入（X,Y）坐标值来确定点的位置。例如利用直线命令绘制一个40×20的矩形，令起始点坐标是（80,100）。

命令行提示如下：

```
命令: _line
指定第一点: 200，200                         //指定起始点坐标（200，200）
指定下一点或 [放弃(U)]: 300                  //输入第一条边长300
指定下一点或 [放弃(U)]: 200                  //输入第二条边长200
指定下一点或 [闭合(C)/放弃(U)]: 300          //输入第三条边长300
指定下一点或 [闭合(C)/放弃(U)]: c            //输入C闭合矩形
```

提示

AutoCAD 2012不能连续输入绝对坐标。用绝对坐标输入基点后，将会使用相对坐标输入其他点，这样绘图更加方便，不用再计算绝对坐标值。

结果如图1-16所示。

注意

输入坐标时的逗号“,”，必须是在英文输入状态下输入，不能用中文输入状态下的逗号。

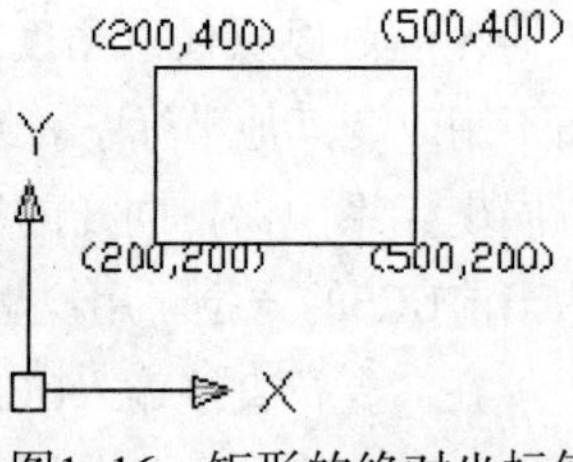

图1-16 矩形的绝对坐标值

（2）绝对极坐标

绝对极坐标是由极半径和极角组成，极半径是该点与极点的连线，极角是该连线与X轴正方向的夹角，并以逆时针方向的角度测量方向。坐标原点即为绝对极坐标的极点。极半径和极角之间用尖括号“<”分开。例如点（100<30），（50<60）等。

提示

在系统默认情况下，绝对极坐标以原点作为极点，以逆时针方向为角度正方向。当第一步有输入点，第二步再输入点时，系统则会以第一步输入点作为极点，利用相对坐标输入第二点。

2. 相对坐标

使用绝对坐标确定点的位置有很大的局限性，所以绘图时绝大多数的点是通过与其他点的相对位置来确定的。相对坐标就是一个点与其他点的坐标差，方法是在输入值前加“@”符号，如点（@100,60）。

（1）相对直角坐标

相对直角坐标是输入当前输入点相对前一个特定点（X,Y）的距离的变化值来确定点的位置。

（2）相对极坐标

相对极坐标的极点不是原点，而是图形上的某一点，这是相对极坐标与绝对极坐标的区别之处。相对极坐标与绝对极坐标表示方法类似，只是在输入值前加“@”符号。

边学边练 001　相对极坐标

利用直线命令绘制一个腰长为100的等腰直角三角形，效果如图1-17所示，命令行提示如下：

```
命令: _line
指定第一点:                                  //任意指定一点
指定下一点或 [放弃(U)]: @30<0                //画出水平直角边
指定下一点或 [放弃(U)]: @30<90               //画出垂直直角边
指定下一点或 [闭合(C)/放弃(U)]: c            //输入C闭合三角形
```

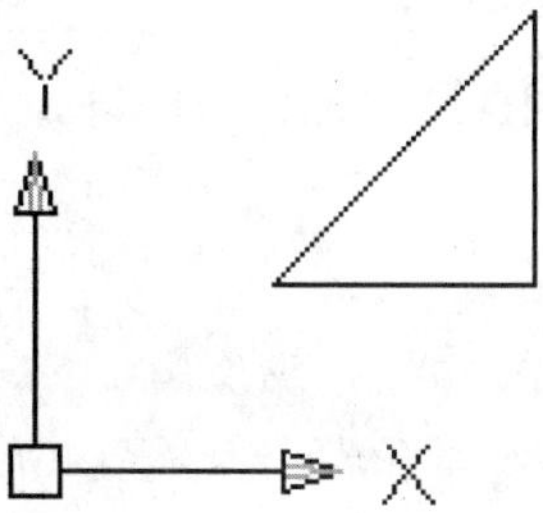

图1-17　用相对极坐标绘制等腰直角三角形

1.5 AutoCAD 2012图形的显示控制

在AutoCAD的模型空间中，当所画的图形过小或线条太密集时，会给点的捕捉和对象的选择带来麻烦，很难做到准确捕捉和选择。这时就需要用到视图的缩放、平移等控制视图显示的操作工具，以便更加迅速、快捷地显示并绘制图形。

1.5.1　视图的缩放

在绘图过程中，可以使用视图的缩放功能来放大或缩小图形对象，从而使用户更容易观察和编辑图形对象。

“缩放”子菜单如图1-18所示。

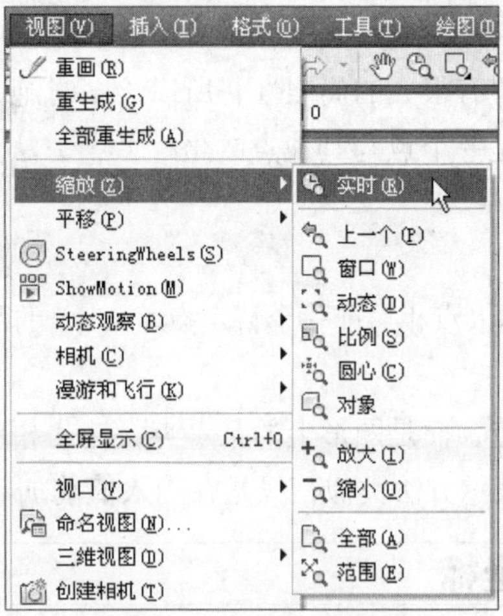

图1-18 “缩放”子菜单

可以通过以下4种方法调用视图的缩放：

- 在命令行中输入ZOOM命令。
- 单击“缩放”工具栏中的按钮，如图1-19所示。
- 单击“标准”工具栏中的“缩放”按钮。
- 选择“视图”→“缩放”菜单命令。

图1-19 “缩放”工具栏

命令行提示如下：

命令：zoom

指定窗口的角点，输入比例因子(nX或nXP)，或者

[全部(A)/中心(C)/动态(D)/范围(E)/上一个(P)/比例(S)/窗口(W)/对象(O)] <实时>:

按Esc或Enter键退出，或单击右键显示快捷菜单。

其中的选项含义如下所示。

- 窗口(W)或按钮：表示指定一个窗口，将窗口内的图形对象放大显示。
- 动态(D)或按钮：如果“快速缩放”功能已经打开，就可以用动态缩放改变画面显示而不产生重新生成的效果。动态缩放会在当前视区中显示图形的全部。

提示

在命令行输入VIEWRES可实现“快速缩放”功能，“快速缩放”命令使用短矢量控制圆、圆弧、椭圆和样条曲线的外观。矢量数目越大，圆或圆弧的外观越平滑。例如，如果创建了一个很小的圆然后将其放大，它可能显示为一个多边形。使用VIEWRES增大缩放百分比并重生成图形，可以更新圆的外观并使其平滑。减小缩放百分比会有相反的效果。

- 比例(S)或按钮：表示按指定的比例对当前图形对象进行缩放，此时输入方式有3种。
  - 输入“0.5XP”，表示相对于图纸空间缩放视图。
  - 输入“0.5X”，表示相对于视图缩放。

◆ 输入“0.5”，表示相对于当前图形进行缩放。

- 中心(C)或按钮：表示通过用户指定点为中心点，按照输入的比例或高度来显示图形。如在输入的数值后面加一个“X”，如“2X”，则表示将当前图形放大2倍。如在输入的数值后面加一个“XP”，则表示相对于图纸空间缩放视图。
- 全部(A)或按钮：表示在当前窗口中显示整个图形的内容。
- 对象或按钮：表示选择一个对象后，所选对象将最大化显示在绘图窗口中。
- 范围(E)或按钮：表示将全部图形对象最大限度地显示在屏幕上。
- 放大和缩小：表示将当前图形放大或缩小2倍显示。
- 实时：在“实时缩放”命令下，可以通过垂直向上移动光标来放大图形，还可以通过垂直向下移动光标来缩小图形。

1.5.2　视图的平移

1. 命令功能

通过平移视图以重新确定所绘制图形在绘图区域中的位置。

2. 命令调用

用户可以通过以下3种方法调用视图的平移：

- 在命令行中输入PAN命令。
- 单击“标准”工具栏中的“平移”按钮。
- 选择“视图”→“平移”菜单命令，如图1-20所示。

图1-20　“平移”菜单

执行上述命令后，光标将变成小手的图形，按住鼠标左键即可平移视图。其中选项的含义如下所示。

- 实时：执行上述命令后，用鼠标按下选择按钮，然后拖动手形光标就可以平移图形。
- 点：将当前图形按指定的位移和方向进行平移。
- 左、右、上、下：选择这些命令时，图形按指定的方向平移一定的距离。其操作方法与定点平移类似。

1.5.3　重画和重生成

在绘图的工程中，由于操作的原因，会使得屏幕上出现一些残留光标点。为了擦除这些不必要的光标点，使图形显得整洁清晰，可以使用AutoCAD中的重画与重生成功能。

1. 命令功能

重画和重生成都是用于刷新屏幕显示的命令。

2. 命令调用

重画又称为刷新，是对当前视图中的图形的一种刷新显示。可通过“视图”→“重画”菜单命令或在命令行中输入REDRAW或REDRAWALL命令，执行该命令。

重生成不仅刷新显示，而且更新图形数据库的所有对象的屏幕坐标。可通过“视图”→“重生成”菜单命令或在命令行中输入REGEN命令，执行该命令。

1.6 AutoCAD 2012绘图环境的设置

在建筑绘图之前，通常要根据设计需要对绘图环境进行设置，主要包括图形单位设置与图形界限设置。

1.6.1 图形单位

在 AutoCAD 中，用户可以采用1:1的比例因子绘图，因此，所有的直线、圆和其他对象都可以以真实大小来绘制。例如，如果一个桌子高度为60厘米，那么可以按60厘米的真实大小来绘制，在需要打印出图时，再将图形按图纸大小进行缩放即可。

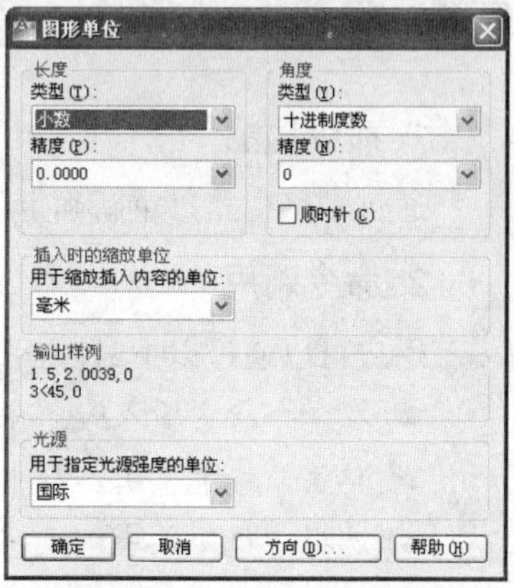

图1-21 “图形单位”对话框

1. 命令调用

用户可以用以下2种方法调用命令：

- 在命令行中输入UNITS命令。
- 选择“格式”→“单位”菜单命令。

系统均会弹出“图形单位”对话框，如图1-21所示。

2. 选项含义

在打开的“图形单位”对话框中，可设置长度单位、角度单位，以及单位的显示格式和精度等参数。

- “长度”选项组：
  - 类型，设置测量单位的当前类型，该值包括“建筑”、“小数”、“工程”、“分数”和“科学”。
  - 精度，设置线性测量值显示的小数位数或分数大小。
- 插入时时缩放单位：控制插入到当前图形中的块的缩放单位。
- “角度”选项组：
  - 类型，设置当前角度格式。
  - 精度，设置当前角度显示的精度。
- 顺时针：以顺时针方向计算正的角度值。默认的正角度方向是逆时针方向。
- “方向”按钮：单击该按钮，将打开“方向控制”对话框，可以设置起始角度（0°）的方向。

3. 拖放比例

在建筑设计时，拖放单位一般采用毫米。例如在创建图块时，若设定拖放单位为米，而所要插入图块的图形拖放单位设定为毫米时，系统将自动计算本图形插入该块时所使用的缩放比例，即缩放比例为1000。

1.6.2　图形界限

1. 命令功能

图形界限即图形的一个不可见的边框。用户可以根据所绘图形的大小，使用图形界限来确保按指定比例在指定大小的纸上打印图形，使所创建的图形不会超出图纸空间的大小。默认情况下，图形文件的大小为420mm × 297mm。这个尺寸适合于绘制小的图形对象，如果需要绘制大的图形，就需要设置绘图区域。

2. 命令调用

用户可以通过以下2种方法设置图形界限：

- 在命令行中输入LIMITS命令。
- 选择“格式”→“图形界限”菜单命令。

命令行提示如下：

```
命令: limits
重新设置模型空间界限:
指定左下角点或 [开(ON)/关(OFF)] <0.0000,0.0000>:        //（重设左下角点）
指定右上角点 <420.0000,297.0000>:                       //（重设右下角点）
```

1.6.3　辅助绘图工具

当在图上画线及圆等对象时，定位点的最快方法就是直接在屏幕上拾取点。但是，用光标很难准确地在对象上定位某一个特定的点。为了解决这个问题，AutoCAD提供了捕捉、栅格、正交、极轴追踪、对象捕捉和显示/隐藏线宽等辅助工具，以提高绘图精度，加快绘图速度。状态栏中各个辅助工具按钮如图1–22所示。

图1–22　状态栏各工具按钮

1. 捕捉和栅格

用户可以用下面的3种方法启用捕捉和栅格：

- 右键单击状态栏中的“捕捉”和“栅格”按钮，选择“设置”选项。
- 选择“工具”→“绘图设置”菜单命令，在打开的“草图设置”对话框中选中或取消“启用捕捉”和“启用栅格”复选框，如图1–23所示。
- 在命令行输入DSETTINGS命令。

图1–23　“草图设置”对话框

可通过对话框中“捕捉和栅格”选项卡来设置捕捉和栅格的X轴和Y轴的间距；在状态栏中用鼠标右键单击“捕捉”按钮或“栅格”按钮，选择“设置”命令也可进行同样的设置。

2. 正交

AutoCAD提供的正交模式也可以用来精确定位点，它将定点设备的输入限制为水平或垂直。使用ORTHO命令，可以打开“正交”模式，用于控制是否以正交方式绘图。在正交模式下，可以方便地绘出与当前X轴或Y轴平行的线段。在AutoCAD窗口的状态栏中单击“正交”按钮，或按F8键，可以打开或关闭正交模式。打开正交功能后，AutoCAD只限定绘制水平或铅垂线，这样可以大大方便绘图。

> **注意**
> 正交模式与极轴追踪模式不能同时打开。

3. 极轴追踪和对象捕捉追踪

极轴追踪是按预先给定的角度增量来追踪特征点。对象捕捉追踪是按与对象的某种特定关系来追踪，这种特定关系确定了一个预先不知道的角度。即如果用户事先知道要追踪的方向（角度），就使用极轴追踪；若事先不知道具体的追踪方向（角度），但却知道与其他对象的某种特定关系（如相交等），就使用对象捕捉追踪。用户可以同时使用对象捕捉追踪和极轴追踪。

> **注意**
> 对象追踪必须与对象捕捉功能同时工作，即在追踪对象捕捉到点之前，必须先打开对象捕捉功能。

极轴追踪功能可在系统要求指定一个点时，按事先设置的角度增量显示一条无限延伸的辅助线（虚线），用户此时就可以沿着辅助线追踪得到光标点。用户可以在“草图设置”对话框的“极轴追踪”选项卡中设置极轴追踪和对象捕捉追踪，如图1-24所示。

极轴追踪和对象捕捉追踪设置方法如下：

- 在命令行输入DDOSNAP。
- 在工具栏单击“对象捕捉”→“对象捕捉设置”按钮。
- 在菜单栏选择“工具”→“绘图设置”命令。
- 在状态栏单击“对象捕捉”与“极轴”按钮。
- 按F10键。
- 在右键快捷菜单中选择“对象捕捉设置”命令。

各选项具体含义如下所示。

- “启用极轴追踪”复选框：用于启用极轴追踪功能。
- “极轴角设置”选项组：用于设置极轴角的值。可在“增量角”下拉列表框中选择一种角度值。也可以选中“附加角”复选框，单击“新建”按钮设置任意附加角。系统在进行极轴追踪时，同时追踪增量角和附加角。可设置多个附加角。

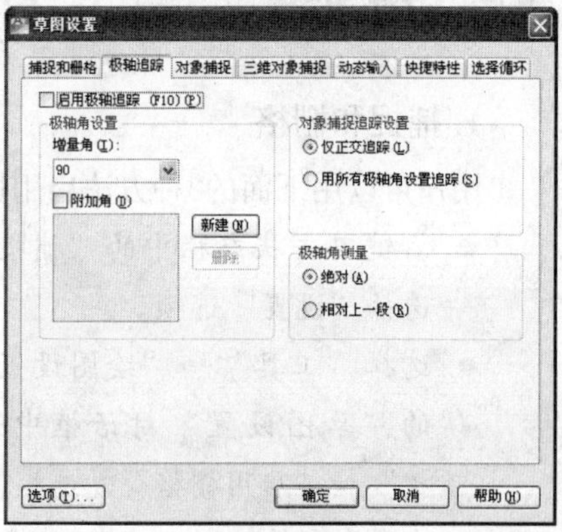

图1-24 “草图设置”对话框的“极轴追踪”选项卡

- “对象捕捉追踪设置”选项组：用于设置对象捕捉追踪。若选中“仅正交追踪”单选按钮，可以在启用对象捕捉追踪时，只显示获取的对象捕捉点的正交（水平或垂直）对象捕捉追踪路径；若选中“用所有极轴角设置追踪”单选按钮，可以将极轴追踪设置应用到对象捕捉追踪。使用对象捕捉追踪时，光标将会从获取的对象捕捉点起沿极轴对齐角度进行追踪。

提示

打开正交模式，光标将会被限制在只沿水平或垂直方向移动。因此，正交模式和极轴追踪不能同时打开，如果一个打开，另一个就会自动关闭。

- “极轴角测量”选项组：用于设置极轴追踪对齐角度的测量基准。若选中“绝对”单选按钮，可以基于当前用户坐标系（UCS）确定极轴追踪角度；若选中“相对上一段”单选按钮，可以基于最后绘制的线段确定极轴追踪角度。

边学边练 002　极轴追踪

绘制如图1-25所示图形，操作步骤如下：

01 绘制点1至点2的直线。

02 启动“极轴捕捉”功能，并设置极角增量为45°。

03 光标在45°位置附近时，AutoCAD显示一条辅助线和提示。

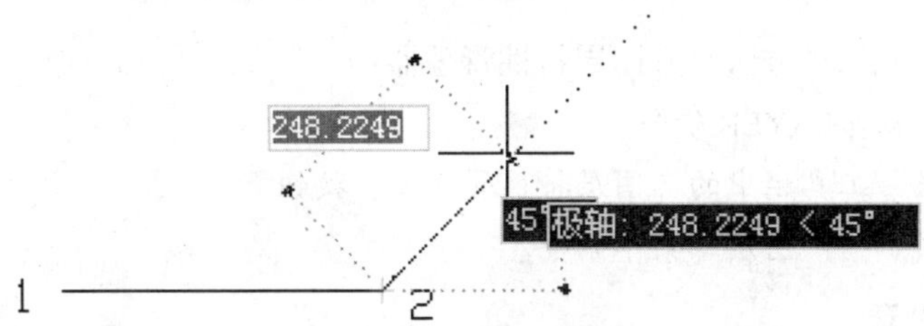

图1-25　极轴追踪功能

1.6.4　图层设置与管理

1. 命令功能

图层是AutoCAD提供的一个管理图形对象的工具，用户可以根据图层对图形几何对象、文字、标注等进行归类处理。使用图层来管理这些对象，不仅能使图形的各种信息清晰、有序、便于观察，而且也会给图形的编辑、修改和输出带来很大的方便。

概括起来，AutoCAD的图层具有以下特点：

- 用户可以在一幅图中指定任意数量的图层。系统对图层数没有限制，对每一图层上的对象数也没有任何限制。
- 每个图层有一个名称，以加以区别。当开始绘一幅新图时，AutoCAD自动创建名为0的图层，这是AutoCAD的默认图层，其余图层名称由用户定义。
- 一般情况下，一个图层上的对象应该是同一种线型和颜色。用户可以改变各图层的线型、颜色等特性与状态。

- 虽然AutoCAD允许用户建立多个图层，但只能在当前图层上绘图。
- 各图层具有相同的坐标系和相同的显示缩放倍数。用户可以对位于不同图层上的对象同时进行编辑操作。
- 用户可以对各图层进行打开、关闭、冻结、解冻、锁定与解锁等操作，以决定各图层的可见性与可操作性。

AutoCAD提供了图层特性管理器，利用该工具用户可以很方便地创建图层以及设置其基本属性，如图1–26所示。

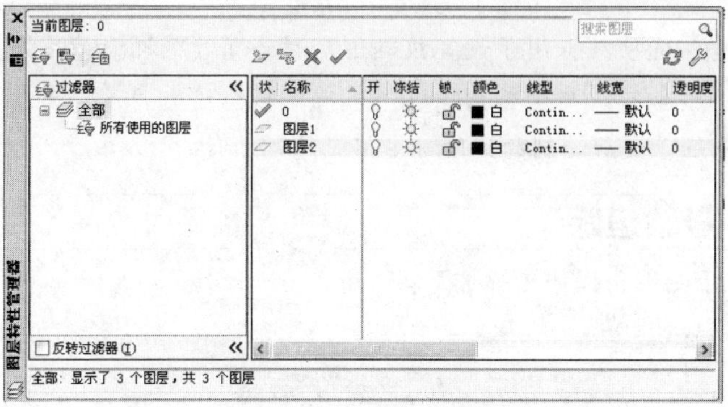

图1–26　图层特性管理器

2. 命令调用

用户可以用下面的3种方法打开图层特性管理器：

- 在命令行中输入LAYER命令。
- 单击“图层”工具栏中的“图层特性管理器”按钮。
- 选择“格式”→“图层”菜单命令。

3. 图层属性设置

在图层特性管理器中可以对图层的各个属性进行设置，下面主要介绍如何定义图层，如何为图层设置线型、颜色等特性。

（1）创建图层

单击图层特性管理器中的按钮，列表框中将依次出现“图层1”、“图层2”、“图层3”等新图层。此时新建的图层与0图层具有相同的特性和状态。

> **提示**
>
> 0图层是不能删除和重命名的。

在图层特性管理器中，可以对图层的状态、名称、颜色、线型、线宽及冻结等属性进行设置。

- 状态：双击“状态”栏的按钮，当变为形状时，表示将当前图层设置为当前层。
- 名称：用户可更改图层的名称，双击图层或右击图层并选择相应命令，均可更改图层的名称。
- 颜色：单击“颜色”图标，弹出“选择颜色”对话框，如图1–27所示。在该对话框中选择一种颜色，单击“确定”按钮，完成设置。

图1-27 “选择颜色”对话框

提示

在工具栏中也可设置图层颜色。单击下拉列表，将需要设置颜色的图层设为当前图层，然后单击“特性”工具栏中的“颜色控制”按钮，在弹出下拉列表中选择一种颜色即可。

- 线宽：设置图层线宽就是设置图层中线条对象的宽度。在绘图时使用不同的线宽进行绘制，可以帮助用户清晰地区分不同的对象，从而提高图形的表达能力和可读性。单击图层“颜色”图标弹出“线宽”对话框，可选择线宽，如图1-28所示。或在命令行里输入LWEIGHT，也可选择“格式”→“线宽”菜单命令，系统均会弹出“线宽设置”对话框，如图1-29所示，在此对话框中可以设置和管理线宽。

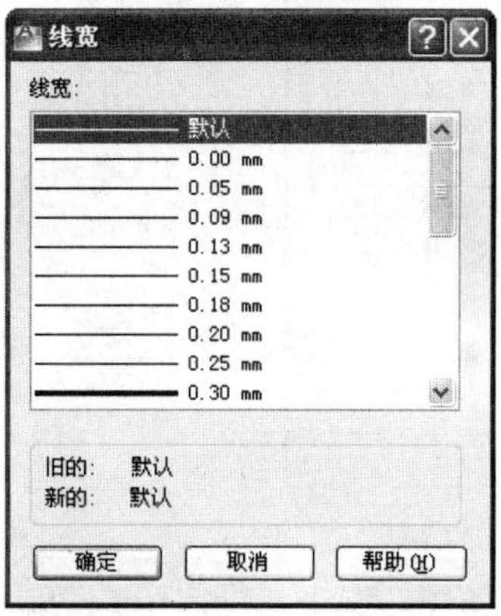

图1-28 “线宽”对话框

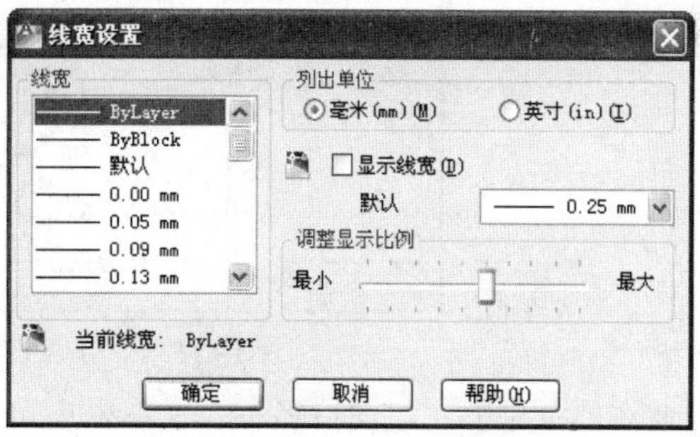

图1-29 “线宽设置”对话框

- 线型：图层的基本元素是线条，线型就是线条的组成和显示方式。在绘图时，常需用各种不同的线型来表示不同的构件。AutoCAD系统提供了实线、虚线及点划线等45种线型，可以满足用户的各种不同要求。单击“线型”图标，弹出“选择线型”对话框，如图1-30所示；单击“加载”按钮，可弹出“加载或重载线型”对话框，在此可以加载需要的线型，如图1-31所示。

提示

在建筑设计制图中，一般需要Continuous、Center及ACAD-ISO2W200等线型。

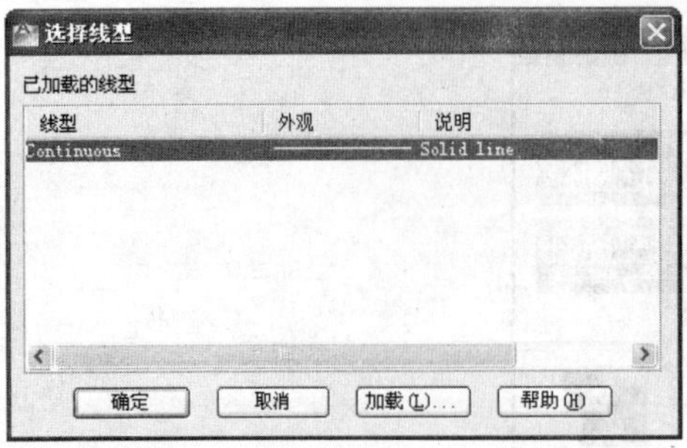

图1-30 “选择线型”对话框

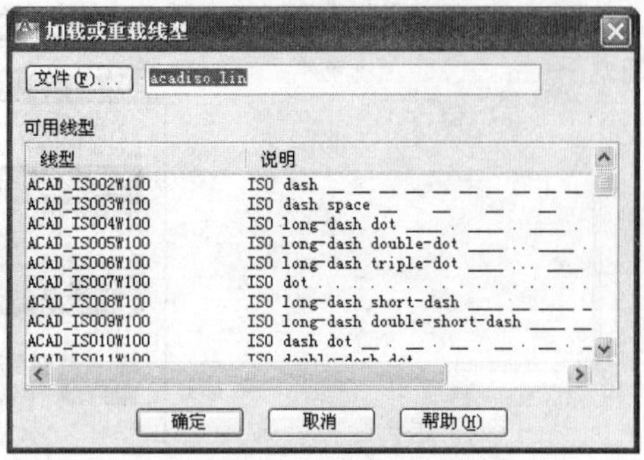

图1-31 “加载或重载线型”对话框

- 冻结/解冻：系统默认情况下，图层处于解冻状态。解冻状态显示的图标为，冻结状态显示的图标为，单击图标可在冻结和解冻之间转换。当图层被冻结时，该图层上的对象不能在绘图区显示，也不能进行重生成和打印输出等操作。当前图层不能被冻结。

（2）过滤图层

图层过滤功能用于控制在图层列表中显示符合过滤条件的图层，还用于同时对多个图层进行修改。当图形文件包含多个图层时，用过滤器对图形进行过滤，能极大地方便用户的操作。过滤图层可以通过“图层过滤器特性”对话框，也可以通过“新组过滤器”过滤图层。

单击图层特性管理器中的“新建特性过滤器”按钮，打开“图层过滤特性”对话框，可以命名图层过滤器，如图1-32所示。

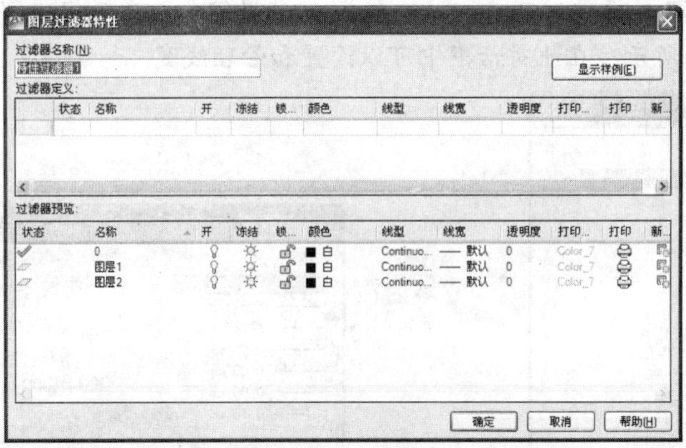

图1-32 “图层过滤器特性”对话框

在此对话框中的“过滤器名称”文本框中可以输入过滤器名称，但不允许使用<、>、/、\、“ 、” 、: 、; 、? 、*、|、=和·等字符。在“过滤器定义”列表框中设置过滤条件，其中包括图层名称、状态和颜色等条件。

1.7 AutoCAD 2012常用制图辅助工具

设计中心是AutoCAD提供的一个资料库，它可以完成许多功能，不仅可以浏览、查找、预览和管理AutoCAD图形、光栅图像等不同的资源，而且还可以通过简单的拖放操作，将位于本地计算机、局域网或Internet上的块、图层、文字样式、标注样式等插入到当前图形中。

通常使用AutoCAD设计中心可以完成如下工作：

- 浏览和查看各种图形图像文件，并可显示预览图像及其说明文字。
- 查看图形文件中命名对象的定义，将其插入、附着、复制和粘贴到当前图形中。
- 将图形文件（DWG）从控制板拖放到绘图区域中，即可打开图形；而将光栅文件从控制板拖放到绘图区域中，则可查看和附着光栅图像。
- 在本地和网络驱动器上查找图形文件，并可创建指向常用图形、文件夹和Internet地址的快捷方式。

1.7.1 设计中心的显示

用户可以用下面的2种方法显示设计中心：

- 在命令行中输入ADCENTER命令。
- 选择“工具”→“选项板”→“设计中心”菜单命令。

执行上述操作，均会弹出“设计中心”选项板，如图1-33所示。

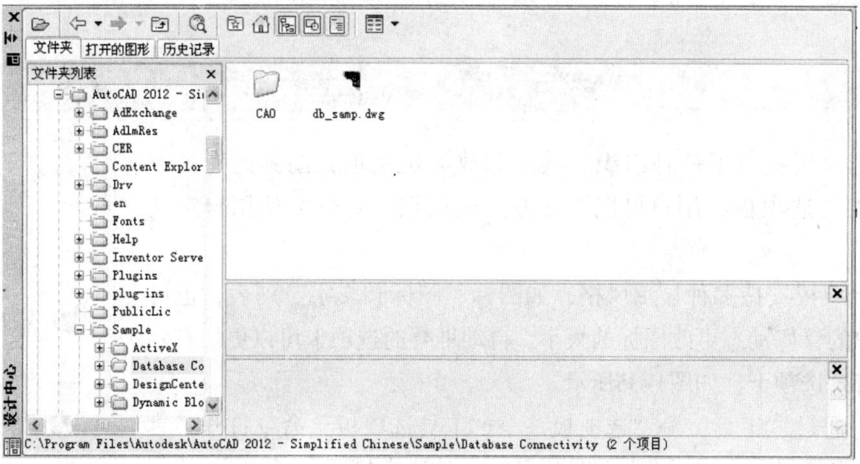

图1-33 “设计中心”选项板

1.7.2 “设计中心”选项板说明

“设计中心”选项板主要由文件夹、打开的图形、历史记录，如图1-34所示。

（1）“文件夹”选项卡

“文件夹”为默认选项卡。在内容显示区显示了所浏览资源的有关内容，资源管理器的左边显示了系统的树形结构。用户利用“文件夹”选项卡可以有效地查找和组织文件，并可以查找出这些图形文件所包含的对象。

（2）“打开的图形”选项卡

“打开的图形”选项卡用于在设计心中显示在当前AutoCAD环境中打开的所有图形，其中包括最小化了的图形。此时单击某个文件图标，就可以看到该图形的有关设置，如图层、线型、文字样式、块、标注样式等。

图1-34 “打开的图形”选项卡

（3）“历史记录”选项卡

“历史记录”选项卡用于显示用户最近浏览的AutoCAD图形。

1.7.3 工具选项板

工具选项板提供了一种组织、共享和放大块及填充图案的有效方法。通过工具选项板，用户可以非常方便地组织、管理和使用自定义图库。

工具选项板支持多种显示风格，如图标、图标和文字、列表，也可以根据用户的喜好动态更改图标的大小。自动堆叠的选项卡可以更加有效地显示和管理选项卡，如图1-35所示。

用户可通过“工具”→“选项板”→“工具选项板”命令打开工具选项板，也可通过单击“标准”工具栏上的按钮来打开。

1. 新建工具选项板

用户可以根据自己的需要新建工具选项板，以帮助用户进行个性化绘图，同时也可以满足绘图的特殊需要。

新建工具选项板的方法有如下3种：

- 在命令行输入CUSTOMIZE命令。
- 选择“工具”→“自定义”→“工具选项板”菜单命令。
- 在任意工具栏右击，选择“自定义”命令。

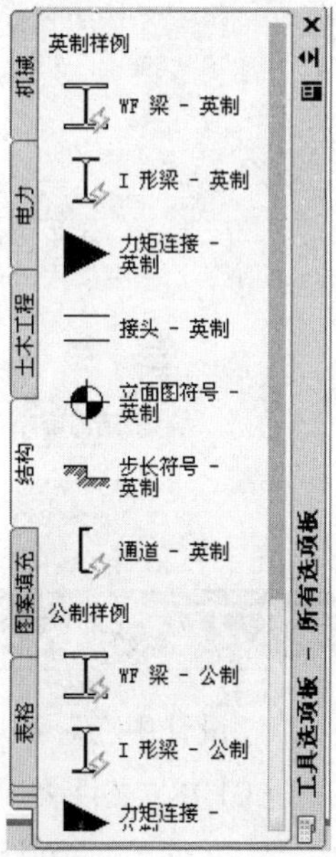

图1-35 工具选项板

调用上述命令后，系统打开“自定义”对话框，如图1-36所示。在“选项板”列表框中右击，打开快捷菜单，如图1-37所示，选择“新建选项板”选项。新建后，用户可以为新建的工具选项板命名，此时，工具选项板中就增加了一个新的选项卡。

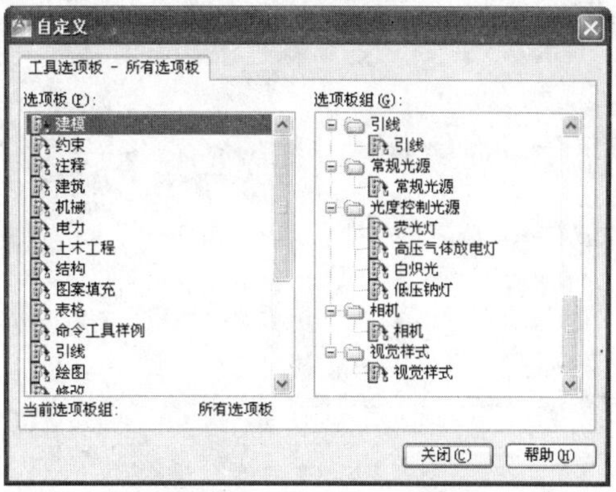

图1-36　“自定义”对话框

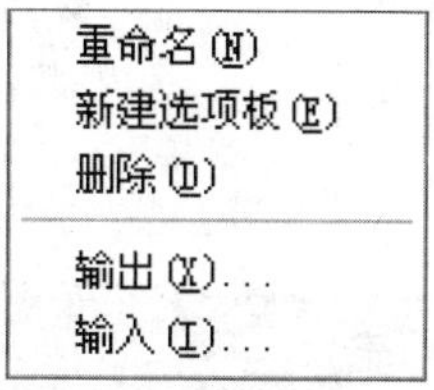

图1-37　快捷菜单

2. 工具选项板与设计中心配合使用

配合设计中心的“文件夹”选项卡，用户可以将任意DWG文件中或已打开图形中的用户块定制到工具选项板；使用“自定义”对话框，可以将这些块工具按多级分组的方式灵活、自由地组织和管理。

1.8 本章小结

本章介绍了AutoCAD 2012的操作界面、基本功能及图形文件管理的基本知识，如模型空间和图纸空间、坐标系和视图控制显示等。在绘图之前，这些知识是必须要了解的，掌握绘图环境的设置和辅助绘图工具的使用是绘图的基本要求。此外，还学习了设计中心的一些知识和具体使用方法，掌握这些具体操作，对今后的学习和工作将有很大的帮助。

1.9 课后练习

（1）新建一个AutoCAD文档。在初始状态下，AutoCAD绘图区域的底色为黑色。打开“选项”对话框，如图1-38所示，单击“颜色”按钮，弹出如图1-39所示的“图形窗口颜色”对话框，将其设置为白色，然后在绘图工作区任意绘制一个图形，如图1-40所示，单击快速访问工具栏中的“保存”按钮。弹出“图形另存为”对话框，在“文件名”文本框中输入文件名，单击“保存”按钮保存文件，如图1-41所示。

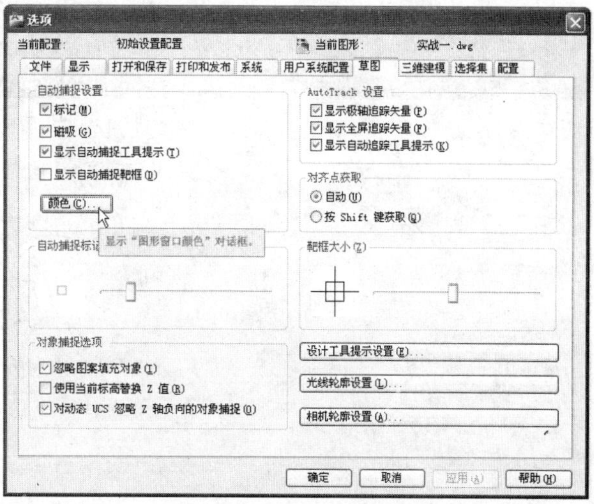

图1-38　“选项”对话框

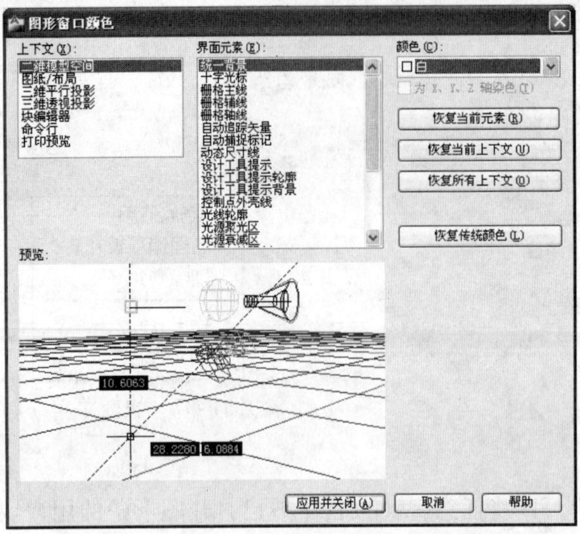

图1-39 “图形窗口颜色”对话框

图1-40 绘制图形

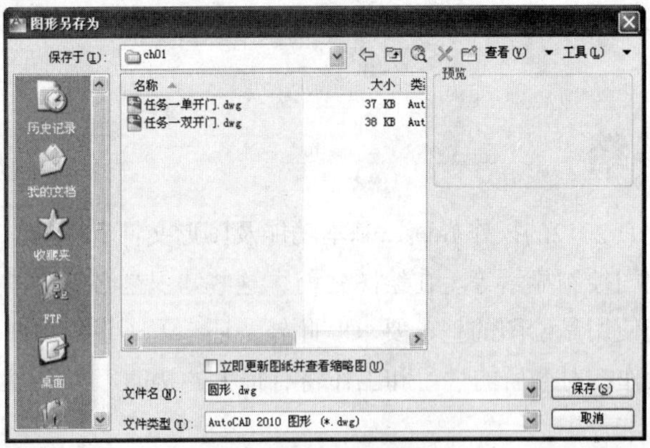

图1-41 保存文件

（2）练习“栅格显示”、“正交模式”、“极轴追踪”及“显示/隐藏线宽”等切换操作，如图1-42所示。

图1-42 状态栏相关操作

第2章 绘制基本二维图形

本章内容提示

在AutoCAD 2012中，使用“绘图”菜单中的命令，可以绘制点、直线、圆、圆弧和多边形等简单二维图形。二维图形对象是整个AutoCAD的绘图基础，因此要熟练地掌握它们的绘制方法和技巧。通过本章的学习，读者应掌握在AutoCAD 2012中绘制二维图形对象的基本方法，包括绘制点对象，直线、射线和构造线，矩形和正多边形，以及圆、圆弧、椭圆和椭圆弧对象的方法。

学习要点

- □ AutoCAD 2012绘制二维图形对象的基本方法
- □ 绘制点对象、直线、射线和构造线
- □ 绘制矩形和正多边形
- □ 绘制圆、圆弧、椭圆和椭圆弧对象
- □ 多段线、多线的使用
- □ 图案填充的使用

“绘图”菜单是绘制图形最基本、最常用的方法，其中包含了AutoCAD 2012的大部分绘图命令。选择该菜单中的命令或子命令，可绘制出相应的二维图形，如图2-1所示。使用“绘图”工具栏中的绘图按钮，也可绘制相应图形，如图2-2所示。“绘图”工具栏中的每个工具按钮都与“绘图”菜单中的绘图命令相对应，是图形化的绘图命令。

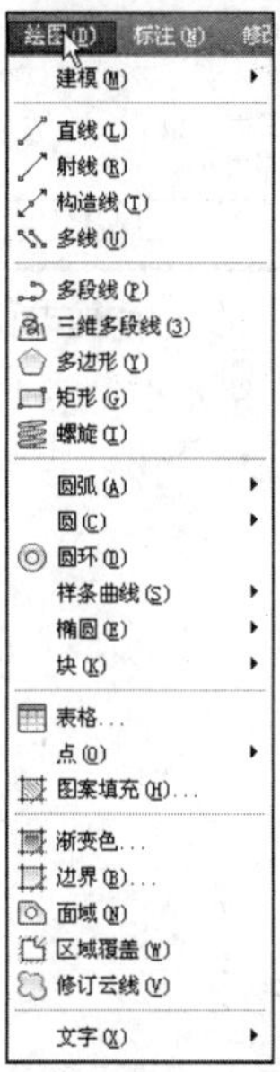

图2-1 “绘图”菜单

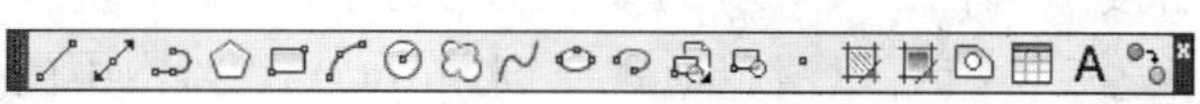

图2-2 “绘图”工具栏

下面对各种绘图命令分别进行详细的介绍。

2.1 点

AutoCAD 2012系统中点的图形样式包括20种，用户可根据自己的需要进行选择。在AutoCAD 2012中，点命令包括单点、多点、定数等分和定距等分4种，可根据不同的需要进行命令调用。

2.1.1 设置点的模式和大小

改变点对象的大小及外观，将会影响所有在图形中已经绘制的点对象，以及所有将绘制的点对象。

改变点对象的大小及外观的具体操作如下：执行“格式”→“点样式”命令，或者在命令行直接输入DDPTYPE，AutoCAD 2012自动弹出“点样式”对话框，如图2-3所示。

该对话框的上部列出了AutoCAD 2012提供的所有的点的显示模式。用户可以根据自己的需要进行选取，如图2-4所示。

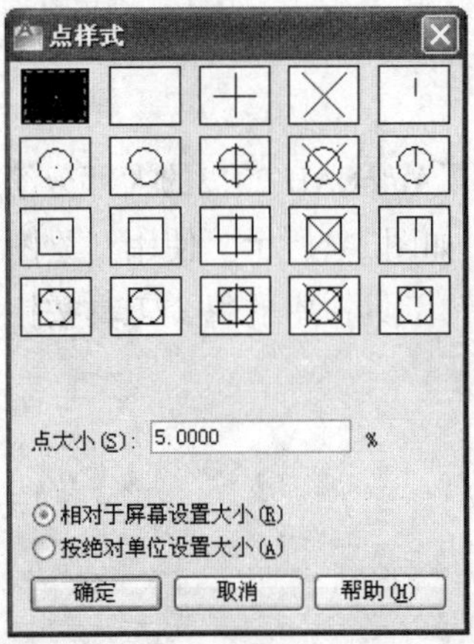

图2-3 “点样式”对话框

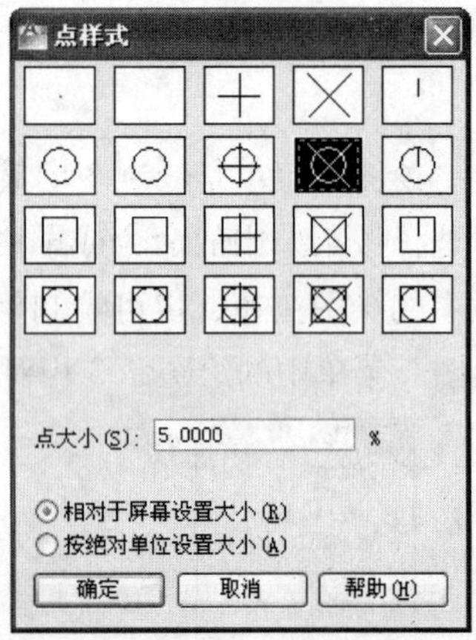

图2-4 改变点的显示模式和大小

至于点的大小，AutoCAD 2012提供了两种模式，一种是“相对于屏幕设置大小”，另外一种就是“按照绝对单位设置大小”。

如果选中前一项，则用户可以在“点大小”文本框中直接输入相对屏幕大小的百分比（如图2-3所示）。

如果用户选择了按照绝对的单位大小进行设置，则可以在“点大小”文本框中直接输入点的大小。

一般情况下，AutoCAD 2012中点的显示是看不出来的，但当按照如图2-4所示的设置修改了点的显示模式和显示大小之后，就可以清楚地观察到AutoCAD 2012中的点了，如图2-5所示。

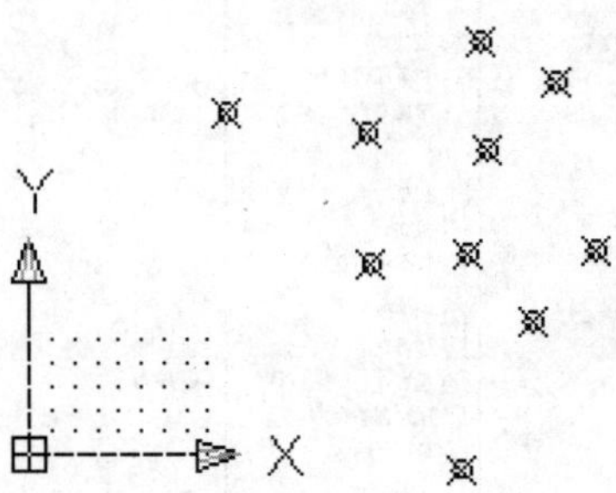

图2-5 点的样式设置后效果

2.1.2　单点和多点

点（Point）又分为单点和多点两种。

1. 绘制单点

可以通过以下3种方法绘制单点：

- 在命令行中输入POINT命令。
- 单击“绘图”工具栏中的“点”按钮[·]。
- 选择“绘图”→“点”→“单点”菜单命令。

命令行提示如下：

命令：_point
当前点模式：PDMODE=35 PDSIZE=40.0000
指定点：

2. 绘制多点

当需要连续绘制很多个点时，可使用多点命令。通过以下3种方法可以绘制多点：

- 在命令行中输入POINT命令。
- 单击“绘图”工具栏中的“点”按钮[·]。
- 选择“绘图”→“点”→“多点”菜单命令。

命令行提示如下：

命令：_point
当前点模式：PDMODE=35 PDSIZE=40.0000
指定点：　　　　　　　　　　　　//连续指定点的位置，也可绘制多点

提示

“绘图”工具栏中的[·]按钮，既可用来绘制单点，也可用来绘制多点。

2.1.3　定数等分点

1. 命令功能

定数等分命令可以在指定的对象上绘制等分点或者在等分点处插入块。

2. 命令调用

实现该命令可通过以下2种方法：

- 在命令行里输入DIVIDE命令。
- 选择“绘图”→“点”→“定数等分”菜单命令。

调用等数等分点命令后，命令行提示：

选择要定数等分的对象：

在屏幕上选择确定的对象即可。

边学边练 003 定数等分

用定数等分命令等分一条曲线，如图2-6所示。

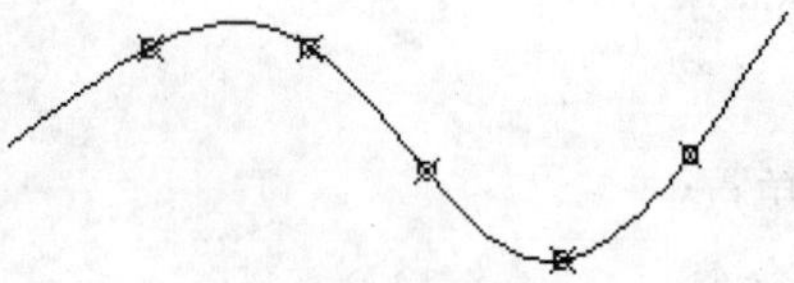

图2-6 定数等分后的曲线

选择“绘图”→“点”→“定数等分”菜单命令，命令行提示“选择要定数等分的对象：”时，用拾取框选择曲线；命令行提示“输入线段数目[或块（B）]”，输入等分数目6。

提示

在命令行“输入线段数目或 [块(B)]:”中，若选择[块(B)]，命令行将有如下提示：

命令：_divide
选择要定数等分的对象：
输入线段数目或 [块(B)]：b
输入要插入的块名：1　　　　//事先定义一个块名为“1”的图块
是否对齐块和对象？[是(Y)/否(N)] <Y>：y　　　　//是否对齐块的区别如图2-7所示
输入线段数目：5

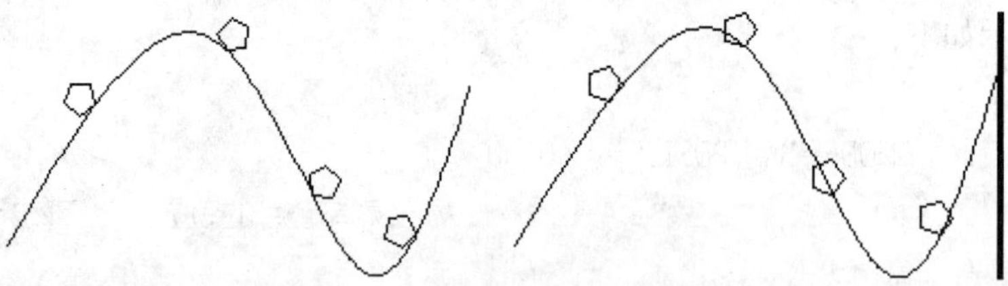

图2-7 定数等分方法插入块

2.1.4 定距等分点

1. 命令功能

定距等分点是指在选定的对象上按指定的长度放置点的标记符合。

2. 命令调用

可以通过以下2种方法绘制定距等分点：

- 选择“绘图”→“点”→“定距等分点”菜单命令。
- 在命令行中输入MEASURE命令。

边学边练 004 定距等分

用定距等分命令等分一矩形，如图2-8所示。命令行提示如下：

命令：measure
选择要定距等分的对象：　　　　//用拾取框选择矩形

指定线段长度或 [块(B)]: 150　　　　//从起点按指定长度放置标记，如图2-8所示

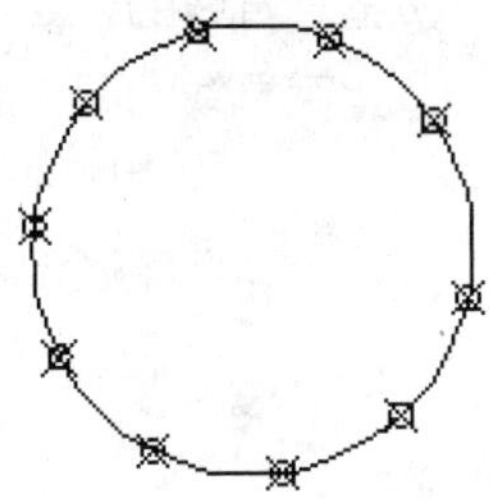

图2-8　定距等分后的圆

注意

在执行定数等分或定距等分命令后，实体对象在等分点处并没有断开，只是作了一个标记符号用于捕捉点。

提示

在进行定数等分之前，可先将点样式更改为一个易于查看的样式，否则将看不到定数等分的效果。

2.2 线

绘制线命令是绘图中常见的命令，可分为直线、构造线和射线、多段线、样条曲线和多线等。

2.2.1 直线

1. 命令功能

直线是各种绘图中最常用、最简单的一类图形对象，只要指定了起点和终点即可绘制一条直线。在AutoCAD中，可以用二维坐标（x,y）或三维坐标（x,y,z）来指定端点，也可以混合使用二维坐标和三维坐标。如果输入二维坐标，AutoCAD将会用当前的高度作为 Z 轴坐标值，默认值为0。在建筑设计中，直线常用于绘制各种轮廓线，是AutoCAD最为常用的一条命令。

2. 命令调用

调用该命令可以通过以下3种方法：

- 在命令行里输入LINE命令。
- 单击“绘图”工具栏上的“直线”按钮。
- 选择“绘图”→“直线”菜单命令。

边学边练 005　直线

绘制一雪松大概轮廓，如图2-9所示。

命令行提示如下：

命令：_line 指定第一点：　　　　　//指定直线的起点

指定下一点或 [放弃(U)]：　　　　　//指定直线的下一点，也可以输入直线的长度

指定下一点或 [放弃(U)]：

指定下一点或 [闭合(C)/放弃(U)]：c　//输入C，可将绘制的直线段闭合，得到如图2-10所示图形

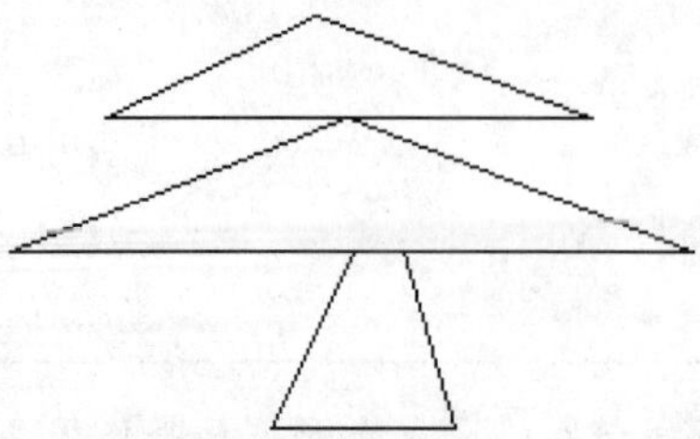

图2-9　雪松轮廓图

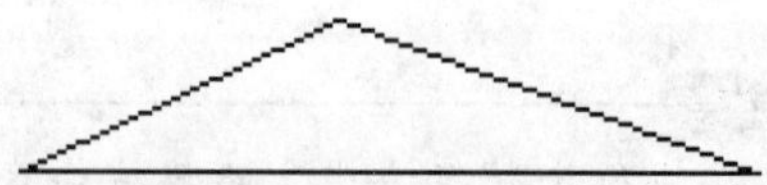

图2-10　直线的绘制

在执行该命令后，可以连续指定下一点绘制出一系列的直线段。重复执行上述命令，即可得到如图2-9所示的图形。

2.2.2　构造线和射线

构造线和射线常用于绘制辅助线，如图2-11所示。

1. 构造线

构造线是一条无限长的直线。可以通过以下3种方法绘制构造线：

- 单击“绘图”工具栏中的“构造线”按钮。
- 选择“绘图”→“构造线”菜单命令。
- 在命令行中输入XLINE命令。

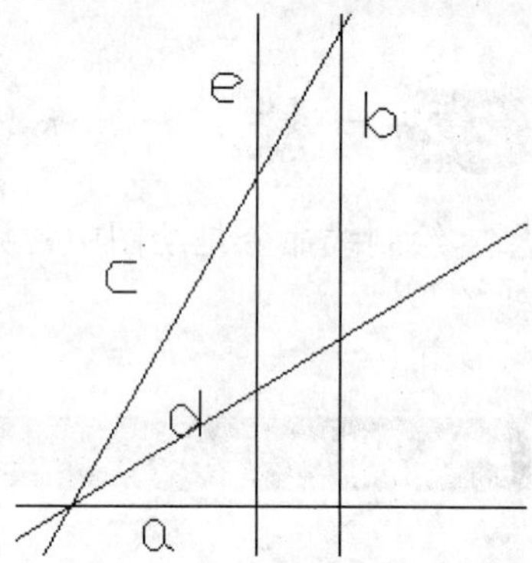

图2-11　构造线的绘制

命令行提示如下：

命令：_xline

指定点或 [水平(H)/垂直(V)/角度(A)/二等分(B)/偏移(O)]：

其中各选项功能如下所示。

- 水平：用于绘制水平构造线，如图2-11所示的构造线a。命令行提示如下：

命令：_xline

指定点或 [水平(H)/垂直(V)/角度(A)/二等分(B)/偏移(O)]：h

指定通过点：　　　　　　　　　　　//指定水平构造线通过的点

- 垂直：用于绘制垂直构造线，如图2-11所示的构造线b。命令行提示如下：

命令：_xline

指定点或 [水平(H)/垂直(V)/角度(A)/二等分(B)/偏移(O)]：v

指定通过点：　　　　　　　　　　　//指定垂直构造线通过的点

- 角度：用于绘制通过指定点与指定直线成一定角度的构造线，如图2-11所示的构造线c。命令行提示如下：

命令: _xline

指定点或 [水平(H)/垂直(V)/角度(A)/二等分(B)/偏移(O)]: a

输入构造线的角度 (0) 或 [参照(R)]: 60　　　　//系统默认参考直线为X轴

指定通过点:　　　　//指定构造线通过的点

- 二等分：用于绘制平分一个角的构造线，如图2-11所示的构造线d。命令行提示如下：

命令: _xline

指定点或 [水平(H)/垂直(V)/角度(A)/二等分(B)/偏移(O)]: b

指定角的顶点:　　　　//指定1点

指定角的起点:　　　　//指定2点，即角的一条边上的任意一点

指定角的端点:　　　　//指定3点，即角的另一条边上的任意一点

指定角的端点:　　　　//单击右键或按Enter键

- 偏移：用于绘制与指定直线平行的构造线，如图2-11所示的构造线e。命令行提示如下：

命令: _xline

指定点或 [水平(H)/垂直(V)/角度(A)/二等分(B)/偏移(O)]: o

指定偏移距离或 [通过(T)] <通过>: 1000　　　　//指定偏移距离

选择直线对象:　　　　//选择偏移对象，选择构造线b

指定向哪侧偏移:　　　　//选择偏移方向，选择向左方向

选择直线对象:　　　　//单击右键或按Enter键

2. 射线

绘制射线的方法和绘制直线基本相同，可以采用下列2种方法进行绘制：

- 在命令行输入RAY命令。
- 选择"绘图"→"射线"菜单命令，如图2-12所示。

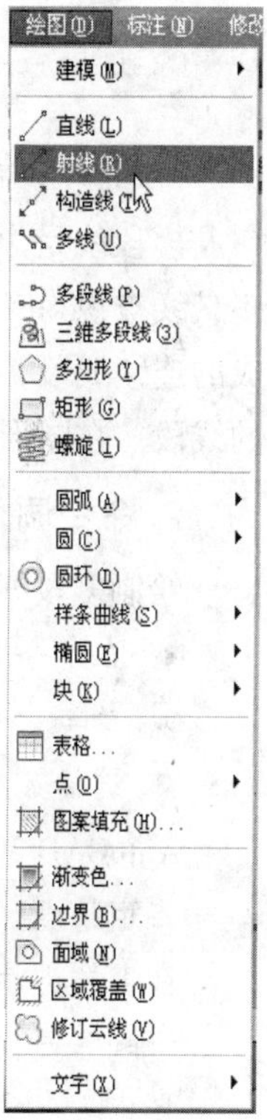

图2-12　选择"射线"命令

边学边练 006　射线

绘制如图2-13所示的射线，命令行提示如下：

命令: _ray

指定起点:　　　　//指定射线起点

指定通过点:　　　　//指定第一条射线通过的点

指定通过点:　　　　//指定第一条射线通过的点

指定通过点:　　　　//指定第一条射线通过的点

指定通过点:　　　　//按Enter键或单击右键

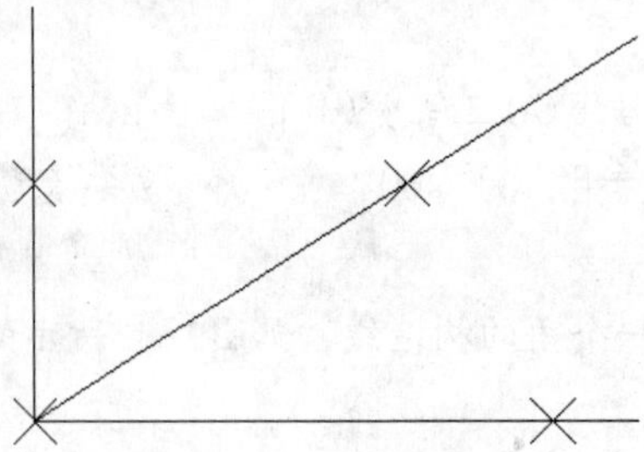

图2-13　绘制射线

2.2.3　多段线

1. 命令功能

多段线是由等宽或者不等宽的直线或圆弧构成的一种特殊的几何对象。在AutoCAD2012中，多义线被视为一个对象，利用多义线编辑命令可以对其进行各种编辑。由直线段及其圆弧线段构成的连续线段，可以将其连接成一条多段线，而一条多段线也可以将其分解成组成它的多条独立的线段。在图形设计的过程当中，多段线为设计操作带来了很多方便。

2. 命令调用

绘制多段线的方法和绘制直线基本相同。也可以采用下列3种方法之一进行绘图：

- 在命令行输入PLINE命令。
- 单击“绘图”工具栏中的“多段线”按钮。
- 选择“绘图”→“多段线”菜单命令。

AutoCAD 2012将会出现如下提示：

指定起点：

在上述提示下，在屏幕上拾取一个点作为多义线的起点，系统会接着提示：

当前线宽为 201.2243

指定下一个点或者[圆弧（A）/半宽（H）/长度（L）/放弃（U）/宽度（W）]:

在上述提示下，当前线宽为201.2243，说明当前所绘多段线线宽为201.2243，各提示项的含义在下面的例子中将一一体现。

边学边练 007　多段线

绘制如图2-14所示的图形，命令行提示如下：

命令：_pline

指定起点：

当前线宽为 2.0000

指定下一个点或 [圆弧(A)/半宽(H)/长度(L)/放弃(U)/宽度(W)]:　　　//指定下一个点

指定下一点或 [圆弧(A)/闭合(C)/半宽(H)/长度(L)/放弃(U)/宽度(W)]: h　//设定半宽

指定起点半宽 <1.0000>: 2　　　//设定线的半宽为2

指定端点半宽 <2.0000>:

指定下一点或 [圆弧(A)/闭合(C)/半宽(H)/长度(L)/放弃(U)/宽度(W)]:　　//指定下一点

指定下一点或 [圆弧(A)/闭合(C)/半宽(H)/长度(L)/放弃(U)/宽度(W)]: a　//选择圆弧命令

指定圆弧的端点或[角度(A)/圆心(CE)/闭合(CL)/方向(D)/半宽(H)/直线(L)/半径(R)/第二个点(S)/放弃(U)/宽度(W)]:　　//指定圆弧的端点

指定圆弧的端点或[角度(A)/圆心(CE)/闭合(CL)/方向(D)/半宽(H)/直线(L)/半径(R)/第二个点(S)/放弃(U)/宽度(W)]:　　//选择直线命令，绘制直线

指定下一点或 [圆弧(A)/闭合(C)/半宽(H)/长度(L)/放弃(U)/宽度(W)]:

指定下一点或 [圆弧(A)/闭合(C)/半宽(H)/长度(L)/放弃(U)/宽度(W)]: w

//分别设置起点与中点的宽度

指定起点宽度 <4.0000>:

指定端点宽度 <39.7101>:

指定下一点或 [圆弧(A)/闭合(C)/半宽(H)/长度(L)/放弃(U)/宽度(W)]:　　//指定下一点

指定下一点或 [圆弧(A)/闭合(C)/半宽(H)/长度(L)/放弃(U)/宽度(W)]:

指定下一点或 [圆弧(A)/闭合(C)/半宽(H)/长度(L)/放弃(U)/宽度(W)]:

指定下一点或 [圆弧(A)/闭合(C)/半宽(H)/长度(L)/放弃(U)/宽度(W)]:

指定下一点或 [圆弧(A)/闭合(C)/半宽(H)/长度(L)/放弃(U)/宽度(W)]: w　//改变起点与中点宽度

指定起点宽度 <56.2560>:

指定端点宽度 <0.0000>:

指定下一点或 [圆弧(A)/闭合(C)/半宽(H)/长度(L)/放弃(U)/宽度(W)]:

指定下一点或 [圆弧(A)/闭合(C)/半宽(H)/长度(L)/放弃(U)/宽度(W)]: c　//按Enter键，得到如图2-14所示图形

在绘制多段线之前，可以确定多段线是否填充。可以通过Fill命令来实现，如果Fill模式设为on（打开），则填充多义线，如图2-15所示。如果Fill模式设为OFF（关闭），则不填充多义线，如图2-16所示。

图2-14　多段线

图2-15　多段线填充后效果图

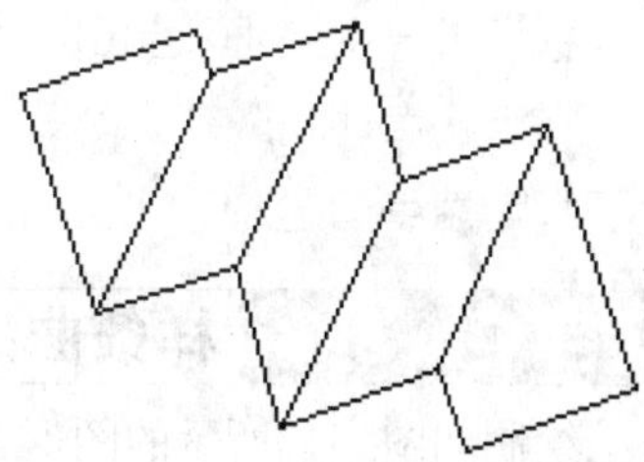

图2-16　不填充多段线后的效果

3. 编辑多段线

多段线是作为一个整体进行编辑的。可以通过以下2种方法编辑多段线：

- 在命令行中输入PEDIT命令。
- 选择“修改”→“对象”→“多段线”菜单命令。

命令行提示如下：

命令: _pedit

选择多段线或 [多条(M)]:

输入选项 [闭合(C)/合并(J)/宽度(W)/编辑顶点(E)/拟合(F)/样条曲线(S)/非曲线化(D)/线型生成(L)/放弃(U)]:

其中各选项含义如下所示。

- 闭合：用来闭合多段线。当多段线是闭合时，该选项为“打开”。
- 合并：用来合并与多段线相交的非多段线对象。
- 宽度：用来修改多段线的宽度。
- 编辑顶点：用来编辑多段线的相邻顶点。
- 拟合：用来创建圆弧平滑曲线拟合多段线。
- 样条曲线：用样条曲线拟合多段线。
- 非曲线化：拉直多段线，使多段线顶点和切线方向不改变。
- 线型生成：通过顶点生成连续线型。
- 放弃：取消操作。

2.2.4 样条曲线

样条曲线用来绘制光滑的曲线，在建筑设计中，经常用来绘制小路、纹理图案等。可以通过以下3种方法绘制样条曲线：

- 在命令行中输入SPLINE命令。
- 单击“绘图”工具栏中的“样条曲线”按钮。
- 选择“绘图”→“样条曲线”菜单命令。

命令行提示如下：

```
命令: _spline
指定第一个点或 [对象(O)]:                          //指定起点
指定下一点:                                        //指定端点
指定下一点或 [闭合(C)/拟合公差(F)] <起点切向>:     //单击右键或按Enter键
指定起点切向:                                      //指定起点切向方向
指定端点切向:                                      //指定端点切向方向
```

边学边练 008 样条曲线

绘制如图2-17所示的图形，命令行提示如下：

```
命令: _spline
指定第一个点或 [对象(O)]:                          //指定起点
指定下一点:                                        //指定端点
指定下一点或 [闭合(C)/拟合公差(F)] <起点切向>:     //指定下一点
指定下一点或 [闭合(C)/拟合公差(F)] <起点切向>:     //指定下一点
指定下一点或 [闭合(C)/拟合公差(F)] <起点切向>:     //指定样条曲线1最后一点
指定下一点或 [闭合(C)/拟合公差(F)] <起点切向>:     //按Enter键，完成样条曲线1
命令: _copyclip 找到 1 个                          //复制样条曲线1
```

```
命令: _pasteclip 指定插入点:          //指定复制的曲线的插入位置，得到样
                                       条曲线2
命令: _line 指定第一点:               //绘制直线，指定起点
指定下一点或 [放弃(U)]:               //指定下一点
指定下一点或 [放弃(U)]:               //按Enter键，得到直线3
命令: _line 指定第一点:               //指定起点
指定下一点或 [放弃(U)]:
指定下一点或 [放弃(U)]:               //按Enter键得到直线4
命令: _line 指定第一点:
指定下一点或 [放弃(U)]:
指定下一点或 [闭合(C)/放弃(U)]:       //按Enter键得到直线5
命令: _line 指定第一点:               //绘制条纹
指定下一点或 [放弃(U)]:
指定下一点或 [放弃(U)]:               //单击右键或按Enter键
命令: _line 指定第一点:               //绘制条纹
指定下一点或 [放弃(U)]:
指定下一点或 [放弃(U)]:               //单击右键或按Enter键
命令: _line 指定第一点:               //绘制条纹
指定下一点或 [放弃(U)]:
指定下一点或 [放弃(U)]:               //单击右键或按Enter键，完成如图
                                       2-17所示的样条曲线
```

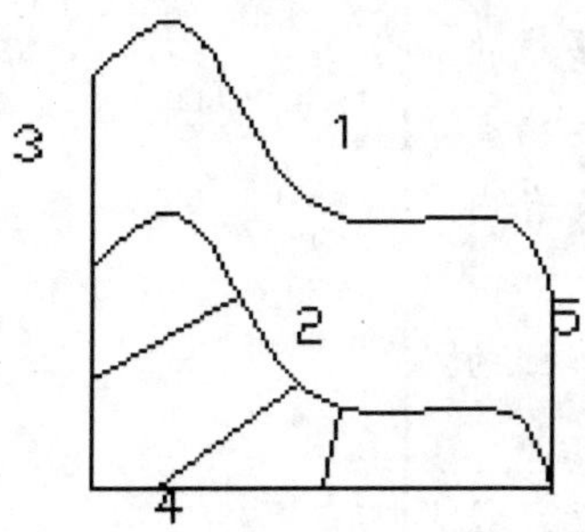

图2-17　样条曲线

2.2.5　多线

多线对象是由1~16条平行线组成，这些平行线称为元素。要修改多线及其元素，可以使用通用编辑命令、多线编辑命令和多线样式。

创建一个多线样式的操作步骤如下：

01 选择“格式”→“多线样式”菜单命令，或在命令行中输入MLSTYLE按Enter键，弹出“多线样式”对话框，如图2-18所示。

在该对话框中，可以对当前多线样式进行修改。单击“加载”按钮，可以将预先设置的多线样式进行加载，单击“保存”按钮，可以将设置好的多线样式进行保存。

02 在“多线样式”对话框中，单击“新建”按钮，弹出“创建新的多线样式”对话框，在“新样式名”中输入新样式的名称，如图2-19所示。

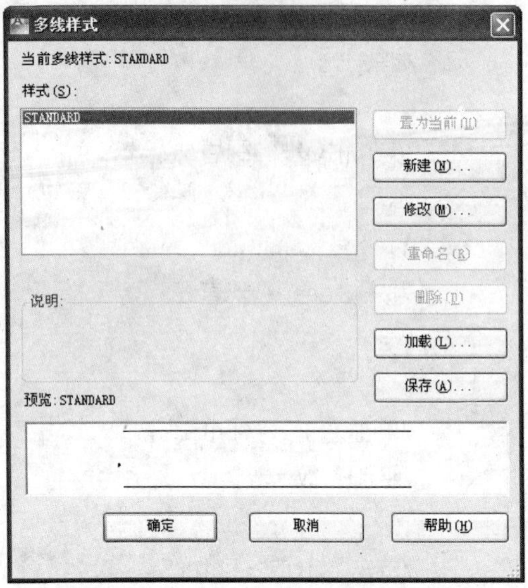

图2-18 “多线样式”对话框

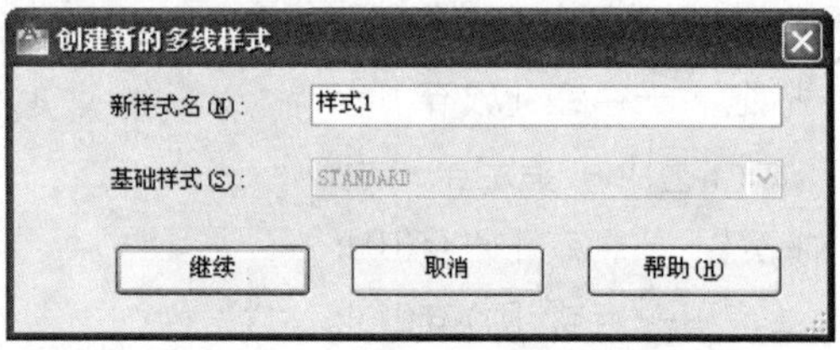

图2-19 “创建新的多线样式”对话框

03 单击“继续”按钮，弹出“新建多线样式：样式1”对话框，如图2-20所示。

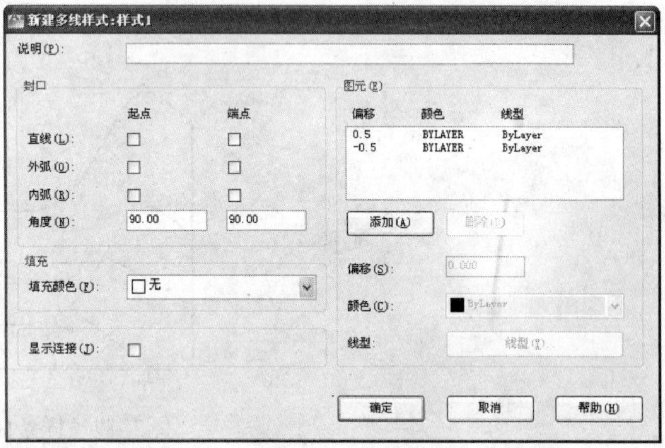

图2-20 “新建多线样式：样式1”对话框

- 在“说明”文本框中可以输入多线样式的简要说明。
- 在“封口”选项组中设置多线的封口角度，多线的起点和端点可以设置为直线、外弧或者内弧封口。
- 在“填充”选项组中设置多线的填充颜色。
- 设置“显示连接”复选框，控制每条多线线段定点处连接的显示。
- 在“图元”选项组中可添加元素或者删除元素。

04 单击“确定”按钮，则可结束新建多线样式的过程。

提示

在“新建多线样式”对话框中，可以在“说明”文本框中输入对多线样式的说明；在“封口”选项组中选择起点和终点的闭合形式，有直线、外弧和内弧3种形式，如图2-21所示，其中内弧封口必须由4条及4条以上的直线组成。

图2-21　3种封口形式

1. 绘制多线

可以通过以下2种方法绘制多线：

- 在命令行中输入MLINE命令。
- 选择“绘图”→“多线”菜单命令。

命令行提示如下：

命令：_mline

当前设置：对正 = 上，比例 = 20.00，样式 = STANDARD

指定起点或 [对正(J)/比例(S)/样式(ST)]:

指定下一点:

指定下一点或 [放弃(U)]:

其中各选项含义如下所示。

- 指定起点：在此提示下，要求输入多重线的起始点，这是系统的默认选项。选择该选项，即可确定多线的起始位置，系统将按默认的样式、比例和对正方式绘制多线，并且给出如下提示：

指定下一点：

上述提示要求输入多线的下一个端点，确定端点后系统会进一步提示：

指定下一点或[放弃（U）]：

上述提示要求输入多线的下一个端点或撤销，确定端点后系统会进一步提示：

指定下一点或[闭合（C）/放弃（U）]：

上述提示要求输入多线的下一个端点或闭合多重线或撤销，用户可以直接按Enter键结束命令，也可以继续绘图。

边学边练 009　绘制多线

绘制如图2-22所示的多线的命令行提示如下：

命令：mline

当前设置：对正 = 上，比例 = 20.00，样式 = 样式1

指定起点或 [对正(J)/比例(S)/样式(ST)]:　400,200

指定下一点:　312

指定下一点或 [放弃(U)]:

指定下一点或 [闭合(C)/放弃(U)]:

指定下一点或 [闭合(C)/放弃(U)]:

指定下一点或 [闭合(C)/放弃(U)]: c　　　　//按Enter键或单击右键

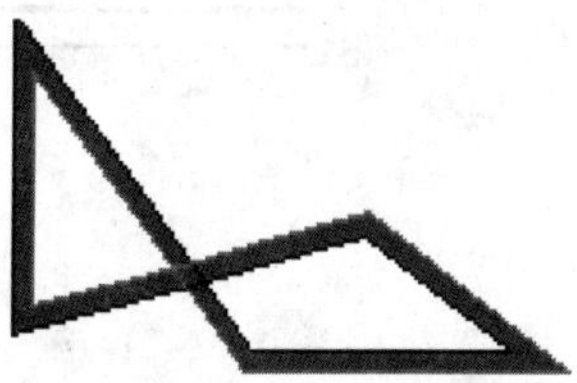

图2-22　绘制简单的多线

自我强化 绘制门窗框架

绘制如图2-23所示的门窗框架，命令行提示如下：

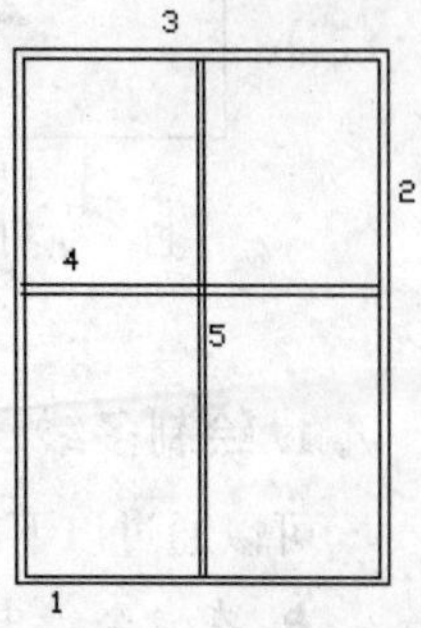

图2-23 门窗框架

```
命令: mline                                    //执行多线命令
当前设置: 对正 = 上, 比例 = 20.00, 样式 = STANDARD
指定起点或 [对正(J)/比例(S)/样式(ST)]:          //指定多线起点
指定下一点:                                    //指定下一点1
指定下一点或 [放弃(U)]:                        //指定下一点2
指定下一点或 [闭合(C)/放弃(U)]:                //指定下一点3
指定下一点或 [闭合(C)/放弃(U)]:  c             //按Enter键完成第一步
                                              //绘制
命令: mline                                    //绘制多线
当前设置: 对正 = 上, 比例 = 20.00, 样式 = STANDARD
指定起点或 [对正(J)/比例(S)/样式(ST)]:          //指定起点
指定下一点:                                    //指定端点
指定下一点或 [放弃(U)]:                        //按Enter键，完成多线4的绘制

命令: mline                                    //绘制多线5
当前设置: 对正 = 上, 比例 = 20.00, 样式 = STANDARD
指定起点或 [对正(J)/比例(S)/样式(ST)]:
指定下一点:
指定下一点或 [放弃(U)]:                        //按Enter键，完成多线5的绘制
```

- 对正(J)：选中该项后，系统确定多线的对正方式。系统继续提示：

输入对正类型[上（T）/无（Z）/下（B）]:

其中各选项的含义如下所示。

  - 上（T），选择该选项后，表示在从左到右绘制多线时，多重线顶端的线条随光标移动。
  - 无（Z），选择该选项后，表示在绘制多线时，多线的中线随光标移动。
  - 下（B），选择该选项后，表示在从左到右绘制多线时，多线底端的线条随光标移动。如图2-24所示为3种对正方式。

图2-24 多线的对正方式

- 比例(S)：选择该选项后，系统要求指定多线的宽度相对于定义宽度的比例因子，此比例不影响多线的线型比例。选择比例（S）项后，系统进一步提示：

输入多线比例<20.00>:

在上述提示下，输入多线的比例后按Enter键，则系统返回提示：

指定起点或 [对正(J)/比例(S)/样式(ST)]:

- 样式(ST)：选择该选项后，系统要求指定多重线的样式。在默认情况下，系统采用多线STANDARD(标准)样式。选择样式（ST）后，系统进一步提示：

输入多重线的样式名称或[?]:

在上述提示下，可以直接输入多线样式的名字，也可以输入“?”显示已经存在的多线样式。

2. 编辑多线

通过“多线编辑工具”对话框可以进行多线的编辑。可以通过以下3种方法编辑多线：

- 在命令行中输入MLEDIT命令。
- 选择“修改”→“对象”→“多线”菜单命令。
- 鼠标双击相交的多线。

弹出“多线编辑工具”对话框，如图2-25所示。在该对话框中，有12种图标可进行选择。

> **注意**
>
> 通过“多线编辑工具”对话框编辑多线时，多线必须是相交的。

可以通过“多线编辑工具”对话框对图2-23进行多线编辑，结果如图2-26所示，其中用到“十字”合并和“T形”两种工具。

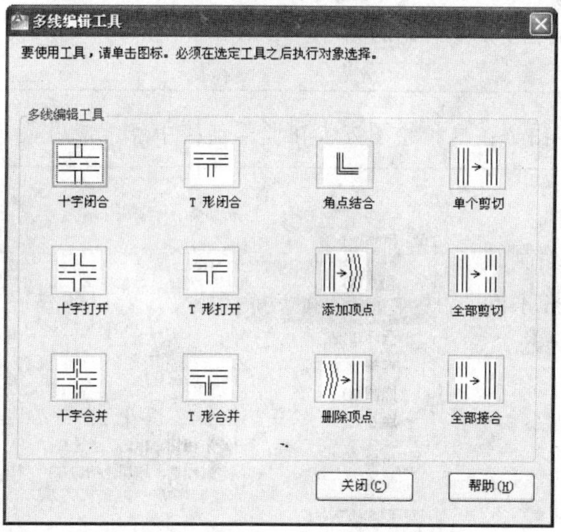

图2-25 “多线编辑工具”对话框

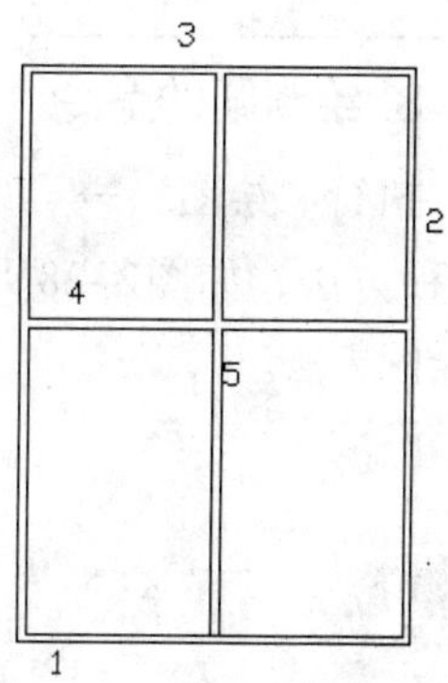

图2-26 编辑后的多线

2.3 圆

AutoCAD提供了多种画圆方式，用户可以根据需要选择不同的画圆的方法。

1. 命令调用

可以通过以下3种方法绘制圆：

- 在命令行中输入CIRCLE命令。
- 单击“绘图”工具栏中的“圆”按钮。

- 选择“绘图”→“圆”菜单命令。

命令行提示如下：

命令：_circle

指定圆的圆心或［三点(3P)/两点(2P)/相切、相切、半径(T)]:

指定圆的半径或［直径(D)]:

2. 选项含义

- 三点（3P）：根据3点画圆。依次输入3个点来确定一个圆。
- 两点（2P）：根据两点画圆。依次输入两个点来画一个圆，两点间的距离即为圆的直径。
- 相切、相切、半径（T）：画与两个对象相切且半径已知的圆。选择此选项后，根据命令行提示，指定相切对象并给出半径，既可画出一个圆。如图2–27所示为指定不同相切对象而画出的圆。

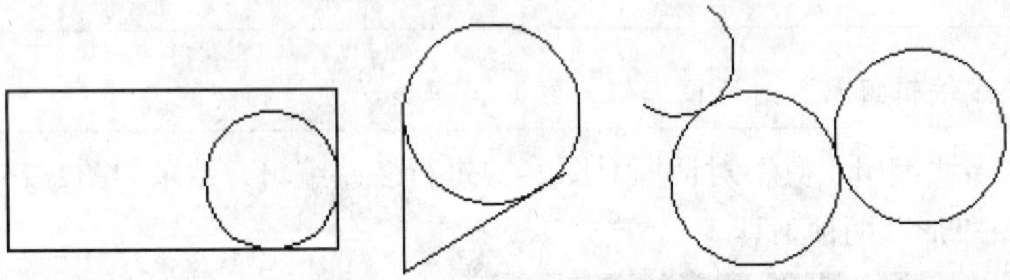

图2–27　指定不同相切对象绘制的圆

> **提示**
> 相切对象可以是直线、圆、圆弧、椭圆等图形，这种绘图方式在圆弧连接中经常使用。

3. 绘制圆的命令

执行“绘图”→“圆”菜单命令，显示出绘制圆的6种方法，如图2–28所示，可以根据需要选择不同的绘图方法。

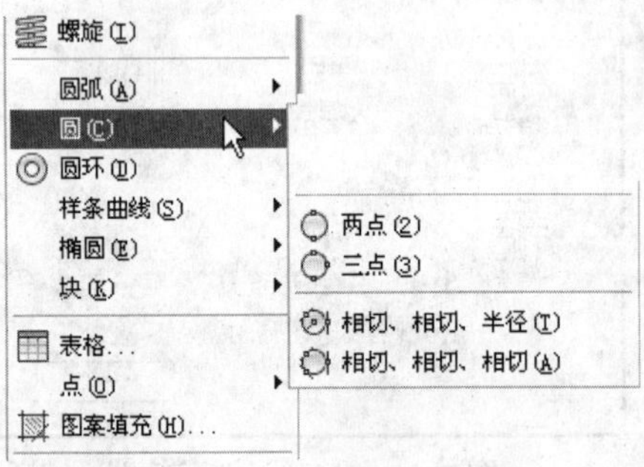

图2–28　绘制圆的菜单命令

2.4 圆环

绘制圆环有如下2种方法：

- 选择“绘图”→“圆环”菜单命令。
- 在命令行中输入DONUT（缩写为DO）命令。

若在命令行中输入命令，命令行提示如下：

命令：_donut

指定圆环的内径 <0.5000>:

指定圆环的外径 <1.0000>:

指定圆环的中心点或 <退出>:

若指定圆环的内径设为0，圆环将变为一个实心圆，如图2–29所示。

图2–29　绘制圆环

2.5 圆弧

绘制圆弧有如下3种方法：

- 单击“绘图”工具栏中的“圆弧”按钮。
- 选择“绘图”→“圆弧”菜单命令。
- 在命令行中输入ARC命令。

下面分别介绍几种绘制圆弧的方法，如图2-30所示。

- 三点：通过给定的3个点绘制圆弧，此时应指定圆弧的起点、通过的第二个点和端点。

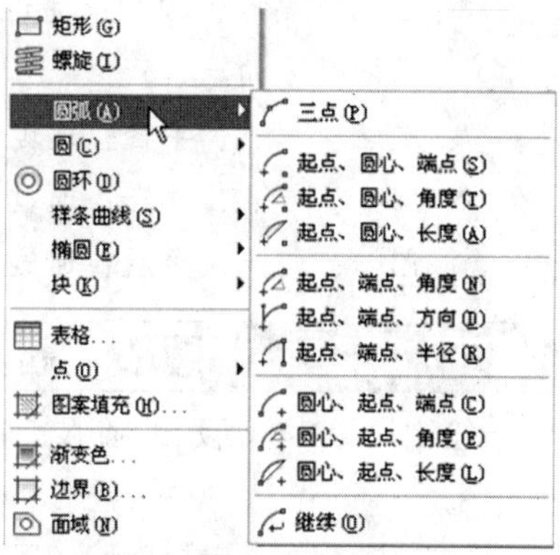

图2-30 绘制圆弧菜单命令

边学边练 010 三点绘制圆弧

绘制如图2-31所示的圆弧，命令行提示如下：

命令：_arc

指定圆弧的起点或 [圆心(C)]: //指定第一个点

指定圆弧的第二个点或 [圆心(C)/端点(E)]: //指定第二个点

指定圆弧的端点: //指定第三个点

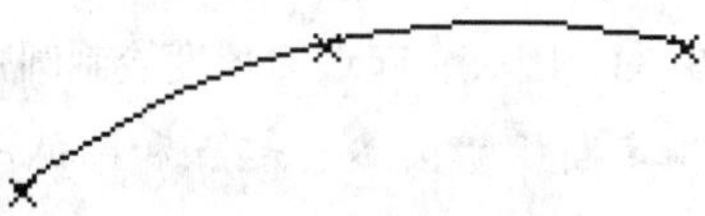

图2-31 三点绘制圆弧

- 起点、圆心、端点：通过指定圆弧的起点，圆心和端点来绘制圆弧。

边学边练 011 起点、圆心、端点绘制圆弧

绘制如图2-32所示的圆弧，命令行提示如下：

命令：_arc

指定圆弧的起点或 [圆心(C)]: //指定圆弧起点1

指定圆弧的第二个点或 [圆心(C)/端点(E)]: c

指定圆弧的圆心: //指定圆弧圆心2

指定圆弧的端点或 [角度(A)/弦长(L)]: //指定端点3，若端点不在圆周上，则圆弧的端点在圆心2和指定点3的连线上。

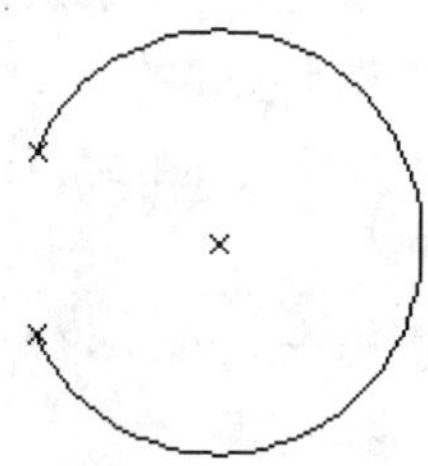

图2-32 起点、圆心、端点绘制圆弧

- 起点、圆心、角度：通过指定圆弧的起点、圆心和圆弧对应的角度来确定圆弧。

> **注意**
>
> 角度的设置系统默认以X轴为基准线，逆时针方向为正。

- 起点、圆心、长度：通过指定圆弧的起点、圆心和两个端点之间的长度来绘制圆弧。
- 起点、端点、角度：通过指定圆弧的起点、端点和圆弧对应的角度来绘制圆弧。

- 起点、端点、方向：通过指定圆弧的起点、端点和方向来确定圆弧。方向是指圆弧起点的切线方向。
- 起点、端点、半径：通过指定圆弧的起点、端点和两个端点之间的角度来绘制圆弧。
- 圆心、起点、端点：通过指定圆弧的圆心、起点和端点来绘制圆弧。
- 圆心、起点、角度：通过指定圆弧的圆心、起点和圆弧所对应的角度来绘制圆弧。

边学边练 012 圆心、起点、角度绘制圆弧

绘制如图2-33所示的圆弧，命令行提示如下：

```
命令：_arc
指定圆弧的起点或 [圆心(C)]: _c 指定圆弧的圆心:          //指定圆心
指定圆弧的起点:                                          //指定圆弧起点
指定圆弧的端点或 [角度(A)/弦长(L)]: _a 指定包含角:112    //指定角度
```

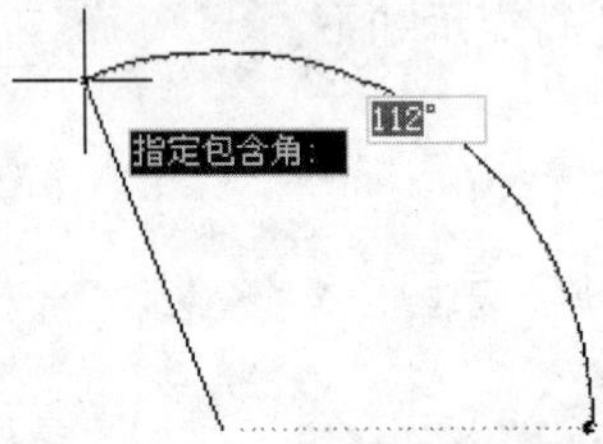

图2-33 圆心、起点、角度绘制圆弧

- 圆心、起点、长度：通过指定圆弧的圆心、起点和圆弧所对应的长度来绘制圆弧。

自我强化 窗格

绘制如图2-28所示的窗格，命令行提示如下：

```
命令：arc                                  //绘制圆弧a
指定圆弧的起点或 [圆心(C)]:                 //指定圆弧起点
指定圆弧的第二个点或 [圆心(C)/端点(E)]:     //指定第二个点
指定圆弧的端点:                             //指定圆弧端点

命令：line                                 //绘制直线
指定第一点:                                 //在屏幕上指定直线的第一点
指定下一点或 [放弃(U)]:                     //指定下一点
指定下一点或 [放弃(U)]:                     //指定下一点
指定下一点或 [闭合(C)/放弃(U)]:
指定下一点或 [闭合(C)/放弃(U)]:
指定下一点或 [闭合(C)/放弃(U)]:             //按Enter键
命令：line                                 //绘制直线b
指定第一点:
指定下一点或 [放弃(U)]:
指定下一点或 [放弃(U)]:                     //按Enter键
```

采用同样方法绘制其他直线和窗格外边缘，可得到如图2-34所示的窗格。

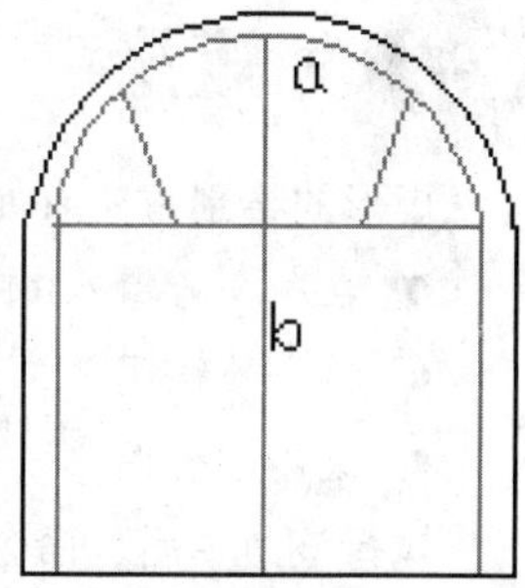

图2-34　利用圆弧绘制窗格

2.6 椭圆和椭圆弧

1. 命令功能

椭圆命令可以绘制任意形状的椭圆和椭圆弧图形。

2. 命令调用

可以使用以下3种方法绘制椭圆和椭圆弧：

- 在命令行里输入ELLIPSE命令。
- 单击“绘图”工具栏上的“椭圆”按钮或“椭圆弧”按钮。
- 选择“绘图”→“椭圆”菜单命令。

当在命令行输入ELLIPSE和单击工具栏上的“椭圆”按钮时，命令行会出现提示：

指定椭圆的轴端点或[圆弧（A)/中心点（C)]:

直接指定端点则画椭圆，输入a则进行椭圆弧绘制。

当直接单击时，命令行会出现提示：

指定椭圆弧的轴端点或[中心点（C)]:

可直接绘制椭圆弧。

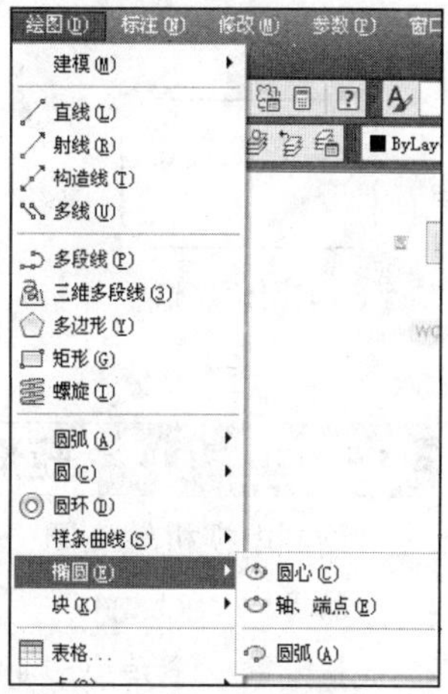

图2-35　椭圆菜单

打开“绘图”→“椭圆”子菜单，是画椭圆的两种方法和椭圆弧命令，如图2-35所示。

- “圆点（C）”是指先指定椭圆的中心点，再指定一条轴的轴端点和另一条轴的长度。
- “轴、端点（E）”是指先指定一条轴的两端点，再指定另一条轴的长度，如图2-36所示。命令行提示如下：

命令: _ellipse　　//轴、端点方式绘制椭圆
指定椭圆的轴端点或 [圆弧(A)/中心点(C)]: 300,1000　　//指定椭圆轴的端点
指定轴的另一个端点:　　//指定另一个轴端点
指定另一条半轴长度或 [旋转(R)]: 500　　//指定另一半长轴长度

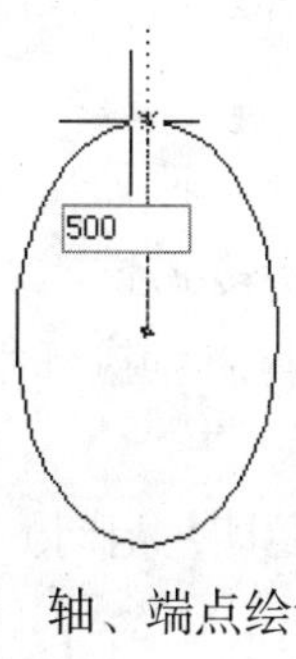

图2-36　轴、端点绘制椭圆

2.7 矩形

矩形的绘制方法有如下3种：

- 在命令行输入RECTANG命令。
- 单击“绘图”工具栏中的“矩形”按钮□。
- 选择“绘图”→“矩形”菜单命令。

执行该命令后，命令行提示：

```
指定第一个角点或 [倒角(C)/标高(E)/圆角(F)/厚度(T)/宽度(W)]:
```

其中有5项参数的设置，可根据需要选择相应的命令。如图2-37所示是分别执行不同命令后绘制出的图形。

（a）倒角矩形　（b）圆角矩形　（c）宽度矩形　（d）带厚度的矩形

图2-37　各种形式的矩形

边学边练 013 矩形

绘制电视机轮廓图，命令行提示如下：

```
命令: _rectang                                              //绘制矩形1
指定第一个角点或 [倒角(C)/标高(E)/圆角(F)/厚度(T)/宽度(W)]: 600,1000
指定另一个角点或 [面积(A)/尺寸(D)/旋转(R)]: @1000,-700        //指定第二个点的位置
命令: rectang                                               //绘制矩形2
指定第一个角点或 [倒角(C)/标高(E)/圆角(F)/厚度(T)/宽度(W)]: f  //执行圆角命令
指定矩形的圆角半径 <0.0000>: 10                              //指定圆角半径10
指定第一个角点或 [倒角(C)/标高(E)/圆角(F)/厚度(T)/宽度(W)]: 700,857
指定另一个角点或 [面积(A)/尺寸(D)/旋转(R)]:                   //指定矩形2的另一个角点
命令: rectang                                               //绘制电视矩形按钮3
当前矩形模式:  圆角=10.0000
指定第一个角点或 [倒角(C)/标高(E)/圆角(F)/厚度(T)/宽度(W)]: f  //执行圆角命令
指定矩形的圆角半径 <10.0000>: 0                              //设置圆角半径为0
指定第一个角点或 [倒角(C)/标高(E)/圆角(F)/厚度(T)/宽度(W)]:    //指定矩形第一点
指定另一个角点或 [面积(A)/尺寸(D)/旋转(R)]:                   //指定第二点
```

用“复制”命令复制出多个矩形按钮。继续执行命令：

```
命令: _circle
指定圆的圆心或 [三点(3P)/两点(2P)/相切、相切、半径(T)]:         //画圆形按钮
指定圆的半径或 [直径(D)]:                                     //指定圆的半径
```

用“复制”命令复制出其他两个按钮。最后用“圆弧”和“直线”命令画出天线，即可得到如图2–38所示的电视图形。

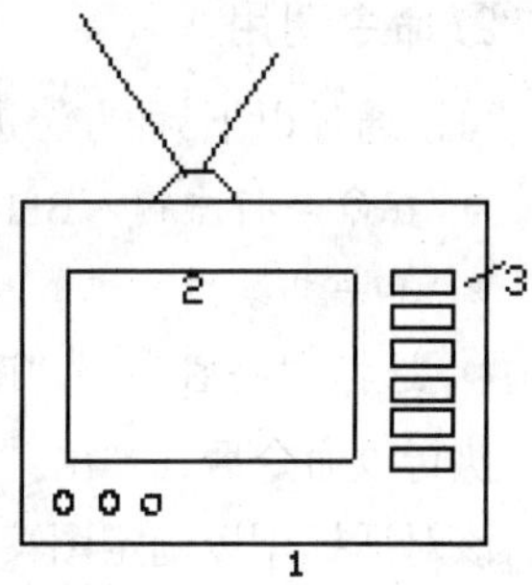

图2–38　用矩形绘制的电视图型

2.8 正多边形

1. 命令功能

多边形是指在一个平面内由3条以上直线段构成的几何图形。在建筑图中，常常将三角形、四边形、五边形、六边形和八边形作为符号和图素。

2. 命令调用

可通过以下2种方法绘制多边形：

- 在命令行中输入POLYGON命令。
- 选择“绘图”→“正多边形”菜单命令。

边学边练 014　正多边形

绘制如图2–39所示的矩形，命令行提示如下：

命令：polygon　　//绘制矩形命令

输入边的数目 <6>:　　//输入矩形的边数，这里保持默认值为6

指定正多边形的中心点或 [边(E)]: <对象捕捉 开>　　//激活捕捉到圆心

输入选项 [内接于圆(I)/外切于圆(C)] <I>:　　//选择内接于圆

指定圆的半径:　　//指定圆的半径，得到如图2–39所示图形。

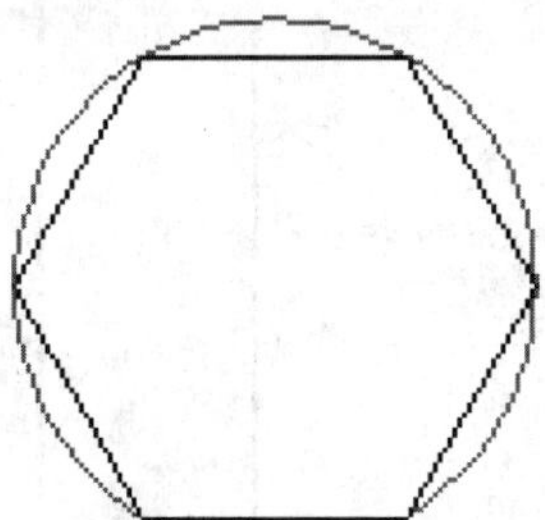

图2–39　正多边形

2.9 图案填充

在建筑设计绘图中，设计者需要在某些区域填入某种图案，这种操作称为图案填充。图案填充经常用于在剖视图中表达对象的材料类型，从而增加图形的可读性。

1. 命令功能

在建筑设计中，如建筑室内地面的详细构造、建筑立面装饰材料等，都需要图案填充来完成。

2. 命令调用

可以通过以下3种方法进行图案填充：

- 在命令行中输入BHATCH命令。
- 单击“绘图”工具栏中的“图案填充”按钮。
- 选择“绘图”→“图案填充”菜单命令。

执行该命令后，弹出“图案填充和渐变色”对话框，如图2-40所示。

该对话框用以确定图案填充时的填充图案、填充边界以及填充方式等内容。对话框中有“图案填充”和“渐变色”两个选项卡。

（1）“图案填充”选项卡

该选项卡用于进行与填充图案有关的快速设置。

- “类型”下拉列表框：确定填充图案的类型，可通过下拉列表在“预定义”、“用户定义”和“自定义”之间选择，其中 “预定义”表示将使用AutoCAD提供的图案进行填充；“用户定义”表示用户将临时定义填充图案，该图案由一组平行线或相互垂直的两组平行线组成（即交叉线）；“自定义”则表示将选用用户事先定义好的图案进行填充。
- “图案”下拉列表框：当在“类型”下拉列表选择“预定义”填充图案类型时，该下拉列表用于确定具体的填充图案。用户可以从“图案”下拉列表进行选择，也可以单击右边的按钮，从弹出的“填充图案选项板”对话框（如图2-41所示）中选择。

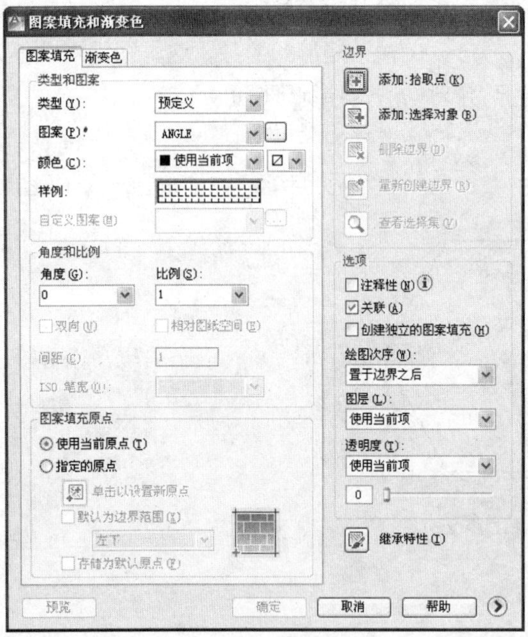

图2-40 “图案填充和渐变色”对话框

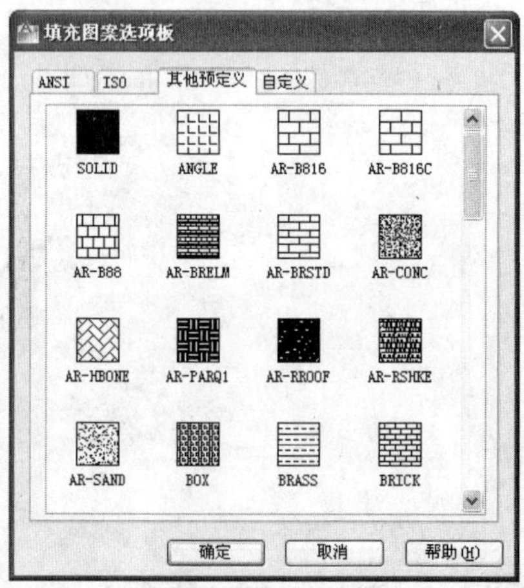

图2-41 “填充图案选项板”对话框

- “样例”下拉列表框：显示当前所使用填充图案的图案样式。单击“样例”框中的图案，AutoCAD也会弹出类似于图2-41所示的对话框，供用户选择图案。
- “自定义图案”下拉列表框：确定用户自定义的填充图案。只有在“类型”下拉列表选用“自定义”填充图案类型时，该项才有效。用户可通过下拉列表选择自定义的填充图案，也可以单击相应的按钮，从弹出的对话框中选择。

- “角度”下拉列表框：确定填充图案的旋转角度。每种图案在定义时的旋转角为零，用户可以在“角度”下拉列表框内输入图案填充时图案要旋转的角度，也可以从相应的下拉列表中选择。
- “比例”下拉列表框：确定填充图案时的比例值。每种图案在定义时的初始比例为1，用户可以根据需要改变图案填充时的图案比例。方法是在“比例”下拉列表框内输入比例值，或从相应的下拉列表中选择。当填充“类型”采用“用户定义”类型时，“比例”项低亮度显示，即不起作用。
- “间距”文本框：当填充类型采用“用户定义”类型时，确定填充平行线之间的距离。用户在“间距”文本框内输入值即可。
- “拾取点”按钮：以拾取点的形式确定填充区域的边界。单击该按钮，AutoCAD临时切换到绘图窗口，并提示：

  拾取内部点或 [选择对象(S)/删除边界(B)]:

  此时在希望进行填充的封闭区域内任意拾取一点，AutoCAD会自动确定出包围该点的封闭填充边界，同时以虚线形式显示这些边界。如果拾取点后AutoCAD不能形成封闭的填区边界，则会给出相应的提示信息。
- “选择对象”按钮：以选择对象的方式确定填充区域边界。单击该按钮，AutoCAD临时切换到绘图屏幕，并提示：

选择对象或 [拾取内部点(K)/删除边界(B)]:

  用户可在此提示下选择构成填充区域的边界。同样，被选择的对象应能够构成封闭的边界区域，否则达不到所希望的填充效果。
- “查看选择集”按钮：查看所选择的填充边界。单击该按钮，AutoCAD临时切换到绘图窗口，将已选择的填充边界以虚线形式显示，同时提示：

<按Enter或单击鼠标右键返回对话框>:

  用户按Enter键或单击鼠标右键后，AutoCAD返回到“边界图案填充”对话框。
- “继承特性”按钮：选用已有的填充图案作为当前填充图案。执行该选项，AutoCAD临时切换到绘图屏幕并提示：
- 选择图案填充对象：在此提示下选择某一填充图案，AutoCAD返回“边界图案填充”对话框，并在对话框中显示出该填充图案的相应设置及有关特性参数。
- “预览”按钮：预览填充效果。确定填充边界和填充图案后，单击“预览”按钮，AutoCAD临时切换到绘图窗口，按当前的填充设置进行预填充，并提示：

拾取或按 Esc 键返回到对话框或 <单击右键接受图案填充>:

  用户响应后，AutoCAD返回到“边界图案填充”对话框。
- 孤岛检测：单击“图案填充和渐变色”对话框右下角的⊙按钮，可以对更多的选项进行设置，如图2-42所示。孤岛显示提供了3种样式：普通、外部和忽略。
  - 普通：将从最外层的边界向内进行检测，第一层填充，第二层不填充，如此交替进行，直到填充完毕。
  - 外部：只填充最外层的边界到向内的第一层边界，内部不再填充。
  - 忽略：忽略内部的边界，以最外层的边界为填充边界进行填充。

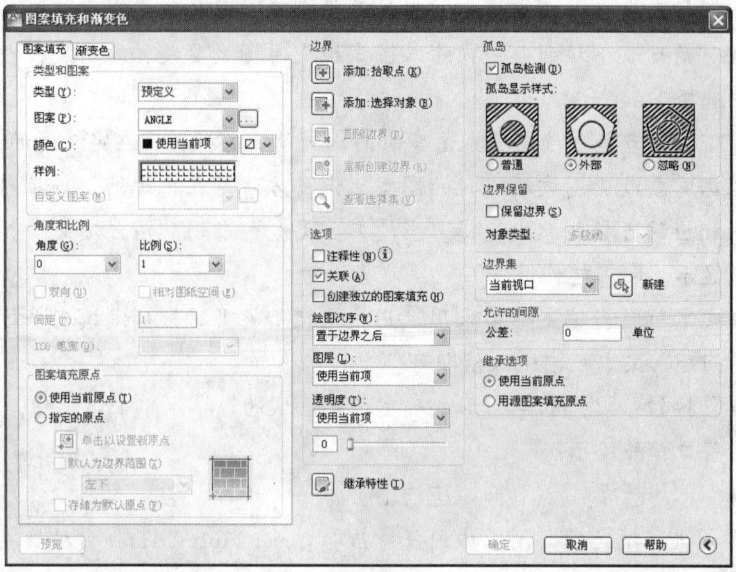

图2-42　孤岛检测

（2）“渐变色”选项卡

在该选项卡中，可以设置颜色、方向等，如图2-43所示。

- 单色：指定一种渐变颜色进行单色填充。在▇▇▇▇▇▇ ... 中单击 ... ，弹出“选择颜色”对话框，如图2-44所示，从中可以选择需要的一种颜色，并且可以调整颜色深浅的显示。

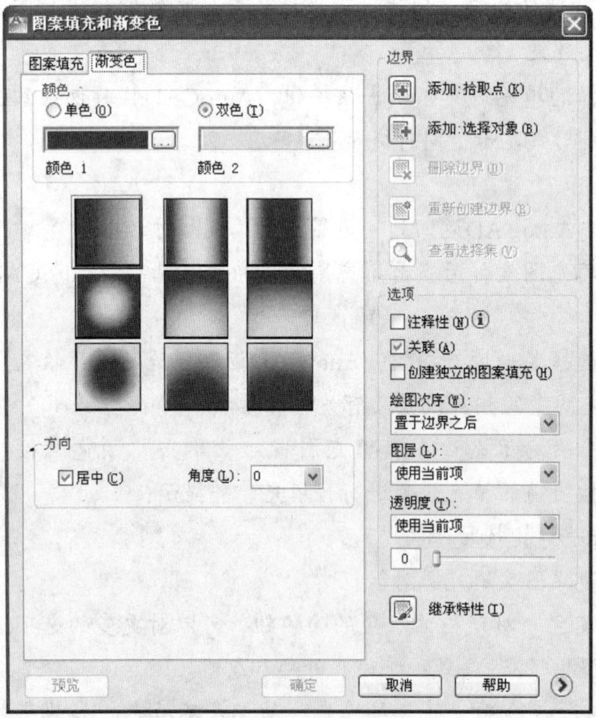

图2-43　“渐变色”选项卡

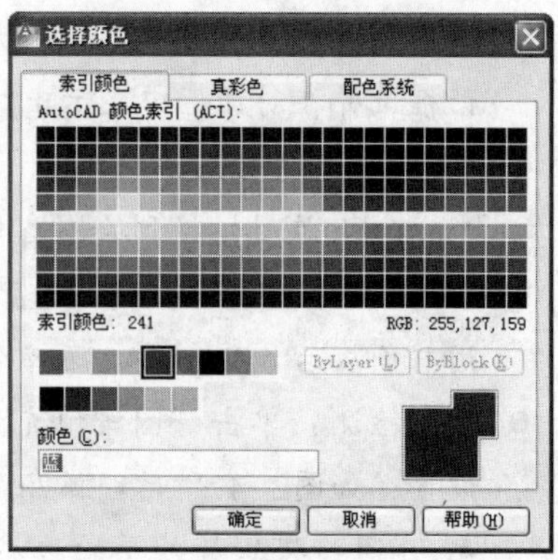

图2-44　“选择颜色”对话框

- 双色：指定两种颜色的渐变色进行图案填充，如图2-45所示可以进行颜色的选择。
- 方向：指定填充颜色的填充方向，在“角度”下拉列表中可以选择任意角度进行显示。

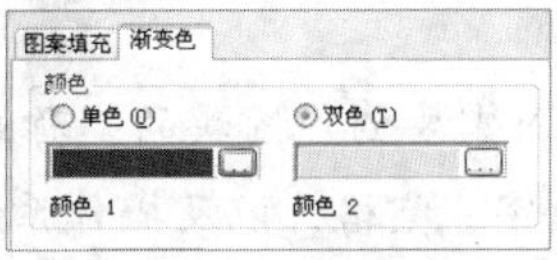

图2-45　双色

边学边练 015　图案填充

下面对建筑设计中常用的几种图样进行填充，如砌体材料、混凝土材料等。

- 砌体材料的断面采用“预定义”中的ANSI31图样进行填充，砌体材料的外装饰采用“其他预定义”中AR-B816、AR-B816C或AR-B88图样进行填充，如图2-46所示。
- 混凝土材料采用“预定义”中的ANSI31图样和“其他预定义”中AR-CONC图样的组合，如图2-47所示。
- 室外地平的土壤采用“预定义”中的AR-HBONE图样，如图2-48所示。

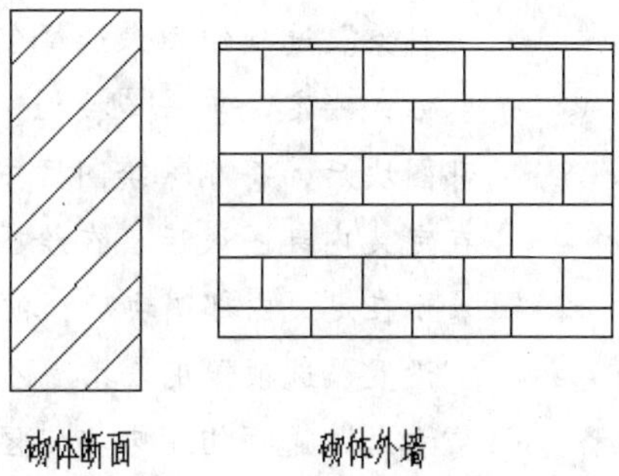

图2-46　图案填充1

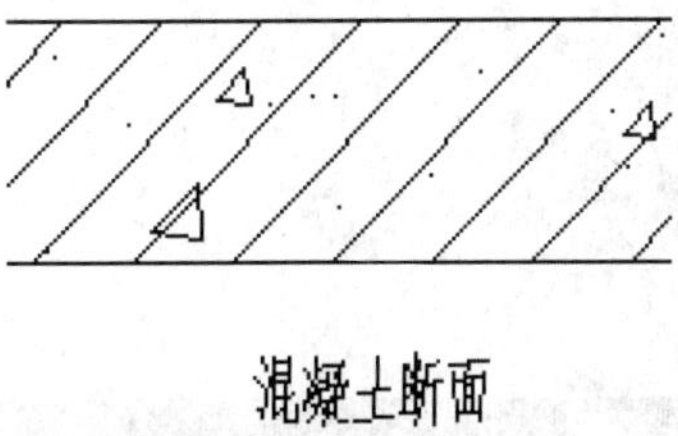

图2-47　图案填充2

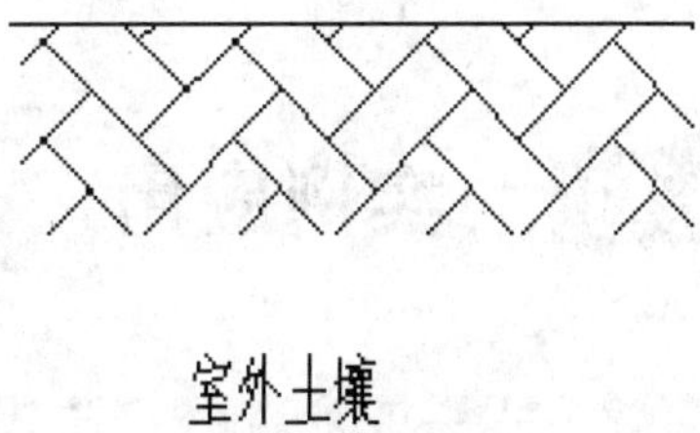

图2-48　图案填充3

注意

在进行图案填充时，需要设定合适的比例才能正常显示。

2.10 图块绘制及应用

可以通过以下3种方法进行图案填充：

- 命令行中输入BLOCK命令。
- 单击“绘图”工具栏上的“创建块”按钮。
- 选择“绘图”→“块”→“创建”菜单命令。

执行上述命令后，弹出“块定义”对话框，如图2-49所示。

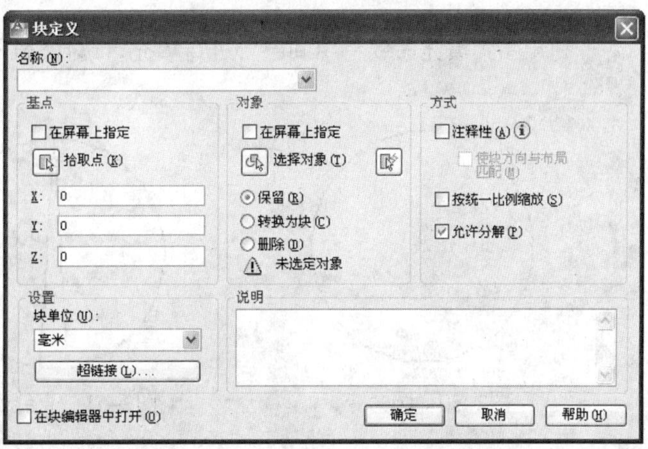

图2-49　“块定义”对话框

用户可以在该对话框中定义块的名

称，设置基点等内容。

- “名称”下拉列表框用于输入需要创建图块的名称或在下拉列表中选择。名称最多可以有255个字符，包括字母、数字、空格，以及操作系统或程序未作他用的任何特殊字符，但不能包含标点符号，不区分大小写。
- “基点”选项组可以确定图块在插入时的基准点。基点可以在屏幕上指定，也可以通过拾取点方式指定。单击按钮，在绘图区拾取一个点作为基准点，此时在X、Y、Z文本框中会显示该点的坐标。
- “对象”选项组用来选择创建图块的图形对象。对象可以在屏幕上指定，也可以通过拾取方式指定。单击按钮，在绘图区选择对象。选择“删除”单选按钮，表示在定义内部图块后，将删除绘图区中被定义为图块的源对象。选择“转换为块”单选按钮，表示在定义内部图块后，在绘图区中被定义为图块也被转换成块。选择“保留”单选按钮，表示在定义内部图块后，被定义为图块的源对象仍然为原来状态。
- “设置”选项组用来指定图块的单位，在建筑设计中一般选择“毫米”。
- “方式”选项组用来指定图块的一些特定的方式，如注释性、使块方向与布局匹配、按统一比例缩放、允许分解等。
- “说明”文本框可以对所定义的图块进行必要的说明。

2.11 实例应用

2.11.1 实例1：指北针

在绘图区绘制图形后，可以直接创建为外部图块。下面具体讲解指北针外部图块创建过程。

01 利用圆命令绘制一个半径为12的圆，如图2-50所示。

02 利用直线命令绘制两条直线，两条直线尾部与圆的交点的距离为3，如图2-51所示。

03 利用图案填充命令将中间部分进行填充，选择Solid填充类型，如图2-52所示。

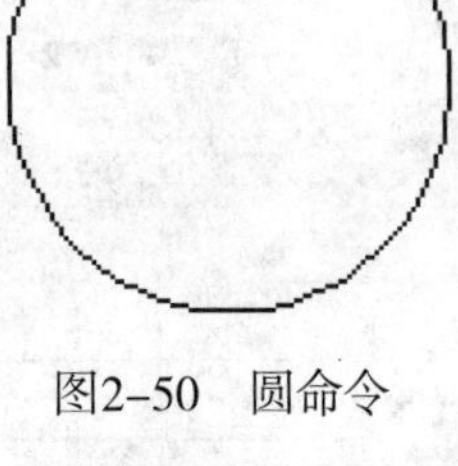

图2-50 圆命令

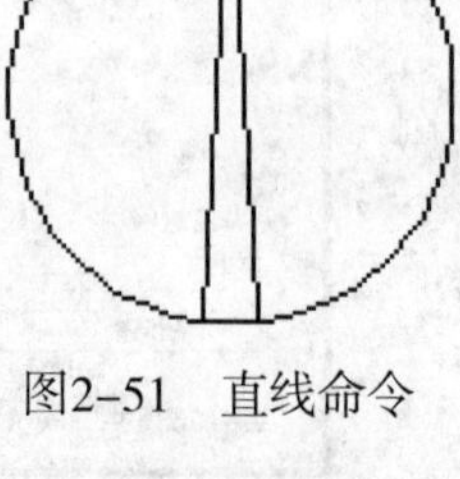

图2-51 直线命令

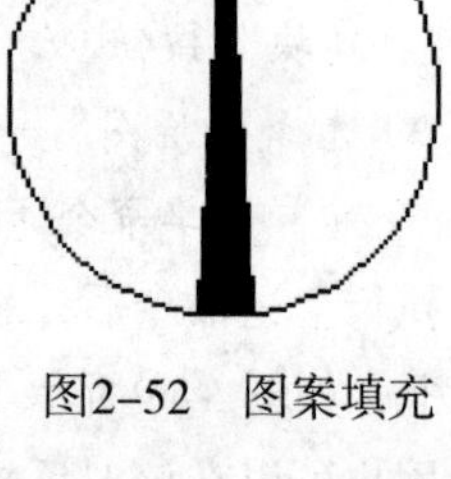

图2-52 图案填充

04 利用多行文字命令，在图形上部写一个“北”字，字体大小为5，如图2-53所示。

05 在命令行中输入WBLOCK命令，弹出“写块”对话框，在“源”选项组中，选择“对象”单选钮，如图2-54所示。

06 在“目标”选项组中的“文件名和路径”文本框输入存储位置，单击“确定”按钮。创建的指北针图块，如图2-55所示。

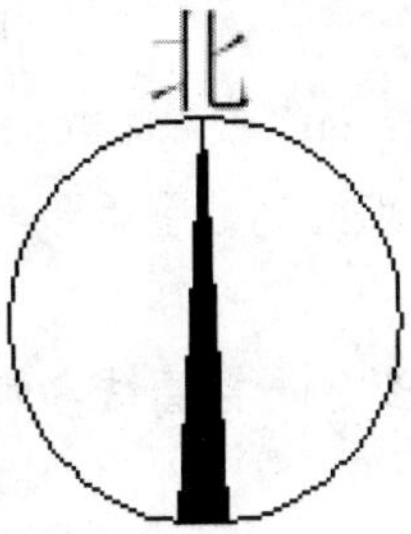

图2-53　多行文字

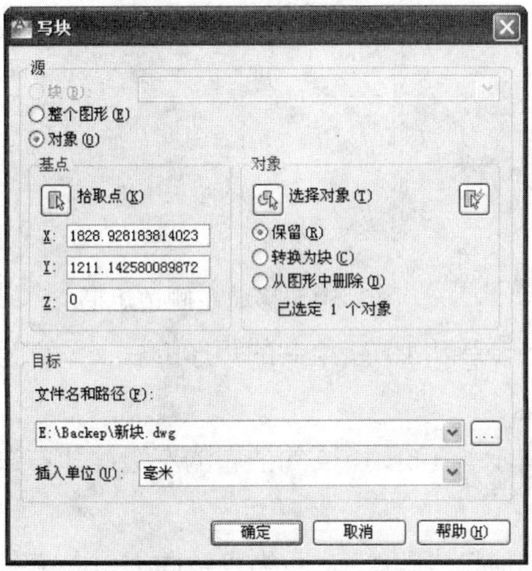

图2-54　“写块”对话框

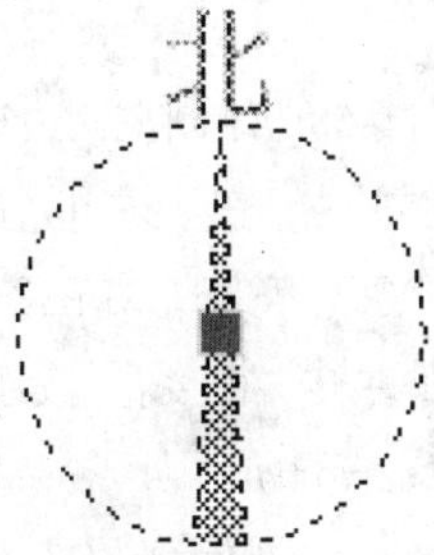

图2-55　效果图

2.11.2　实例2：电脑桌

电脑桌是大家经常见到的物体，如图2-56所示，接下来就教大家如何绘制一台电脑桌。

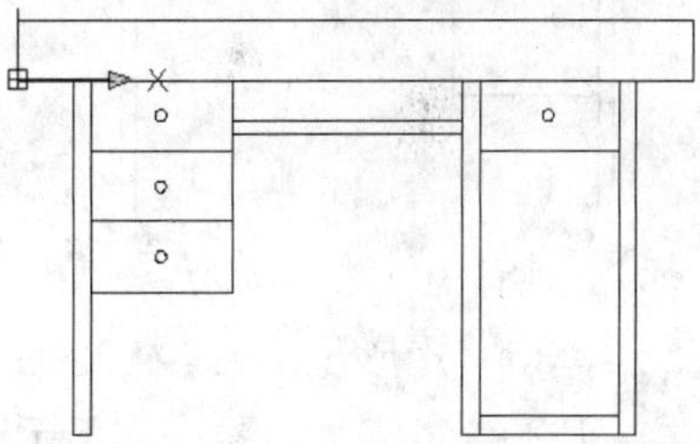

图2-56　电脑桌效果图

01 单击“图层管理器”按钮，建立实线层，并设置线宽为0.75，线型为默认。

02 单击“矩形”按钮，以原点为第一角点绘制矩形桌面，矩形长120、宽10，如图2-57所示。命令行提示如下：

指定第一个角点或[倒角（C）|标高（E）|圆角（F）|厚度（T）|宽度（W）]: 0,0

指定另一个角点或[面积（A）|尺寸（D）|旋转（R）]: d

指定矩形的长度: 120

指定矩形的宽度: 10

指定另一角点或[面积（A）|尺寸（D）|旋转（R）]:　　　　//在坐标第一象限任意点单击

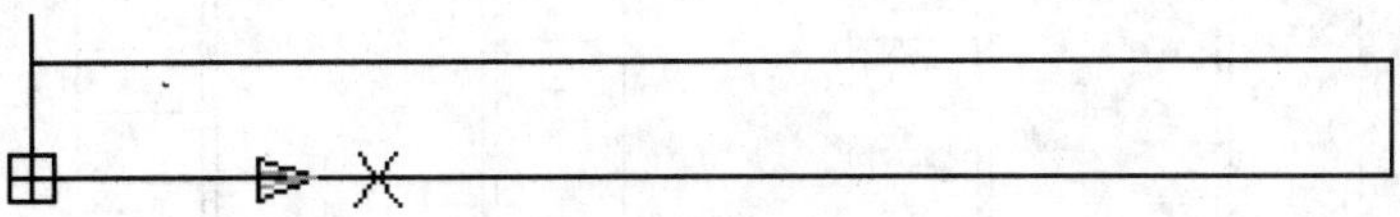

图2-57　绘制矩形桌面

03 单击“矩形”按钮，以桌面、左下角点为第一角点绘制左侧边，矩形长3、宽60，如图2-58所示。

04 单击“移动”按钮，选择步骤（3）中所绘的矩形，将其向右移动10，如图2-59所示。

05 单击“镜像”按钮，以桌面上、下边线的中点为中心镜像步骤（4）绘制的矩形，如图2-60所示。

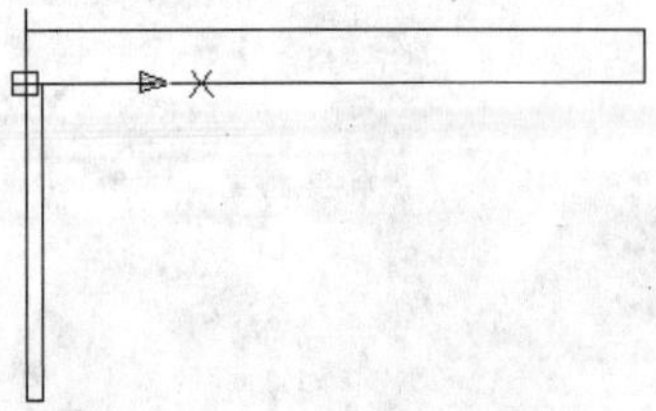

图2-58　绘制左侧边矩形

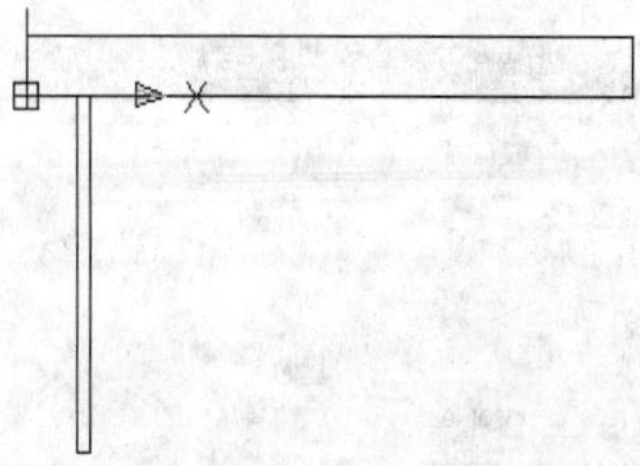

图2-59　移动左侧边矩形

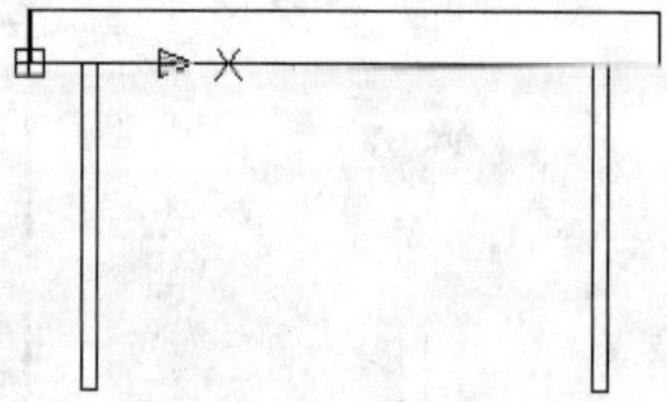

图2-60　镜像侧边

06 单击“矩形”按钮，以步骤（4）所绘制的矩形的右上角点为第一角点绘制抽屉矩形，长25、宽36，如图2-61所示。

07 单击“直线”按钮，在步骤（6）所画的抽屉的左边线和右边线之间绘制一条直线，如图2-62所示。

08 单击“偏移”按钮，分别将步骤（7）所绘直线向上、向下各偏移6，然后删除步骤（7）所绘直线，如图2-63所示。

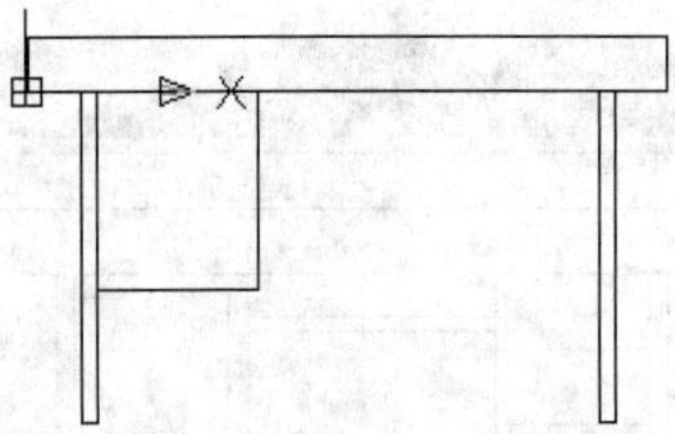

图2-61　绘制抽屉

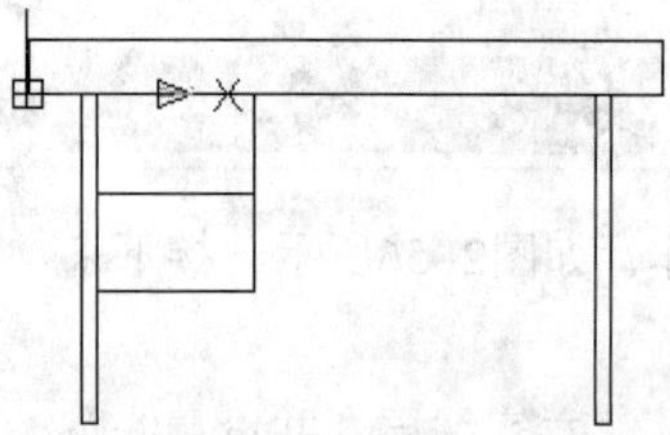

图2-62　绘制直线

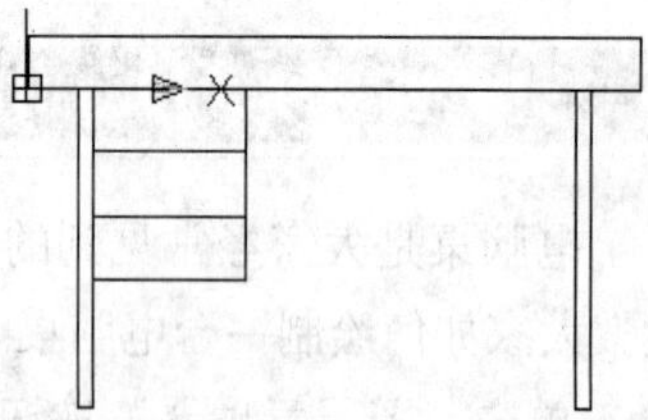

图2-63　偏移后的直线

09 单击“矩形”按钮，以步骤（5）所绘制的矩形的左上角点为第一角点绘制机箱座矩形，长30、宽60，如图2-64所示。

10 单击“分解”按钮，将步骤（9）所绘矩形进行分解。

11 单击“偏移”按钮，将步骤（10）分解后的矩形上边向下偏移12，如图2-65所示。

12 单击“偏移”按钮，将步骤（11）偏移后的直线向下偏移45，如图2-66所示。

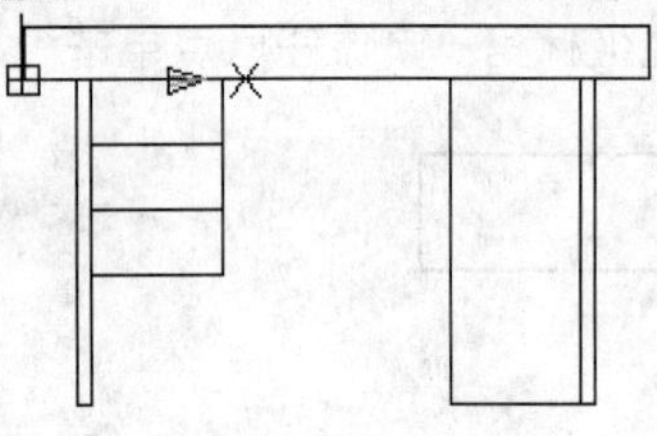

图2-64　绘制机箱座

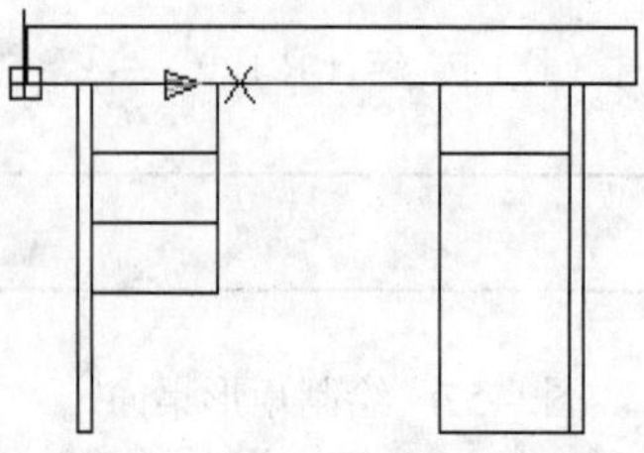

图2-65　绘制右边抽屉

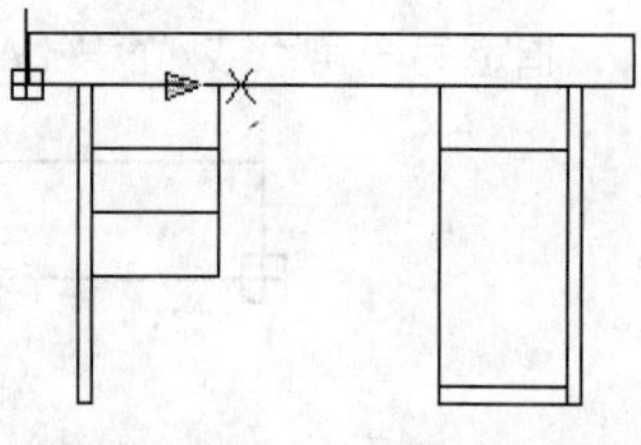

图2-66　绘制机箱座边线

13 单击“镜像”按钮，以分解后的矩形上、下边的中点为中心镜像步骤（5）所绘矩形，如图2-67所示。

14 单击“直线”按钮，以左边抽屉的第一格直线右端点为起点绘制直线，第二点与步骤（13）镜像的矩形的左边垂直，如图2-68所示。

15 单击“偏移”按钮，将步骤（14）所绘直线分别向上偏移5和3，镜像完成删除此直线，如图2-69所示。

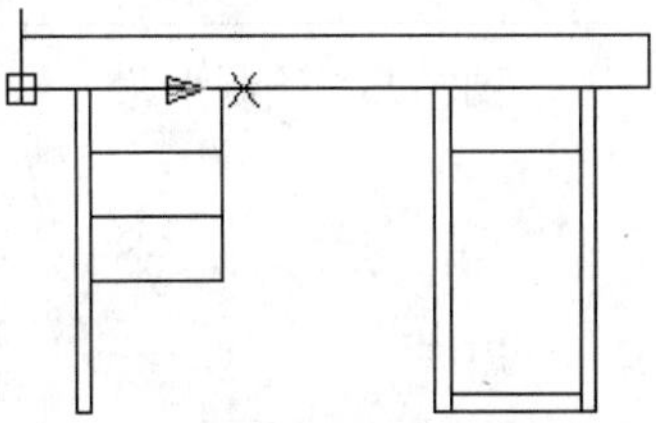

图2-67　镜像矩形

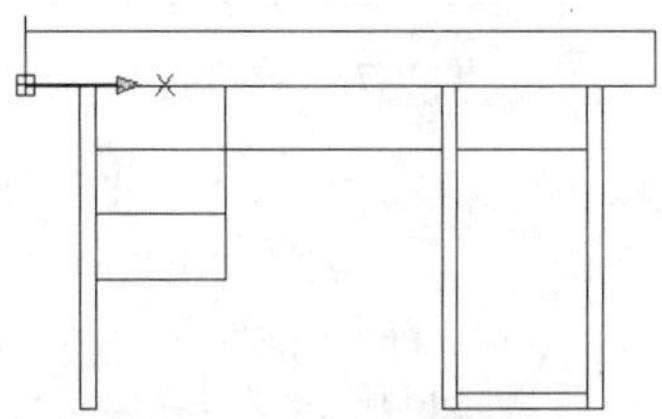

图2-68　绘制直线

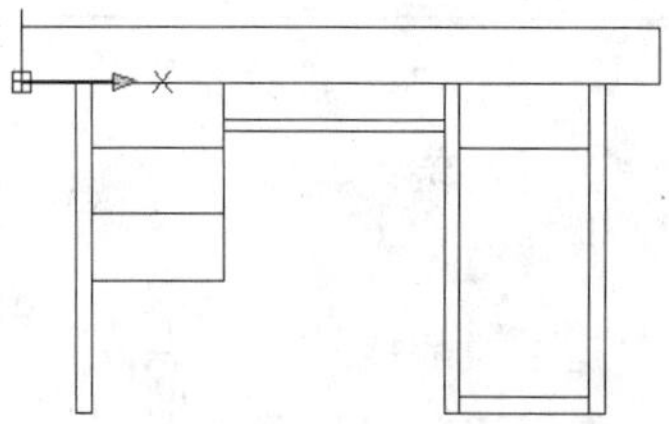

图2-69　绘制键盘抽屉

16 单击“直线”按钮，以左边抽屉的第一格的上边线中点为起点绘制竖直线，长度为6，如图2-70所示。

17 单击“圆”按钮，以步骤（16）所绘直线下端点为圆心绘制圆，半径为1，如图2-71所示。

18 单击“镜像”按钮，分别以第一格和第二格抽屉的下边线为中心镜像圆，并删除步骤（16）所绘直线，如图2-72所示。

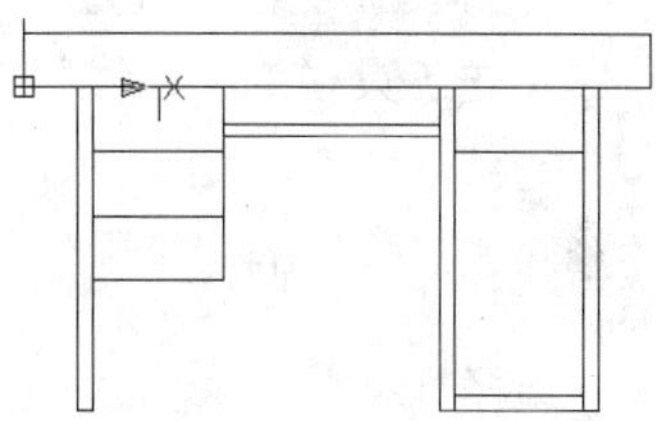

图2-70　绘制辅助直线

19 重复步骤（16）～（17）绘制右边抽屉的把手，最终效果如图2-73所示。

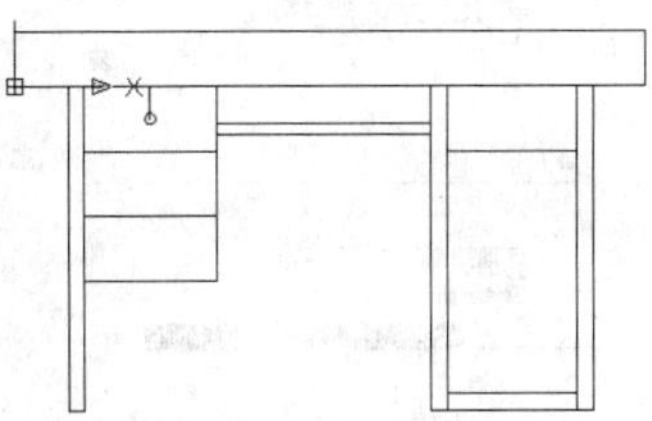

图2-71　绘制抽屉把手

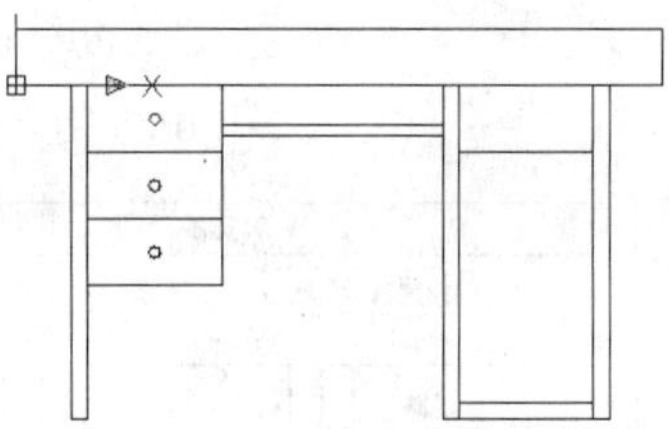

图2-72　镜像其余把手

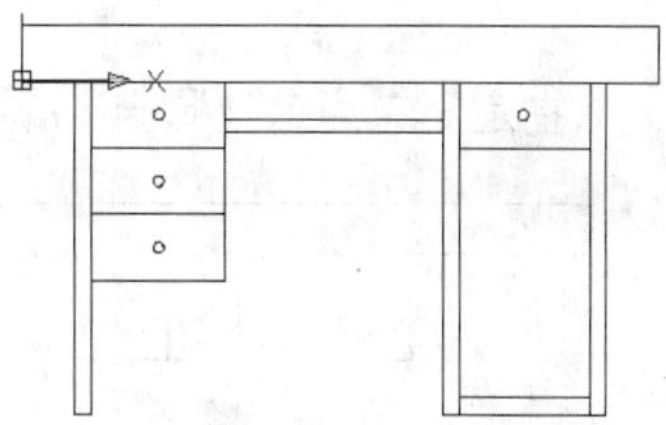

图2-73　电脑桌主视图

2.11.3　实例3：洗菜盆

厨房洗菜盆事厨房中必备的设备，如图2-74所示，下面就介绍洗菜盆的绘制方法。在绘制洗菜盆时，用到了直线、圆、复制、修剪及倒角等命令。

01 单击工具栏的“直线”按钮，绘制洗菜盆的大体轮廓，如图2-75所示。

02 单击工具栏的“圆”按钮，绘制水龙头，如图2-76所示。

03 单击工具栏的“镜像”按钮，命令行提示如下：

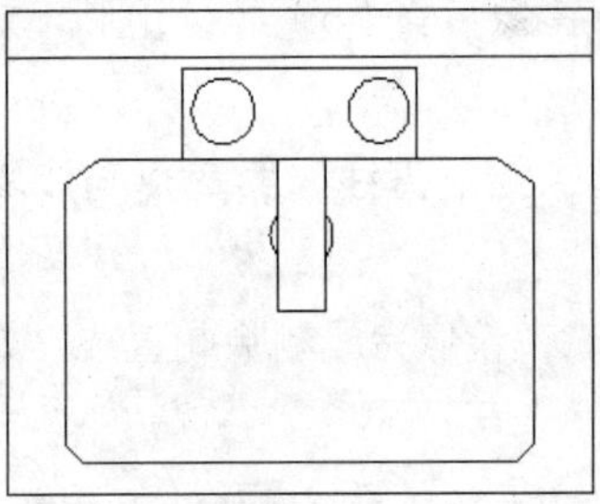

图2-74　洗菜盆

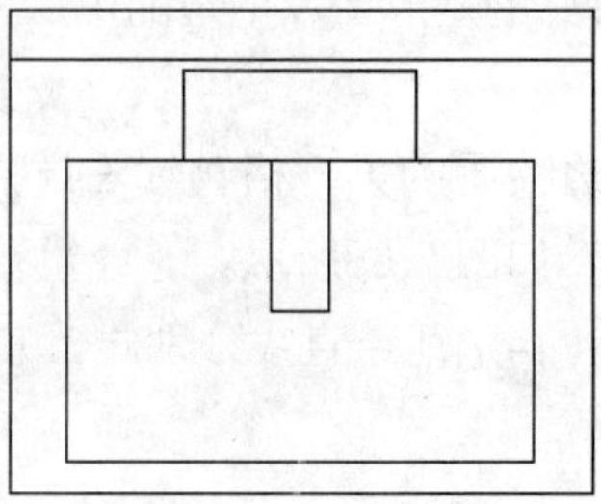

图2-75　绘制轮廓

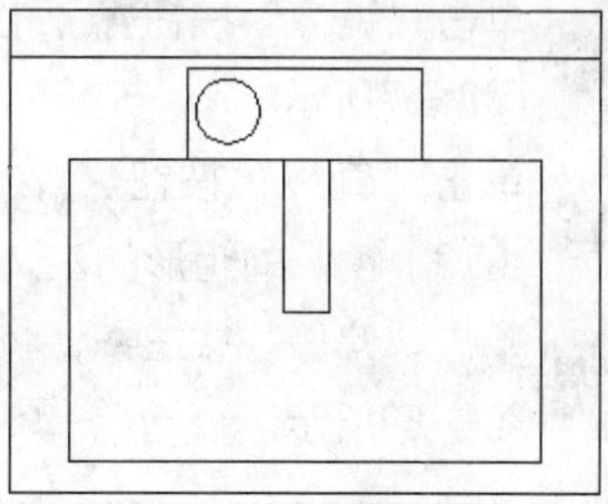

图2-76　绘制水龙头

选择对象：　　　　　　　　　　　　　//选择上步绘制的圆
选择对象：　　　　　　　　　　　　　//按Enter键
指定镜像线的第一点：　　　　　　　　//选择上边第二条直线的中点
指定镜像线的第二点：　　　　　　　　//选择圆下边直线的中点,如图2-77所示
要删除源对象吗？[是(Y)|否(N)]<N>：　　　//按Enter键

04 单击工具栏的"直线"按钮，绘制两条辅助线，如图2-78所示，两条线的起点都是已有直线的中点。

05 单击工具栏的"复制"按钮，命令行提示如下：

选择对象　　　　　　　　　　　　　　//选择上面绘制的圆
选择对象：　　　　　　　　　　　　　//按Enter键
指定基点或 [位移(D)|模式(O)]<位移>：　　//指定圆的圆心，如图2-79所示
指定基点或 [位移(D)|模式(O)]<位移>：指定第二个点或 <使用第一个点作为位移>：
　　　　　　　　　　　　　　　　　　//指定辅助线的交点，如图2-80所示
指定第二点或 [退出(E)|放弃(U)]：　　　//按Enter键

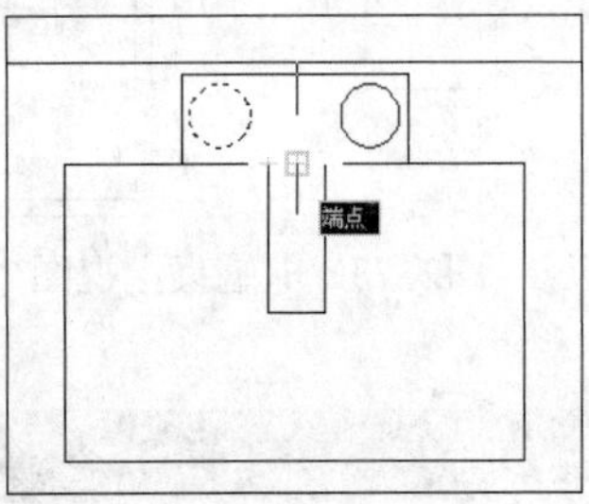

图2-77　镜像圆

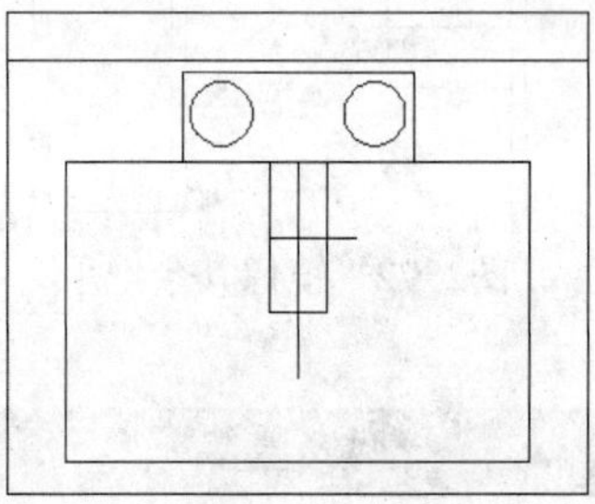

图2-78　绘制辅助线

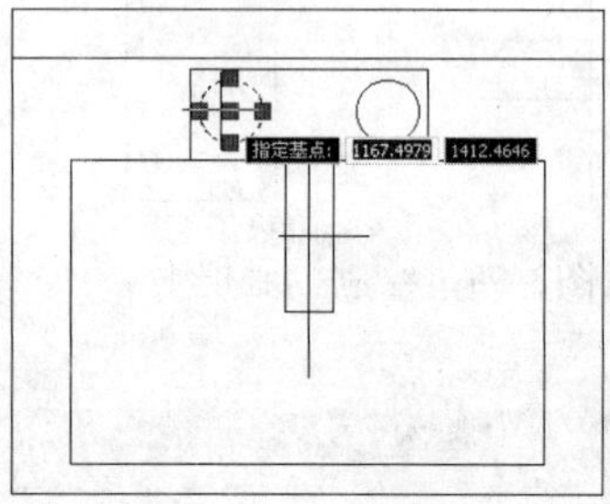

图2-79　复制圆

06 删除辅助线，结果如图2-81所示。

07 单击工具栏的"修剪"按钮，命令行提示如下：

选择对象：　　//选择表示水龙头的另一条线段
选择对象：　　//按Enter键
选择要修剪的对象，或按住 Shift 键选择要延伸的对象，或[栏选(F)|窗交(C)|投影(P)|边(E)|删除(R)|放弃(U)]：　　//选择上步复制的圆中位于水龙头两条线段中间的部分，结果如图2-82所示

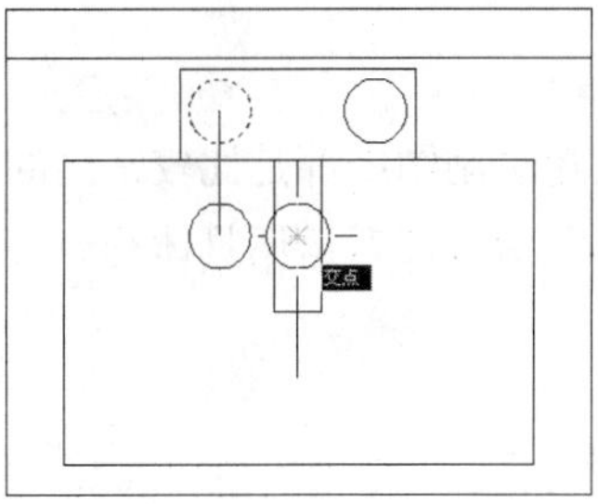

图2-80 粘贴圆

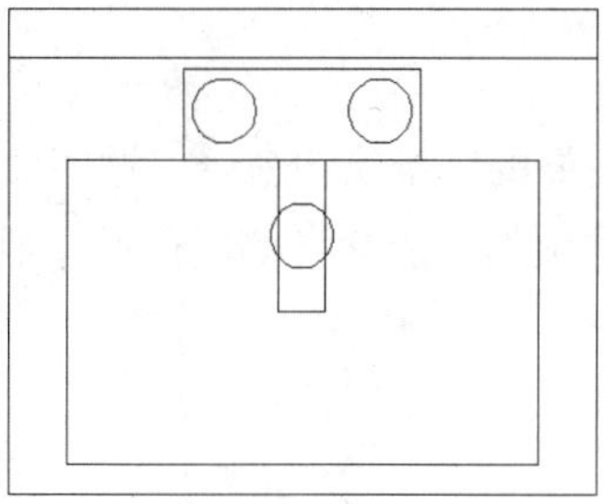

图2-81 复制结果

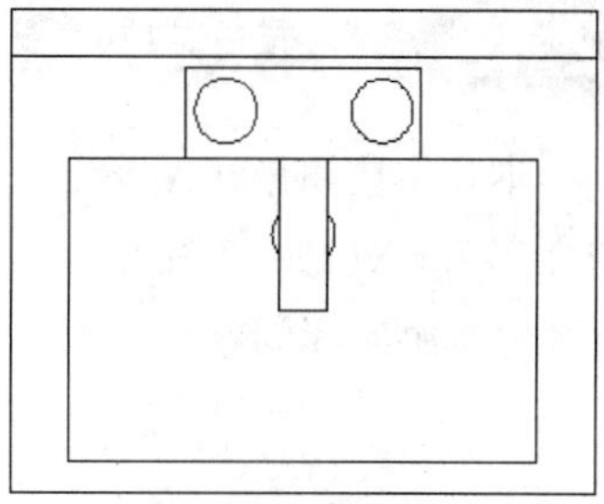

图2-82 修剪结果

08 单击工具栏的“倒角”按钮，命令行提示如下：

当前倒角距离 1=0.0000，距离2=0.0000
选择第一条直线或 [放弃(U)|多段线(P)|距离(D)|角度(A)|修剪(T)|方式(E)|多个(M)]: d
指定第一个倒角距离<0.0000>： 60
指定第二个倒角距离<0.0000>： 40
选择第一条直线或 [放弃(U)|多段线(P)|距离(D)|角度(A)|修剪(T)|方式(E)|多个(M)]: m
选择第一条直线或 [放弃(U)|多段线(P)|距离(D)|角度(A)|修剪(T)|方式(E)|多个(M)]:
//在横线段左边单击
选择第二条直线，或按住Shift键选择要应用角点的直线： //选择左边竖直线
选择第一条直线或 [放弃(U)|多段线(P)|距离(D)|角度(A)|修剪(T)|方式(E)|多个(M)]:
//在横线段右边单击
选择第二条直线，或按住Shift键选择要应用角点的直线： //选择右边竖直线
选择第一条直线或 [放弃(U)|多段线(P)|距离(D)|角度(A)|修剪(T)|方式(E)|多个(M)]：
//按Enter键

09 单击工具栏的“倒角”按钮，命令行提示如下：

当前倒角距离 1=60.0000，距离2=40.0000
选择第一条直线或 [放弃(U)|多段线(P)|距离(D)|角度(A)|修剪(T)|方式(E)|多个(M)]: a
指定第一条直线的倒角长度<0.0000>：30
指定第二条直线的倒角角度<0>：45
选择第一条直线或 [放弃(U)|多段线(P)|距离(D)|角度(A)|修剪(T)|方式(E)|多个(M)]：m
选择第一条直线或 [放弃(U)|多段线(P)|距离(D)|角度(A)|修剪(T)|方式(E)|多个(M)]：
//在下边横线段左边单击
选择第二条直线，或按住Shift键选择要应用角点的直线：//选择左边竖直线
选择第一条直线或 [放弃(U)|多段线(P)|距离(D)|角度(A)|修剪(T)|方式(E)|多个(M)]：
//在下边横线段右边单击
选择第二条直线，或按住Shift键选择要应用角点的直线：//选择右边竖直线
选择第一条直线或 [放弃(U)|多段线(P)|距离(D)|角度(A)|修剪(T)|方式(E)|多个(M)]：
//按Enter键，最终结果如图2-74所示

2.12 本章小结

本章主要讲解了AutoCAD中主要的二维绘图命令，这些命令在建筑制图中都是比较常用的。结合实例，对每一个命令及命令选项的功能含义都进行了详细讲解，引导读者运用具体理论知识有效地解决实际问题。

2.13 课后练习

（1）新建一个图形文件，以“压缩弹簧”为文件名保存文件。然后重新打开该文件，进行图层设置：创建实线层、辅助线层，图层颜色分别为黑色、红色和黑色，图层线型分别为Continuous、Continuous和AUCAD-ISO10W00，使用默认线宽，然后绘制如图2-83所示的压缩弹簧。

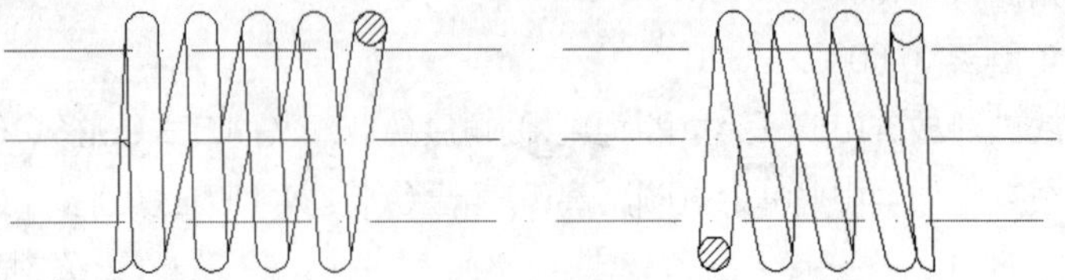

图2-83 压缩弹簧

（2）绘制一个如图2-84所示的开口销图。新建一个图形文件，以“开口销”为文件名保存文件。然后重新打开该文件，进行图层设置：创建粗实线层、细实线层、尺寸线层，将3个图层设置为黑色，图层线型为Continuous；粗实线层线宽为0.3mm。创建中心线层，颜色为红色，图层线型为CENTER。尺寸自拟，适当照顾比例。

（3）使用AutoCAD绘制如图2-85所示的抽水马桶效果图。创建一个轮廓图层，颜色为黑色，线宽设置为0.3。尺寸自拟，适当照顾比例。

（4）绘制如图2-86所示的轴套，它主要用于在机械设备运转时保护轴。首先建立各图层以及设置各图层的线型，再绘制轴套轮廓的中心线，通过直线偏移等操作完成轮廓线的绘制，最后添加剖面线完成轴套的绘制。在该实例中将主要使用到直线、倒角、偏移等命令。

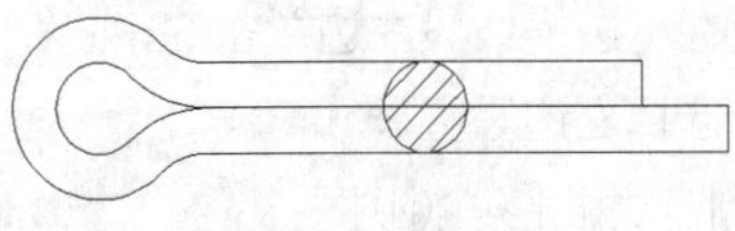

图2-84 开口销

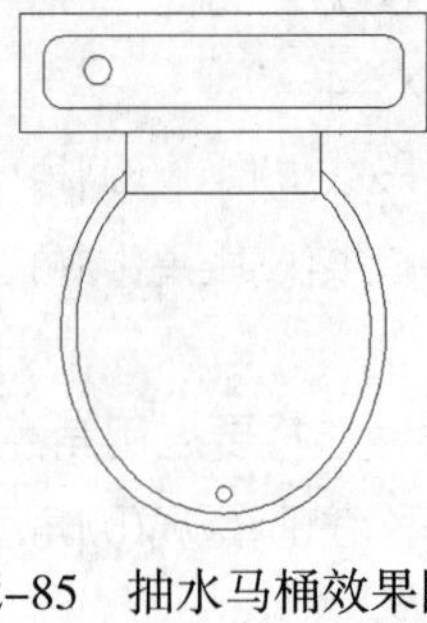

图2-85 抽水马桶效果图

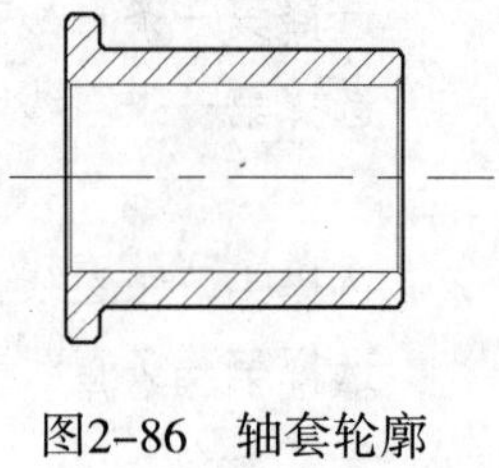

图2-86 轴套轮廓

第3章 编辑和修改二维图形

本章内容提示

用户在绘图时，单纯使用AutoCAD所提供的绘图工具只能创建一些基本图形。想要绘制复杂的图形，必须借助于“修改”菜单所提供的命令，对已有图形对象进行复制、删除、镜像、修剪、移动及其他操作。利用这些工具，可以极大地提高绘图效率。在对图形进行编辑时，必须先选择对象，然后再进行编辑。

学习要点

- □ 选择对象
- □ 图形对象的复制、偏移、镜像和阵列
- □ 对象的移动、旋转与缩放
- □ 对象的删除与恢复
- □ 使用夹点编辑图形
- □ 图形的拉伸、延伸、拉长及圆角
- □ 多线、样条曲线、多段线及图案填充的编辑
- □ 编辑对象特性

通过“修改”菜单，可选择相应修改命令对二维图形进行编辑；还可通过“修改”工具栏选择相应命令，如图3-1所示。

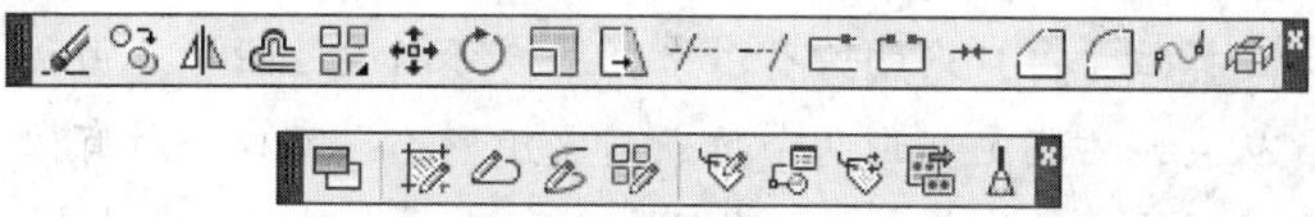

图3-1 “修改”工具栏

3.1 选择对象

在对图形进行编辑之前，必须先选择要编辑的对象。AutoCAD系统用虚线亮显所选择的对象，这些对象就构成了选择集，它可以包括单个对象，也可包括复杂的对象编组。

3.1.1 设置对象选择模式

在菜单栏选择“工具”→“选项”命令，打开“选项”对话框，如图3-2所示。在“选择集”选项卡中可以设置选择集模式、拾取框的大小和夹点功能等。

在“拾取框大小”选项组中，拖动滑块可设置选择对象时拾取框的大小。在“夹点尺寸”选项组中，拖动滑块可设置选择对象时夹点的大小。在“夹点”选项组中，可设置未选中夹点的颜色、选中夹点的颜色及悬停夹点的颜色等项。

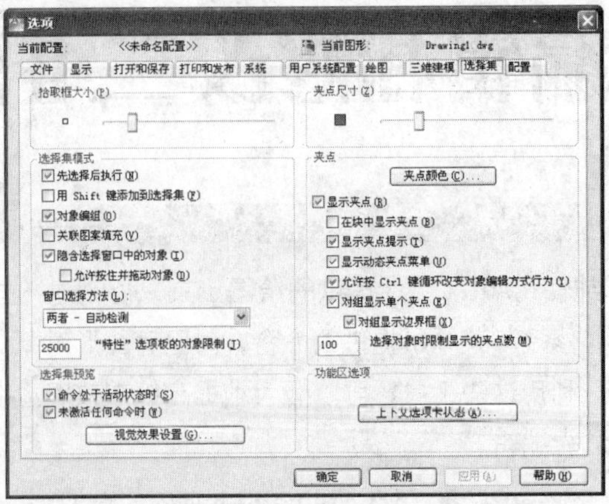

图3-2 “选项”对话框

3.1.2 选择对象方法

AutoCAD提供了多种选择对象及操作的方法。当用户选择对象时，在命令行输入“select”，命令行提示“选择对象：”，在提示下输入“？”，将会出现如下提示：

需要点或窗口（W）/上一个（L）/窗交（C）/框（BOX）/全部（ALL）/栏选（F）/圈围（WP）/圈交（CP）/编组（G）/添加（A）/删除（R）/多个（M）/前一个（P）/放弃（U）/自动（AU）/单个（SI）/子对象/对象

下面对各种方法分别进行介绍。

- 需要点：可以直接拾取对象，拾取到的对象醒目显示。
- 窗口（W）：选择位于窗口内的所有对象。用户可以通过矩形（由两点定义）选择区域中的所有对象。从左到右指定矩形两个角点创建矩形选择窗口，所有位于矩形窗口中的对象均被选中，窗口之外的对象或者部分在该窗口中的对象则不能被选中，如图3-3所示。
- 上一个（L）：选择最后画出的对象，自动醒目显示。
- 窗交（C）：可选择区域（由两点确定）内部或与之相交的所有对象。窗交显示的方框为虚线或高亮度方框，这与“窗口”选择框不同。从左到右指定角点创建窗交选择，全部位于窗口之内或与窗口边界相交的对象都将被选中，如图3-4所示。

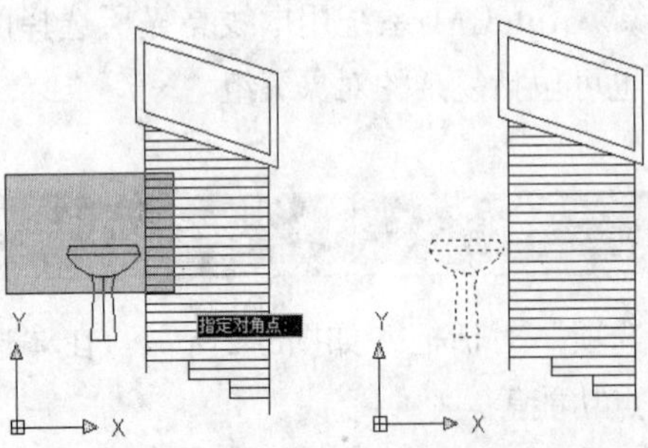

图3-3 使用“窗口”方式选择对象

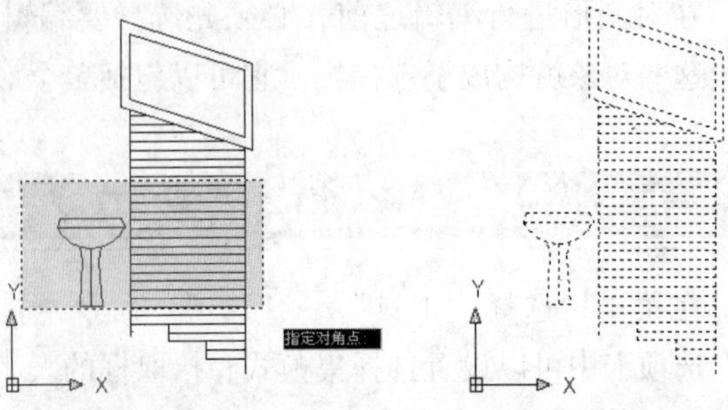

图3-4 使用“窗交”方式选择对象

- 全部（ALL）：选择图中的全部对象。
- 圈围（WP）：即构造一个任意的封闭多边形，在圈内所有的对象被选中。

- 圈交（CP）：圈内及多边形边界相交的所有对象均被选中。
- 编组（G）：该选项用于选择指定组中的所有对象。
- 添加（A）：可以使用任何对象选择方法将选定对象添加到选择集，可通过设置Pickadd系统变量来实现。Pickadd设置为1（默认），则后面所选择的对象均被加入到选择集中；如果Pickadd设置为0，则最近所选择的对象均被加入到选择集中。
- 删除（R）：可以使用任何选择方法从当前选择集中删除对象。删除模式的替换模式是在选择单个对象时按住Shift键，或者使用“自动”选项。
- 多个（M）：指定多次选择而不高亮显示对象，从而加快对复杂对象的选择过程。如果两次指定相交对象有交点，“多选”也将选中这两个相交对象。
- 前一个（P）：选择最近创建的选择集。从图形中删除对象将清除“上一个”选项设置，程序将跟踪是在模型空间中还是在图纸空间中指定每个选择集。如果在两个空间中切换，将忽略“上一个”选择集。
- 放弃（U）：放弃选择最近添加到选择集中的对象。如果最近一次选择的对象多于一个，将从选择集中删除最后一次选择的所有对象。
- 自动（AU）：指向一个对象即可选择该对象。指向对象内部或外部的空白区，将形成框选方法定义的选择框的第一个角点。“自动”和“添加”为默认模式。
- 单个（SI）：切换到单选模式，选择指定的第一个或第一组对象而不继续提示进一步选择。
- 子对象：用户可以逐个选择原始形状，这些形状是复合实体的一部分或三维实体上的顶点、边和面。可以选择这些子对象的其中之一，也可以创建多个子对象的选择集。选择集可以包含多种类型的子对象，按住Ctrl键与选择SELECT命令的“子对象”选项相同。
- 对象：结束选择子对象的功能，用户可以使用对象选择方法继续选择。

3.2 删除和恢复

3.2.1 删除

1. 命令功能

删除命令用来删除指定的对象，如在绘图过程中，删除一些辅助线或绘图时出现错误的对象。

2. 命令调用

可以通过以下4种方法调用删除命令：

- 在命令行中输入ERASE命令。
- 单击“修改”工具栏上的“删除”按钮。
- 选择“修改”→“删除”菜单命令。
- 按Delete键。

命令行提示如下：

命令：_erase

选择对象：找到 1 个

选择对象： //单击鼠标右键或按Enter键

3.2.2 恢复

1. 命令功能

如果不小心误删了图形，可以使用恢复命令恢复误删除的对象。

2. 命令调用

可以通过以下3种方法来恢复原操作：

- 在命令行输入OOPS命令。
- 单击“标准”工具栏上的“恢复”按钮。
- 按Ctrl+Z键。

3.3 复制

1. 命令功能

在绘图过程中，若有多个形状相同，但位置不同的对象时，当绘制一个对象后，其它对象常采用复制命令来完成。复制对象包括直接复制对象、镜像复制对象、偏移复制对象和阵列复制对象。

2. 命令调用

可以通过以下3种方法调用复制命令：

- 在命令行中输入COPY命令。
- 单击“修改”工具栏上的“复制”按钮。
- 选择“修改”→“复制”菜单命令。

边学边练 016 复制

要复制如图3-5所示的五环图，可按如下步骤操作：

01 应用圆命令绘制如图3-6所示的一个圆。

图3-5 复制效果图

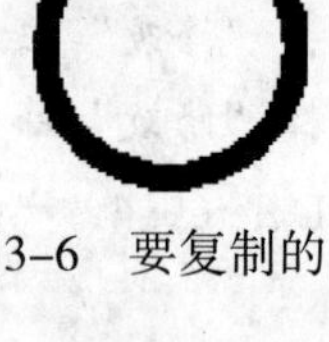

图3-6 要复制的圆

02 使用以上任一种方法调用“复制”命令。

03 选择要进行复制的对象，并按Enter键。AutoCAD提示如下：

选择对象: //选择要复制的圆环

04 指定基准点。AutoCAD提示如下：

指定基点或 [位移（D）/模式（O）] <位移>:

05 指定第一个副本位移的第二点，AutoCAD将会重复上面的提示。

06 指定下一个副本位移的第二点。

07 继续指定其他副本的位移点，直到复制成5个相连圆环为止，如图3-7所示。

图3-7 连续复制4个圆环

08 对每个圆环分别设置相应的红、黄、蓝、绿、黑5种颜色，可得到如图3-5所示的五环图。

3.4 镜像

1. 命令功能

使用镜像命令可以创建一个对象的镜像图像。在镜像一个对象时，可以保留或删除原始对象。例如要镜像一座建筑，镜像后效果如图3-8所示。

图3-8 镜像后效果

2. 命令调用

可以通过以下3种方法来镜像对象：

- 在命令行中输入MIRROR命令。
- 单击“修改”工具栏上的“镜像”按钮。
- 选择“修改”→“镜像”菜单命令。

指定镜像线的两个点只是用来确定对称轴的位置，它是不可见的，镜像可以删除源对象也可以保留，默认情况选项为N。

边学边练 017 镜像

原酒杯文件如图3-9所示，镜像效果如图3-10所示，执行“镜像”命令，命令行提示如下：

图3-9 酒杯

图3-10 镜像后酒杯

```
命令: mirror                                               //执行镜像命令
选择对象:                                                   //选择要镜像的酒杯
选择对象:                                                   //按Enter键或单击鼠标右键
指定镜像线的第一点:
指定镜像线的第二点: <对象捕捉 关> <对象捕捉 开>              //指定镜像线
要删除源对象吗? [是(Y)/否(N)] <N>:                         //按Enter键或单击鼠标右键
```

3. 文字镜像

在镜像文字时，AutoCAD会创建一个文字镜像。通过修改系统变量，MIRRTEXT可以防止文字反转或例置。在MIRRTEXT设置为0时，文字保持原始方向，如图3-11（a）所示；MIRRTEXT设置为1时，镜像显示文字，如图3-11（b）所示。

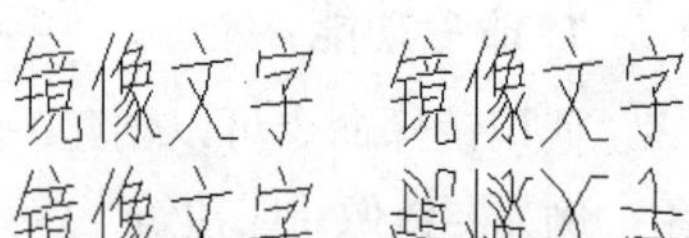

（a）　（b）

图3-11 镜像文字对象

3.5 偏移

1. 命令功能

偏移命令用来画出指定对象的偏移，即等距线。如图3-12所示，直线的等距线为平行等长线段；圆弧的等距线为同心圆弧，保持圆心角相同；多段线的等距线为多段线，其组成线段将自动调整。在建筑绘图中，偏移命令可以绘制平行的轴线，如墙体、窗户等对象。

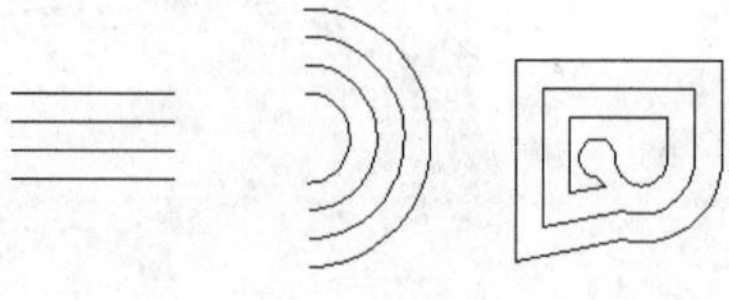

（a）　（b）　（c）

图3-12 偏移

2. 命令调用

可以通过以下3种方法来偏移对象：

- 在命令行中输入OFFSET命令。
- 单击“修改”工具栏上的“偏移”按钮。
- 选择“修改”→“偏移”菜单命令。

边学边练 018　偏移

利用如图3-13所示图形绘制如图3-14所示的偏移效果图，命令行提示如下：

命令：_offset

当前设置：删除源=否　图层=源　OFFSETGAPTYPE=0

指定偏移距离或［通过（T）/删除（E）/图层（L）］<100.0000>：50

选择要偏移的对象，或［退出（E）/放弃（U）］<退出>：

指定要偏移的那一侧上的点，或［退出（E）/多个（M）/放弃（U）］<退出>：

选择要偏移的对象，或［退出（E）/放弃（U）］<退出>：

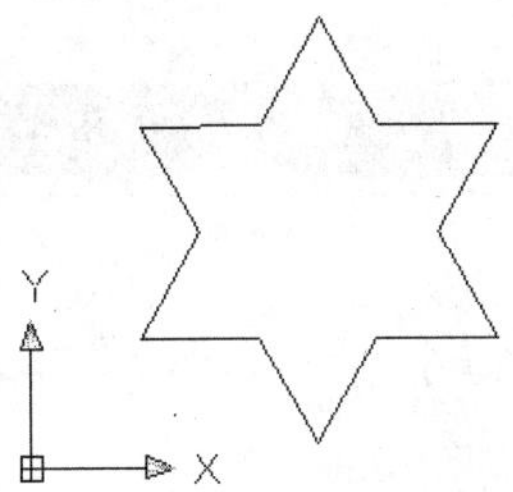

图3-13　偏移前图形

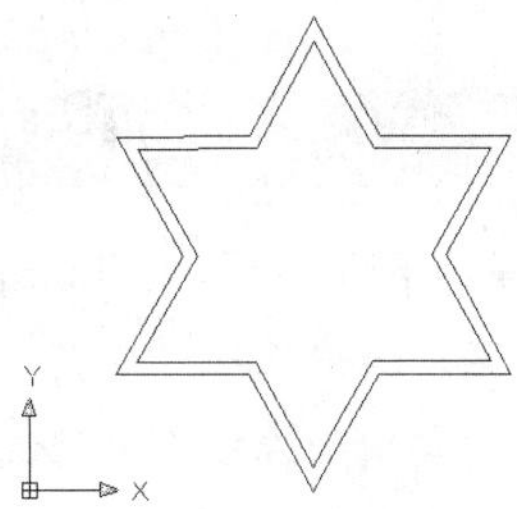

图3-14　偏移复制后

> **注意**
> 偏移命令不能偏移文字、图块和三维图形。

3.6 阵列

阵列图形指的是按矩形、环形或路径的方式重复复制对象。

3.6.1　矩形阵列图形

可以通过下列3种方式启动矩形阵列命令：

- 在菜单栏中选择“修改”→“阵列”→“矩形阵列”命令。
- 在“常用”选项卡“修改”组中单击“矩形阵列”按钮。
- 在命令行键入ARRAY命令。

执行以上命令后，根据命令创建矩形矩阵，如果觉得创建的矩阵需要修改，选中矩阵，将会弹出“阵列”选项卡，如图3-15 所示。利用该选项卡，可以方便、直观地进行矩形阵列设置。

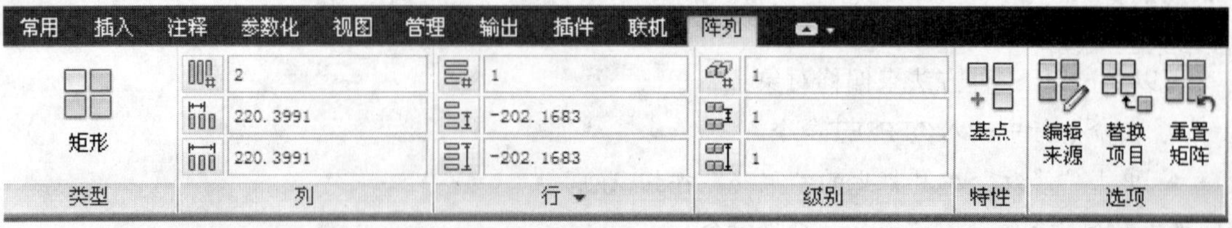

图3-15 “阵列”选项卡

边学边练 019 矩形阵列

使用Array 命令，用阵列的方式复制正五边形。选中矩阵，可以查看各项设置参数，如图3-16所示，最终效果如图3-17所示。

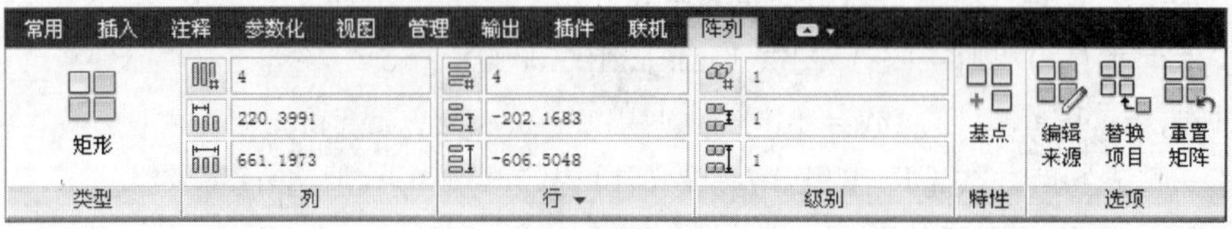

图3-16 设置矩形阵列

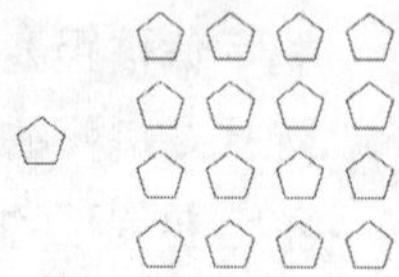

图3-17 最终效果

3.6.2 环形阵列图形

可以通过下列2种方式启动环形阵列命令：

- 在菜单栏中选择“修改”→“阵列”→“环形阵列”命令。
- 在“常用”选项卡“修改”组中单击“环形阵列”按钮。

执行以上命令后，根据命令创建环形矩阵，如果觉得创建的矩阵需要修改，选中矩阵，AutoCAD则切换到“阵列”选项卡，如图3-18所示。

图3-18 环形阵列

“阵列”选项卡中的主要选项功能如下所示。

- 类型：用于确定环形阵列的具体方法和相应数据。
- 项目：用于确定环形阵列的方法。可通过在“项目”、“项目间的角度”以及“填充角度”按钮之间选择。
- “项目”、“填充角度”和“项目间的角度”文本框：可用来确定环形阵列后的项目总数、环形阵列时要填充的角度以及各项目之间的夹角等。

注意

对于默认设置下的填充角度而言，正值表示将沿逆时针方向环形阵列对象，负值表示将沿顺时针方向环形阵列对象。

- 旋转项目：用于确定环形阵列对象时对象本身是否绕其基点进行旋转，效果如图3-19

（a）和图3–19（b）所示。

（a）　　　　　　（b）

图3–19　旋转项目

边学边练 020　环形阵列

使用Array命令，用环形阵列方式复制正五边形，最终效果如图3–20所示。

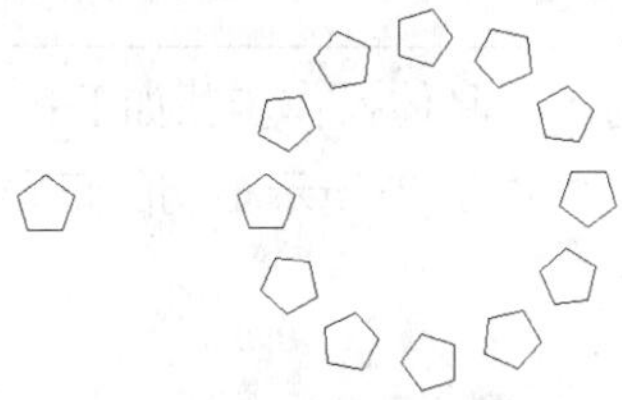

图3–20　环形阵列对象

选中矩阵，可以查看各项设置参数，如图3–21 所示。

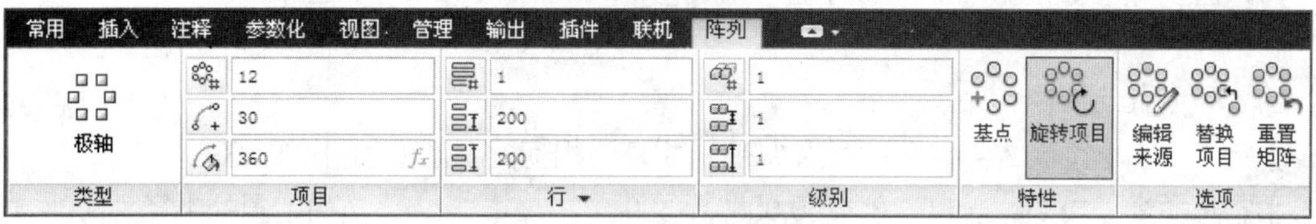

图3–21　设置环形阵列

3.6.3　路径阵列图形

可以通过下列2种方式启动路径阵列命令：

- 在菜单栏中选择“修改”→“阵列”→“路径阵列”命令。
- 在“常用”选项卡“修改”组中单击“路径阵列”按钮。

注意

使用路径矩阵命令，必须提前绘制好路径线。

执行以上命令后，根据命令创建路径矩阵，如果觉得创建的矩阵需要修改，选中矩阵，将会弹出“阵列”选项卡，如图3–22所示。利用该选项卡，可以方便、直观地进行路径阵列设置。

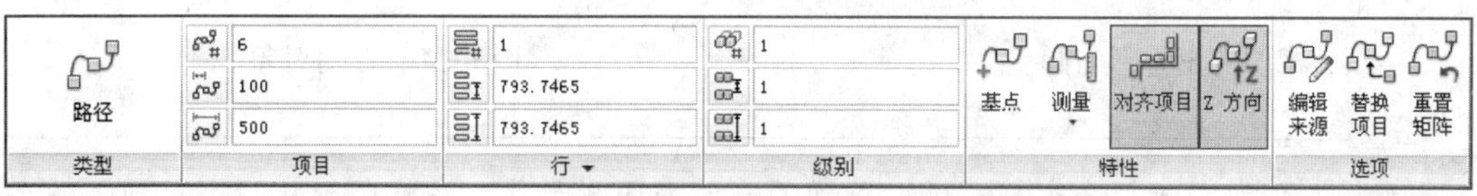

图3–22　路径阵列

3.7 移动

1. 命令功能

该命令主要用来对选中的对象进行移动处理，该操作不会改变对象的尺寸、比例等。

2. 命令调用

可以用以下3种方法移动对象：

- 在命令行中输入MOVE命令。
- 单击“修改”工具栏上的“移动”按钮。
- 选择“修改”→“移动”菜单命令。

边学边练 021 移动

绘制边长与直径相同的正方形与圆，具体操作步骤如下：

01 利用正多边形与圆的命令，绘制如图3-23所示相切的正方形与圆。

```
命令：_polygon
输入边的数目 <4>:                                      //按Enter键，绘制正四边形
指定正多边形的中心点或 [边(E)]: 900,900                //指定正方形的中心点
输入选项 [内接于圆(I)/外切于圆(C)] <I>: C              //选择外切于圆
指定圆的半径: 300                                      //指定圆的半径300
命令：_circle
指定圆的圆心或 [三点(3P)/两点(2P)/相切、相切、半径(T)]: 900,900
指定圆的半径或 [直径(D)] <260.0000>: 300               //指定圆的半径为300
```

02 应用移动MOVE命令将圆从正方形中移出，结果如图3-24所示。命令行提示如下：

```
命令：_move                                            //调用移动命令
选择对象：找到 1 个                                    //在屏幕上选择圆
选择对象：                                             //按Enter键或单击鼠标右键
指定基点或 [位移(D)] <位移>:                           //指定位移基点
指定基点或 [位移(D)] <位移>: 指定第二个点或 <使用第一个点作为位移>:
                                                       //指定第二个点
```

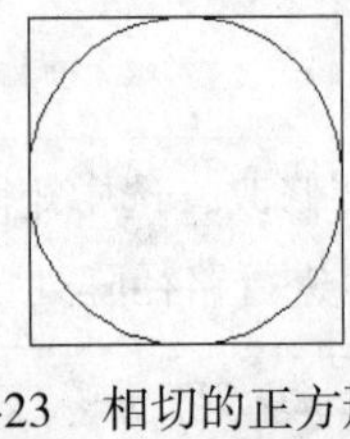

图3-23 相切的正方形与圆

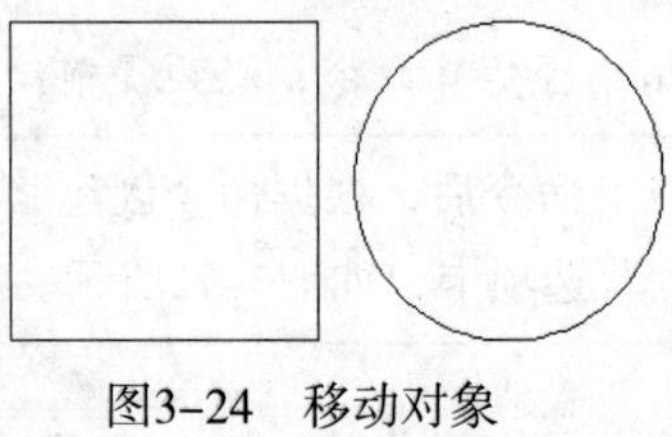

图3-24 移动对象

> **注意**
>
> 移动与偏移两者概念容易混淆：移动不会改变图形形状，是将图形从一个移到另一个点；而偏移除含有复制命令外，还能自动改变图形。

3.8 旋转

1. 命令功能

旋转命令用于将对象绕指定的基点进行旋转，该操作不会改变对象的尺寸、比例等。

2. 命令调用

可以用以下3种方法旋转对象：

- 在命令行中输入ROTATE命令。
- 单击“修改”工具栏上的“旋转”按钮。
- 选择“修改”→“旋转”菜单命令。

选择要旋转的对象（可以依次选择多个对象），并指定旋转的基点，命令行将显示：

指定旋转角度，或[复制（C）参照（R）] <0>:

如果直接输入角度值，则可以将对象绕基点转动该角度，角度为正时逆时针旋转，角度为负时顺时针旋转；如果选择“参照（R）”选项，将以参照方式旋转对象，需要依次指定参照方向的角度值和相对于参照方向的角度值。

边学边练 022　旋转

要将图3-25中（a）的图形转换为（b）图形，应用“旋转”命令即可。具体步骤如下：

01 用圆、直线及图案填充命令，绘制如图3-25（a）所示图形。

02 用“旋转”命令将（a）转化为（b），命令行提示如下：

```
命令：_rotate                                      //调用“旋转”命令
UCS 当前的正角方向： ANGDIR=逆时针   ANGBASE=0
选择对象：找到 1 个                                 //选择对象
选择对象：                                          //按Enter键或单击鼠标右键
指定基点：                                          //指定旋转基点
指定旋转角度，或 [复制（C）/参照（R）] <0>：  45     //指定旋转角度为45°
```

（a）　　　　（b）

图3-25　旋转效果

3.9 拉伸

1. 命令功能

拉伸命令用于将对象按指定的方向和角度进行拉伸或缩短。拉伸命令只能使用窗交方式或圈交方式选取对象，位于窗内或完全位于窗内的对象将发生移动，与边界相交的对象将发生拉伸或压缩变化。

2. 命令调用

可以用以下3种方法调用拉伸命令：

- 在命令行中输入STRETCH命令。
- 单击“修改”工具栏上的“拉伸”按钮。
- 选择“修改”→“拉伸”菜单命令。

拉伸效果如图3-26所示。

（a） （b）

图3-26 拉伸对象

3.10 拉长

1. 命令功能

可以用拉长命令来修改圆弧、直线、椭圆弧、不封闭多段线和不封闭样条曲线的长度。

2. 命令调用

可以用以下2种方法调用拉长命令：

- 在命令行输入LENGTHEN命令。
- 在菜单中选择“修改”→“拉长”命令。

命令行中各项的含义如下所示。

- 选择对象：这是默认选项，直接选择直线或者圆弧对象后，AutoCAD 2012会显示出它的当前长度和包含角度（对圆弧来说）。
- 增量：以增量方式修改选择对象的长度。在系统提示下选择圆弧，该圆弧会按指定的角度增量在离拾取点近的一端变长或变短，角度增量为正值时圆弧变长，角度增量为负值时圆弧变短。
- 百分数：以相对原长度的百分比来修改直线或者圆弧的长度。
- 全部：以给定直线新的总长度或者圆弧的新包含角来改变长度。

拉长效果如图3-27所示。

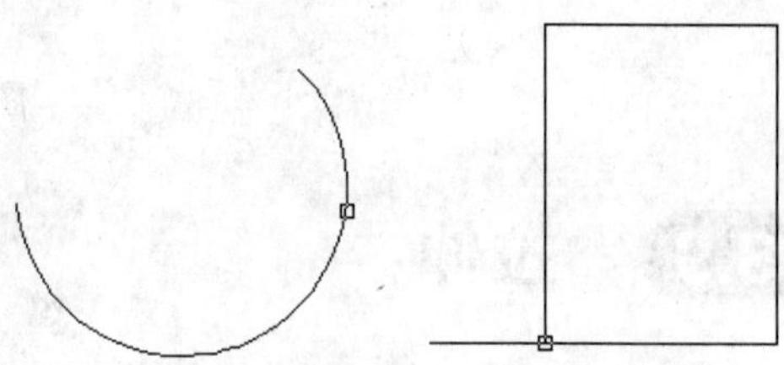

（a）圆弧的拉长 （b）直线的拉长

图3-27 拉长对象

3.11 缩放

1. 命令功能

缩放命令可以将图形对象按给定的基点和比例因子进行成比例扩大或缩放。

2. 命令调用

可以用以下3种方法调用缩放命令：

- 在命令行中输入SCALE命令。
- 单击“修改”工具栏上的“缩放”按钮。
- 选择“修改”→“缩放”菜单命令。

调用缩放命令后，命令行会提示：

选择对象：

选择缩放对象，继续提示：

指定基点：

确定缩放基点，系统继续提示：

指定比例因子或[复制（C）/参照（R）]<2.0000>：

输入绝对比例因子或参照，其中选项含义如下所示。

- 指定比例因子：用户可以直接指定缩放因子，大于1的比例因子使对象放大，而介于0和1之间的比例因子将使对象缩小。
- 复制：可以复制缩放对象，即缩放对象时，保留原对象。
- 参考：采用参考方向缩放对象时，系统提示：若新长度值大于参考长度值，则放大对象；否则，缩小对象。操作完毕后，系统以指定选项，则指定两点来定义新的长的基点按指定的比例因子缩放对象。

边学边练 023 缩放

运用缩放命令绘制如图3-28所示的图形。

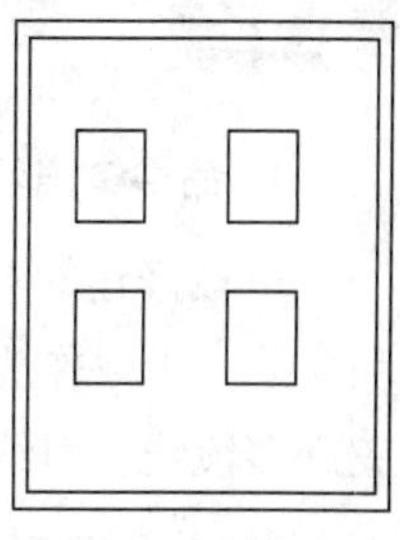

图3-28　缩放命令

01 绘制图3-29中的矩形1，命令行提示如下：

命令：_rectang　　//调用矩形命令，绘制矩形1

指定第一个角点或 [倒角（C）/标高（E）/圆角（F）/厚度（T）/宽度（W）]：

指定另一个角点或 [面积（A）/尺寸（D）/旋转（R）]：

02 用缩放命令将矩形1缩放为与其具有相同比例的矩形2（见图3-29）。命令行提示如下：

命令：_scale　　//缩放命令

选择对象：找到 1 个　　//选取对象

选择对象：　　//按Enter键或单击鼠标右键

指定基点：　　//指定缩放的基点

指定比例因子或 [复制（C）/参照（R）] <0.5000>： c //选择复制命令，保留源复制对象矩形1

指定比例因子或 [复制（C）/参照（R）] <0.5000>: 0.2

//指定缩放比例为原来的0.2倍

03 用阵列命令使矩形2分布为如图3-30所示形状。然后用偏移命令将矩形1偏移，即可得到图3-30所示的窗格轮廓图，命令行提示如下：

命令: _array

选择对象: 找到 1 个

选择对象: //选择要阵列的对象矩形1

命令:

执行偏移命令

命令: _offset //执行偏移命令

当前设置: 删除源=否 图层=源 OFFSETGAPTYPE=0

指定偏移距离或 [通过（T）/删除（E）/图层（L）] <通过>: 40

//指定偏移距离为40

指定要偏移的那一侧上的点，或 [退出（E）/多个（M）/放弃（U）] <退出>:

//在屏幕上指定偏移点，来确定偏移方向

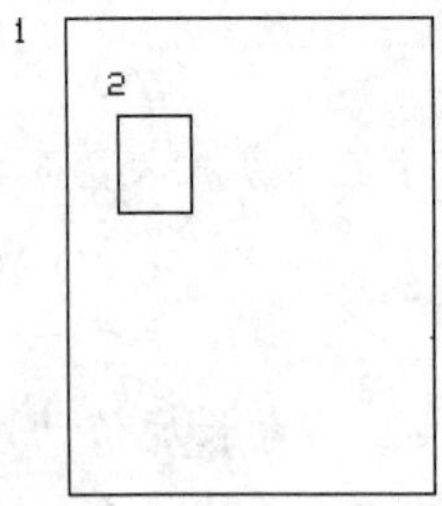

图3-29 将矩形1缩放为矩形2

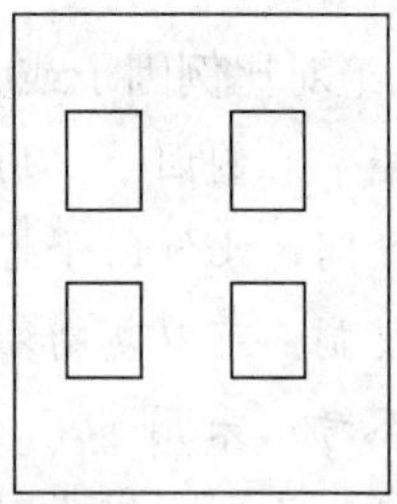

图3-30 阵列效果

3.12 修剪

1. 命令功能

可被修建的对象包括圆弧、圆、伤圆、椭圆弧、直线、二维和三维多段线、射线、祥条曲线和多线，可以作为修剪边界的对象包括圆弧、圆、椭圆、椭圆弧、浮动视口边界、宣线、二维和三维多段线、射线、面域、样条曲线、文字和多线。

2. 命令调用

可用以下3种方法修剪对象：

- 在命令行中输入TRIM命令。
- 单击“修改”工具栏上的“修剪”按钮。
- 选择“修改”→“修剪”菜单命令。

令行提示如下：

命令: _trim

当前设置:投影=UCS，边=无
选择剪切边...
选择对象或 <全部选择>: 找到 1 个
选择对象:
选择要修剪的对象，或按住 Shift 键选择要延伸的对象，或
[栏选（F）/窗交（C）/投影（P）/边（E）/删除（R）/放弃（U）]:

各选项含义如下所示。

- 选择要修剪的对象：这是默认选项，选择要修剪的对象，即选择被修剪的边。用户在该提示下选择了被修剪的对象后，AutoCAD 2012将以该对象为目标，以修剪边界为边界对该对象进行修剪处理。
- 栏选（F）：用于通过指定栏选点修剪图形对象。
- 窗交（C）：用于通过指定窗交对角点修剪图形对象。
- 投影（P）：用于确定修剪操作的空间，主要是指三维空间中的两个对象的修剪，此时可以将对象投影到某一平面上进行修剪操作。
- 边（E）：用于确定修剪边的隐含延伸模式。选择此项时，命令行会提示："输入隐含边延伸 模式[延伸（E）/不延伸（N）]<不延伸>："信息。用户选择"延伸"，则当剪切边太短而且没有与被修剪对象相交时，可以延伸修剪边，然后进行修剪；若选择"不延伸"，则只有当剪切边与被修剪对象真正相交时，才可以进行修剪操作。
- 删除（R）：用于确定要删除的对象。
- 放弃（U）：用于取消上一次的操作。

边学边练 024 修剪

绘制如图3-31所示的图案，操作步骤如下：

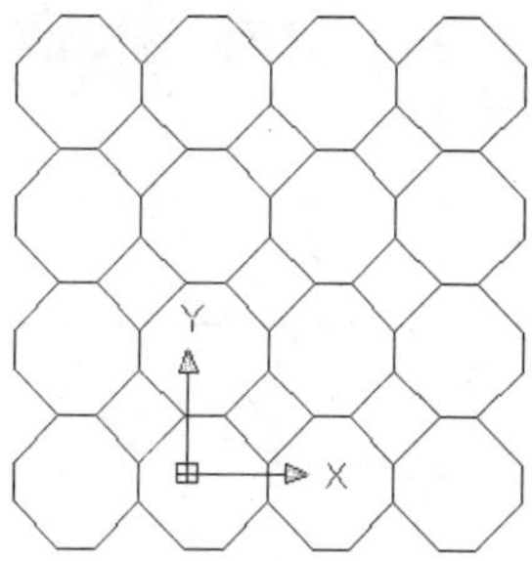

图3-31 修剪效果

01 利用矩形命令在绘制一矩形1，并用捕捉端点捕捉矩形左上角的端点，绘制矩形2，并将矩形2旋转45度，得到如图3-32所示图形。命令行提示如下：

命令: _polygon 输入边的数目 <4>: //绘制矩形1
指定正多边形的中心点或 [边（E）]: 850,1170 //指定中心点
输入选项 [内接于圆（I）/外切于圆（C）] <I>: C
指定圆的半径: 200 //指定半径，按Enter键或单击鼠标右键

命令: _polygon
输入边的数目 <4>: //绘制矩形2
指定正多边形的中心点或 [边（E）]: //用捕捉命令捕捉到左上角顶点
输入选项 [内接于圆（I）/外切于圆（C）] <C>: C
指定圆的半径: 100 //指定半径
命令: _rotate //旋转命令
UCS 当前的正角方向: ANGDIR=逆时针 ANGBASE=0

找到 1 个

指定基点:

指定旋转角度，或 [复制（C）/参照（R）] <0>: 45 //指定旋转角度为45度

02 用环形阵列命令绘制出如图3-33所示图形，命令行提示如下:

命令: _array //调用阵列命令

指定阵列中心点: 850,1170

选择对象: 找到 1 个

选择对象: //在屏幕上选取对象

03 用修剪命令将各个边修剪掉，效果如图3-34所示。

命令: _trim //调用修剪命令

当前设置:投影=无，边=无

选择剪切边...

选择对象或 <全部选择>: 找到 1 个

选择对象: 找到 1 个，总计 2 个

选择对象: 找到 1 个，总计 3 个

选择对象: 找到 1 个，总计 4 个

选择对象: //按Enter键或单击鼠标右键

选择要修剪的对象，或按住 Shift 键选择要延伸的对象，或

[栏选（F）/窗交（C）/投影（P）/边（E）/删除（R）/放弃（U）]:

//选择要修建的小矩形边界

选择要修剪的对象，或按住 Shift 键选择要延伸的对象，或

[栏选（F）/窗交（C）/投影（P）/边（E）/删除（R）/放弃（U）]:

//重复修剪直到图3-34效果

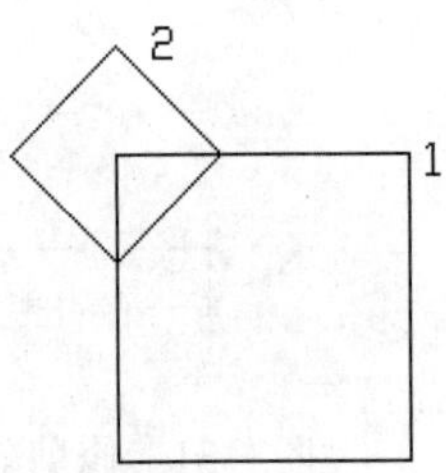

图3-32 矩形

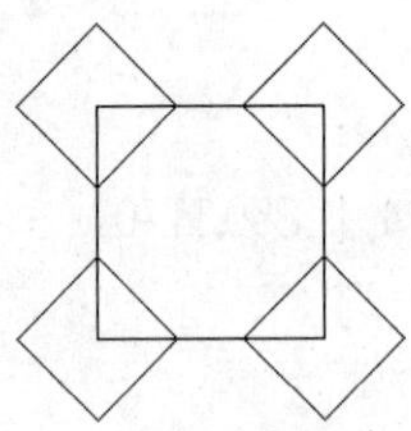

图3-33 阵列

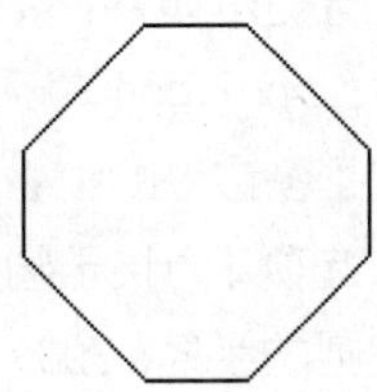

图3-34 修剪

04 用矩形阵列命令，得到图3-31所示最终结果。命令行提示如下:

命令: _array

指定行间距: 第二点:400

指定列间距: 第二点:400

选择对象: 指定对角点: 找到 8 个

选择对象: //选择屏幕中图3-34所示图形

3.13 延伸

1. 命令功能

在AutoCAD 2012中，可以延伸对象，以便使对象在由其他对象定义的边界处结束。在使用延伸命令时，首先选择边界的边，然后指定要延伸的对象，可以一次选择一个对象，也可以使用栏选方式选择对象。不能将先选择后执行对象选择方式应用于延伸命令。

该命令用于将对象的一个端点或两个端点延伸到另一个对象上。可延伸的对象包括直线、圆弧、椭圆弧、开放的二维和三维多段线和射线，可作为延伸边界的对象包括直线、圆弧、椭圆弧、圆、椭圆、二维和三维多段线、射线、参照线、面域、样条曲线、字符串或浮动视口。

2. 命令调用

可以用以下3种方法调用延伸命令：

- 在命令行中输入EXTEND命令。
- 单击“修改”工具栏上的“延伸”按钮。
- 选择“修改”→“延伸”菜单命令。

延伸过程如图3-35所示，圆弧1为延伸边界，圆弧2为延伸对象，首先选择圆弧1，然后选择圆弧2，完成延伸，命令行提示如下：

命令: _extend

当前设置:投影=UCS，边=无

选择边界的边...

选择对象或 <全部选择>: 找到 1 个

选择对象:

选择要延伸的对象，或按住 Shift 键选择要修剪的对象，或

[栏选（F）/窗交（C）/投影（P）/边（E）/放弃（U）]:

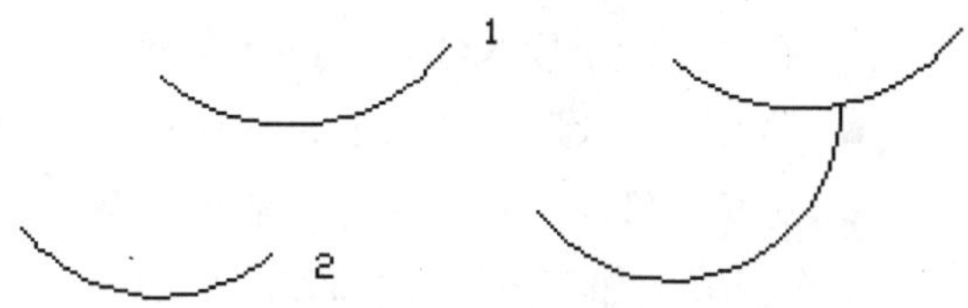

图3-35 延伸命令

3.14 打断

1. 命令功能

打断命令用于删除对象的一部分或将一个对象分成两部分。该命令可用于直线、参照线、射线、圆弧、圆、椭圆、样条曲线、实心圆环、填充多边形以及二维或三维多段线。

2. 命令调用

可以用以下3种方法去打断对象：

- 在命令行中输入BREAK命令。
- 单击“修改”工具栏上的“打断”按钮和。
- 选择“修改”→“打断”菜单命令。

（1）用一点打断对象

单击“修改”工具栏上的按钮，命令行提示选择对象，在选择第一个打断点后，在第二个打断点的提示中自动输入“@”，表示两个打断点的位置相同。一点打断效果如图3-36所示。

（2）用两个点打断对象

在对象上指定两点，将两点之间的线段删除，例如将图3–37（a）打断效果如图3–37（b）所示。

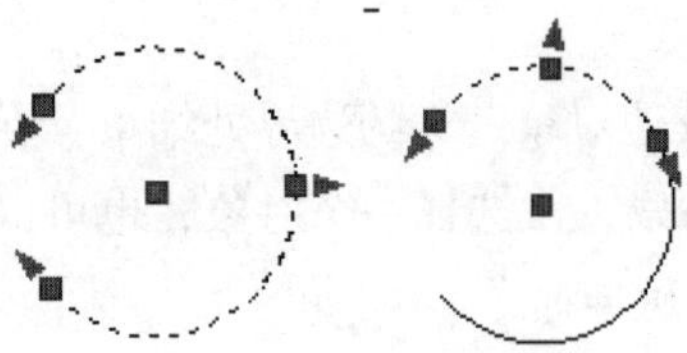

图3–36　一点打断

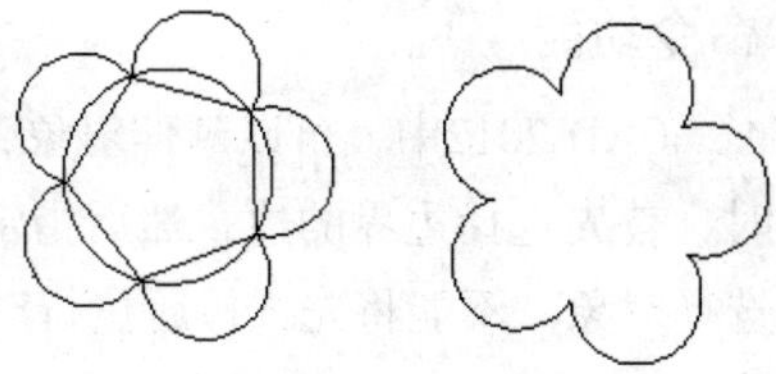

（a）　（b）

图3–37　两点打断

3.15 倒角

1. 命令调用

在AutoCAD 2012中，可以使用倒角命令修改对象使其以平角相接。

2. 命令功能

可以用以下3种方法进行倒角：

- 在命令行中输入CHAMFER命令。
- 单击“修改”工具栏上的“倒角”按钮。
- 选择“修改”→“倒角”菜单命令。

命令行提示如下：

命令：_chamfer

（“修剪”模式）当前倒角距离 1 = 0.0000，距离 2 = 0.0000

选择第一条直线或 [放弃（U）/多段线（P）/距离（D）/角度（A）/修剪（T）/方式（E）/多个（M）]:

其中选项含义如下所示。

- 放弃：放弃倒角操作命令。
- 多段线：可以实现在单一的步骤中对整个二维多段线进行倒角，如图3–38所示。

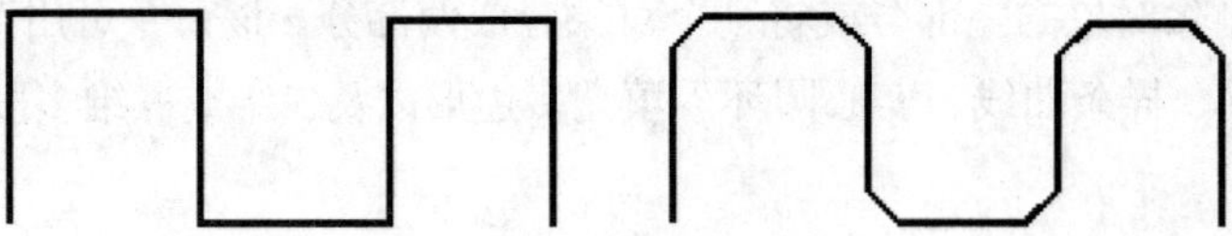

图3–38　选择多段线倒角

- 距离：通过输入倒角的斜线距离进行倒角，斜线的距离可以相同也可以不同。
- 角度：通过输入第一个倒角距离和角度来进行倒角。
- 修剪：设置倒角后是否保留原拐角边，选择“修剪”即表示倒角后对倒角边进行修剪；选择“不修剪”则表示不进行修剪，如图3–39所示。

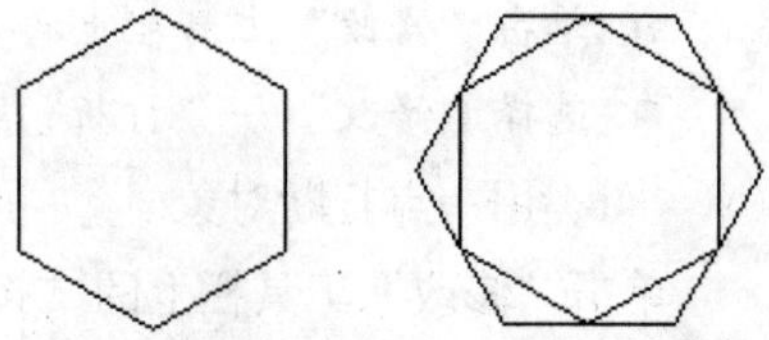

图3–39　“修剪”与“不修剪”效果

- 方式：用于设置倒角的方法，即采用“距离”方式还是“角度”方式进行倒斜角。选择“距离”选项即将以两条边的倒角距离来修倒角；选择“角度”选项则表示将以一条边的距离以及相应的角度来修倒角。
- 多个：用于同时对多个对象进行倒角操作。

提示

倒角命令只能对直线、多段线和正多边形进行倒角，不能对圆弧、椭圆等对象进行倒角。

3.16 圆角

1. 命令调用

圆角是用一段圆弧来连接指定相交的两直线、圆弧或多段线中相邻的两段线，使其在两个实体间光滑过渡。

2. 命令功能

可以用以下3种方法执行圆角操作：

- 在命令行中输入FILLET命令。
- 单击“修改”工具栏上的“圆角”按钮。
- 选择“修改”→“圆角”菜单命令。

命令行提示如下：

命令：_fillet

当前设置：模式 = 不修剪，半径 = 0.0000

选择第一个对象或 [放弃（U）/多段线（P）/半径（R）/修剪（T）/多个（M）]:

选择第二个对象，或按住 Shift 键选择要应用角点的对象：

其中各选项含义如下所示。

- 放弃：放弃圆角操作命令。
- 多段线：在一条二维多段线的两段直线的节点处插入圆滑的弧。
- 半径：用于输入连接圆角的圆弧半径。
- 修剪：设置圆角后是否对对象进行修剪，如图3-40所示。

图3-40　圆角的“不修剪”与“修剪”

- 多个：用于对多个对象进行圆角操作。

提示

倒圆角的两圆不能是相交的，否则无显示效果。

3.17 分解命令

1. 命令功能

分解命令可以将矩形、多段线、图块或者尺寸标注等组合对象分解为独立的对象，以便单独进行编辑。组合对象即由多个基本对象组合而成的复杂对象，如多段线、多线、标注、块、面域、多面网格、多边形网格、三维网格以及三维实体等。

2. 命令调用

可以用以下3种方法执行分解操作：

- 在命令行中输入EXPLODE命令。
- 单击“修改”工具栏上的“分解”按钮。
- 选择“修改”→“分解”菜单命令。

将用多段线绘制的图形进行分解，效果如图3-41所示。

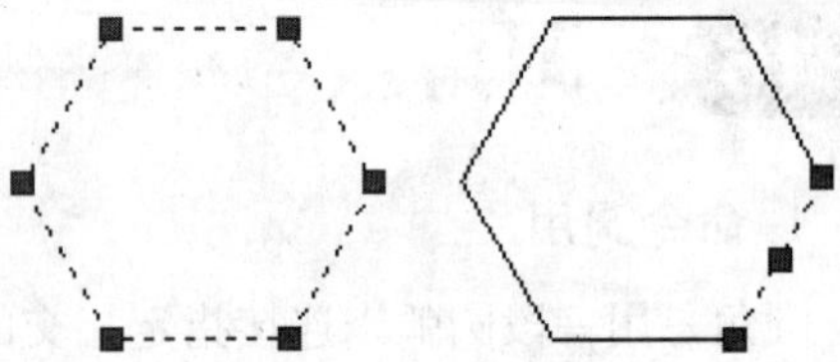

图3-41 分解命令

提示

（1）分解对象后，看不出变化，但是对象的颜色或线型等特性可能改变。

（2）块被分解后，其组成对象一般采用原来的特性。

（3）原始的多段线有宽度，被分解后将会失去宽度信息，如图3-42所示。

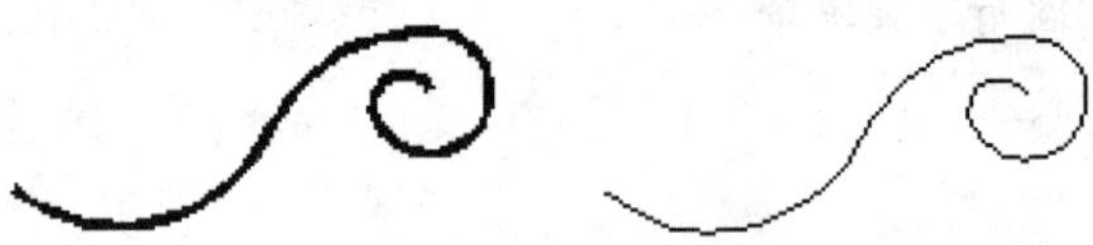

图3-42 多线段分解后效果

（4）分解对象后，原来配置成By Block（随块）的颜色和线型的显示有可能发生改变，组成块的对象将会转换成单独的线、圆等对象。

3.18 夹点编辑

夹点是一种集成的编辑模式，提供了一种方便快捷的图形编辑操作方式。利用夹点，可以对对象进行拉伸、旋转、移动及镜像等一系列操作。

拾取对象后，在对象上拾取一个温点后，则此点此时变为热点，命令行将依次提示：

** 拉伸 **

指定拉伸点或 [基点（B）/复制（C）/放弃（U）/退出（X）]:

** 移动 **

指定移动点或 [基点（B）/复制（C）/放弃（U）/退出（X）]:

** 旋转 **

指定旋转角度或 [基点（B）/复制（C）/放弃（U）/参照（R）/退出（X）]:

** 比例缩放 **

指定比例因子或 [基点（B）/复制（C）/放弃（U）/参照（R）/退出（X）]:

** 镜像 **

指定第二点或 [基点（B）/复制（C）/放弃（U）/退出（X）]:

其中各选项含义如下所示。

- 拉伸：指定拉伸点后，AutoCAD将把对象拉伸或移动到新的位置。对于某些夹点，移动时只能移动对象而不能拉伸对象，如文字、块、直线中点、圆心、椭圆中心和点对象上的夹点。
- 移动：通过输入点的坐标或拾取点的方式来确定平移对象的目的点后，即可以基点为平移的起点，以目的点为终点，将所选对象平移到新位置
- 旋转：输入旋转的角度值或通过拖动方式确定旋转角度后，即可将对象绕基点旋转指定的角度。也可以选择“参照”选项，以参照方式旋转对象，这与“旋转”命令中的“对照”选项功能相同。
- 缩放：当确定了缩放的比例因子后，AutoCAD将相对于基点进行缩放对象操作。当比例因子大于1时放大对象；当比例因子大于0而小于1时缩小对象。
- 镜像：指定镜像线上的第二个点后，AutoCAD将以基点作为镜像线上的第一点，新指定的点为镜像线上的第二个点，将对象进行镜像操作并删除原对象。

3.19 特性和特性匹配

下面对图形的特性和特性匹配进行介绍。

3.19.1 特性

1. 命令功能

对象特性包含一般特性和几何特性。一般特性包含对象的颜色、线型、图层及线宽等，几何特性包括对象的尺寸和位置。可以直接在“特性”选项板中设置和修改对象的特性。

2. 命令调用

可以用以下3种方法执行特性命令：

- 在命令行中输入PROPERTIES命令。
- 单击“标准”工具栏上的“特性”按钮。
- 选择“修改”→“特性”菜单命令。

执行上述命令后，弹出“特性”选项板，如图3-43所示。

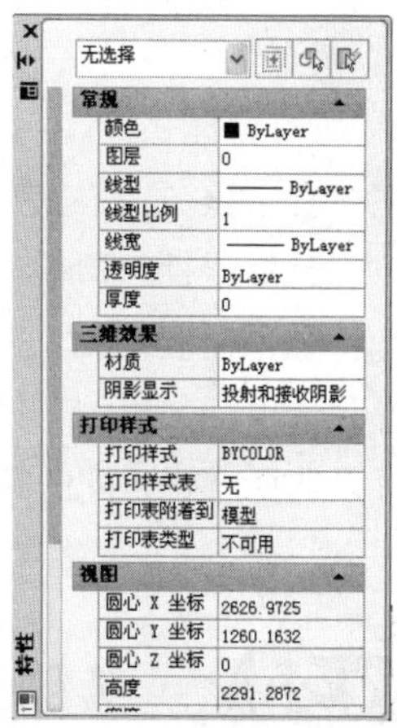

图3-43 “特性”选项板

选择对象，然后在夹点上右击，将弹出该对象的“特性”选项板，如图3-44所示，包括对象的颜色、线型、线宽、厚度等基本特性，以及线段的长度、角度、坐标等几何特性。选取多个对象时，“特性”选项板将只显示图层、颜色、线型及厚度等基本特性，如图3-45所示。

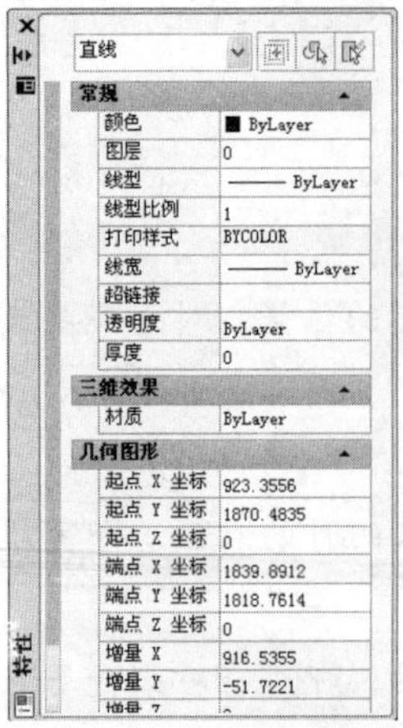

图3-44　单个对象特性

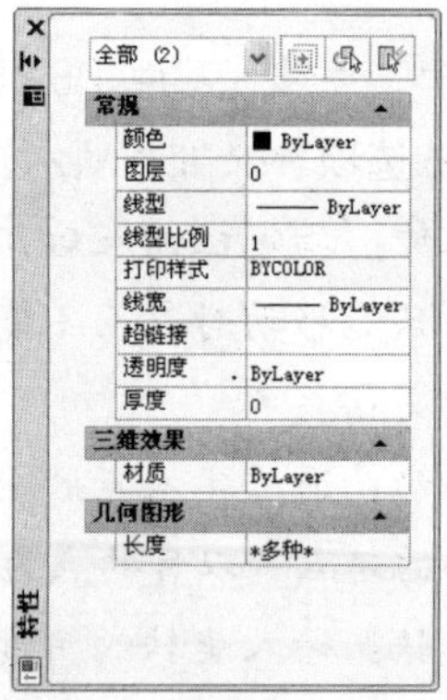

图3-45　多个对象特性

3.19.2　特性匹配

1. 命令功能

特性匹配是指把源对象的图层、颜色、线型、线宽和厚度等特性复制到目标对象。

2. 命令调用

可以用以下3种方法执行特性匹配命令：

- 在命令行中输入MATCHPROP命令。
- 单击“标准”工具栏上的“特性匹配”按钮。
- 执行“修改”→“特性匹配”菜单命令。

命令行提示如下：

命令：_matchprop

选择源对象：

当前活动设置：颜色 图层 线型 线型比例 线宽 厚度 打印样式 标注 文字 填充图案 多段线 视口 表格材质 阴影显示 多重引线

选择目标对象或 [设置(S)]：

如果需要对对象特性调整，则输入S，选择“设置”选项，弹出“特性设置”对话框，在该对话框中可以选择需要匹配的特性，如图3-46所示。

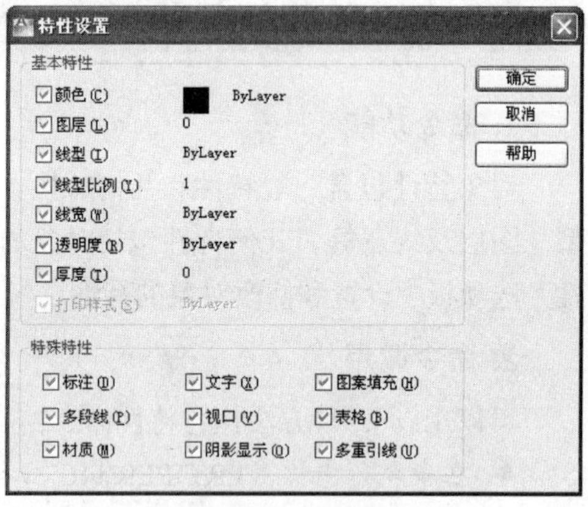

图3-46　“特性设置”对话框

3.20 多段线的编辑

用户可以通过编辑多段线命令来编辑由PLINE命令绘制的多段线，可以用以下3种方法执行编辑多段线命令：

- 命令行输入PEDIT命令。
- 执行“修改”→“对象”→“多段线”菜单命令。
- 在“修改II”工具栏上单击“编辑多段线”按钮。

边学边练 025 编辑多段线

编辑如图3-47（a）所示的多段线，操作方法及命令行提示如下：

（a）编辑前　　（b）编辑后

图3-47 多段线编辑

命令：_pedit //多段线命令

选择多段线或 [多条（M）]：m

选择对象：找到 1 个

选择对象：找到 1 个，总计 2 个

选择对象：找到 1 个，总计 3 个

选择对象：找到 1 个，总计 4 个

选择对象：找到 1 个，总计 5 个

选择对象：找到 1 个，总计 6 个

选择对象：找到 1 个，总计 7 个

选择对象：

是否将直线和圆弧转换为多段线？[是（Y）/否（N）]？<Y>

输入选项 [闭合（C）/打开（O）/合并（J）/宽度（W）/拟合（F）/样条曲线（S）/非曲线化（D）/线型生成（L）/放弃（U）]：W //选择宽度

指定所有线段的新宽度：40 //设置多段线宽度为40

输入选项 [闭合（C）/打开（O）/合并（J）/宽度（W）/拟合（F）/样条曲线（S）/非曲线化（D）/线型生成（L）/放弃（U）]： //单击鼠标右键，效果如图3-47（b）所示

3.21 编辑样条曲线

用户可以通过以下3种方法编辑样条曲线：

- 在命令行输入SPLINEDIT命令。
- 执行“修改”→“对象”→“样条曲线”菜单命令。
- 在“修改II”工具栏上单击“编辑样条曲线”按钮。

命令行提示如下：

命令：_splinedit

选择样条曲线：

输入选项 [拟合数据(F)/闭合(C)/移动顶点(M)/精度(R)/反转(E)/放弃(U)]:

操作效果如图3-48所示。

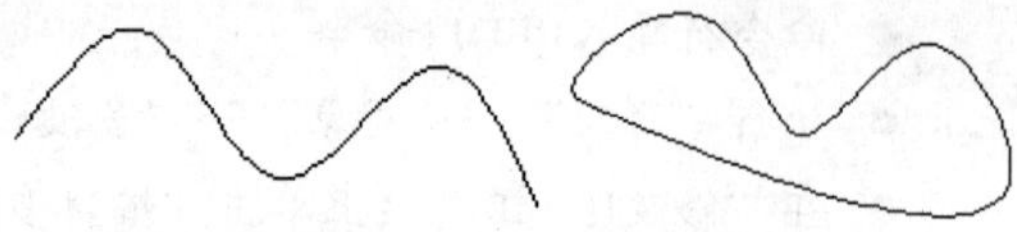

图3-48 样条曲线编辑效果

3.22 实例应用

3.22.1 实例1:门框

本节绘制如图3-49所示的门框。

01 单击“绘图”工具栏中的▭按钮，绘制如图3-50所示的矩形，命令行提示如下:

```
命令: _rectang                                           //调用矩形命令
指定第一个角点或 [倒角(C)/标高(E)/圆角(F)/厚度(T)/宽度(W)]:
                                                         //指定第一个角点
指定另一个角点或 [面积(A)/尺寸(D)/旋转(R)]: @1000,-1500
                                                         //指定另一个角点
```

02 单击“修改”工具栏中的按钮，将矩形分别向内偏移100和150个单位，如图3-51所示。命令行提示如下:

```
命令: _offset                                            //调用偏移命令
当前设置: 删除源=否  图层=源  OFFSETGAPTYPE=0
指定偏移距离或 [通过(T)/删除(E)/图层(L)] <通过>: 100    //指定偏移距离
选择要偏移的对象，或 [退出(E)/放弃(U)] <退出>:            //选择矩形
指定要偏移的那一侧上的点，或 [退出(E)/多个(M)/放弃(U)] <退出>:
                                                         //单击矩形内侧向内侧偏移
```

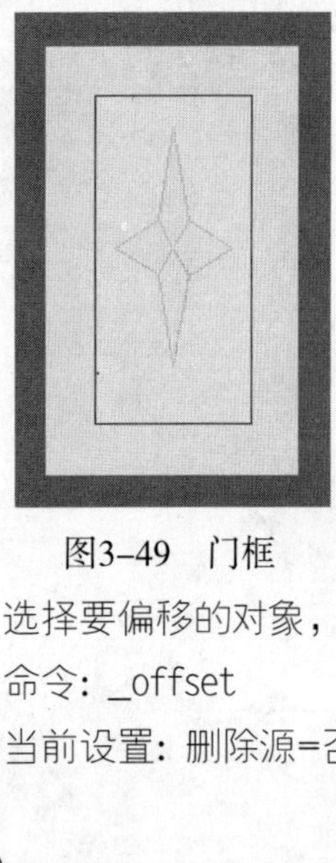

图3-49 门框

图3-50 绘制矩形

图3-51 偏移后的矩形框

```
选择要偏移的对象，或 [退出(E)/放弃(U)] <退出>:
命令: _offset
当前设置: 删除源=否  图层=源  OFFSETGAPTYPE=0
```

指定偏移距离或 [通过（T）/删除（E）/图层（L）] <100.0000>: 150
选择要偏移的对象，或 [退出（E）/放弃（U）] <退出>:
指定要偏移的那一侧上的点，或 [退出（E）/多个（M）/放弃（U）] <退出>:
选择要偏移的对象，或 [退出（E）/放弃（U）] <退出>:

03 利用直线命令绘制两条辅助线，其交点为矩形的中心，命令行提示如下：

命令: _line
指定第一点: <对象捕捉 开> //调用直线命令，指定矩形左边中点为第一点
指定下一点或 [放弃（U）]: <正交 开> //指定矩形右边中点为第二点
指定下一点或 [放弃（U）]: //按Enter键
命令: _line
指定第一点:
指定下一点或 [放弃（U）]:
指定下一点或 [放弃（U）]: //按Enter键

04 单击“绘图”工具栏中的⊙按钮，绘制一通过直线交点的圆，如图3-52所示。

05 右击状态栏中的“极轴”按钮，选择“设置”选项，打开“草图设置”对话框，在此设置极轴角度，如图3-53所示。

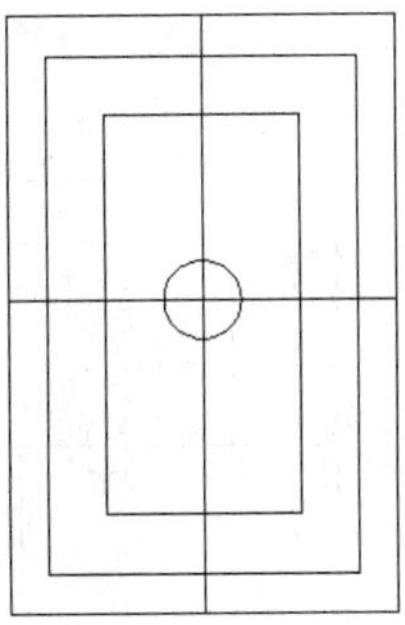

图3-52 绘制圆

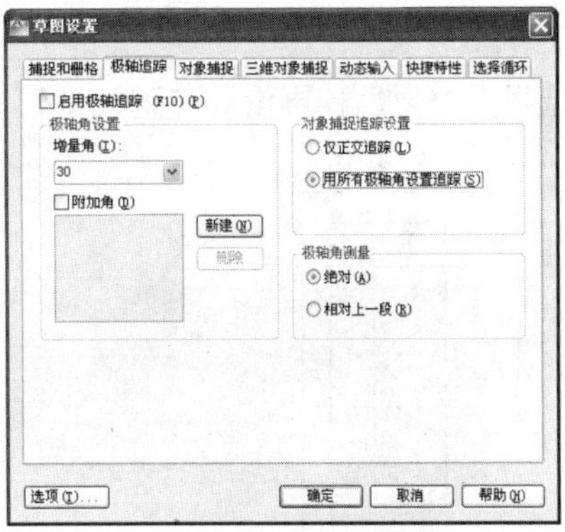

图3-53 设置极轴角度

06 打开“极轴”功能，利用“直线”命令绘制如图3-54所示的图形。

07 捕捉直线与圆的交点，绘制出如图3-55所示的图形。

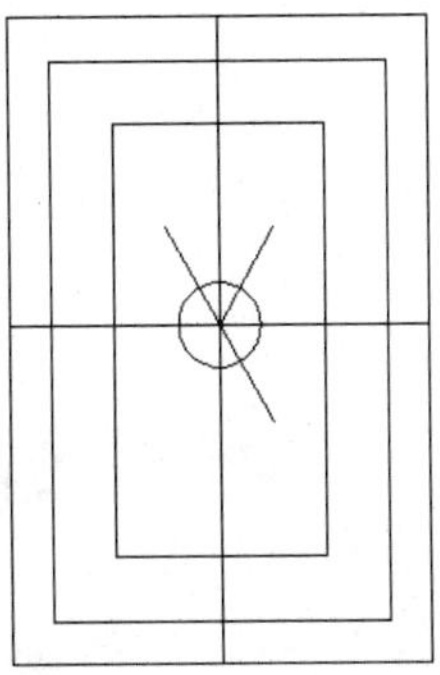

图3-54 利用“极轴”绘制直线

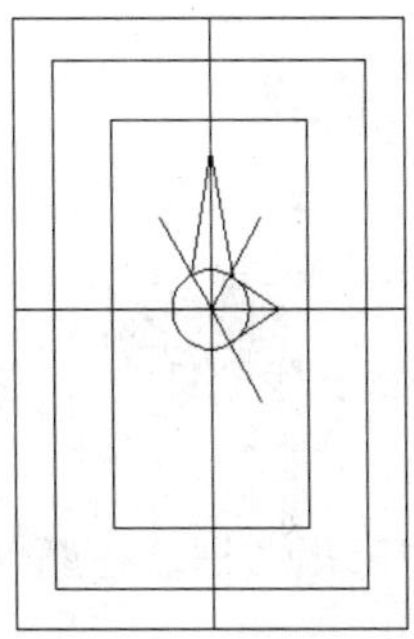

图3-55 绘制棱角

08 单击“修改”工具栏中的-/--按钮，修剪掉多余的直线，结果如图3-56所示。命令行提示如下：

```
命令: _trim                                                    //调用修剪命令
当前设置:投影=无, 边=无
选择剪切边...
选择对象或 <全部选择>:  找到 1 个
选择对象: 找到 1 个, 总计 2 个
选择对象: 找到 1 个, 总计 3 个
选择对象: 找到 1 个, 总计 4 个
选择对象: 找到 1 个, 总计 5 个
选择对象:                                                      //单击鼠标右键
选择要修剪的对象, 或按住 Shift 键选择要延伸的对象, 或
[栏选(F)/窗交(C)/投影(P)/边(E)/删除(R)/放弃(U)]:
......                                                         //选择需要修剪的直线
选择要修剪的对象, 或按住 Shift 键选择要延伸的对象, 或
[栏选(F)/窗交(C)/投影(P)/边(E)/删除(R)/放弃(U)]:  //按Enter键
```

09 单击“修改”工具栏中的器按钮，选择阵列对象，如图3-57所示，虚线部分即为显示对象。

10 选择完对象后，再设置阵列数量4，即可得到如图3-58所示图形。

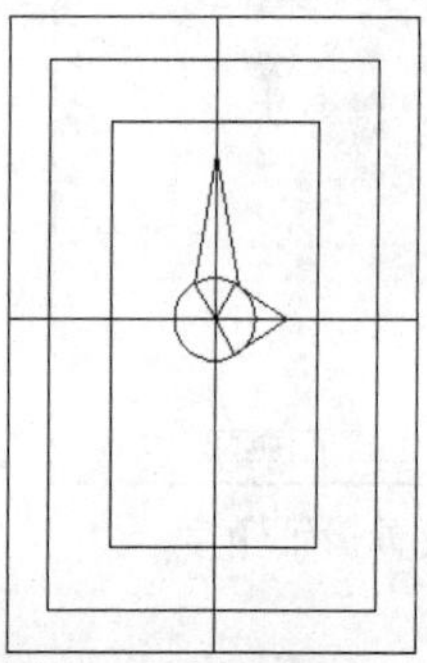
图3-56 修剪多余直线

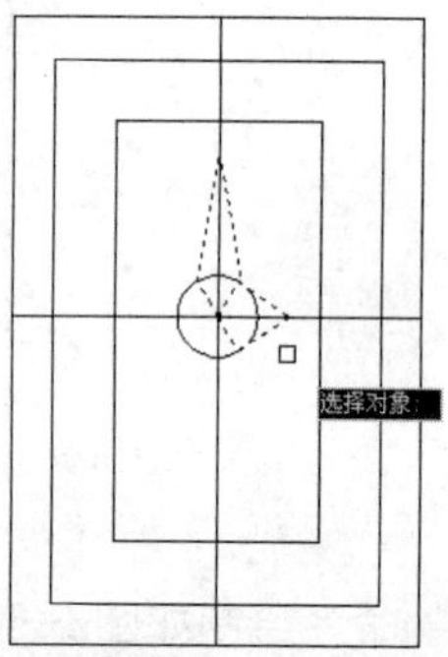

图3-57 选择阵列对象

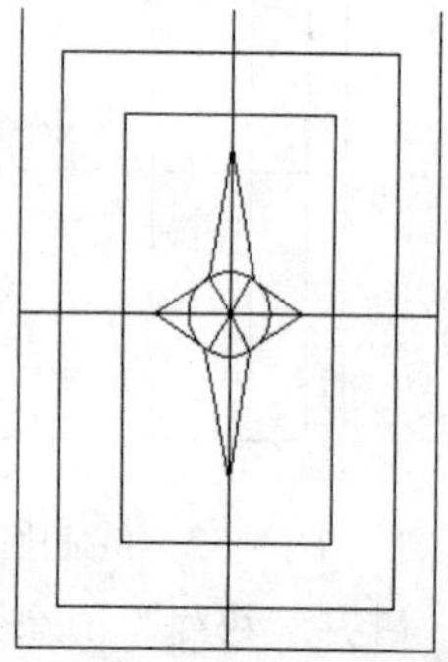
图3-58 阵列后效果

11 删除圆和多余的直线，命令行提示如下：

```
命令: _erase                              //调用删除命令
选择对象: 找到 1 个                       //选择圆
选择对象: 找到 1 个, 总计 2 个            //选择水平直线
选择对象: 找到 1 个, 总计 3 个            //选择垂直直线
选择对象:                                 //单击鼠标右键
```

12 选中内部矩形框，在颜色下拉列表中选择“蓝”，如图3-59所示。

13 同样的方法设置中间四个棱的颜色为黄色，结果如图3-60所示。

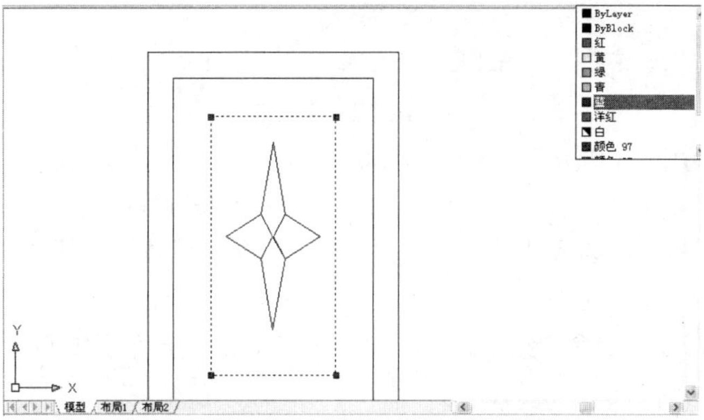

图3-59 设置矩形颜色

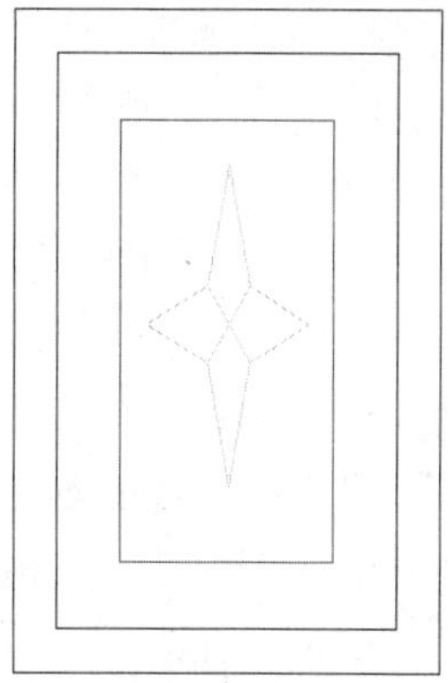

图3-60 设置颜色

14 在“颜色”下拉列表中选择“选择颜色”，打开“选择颜色”对话框，设置颜色如图3-61所示。

15 单击“确定”按钮后，单击“绘图”工具栏中的按钮，打开“边界填充和渐变色”对话框，对图形填充颜色。单击“图案”后面的按钮，从“填充颜色选项板”对话框中选择SOLID图案，单击按钮拾取填充内部点，单击“确定”按钮后，效果如图3-62所示。

16 采用相同办法，对其他区域填充，结果如图3-63所示。

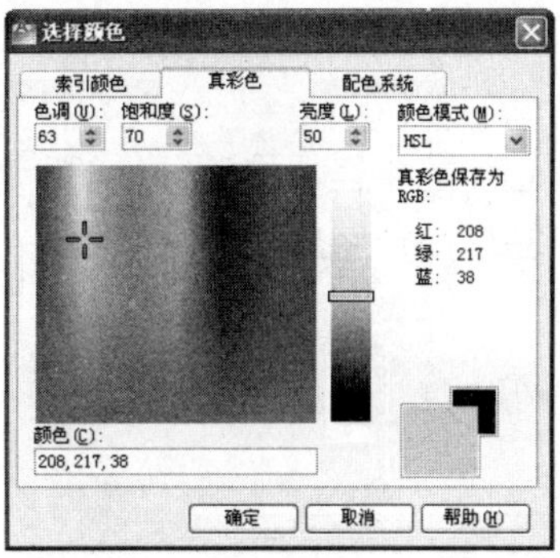

图3-61 “选择颜色”对话框

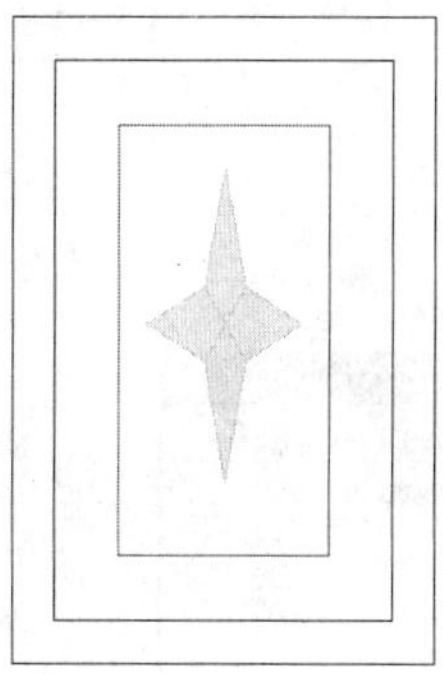

图3-62 填充图案

图3-63 填充后效果

3.22.2 实例2：门

本节用矩形、圆弧命令绘制如图3-64所示门的平面图。

01 单击“绘图”工具栏中的按钮，绘制如图3-65所示的门扇。其长为60，高为800。命令行提示如下：

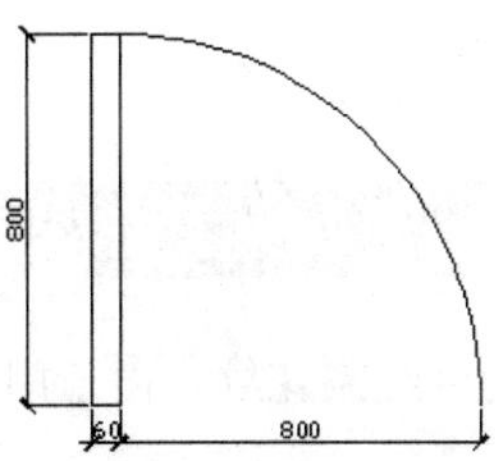

图3-64 门（平面图）

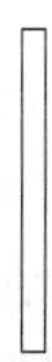

图3-65 矩形门扇

命令: _rectang //调用矩形命令

指定第一个角点或 [倒角(C)/标高(E)/圆角(F)/厚度(T)/宽度(W)]:

//拾取任意一点

指定另一个角点或 [面积(A)/尺寸(D)/旋转(R)]: @60,800

//输入相对坐标，按Enter键

02 右击屏幕下方的“对象捕捉”按钮，选择“设置”选项，打开“草图设置”对话框，选中“端点”复选框，如图3-66所示。

03 单击“确定”按钮后，用直线（LINE）命令绘制长度为800的直线，命令行提示如下：

命令: _line

指定第一点: //捕捉矩形门扇的右下角点A

指定下一点或 [放弃(U)]: @800,0 //输入相对于A点的坐标，得到直线AB

04 用“圆弧”命令绘制门的开启轨迹，单击“绘图”工具栏中的按钮，命令行提示如下：

命令: _arc

指定圆弧的起点或 [圆心(C)]: //捕捉端点B，并指定该点为圆弧的起点

指定圆弧的第二个点或 [圆心(C)/端点(E)]: e //输入e选择“端点”

指定圆弧的端点: //捕捉C点并指定为下一端点

指定圆弧的圆心或 [角度(A)/方向(D)/半径(R)]: r //选择“半径”

指定圆弧的半径: 800

//指定圆弧的半径，按Enter键即可得到如图3-67所示图形

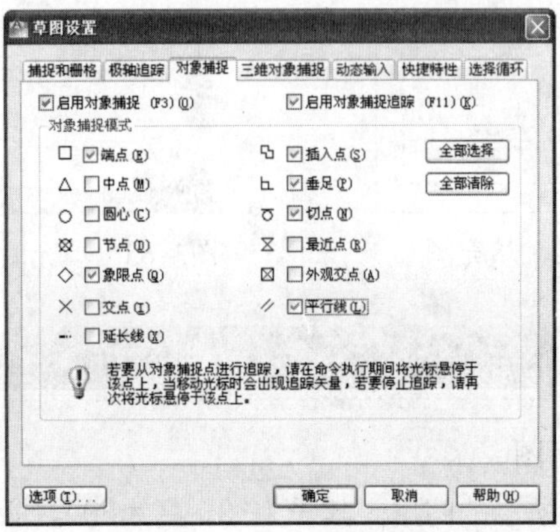

图3-66 设置对象捕捉

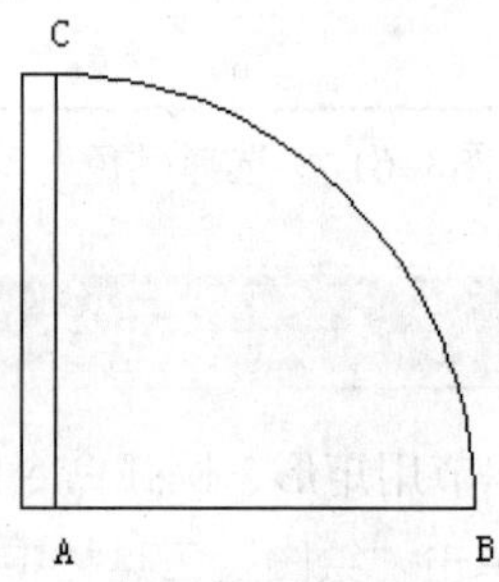

图3-67 绘制圆弧

05 删除直线AB，用标注命令进行标注后即完成门的绘制。

3.22.3 实例3：单开铁门

本节用多线命令绘制门框，用修剪命令绘制门上的铁架，再用圆弧命令绘制花纹。由于门比较对称，所以用镜像命令可省去好多重复的绘制。效果如图3-68所示。

01 开启“正交”模式，选择“绘图”→“多线”菜单命令，绘制高1200，长800的门框，如图3-69所示。命令行提示如下：

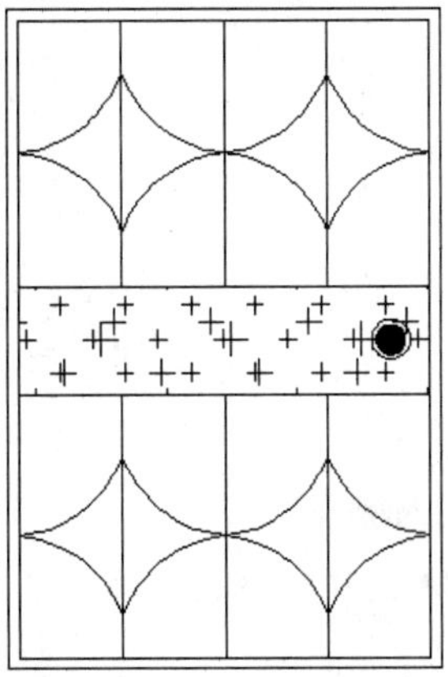

图3-68　铁门（立面图）

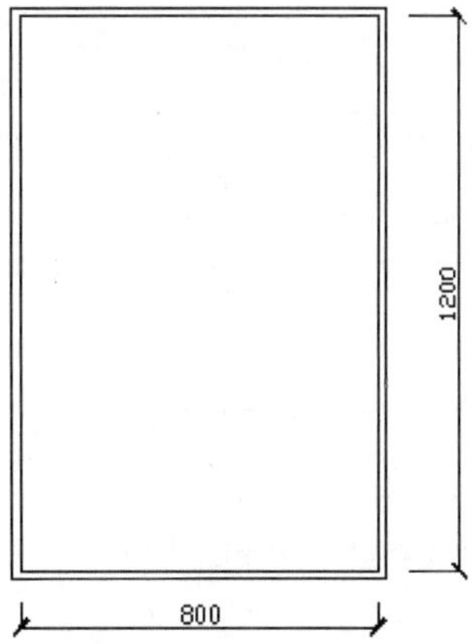

图3-69　绘制门框

```
命令: _mline                                          //调用多线命令
当前设置: 对正 = 上，比例 = 20.00，样式 = STANDARD
指定起点或 [对正（J）/比例（S）/样式（ST）]:           //在屏幕上任意处指定多线起点
指定下一点:  <正交 开> 1200                           //指定高度为1200
指定下一点或 [放弃（U）]:  800                        //指定宽度为800
指定下一点或 [闭合（C）/放弃（U）]:  1200             //指定高度
指定下一点或 [闭合（C）/放弃（U）]:  c                //闭合多线
```

02 用直线命令在门中间绘制一条与门框平行的直线，直线的起始点与端点分别在多线的内侧上。命令行提示如下：

```
命令: _line
指定第一点:                                           //调用直线命令
指定下一点或 [放弃（U）]:                             //捕捉多线左边的内侧一点
指定下一点或 [放弃（U）]:                             //捕捉多线右边的内侧另一点
```

03 单击“修改”工具栏上的按钮，偏移上一步绘制的直线。命令行提示如下：

```
命令: _offset                    //调用偏移命令
当前设置: 删除源=否  图层=源  OFFSETGAPTYPE=0
指定偏移距离或 [通过（T）/删除（E）/图层（L）] <通过>:  200
                                 //指定偏移距离200
指定要偏移的那一侧上的点，或 [退出（E）/多个（M）/放弃（U）] <退出>:
                                 //单击直线下方，指定偏移的方向
选择要偏移的对象，或 [退出（E）/放弃（U）] <退出>:
                                 //单击鼠标右键单击“确认”或直接按Enter键，结果如图3-70所示
```

04 单击“修改”工具栏中的按钮，分解多线。然后用偏移命令绘制铁栏杆，绘制效果如图3-71所示。命令行提示如下：

```
命令: _explode                                    //调用分解命令
选择对象: 找到 1 个                               //选择多线“门框”
选择对象:                                         //回车
命令:
命令: _offset                                     //调用偏移命令
当前设置: 删除源=否  图层=源  OFFSETGAPTYPE=0
指定偏移距离或 [通过(T)/删除(E)/图层(L)] <200.0000>:
                                                  //指定偏移距离为200，使铁栏杆均匀分布
选择要偏移的对象，或 [退出(E)/放弃(U)] <退出>:
                                                  //选择分解后的内侧直线
指定要偏移的那一侧上的点，或 [退出(E)/多个(M)/放弃(U)] <退出>:
                                                  //单击直线右侧指定偏移方向
选择要偏移的对象，或 [退出(E)/放弃(U)] <退出>:
                                                  //选择上一次偏移后的直线再次偏移
指定要偏移的那一侧上的点，或 [退出(E)/多个(M)/放弃(U)] <退出>:
选择要偏移的对象，或 [退出(E)/放弃(U)] <退出>:  //继续偏移
指定要偏移的那一侧上的点，或 [退出(E)/多个(M)/放弃(U)] <退出>:
选择要偏移的对象，或 [退出(E)/放弃(U)] <退出>:              //按Enter键
```

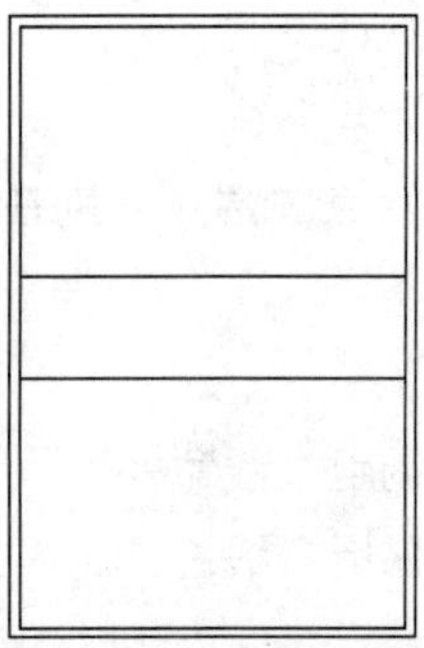

图3-70　偏移平行线

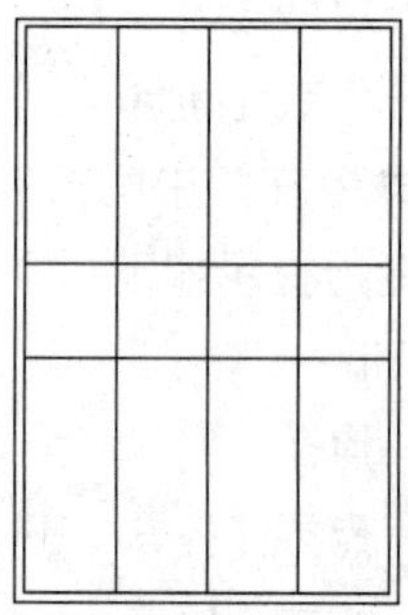

图3-71　偏移后的栏杆效果

05 用修剪命令修剪门框中垂直方向的直线与平行方向的直线。

06 绘制铁栏杆间的圆弧花纹，命令行提示如下：

```
命令: _arc
指定圆弧的起点或 [圆心(C)]:                      //调用圆弧命令，在第一条铁栏杆上指定起点
指定圆弧的第二个点或 [圆心(C)/端点(E)]: e
指定圆弧的端点:                                   //在多线内侧直线上指定端点
指定圆弧的圆心或 [角度(A)/方向(D)/半径(R)]: r    //选择“半径”
指定圆弧的半径:                                   //指定合适的半径，最后效果如图3-72所示
```

07 用“镜像”命令镜像圆弧到其他栏杆之间，最终效果如图3-73所示。

08 绘制圆形拉手，单击“绘图”工具栏中的⊙按钮，绘制一小圆，然后用“偏移”命令向内再偏移出一同心圆，效果如图3-74所示。

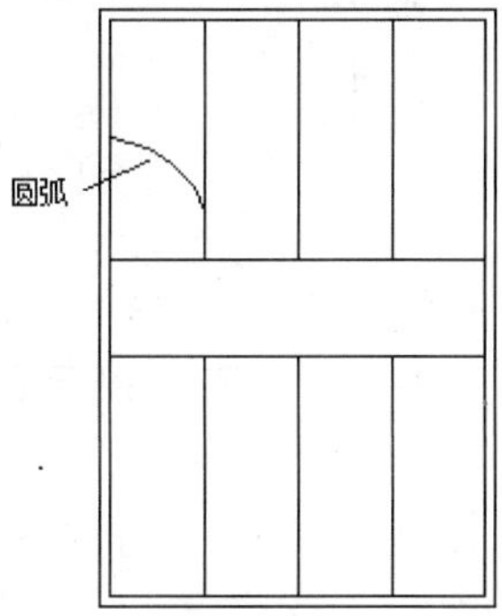

图3-72 绘制圆弧

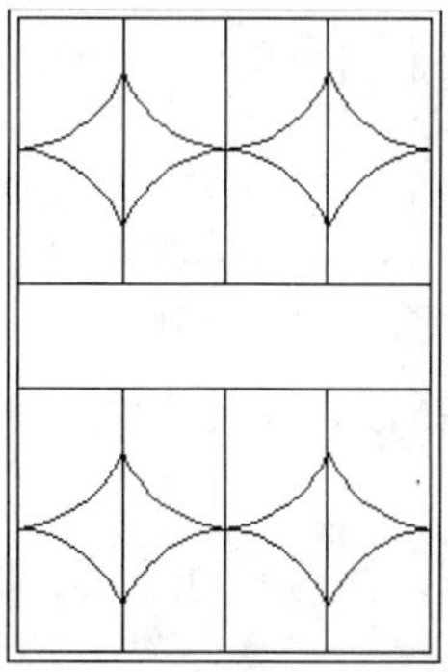

图3-73 镜像圆弧花纹

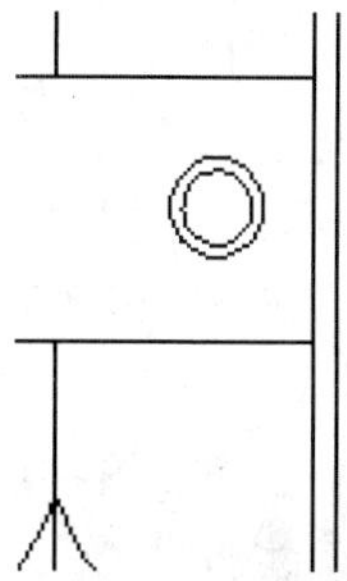

图3-74 绘制圆形拉手

09 选择“绘图”→“图案填充”命令，为门中间与拉手分别填充“预定义”中的CROSS与EARTH图案，最终效果如图3-68所示。

3.22.4 实例4：多人沙发

本节用矩形命令绘制单人沙发扶手及沙发座，用圆角命令修饰单人沙发，再用“镜像”命令做出多个沙发。效果如图3-75所示。

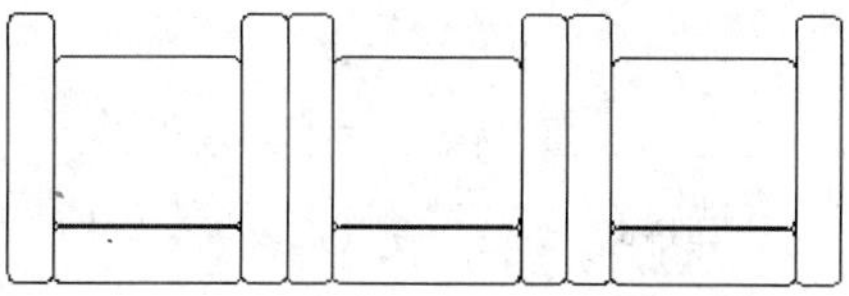

图3-75 多人沙发

01 单击“绘图”工具栏中的▭按钮，绘制沙发扶手，如图3-76所示，命令行提示如下：

```
命令：_rectang                                //调用矩形命令，绘制高700，长120的矩形
指定第一个角点或［倒角（C）/标高（E）/圆角（F）/厚度（T）/宽度（W）］:
                                              //任意指定一点
指定另一个角点或［面积（A）/尺寸（D）/旋转（R）］: @120,-700
                                              //输入相对坐标，指定下一点
```

02 单击▭按钮，捕捉矩形的右下方角点，以该点为起点绘制沙发靠背，如图3-77所示，命令行提示如下：

```
命令：_rectang                                //调用矩形命令
指定第一个角点或［倒角（C）/标高（E）/圆角（F）/厚度（T）/宽度（W）］:
                                              //捕捉矩形右下角点，并指定为第一角点
指定另一个角点或［面积（A）/尺寸（D）/旋转（R）］: @500,150
                                              //输入相对坐标，指定下一点
```

03 单击“修改”工具栏中的⌐按钮，对沙发扶手与靠背进行圆角操作，使其表面圆滑。修饰后效果如图3-78所示。

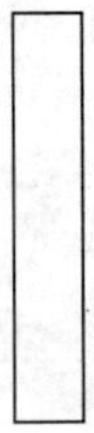

图3-76　绘制矩形

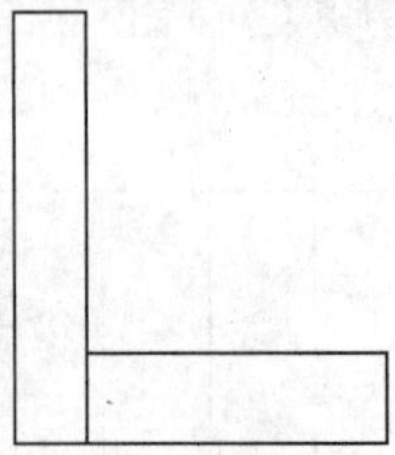

图3-77　绘制靠背

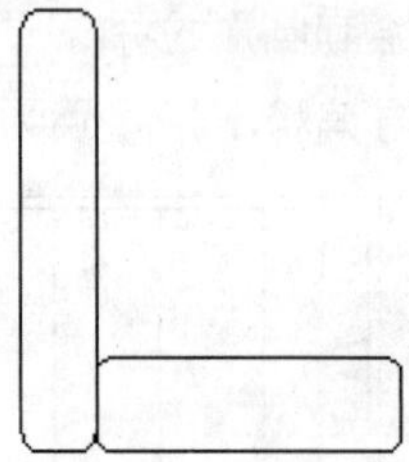

图3-78　修饰沙发靠背与扶手

04 选择“修改”工具栏中的按钮，将沙发扶手复制到沙发靠背的另一侧，如图3-79所示。

05 再次运用矩形命令绘制沙发座，并对其进行执行圆角操作，效果如图3-80所示。命令行提示如下：

```
命令：_rectang                                      //调用矩形命令
指定第一个角点或 [倒角（C）/标高（E）/圆角（F）/厚度（T）/宽度（W）]：
                                                    //在左侧沙发扶手上选择一点
指定另一个角点或 [面积（A）/尺寸（D）/旋转（R）]：
                                                    //选择第二点，使沙发座与其他部分相接
命令：
命令：_fillet                                       //调用圆角命令
当前设置：模式 = 修剪，半径 = 30.0000
选择第一个对象或 [放弃（U）/多段线（P）/半径（R）/修剪（T）/多个（M）]：
                                                    //选择矩形的一条边
选择第二个对象，或按住 Shift 键选择要应用角点的对象：
                                                    //选择矩形的另一条边
```

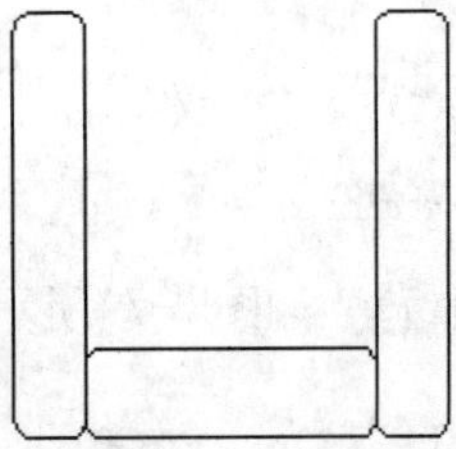

图3-79　复制沙发扶手

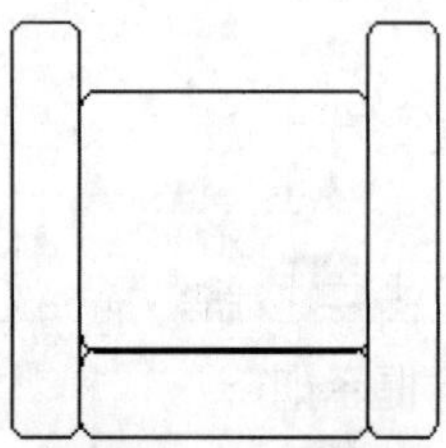

图3-80　绘制沙发座

06 单击“修改”工具栏中的按钮，将单人沙发复制成多人沙发，命令行提示如下：

```
命令：_mirror                                   //调用镜像命令
选择对象：指定对角点：找到 4 个                 //选择图3-90所示图形
选择对象：                                      //单击鼠标右键
指定镜像线的第一点：指定镜像线的第二点：        //指定右边扶手外侧为镜像轴线
要删除源对象吗？[是（Y）/否（N）] <N>：         //直接按Enter键
命令：_mirror                                   //再次运用镜像命令复制沙发
```

选择对象：指定对角点：找到 4 个　　//选择第二个沙发

选择对象：　　//单击鼠标右键

指定镜像线的第一点：指定镜像线的第二点：

要删除源对象吗？[是（Y）/否（N）] <N>:　　//按Enter键，最终效果如图3-75所示

3.22.5 实例5：木窗

本节用矩形命令和偏移命令绘制木窗的边框，用多线命令绘制内窗格，用圆命令绘制弧形窗格，用修剪命令去掉多余的部分，最后通过镜像命令镜像出两个对称的窗格。效果如图3-81所示。

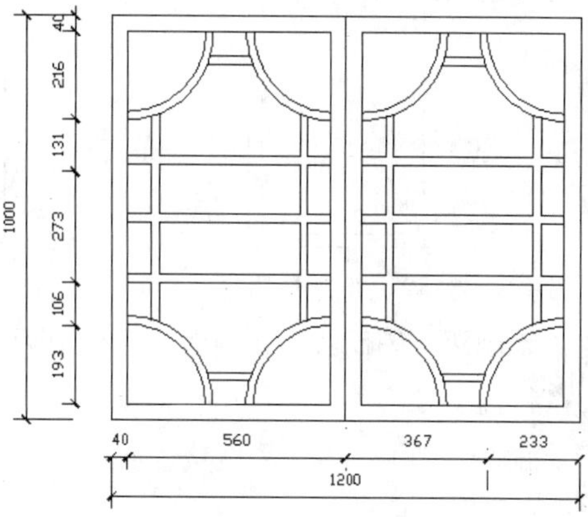

图3-81 木质窗户

01 单击“绘图”工具栏中的▭按钮，绘制一高1000，长600的矩形作为木窗的边框。然后用偏移命令将其向内偏移40个单位，如图3-82所示。命令行提示如下：

命令：_rectang　　//调用矩形命令

指定第一个角点或 [倒角（C）/标高（E）/圆角（F）/厚度（T）/宽度（W）]:　　//在屏幕上任意处指定一点

指定另一个角点或 [面积（A）/尺寸（D）/旋转（R）]: @600,-1000　　//输入相对坐标，指定第二点

命令：_offset　　//调用偏移命令

当前设置：删除源=否　图层=源　OFFSETGAPTYPE=0

指定偏移距离或 [通过（T）/删除（E）/图层（L）] <通过>: 40　　//要求指定偏移距离，输入40

选择要偏移的对象，或 [退出（E）/放弃（U）] <退出>:　　//选择矩形

指定要偏移的那一侧上的点，或 [退出（E）/多个（M）/放弃（U）] <退出>:　　//指定矩形内侧

选择要偏移的对象，或 [退出（E）/放弃（U）] <退出>:　　//单击鼠标右键或按Enter键

02 选择“绘图”→“多线”菜单命令，绘制如图3-83所示的内部边框。命令提示如下：

命令：_line

指定第一点：　　//调用直线命令，指定内侧边框左下角点

指定下一点或 [放弃（U）]:　　//单击鼠标右键选择“确认”，或直接按Enter键

命令：_mline　　//调用多线命令

当前设置：对正 = 上，比例 = 20.00，样式 = STANDARD

指定起点或 [对正（J）/比例（S）/样式（ST）]: @80,80　　//输入相对坐标确定内部边框与外部边框的距离为80

指定下一点：<正交 开> @360,0　　//指定下一点

指定下一点或 [放弃(U)]: @0,760

指定下一点或 [闭合(C)/放弃(U)]: @-360,0

指定下一点或 [闭合(C)/放弃(U)]: c //输入c，完成绘制

03 用多线命令绘制水平边框，并复制三条平行边框与内边框相交组成窗格，如图3-84所示。

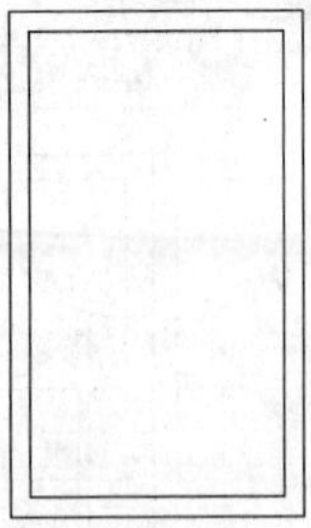

图3-82 绘制外边框

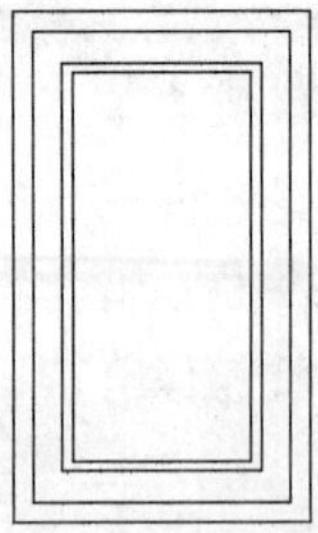

图3-83 内部边框

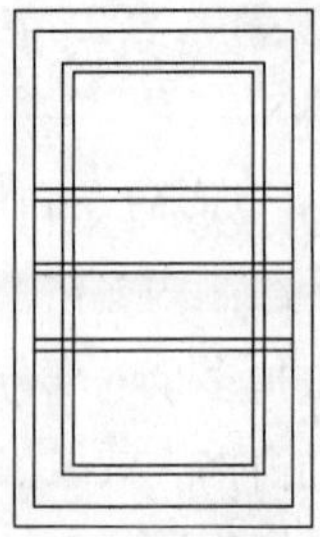

图3-84 绘制水平边框

04 绘制两条辅助线，用直线命令绘制两条垂直相交的直线，它们的交点即为木窗的中心。命令行提示如下：

命令: _line

指定第一点: //调用直线命令，捕捉左侧窗框中点为第一点

指定下一点或 [放弃(U)]: <正交 开> //指定第二点

指定下一点或 [放弃(U)]: //单击鼠标右键，完成对平行方向辅助线的绘制

命令: _line

指定第一点: //调用直线命令，捕捉上侧窗框中点为第一点

指定下一点或 [放弃(U)]: //指定第二点

指定下一点或 [放弃(U)]: //单击鼠标右键，完成垂直方向辅助线的绘制

05 单击“绘图”工具栏中的⊙按钮，绘制以向内第二个矩形左上角点为圆心的圆。并向内偏移一个20单位的圆。单击“修改”工具栏中的按钮，选择两同心圆为阵列对象，进行阵列操作，效果如图3-85所示。

06 删除两条辅助线，单击“修改”工具栏中的按钮，将多余的线都修剪掉。选择“修改”→“对象”→“多线”菜单命令，在对话框中选择“十字闭合”编辑方式多线，最终效果如图3-86所示。

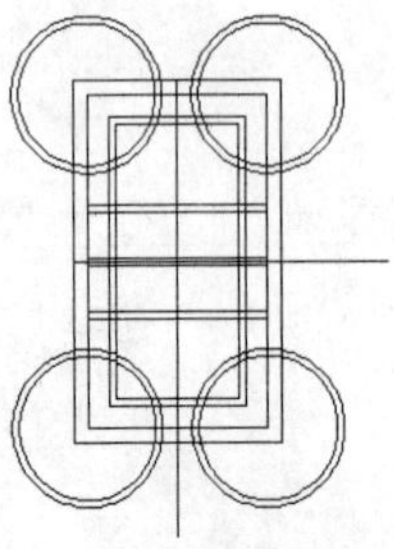

图3-85 阵列后效果

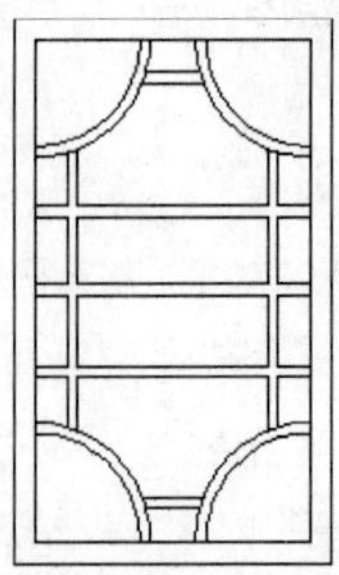

图3-86 修剪多余的线后效果

07 用镜像命令镜像出两个对称的木窗，最终效果如图3-81所示。命令行提示如下：

```
命令: _mirror
选择对象: 指定对角点: 找到 17 个
选择对象:
指定镜像线的第一点: 指定镜像线的第二点:
要删除源对象吗? [是(Y)/否(N)] <N>:
```

提示

在使用修剪命令时，缩放工具有着很大的作用。当需要修剪复杂的图形时，不妨先将其放大后再作修剪。

3.22.6 实例6：楼梯

本节用直线命令结合相对坐标来绘制楼梯的跑道，用多线命令绘制楼梯栏杆，用直线命令和偏移命令绘制楼梯扶手，最后用修剪命令及圆角命令综合来修饰图形。效果如图3-87所示。

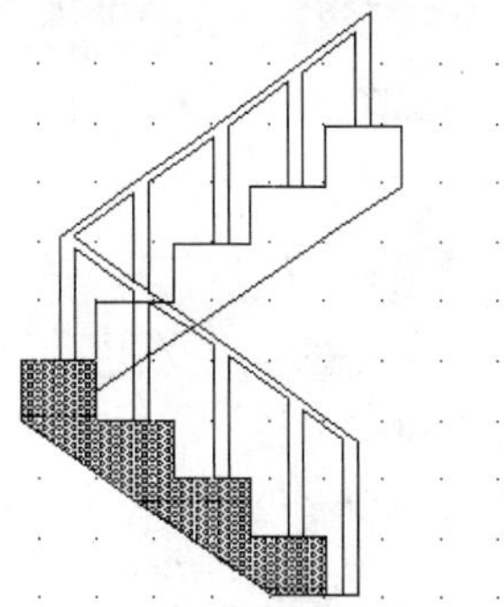

图3-87 楼梯剖面图

01 在“文件”菜单中选择“新建”命令，创建一个新的文件。

02 单击“绘图”工具栏中的按钮，使用相对坐标绘制楼梯剖面图的第一跑台阶，台阶宽度为100，高度为74，如图3-88所示。命令行提示如下：

```
命令: _line
指定第一点:                                      //调用直线命令
指定下一点或 [放弃(U)]: @0,74                    //输入相对坐标
指定下一点或 [放弃(U)]: @-100,0
指定下一点或 [闭合(C)/放弃(U)]: @0,74
指定下一点或 [闭合(C)/放弃(U)]: @-100,0
指定下一点或 [闭合(C)/放弃(U)]: @0,74
指定下一点或 [闭合(C)/放弃(U)]: @-100,0
指定下一点或 [闭合(C)/放弃(U)]: @0,74
指定下一点或 [闭合(C)/放弃(U)]: @-100,0
指定下一点或 [闭合(C)/放弃(U)]:                  //按Enter键
```

03 单击按钮，绘制楼梯平面图的第二跑台阶，台阶高度和宽度与第一跑台阶一致，如图3-89所示。命令行提示如下：

```
命令: _line
指定第一点:
指定下一点或 [放弃(U)]: @0,74
指定下一点或 [放弃(U)]: @100,0
指定下一点或 [闭合(C)/放弃(U)]: @0,74
指定下一点或 [闭合(C)/放弃(U)]: @100,0
```

```
指定下一点或 [闭合（C）/放弃（U）]: @0,74
指定下一点或 [闭合（C）/放弃（U）]: @100,0
指定下一点或 [闭合（C）/放弃（U）]: @0,74
指定下一点或 [闭合（C）/放弃（U）]: @100,0
指定下一点或 [闭合（C）/放弃（U）]:
```

04 选择“绘图”→“多线”菜单命令绘制楼梯的栏杆，然后将其复制放到合适的位置，如图3-90所示。命令行提示如下：

```
命令: _mline                                        //调用多线命令
当前设置: 对正 = 上，比例 = 20.00，样式 = STANDARD
指定起点或 [对正（J）/比例（S）/样式（ST）]: j //选择“对正”，设置多线对正格式
输入对正类型 [上（T）/无（Z）/下（B）] <上>: z //选择z
当前设置: 对正 = 无，比例 = 20.00，样式 = STANDARD
指定起点或 [对正（J）/比例（S）/样式（ST）]:      //指定水平方向台阶的中点
指定下一点:                                         //向上指定第二点
指定下一点或 [放弃（U）]:                           //按Enter键
命令: _copyclip
找到 1 个                                           //调用复制命令
命令: _pasteclip
指定插入点:                                         //将上面绘制出的多线复制到第二处
命令: _pasteclip
指定插入点:                                         //将上面绘制出的多线复制到第三处
```

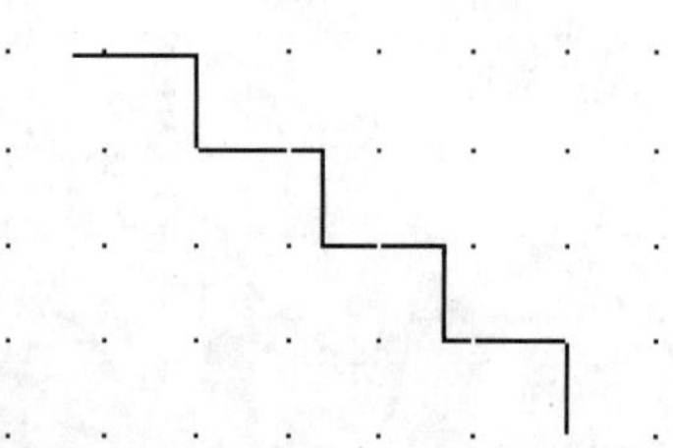

图3-88 绘制第一跑台阶

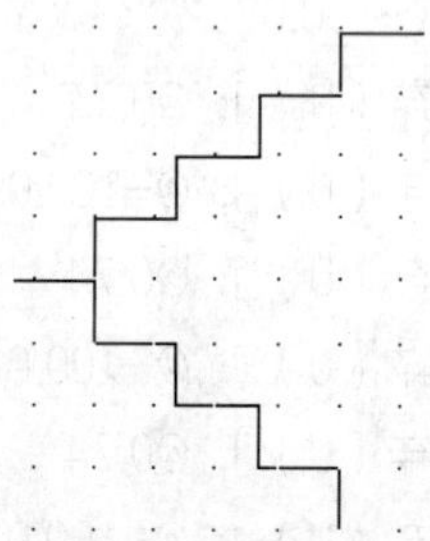

图3-89 绘制第二跑台阶

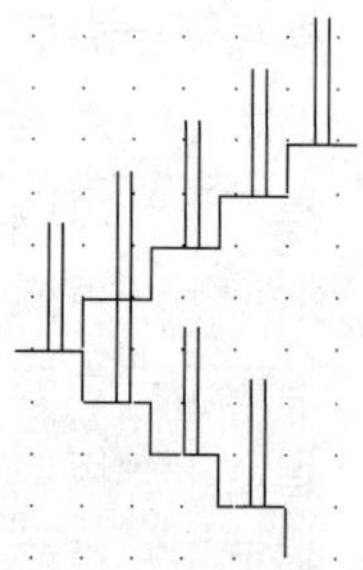

图3-90 绘制楼梯栏杆

05 用直线命令绘制楼梯轮廓线，再选择直线命令绘制楼梯扶手，并偏移10个单位，如图3-91所示。命令行提示如下：

```
命令: _line
指定第一点:        //调用直线命令绘制楼梯第一跑台阶的底部轮廓
指定下一点或 [放弃（U）]:
指定下一点或 [放弃（U）]:
指定下一点或 [闭合（C）/放弃（U）]:
指定下一点或 [闭合（C）/放弃（U）]:
```

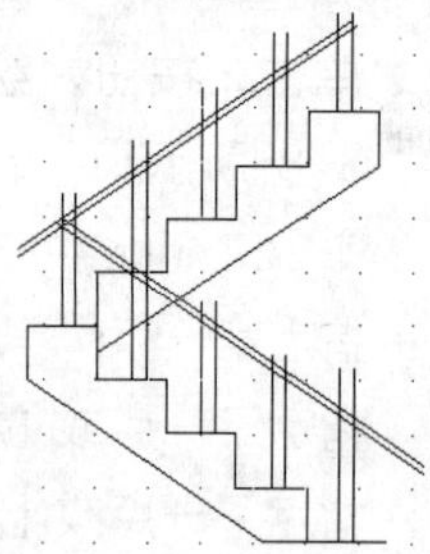

图3-91 用直线命令绘制轮廓与扶手

```
命令: _line
指定第一点:                           //调用直线命令绘制楼梯第二跑台阶的底部轮廓
指定下一点或 [放弃(U)]:
指定下一点或 [放弃(U)]:
指定下一点或 [闭合(C)/放弃(U)]:
命令: _line
指定第一点:                           //调用直线命令绘制楼梯第一跑台阶的楼梯扶手
指定下一点或 [放弃(U)]:
指定下一点或 [放弃(U)]:
命令: _line
指定第一点:                           //调用直线命令绘制楼梯第二跑台阶的楼梯扶手
指定下一点或 [放弃(U)]:
指定下一点或 [放弃(U)]:
命令: _offset                         //调用偏移命令
当前设置: 删除源=否  图层=源  OFFSETGAPTYPE=0
指定偏移距离或 [通过(T)/删除(E)/图层(L)] <通过>: 10
                                      //指定偏移距离为10
选择要偏移的对象, 或 [退出(E)/放弃(U)] <退出>:
                                      //选择上面第一跑台阶所绘制的直线
指定要偏移的那一侧上的点, 或 [退出(E)/多个(M)/放弃(U)] <退出>:
                                      //单击直线右下方
选择要偏移的对象, 或 [退出(E)/放弃(U)] <退出>: *取消*
                                      //单击鼠标右键
命令: _offset                         //调用偏移命令
当前设置: 删除源=否  图层=源  OFFSETGAPTYPE=0
指定偏移距离或 [通过(T)/删除(E)/图层(L)] <10.0000>:     //按Enter键
选择要偏移的对象, 或 [退出(E)/放弃(U)] <退出>:
                                      //选择上面第二跑台阶所绘制的直线
指定要偏移的那一侧上的点, 或 [退出(E)/多个(M)/放弃(U)] <退出>:
                                      //单击直线右上方
选择要偏移的对象, 或 [退出(E)/放弃(U)] <退出>:
                                      //单击鼠标右键
```

06 绘制完底座后，由于缺少一栏杆，再次调用多线命令，绘制一多线与扶手相交。命令行提示如下：

```
命令: _mline
当前设置: 对正 = 无, 比例 = 20.00, 样式 = STANDARD
指定起点或 [对正(J)/比例(S)/样式(ST)]:
指定下一点:  <正交 开>
```

指定下一点或 [放弃（U）]:

07 单击“修改”工具栏中的按钮，修剪掉多余的部分，最终效果如图3-92所示。

08 选择“绘图”→“图案填充”菜单命令，弹出“图案填充和渐变色”对话框，如图3-93所示。选择“预定义”中的HEX，单击“拾取点”按钮，选择要填充的区域，再单击“确定”按钮。

图3-92 修剪后的效果

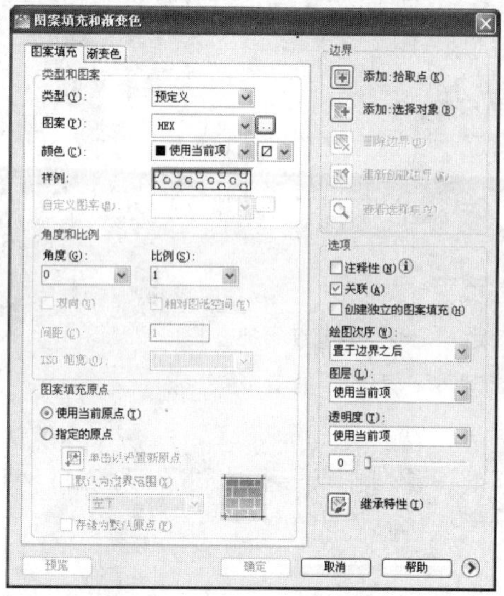

图3-93 设置填充图案

提示

对于较复杂的图形，在修剪过程中可能无法按预想完成修剪的效果，此时可与其他命令功能配合使用做出完美的图形，比如分解、倒角等命令。

3.22.7 实例7：古典镂空窗格

本节用圆命令绘制窗格轮廓，用直线命令绘制窗格间的连线，利用镜像命令镜像出该对称窗格的其他部分，用修剪命令修剪多余的线。效果如图3-94所示。

图3-94 古典窗格

01 单击“修改”工具栏中的按钮，绘制一个直径为1200的圆。命令行提示如下：

命令：_circle

指定圆的圆心或 [三点（3P）/两点（2P）/相切、相切、半径（T）]: //调用“圆”命令

指定圆的半径或 [直径（D）] <537.1836>: d //选择“直径”

指定圆的直径 <1073.3673>: 1200 //输入圆的直径

02 单击“修改”工具栏中的按钮，向内侧偏移30个单位，命令行提示如下：

命令：_offset //调用偏移命令

当前设置：删除源=否 图层=源 OFFSETGAPTYPE=0

指定偏移距离或 [通过（T）/删除（E）/图层（L）] <通过>: 30 //指定偏移距离

选择要偏移的对象，或 [退出（E）/放弃（U）] <退出>: //选择圆

指定要偏移的那一侧上的点，或 [退出（E）/多个（M）/放弃（U）] <退出>:
//单击圆的内侧，向内偏移

选择要偏移的对象，或 [退出（E）/放弃（U）] <退出>: //按Enter键

03 利用直线命令绘制两条通过圆心的辅助线，如图3-95所示。

04 利用偏移命令将两条直线偏移，其中水平方向的直线上下各偏移60，垂直方向的直线左右各偏移100，命令行提示如下：

命令: _offset //调用偏移命令

当前设置: 删除源=否 图层=源 OFFSETGAPTYPE=0

指定偏移距离或 [通过（T）/删除（E）/图层（L）] <30.0000>: 60 //指定偏移距离

选择要偏移的对象，或 [退出（E）/放弃（U）] <退出>: //选择水平直线

指定要偏移的那一侧上的点，或 [退出（E）/多个（M）/放弃（U）] <退出>://向上偏移

选择要偏移的对象，或 [退出（E）/放弃（U）] <退出>: //选择原始水平直线

指定要偏移的那一侧上的点，或 [退出（E）/多个（M）/放弃（U）] <退出>: //向下偏移

选择要偏移的对象，或 [退出（E）/放弃（U）] <退出>: //按Enter键

命令: _offset

当前设置: 删除源=否 图层=源 OFFSETGAPTYPE=0

指定偏移距离或 [通过（T）/删除（E）/图层（L）] <60.0000>: 100

选择要偏移的对象，或 [退出（E）/放弃（U）] <退出>: //选择垂直直线

指定要偏移的那一侧上的点，或 [退出（E）/多个（M）/放弃（U）] <退出>:

选择要偏移的对象，或 [退出（E）/放弃（U）] <退出>:

指定要偏移的那一侧上的点，或 [退出（E）/多个（M）/放弃（U）] <退出>:

选择要偏移的对象，或 [退出（E）/放弃（U）] <退出>:

05 将两条辅助线删除。单击“修改”工具栏中的-/--按钮，对其进行修剪，命令行提示如下：

命令: _trim //调用偏移命令

当前设置:投影=无，边=无

选择剪切边...

选择对象或 <全部选择>: 找到 1 个 //选择要修剪的对象

选择对象: 找到 1 个，总计 6 个

选择对象: //按Enter键

选择要修剪的对象，或按住 Shift 键选择要延伸的对象，或

[栏选（F）/窗交（C）/投影（P）/边（E）/删除（R）/放弃（U）]: //选择要修剪的对象

选择要修剪的对象，或按住 Shift 键选择要延伸的对象，或

[栏选（F）/窗交（C）/投影（P）/边（E）/删除（R）/放弃（U）]: //按Enter键

修剪后的效果如图3-96所示。

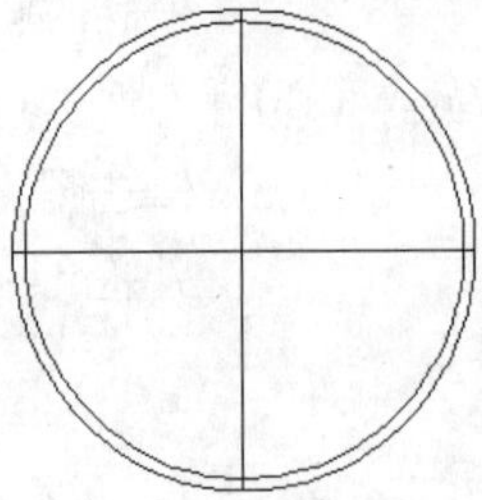

图3-95　绘制辅助线

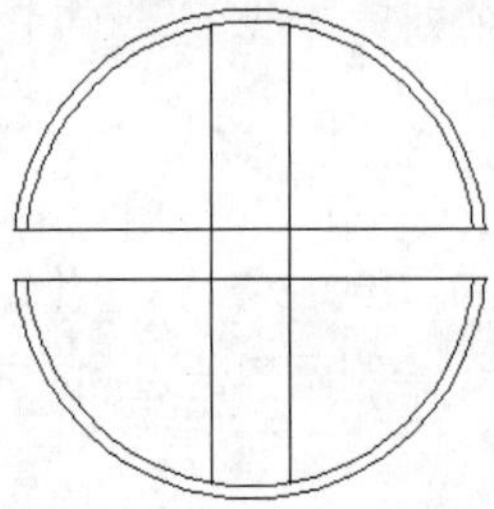

图3-96　修剪后的效果

06 利用偏移命令和修剪命令绘制其中一个窗格样式，如图3-97所示。

07 利用修剪命令将绘制好的一个窗格单独修剪出来，如图3-98所示。

08 单击“修改”工具栏中的按钮，镜像出其他窗格轮廓，如图3-99所示。命令行提示如下：

命令：_mirror　//调用镜像命令
选择对象：指定对角点：找到 18 个　//选择图3-98种的图形
选择对象：　//按Enter键
指定镜像线的第一点：指定镜像线的第二点：　//指定镜像基线
要删除源对象吗？[是（Y）/否（N）] <N>：　//按Enter键

图3-97　一个窗格样式

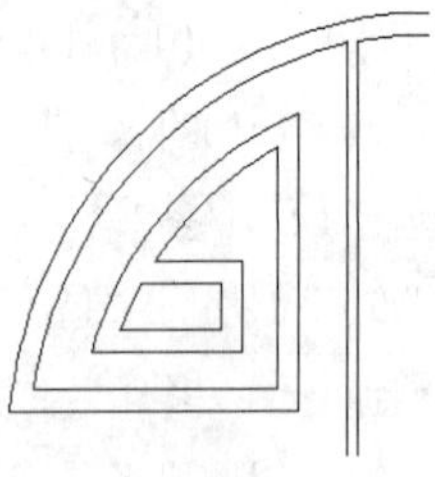

图3-98　单独的窗格

图3-99　镜像后的窗格

09 选择“绘图”→“点”→“定数等分”菜单命令，对窗格圆弧进行三等分，如图3-100所示，命令行提示如下：

命令：_divide
选择要定数等分的对象：
输入线段数目或 [块（B）]：3

10 单击“绘图”工具栏中的按钮，绘制窗格间连线，效果如图3-101所示。命令行提示如下：

命令：_line
指定第一点：　//调用直线命令
指定下一点或 [放弃（U）]：
指定下一点或 [放弃（U）]：
命令：_offset　//将直线偏移30个单位
当前设置：删除源=否　图层=源　OFFSETGAPTYPE=0
指定偏移距离或 [通过（T）/删除（E）/图层（L）] <30.0000>：　//按Enter键

选择要偏移的对象，或 [退出（E）/放弃（U）] <退出>:　　　　　　//按Enter键

11 利用镜像命令绘制出其他窗格间的连线，如图3-102所示。

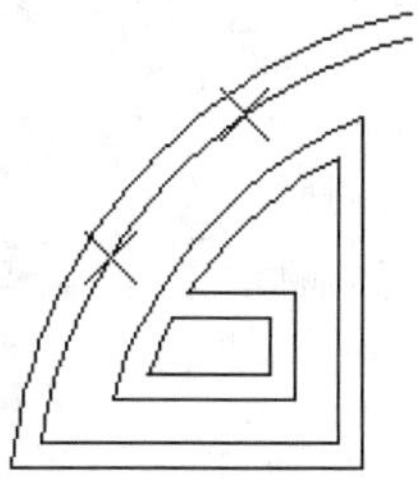

图3-100　定数等分效果

图3-101　绘制窗格间连线

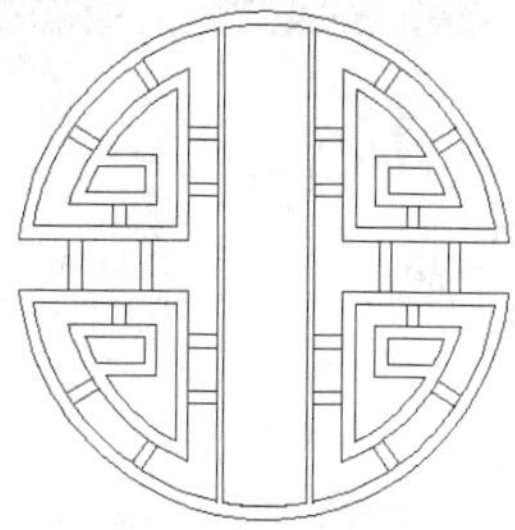

图3-102　镜像出其他窗线

12 单击"修改"工具栏中的按钮，对相交的窗线进行修剪，结果如图3-103所示。

13 绘制窗格中间部分。单击"绘图"工具栏中的按钮，绘制直线，然后单击"修改"工具栏中的按钮，将其偏移30个单位。命令行提示如下：

命令: _line

指定第一点:

指定下一点或 [放弃（U）]:

指定下一点或 [放弃（U）]:

命令: _offset

当前设置: 删除源=否　图层=源　OFFSETGAPTYPE=0

指定偏移距离或 [通过（T）/删除（E）/图层（L）] <30.0000>:

选择要偏移的对象，或 [退出（E）/放弃（U）] <退出>:

指定要偏移的那一侧上的点，或 [退出（E）/多个（M）/放弃（U）] <退出>:

选择要偏移的对象，或 [退出（E）/放弃（U）] <退出>:

14 采用同样方法绘制另一条直线及其偏移直线，如图3-104所示。

15 将绘制好后的窗格存储为块，单击"绘图"工具栏中的按钮，弹出"块定义"对话框。选择窗体左侧中点为插入点，将块名设置为"窗"，如图3-105所示。

图3-103　修剪后效果

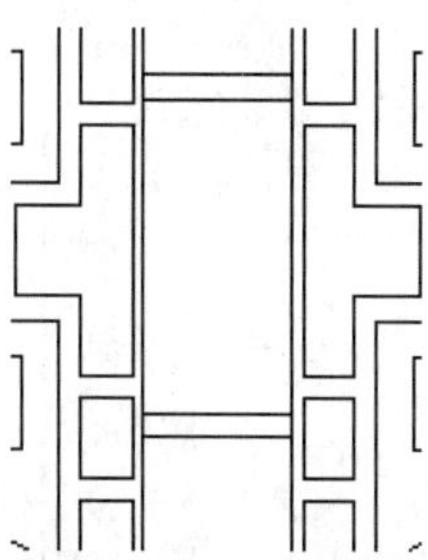

图3-104　绘制窗格中间的直线

图3-105　"块定义"对话框

16 单击"确定"按钮，即可将其定义为块。然后单击"绘图"工具栏中的按钮，设置"插入"对话框，如图3-106所示。将块插入窗格中间。

17 单击“确定”按钮，得到如图3-107所示的图形。命令行提示如下：

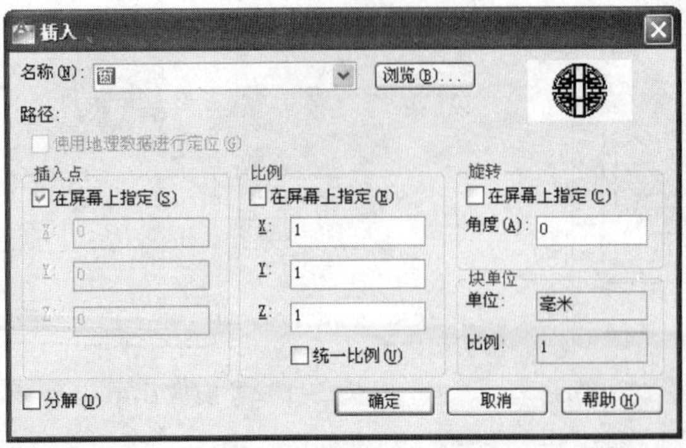

图3-106 “插入”对话框

图3-107 插入窗块

命令：_insert
指定块的插入点：指定 XYZ 轴比例因子：0　　　　//捕捉中间左侧中点，指定块的插入点
值必须为正且非零
指定 XYZ 轴比例因子：0
值必须为 正且非零。
指定 XYZ 轴比例因子：0.167　　　　//指定比例
指定旋转角度 <0>:　　　　//按Enter键

18 利用直线命令、偏移和修剪命令绘制其他窗线，结果如图3-108所示。

19 选择“绘图”→“图案填充”菜单命令，在“图案填充和渐变色”对话框中选择SOLID图案，如图3-109所示。

20 单击“拾取点”按钮，拾取填充范围，单击“确定”按钮，得到如图3-110所示图形。

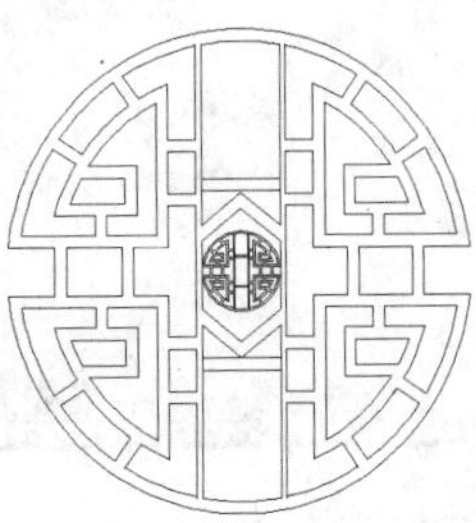

图3-108 绘制其他窗线

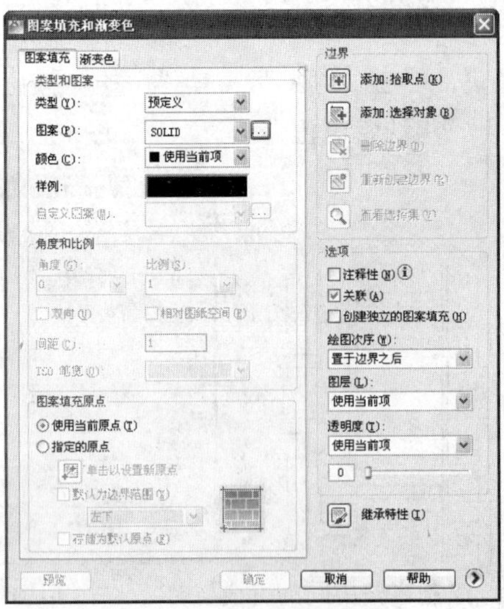

图3-109 设置填充图案

图3-110 填充后效果

3.23 本章小结

本章主要介绍了AutoCAD的图形编辑命令，如直线、多段线及多边形等图形的修改；并结合实例对各个命令进行说明，可以使读者深刻理解命令的使用；在最后给出了几个上机实战的例子。读者在学习过程中对命令各个选项的功能熟练掌握，将有助于提高绘图效率。

3.24 课后练习

（1）绘制如图3-111所示台灯。可利用矩形命令绘制小台灯的底座，利用圆弧命令与偏移命令绘制台灯中间的支撑部分，利用圆弧命令绘制出灯部，最后利用修剪命令修饰细部。

（2）绘制如图3-112所示灶具，用到的命令有矩形、圆和直线等。

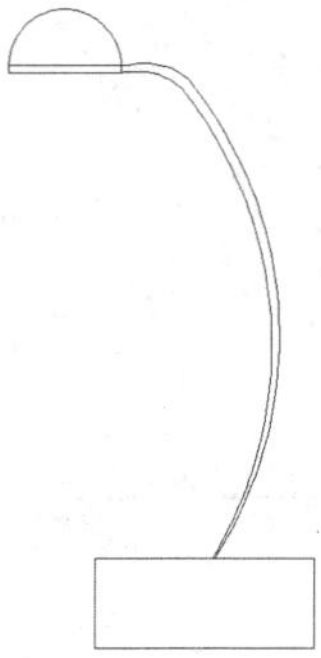

图3-111　绘制台灯

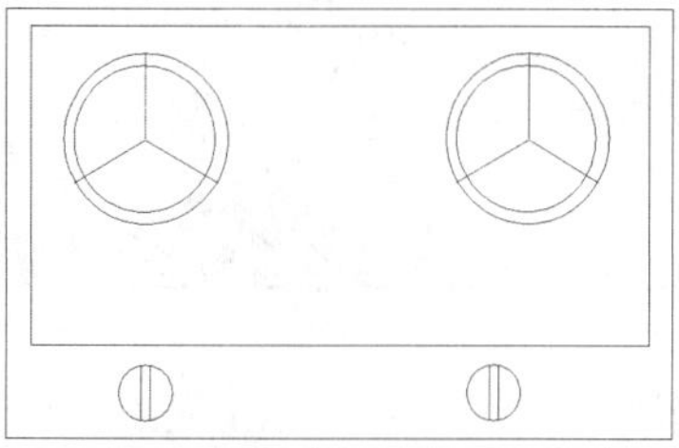

图3-112　绘制灶具

（3）绘制如图3-113所示的园林窗，尺寸自拟，适当照顾比例。

（4）绘制如图3-114所示的矩形浴缸，要求必须用多段线命令，尺寸自拟，适当照顾比例。

（5）绘制如图3-115所示的门花。可利用圆弧命令、圆命令、图案填充命令来完成花蕊的绘制，再利用圆命令、定数等分命令及圆弧命令来完成梅花瓣的绘制。

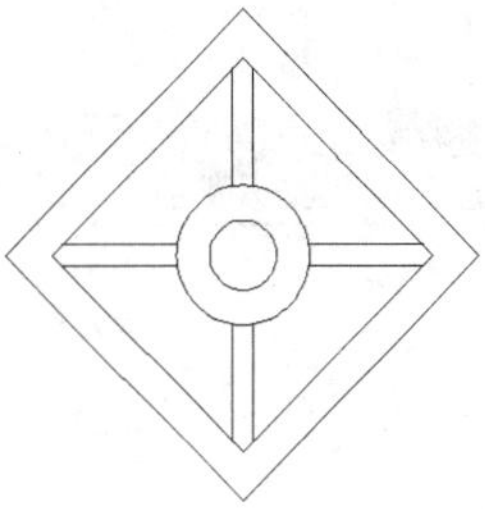

图3-113　园林窗

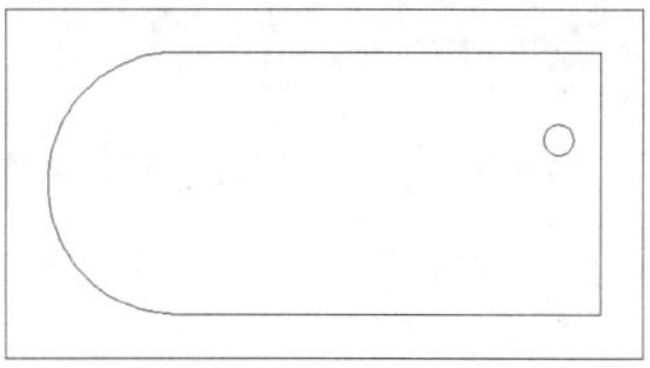

图3-114　矩形浴缸

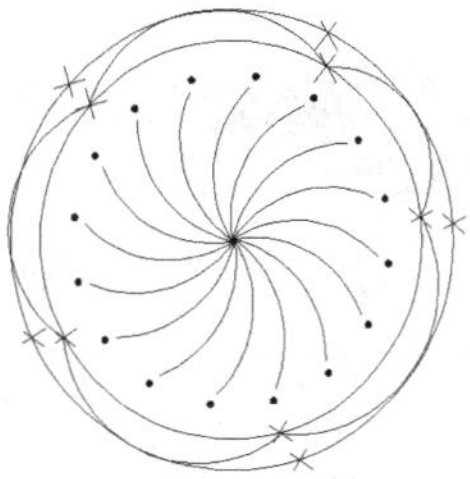

图3-115　门花

第4章 尺寸标注和文字标注

本章内容提示

尺寸标注是建筑绘图设计中的一项主要内容。由于图形主要用来反映对象的形状，而对象各部分的真实大小以及相互间的位置只有通过标注尺寸才能确定下来，所以文字标注在尺寸标注中起到了重要的注视和说明作用。

本章将主要介绍尺寸标注的基本知识、常用的标注尺寸命令以及尺寸标注的编辑修改工具，并介绍如何创建文字样式、怎样使用单行文字和多行文字输入文字等内容。

学习要点

- □ 尺寸标注的组成和种类
- □ 尺寸标注样式的设置
- □ 常用的尺寸标注命令
- □ 尺寸标注的编辑
- □ 文字标注样式的设置
- □ 如何进行文字标注
- □ 文字标注的编辑

4.1 尺寸标注基础

尺寸标注的基本要求是完整、准确、合理和清晰。尺寸标注既不能遗漏尺寸，也不能重复标注，正确的尺寸标注可以使建筑工程顺利完工。在绘制尺寸标注之前，需要对标注的一些基本知识有所了解，这样可节省由于对知识的不理解而造成的时间浪费。

4.1.1 尺寸标注的构成和种类

在建筑绘图或其他工程绘图中，一个完整的尺寸标注应由尺寸文字、尺寸线、尺寸界线、尺寸起止符号等组成，如图4–1所示。

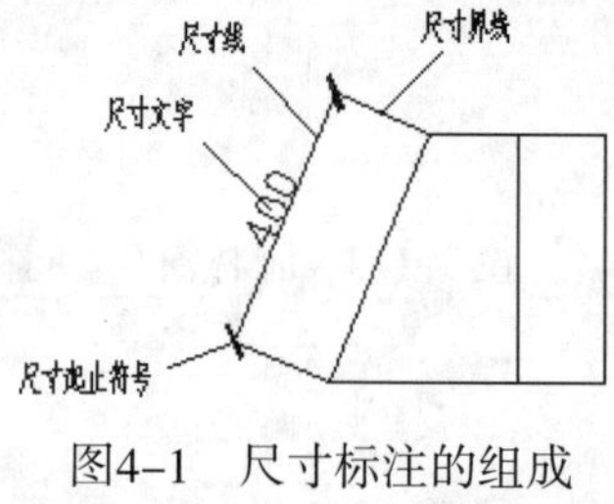

图4–1 尺寸标注的组成

1. 尺寸界线

为了标注清晰，通常用尺寸界线将尺寸引到实体之外，有时也可用实体的轮廓线或中心线代替界尺寸界线。

2. 尺寸线

尺寸线一般是一条线段，有时也可以是一条圆弧，它表明标注的范围。尺寸线的末端常带有箭头，指示出标注的起点和终点。尺寸线和尺寸文字通常放置在测量区域之内，如果空间不足，尺寸线或文字也可以移到测量区域之外。

3. 尺寸起止符号

在建筑绘图中，尺寸起止符号采用“建筑标记”。尺寸起止符号位于尺寸线两端，用来表明尺寸线的起止位置。

4. 尺寸文字

用来标注尺寸的具体值。尺寸文字可以只反映基本的尺寸，也可以带尺寸公差，还可以按极限尺寸形式标注。

5. 尺寸标注的种类

在AutoCAD 2012系统提供了10余种标注工具用以标注图形对象，选择“标注”菜单或打开“标注”工具栏，即可看到尺寸标注的主要类型，如图4-2所示。使用它们可以进行角度、直径、半径、线性、对齐、连续、圆心及基线等标注。

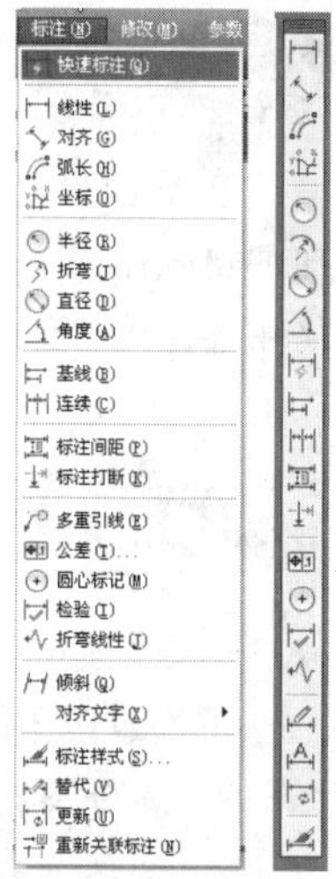

图4-2 “标注”菜单和工具栏

4.1.2　尺寸标注的规则

在 AutoCAD 2012中，对绘制的图形进行尺寸标注时，应遵循以下规则：

- 物体的真实大小应以图样上所标注的尺寸数值为依据，与图形的大小及绘图的准确度无关。
- 图样中的尺寸以毫米为单位时，不需要标注计量单位的代号或名称。如采用其他单位，则必须注明相应计量单位的代号或名称，如度、厘米及米等。
- 图样中所标注的尺寸为该图样所表示的物体的最后完工尺寸，否则应另加说明。
- 一般物体的每一尺寸只标注一次，并应标注在最后反映该结构最清晰的图形上。

4.1.3　尺标注寸的步骤

在AutoCAD中进行尺寸标注时，按照一定的步骤进行才能保证更快、更好地完成标注工作。尺寸标注的方法及过程如下：

01 选择“格式”→“图层”菜单命令，在打开的“图层特性管理器”对话框中创建一个独立的图层，用于尺寸标注。

02 选择“格式”→“文字样式”命令，在打开的“文字样式”对话框中创建一种文字样式。

03 选择“格式”→“标注样式”命令，打开的“标注样式管理器”对话框，如图4-3所示，在此设置标注样式。

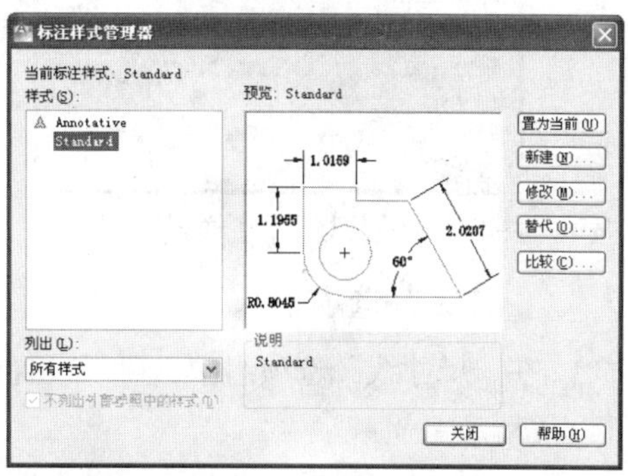

图4-3 “标注样式管理器”对话框

04 使用对象捕捉和标注等功能，对图形中的元素进行标注。

4.2 尺寸标注样式

在AutoCAD 中，使用标注样式可以控制标注的格式和外观，建立强制执行的绘图标准，并有利于对标注格式及用途进行修改。在对建筑图形进行尺寸标注时，任何一个尺寸标注的特性都是由尺寸标注样式的参数来确定的。因此在学习尺寸标注之前，应首先学习如何对尺寸样式进行设置。

4.2.1 创建尺寸标注样式

通过“标注样式管理器”对话框，可以进行新标注样式的创建、标注样式的修改等操作。

可通过以下2种方法打开“标注样式管理器”对话框：

- 在命令行中输入DDIM命令。
- 选择“格式”→“标注样式”菜单命令。

在该对话框中，系统提供了一个默认的标注样式ISO-25，用户可以根据该样式为基础创建新的标注样式。

在该对话框中，可以对样式进行修改、新建及替代等操作。

单击“新建”按钮，弹出“创建新标注样式”对话框，如图4-4所示。

在该对话框中，可以在“新样式名”文本框输入新样式名；“基础样式”下拉列表框用来选择新样式的基础样式；“用于”下拉列表框用来设置该新样式适用于哪个特定标注类型。

单击“继续”按钮，弹出“新建标注样式”对话框，如图4-5所示。在该对话框中可以设置尺寸标注样式的各个参数，具体说明如下所示。

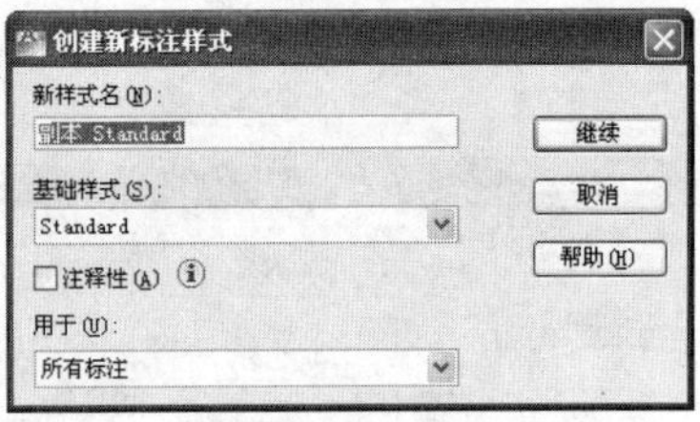

图4-4 “创建新标注样式”对话框

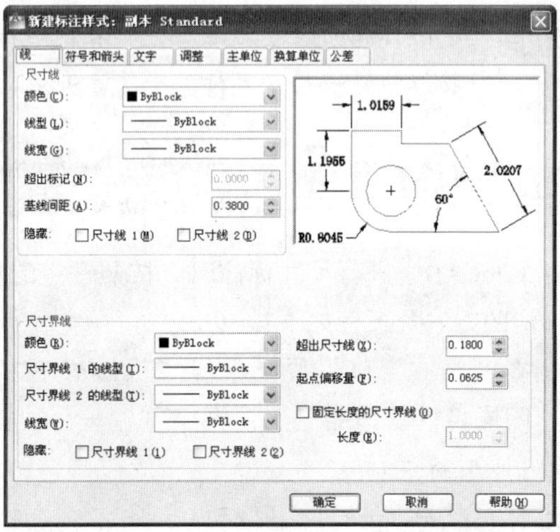

图4-5 “新建标注样式”对话框

1. “线”选项卡

在“尺寸线”选项组中，可以设置尺寸线的颜色、线宽、超出标记以及基线间距等属性，如图4-6所示。

在“尺寸界线”选项组中，可以设置尺寸界线的颜色、线宽、超出尺寸线的长度和起点偏移量、隐藏控制等属性，如图4-7所示。

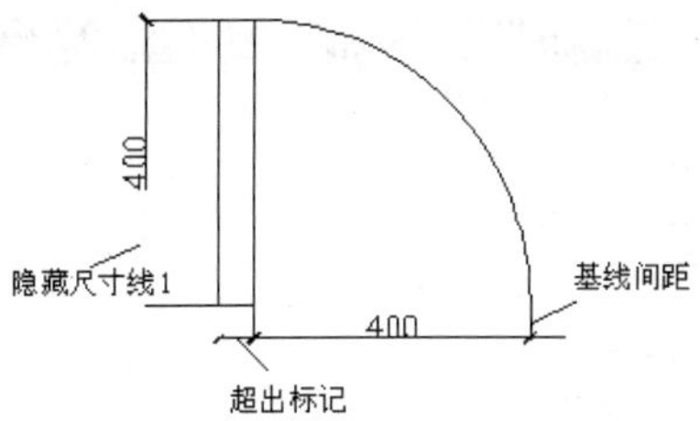

图4-6　尺寸线

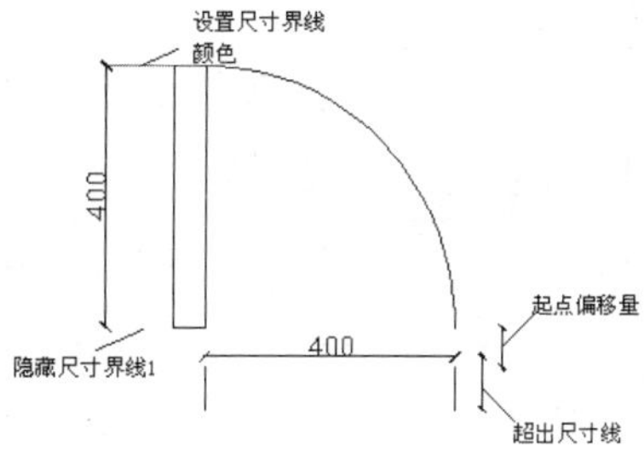

图4-7　尺寸界线

提示

在“尺寸线”和“尺寸界线”选项组中，“颜色”、“线型”、“线宽”、“尺寸界线1”和“尺寸界线2”均设置为ByBlock。在进行尺寸标注时，采用这样的设置可以保持这些特性与标注尺寸的图层设置特性相一致。

2.“符号和箭头”选项卡

在“符号和箭头”选项卡中可以设置尺寸起止符号的形式和大小，如图4-8所示。

为了适用于不同类型的图形标注需要，AutoCAD 设置了 20 多种箭头样式。可以从对应的下拉列表框中选择箭头，并在“箭头大小”文本框中设置其大小。也可以使用自定义箭头，此时可在下拉列表框中选择“用户箭头”选项，打开“选择自定义箭头块”对话框，如图4-9所示。

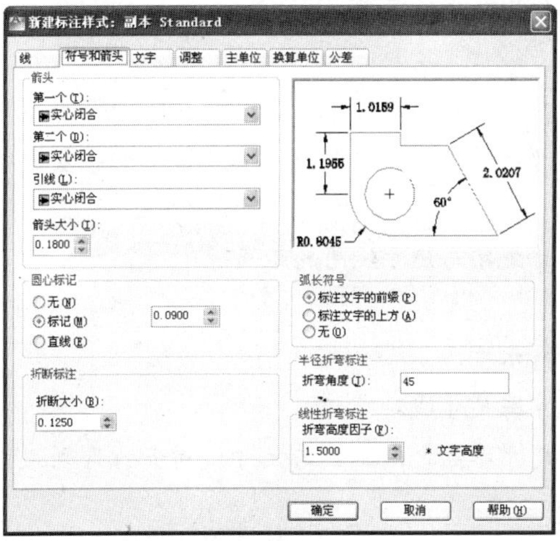

图4-8　“符号和箭头”选项卡

图4-9　“选择自定义箭头块”对话框

在“从图形块中选择”文本框内输入当前图形中已有的块名，然后单击“确定”按钮，AutoCAD将以该块作为尺寸线的箭头样式，此时块的插入基点与尺寸线的端点重合。

在“弧长符号”选项组中，可以设置弧长符号显示的位置，包括“标注文字的前缀”、“标注文字的上方”和“无”3种方式，效果如图4-10所示。

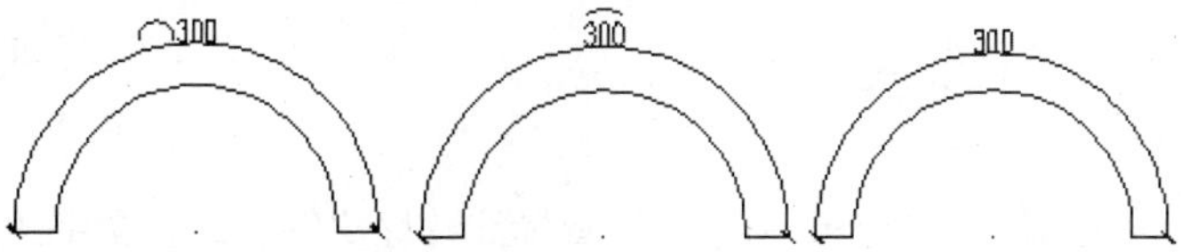

图4-10　“弧长符号”中的3种方式

3. “文字”选项卡

打开“文字”选项卡，如图4-11所示，可以设置尺寸文字的外观，位置和对齐方式等特性。

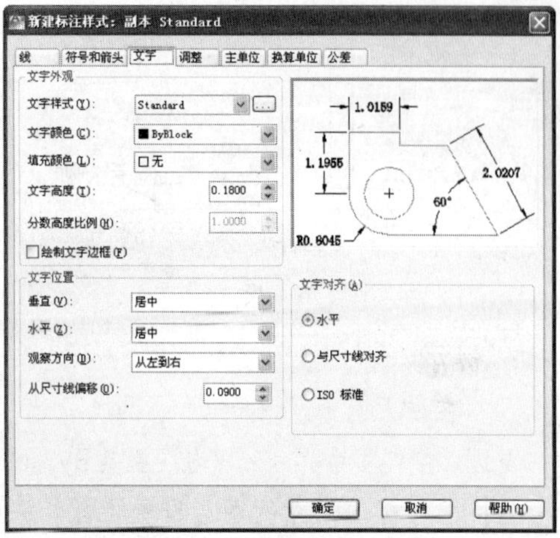

图4-11 “文字”选项卡

- 在“文字外观”选项组中，可设置文字的样式、颜色、高度和分数高度比例，以及控制是否绘制文字边框等。
  - “文字样式”下拉列表：可对标注的文字样式进行选择，或者单击按钮□，打开“文字样式”对话框，进行文字样式的选择或新建。也可以通过DIMTXSTY变量进行设置。
  - “文字颜色”下拉列表：对标注的文字进行颜色的设置，也可以通过DIMCLRT变量进行设置。
  - “文字高度”文本框：可对标注文本的高度进行设置，也可以使用变量DIMTXT进行设置。
  - “分数高度比例”文本框：可对标注文字中的分数相对于其他标注文字的比例进行设置。该比例值与标注文字高度的乘积将作为分数的高度。
- 在“文字位置”选项组中，有如下选项。
  - “垂直”下拉列表：用于控制尺寸文字在垂直方向的对齐位置，如图4-12所示。
  - “水平”下拉列表：可对标注文字相对于尺寸线和尺寸界线在水平方向的位置进行设置，如图4-13所示。
  - “从尺寸线偏移”文本框：用来设置尺寸文字与尺寸线间的距离。
- 在“文字对齐”选项组中，有如下选项。
  - “水平”选项：可以使尺寸文字始终保持水平。
  - “与尺寸线对齐”选项：可以使尺寸文字与尺寸线对齐。
  - “ISO标准”选项：当尺寸文字在两条尺寸界线之间时，与尺寸线对齐，否则尺寸文字水平放置。

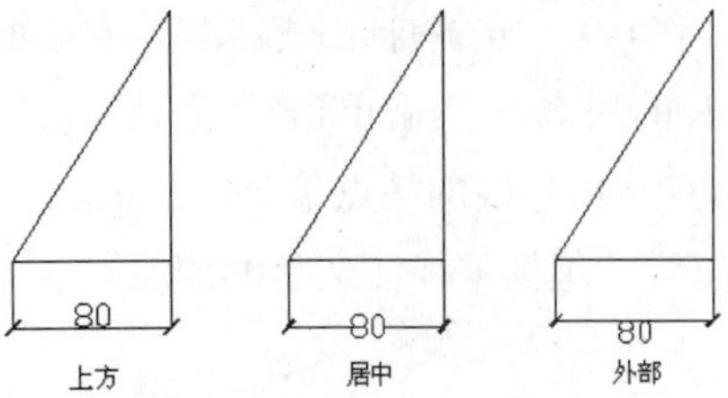

图4-12 文字垂直位置

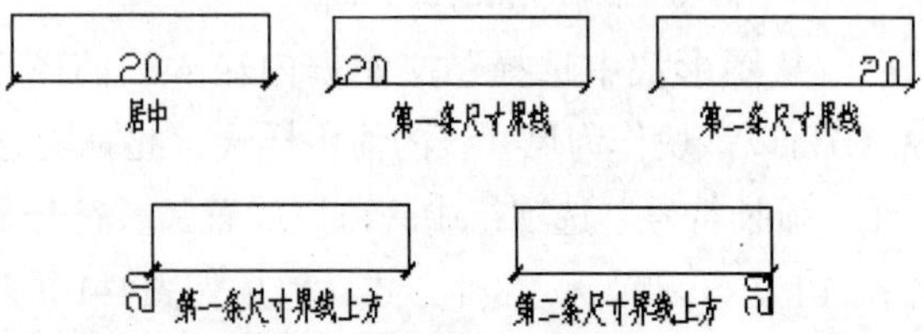

图4-13 文字水平位置

4. “调整”选项卡

如图4-14所示，在“调整”选项卡中可以设置标注特性比例、调整文字的放置位置等。

- 在“调整选项”选项组中，可以确定当尺寸界线之间没有足够的空间同时放置标注文字和箭头时，应从尺寸界线之间移出对象，如图4–15所示。

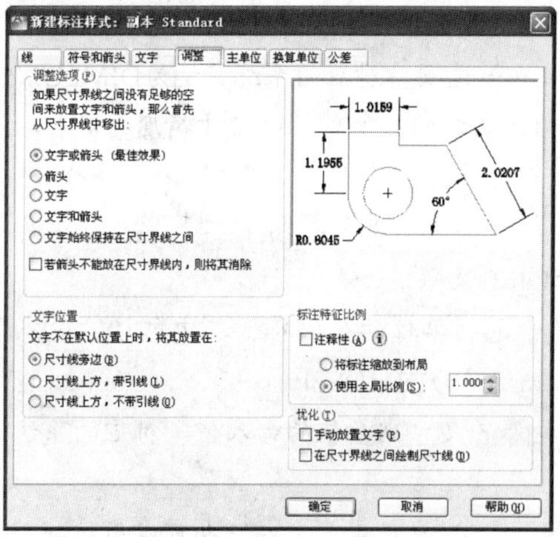

图4–14 “调整”选项卡

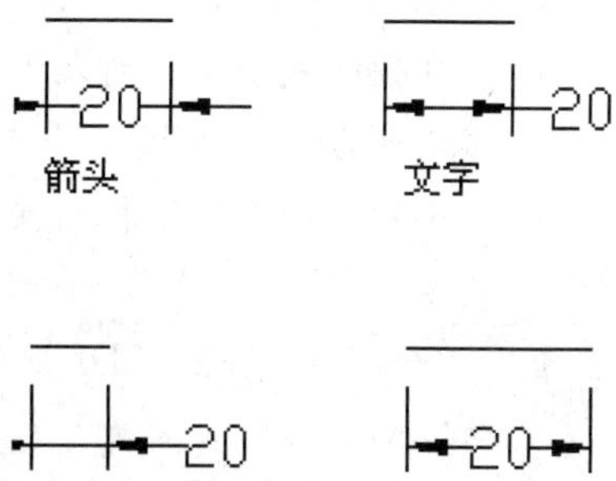

图4–15 “调整选项”中设置的效果

- 在“文字位置”选项组中，可以设置当文字不在默认位置时的位置，如图4–16所示。
- 在“标注特征比例”选项组中，可以设置标注尺寸的特征比例，以便通过设置全局比例来增加或减少各标注的大小，如图4–17所示。

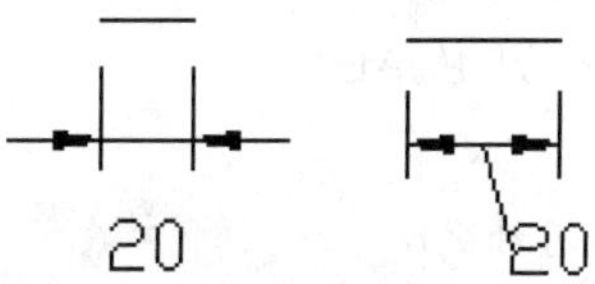

图4–16 设置文字位置

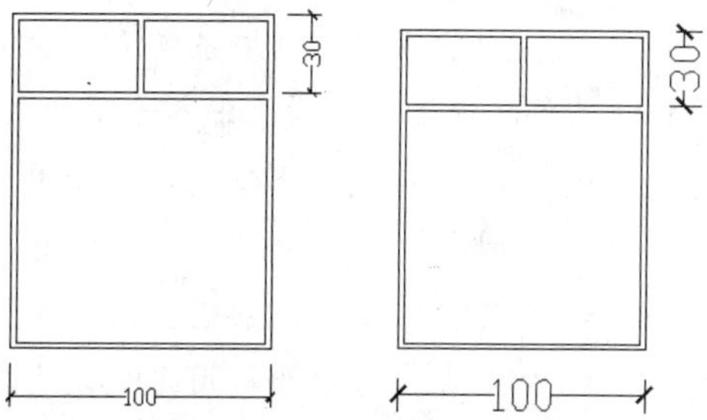

（a）标注尺寸比例为2　（b）标注尺寸比例为1

图4–17 尺寸标注不同比例效果

- 在“优化”选项组中，可以对标注文本和尺寸线进行细微调整，该选项组包括以下两个复选框。
    - “手动放置文字”复选框：选中该复选框，则忽略标注文字的水平设置，在标注时可将标注文字放置在指定的位置。
    - “在尺寸界线之间绘制尺寸线”复选框：选中该复选框，当尺寸箭头放置在尺寸界线之外时，也可在尺寸界线之内绘制出尺寸线。

5. “主单位”选项卡

如图4–18所示，“主单位”选项卡用来设置尺寸标注的主单位和精度，以及给尺寸文本添加固定的前缀或后缀。

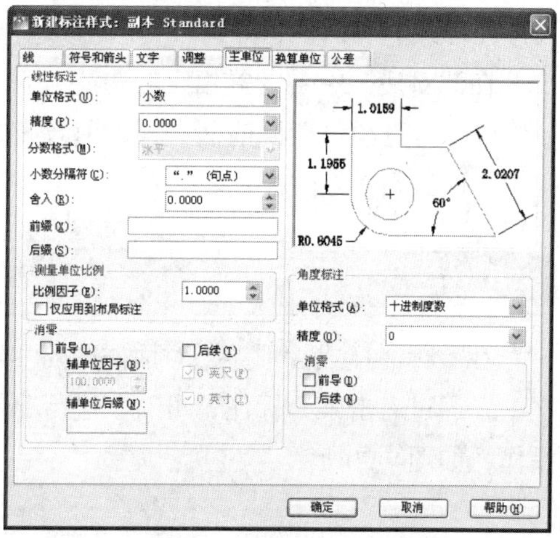

图4–18 “主单位”选项卡

- “线性标注”选项卡中各选项具体说明如下所示。
  - “单位格式”下拉列表框：可以设置线性标注的单位格式和精度，包括“科学”、“小数”、“工程”、“建筑”、“分数”等选项。对应的系统变量为DIMLUNIT。
  - “精度”下拉列表框：用于设置除角度标注之外的其他标注的尺寸精度，对应的系统变量为DIMDEC。
  - “分数格式”下拉列表框：用于设置分数的形式，其中包括“水平”、“对角”和“非重叠”3种形式。对应的系统变量为DIMFRAC。
  - “小数分隔符”下拉列表框：用于设置十进制单位的分隔符，其中包括“句点”、“逗点”和“空格”3种形式。对应的系统变量为DIMDSEP。
  - “舍入”微调框：用于设置除角度标注之外的尺寸测量值的舍入值。对应的系统变量为DIMRND。
  - “前缀”文本框：用于设置标注文字的前缀。用户可输入文本，也可以用控制符产生特殊字符，这些文本会被加在所有尺寸之前。对应的系统变量为DIMPOST。
  - “后缀”文本框：用于设置标注文字的后缀。
  - “测量单位比例”选项组：使用“比例因子”文本框可以设置测量尺寸的缩放比例，AutoCAD的实际标注值为测量值与该比例的积。选中“仅应用到布局标注”复选框，可以设置该比例关系仅适用于布局。
- “角度标注”选项卡中各选项具体说明如下所示。
  - “单位格式”下拉列表框：用于设置角度单位，其中包括“十进制度数”、“度/分/秒”、“百分度”和“弧度”4种形式。对应的系统变量为DIMAUNIT。
  - “精度”下拉列表框：用于设置较粗尺寸标注的精度。
  - “消零”选项组：用于设置是否省略标注角度中的前导和后续的0。

4.2.2 修改尺寸标注样式

如果标注的尺寸需要修改，可通过单击“标注样式管理器”的“修改”按钮来完成，此时会弹出“修改标注样式”对话框，如图4-19所示。

在此对话框中可设置相应的选项来对标注样式进行修改，各选项设置同前面一样，前者只不过是新建样式，后者则为修改样式。

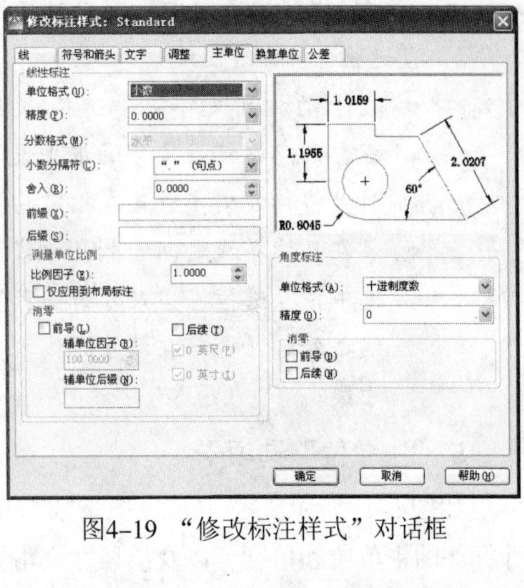

图4-19 “修改标注样式”对话框

4.2.3 删除和重命名标注样式

在“标注样式管理器”对话框中的“样式”列表框中，通过右击某个标注，可对其进行删除和重命名操作，如图4-20所示。

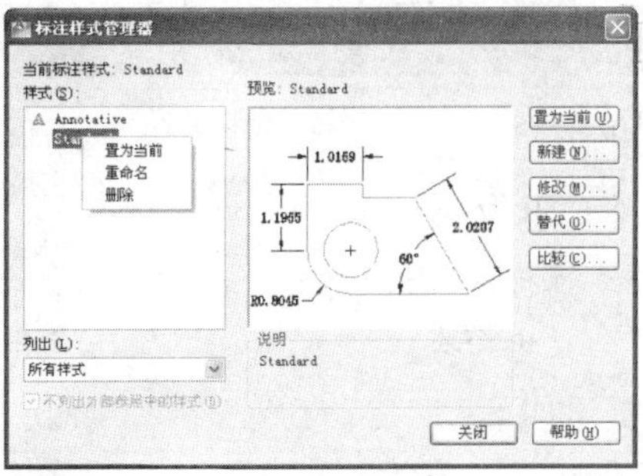

图4–20　删除和重命名标注样式

4.2.4　标注样式的比较

单击“标注样式管理器”对话框中的“比较”按钮，弹出“比较标注样式”对话框，在此可对不同的样式进行比较，如图4–21所示。

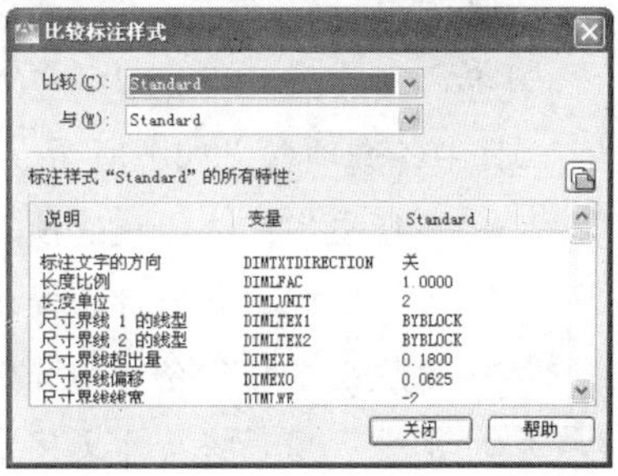

图4–21　“比较标注样式”对话框

4.3 尺寸标注命令

在了解了尺寸标注的组成与规则、标注样式的创建和设置方法后，接下来介绍如何使用标注工具标注图形。AutoCAD 2012提供了完善的标注命令，例如使用“直径”、“半径”、“角度”、“线性”、“圆心标记”等标注命令，可以对直径、半径、角度、直线及圆心位置等进行标注。

用户可通过以下3种方法对图形进行标注：

- 在命令行中输入相应的命令。
- 单击“标注”工具栏中的相应按钮，各标注按钮功能如表4–1所示。
- 选择“标注”菜单中的命令。

表4–1　“工具”栏各按钮说明

按钮	名称	说明
	线性标注	对两点间的直线距离进行测量，可创建水平、垂直或旋转线性标注
	对齐标注	可创建尺寸线平行于尺寸界线原点的线性标注，也可以创建对象的真实长度测量值
	半径标注	可测量圆或圆弧的半径
	坐标标注	用于创建坐标点标注，显示给定原点测量出来的点的坐标
	直径标注	可测量圆或圆弧的直径
	角度标注	可测量角度
	快速标注	通过一次选择多个对象，可创建标注阵列，例如基线、连续和坐标标注
	基线标注	从一个点或选定标注的基线进行连续的线性、角度或坐标标注，此时都是从相同的原点测量尺寸
	连续标注	从上一个或选定标注的第2条尺寸界线进行连续的线性、角度或坐标标注
	公差	可创建行位公差
	圆心标记	可创建圆和圆弧的圆心标记或中心线
	弧长标注	弧长标注用来标注弧长或角度

4.3.1 线性标注

可以用以下3种方法调用线性标注命令：

- 在命令行中输入DIMLINEAR命令。
- 单击“标注”工具栏“线性标注”按钮⊢⊣。
- 选择“标注”→“线性”菜单命令。

执行上述命令后，命令行提示如下：

命令：_dimlinear
指定第一条尺寸界线原点或〈选择对象〉：
指定第二条尺寸界线原点：
指定尺寸线位置或
[多行文字(M)/文字(T)/角度(A)/水平(H)/垂直(V)/旋转(R)]：

其中各选项含义如下所示。

- 多行文字：选择该选项后，弹出“文字格式”编辑器，可以输入和编辑标注文字。
- 文字：根据命令行的提示输入新的标注文字内容。
- 角度：根据命令行的提示输入标注文字角度来修改尺寸的角度。
- 水平：用来将尺寸文字水平放置。
- 垂直：用来将尺寸文字垂直放置。
- 旋转：用来创建具有倾斜角度的线性尺寸标注。

边学边练 026 线性标注

为图4-22（a）添加标注，如4-22（b）所示。

（a）　（b）

图4-22　线性标注

命令行提示如下：

命令：_line
指定第一点：　//用直线命令绘制图形（a）
指定下一点或 [放弃(U)]：〈正交 开〉
指定下一点或 [放弃(U)]：
指定下一点或 [闭合(C)/放弃(U)]：〈正交 关〉
指定下一点或 [闭合(C)/放弃(U)]：
命令：_dimlinear　//调用线性标注命令
指定第一条尺寸界线原点或〈选择对象〉：　//捕捉左下角端点
指定第二条尺寸界线原点：　//捕捉上方顶点
指定尺寸线位置或[多行文字(M)/文字(T)/角度(A)/水平(H)/垂直(V)/旋转(R)]：t

输入标注文字 <245.35>: 100　　　　　　　　　　//指定标注文字100
指定尺寸线位置或[多行文字(M)/文字(T)/角度(A)/水平(H)/垂直(V)/旋转(R)]:
标注文字 = 347.24

4.3.2　对齐标注

可以用以下3种方法调用对齐标注命令：

- 在命令行中输入DIMALIGNED命令。
- 单击“标注”工具栏“对齐标注”按钮。
- 选择“标注”→“对齐”菜单命令。

对齐标注效果如图4–23所示。

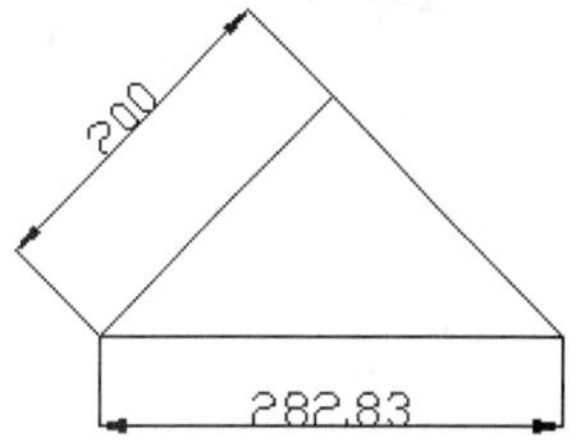

图4–23　对齐标注

4.3.3　弧长标注

弧长标注用来标注弧长或角度。为区别是线性标注还是角度标注，默认情况下，弧长标注将显示一个圆弧符号。

可以用以下3种方法调用弧长标注命令：

- 在命令行输入DIMMARC命令。
- 单击“标注”工具栏“弧长标注”按钮。
- 选择“标注”→“弧长”菜单命令。

调用弧长标注命令后，系统提示：

选择弧线段或多段线弧线段:

选择弧段后，系统接着提示：

指定弧长标注位置或 [多行文字 (M) /文字 (T) /角度 (A) /部分 (P) /引线 (L)]:

各选项具体说明如下所示。

- “部分”：用于缩短弧长标注的长度。选择后，系统提示：

指定弧长标注的第一个点:

指定后，接着提示：

指定弧长标注的第二个点:

指定圆弧上弧长标注的终点即可，如图4–24所示。

- “引线”：用于添加引线对象。引线按照径向绘制，指向所标注圆弧的圆心。需注意的是仅当圆弧的包含角度大于90° 时才显示此项，如图4–25所示。

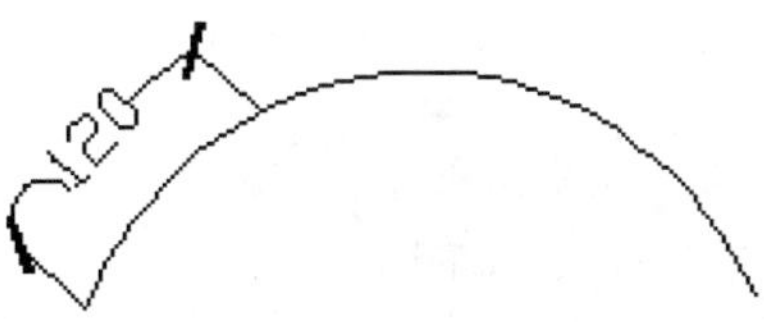

图4–24　部分圆弧标注

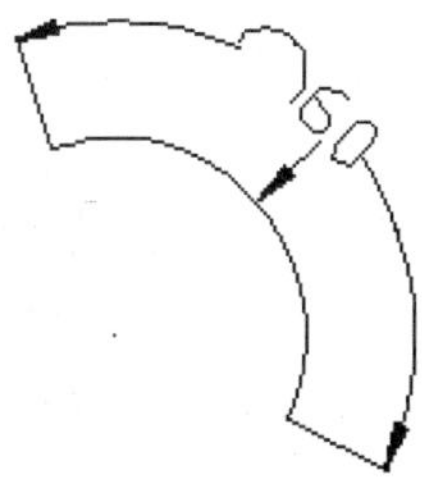

图4–25　添加引线标注

4.3.4 坐标标注

可以用以下3种方法调用坐标标注命令：

- 在命令行中输入DIMRDINATE命令。
- 单击“标注”工具栏“坐标标注”按钮。
- 选择“标注”→“坐标”菜单命令。

命令行提示如下：

```
命令: _dimordinate
指定点坐标:
指定引线端点或 [X 基准(X)/Y 基准(Y)/多行文字(M)/文字(T)/角度(A)]:
标注文字 = 1493.45
```

各选项具体说明：

- 指定引线端点：用于确定另一点。可根据这两个点之间的坐标差决定是生成X坐标尺寸还是Y坐标尺寸。若果这两个点之间Y坐标的距离相差大，就生成X坐标；否则生成Y坐标。
- X基准：用于生成该点的X坐标。
- Y基准：用于生成该点的Y坐标。

边学边练 027 坐标标注

打开光盘“源文件\第4章\台阶.dwg”文件，对台阶进行尺寸标注，操作效果如图4-26所示。

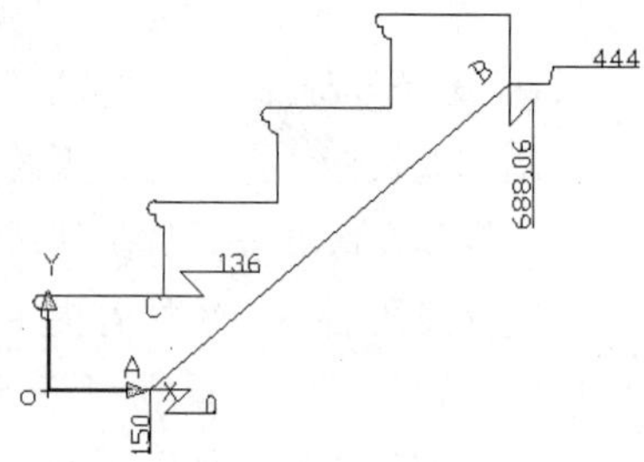

图4-26 坐标标注

操作步骤及命令行提示如下所示。

01 选择“工具”→“新建UCS”→“原点”菜单命令，将用户坐标设置到图中的O点。命令行提示如下：

```
指定新原点 <0,0,0>:                //指定O点为新的坐标原点
```

02 单击工具栏“标注”→“坐标”按钮，创建A点的坐标标注。命令行提示如下：

```
命令: _dimordinate
指定点坐标:
创建了无关联的标注。
指定引线端点或 [X 基准(X)/Y 基准(Y)/多行文字(M)/文字(T)/角度(A)]: x
指定引线端点或 [X 基准(X)/Y 基准(Y)/多行文字(M)/文字(T)/角度(A)]:
标注文字 = 382.46
命令: DIMORDINATE
指定点坐标:
创建了无关联的标注。
指定引线端点或 [X 基准(X)/Y 基准(Y)/多行文字(M)/文字(T)/角度(A)]: y
指定引线端点或 [X 基准(X)/Y 基准(Y)/多行文字(M)/文字(T)/角度(A)]:
标注文字 = 75.18
```

03 重复以上操作，创建各点的X或Y坐标标注，最终结果如图4-26所示。

4.3.5　半径标注

可以用以下3种方法调用半径标注命令：

- 在命令行中输入DIMRADIUS命令。
- 单击“标注”工具栏“半径标注”按钮。
- 选择“标注”→“半径”菜单命令。

执行上述命令后，命令行提示如下：

选择圆弧或圆:

选择对象后，命令行接着提示：

指定尺寸线位置或 [多行文字(M)/文字(T)/角度(A)]:

指定尺寸线的位置后，系统将按照实际测量值标注出圆或圆弧的半径。用户也可以利用“多行文字”、“文字”及“角度”选项确定尺寸文字和尺寸文字的旋转角度。其中，当通过“多行文字”或“文字”选项重新确定尺寸文字时，只有为输入的尺寸文字加前缀R才可以使标出的半径尺寸有该符号，否则没有此符号。

边学边练 028　半径标注

为如4-27（a）所示图形添加尺寸标注，效果如图4-27（b）所示。命令行提示如下：

（a）　　　　（b）

图4-27　添加半径标注

```
命令: _dimradius                                    //调用半径标注命令
选择圆弧或圆:
标注文字 = 137.04
指定尺寸线位置或 [多行文字(M)/文字(T)/角度(A)]: t
输入标注文字 <137.04>: R25                           //输入半径值并按Enter键
指定尺寸线位置或 [多行文字(M)/文字(T)/角度(A)]:
```

> **提示**
> 在选择对象时，只能用鼠标选择单个对象，不能使用窗选。另外，坐标标注的箭头形式采用“实心闭合”。

4.3.6　直径标注

可以用以下3种方法调用直径标注命令：

- 在命令行中输入DIMDIAMETER命令。

- 单击“标注”工具栏按钮。
- 选择“标注”→“直径”菜单命令。

直径标注操作效果如图4-28所示。

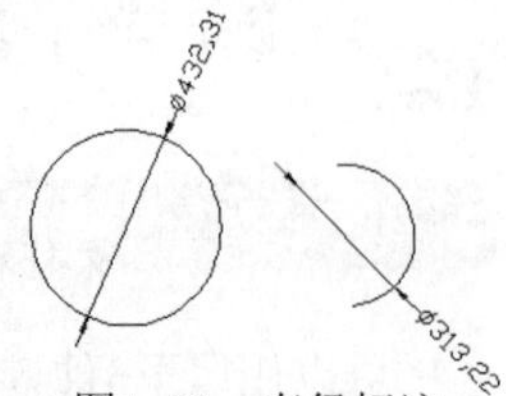

图4-28　直径标注

4.3.7　角度标注

可以用以下3种方法调用角度标注命令：

- 在命令行中输入DIMANGULAR命令。
- 单击“标注”工具栏“角度相注”按钮。
- 选择“标注”→“角度”菜单命令。

命令行提示如下

命令: _dimangular
选择圆弧、圆、直线或 <指定顶点>:
指定标注弧线位置或 [多行文字(M)/文字(T)/角度(A)/象限点(Q)]:

其中：

- 如选择圆弧为标注对象，系统则以圆弧的两个端点为角度尺寸的两条界线的起始点。
- 如选择圆为标注对象，系统则以圆心为顶点，两个指定点为尺寸界线，要求指定的第二点既可以是原上的点，也可以是圆外的点。
- 如选择直线为标注对象，系统则以两条直线的交点或延长线的交点为顶点，两条直线为尺寸界线。
- “指定顶点”表示直接指定顶点、角的第一个端点和角的第二个端点来标注角度。
- “象限点”表示指定圆或圆弧上的象限点来标注弧长，尺寸线将与指定的象限点在同一侧。

角度标注效果如图4-29所示。

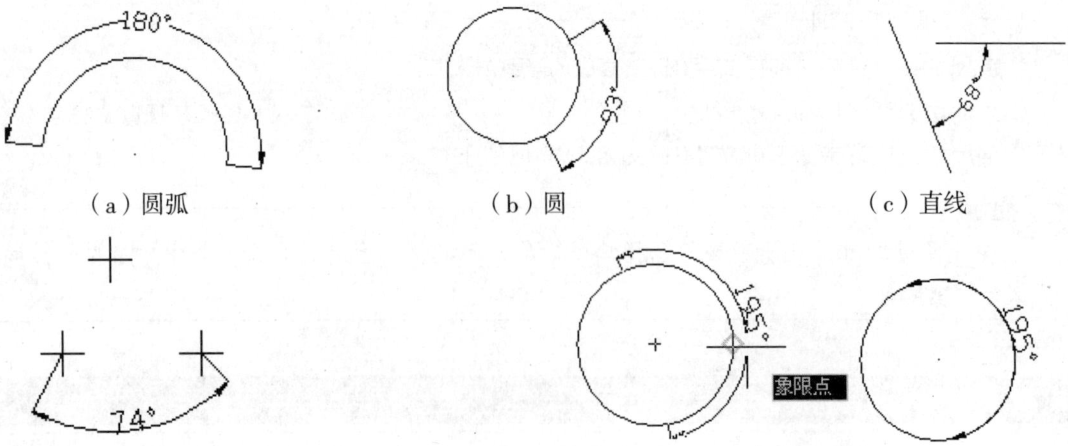

（a）圆弧　（b）圆　（c）直线
（d）指定顶点　（e）象限点

图4-29　角度标注效果

边学边练 029　角度标注

打开光盘“源文件\第4章\五角星.dwg”文件，如图4-30（a）所示，为其添加角度标注，如图4-30（b）所示。具体操作步骤如下：

01 在命令行中输入DIMANGULAR命令。

命令：dimangular　　　　//调用角度标注命令，并按Enter键

选择圆弧、圆、直线或 <指定顶点>:

02 选择如图4-31所示的直线，命令行提示如下：

选择第二条直线:

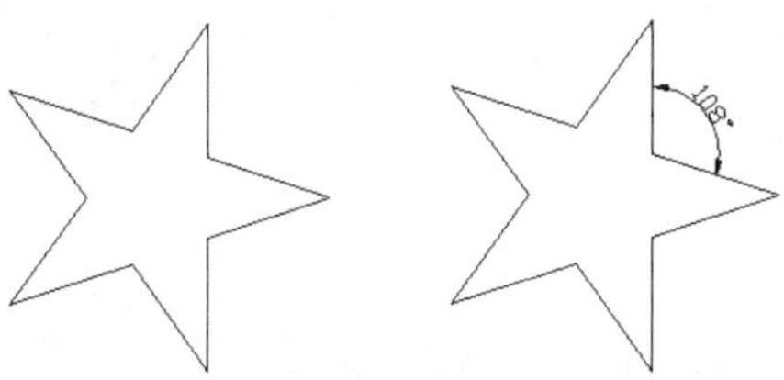

（a）　　　　（b）

图4-30　添加角度标注

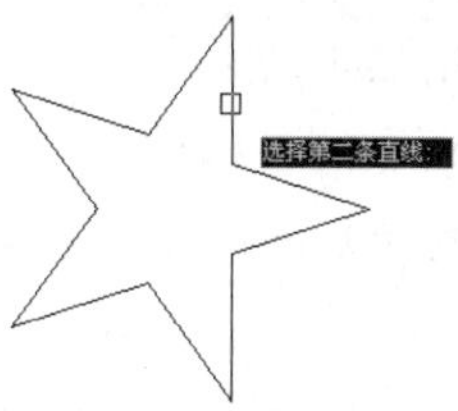

图4-31　拾取第一条直线

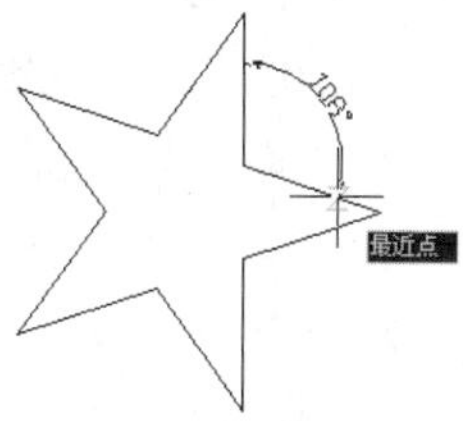

图4-32　拾取第二条直线

03 选择如图4-32所示的第三条边，命令行提示如下：

指定标注弧线位置或 [多行文字(M)/文字(T)/角度(A)/象限点(Q)]:

04 移动光标，尺寸标注移动到合适的位置单击即可，命令行提示如下：

标注文字 = 108

4.3.8　连续标注

可以用以下3种方法调用连续标注命令：

- 在命令行中输入DIMCONTINUE命令。
- 单击“标注”工具栏“连续标注”按钮。
- 选择“标注”→“连续”菜单命令。

在进行连续标注之前，必须先创建（或选择）一个线性、坐标或角度标注作为基准标注，以确定连续标注所需要的前一尺寸标注的尺寸界线，然后执行DIMCONTINUE命令，此时命令行提示如下：

指定第二条尺寸界线原点或 [放弃(U)/选择(S)] <选择>:

在该提示下，当确定了下一个尺寸的第二条尺寸界线原点后，AutoCAD按连续标注方式标注出尺寸，即把上一个或所选标注的第二条尺寸界线作为新尺寸标注的第一条尺寸界线标注尺寸。当标注完成后，按Enter键即可结束该命令。

边学边练 030　连续标注

对如图4-33（a）所示图形进行连续标注，效果如图4-33（b）所示。

（a）　　　　　　　　　　（b）

图4-33　连续标注

4.3.9　基线标注

基线标注是以某一个尺寸标注的第一尺寸界线为基线，创建另一个尺寸标注，这种方法通常应用于建筑设计和机械设计中。

可以用以下3种方法调用基线标注命令：

- 在命令行中输入DIMLINEAR命令。
- 单击“标注”工具栏“基线标注”按钮。
- 选择“标注”→“基线”菜单命令。

与连续标注一样，在进行基线标注之前，也必须先创建（或选择）一个线性、坐标或角度标注作为基准标注，然后执行DIMBASELINE命令，此时命令行提示如下信息：

指定第二条尺寸界线原点或 [放弃(U)/选择(S)] <选择>:

在该提示下，可以直接确定下一个尺寸的第二条尺寸界线的起始点。AutoCAD将按基线标注方式标注出尺寸，直到按Enter键结束命令为止。

注意

在基线标注之前，应首先设置基线间距。选择合适的基线间距，可避免覆盖上一条尺寸线。

基线标注效果如图4-34所示。

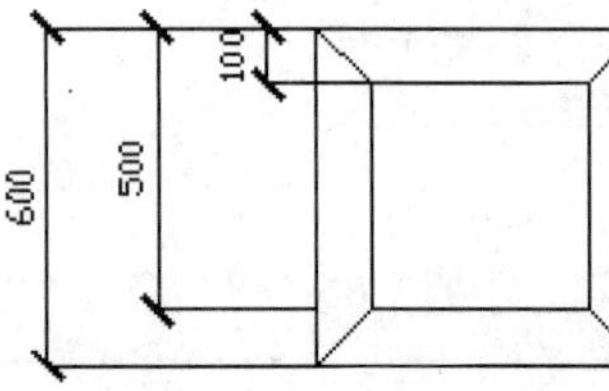

图4-34　基线标注

4.3.10　引线标注

利用引线标注可以创建带有一个或多个引线、多种格式的注释文字及多行旁注和说明等的标注，还可以标注特定的尺寸，如圆角、倒角等。

可以用以下2种方法执行引线标注命令：

- 在命令行输入QLEADER命令。
- 在命令行输入LEADER命令。

1. 利用QLEADER命令进行引线标注

利用QLEADER命令可以快速生成指引线及注释，并且可以通过对话框进行用户自定义，避免不必要的命令行提示，达到最高的工作效率。

在对图形进行引线标注前，用户可以先对引线格式进行设置。在调用了QLEADER引线命令后，系统提示：

指定第一个引线点或［设置（S）］<设置>:

输入s后，弹出“引线设置”对话框，如图4–35所示。

打开“引线设置”对话框，如图4–36所示，可以对引线标注进行设置。

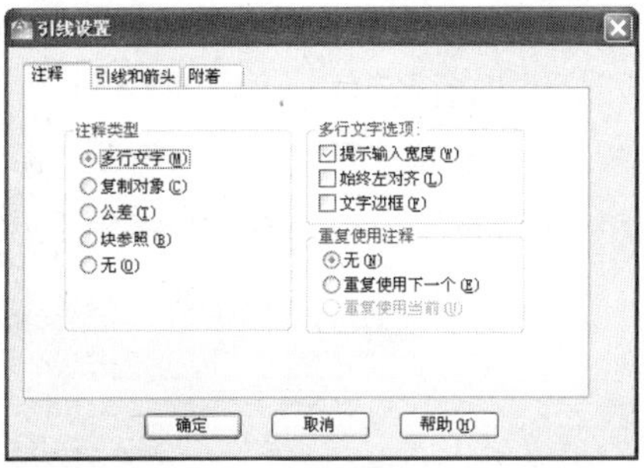

图4–35　“引线设置”对话框

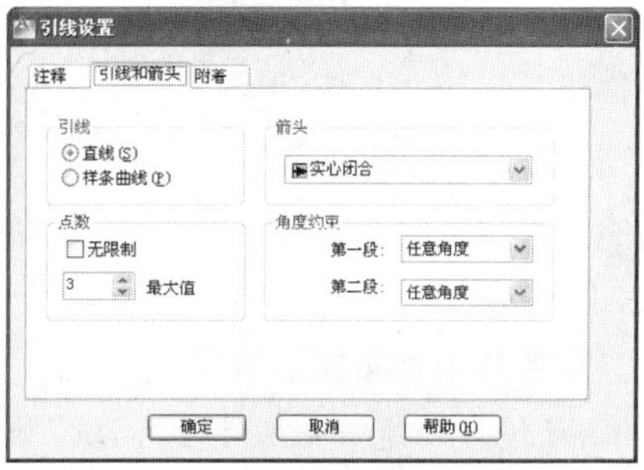

图4–36　“引线和箭头”选项卡

2. 利用LEDAER命令进行引线标注

利用LEADER命令可以灵活创建多样的引线标注形式，用户可以根据自己的需要把指引线设置成折线或者曲线；引线的端部可以有箭头，也可以没有箭头，如图4–37所示。

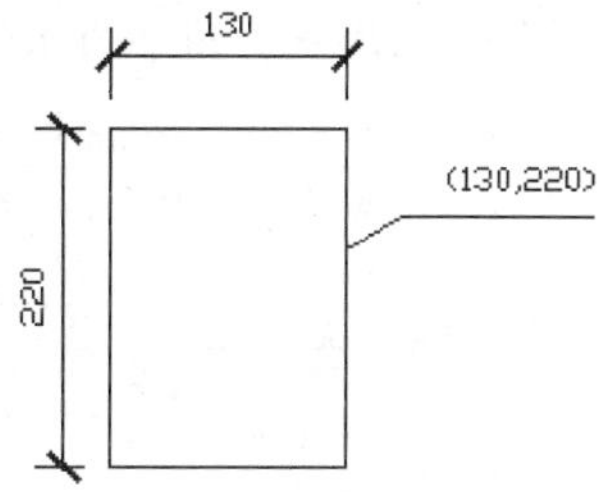

图4–37　引线注释

边学边练 031　引线标准

创建如图4–38所示的引线标注，操作步骤如下：

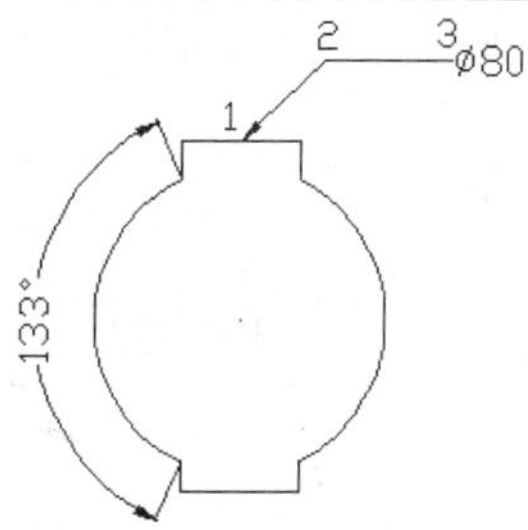

图4–38　创建引线标注

01 单击“标注”工具栏中的“角度标注”按钮，命令行提示：

选择圆弧、圆、直线或 <指定顶点>:

02 选择左半边圆弧，命令行提示：

指定标注弧线位置或［多行文字（M）/文字（T）/角度（A）］:

//指定弧线位置即可

03 在命令行输入QLEADER，命令行提示如下：

指定第一个引线点或［设置（S）］<设置>:　　//指定1点

指定下一点:　　//指定2点

指定下一点:　　//指定3点

指定文字宽度：15　　//按Enter键

输入注释文字的第一行 <多行文字(M)>: %%C80　　//按Enter键，结果如图4–38所示

4.3.11　快速标注

快速标注是AutoCAD中交互式的、动态的、自动化的尺寸标注生成器。

可以用以下3种方法调用快速标注命令：

- 在命令行中输入QDIM命令。

- 单击“标注”工具栏“快速标注”按钮。
- 选择“标注”→“快速标注”菜单命令。

用上述任意一种方法输入命令，AutoCAD将有如下提示：

命令：_qdim

选择要标注的几何图形：　　　　　　　　　　　　　　　　　//选择实体

选择要标注的几何图形：　　　　　　　　　　　　　　　　　//继续选择实体或按Enter键

指定尺寸线位置或 [连续(C)/并列(S)/基线(B)/坐标(O)/半径(R)/直径(D)/基准点(P)/编辑(E)/设置(T)] <连续>:

其中各选项含义如下所示。

- 连续：创建一系列连续标注，如图4-39所示。
- 并列：创建一系列的并列标注，如图4-40所示。
- 基准点：用来为基线标注和连续标注确定一个新的基准点。
- 编辑：用来对快速标注的选择集进行修改。
- 设置：用来设置关联标注的优先级。

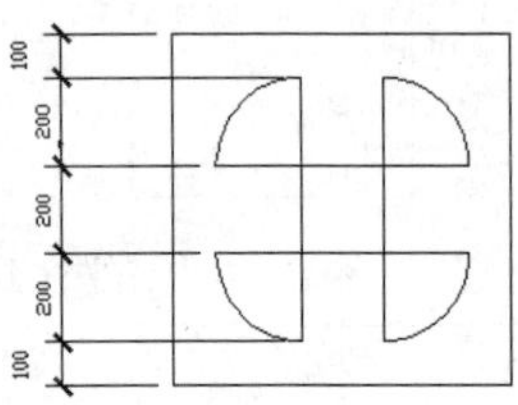

图4-39　利用QDIM命令创建连续标注

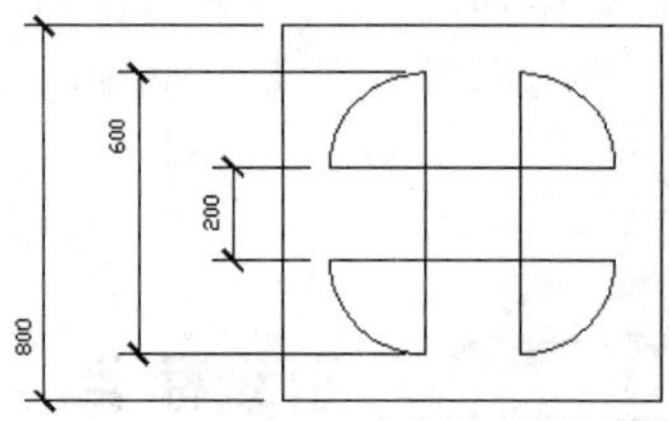

图4-40　利用QDIM命令创建并列标注

提示

“标注”工具栏中的公差标注、圆心标记和折弯标注等标注命令在建筑绘图中使用较少，此处不再介绍。

4.4 编辑尺寸标注

在AutoCAD 2012中，可以对已标注对象的文字、位置及样式等内容进行修改，而不必删除所标注的尺寸对象再重新进行标注。

4.4.1 编辑标注

编辑标注用来改变标注对象的文字及尺寸界线等。用户可以通过以下2种方法来编辑标注：

- 单击“标注”工具栏“编辑标注文字”按钮。
- 在命令行中输入DIMEDIT命令。

执行上述命令后，命令行提示如下：

输入标注编辑类型 [默认(H)/新建(N)/旋转(R)/倾斜(O)] <默认>:

该提示行各选项的含义如下所示。

- 默认：按默认位置放置尺寸文本。执行该项时会有如下提示：

选择对象:　　　　　　　　　　　　　　　　　//选择尺寸对象

该尺寸对象将按默认位置方向放置。

- 新建：修改指定尺寸对象的尺寸文本。执行该选项时会弹出多行文本编辑器，用户在该对话框内输入新尺寸值，然后单击“确定”按钮，会出现如下提示：

选择对象:　　　　　　　　　　　　　　　　　//选取尺寸对象。

即可修改该尺寸对象的尺寸文本。

- 旋转：用来指定标注文字的旋转角度，如图4-41（b）所示。命令行提示如下：

输入标注编辑类型 [默认(H)/新建(N)/旋转(R)/倾斜(O)] <默认>: r

指定标注文字的角度　　　　　　　　　　　　//输入角度

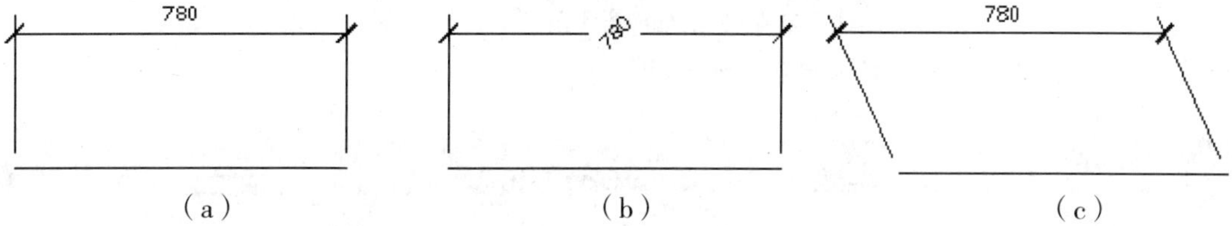

图4-41　编辑标注

- 倾斜：此项是针对尺寸界线进行编辑，用来指定线性尺寸界线的倾斜角度，如图4-41（c）所示。命令行提示如下：

命令: dimedit

输入标注编辑类型 [默认(H)/新建(N)/旋转(R)/倾斜(O)] <默认>: o

选择对象:　　　　　　　　　　　　　　　　　//选择实体

选择尺寸标注对象后，命令行提示如下：

输入倾斜角度 (按 ENTER 表示无):　　　　　　//输入角度

4.4.2　编辑标注文字的位置

用户可以利用该命令调整尺寸文本的位置，调用方法有2种：

- 在命令行中输入DIMTEDIT命令。
- 单击“标注”工具栏“编辑标注”按钮。

执行上述命令后，命令行提示如下：

选择标注:　　　　　　　　　　　　　　　　　　　　//选择尺寸标注

指定标注文字的新位置或 [左(L)/右(R)/中心(C)/默认(H)/角度(A)]:

该提示行各选项的含义如下所示。

- 左：仅对长度型、半径型、直径型尺寸标注起作用，表示尺寸文本是否沿尺寸线左对齐，如图4-42所示。
- 右：仅对长度型、半径型、直径型尺寸标注起作用，表示尺寸文本是否沿尺寸线右对齐，如图4-43所示。

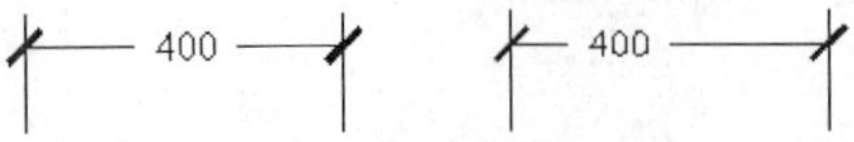

图4-42　尺寸文本修改为左对齐

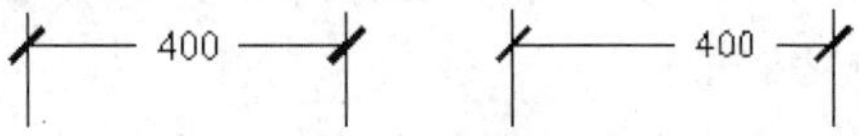

图4-43　尺寸文本修改为右对齐

- 中心：仅对长度型、半径型、直径型尺寸标注起作用，表示尺寸文本是沿尺寸线中心对齐。
- 默认：是否按默认位置的方向放置。如图4-44（a）所示的是不按默认位置放置尺寸文本，图4-44（b）所示的是按默认置放置尺寸文本。

（a）　（b）

图4-44　尺寸文本是否按默认位置放置

- 角度：使尺寸文本旋转指定的角度。

4.4.3　替代标注

替代标注可以临时修改尺寸标注的系统变量设置，并按该设置修改尺寸标注。该操作只对指定的尺寸对象作修改，并且修改后不影响原系统的变量设置。

可以用以下2种方法调用替代标注：

- 在命令行输入DIMOVERRIDE命令。
- 选择“标注”→“替代”菜单命令。

执行上述命令后，命令行提示如下：

输入要替代的标注变量名或[清除替代(C)]:

默认情况下，输入要修改的系统变量名，并为该变量指定一个新值。然后选择需要修改的对象，这时指定的尺寸对象将按新的变量设置作相应的更改。如果在命令提示下输入C，并选择需要修改的对象，这时可以取消用户已作出的修改，并将尺寸对象恢复成在当前系统变量设置下的标注形式。

4.4.4　更新标注

可以用以下2种方法调用更新标注命令：

- 在“标注”工具栏中单击“更新”按钮。
- 选择“标注”→“更新”菜单命令。

执行上述命令后，命令行提示如下：

输入标注样式选项[保存(S)/恢复(R)/状态(ST)/变量(V)/应用(A)/?] <恢复>:

4.4.5　尺寸关联

尺寸关联是指所标注尺寸与被标注对象有关联关系。如果标注的尺寸值是按自动测量值标注，且尺寸标注是按尺寸关联模式标注的，那么改变被标注对象的大小后，相应的标注尺寸也将发生改变，即尺寸界线、尺寸线的位置都将改变到相应新位置，尺寸值也改变成新测量值。反之，改变尺寸界线起始点的位置，尺寸值也会发生相应的变化。

如图4–45（a）所示图形中标注是按尺寸关联模式标注的，则图形改变后，尺寸标注也会相应的改变，如图4–45（b）所示。

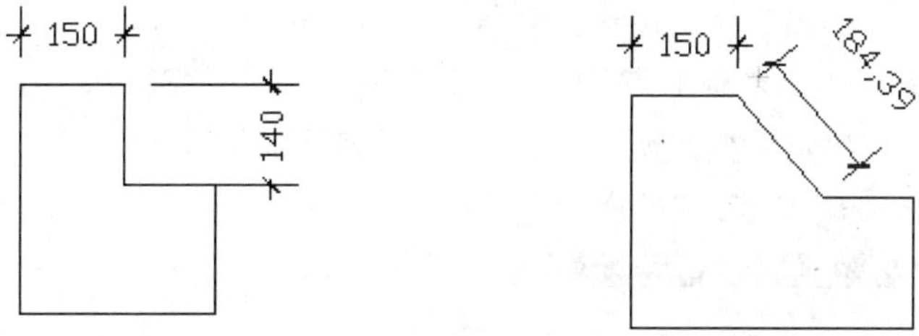

（a）拉伸前所作标注　　（b）拉伸后的标注

图4–45　标注的关联

用户可以通过DIMASSOC变量来设置标注的尺寸是否为关联标注，其中0表示分解尺寸，相当于对标注尺寸执行“分解”命令；1表示非尺寸关联；2表示尺寸关联。

通过选择“标注”→“重新关联标注”菜单命令对没有关联的标注进行关联，命令行会有如下提示：

选择对象：

指定第一个尺寸界线原点或[选择对象(S)]<下一个>: //要求确定第一条尺寸界线的起始点位置

此时系统会把第一个默认的尺寸标注用一个小方框显示出来，直接按Enter键则采用默认值，也可重新指定新的起始点。

设置了尺寸关联后，可对尺寸标注是否关联进行查看确认，打开“特性”选项板观察“关联”属性值即可。

4.4.6 使用“特性”选项板修改尺寸标注

在“特性”选项板中，可对标注进行快速修改，右键单击尺寸标注，选择“特性”选项，或直接双击标注的尺寸，均可打开如图4–46所示的“特性”选项板。

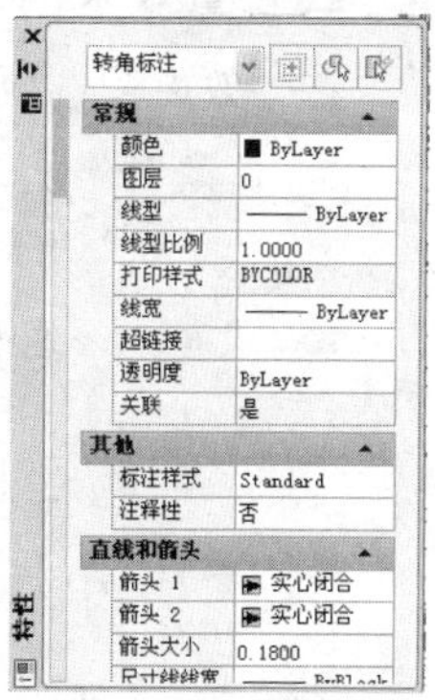

图4–46 “特性”选项板

4.5 文字标注

4.5.1 文字样式

文字样式是用来定义文字的各种参数的，如文字的字体、大小、倾斜角度等。在进行文字标注之前，首先应设置文字样式，文字样式决定了文字的外观形状。

可以用以下方法调用文字样式命令：

- 在命令行中输入STYLE命令。
- 单击“样式”工具栏上的“文字样式”按钮 。
- 选择“格式”→“文字样式”菜单命令。

执行上述命令后，会弹出“文字样式”对话框，如图4-47所示。

单击“新建”按钮，弹出“新建文字样式”对话框，如图4-48所示，在“样式名”文本框中输入样式名即可。单击“确定”按钮返回“文字样式”对话框，新建的样式名称即出现在左侧的“样式”列表框中，此时即可对新建的样式进行设置。

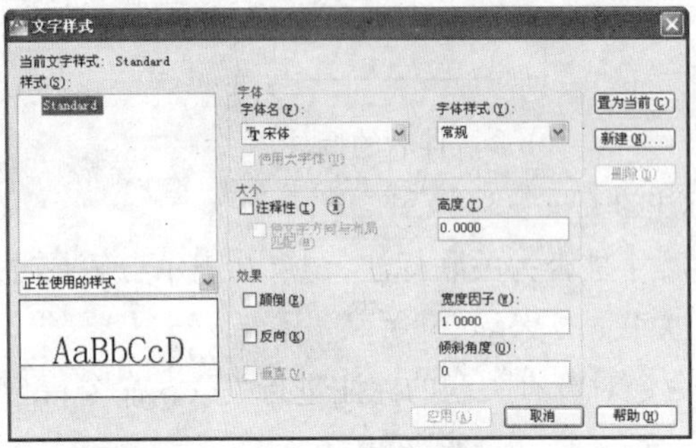

图4-47 “文字样式”对话框

图4-48 “新建文字样式”对话框

1. 设置字体

在“字体名”列表框中可以选择合适的字体，“使用大字体”复选框只适于编译型的字体。如果选择的是编译型字体，选择该复选框后可创建支持大字体的文字样式，此时可在“文字样式”下拉列表框中选择字体样式。“字体样式”下拉列表中可设置大字体的格式，比如常规字体、粗体或斜体。常用的字体文件为gbcbig.shx，可根据需要进行选择。

2. 设置效果

在“效果”选项组中可设置字体的效果，如颠倒、反向、垂直等。

- “颠倒”复选框：可将文字上下颠倒显示（仅作用于单行文字），如图4-49所示。
- “反向”复选框：可将文字反向显示（仅作用于单行文字），如图4-50所示。
- “垂直”复选框：可将文字垂直排列显示，如图4-51所示。

图4-49 颠倒效果

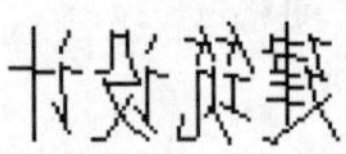

图4-50 反向效果

4.5.2 单行文字标注

调用单行文字命令，命令行提示如下：

命令：_dtext

当前文字样式： “Standard” 文字高度： 149.8704 注释性： 否

指定文字的起点或 [对正(J)/样式(S)]:

其中各选项含义如下所示。

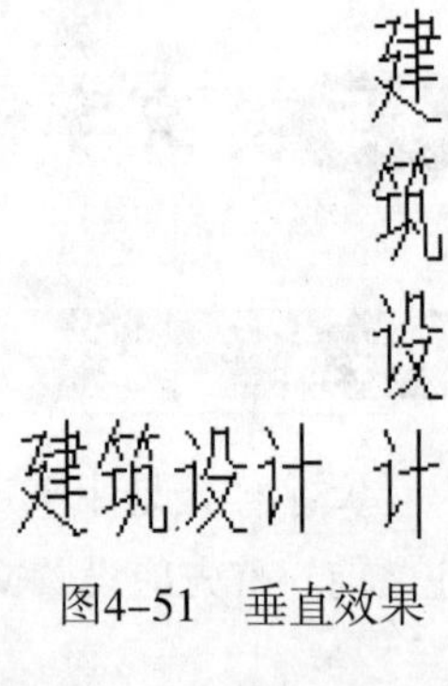

图4-51 垂直效果

● 对正：用来控制文字的对齐方式，选择该命令后，命令行提示如下：

输入选项 [对齐(A)/调整(F)/中心(C)/中间(M)/右(R)/左上(TL)/中上(TC)/右上(TR)/左中(ML)/正中(MC)/右中(MR)/左下(BL)/中下(BC)/右下(BR)]:

◆ 对齐：要求用户指定文字基线的起点和终点，系统根据起点和终点的距离和当前文字样式的宽度比例自动计算文字字高，使输入的文字正好在两个端点之间。

◆ 调整：用户需要指定文字的起始点、结束点以及高度，文字将均匀地排列于起始点与结束点之间，如图4-52所示。

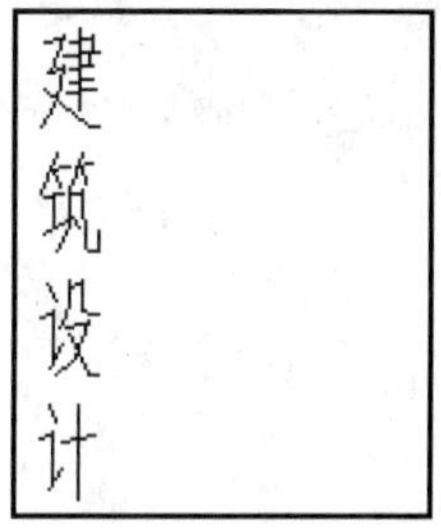

图4-52　调整选项

◆ 中心：从基线的水平中心对齐文字，此基线是由用户给出的点指定的。

◆ 中间：要求用户指定文字中线的中点，输入文字后，文字均匀分布在该中点两侧。

◆ 右：要求用户指定文字基线的右端点，以基线的右端点对齐文字。

◆ 左上：要求用户指定文字顶线的左端点，以顶线的左端点对齐文字。

◆ 中上：指定文字顶线的中点后，以顶线的中点对齐文字。

◆ 右上：指定文字顶线的右端点后，以顶线的右端点对齐文字。

◆ 左中：指定文字中线的左端点后，以中线的左端点对齐文字。

◆ 正中：指定文字中线的中点后，以中线的中点对齐文字。

◆ 右中：指定文字中线的右端点后，以中线的右端点对齐文字。

◆ 左下：指定文字底线的左端点后，以底线的左端点对齐文字。

◆ 中下：指定文字底线的中点后，以底线的中点对齐文字。

◆ 右下：指定文字底线的右端点后，以底线的右端点对齐文字。

● 样式：用来设置当前文字的样式。输入st后，命令行提示如下：

指定文字的起点或 [对正(J)/样式(S)]: s

输入样式名或 [?] <Standard>:

若不知道当前图形中有哪些文字样式，可以在命令行中输入“？”按Enter键，弹出“AutoCAD文本窗口”，在此窗口中列出了所有的文字样式及其放置参数，如图4-53所示。

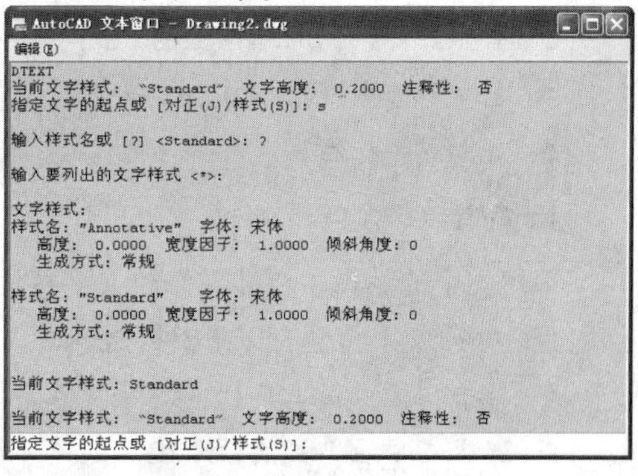

图4-53　AutoCAD文本窗口

4.5.3　多行文字标注

多行文字又称为段落文字，是一种更易于管理的文字对象，可以由两行以上的文字组成，而且各行文字都是作为一个整体处理。对于较长、较复杂的内容，利用“多行文字”命令输入文本时，用户可以方便地指定文字地宽度，并可以在多行文字中单独设置其中某个字符或某一部分文字的属性。

当调用多行文字命令，指定第一角点和对角点后，弹出“多行文字编辑器”对话框，由“文字格式”工具栏和“文字输入”框两部分组成，如图4-54所示。

图4-54 “多行文字编辑器”对话框

在“文字输入”框中输入文字时，若文字达到边框的边界时，文字会自动换行，如图4-55所示。

图4-55 文字的换行

在“文字格式”工具栏中还可以设置文字的字体、高度、颜色等属性。

4.6 编辑文字标注

4.6.1 文字标注的编辑

用户可以通过以下4种方法编辑文字标注：

- 选择“修改”→“对象”→“文字”→“编辑”菜单命令。
- 单击“文字”工具栏上的“文字标注”按钮。
- 在命令行中输入DDEDIT命令。
- 双击文字标注。

1. 编辑单行文字

单行文字的编辑主要涉及修改文字特性和修改文字内容两方面。采用上述方法可直接修改文字内容。修改文字特性有以下2种方法：

- 单击“标准”工具栏中的“特性”按钮。
- 选择文字后单击鼠标右键，选择“特性”命令。

2. 编辑多行文字

执行DDEDIT命令后，在弹出的“多行文字编辑器”对话框中，可以直接对多行文字内容及特性进行修改和编辑。

4.6.2 查找和替换

使用“查找”命令可以快速实现对一段文字中的一部分文字的查找和替换。可以通过以下2种方法调用查找和替换命令：

- 在命令行中输入FIND命令。

- 选择“编辑”→“查找”菜单命令。

执行上述命令后，弹出“查找和替换”对话框，如图4-56所示。

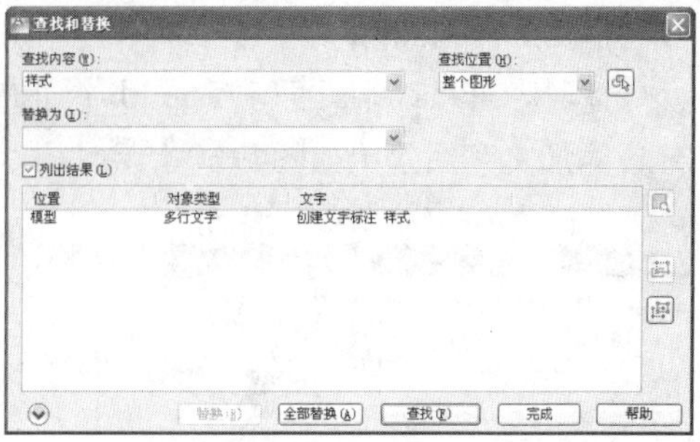

图4-56 “查找和替换”对话框

- “查找内容”文本框：用于输入或显示选择的文字。
- “替换为”文本框：用于输入替换后的文字。
- “查找位置”下拉列表：用于选择文字的查找范围。若选择“整个图形”，会对整个图形中的文字进行查找或替换；单击按钮，可在图形中选择具体的文字查找范围。
- “列出结果”列表框：显示查找的结果。

4.7 实例应用——标注尺寸和文字

本节以图4-57为例，讲解标注尺寸和文字的具体过程。操作步骤如下：

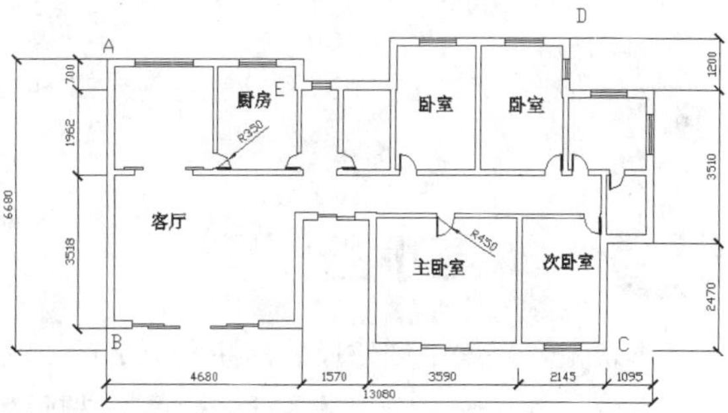

图4-57 标注尺寸与文字后的效果

01 打开光盘中的“源文件\第4章\平面图.dwg”文件，作为当前文件图形，然后设置“标注”图层作为当前层。

02 选择“格式”→“标注格式”菜单命令，在弹出的“标注样式管理器”中单击“新建”按钮，建立新的标注样式“样式1”。

03 设置“样式1”的样式，在“线”选项卡中，将“基线间距”设为1000；在“符号和箭头”中，设置“箭头大小”为400，如图4-58所示。

04 单击“确定”按钮，返回“标注样式管理器”对话框，再单击“关闭”按钮，关闭对话框。

05 单击“标注”→“线性标注”菜单命令，选择A为标注原点，命令行提示如下：

命令：_dimlinear

指定第一条尺寸界线原点或 <选择对象>:

指定第二条尺寸界线原点:

06 确认点E所对的墙体的下线为标注原点后，系统自动计算出两点间的距离，并将会出现一条随光标而移动的标注图形，在合适的位置单击即可看到第一条标注尺寸效果，如图4-59所示。

07 单击“标注”工具栏上的按钮，执行连续标注命令，完成图4-57中A到B点的标注。然后再次执行线性标注命令，完成对平面图左侧的外部的标注。

08 运用线性标注命令完成平面图下方内侧的标注，然后用基线标注完成外侧的标注。

09 用多行文字命令为平面图添加文字。单击工具栏 A 按钮，命令行提示如下：

命令：_mtext

当前文字样式： “Standard” 文字高度： 600 注释性： 否

指定第一角点:

指定对角点或 [高度(H)/对正(J)/行距(L)/旋转(R)/样式(S)/宽度(W)/栏(C)]:

10 添加文字后效果如图4-60所示。

图4-58　设置箭头大小

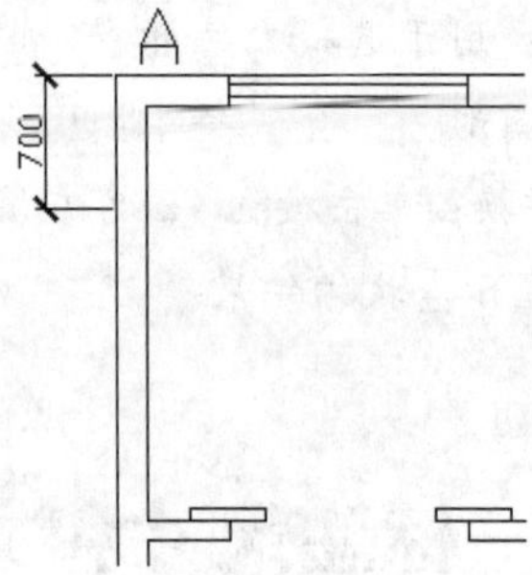

图4-59　标注第一个尺寸

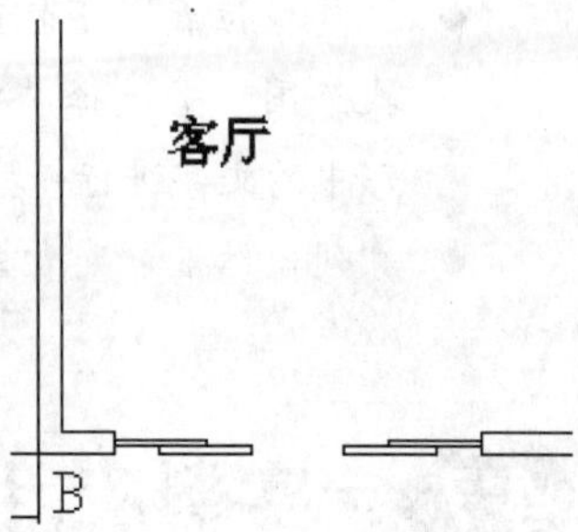

图4-60　添加文字

11 为其他房间分别添加文字，最终效果如图4-57所示。

4.8 本章小结

本章主要讲解了创建尺寸标注和文字标注的样式、创建尺寸标注和文字样式的常用命令以及对标注的编辑。读者应该对各种命令多个选项的功能进行详细阅读和重点理解，熟练掌握尺寸标注和文字标注的使用方法，这对以后的绘图会带来很大的方便。

4.9 课后练习

（1）设置单行文字旋转，效果参考图4-61。

（2）标注楼梯。利用直线绘工具制简单的楼梯，再对楼梯进行标注设置，如图4-62所示。

（3）标注图形尺寸，利用线性标注、连续标注及直径标注完成对建筑制图的标注，如图4-63所示。

图4-61　单行文字旋转

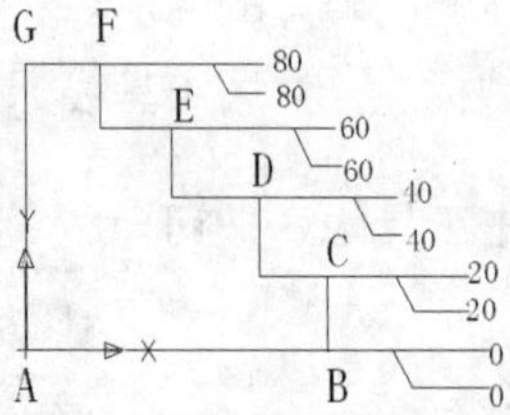

图4-62　标注楼梯

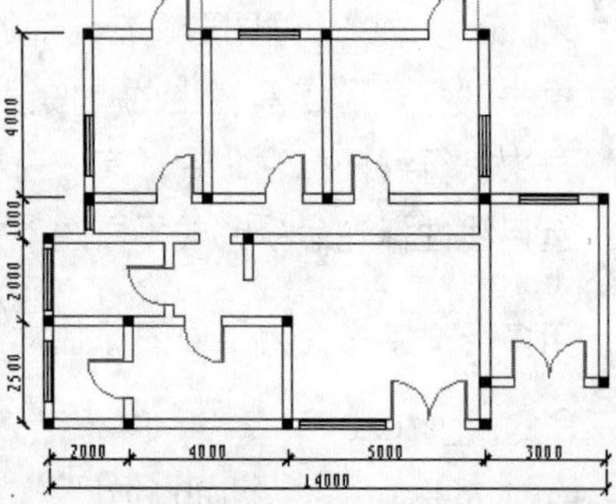

图4-63　图形标注尺寸

第5章 绘制简单三维对象

本章内容提示

本章将围绕基础的三维绘制命令展开讲解，并安排了一些实例操作，可加深读者对命令的理解。通过本章的学习，对AutoCAD的三维绘图功能有初步的了解。

学习要点

- □ 三维坐标系
- □ 设置视点
- □ 图形旋转与消隐
- □ 基本三维曲面绘制方法

5.1 三维坐标系

三维坐标系是在二维笛卡儿坐标系的基础上根据右手定则增加第三维坐标（即Z轴）而形成的。同二维坐标系一样，AutoCAD中的三维坐标系有世界坐标系（WCS））和用户坐标系（UCS）两种形式。

5.1.1 世界坐标系

世界坐标系的平面图标如图5-1所示，其中X轴指向右侧，Y轴竖直向上，Z轴正向垂直于屏幕指向操作者。当用户从三维视图来观测时，效果如图5-2所示。

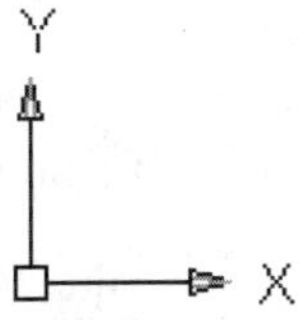

图5-1　平面坐标

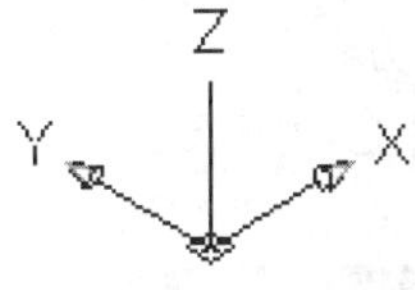

图5-2　三维坐标

1. 右手定则

在二维坐标系中，Z轴的正轴方向是根据右手定则确定的，右手定则也决定三维空间中任一坐标轴的正旋转方向。

右手定则是将右手靠近屏幕，大拇指指向X轴方向，食指指向Y轴方向，然后弯曲其他手指，所指方向即为Z轴方向。

2. 柱坐标系

柱坐标系就是通过指定位置到XY平面的投影与UCS原点之间的距离r、到XY平面的投影与X

轴的角度θ，以及垂直于XY平面的Z坐标值来描述精确位置的坐标系。相当于在二维极坐标系上加上Z坐标组成三维坐标系，其输入方式如下所示。

- 绝对坐标值的输入形式为：r< θ,Z。如“100<45,200”表示输入点在XY平面内的投影到坐标系原点有100个单位，该投影点与原点的连线与X轴夹角为45°，且沿Z轴方向有200个单位。
- 相对坐标的输入形式为：@ r< θ,Z。

3. 球坐标系

球坐标系就是通过指定位置到当前UCS原点的距离r、在XY平面上的投影与X轴所成的角度θ，以及Z轴正方向上与XY平面所成的角度来描述该位置Φ。其输入格式如下所示。

- 绝对坐标值的输入形式是：r< θ <Φ。
- 相对坐标值的输入形式是：@r< θ <Φ。

例如，“200<30<50”表示输入点与坐标系原点之间有200个单位，该投影点与原点的连线与X轴夹角为30°，输入点与坐标原点的连线与XY平面的夹角为50°。

5.1.2 用户坐标系

在通用坐标系中，用户按照需要定义的任意坐标系称为用户坐标系，简称UCS。用户可将UCS的原点放在任何位置，也可以指定任何方向为X轴的正方向。该坐标系方向符合右手法则。在用户坐标系中，坐标的输入方式与世界坐标系相同，但坐标值不是相对于世界坐标系，而是相对于当前用户坐标系。

5.2 设置视点

视点是指观察图形的方向。例如，绘制三维零件图时，如果使用平面坐标系即Z轴垂直于屏幕，此时仅能看到物体在XY平面上的投影。如果调整视点至当前坐标系的左上方，将看到一个三维物体。不同的视点视图效果如图5-3所示。

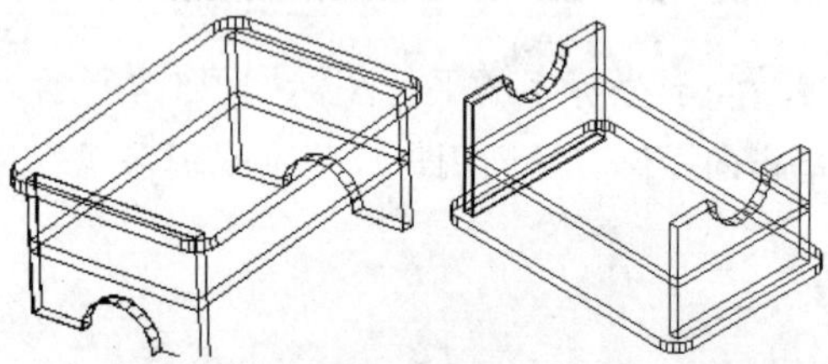

图5-3　三维图形不同的视图效果

5.2.1 用“视点预设”命令设置视点

1. 命令功能

利用“视点预设”命令设置视点，可选择相对于WCS或UCS坐标系，其原理与“设置”命令的“旋转”选项的原理相同。

2. 命令调用

可以用以下2种方法调用视点预设命令：

- 在命令行中输入DDVPOINT。
- 选择“视图”→“三维视图”→“视点预设”菜单命令。

执行上述命令后，AutoCAD会弹出“视点预设”对话框为当前视口设置视点，如图5-4所示。对话框的左图用于设置原点和视点之间的连线在XY平面的投影与X轴正向的夹角，右面的半圆图形用于设置设置视点和相应坐标系原点连线与XY平面的夹角。单击“设置为平面视图”按钮，可以将坐标系设置为平面视图。

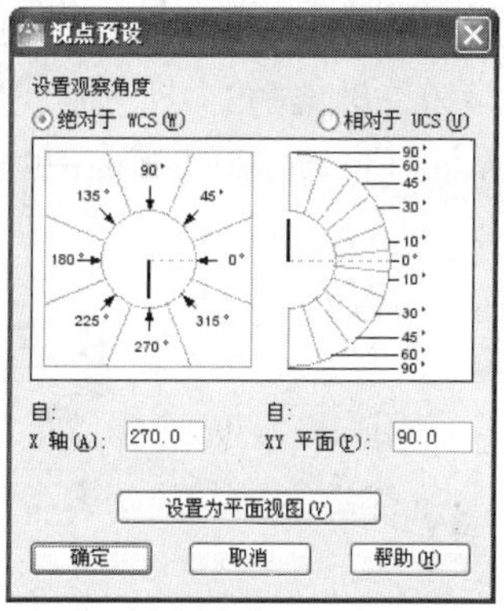

图5-4　“视点预设”对话框

边学边练 032　视点预设

利用“视点预设”对话框设置如图5-5所示效果的视点。

01 打开光盘“源文件\第5章\台阶.dwg”文件，在命令行输入DDVPOINT命令。

02 系统弹出“视点预设”对话框，如图5-6所示。

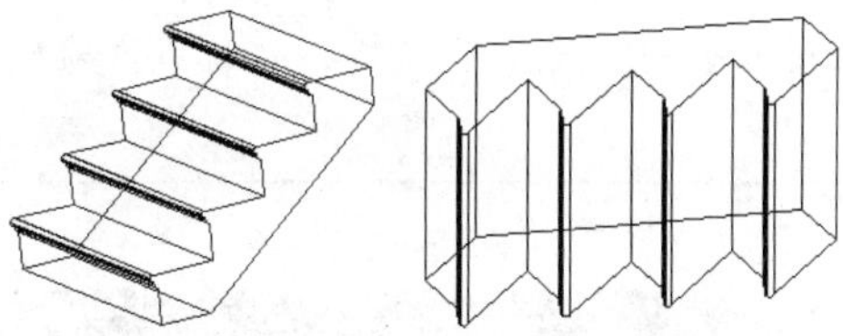

（a）选择视点前　　（b）选择视点后

图5-5　利用对话框设置视点

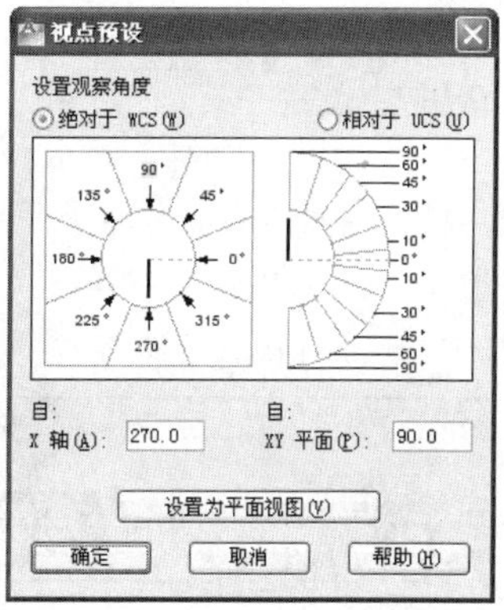

图5-6　设置视点状态

03 设置“视点预设”对话框中“X轴”为315，“XY平面”为-60。

04 单击“确定”按钮，显示新图形如图5-5（b）所示。

5.2.2　用“视点”命令设置视点

1. 命令功能

使用“视点”命令设置视点是相对于WCS坐标系而言的。

2. 命令调用

可以用以下2种方法调用视点命令：

- 在命令行输入VPOINT命令。
- 选择“视图”→“三维视图”→“视点”菜单命令。

执行上述命令后，可使用屏幕上显示的罗盘来控制视点。

三轴架的3个轴分别代表X、Y和Z轴的正方向。当光标在坐标球范围内移动的时候，三维坐标系通过绕Z轴旋转可调整X、Y轴的方向。坐标球中心及两个同心圆可定义视点和目标点连线与X、Y、Z平面的角度。

边学边练 033 视点

用VPOINT命令设置如图5-7所示的图形视点的方法如下所示。

01 在命令行输入VPOINT命令，命令行提示如下：

指定视点或 [旋转(R)] <显示坐标球和三轴架>:

02 在命令行输入R并按Enter键，命令行提示如下：

输入 XY 平面中与 X 轴的夹角 <300>: 188

输入与 XY 平面的夹角 <20>: 46

03 最后得到效果如图5-7（b）所示。

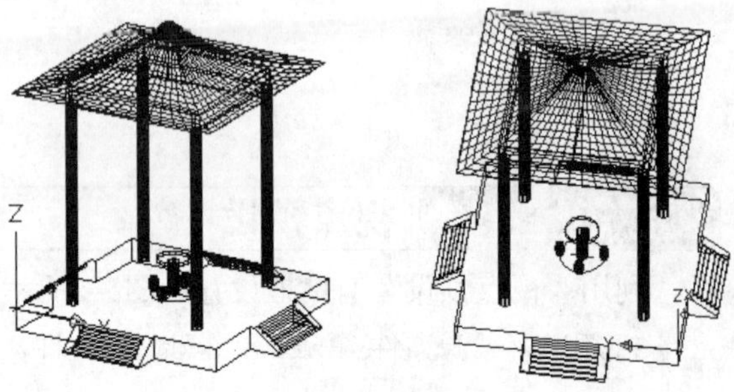

（a）　（b）

图5-7　使用“旋转”选项设置视点的效果

提示

（1）由VPOINT命令设置视点后得到的投影图为轴测投影图，不是透视投影图。（2）视点只确定方向，没有距离含义。也就是说，在视点与原点连线及其延长线上任意选一点作为视点，观察效果一样。（3）在指定参数时，可以在指南针内单击鼠标左键，也可以直接输入相应的观察方位坐标，然后按Enter键确定。

5.2.3 快速设置特殊视点

1. 命令功能

AutoCAD提供了10个标准视点可供用户选择，以快速观察模型，其中包括6个正交投影视图和4个等轴测视图。

各命令说明如下所示。

- “俯视”：从上往下观察视图。
- “仰视”：从下往上观察视图。
- “左视”：从左往右观察视图。
- “右视”：从右往左观察视图。
- “前视”：从前往后观察视图。
- “后视”：从后往前观察视图。
- “西南等轴测”：遵循“上北下南，左西右东”的原则，从西南方向以等轴测方式观察视图。
- “东南等轴测”：从东南方向以等轴测方式观察视图。

- “东北等轴测”：从东北方向以等轴测方式观察视图。
- “西北等轴测”：从西北方向以等轴测方式观察视图。

2. 命令调用

可以用以下2种方法设置特殊视点：

- 单击“视图”工具栏中提供的按钮，如图5-8所示。
- 选择“视图”→“三维视图”子菜单下提供的选项，如图5-9所示。

图5-8　“视图”工具栏

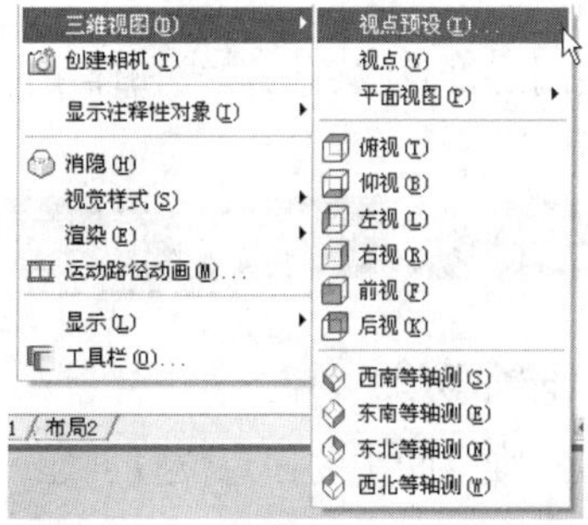

图5-9　“三维视图”子菜单

5.2.4　动态观察三维图形

1. 命令功能

AutoCAD 2012提供了具有交互控制功能的三维动态观测器。使用三维动态观测器，用户可以实时控制和改变当前视图中创建的三维视图，以得到期望的效果。

2. 命令调用

- 在命令行输入3DORBIT命令。
- 选择“视图”→“动态观察”菜单命令。
- 单击“动态观察”工具栏中相应的按钮，如图5-10所示。

图5-10　“动态观察”工具栏

各命令说明如下所示。

- “受约束的动态观察”：控制在三维空间中交互式查看对象，只有拖动鼠标时，图形观察方向才会改变，且在一个固定的范围内转动。
- “自由动态观察”：使用不受约束的动态观察，控制三维中对象的交互式查看。
- “连续动态观察”：启用交互式三维视图并将对象设置为连续运动，拖动鼠标后图形会自动连续转动，直到单击鼠标停止。

5.3 三维绘制

5.3.1　三维点

可以用以下3种方法绘制三维点：

- 在命令行输入POINT命令。
- 单击“绘图”工具栏上的“点”按钮。
- 选择“绘图”→“点”→“单点”菜单命令。

执行上述命令后，命令行提示如下：

命令: _point

当前点模式: PDMODE=0 PDSIZE=0.0000

指定点:

绘制三维直线、构造线和样条曲线时，具体绘制方法与二维相似，读者可自行实践。

5.3.2 普通三维面

1. 命令功能

在三维空间中的任意位置创建三侧面或四侧面。

2. 命令调用

可以用以下2种方法绘制三维面：

- 在命令行输入3DFACE。
- 选择“绘图”→“建模”→“网格”→“三维面”菜单命令。

执行上述命令后，系统提示如下：

指定第一点或[不可见(I)]:

如果用户在指定某点之前选择了“不可见”选项，则该点与下一点之间的连线将不可见。“不可见”属性必须在使用任何对象捕捉模式XYZ过滤器或输入边的坐标之前定义。可以创建所有边都不可见的三维面。这样的面是虚幻面，它不显示在线框图中，但在线框图形中会遮挡形体。

边学边练 034 三维面

创建如图5-11所示的三维面。命令行提示如下：

命令: 3dface　　//调用绘制三维面命令

指定第一点或 [不可见(I)]: 90,-50,0　　//指定第一点

指定第二点或 [不可见(I)]:　　//指定第二点

指定第三点或 [不可见(I)] <退出>:

指定第四点或 [不可见(I)] <创建三侧面>:

指定第三点或 [不可见(I)] <退出>:　　//指定另一个面上的点

指定第四点或 [不可见(I)] <创建三侧面>:　　//指定下一个点

指定第三点或 [不可见(I)] <退出>:　　//按Enter键，完成曲面的绘制

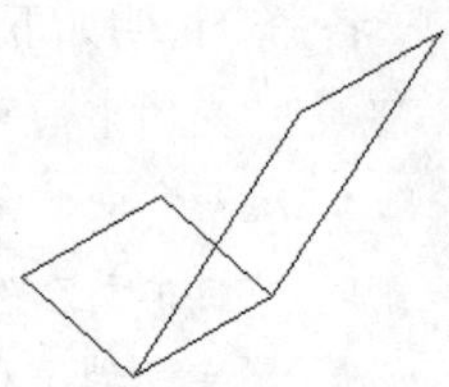

图5-11　三维面的建立

5.3.3 平面曲面

可以用以下3种方式绘制平面曲面：

- 在命令行输入PLANESURF命令。
- 单击“建模”工具栏上的“平面曲面”按钮。
- 选择“绘图”→“建模”→“曲面”→“平面”命令。

执行上述命令后，命令行提示如下：

命令：_PLANESURF

指定第一个角点或 [对象(O)] <对象>:

指定其他角点:

按照上述命令绘制的平面曲面，如图5-12所示。

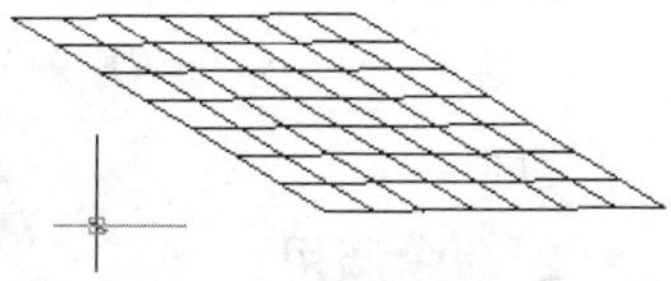

图5-12 绘制平面曲面

5.3.4 三维网格表面

1. 命令功能

三维多边形网格可以是平面，或由若干平面网格构成的近似曲面，AutoCAD把这些平面看作一个实体。用户可以用PEDIT命令进行编辑，也可用EXPLODE命令把它分解为许多的小平面。

2. 命令调用

可以用以下3种方法绘制三维网格：

- 在命令行输入3DMESH命令。
- 单击“曲面”工具栏上的“三维网格”按钮。
- 选择“绘图”→“建模”→“网格”→“三维面”菜单命令。

执行上述命令后，命令行提示如下：

输入 M 方向上的网格数量:

输入 N 方向上的网格数量:

其中M和N的最小值为2，表明定义的网格至少要有4个点，其最大值为256。

边学边练 035 三维网格

绘制如图5-13所示的三维网格表面。命令行提示如下：

命令：3dmesh

输入M方向上的网格数量:5　　//输入5，按Enter键

输入N方向上的网格数量:5　　//输入5，按Enter键

指定顶点 (0, 0) 的位置:　　//在屏幕上指定第一点的位置

指定顶点 (0, 1) 的位置:　　//接着指定下一点

指定顶点 (0, 2) 的位置:

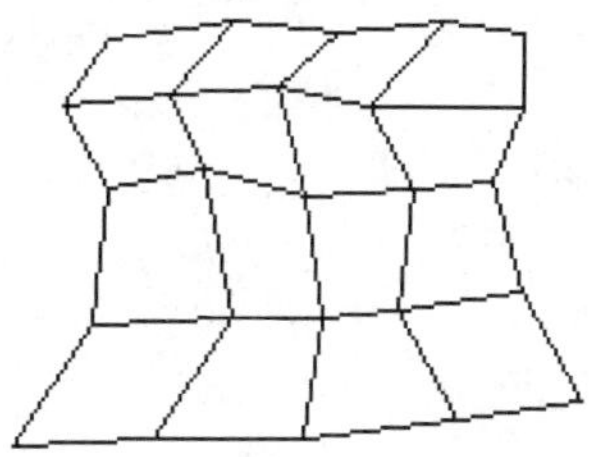

图5-13 三维网格

指定顶点 (4, 4) 的位置:　　//指定最后一点，绘制出如图5-13所示网格。

5.4 三维网格

5.4.1 旋转网格

1. 命令功能

绘制旋转网格必须具备两个对象，一个是旋转的轮廓，又称迹线；另一个是旋转中心，如图5-14所示。

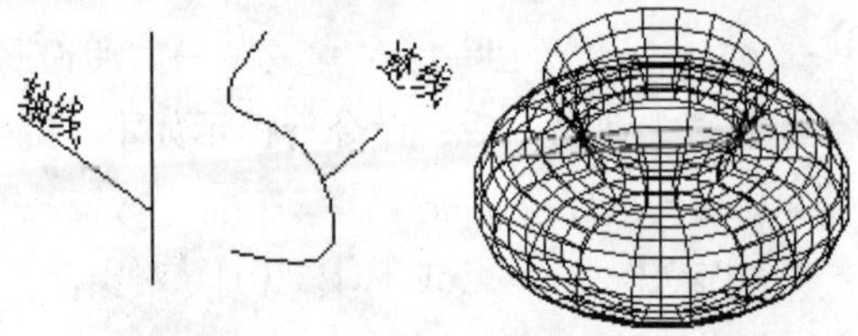

图5-14 旋转网格

2. 命令调用

可以用以下3种方法绘制旋转网格：

- 在命令行输入REVSURF命令。
- 单击“曲面”工具栏上的“旋转网格”按钮。
- 选择“绘图”→“建模”→“网格”→“旋转网格”菜单命令。

执行上述命令后，命令行提示如下：

命令：REVSURF
当前线框密度：SURFTAB1=6 SURFTAB2=6
选择要旋转的对象：　　　　　//指定已绘制好的直线、圆弧、圆或二维、三维多多段线
选择定义旋转轴的对象：　　　//指定已绘制好的的用作旋转的直线或是开放的二维、三维多多段线
指定起点角度 <0>:　　　　　//输入值或按Enter键
指定包含角（+=逆时针，-=顺时针）<360>:
　　　　　　　　　　　　　　//输入值或按Enter键

其中的“起点角度”如果设置为非零值，平面将从生成路径曲线位置的某个偏移处开始旋转。

系统变量SURFTAB1和SURFTAB2用来设置相应的数值，即可控制线框的密度。其中SURFTAB1指定在旋转方向上绘制的网格线数目，SURFTAB2将指定绘制的网格线数目进行等分。

边学边练 036 旋转网格

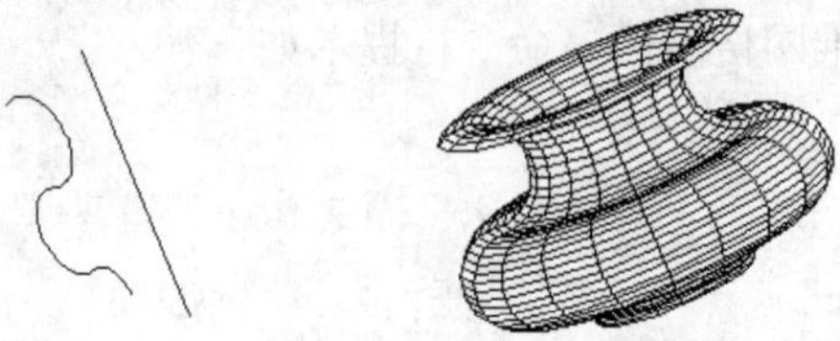

（a）　　　　（b）

图5-15 旋转曲面效果

01 选择“视图”→“三维视图”→“西南等轴测”菜单命令，将视角设置为西南方向。

02 如图5-15（a）所示，分别绘制曲面的迹线与轴线。命令行提示如下：

```
命令: surftab1
输入 SURFTAB1 的新值 <4>: 20
命令: surtable2
输入 SURFTAB2 的新值 <4>: 20
命令: _revsurf
当前线框密度: SURFTAB1=20  SURFTAB2=20
选择要旋转的对象:
选择定义旋转轴的对象:
指定起点角度 <0>:
指定包含角 (+=逆时针, -=顺时针) <360>:
```

03 删除中间直线。

04 选择“视图”→“消隐”命令，效果如图5-15（b）所示。

5.4.2　平移网格

1. 命令功能

利用平移网格命令可以路径曲线沿方向矢量方向平移，构成平移曲面。

2. 命令调用

可以用以下3种方法绘制平移网格：

- 在命令行输入TABSURF命令。
- 单击“曲面”工具栏上的“平移网格”按钮。
- 选择“绘图”→“建模”→“网格”→“平移网格”命令。

执行上述命令后，命令行提示如下：

```
选择用作轮廓曲线的对象:                    //选择一个已经存在的轮廓曲线
选择用作方向矢量的对象:                    //选择一个方向线
```

当确定了拾取点后，系统将向方向矢量对象上远离拾取点的端点方向创建平移曲面。平移曲面的分段数由系统变量SURFTAB1确定。

边学边练 037　平移网格

选择如图5-16绘制的样条曲线为轮廓曲线对象，以绘制的直线为方向矢量绘制的图形，结果如图5-17所示。

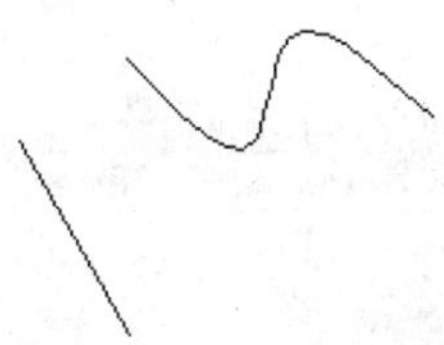

图5-16　八边形和方向线

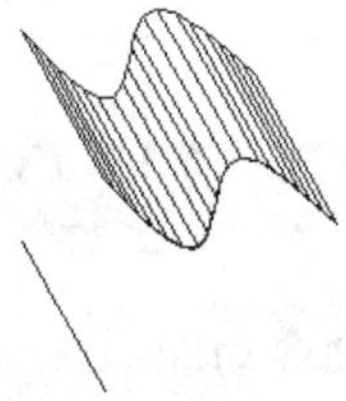

图5-17　平移后的曲面

5.4.3 直纹网格

1. 命令功能

在两条曲线之间用直线连接，从而形成直纹曲面。

2. 命令调用

可以用以下3种方法绘制直纹网格：

- 在命令行输入RULESURF命令。
- 单击“曲面”工具栏上的“直纹网格”按钮。
- 选择“绘图”→“建模”→“网格”→“直纹网格”菜单命令。

执行上述命令后，命令行提示如下：

选择第一条定义曲线: //在屏幕上指定第一条曲线
选择第二条定义曲线: //指定第二条曲线

边学边练 038 直纹网格

绘制如图5-18（b）所示的直纹曲线。

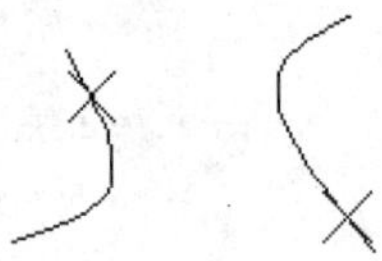

（a）

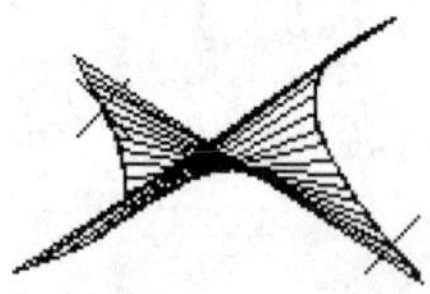

（b）

图5-18 绘制直纹曲线

命令行提示如下：

命令: RULESURF //调用直纹网格命令
当前线框密度: SURFTAB1=20
选择第一条定义曲线: //在第一条曲线上拾取，拾取位置如图5-18（a）所示
选择第二条定义曲线: //拾取第二条曲线上的位置，如图5-18（a）所示

提示

在选择两条定义曲线时，鼠标的拾取位置将会影响绘图的结果。图5-18为拾取不同侧时的效果，而图5-19为鼠标位于同一侧时的效果。

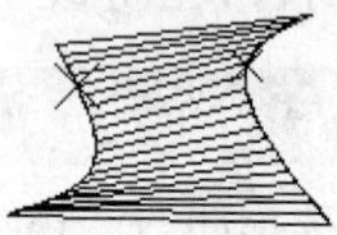

图5-19 鼠标拾取不同位置效果

5.4.4 边界网格

1. 命令功能

边界网格是指以相互连接的4条边作为曲面边界形成的网格曲面，这条边可以在同一平面

内，也可以在不同平面内，但首尾必须相接。

2. 命令调用

可以用以下3种方法调用绘制边界网格命令：

- 在命令行输入DEGESURF命令。
- 单击“曲面”工具栏上的按钮。
- 选择“绘图”→“建模”→“网格”→“边界网格”命令；

执行上述命令后，命令行提示如下：

选择用作曲面边界的对象 1:　　　　　　　//指定的一条曲线
选择用作曲面边界的对象 2:　　　　　　　//指定的二条曲线
选择用作曲面边界的对象 3:　　　　　　　//指定的三条曲线
选择用作曲面边界的对象 4:　　　　　　　//指定的四条曲线

边界可以是圆弧、多段线、样条曲线和椭圆弧等，系统变量SURFTAB1和SURFTAB2分别控制 M，N方向的网格分段数。可通过在命令行输入SURFTAB1改变M方向的默认值，在命令行输入SURFTAB2改变N方向的默认值。

边学边练 039　边界网格

执行边界网格命令，可得到如图5-20所示的边界网格曲面。

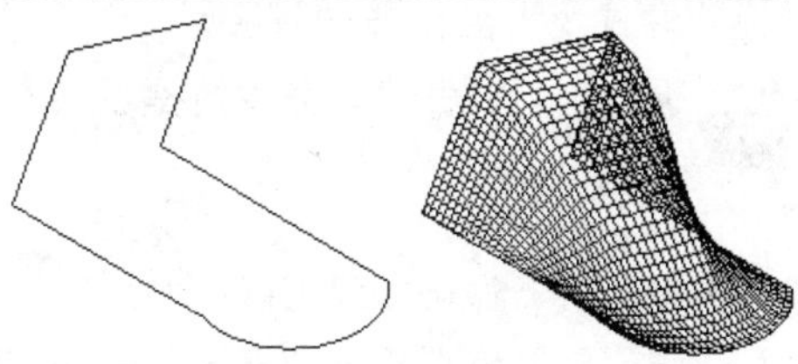

图5-20　生成边界曲面

5.5 基本实体

在AutoCAD中，使用“绘图”→“建模”子菜单中的命令，或使用“建模”工具栏，可以绘制长方体、球体、圆柱体、楔体及圆环体等基本实体模型，如图5-21所示。

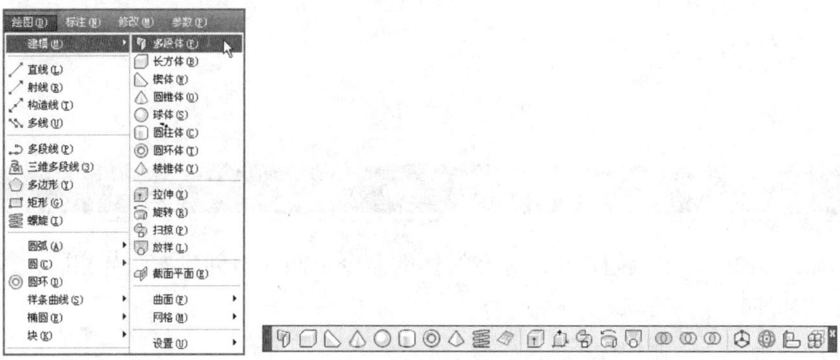

图5-21　“建模”子菜单与工具栏

5.5.1　长方体

长方体作为最基本的三维模型，其应用非常广泛。可以用以下3种方法绘制长方体：

- 在命令行输入BOX命令。

- 在“建模”工具栏中单击“正方体”按钮。
- 选择“绘图”→“建模”→“长方体”菜单命令。

执行上述命令后，命令行提示如下：

指定第一个角点或 [中心(C)]:

指定其他角点或 [立方体(C)/长度(L)]:

指定高度或 [两点(2P)]:

其中各选项含义如下所示。

- 中心：定义长方体的中心点，并根据该中心点和一个角点来绘制长方体。
- 指定角点：输入长方体的一个角点，为默认选项。
- 立方：绘制立方体，选择此命令后，根据提示可生成立方体。
- 长度：根据长、宽、高生成长方体。长、宽、高3个方向分别与X、Y、Z 3个坐标轴平行。
- 指定长方体的角点：根据长方体的一个顶点位置生成长方体，为默认选项。

边学边练 040 长方体

绘制长、宽、高分别为300、200、120的长方体，如图5-22所示。

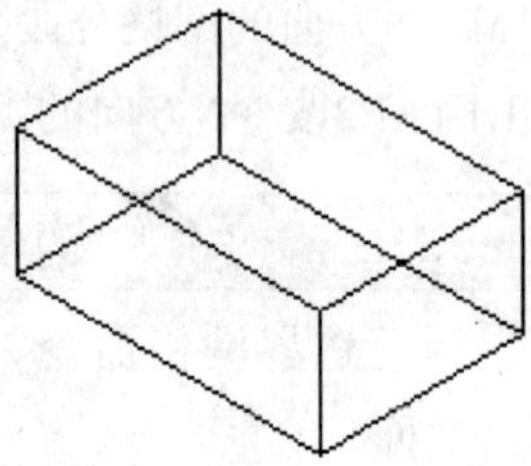

图5-22 长方体图

01 选择“视图”→“三维视图”→“西南等轴测”命令，将视图模式设为西南方向视图。

02 调用长方体命令，命令行提示如下：

命令：_box

指定第一个角点或 [中心(C)]: //在屏幕上指定第一个角点

指定其他角点或 [立方体(C)/长度(L)]: <正交 开> l //选择长度命令，确定长方体具体长度

指定长度 <300.0000>: <正交 开> 300 //指定固定长度300

指定宽度 <50.6931>: 20 //指定宽度200

指定高度或 [两点(2P)] <-162.2037>: 120 //指定长方体高度120，结果如图5-22所示

5.5.2 楔体

在AutoCAD 2012中，虽然创建长方体和楔体的命令不同，但创建方法却相同，因为楔体是长方体沿对角线切成两半后的结果。

可以用以下2种方法绘制楔体：

- 在命令行输入WEDGE命令。
- 选择“绘图”→“建模”→“楔体”菜单命令。

边学边练 041 楔体

绘制长300，宽150，高80的楔体，如图5-23所示。命令行提示如下：

命令：wedge //调用楔体命令

指定第一个角点或 [中心(C)]:
指定其他角点或 [立方体(C)/长度(L)]: l
指定长度 <300.0000>:　　//指定长度
指定宽度 <200.0000>: 150　　//指定宽度
指定高度或 [两点(2P)] <161.6002>: 80　　//指定高度

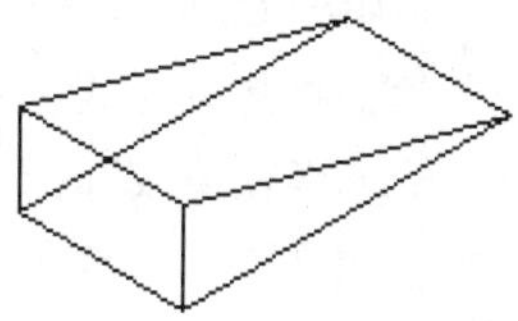
图5-23　绘制楔体

5.5.3　圆柱体

1. 命令功能

用来绘制圆柱体或椭圆柱体。网线密度由系统变量ISOLINES决定，默认值为4。

2. 命令调用

可以用以下3种方法绘制圆柱体：

- 在命令行输入CYLINDER命令。
- 单击“建模”工具栏中的“圆柱体”按钮。
- 选择“绘图”→“建模”→“圆柱体”菜单命令。

执行上述命令后，命令行提示如下：

指定底面的中心点或 [三点(3P)/两点(2P)/相切、相切、半径(T)/椭圆(E)]:

可以在屏幕上直接指定圆柱底面圆心，也可通过输入坐标来指定。“三点”表示通过指定三个点来定义圆柱体的底面周长和底面。“两点”表示通过指定两个点来定义圆柱体的底面直径。“相切、相切、半径”表示定义具有指定半径且与两个对象相切的圆柱体底面。

用该命令构造的实体如图5-24所示。

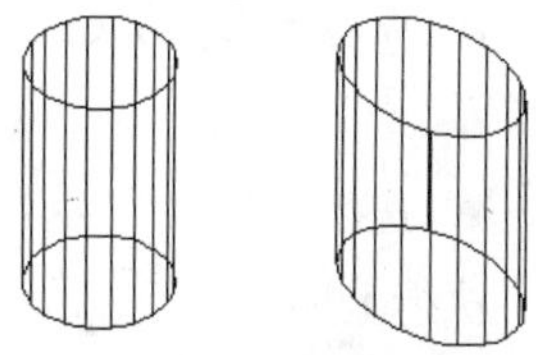
（a）圆柱体　（b）椭圆柱体
图5-24　圆柱体和椭圆柱体

5.5.4　圆锥体

1. 命令功能

创建一个三维实体，该实体以圆或椭圆为底，以对称方式形成锥体表面，最后交于一点，或交于圆或椭圆平面。网线密度由系统变量ISOLINES决定，默认值为4。

2. 命令调用

可以用以下3种方法绘制圆锥体：

- 在命令行输入CONE命令。
- 在“建模”工具栏中单击“圆锥体”按钮。
- 选择“绘图”→“建模”→“圆锥体”菜单命令。

执行上述命令后，命令行提示：

指定底面的中心点或 [三点(3P)/两点(2P)/相切、相切、半径(T)/椭圆(E)]:

指定中心点后，按Enter键命令行接着提示：

指定底面半径或 [直径(D)] <20.0000>:

输入半径值或选择“直径”命令输入直径值，按Enter键，命令行继续提示：

指定高度或 [两点(2P)/轴端点(A)/顶面半径(T)] <40.0000>:

其中，“两点”可根据两点的距离指定圆锥体的高度；“轴端点”可任意指定轴端点即顶点的位置，绘制出的圆锥体的轴线可以演任意方向；“顶面半径”通过指定相应半径值绘制出圆台，如图5-25所示。

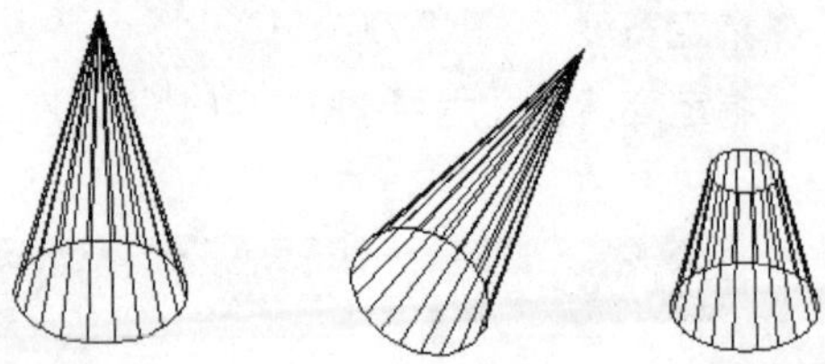

（a）两点　（b）轴端点　（c）顶面半径

图5-25　不同的圆锥体

5.5.5　球体

1. 命令功能

创建三维实体球体。球体由中心点和半径或直径组成。网线密度可通过系统变量ISOLINES决定。

2. 命令调用

可以用以下3种方法绘制球体：

- 在命令行输入SPHERE命令。
- 在“建模”工具栏中单击“球体”按钮。
- 选择“绘图”→“建模”→“球体”菜单命令。

执行上述命令后，命令行提示如下：

指定中心点或 [三点(3P)/两点(2P)/相切、相切、半径(T)]:

指定中心点后，命令行提示如下：

指定半径或 [直径(D)]:

按上述命令操作即可绘制出球体表面。所绘制出的球体，有时其外形线框的条数太少，不能完全反映整个球体的外观，此时通过改变ISOLINES的值来增加线条的数量，如图5-26所示。

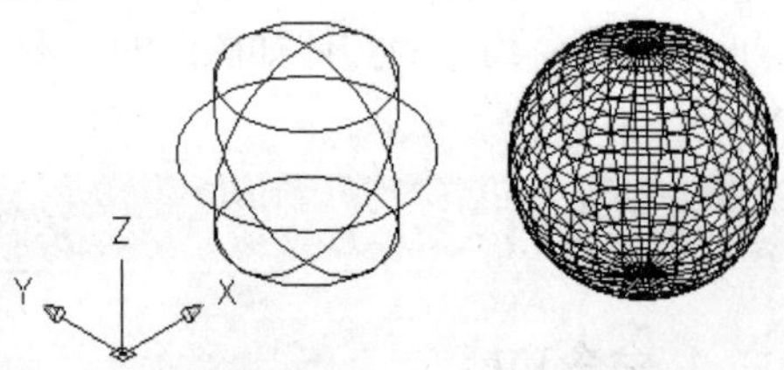

（a）ISOLINES=4　（b）ISOLINES=30

图5-26　球体示例图

5.5.6　圆环体

1. 命令功能

创建三维圆环形实体。

2. 命令调用

可以用以下3种方法绘制圆环体：

- 在命令行输入TORUS命令。
- 在“建模”工具栏中单击“圆环体”按钮。

● 选择“绘图”→“建模”→“圆环体”菜单命令。

执行上述命令后，命令行提示如下：

指定中心点或 [三点(3P)/两点(2P)/相切、相切、半径(T)]:

可以直接输入中心点位置，也可在屏幕上直接指定，指定中心点后，命令行提示如下：

指定半径或 [直径(D)] <76.4285>:

指定半径后，命令行提示如下：

指定圆管半径或 [两点(2P)/直径(D)] <12.2961>:

边学边练 042 圆环体

用该命令构造的实体如图5-27所示，命令行提示如下：

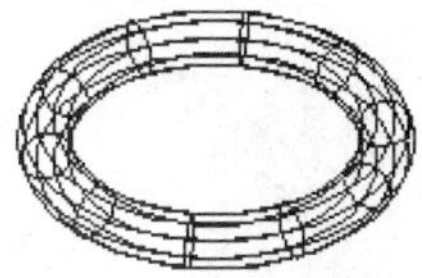

图5-27 圆环实体

```
命令: ISOLINES
输入 ISOLINES 的新值 <15>: 10                    //设置ISOLINES的值来确定线条密度
命令: _torus                                      //调用圆环体命令
指定中心点或 [三点(3P)/两点(2P)/相切、相切、半径(T)]:    //在屏幕上指定一点
指定半径或 [直径(D)] <76.4285>: 80                    //指定圆环体半径
指定圆管半径或 [两点(2P)/直径(D)] <12.2961>:           //指定圆管半径
```

5.5.7 棱锥面

1. 命令功能

绘制棱锥面实体。

2. 命令调用

可以用以下3种方法绘制棱锥面：

● 在命令行输入PYRAMID命令。

● 在“建模”工具栏中单击“棱锥面”按钮。

● 选择“绘图”→“建模”→“棱锥面”菜单命令。

执行上述命令后，命令行提示如下：

指定底面的中心点或 [边(E)/侧面(S)]:

指定中心后，命令行提示如下：

指定底面半径或 [内接(I)] <122.5020>:

指定半径后，继续提示如下：

指定高度或 [两点(2P)/轴端点(A)/顶面半径(T)] <101.1212>:

边学边练 043 棱锥面

绘制如图5-28所示的圆锥体，命令行提示如下：

```
命令: _pyramid                                //调用棱锥体命令
 5 个侧面  外切
```

指定底面的中心点或 [边(E)/侧面(S)]: s //选择“侧面”项设置侧面数目

输入侧面数 <5>: 6 //输入6，创建6面棱锥体

指定底面的中心点或 [边(E)/侧面(S)]:

指定底面半径或 [内接(I)] <86.7248>: //在屏幕上指定地面半径

指定高度或 [两点(2P)/轴端点(A)/顶面半径(T)] <146.5721>: t

//选择“顶面半径”，设置定边的半径长度

指定顶面半径 <49.4427>: //在屏幕上指定顶面半径

指定高度或 [两点(2P)/轴端点(A)] <146.5721>: //指定高度后，效果如图5-28所示

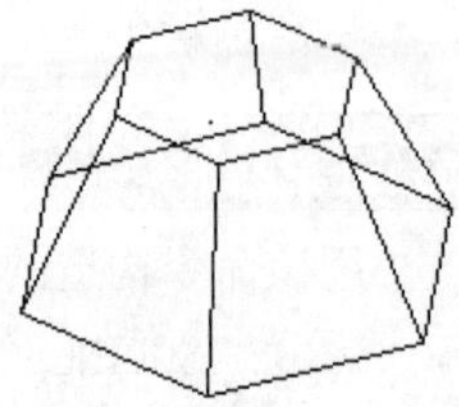

图5-28　六边形棱锥体

5.5.8　多段体

可以用以下3种方法绘制多段体：

- 在命令行输入POLYSOLID命令。
- 在“建模”工具栏中单击“多段体”按钮。
- 选择“绘图”→“建模”→“多段体”菜单命令。

执行上述命令后，命令行提示如下：

指定起点或 [对象(O)/高度(H)/宽度(W)/对正(J)] <对象>:

其中各选项含义如下所示。

- 对象：可将直线、样条曲线及圆弧等线型转化为多段体，如图5-29所示。
- 宽度：设置多段体的宽度，如图5-30所示。
- 宽度：设置多段体的高度。
- 对正：输入对正方式，共包括左对正、居中与右对正3种方式。

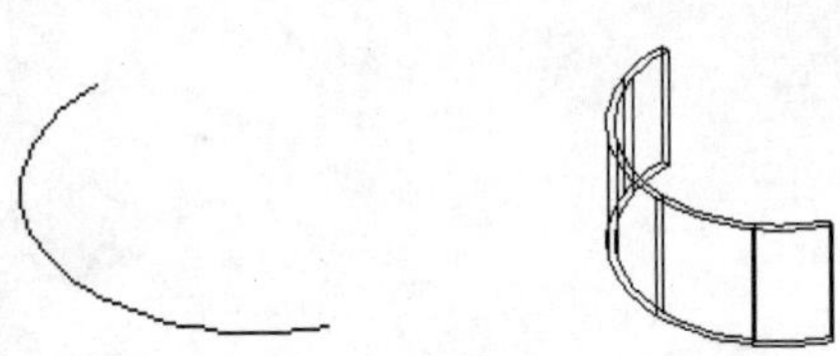

图5-29　选择“对象”后

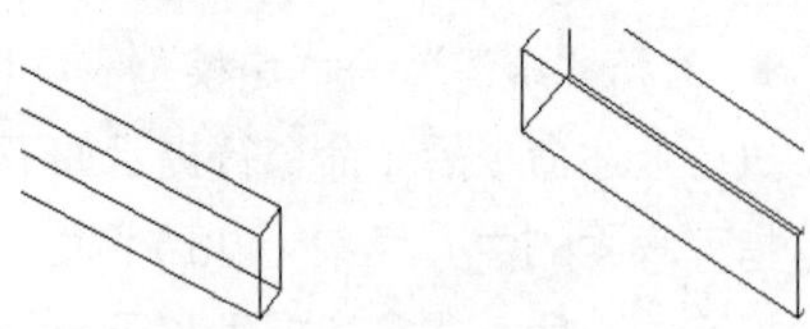

图5-30　设置不同宽度后

边学边练 044　多段体

绘制如图5-31所示多段体。

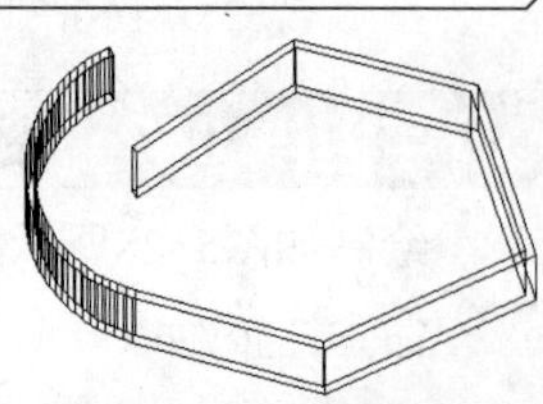

图5-31　多段体

01 设置为三维视图模式。

02 如绘制图5-31所示多段体，命令行提示如下：

命令: _Polysolid

高度 = 60.0000, 宽度 = 10.0000, 对正 = 右对齐

指定起点或 [对象(O)/高度(H)/宽度(W)/对正(J)] <对象>: w

指定宽度 <10.0000>: 6

高度 = 60.0000, 宽度 = 6.0000, 对正 = 右对齐

指定起点或 [对象(O)/高度(H)/宽度(W)/对正(J)] <对象>: //在屏幕上指定起始点

指定下一个点或 [圆弧(A)/放弃(U)]: //连续指定下一点

指定下一个点或 [圆弧(A)/放弃(U)]:

指定下一个点或 [圆弧(A)/闭合(C)/放弃(U)]:

指定下一个点或 [圆弧(A)/闭合(C)/放弃(U)]:

指定下一个点或 [圆弧(A)/闭合(C)/放弃(U)]:

指定下一个点或 [圆弧(A)/闭合(C)/放弃(U)]: a //选择"圆弧"命令，绘制圆弧

指定圆弧的端点或 [闭合(C)/方向(D)/直线(L)/第二个点(S)/放弃(U)]:

//指定圆弧端点

指定下一个点或 [圆弧(A)/闭合(C)/放弃(U)]: 指定圆弧的端点或 [闭合(C)/方向(D)/直线(L)/第二个点(S)/放弃(U)]: //按Enter键或单击鼠标右键

5.6 通过二维图形创建实体

5.6.1 拉伸

1. 命令功能

用拉伸命令可以绘制直柱体、台柱体和沿一条曲线拉伸形成的广义柱体，如图5-32所示。

先在XY平面内画出其端面形状，再调用拉伸命令输入厚度，即可将二维图形转化为三维实体。可以拉伸为三维实体的对象有直线、圆、椭圆、多边形或样条曲线等。

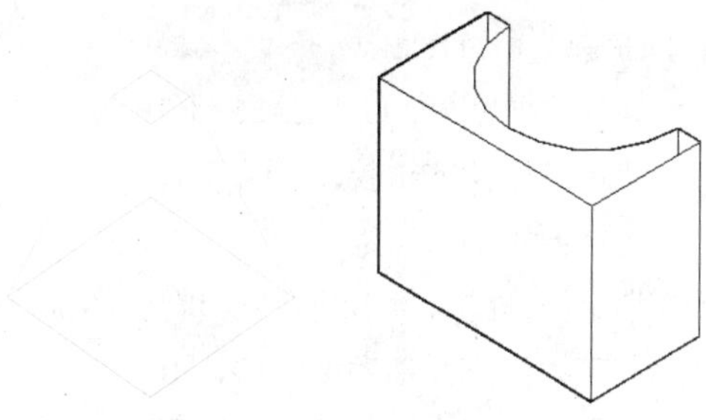

（a）台柱体　　（b）直柱体

图5-32 柱体

2. 命令调用

可以用以下3种方法调用拉伸命令：

- 在命令行输入EXTRUDE命令。
- 单击"建模"工具栏上的"拉伸"按钮。
- 选择"绘图"→"建模"→"拉伸"菜单命令。

执行上述命令后，命令行提示如下：

当前线框密度：ISOLINES=4 选择要拉伸的对象：

用户通过鼠标选择要拉伸的对象，之后命令行相继提示：

指定拉伸的高度或[方向(D)/路径(P)/倾斜角(T)]:

其中各选项含义如下所示。

- 拉伸高度：如果输入正值，将沿对象所在坐标系的Z轴正方向拉伸对象。如果输入负值，将沿Z轴负方向拉伸对象。默认情况下，将沿对象的法线方向拉伸平面对象。
- 方向：通过指定的两点确定拉伸的长度和方向。
- 路径：选择基于指定曲线对象的拉伸路径。路径将移动到轮廓的质心，然后沿选定路径拉伸选定对象的轮廓以创建实体或曲面。
- 倾斜角：如果为倾斜角指定一个点而不是输入值，则必须拾取第二个点。用于拉伸的倾斜角是两个指定点之间的距离：正角度表示从基准对象逐渐变细的拉伸，而负角度则表示从基准对象逐渐变粗的拉伸，默认角度0表示在与二维对象所在平面垂直的方向上进行拉伸。所有选定的对象和环都将倾斜到相同的角度。指定一个较大的倾斜角或较长的拉伸高度，将导致对象或对象的一部分在到达拉伸高度之前就已经汇聚到一点。

边学边练 045 拉伸

绘制如图5-33所示的图形，命令行提示如下：

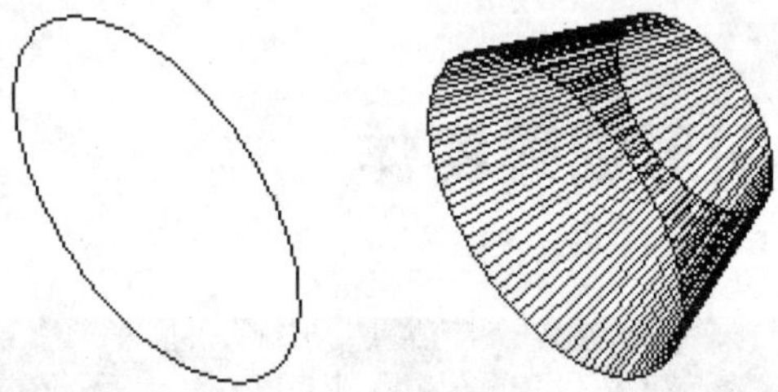

图5-33　拉伸圆形

```
命令: _extrude                                              //调用拉伸命令
当前线框密度: ISOLINES=100
选择要拉伸的对象: 找到 1 个                                  //选择拉伸对象圆
选择要拉伸的对象:                                            //单击鼠标右键
指定拉伸的高度或 [方向(D)/路径(P)/倾斜角(T)] <300.0000>: t    //制定拉伸倾斜角
指定拉伸的倾斜角度 <0>: 20                                   //输入角度20
指定拉伸的高度或 [方向(D)/路径(P)/倾斜角(T)] <300.0000>: 200  //制定拉伸高度
```

5.6.2 旋转

1. 命令功能

旋转实体是将一些二维图形按指定的轴进行旋转而形成三维实体。绘制旋转实体的方法与拉伸相同，要先绘制出截面形状，再调用旋转命令，生成旋转体。

可以旋转的对象包括多段线、多边形、圆、椭圆、样条曲线、圆环和面域等。不能旋转包含在块中的对象，不能旋转具有相交或自交线段的多段线。

按指定实体旋转时，作为旋转轴的实体只能是直线和多段线。

2. 命令调用

可以用以下3种方法调用旋转命令：

- 在命令行输入REVOLVE命令。
- 单击“建模”工具栏中的“旋转”按钮。
- 选择“绘图”→“建模”→“旋转”菜单命令。

执行上述命令后，命令行提示如下：

选择要旋转的对象：

指定轴起点或根据以下选项之一定义轴 [对象(O)/X/Y/Z] <对象>:

指定轴端点：

指定旋转角度或 [起点角度(ST)] <360>:

其中各选项含义如下所示。

- 定义轴：指定旋转轴的第1点和第2点，轴的正方向从第1点指向第2点。为默认选项。
- 对象：选择现有实体（直线或多段线）中的单条线段定义轴，对象绕该轴旋转。轴的正方向从这条直线上的最近端点指向最远端点。
- X轴：绕X轴进行旋转。
- Y轴：绕Y轴进行旋转。
- 指定旋转角度<360>：以指定角度旋转二维对象。

边学边练 046 旋转

如图5-34所示，图形为封闭多段线，绕直线旋转360°后得到实体。

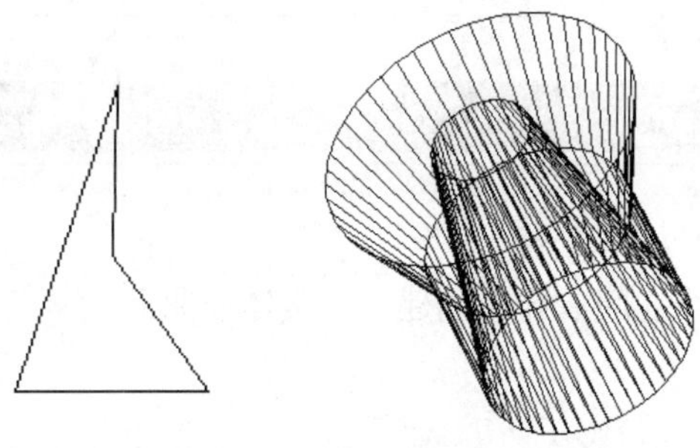

图5-34　将二维图形旋转成实体

5.6.3 扫掠

可以用以下方法调用扫掠命令：

- 在命令行输入SWEEP命令。
- 单击“建模”工具栏中的按钮。
- 选择“绘图”→“建模”→“扫掠”菜单命令。

执行上述命令后，命令行提示如下：

选择要扫掠的对象：

选择扫掠路径或 [对齐(A)/基点(B)/比例(S)/扭曲(T)]:

如果沿一条路径扫掠开放的曲线，则生成曲面。扫掠与拉伸不同：沿路径扫掠轮廓时，轮廓将被移动并与路径垂直对齐，然后沿路径扫掠该轮廓。

边学边练 047 扫掠

绘制如图5-35所示扫掠效果，命令行提示如下：

（a）扫掠前　　（b）扫掠后

图5-35　扫掠效果

```
命令：_sweep                                          //执行扫掠命令
当前线框密度：ISOLINES=50
选择要扫掠的对象：找到 1 个                             //选择图5-35中的多段线
选择要扫掠的对象：                                     //按Enter键或单击鼠标右键
选择扫掠路径或 [对齐(A)/基点(B)/比例(S)/扭曲(T)]：       //选择图5-35中的直线
```

提示

要沿螺旋扫掠轮廓（如闭合多段线），请将轮廓移动或旋转到位空间并关闭 SWEEP 命令中的“对齐”选项。如果建模时出现错误，确认结果不与自身相交。

5.6.4 放样

1. 命令功能

通过一组两个或多个曲线之间放样来创建三维实体或曲面。

2. 命令调用

可以用以下3种方法调用放样命令：

- 在命令行输入LOFT命令。
- 单击“建模”工具栏中的“放样”按钮。
- 选择“绘图”→“建模”→“放样”菜单命令。

执行上述命令后，命令行提示如下：

```
按放样次序选择横截面：找到 1 个
按放样次序选择横截面：找到 1 个，总计 2 个
按放样次序选择横截面：找到 1 个，总计 3 个
按放样次序选择横截面：
输入选项 [导向(G)/路径(P)/仅横截面(C)] <仅横截面>：C
```

其中各选项含义如下所示。

- 导向：指定控制放样实体或曲面形状的导向曲线。导向曲线是直线或曲线，可通过将其他线框信息添加至对象来进一步定义实体或曲面的形状。使用导向曲线，可以控制点如何匹配相应的横截面，以防止出现不希望看到的效果。
- 路径：指定放样实体或曲面的单一路径。
- 仅横截面：显示“放样设置”对话框。

边学边练 048 放样

绘制如图5-36所示的图形，命令行提示如下：

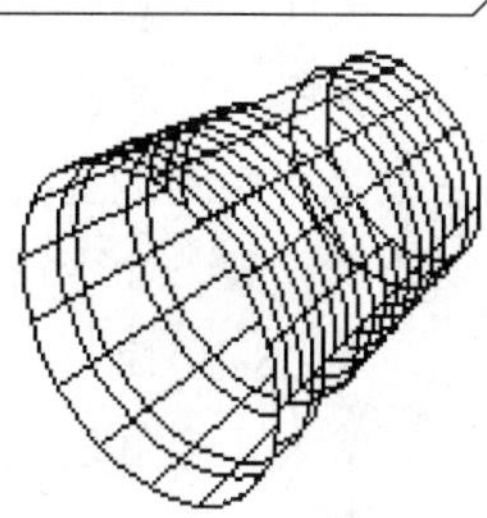

图5-36 放样实体

命令：_circle
指定圆的圆心或 [三点(3P)/两点(2P)/相切、相切、半径(T)]:
//调用圆命令绘制圆
指定圆的半径或 [直径(D)] <25.4180>: 100 //指定圆的半径
命令：_circle 指定圆的圆心或 [三点(3P)/两点(2P)/相切、相切、半径(T)]:
指定圆的半径或 [直径(D)] <100.0000>: 60
命令：_loft //调用放样命令
按放样次序选择横截面：找到 1 个
按放样次序选择横截面：找到 1 个，总计 2 个
按放样次序选择横截面： //依次选择半径为100和50的圆
输入选项 [导向(G)/路径(P)/仅横截面(C)] <仅横截面>: C
//选择“仅横截面”

5.7 实例应用

下面就通过实际生活中的实例来讲解三维图形的基本操作。

5.7.1 实例1：台灯

最终效果如图5-37所示。

01 选择“文件”→“新建”菜单命令，新建一个图形文件。

02 单击“视图”工具栏上的“西南等轴测”按钮，将视图转换为西南等轴测。

03 选择“绘图”工具栏上的按钮，绘制两同心圆。选择“绘图”→“建模”→“网格”→“直纹网格”菜单命令，绘制出灯罩，如图5-38所示。命令行提示如下：

命令：_circle
指定圆的圆心或 [三点(3P)/两点(2P)/相切、相切、半径(T)]: //调用圆命令，绘制顶圆
指定圆的半径或 [直径(D)]: //在屏幕上指定圆的半径
命令：_circle

```
指定圆的圆心或 [三点(3P)/两点(2P)/相切、相切、半径(T)]: //调用圆命令绘制底圆
指定圆的半径或 [直径(D)] <2.3218>:                       //在屏幕上指定圆的半径
命令: surftab1                                          //设置直纹网格线密度
输入 SURFTAB1 的新值 <6>: 15                             //设为15
命令: _rulesurf                                         //调用直纹网格命令
当前线框密度: SURFTAB1=15
选择第一条定义曲线:                                      //选择顶圆
选择第二条定义曲线:                                      //选择底圆，效果如图5-38所示
```

04 捕捉底圆的圆心，绘制一同心小圆，并执行“绘制”→“建模”→“拉伸”命令，来绘制台灯支架。命令行提示如下：

```
命令: isolines                                          //设置线密度
输入 ISOLINES 的新值 <4>: 10                             //输入10
命令:
命令: _extrude                                          //调用拉伸命令
当前线框密度: ISOLINES=10
选择要拉伸的对象: 找到 1 个                               //选择小圆
选择要拉伸的对象:                                        //单击鼠标右键
指定拉伸的高度或 [方向(D)/路径(P)/倾斜角(T)] <-9.2591>: //指定拉伸的高度
```

05 利用多段线，绘制一多段线，如图5-39所示。

06 调用“拉伸”命令，将多段线拉伸，最终效果如图5-37所示。

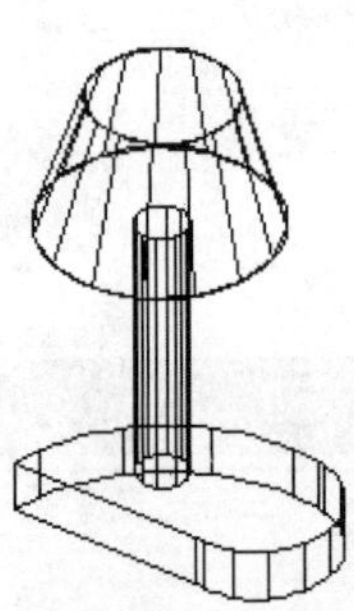
图5-37 台灯

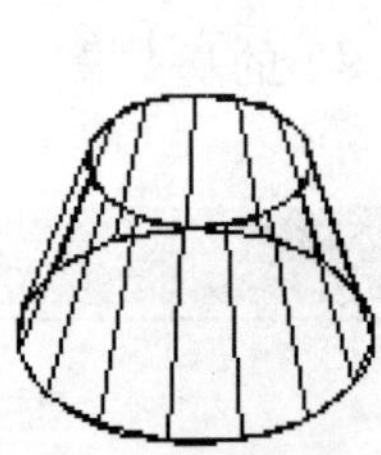
图5-38 绘制灯罩

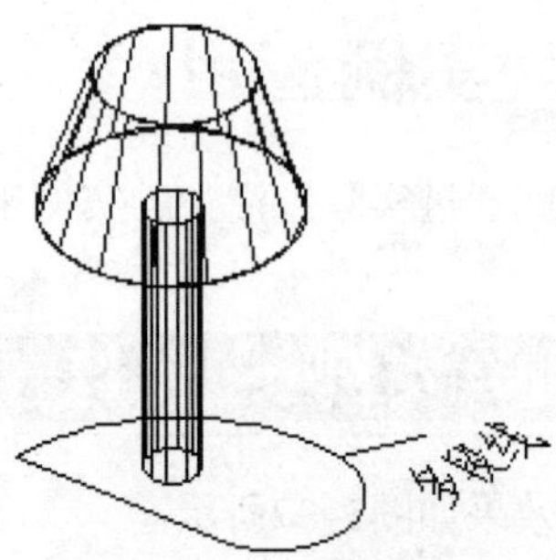
图5-39 绘制多段线

5.7.2 实例2：书架

最终效果如图5-40所示。

01 选择“文件”→“新建”菜单命令，新建一个图形文件。

02 选择“绘图”工具栏中的按钮，绘制书架的外部轮廓，如图5-41所示。命令行提示如下：

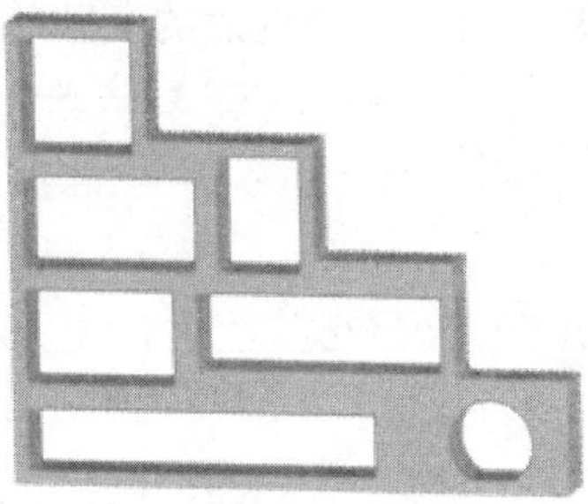

图5-40　书架

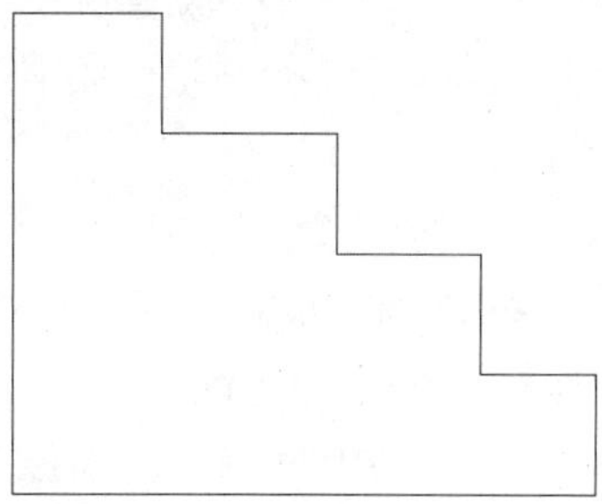

图5-41　绘制好的轮廓线

命令: _pline //调用多线命令
指定起点: //在屏幕上任意指定一点
当前线宽为 0.0000
指定下一个点或 [圆弧(A)/半宽(H)/长度(L)/放弃(U)/宽度(W)]: @0,-1600
指定下一点或 [圆弧(A)/闭合(C)/半宽(H)/长度(L)/放弃(U)/宽度(W)]: @2000,0
指定下一点或 [圆弧(A)/闭合(C)/半宽(H)/长度(L)/放弃(U)/宽度(W)]: @0,400
指定下一点或 [圆弧(A)/闭合(C)/半宽(H)/长度(L)/放弃(U)/宽度(W)]: @-400,0
指定下一点或 [圆弧(A)/闭合(C)/半宽(H)/长度(L)/放弃(U)/宽度(W)]: @0,400
指定下一点或 [圆弧(A)/闭合(C)/半宽(H)/长度(L)/放弃(U)/宽度(W)]: @-500,0
指定下一点或 [圆弧(A)/闭合(C)/半宽(H)/长度(L)/放弃(U)/宽度(W)]: @0,400
指定下一点或 [圆弧(A)/闭合(C)/半宽(H)/长度(L)/放弃(U)/宽度(W)]: @-600,0
指定下一点或 [圆弧(A)/闭合(C)/半宽(H)/长度(L)/放弃(U)/宽度(W)]: @0,400
指定下一点或 [圆弧(A)/闭合(C)/半宽(H)/长度(L)/放弃(U)/宽度(W)]: c

03 单击“绘图”工具栏中的按钮，将多段线向内偏移50个单位，如图5-42所示。命令行提示如下：

命令: _offset //调用偏移命令
当前设置: 删除源=否　图层=源　OFFSETGAPTYPE=0
指定偏移距离或 [通过(T)/删除(E)/图层(L)] <通过>: 50 //指定偏移距离为50
选择要偏移的对象，或 [退出(E)/放弃(U)] <退出>:
指定要偏移的那一侧上的点，或 [退出(E)/多个(M)/放弃(U)] <退出>:
选择要偏移的对象，或 [退出(E)/放弃(U)] <退出>:

04 选择“视图”→“三维视图”→“西南等轴测”菜单命令，调整为西南等轴测视图模式，如图5-43所示。

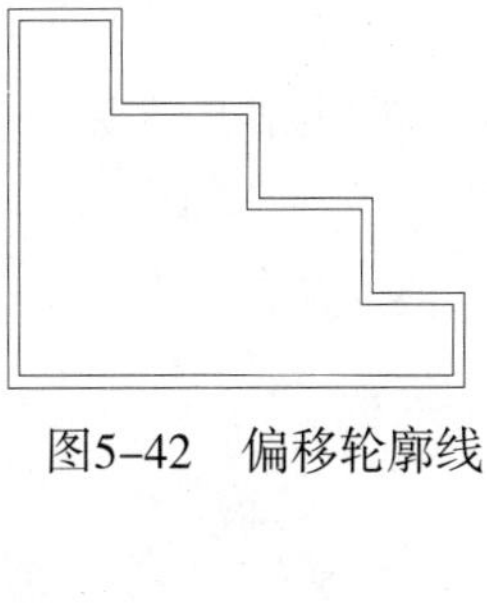

图5-42　偏移轮廓线

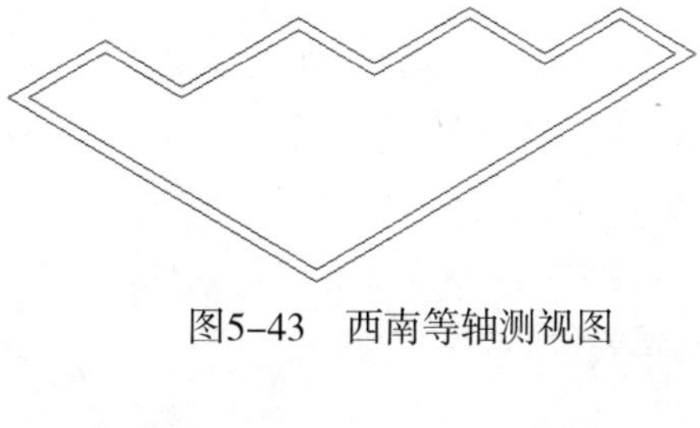

图5-43　西南等轴测视图

05 选择“工具”→“新建UCS”→“原点”菜单命令，改变UCS坐标。改变后的坐标原点如图5-44所示，命令行提示如下：

命令：_ucs

当前 UCS 名称：*世界*

指定 UCS 的原点或 [面(F)/命名(NA)/对象(OB)/上一个(P)/视图(V)/世界(W)/X/Y/Z/Z 轴(ZA)] <世界>: _o

指定新原点 <0,0,0>:

06 单击“绘图”工具栏中的按钮，绘制书架内部。绘制第一个矩形，如图5-45所示。命令行提示如下：

命令：_rectang　　//调用矩形命令

指定第一个角点或 [倒角(C)/标高(E)/圆角(F)/厚度(T)/宽度(W)]:　　//捕捉内侧轮廓左顶点

指定另一个角点或 [面积(A)/尺寸(D)/旋转(R)]:

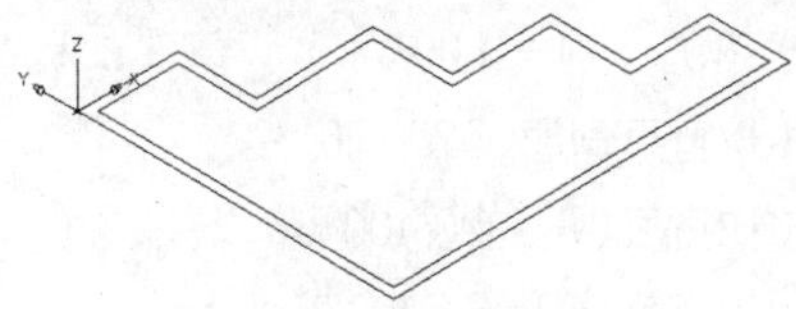

图5-44　调整坐标原点

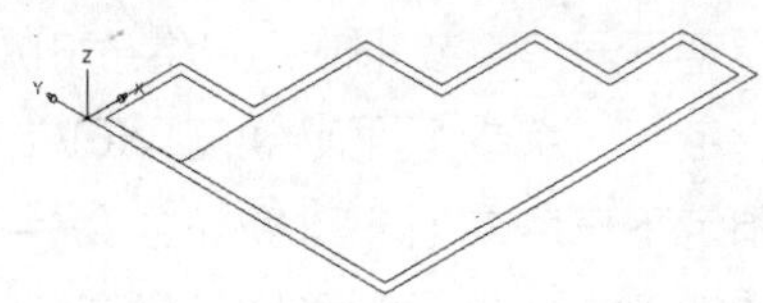

图5-45　绘制第一个矩形轮廓

07 采用相同方法绘制其他书洞，如图5-46所示。

08 由于下面的圆形图案不是一个整体，故需要将其定义为面域。单击“绘图”工具栏中的按钮，命令行提示如下：

命令：_region　　//调用面域命令

选择对象：找到 1 个　　//选择圆弧

选择对象：找到 1 个，总计 2 个　　//选择直线

选择对象：　　//按Enter键

已提取 1 个环。

已创建 1 个面域。

09 单击“建模”工具栏中的按钮，拉伸所绘制的轮廓线，结果如图5-47所示。命令行提示如下：

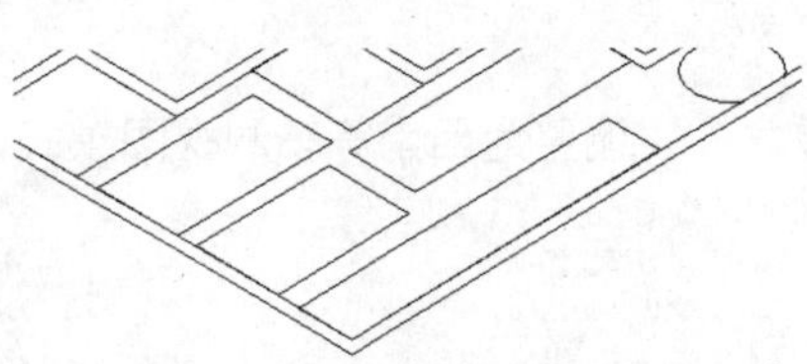

图5-46　绘制好后的轮廓图

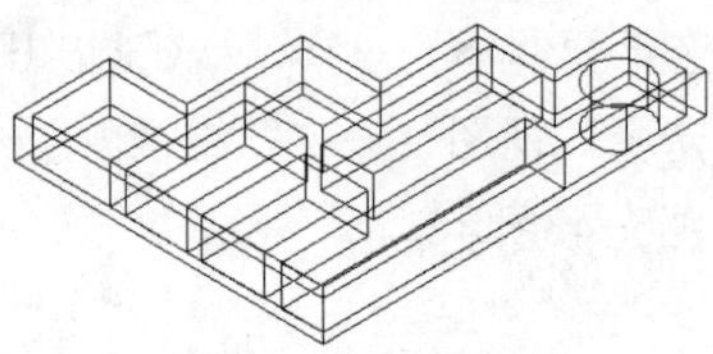

图5-47　拉伸后效果

命令：_extrude

当前线框密度：ISOLINES=4

选择要拉伸的对象：指定对角点：找到 9 个

选择要拉伸的对象：

指定拉伸的高度或 [方向(D)/路径(P)/倾斜角(T)] <161.5964>: 200

10 单击“建模”工具栏上的按钮，减去中间的书洞。命令行提示如下：

命令: _subtract
选择要从中减去的实体或面域... //执行差集命令
选择对象: 找到 1 个
选择对象: 找到 1 个，总计 2 个
选择对象:
选择要减去的实体或面域 ..
选择对象: 找到 1 个 //依次选择要建区的实体
选择对象: 找到 1 个，总计 2 个
选择对象: 找到 1 个，总计 3 个
选择对象: 找到 1 个，总计 4 个
选择对象: 找到 1 个，总计 5 个
选择对象: 找到 1 个，总计 6 个
选择对象: 找到 1 个，总计 7 个
选择对象: //按Enter键

11 选择“视图”→“消隐”菜单命令，效果如图5-48所示。

12 选择“视图”→“动态观察”菜单命令，利用“动态观察”中的按钮命令调整视图。

13 改变图形的平滑度，命令行提示如下：

命令: FACETRES
输入 FACETRES 的新值 <0.5000>: 5

14 选择“消隐”命令，即可看到平滑后的效果，如图5-49所示。

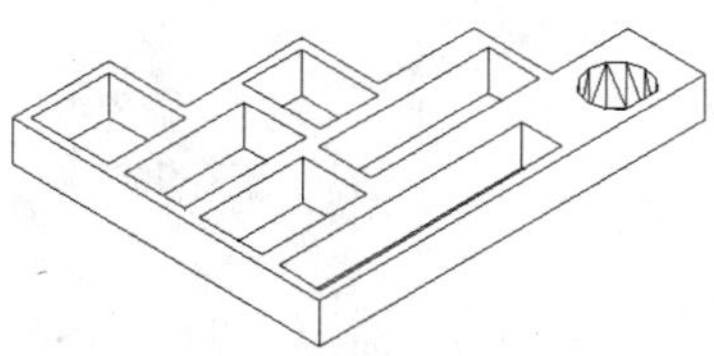

图5-48 消隐后效果

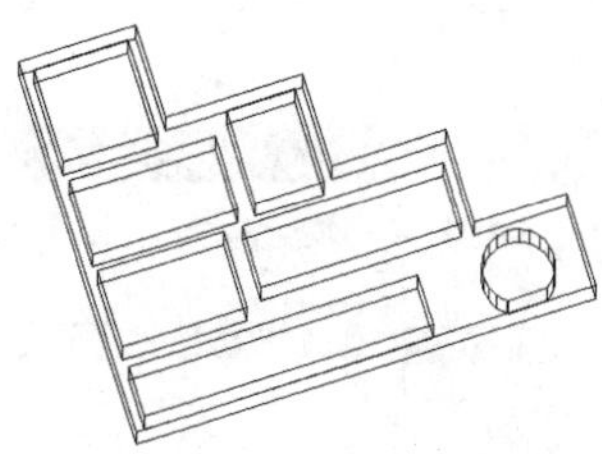

图5-49 平滑后效果

15 选择“视图”→“视觉样式”→“概念”菜单命令，效果如图5-50所示。

16 单击“实体编辑”工具栏中的按钮，为书架着色。选择要着色的面后，系统弹出“选择颜色”对话框，颜色设置如图5-51所示。

17 单击“确定”按钮，改变视图角度，效果如图5-52所示。

18 选择“视图”→“渲染”→“材质编辑器”菜单命令，在“材质编辑器”选项板中设置书架材质，如图5-53所示。

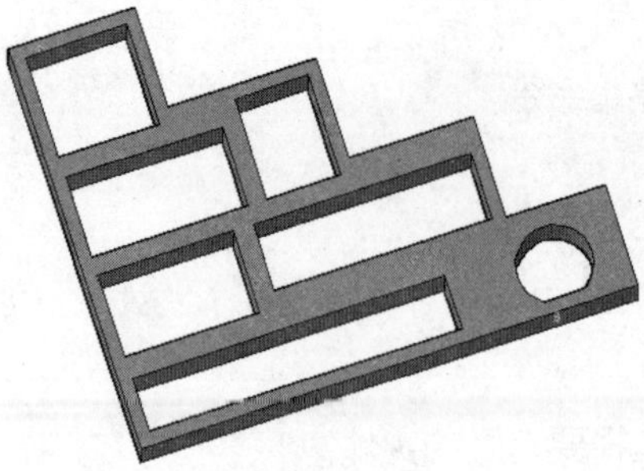

图5-50 “概念”视觉样式

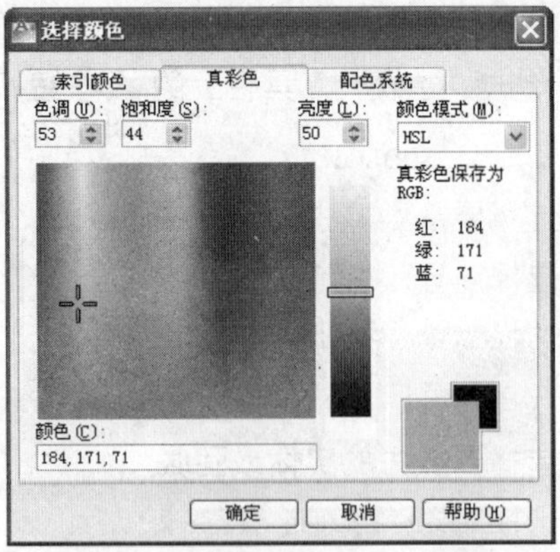

图5-51 “选择颜色”对话框

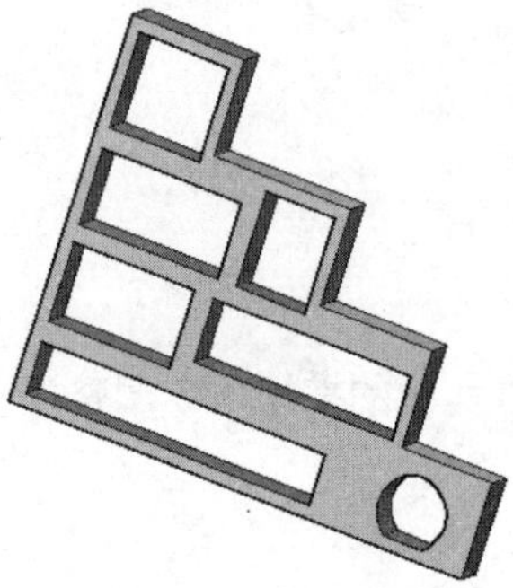

图5-52 着色后效果

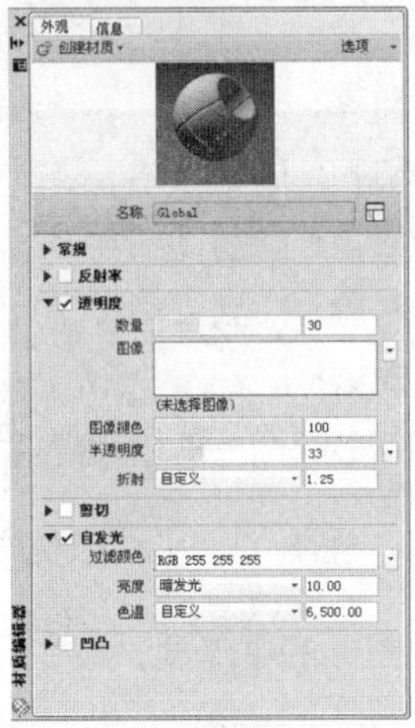

图5-53 “材质编辑器”选项板

19 选择“视图”→“渲染”→“渲染环境”菜单命令，在“渲染环境”对话框中设置参数，如图5-54所示。

20 选择“视图”→“渲染”→“渲染”菜单命令，即可看到渲染效果，如图5-55所示。

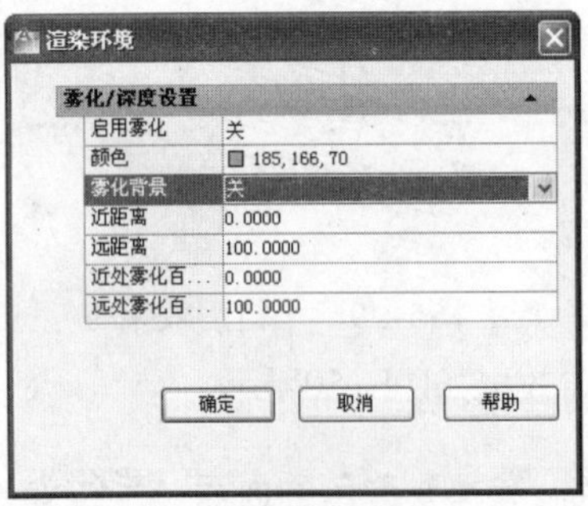

图5-54 “渲染环境”对话框

图5-55 渲染后效果

5.7.3 实例3：办公桌

本书用长方体命令绘制桌体轮廓及各个抽屉，用长方体与倾斜面命令结合来绘制抽屉，用三维镜像命令实现两边抽屉的对称，通过着色边命令为桌子着色，用渲染命令来渲染图形。效果如图5-56所示。

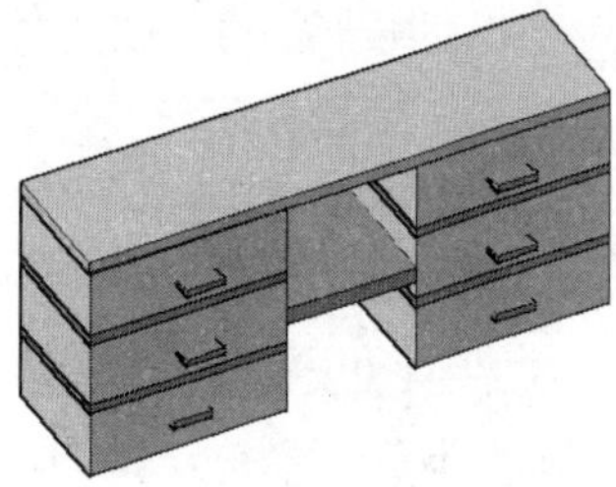

图5-56　办公桌

01 在“文件”菜单中选择“新建”命令，创建一个新文件。

02 选择“视图”→“三维视图”→“西南等轴测”菜单命令，调整视图。

03 单击“建模”工具栏中的按钮，绘制办公桌的第一个长方体桌柜，尺寸为200×300×100。在该长方体上方再绘制一个高15的长方体，如图5-57所示。命令行提示如下：

```
命令: _box                                  //调用长方体命令
指定第一个角点或 [中心(C)]:                  //在屏幕上任意指定一点
指定其他角点或 [立方体(C)/长度(L)]: l         //选择“长度”
指定长度 <11.1883>: 200                      //输入长度为200
指定宽度 <11.0603>: 300                      //输入宽度为300
指定高度或 [两点(2P)] <-172.0441>: 100       //指定高度为100
命令: _box                                  //调用长方体命令，绘制第二个长方体
指定第一个角点或 [中心(C)]:
指定其他角点或 [立方体(C)/长度(L)]:
指定高度或 [两点(2P)] <-15.0000>: -15        //向上指定高度为15
```

04 用相同方法在图5-57上方继续画出两个抽屉，然后用长方体命令绘制拉手，拉手中心位于最下方长方体前表面的中心。选择“实体编辑”工具栏中的按钮，使之倾斜15°，选择“视图”→“消隐”菜单命令，效果如图5-58所示。命令行提示如下：

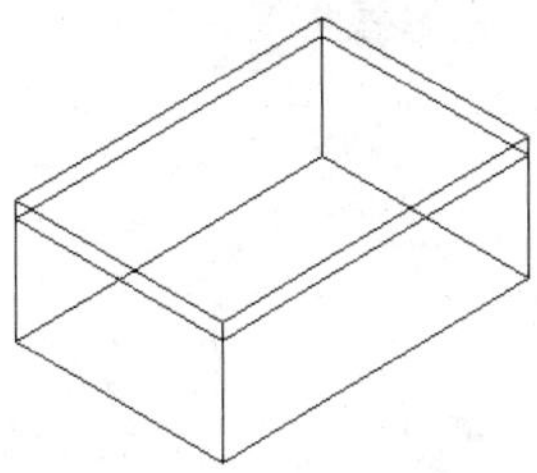

图5-57　绘制长方体

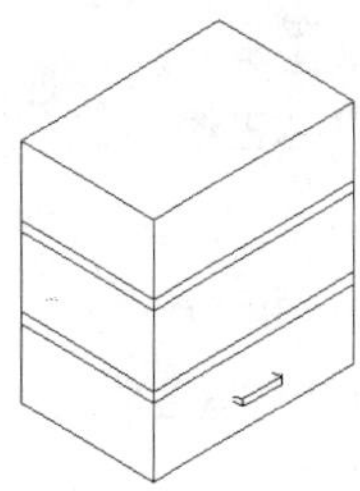

图5-58　绘制拉手

```
命令: _box                                  //调用长方体命令，绘制第二个抽屉
指定第一个角点或 [中心(C)]:
指定其他角点或 [立方体(C)/长度(L)]:
指定高度或 [两点(2P)] <100.0000>:            //按Enter键
命令: _box
指定第一个角点或 [中心(C)]:
指定其他角点或 [立方体(C)/长度(L)]:
指定高度或 [两点(2P)] <100.0000>:20          //指定高度
命令: _box                                  //绘制最上面的抽屉
```

指定第一个角点或 [中心(C)]:

指定其他角点或 [立方体(C)/长度(L)]:

指定高度或 [两点(2P)] <100.0000>: //指定高度

命令:

命令: _box //调用长方体命令绘制拉手

指定第一个角点或 [中心(C)]:

指定其他角点或 [立方体(C)/长度(L)]:

指定高度或 [两点(2P)] <100.0000>:

命令: _solidedit

实体编辑自动检查: SOLIDCHECK=1

输入实体编辑选项 [面(F)/边(E)/体(B)/放弃(U)/退出(X)] <退出>: _face

输入面编辑选项

[拉伸(E)/移动(M)/旋转(R)/偏移(O)/倾斜(T)/删除(D)/复制(C)/颜色(L)/材质(A)/放弃(U)/退出(X)] <退出>: _taper

选择面或 [放弃(U)/删除(R)]: 找到 2 个面。 //选择上表面

选择面或 [放弃(U)/删除(R)/全部(ALL)]: r //输入r，删除多选择的面

删除面或 [放弃(U)/添加(A)/全部(ALL)]: 找到 2 个面，已删除 1 个。

删除面或 [放弃(U)/添加(A)/全部(ALL)]:

指定基点: //在屏幕上指定一点

指定沿倾斜轴的另一个点: //打开“正交”功能，沿y轴方向指定下一点

指定倾斜角度: 15 //输入倾斜角度

05 复制拉手到其他3个抽屉外表面上，选择“修改”→“三维操作”→“三维镜像”菜单命令，镜像出两对称的桌子抽屉轮廓，如图5-59所示。命令行提示如下：

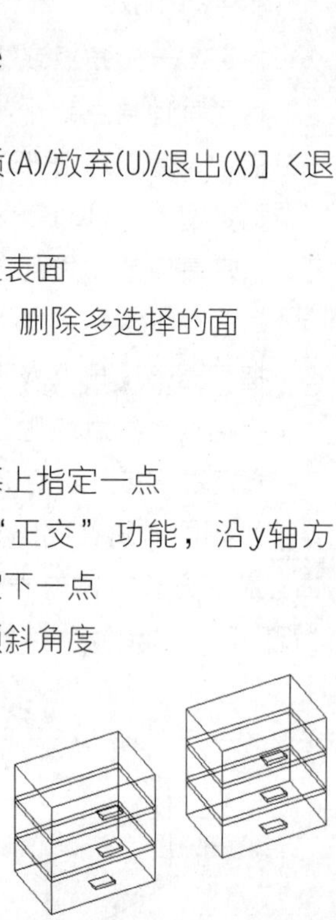

图5-59 镜像后效果

命令: _mirror3d

选择对象: 指定对角点: 找到 10 个

选择对象:

指定镜像平面 (三点) 的第一个点或

[对象(O)/最近的(L)/Z 轴(Z)/视图(V)/XY 平面(XY)/YZ 平面(YZ)/ZX 平面(ZX)/三点(3)] <三点>:

在镜像平面上指定第二点: 在镜像平面上指定第三点:

三点共线。

在镜像平面上指定第三点:

是否删除源对象? [是(Y)/否(N)] <否>: N

06 用长方体命令绘制桌板和隔板，完成办公桌的绘制。选择“消隐”命令，效果如图5-60所示。命令行提示如下：

命令: _box //绘制桌子面板

指定第一个角点或 [中心(C)]:

指定其他角点或 [立方体(C)/长度(L)]:
指定高度或 [两点(2P)] <45.0496>:
命令: _box //绘制隔板
指定第一个角点或 [中心(C)]:
指定其他角点或 [立方体(C)/长度(L)]:
指定高度或 [两点(2P)] <45.0496>:

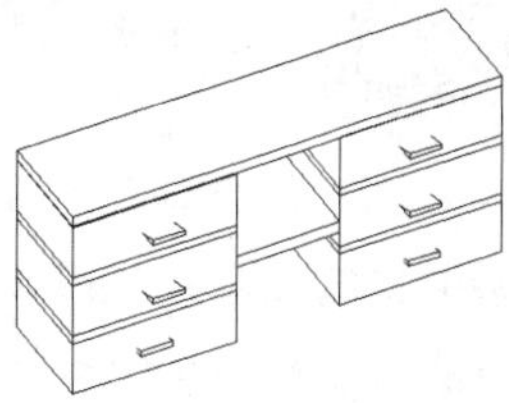

图5-60 消隐后的效果

07 选择“视图”→“渲染”→“材质编辑器”菜单命令，打开“材质编辑器”选项板，设置材质，如图5-61所示。设置完后将材质应用到对象，效果如图5-62所示。

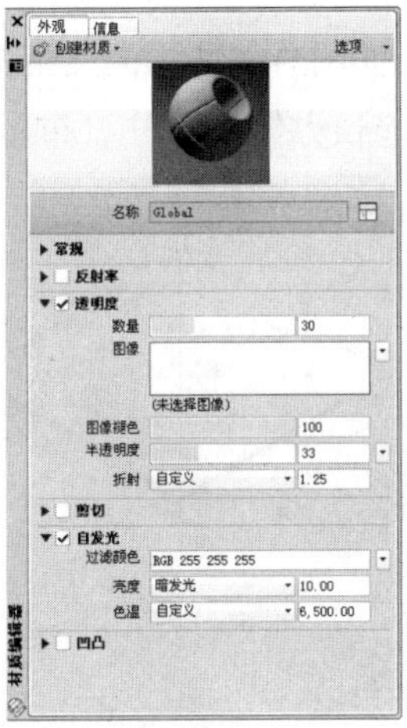

图5-61 “材质编辑器”选项板

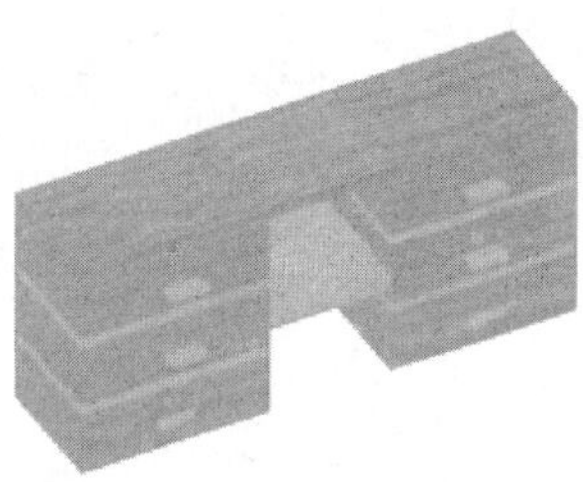

图5-62 渲染后效果

08 单击“实体编辑”工具栏中的按钮，为桌面着色。命令行提示如下：

命令: _solidedit //调用着色面命令
实体编辑自动检查: SOLIDCHECK=1
输入实体编辑选项 [面(F)/边(E)/体(B)/放弃(U)/退出(X)] <退出>: _face
输入面编辑选项
[拉伸(E)/移动(M)/旋转(R)/偏移(O)/倾斜(T)/删除(D)/复制(C)/颜色(L)/材质(A)/放弃(U)/退出(X)]
<退出>: _color
选择面或 [放弃(U)/删除(R)]: 找到一个面。 //选择要找色的表面
选择面或 [放弃(U)/删除(R)/全部(ALL)]: //单击鼠标右键选择“确认”
输入面编辑选项
[拉伸(E)/移动(M)/旋转(R)/偏移(O)/倾斜(T)/删除(D)/复制(C)/颜色(L)/材质(A)/放弃(U)/退出(X)] <退出>: X
实体编辑自动检查: SOLIDCHECK=1
输入实体编辑选项 [面(F)/边(E)/体(B)/放弃(U)/退出(X)] <退出>: X

09 选择“视图”→“视觉样式”→“概念”菜单命令，效果如图5-56所示。

提示

有时为了能放大或缩小视图效果，需要用到“实时缩放”工具。在使用该工具之前，应先重生成图形，选择“视图”→“重生成”菜单命令即可。

5.8 本章小结

本章是绘制三维模型的入门知识，系统介绍了三维模型坐标系、建立世界坐标系和用户坐标系的目的和方法，以及三维图形的绘制等内容。通过这一章的学习，读者应该对三维模型的表达方法有了初步了解，为以后进一步的三维绘图学习打下坚实的基础。

5.9 课后练习

（1）通过利用直线、圆、圆角、旋转面、拉伸面等命令来绘制如图5-63所示的三维圆桌。

（2）床头柜是建筑室内设计中所必不可少的物体，利用直线、长方体、圆柱、布尔运算等命令来进行如图5-64所示的床头柜绘制。

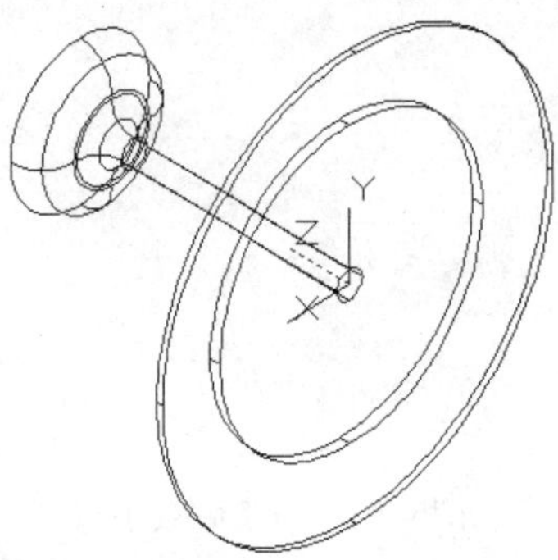

图5-63　圆桌

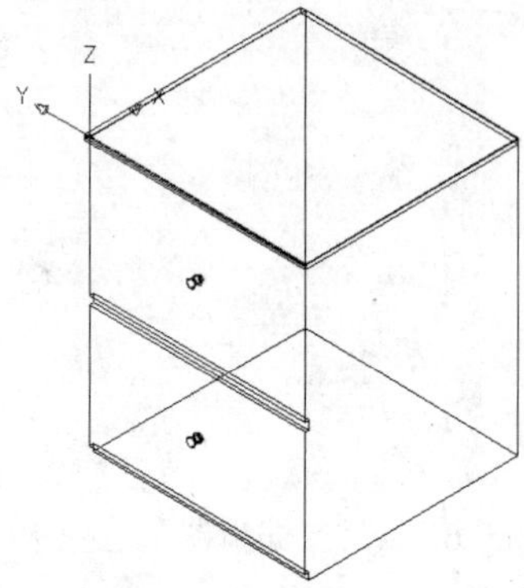

图5-64　床头柜

（3）利用圆柱体、球体、圆、拉伸面等命令来进行如图5-65所示的台灯绘制。

（4）利用矩形、圆、长方体、圆角、偏移、拉伸面、布尔运算等命令来进行如图5-66所示的三维餐桌绘制。

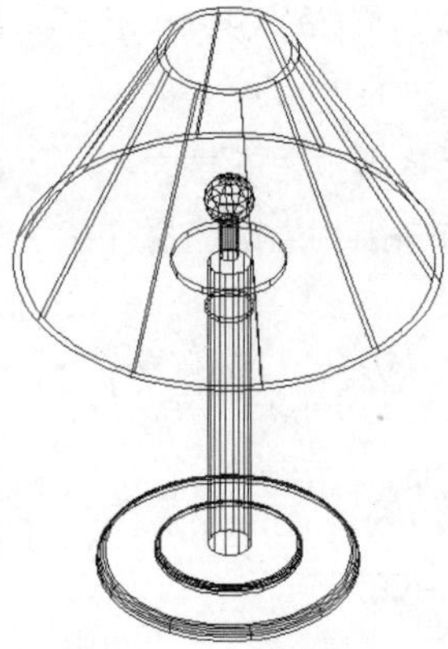
图5-65　三维台灯

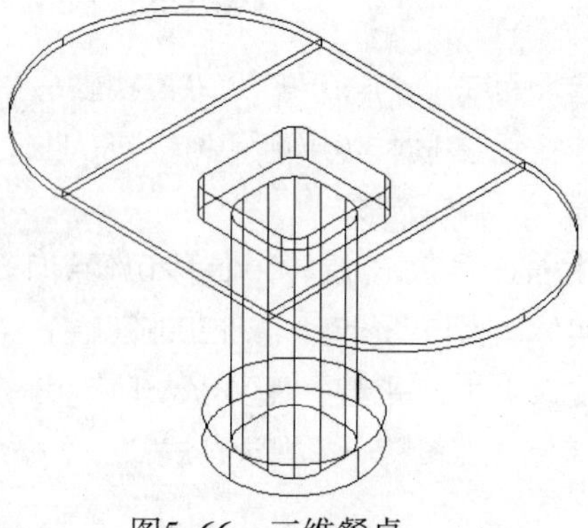
图5-66　三维餐桌

第6章 编辑三维图形

本章内容提示

本章主要讲述基本三维实体的观察和编辑、标注三维实体及对实体进行着色和渲染处理等内容。

学习要点

- □ 三维图形的观察
- □ 三维对象的编辑
- □ 三维实体的编辑

6.1 观察三维实体

6.1.1 图形旋转

1. 命令功能

利用旋转命令，可以在XY平面内旋转三维图形，其方法与平面图形的选转方法相同。但三维图形旋转后，由于视点的改变，显示的效果也将发生改变。

2. 命令调用

可以用以下3种方法调用旋转命令：

- 在命令行输入ROTATE命令。
- 单击“修改”工具栏上的“旋转”按钮。
- 选择“修改”→“旋转”菜单命令。

执行上述命令后，系统提示如下：

选择对象：

指定基点：

指定旋转角度或[复制(C)/参照(R)]:

各选项说明如下所示。

- 复制：创建要旋转的选定对象的副本。
- 参照：将对象从指定的角度旋转到新的绝对角度。

边学边练 049 旋转

将如图6-1所示的图形旋转160°，效果如图6-2所示。

图6-1 待旋转的图形

图6-2 旋转后的图形

01 调用旋转命令，命令行提示如下：

命令：_rotate

UCS 当前的正角方向：ANGDIR=逆时针 ANGBASE=0

选择对象：

02 选择实体对象后，按Enter键，结束对象选择命令。

03 命令行接着提示：

指定基点：0，0，0//输入基点坐标0，0，0后，按Enter键

04 命令行提示：

指定旋转角度或[复制(C)/参照(R)]：160

//输入旋转角度160°，按Enter键，结束旋转命令，旋转后的图形见图6-2

提示

旋转视口对象时，视口的边框仍然保持与绘图区域的边界平行。

6.1.2 图形消隐

1. 命令功能

一般来说，三维图形是以线框模式显示的。当三维图形较为复杂时，绘图窗口显得非常混乱，使用户无法正确而清晰地查看图形。为了克服这一缺陷，用户可利用“消隐”命令来创建三维图形的消隐图。

2. 命令调用

可以用以下3种方法消隐图形：

- 在命令行输入HIDE命令。
- 单击“渲染”工具栏中的“消隐”按钮。
- 选择“视图”→“消隐”菜单命令。

边学边练 050 消隐

将如图6-3所示的图形消隐，效果如图6-4所示。

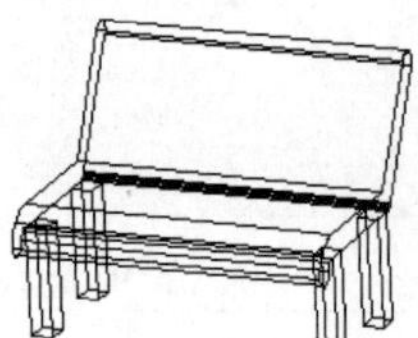

图6-3 图形消隐前

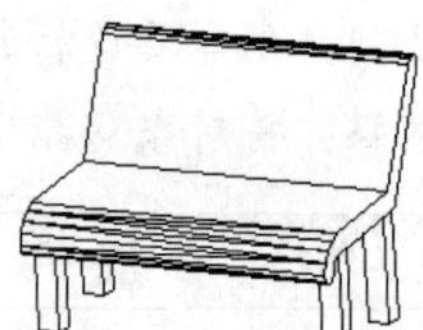

图6-4 图形消隐后

命令行提示如下：

命令：hide　　　　　//输入该命令后，既可看到消隐效果的图形

执行消隐操作之后，绘图窗口将暂时无法使用缩放和平移命令显示，直到选择“视图”→“重生成”命令重生成图形为止。

注意

绘图区中的实体图案越多，消隐所需要的时间就越长。

6.1.3　以线框形式表现实体轮廓

使用系统变量DISPSILH可以以线框形式显示实体轮廓。此时需要将其值设置为1，并用消隐或着色命令隐藏曲面的小平面，如图6–5所示。

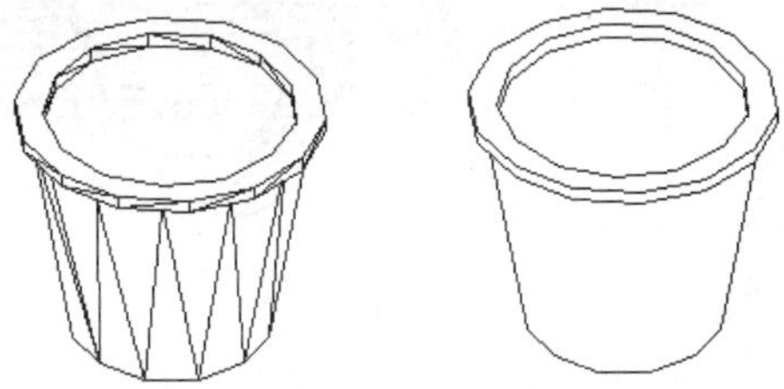

（a）DISPSILH=0　　（b）DISPSILH=1

图6–5　以线框形式实体轮廓

使用该变量时，要注意以下3点：

- 修改DISPSILH值之后，必须执行消隐命令才能看出效果。
- DISPSILH设置适用于所有视口，但消隐命令仅针对某个视口，因此在不同的视口中可以产生不同的消隐效果。
- 选择“视图”→“重生成”或“全部重生成”命令，可消除消隐效果。

6.1.4　改变实体表面平滑度

在AutoCAD中，要想在执行消隐、着色、渲染命令时改变实体表面的平滑度，可通过修改系统变量FACETRES的值来实现。该变量用于设置曲面的面数，取值范围为0.01～10。其值越大，曲面越平滑，如图6–6所示。

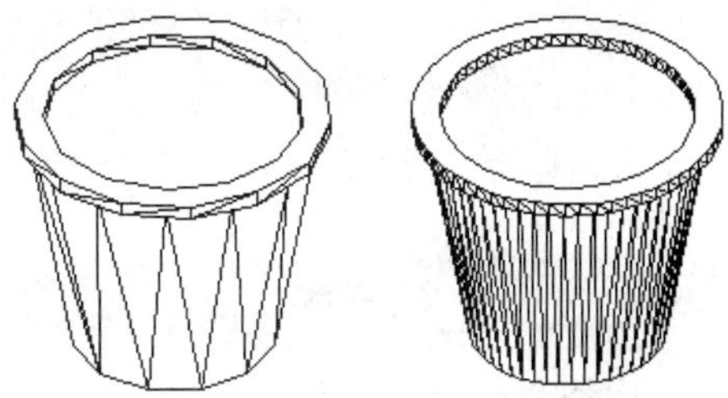

（a）FACETRES=0.5　　（b）FACETRES=1.0

图6–6　以线框形式实体轮廓

如果FACETRES变量值为1，那么执行消隐、着色或渲染命令时并不能看到FACETRES设置效果，此时必须将FACETRES值设置为0。

6.2　布尔运算

布尔运算在数学的集合运算中应用广泛，AutoCAD可以对三维实体进行布尔运算，使其产生各种形状的组合体。本节主要讲述三维实体的布尔运算。

6.2.1　并集

1. 命令功能

通过并集命令可以将两个或多个实体进行合并和叠加，生成一个组合三维实体。

2. 命令调用

可以用以下3种方法调用并集命令：

- 在命令行输入UNION命令。
- 单击“实体编辑”工具栏中的“并集”按钮。
- 选择“修改”→“实体编辑”→“并集”菜单命令。

边学边练 051 并集

将图6-7（a）中的圆环体与圆柱体合并，效果如图6-7（b）所示。命令行提示如下：

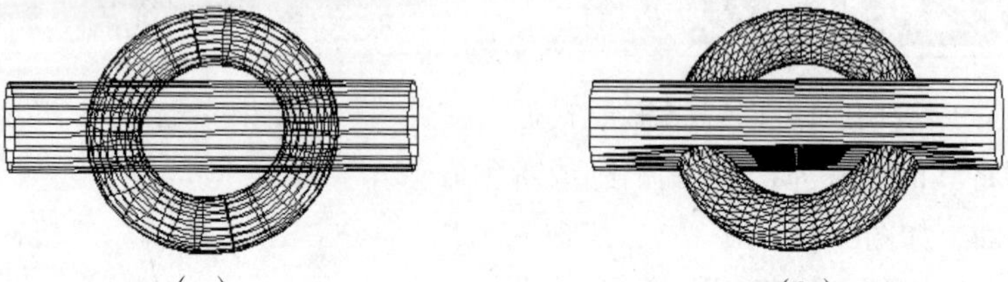

（a）　（b）

图6-7　绘制圆柱贯通体

```
命令: _union                              //调用并集命令。
选择对象: 找到 1 个                        //选择圆环体
选择对象: 找到 1 个，总计 2 个              //选择圆柱体
选择对象:                                  //回车或单击鼠标右键
命令: _hide                               //执行消隐命令
正在重生成模型。
命令: facetres                            //改变图形的圆滑度
输入 FACETRES 的新值 <0.5000>: 5
命令: _hide                               //执行消隐命令，显示圆滑后的效果
正在重生成模型。
```

6.2.2　交集

1. 命令功能

将两个或多个实体的公共部分构造成一个新的实体。

2. 命令调用

可以用以下3种方法调用交集命令：

- 在命令行输入INTERSECTION命令。
- 单击“实体编辑”工具栏“交集”按钮。
- 选择“修改”→“实体编辑”→“交集”菜单命令。

边学边练 052 交集

利用交集运算绘制如图6-8所示图形，命令行提示如下：

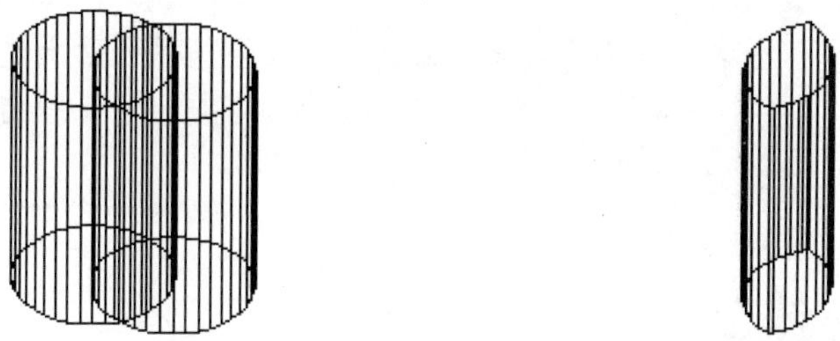

（a）求交集前　　　（b）求交集后

图6-8　交集

```
命令: _intersect                    //调用交集操作
选择对象: 找到 1 个                 //选择第一个圆柱体
选择对象: 找到 1 个，总计 2 个      //选择第二个圆柱体
选择对象                            //按Enter键或单击鼠标右键，即可得到图6-8所示效果
```

6.2.3　差集

1. 命令功能

可从一个实体中减去另一个实体，得到一个新的实体。

2. 命令调用

可以用以下3种方法调用差集命令：

- 在命令行输入SUBTRACT命令。
- 单击“实体编辑”工具栏上的“差集”按钮。
- 选择“修改”→“实体编辑”→“差集”菜单命令。

边学边练 053　差集

利用差集运算绘制如图6-9所示的图形，命令行提示如下：

（a）要减去的实体　　　（b）差集后的实体

图6-9　差集

```
命令: _subtract                     //调用差集命令
选择要从中减去的实体或面域...
选择对象: 找到 1 个                 //选择圆柱体
选择对象:                           //按Enter键或单击鼠标右键
选择要减去的实体或面域 ..
选择对象: 找到 1 个                 //选择要减去的实体部分，即选择长方体
选择对象:                           //按Enter键或单击鼠标右键
```

提示

执行差操作的两个面域必须位于同一平面上。但在不同的平面上选择面域集，可同时执行多个“差”操作，程序会在每个平面上分别生成减去的面域。如果没有其他选定的共面面域，则该面域将被拒绝执行差操作。

6.3 编辑三维实体

在AutoCAD中，可以使用三维编辑命令，在三维空间中移动、复制、镜像、对齐和阵列三维对象，还可以剖切实体以获取实体的截面，编辑三维实体的面、边或体。在绘图过程中，为了使实体对象看起来更加清晰，可以消除图形中的隐藏线，但要创建更加逼真的模型图像，就需要对三维实体对象进行渲染处理，增加色泽感。

6.3.1 分解

1. 命令功能

分解实体后，可以对子体进行操作。三维多段线分解成线段后，三维多段线指定的线型将应用到每一个得到的线段。三维实体将平面分解成面域，将非平面分解成曲面。

2. 命令调用

可以用以下3种方法调用分解命令：

- 在命令行输入EXPLODE命令。
- 单击“修改”工具栏中的“分解”按钮。
- 选择“修改”→“分解”菜单命令。

6.3.2 剖切

1. 命令功能

可以切开现有实体并移去指定部分，从而创建新的实体。使用该命令，可以保留剖切实体的一半或全部。剖切实体命令会保留原实体的图层和颜色特性。

2. 命令调用

可以用以下2种方法调用剖切命令：

- 在命令行输入SLICE命令。
- 选择“修改”→“三维操作”→“剖切”菜单命令。

6.3.3 复制边

可以用以下2种方法调用复制边命令：

- 单击“实体编辑”工具栏上的“复制边”按钮。

● 选择“修改”→“实体编辑”→“复制边”菜单命令。

如图6-10所示，为复制长方体左侧四条边的结果。

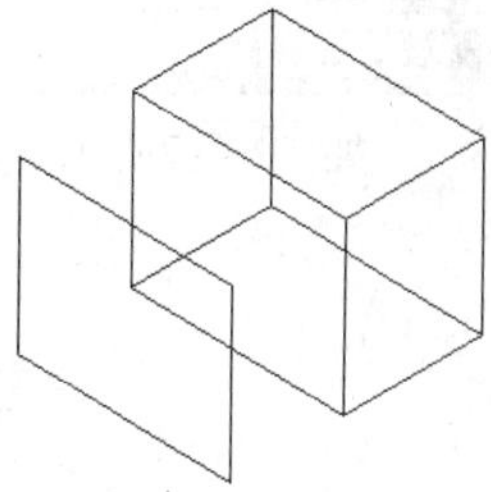

图6-10　复制边

6.3.4　着色边

可以用以下2种方法调用着色边命令：

● 单击“实体编辑”工具栏上的“着色边”按钮。

● 选择“修改”→“实体编辑”→“着色边”菜单命令。

执行上述命令后，命令行提示如下：

选择边或 [放弃(U)/删除(R)]:　　　　　　//此时选择要着色的边

选择边或 [放弃(U)/删除(R)]:

选择好要着色的边后，按Enter键即可弹出“选择颜色”对话框，如图6-11所示，选择相应的颜色即可。

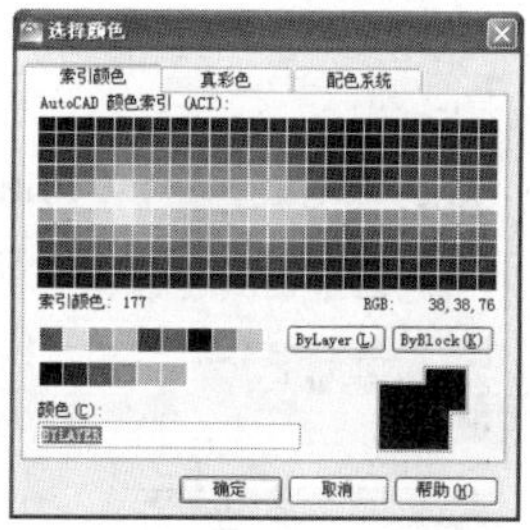

图6-11　设置要着色的边的颜色

6.3.5　拉伸面

1. 命令功能

通过选择一个或多个实体面，指定一个高度和倾斜角或指定一条拉伸路径，来得到一个新的实体。

2. 命令调用

可以用以下3种方法调用拉伸面命令：

● 在命令行输入SOLIDEDIT命令。

● 单击“实体编辑”工具栏上的“拉伸面”按钮。

● 选择“修改”→“实体编辑”→“拉伸面”菜单命令。

执行上述命令后，命令行提示如下：

选择面或[放弃(U)/删除(R):

其中各选项含义如下。

● 选择面：在要拉伸的面上选择即可。

● 放弃：取消选择最近添加到选择集中的面后，将重显示提示。

● 删除：从选择集中删除以前选择的面。系统将显示：

删除面或[放弃(U)/添加(A)/全部(ALL)]:

选择一个或多个面、输入选项或按Enter键，命令行提示如下：

选择面或 [放弃(U)/删除(R)/全部(ALL)]:　　　　//单击鼠标右键，选择“确认”即可

命令行接着提示：

指定拉伸高度或 [路径(P)]: p　　　　//选择拉伸路径

选择拉伸路径:　　　　//选择拉伸路径，然后选择“退出”即可

边学边练 054 拉伸面

如图6-12所示，沿指定路径曲线拉伸面。

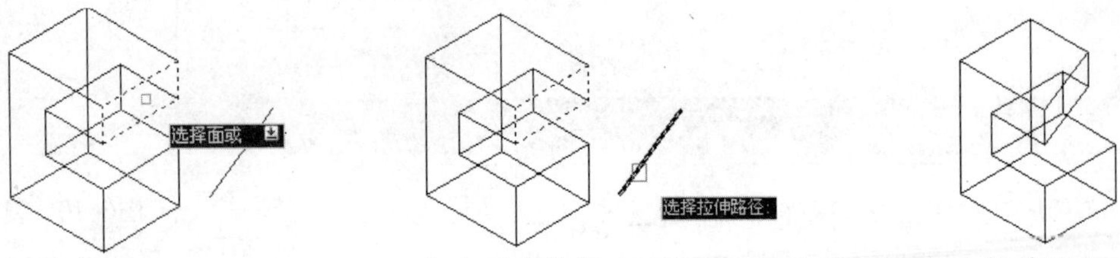

（a）选定面　（b）选定路径　（c）拉伸的面

图6-12　拉伸面

01 命令行输入solidedit命令，命令行提示如下：

选择面或[放弃(U)/删除(R)]:

02 选择图6-12（a）中要进行移动的面。

03 命令行提示：

选择面或[放弃(U)/删除(R)/全部(ALL):　　//单击鼠标右键，选择“确认”结束选择面命令

04 命令行提示：

指定拉伸高度或[路径(P)]:P　　//选择图6-12（b）中的拉伸路径，即可得到图6-12（c）所示效果

6.3.6 移动面

1. 命令功能

沿指定的高度或距离移动选定的三维实体对象的面，移动时，可以只改变选定的面而不改变其方向。

2. 命令调用

可以用以下3种方法调用移动面命令：

- 在命令行输入SOLIDEDIT命令。
- 单击“实体编辑”工具栏中的“移动面”按钮。
- 选择“修改”→“实体编辑”→“移动面”菜单命令。

边学边练 055 移动面

如图6-13所示，移动三维面。命令行提示如下：

（a）移动前　（b）移动后

图6-13　移动面

命令: _solidedit　　//调用实体编辑”命令
实体编辑自动检查: SOLIDCHECK=1
输入实体编辑选项 [面(F)/边(E)/体(B)/放弃(U)/退出(X)] <退出>: _face
输入面编辑选项
[拉伸(E)/移动(M)/旋转(R)/偏移(O)/倾斜(T)/删除(D)/复制(C)/颜色(L)/材质(A)/放弃(U)/退出(X)] <退出>: _move　　//调用“移动面”命令
选择面或 [放弃(U)/删除(R)]: 找到 2 个面。　　//选择要移动的圆锥体
选择面或 [放弃(U)/删除(R)/全部(ALL)]:　　//单击鼠标右键，选择“确认”项
指定基点或位移:　　//指定移动基点
指定位移的第二点:　　//指定第二点
已开始实体校验。
已完成实体校验。
输入面编辑选项
[拉伸(E)/移动(M)/旋转(R)/偏移(O)/倾斜(T)/删除(D)/复制(C)/颜色(L)/材质(A)/放弃(U)/退出(X)] <退出>: X　　//输入x，选择“退出”
实体编辑自动检查: SOLIDCHECK=1
输入实体编辑选项 [面(F)/边(E)/体(B)/放弃(U)/退出(X)] <退出>: X　//输入x，退出

提示

指定的两个点将定义一个位移矢量，用于指示选定的面移动的距离和方向。SOLIDEDIT用第一个点作为基点，并相对于基点放置一个副本。如果指定一个点（通常输入为坐标）然后按Enter键，则将使用此坐标作为新位置。

6.3.7　旋转面

1. 命令功能

用于对实体的某个面进行旋转处理，从而形成新的实体。用该命令可以将一些特征旋转到新的方位。

2. 命令调用

可以用以下3种方法调用旋转面命令：

- 在命令行输入SOLIDEDIT命令。
- 单击“实体编辑”工具栏上的“旋转面”按钮。
- 选择“修改”→“实体编辑”→“旋转面”菜单命令。

执行上述命令后，命令行提示如下：

选择面或[放弃(U)/删除(R)/全部(ALL)]:

选择一个或多个面、输入选项或按Enter键，命令行提示如下：

指定轴点或[经过对象的轴(A)/视图(V)/X轴(X)/Y轴(Y)/Z轴(Z)]<两点>:

其中各选项含义如下所示。

- 轴点，两点：使用两个点定义旋转轴。
- 经过对象的轴：将旋转轴与现有对象对齐。可选择直线、圆、圆弧、椭圆、二维多段线、三维多段线和样条曲线等。
- 视图：将旋转轴与当前通过选定点的视口的观察方向对齐。
- X轴、Y轴、Z轴：将旋转轴与通过选定点的轴（X、Y、Z轴）对齐。

边学边练 056 旋转面

将图6-14（a）中长方体的上表面绕AB轴旋转45°，效果如图6-14（b）所示。命令行提示如下：

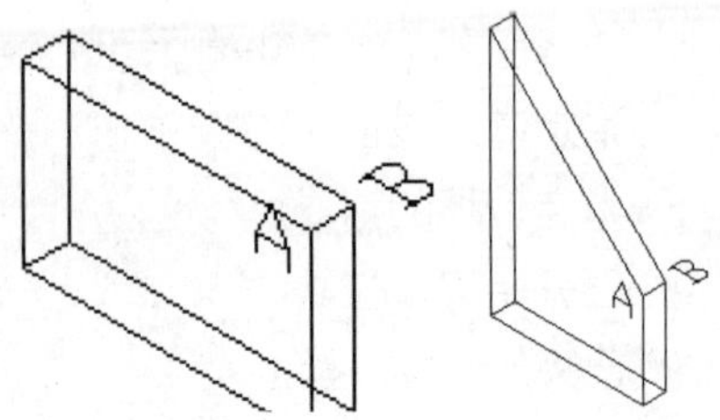

（a）（b）

图6-14 旋转角度为45°

```
命令: _solidedit            //调用"实体编辑"命令
实体编辑自动检查: SOLIDCHECK=1
输入实体编辑选项 [面(F)/边(E)/体(B)/放弃(U)/退出(X)] <退出>: _face
输入面编辑选项
[拉伸(E)/移动(M)/旋转(R)/偏移(O)/倾斜(T)/删除(D)/复制(C)/颜色(L)/材质(A)/放弃(U)/退出(X)] <退出>: _rotate
选择面或 [放弃(U)/删除(R)]: 找到一个面。 //选择上表面
选择面或 [放弃(U)/删除(R)/全部(ALL)]:      //单击鼠标右键选择"确认"或直接Enter键
指定轴点或 [经过对象的轴(A)/视图(V)/X 轴(X)/Y 轴(Y)/Z 轴(Z)] <两点>:   //指定点A
在旋转轴上指定第二个点:                  //指定点B
指定旋转角度或 [参照(R)]: 45              //输入旋转角度
已开始实体校验。
已完成实体校验。
输入面编辑选项
[拉伸(E)/移动(M)/旋转(R)/偏移(O)/倾斜(T)/删除(D)/复制(C)/颜色(L)/材质(A)/放弃(U)/退出(X)] <退出>: X
                                         //输入x或直接按Enter键
实体编辑自动检查: SOLIDCHECK=1
输入实体编辑选项 [面(F)/边(E)/体(B)/放弃(U)/退出(X)] <退出>: X     //按Enter键
```

6.3.8 偏移面

1. 命令功能

通过指定偏移距离移动所选择的表面。其中距离为正值时增大实体尺寸，距离为负值时减小尺寸。

2. 命令调用

可以用以下3种方法调用偏移面命令：

- 在命令行输入SOLIDEDIT命令。
- 单击“实体编辑”工具栏中的“偏移面”按钮。
- 选择“修改”→“实体编辑”→“偏移面”菜单命令。

边学边练 057 偏移面

如图6-15所示，偏移三维面。命令行提示如下：

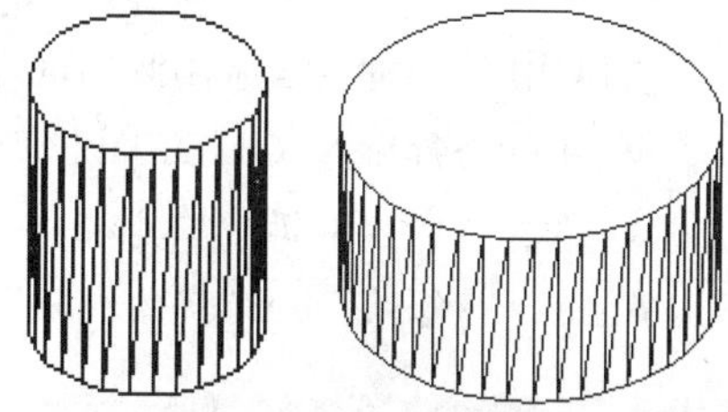

图6-15 偏移圆柱面

命令：_solidedit //调用实体编辑命令
实体编辑自动检查： SOLIDCHECK=1
输入实体编辑选项 [面(F)/边(E)/体(B)/放弃(U)/退出(X)] <退出>：_face
输入面编辑选项
[拉伸(E)/移动(M)/旋转(R)/偏移(O)/倾斜(T)/删除(D)/复制(C)/颜色(L)/材质(A)/放弃(U)/退出(X)] <退出>：_offset
选择面或 [放弃(U)/删除(R)]：找到一个面。 //选择圆柱体侧面
选择面或 [放弃(U)/删除(R)/全部(ALL)]： //直接按Enter键
指定偏移距离：180 //指定偏移距离
已开始实体校验。
已完成实体校验。
输入面编辑选项
[拉伸(E)/移动(M)/旋转(R)/偏移(O)/倾斜(T)/删除(D)/复制(C)/颜色(L)/材质(A)/放弃(U)/退出(X)] <退出>：X //直接按Enter键或选择“退出”
实体编辑自动检查： SOLIDCHECK=1
输入实体编辑选项 [面(F)/边(E)/体(B)/放弃(U)/退出(X)] <退出>：X //选择退出
命令：
命令：_hide //执行消隐命令
正在重生成模型。

6.3.9 删除面

1. 命令功能

通过该命令，可以删除三维实体的某些表面，可删除的表面包括内表面、圆角和倒角等。

2. 命令调用

可以用以下3种方法调用删除面命令：

- 在命令行输入SOLIDEDIT命令。
- 单击“实体编辑”工具栏中的“删除面”按钮。
- 选择“修改”→“实体编辑”→“删除面”菜单命令。

6.3.10 倾斜面

1. 命令功能

按一个角度将面进行倾斜。

2. 命令调用

可以用以下3种方法调用倾斜面命令：

- 在命令行输入SOLIDEDIT命令。
- 单击“实体编辑”工具栏中的“倾斜面”按钮。
- 选择“修改”→“实体编辑”→“倾斜面”菜单命令。

6.3.11 复制面

1. 命令功能

通过该命令，可以将已有实体的表面复制并移动到指定的位置。

2. 命令调用

可以用以下3种方法调用复制面命令：

- 在命令行输入SOLIDEDIT命令。
- “实体编辑”工具栏中的“复制面”按钮。
- 选择“修改”→“实体编辑”→“复制面”菜单命令。

复制面的操作方法与复制边的操作方法基本相同。

6.3.12 着色面

1. 命令功能

通过指定面的颜色，从而改变模型的显示效果。

2. 命令调用

可以用以下3种方法调用着色面命令：

- 在命令行输入SOLIDEDIT命令。
- 单击“实体编辑”工具栏中的“着色面”按钮。
- 选择“修改”→“实体编辑”→“着色面”菜单命令。

边学边练 058 着色面

01 单击“实体编辑”工具栏中的按钮，对图6-16（a）进行着色。命令行提示如下：

命令：_solidedi　　　　　　　　　　　　　//调用实体编辑命令

实体编辑自动检查：SOLIDCHECK=1

输入实体编辑选项 [面(F)/边(E)/体(B)/放弃(U)/退出(X)] <退出>：_face

输入面编辑选项

[拉伸(E)/移动(M)/旋转(R)/偏移(O)/倾斜(T)/删除(D)/复制(C)/颜色(L)/材质(A)/放弃(U)/退出(X)] <退

出>: _color

选择面或 [放弃(U)/删除(R)]:

02 选择圆形桌的桌面，按Enter键，弹出“选择颜色”对话框。选择颜色后，单击“确定”按钮即可，效果如图6-16（b）所示。

（a） （b）

图6-16 着色后效果

6.3.13 清除

1. 命令功能

将实体中多余的棱边、顶点、印记等对象或不使用的几何图形去除。该命令常用来清理实体上压印的几何对象。

2. 命令调用

用以下2种方法调用清除命令：

- 单击“实体编辑”工具栏中的“消除”按钮。
- 选择“修改”→“实体编辑”→“清除”菜单命令。

选择要清理的实体后，系统将自动完成清理工作。

6.3.14 分割

1. 命令功能

将体积不连续的完整实体分成相互独立的三维实体。

2. 命令调用

可以用以下2种方法调用分割命令：

- 单击“实体编辑”工具栏中的“分割”按钮。
- 选择“修改”→“实体编辑”→“分割”菜单命令。

6.3.15 抽壳

1. 命令功能

该命令常用于绘制壁厚相等的壳体。

2. 命令调用

可以用以下2种方法调用抽壳命令：

- 单击“实体编辑”工具栏中的“抽壳”按钮。
- 选择“修改”→“实体编辑”→“抽壳”菜单命令。

边学边练 059 抽壳

如图6-17所示，对长方体进行抽壳。

（a）原图　　（b）抽壳后

图6-17　抽壳操作

命令行提示如下：

```
命令：_solidedit                                     //调用实体编辑命令
实体编辑自动检查： SOLIDCHECK=1
输入实体编辑选项 [面(F)/边(E)/体(B)/放弃(U)/退出(X)] <退出>：_body
输入体编辑选项
[压印(I)/分割实体(P)/抽壳(S)/清除(L)/检查(C)/放弃(U)/退出(X)] <退出>：_shell
选择三维实体：                                       //选择长方体模型
删除面或 [放弃(U)/添加(A)/全部(ALL)]：找到一个面，已删除 1 个。 //选择长方体的顶面
删除面或 [放弃(U)/添加(A)/全部(ALL)]：                //按Enter键或单击鼠标右键选择“确认”
输入抽壳偏移距离：2                                  //输入壳的厚度
已开始实体校验。
已完成实体校验。
输入体编辑选项
[压印(I)/分割实体(P)/抽壳(S)/清除(L)/检查(C)/放弃(U)/退出(X)] <退出>：X
                                                     //按Enter键退出实体编辑自动检查：
                                                     SOLIDCHECK=1
输入实体编辑选项 [面(F)/边(E)/体(B)/放弃(U)/退出(X)] <退出>：X
                                                     //按Enter键退出
```

6.4 编辑三维对象

6.4.1 三维镜像

1. 命令功能

创建相对于某一平面的镜像对象，原实体可以保留，也可以删除。

2. 命令调用

可以用以下2种方法执行三维镜像命令：

- 在命令行输入MIRROR3D命令。
- 选择“修改”→“三维操作”→“三维镜像”菜单命令。

执行上述命令后，命令行提示：

选择对象：

选择要镜像的对象按Enter键，命令行接着提示：

指定镜像平面（三点）的第一个点或

[对象(O)/最近的(L)/Z轴(Z)/视图(V)/XY平面(XY)/YZ平面(YZ)/ZX平面(ZX)/三点(3)]<三点>:

其中的选项含义如下所示。

- 对象：使用选定平面对象的平面作为镜像平面，可以是圆、圆弧或二维多段线。
- 最近的：用上次定义的镜像面作为当前镜像面。
- Z轴：根据平面上的一个点和平面法线上的一个点定义镜像平面。
- 视图：用与当前视图平行的面作为镜像面。
- XY平面/YZ平面/ZX平面：分别表示用与当前USC的XY、YZ、ZX面平行的面作为镜像面。
- 三点：通过三个点定义镜像平面。

使用镜像命令的效果如图6-18所示。

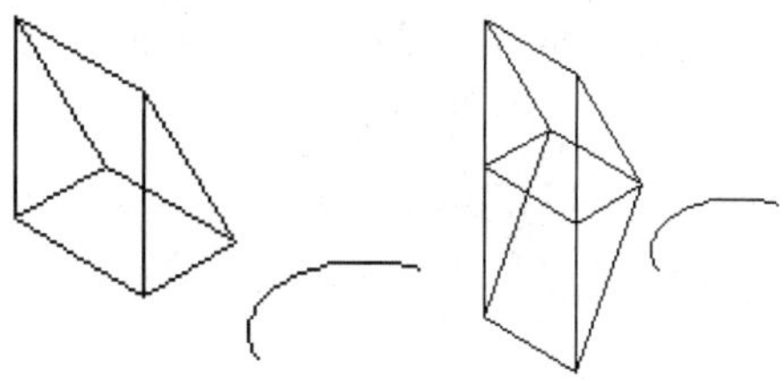

（a）镜像前　　（b）镜像后

图6-18 镜像实体

6.4.2 三维阵列

1. 命令功能

将三维对象在三维空间里阵列时，与二维空间不同的是，它除了在X，Y方向具有阵列数和距离外，在Z方向上也具有阵列数。

2. 命令调用

可以用以下2种方法调用三维阵列命令：

- 在命令行输入3DARRAY命令。
- 选择“修改”→“三维操作”→“三维阵列”菜单命令。

6.4.3 三维倒圆角

1. 命令功能

倒圆角功能可以对实体的棱边修圆角，从而在两个相邻面间产生一个圆滑过渡的曲面，如图6-19所示。

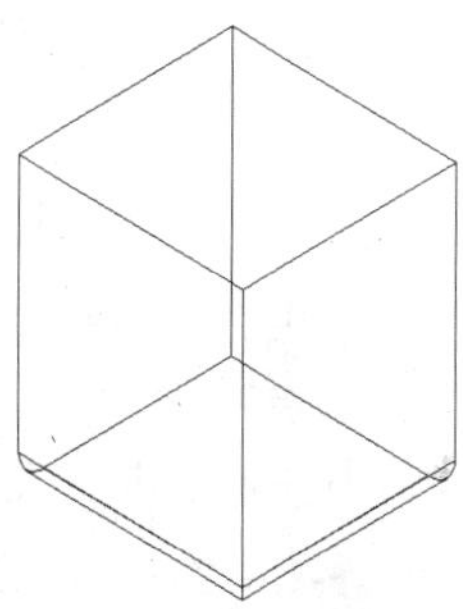

图6-19 倒圆角

2. 命令调用

可以用以下3种方法调用三维倒圆角命令：

- 在命令行输入FILLET命令。
- 单击“修改”工具栏中的“圆角”按钮。
- 选择“修改”→“圆角”菜单命令。

执行上述命令后，命令行提示如下：

命令：_fillet

当前设置：模式 = 修剪，半径 = 0.0000

选择第一个对象或 [放弃(U)/多段线(P)/半径(R)/修剪(T)/多个(M)]:

输入圆角半径：30

选择边或 [链(C)/半径(R)]:

其中各选项含义如下所示。

- 选择边：选择要设置圆角的边，AutoCAD即会对所选择的边修出圆角。
- 链：选择多个要修圆角的边。例如，如果选择某个三维实体长方体顶部的一条边，那么FILLET还将选择顶部上其他相切的边。
- 半径：为随后选择的棱边重新设定圆角半径。

6.4.4 三维倒斜角

1. 命令功能

三维实体的倒斜角功能实际上就是将三维实体的倒角切去，使之变成斜角。

2. 命令调用

可以用以下3种方法执行倒斜角命令：

- 在命令行输入CHAMFER命令。
- 单击“修改”工具栏中的“倒角”按钮。
- 选择“修改”→“倒角”菜单命令。

执行上述命令后，命令行提示如下：

择第一条直线或 [放弃(U)/多段线(P)/距离(D)/角度(A)/修剪(T)/方式(E)/多个(M)]: //选择三维实体的一条边，与该边共面的一个面将被选中

输入曲面选择选项 [下一个(N)/当前(OK)] <当前(OK)>: //“下一个”表示继续选择面，“当前”表示保持上一步所选的面

指定基面的倒角距离：指定第二点：100 //输入倒角距离

指定其他曲面的倒角距离 <100.0000>:

选择边或 [环(L)]: 选择边或 [环(L)]:

其中的选项含义如下所示。

- 选择边：选择需倒角的基面的边，可以连续选择基面上的多个边。
- 环：对基面上的各边均倒角。

边学边练 060　三维倒斜角

对如图6-20（a）所示的图形进行倒角，效果如图6-20（b）所示。

图6-20　倒斜角后的效果

01 首先绘制如图6-22（a）所示的长方体。

02 调用倒角命令，命令行提示如下：

命令：_chamfer

（“修剪”模式）当前倒角距离 1 = 100.0000，距离 2 = 100.0000

选择第一条直线或 [放弃(U)/多段线(P)/距离(D)/角度(A)/修剪(T)/方式(E)/多个(M)]:

基面选择...

03 选择直线AB，此时AB线所在面以虚线显示。命令行接着提示：

输入曲面选择选项 [下一个(N)/当前(OK)] <当前(OK)>: OK

04 按Enter键后，要求输入倒角距离，命令行提示如下：

指定基面的倒角距离 <0.0000>:100　　//输入100，按Enter键

指定其他曲面的倒角距离 <0.0000>:100　　//输入100，按Enter键

选择边或 [环(L)]:　　//选择AB边

选择边或 [环(L)]:　　//按Enter键

6.5 实例应用

下面就通过实际生活中的实例来讲解三维图形的基本操作。

6.5.1　实例1：石桌椅

本节用圆柱体命令绘制石桌，用阵列命令绘制石椅。效果如图6-21所示。

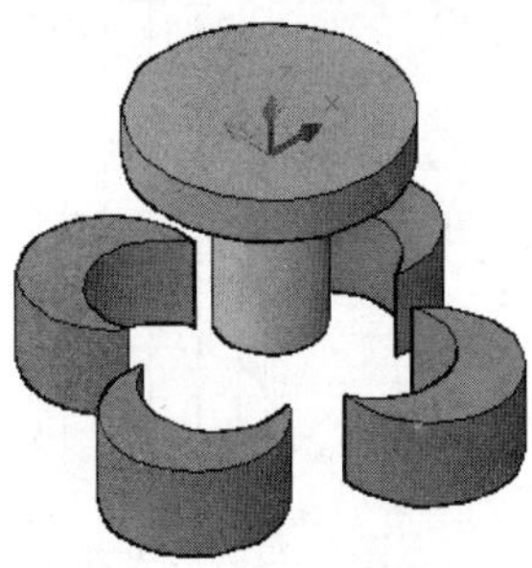

图6-21　石桌和石椅

01 在“文件”菜单中选择“新建”命令，创建一个新的文件。

02 选择“视图”→“三维视图”→“东南等轴测”菜单命令，调整视图。

03 单击“建模”工具栏中的按钮，绘制石桌支座，命令行提示如下：

```
命令: isolines                                    //在命令行输入isolines命令，设置网格线密度
输入 ISOLINES 的新值 <4>: 16                      //输入16
命令: _cylinder                                   //调用圆柱体命令
指定底面的中心点或 [三点(3P)/两点(2P)/相切、相切、半径(T)/椭圆(E)]:
                                                  //任意指定一点
指定底面半径或 [直径(D)] <80.0000>: 60            //圆柱半径
指定高度或 [两点(2P)/轴端点(A)] <-180.0000>: 200
                                                  //圆柱高度
```

04 选择"工具"→"新建UCS"→"三点"菜单命令，新建坐标系，将原点置于石桌支座顶面圆心，如图6-22所示。命令行提示如下：

```
命令: _ucs
当前 UCS 名称: *世界*
指定 UCS 的原点或 [面(F)/命名(NA)/对象(OB)/上一个(P)/视图(V)/世界(W)/X/Y/Z/Z 轴(ZA)] <世界
>: _3
指定新原点 <0,0,0>:                               //在顶面上的圆心处，指定新的坐标原点
在正 X 轴范围上指定点 <1.0000,0.0000,0.0000>:
                                                  //指定x轴范围
在 UCS XY 平面的正 Y 轴范围上指定点 <0.0333,0.9994,0.0000>:
                                                  //指定y轴范围
```

05 用圆柱体命令绘制桌面，消隐后效果如图6-23所示。命令行提示如下：

```
命令: _cylinder                                   //调用圆柱体命令绘制桌面
指定底面的中心点或 [三点(3P)/两点(2P)/相切、相切、半径(T)/椭圆(E)]:
                                                  //指定坐标原点为中心点
指定底面半径或 [直径(D)] <60.0000>: 150           //指定半径
指定高度或 [两点(2P)/轴端点(A)] <-200.0000>: -50  //指定高度
命令:
命令: _hide                                       //执行消隐命令
正在重生成模型。
```

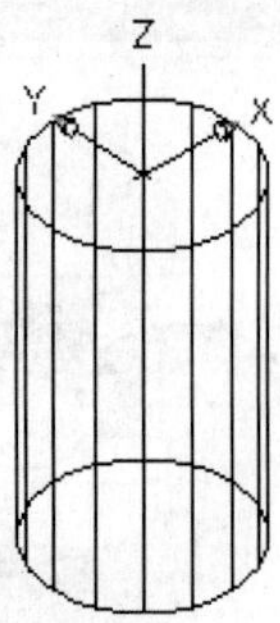

图6-22 改变坐标系位置

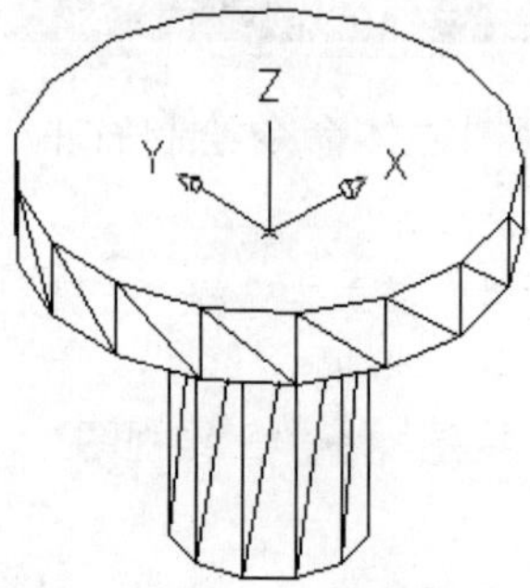

图6-23 石桌效果

06 单击“绘图”工具栏中的⊘按钮，以石桌支座底面中心为圆心，绘制一半径为180的辅助圆，来确定石椅的位置，如图6-24所示。

07 以此圆为基准来绘制两圆，并执行布尔运算“修改”→“实体编辑”→“差集”，最终效果如图6-25所示。命令行提示如下：

```
命令: _circle
指定圆的圆心或 [三点(3P)/两点(2P)/相切、相切、半径(T)]:
指定圆的半径或 [直径(D)] <180.0000>:                    //指定圆的半径
命令: _circle 指定圆的圆心或 [三点(3P)/两点(2P)/相切、相切、半径(T)]:
指定圆的半径或 [直径(D)] <180.0000>:                    //指定另外一圆的半径
命令: _region                                          //调用“面域”命令
选择对象: 找到 1 个                                     //选择第一个圆
选择对象:                                               //单击鼠标右键
已提取 1 个环。
已创建 1 个面域。
命令: _region
选择对象: 找到 1 个
选择对象:
已提取 1 个环。
已创建 1 个面域。
命令: _subtract
选择要从中减去的实体或面域...
选择对象: 找到 1 个
选择对象:
选择要减去的实体或面域 ..
选择对象: 找到 1 个
选择对象:
```

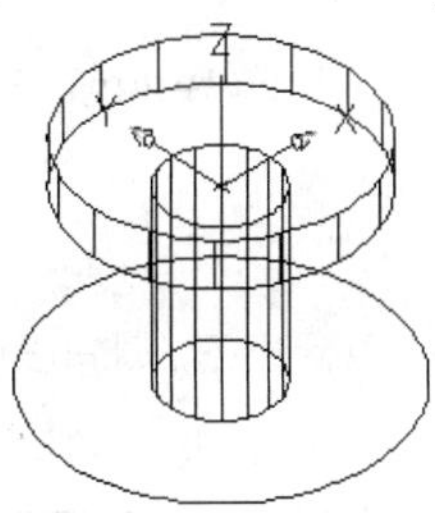

图6-24 绘制圆形基线

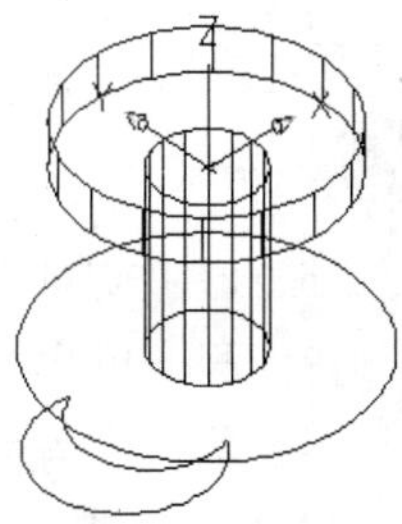

图6-25 绘制石凳轮廓

注意

在使用布尔运算之前，应先将两圆生成面域。

08 单击“建模”工具栏中的按钮，将月形轮廓拉伸，可得到如图6-26所示的石椅。命令行提示如下：

```
命令: _extrude                                    //调用拉伸命令
当前线框密度: ISOLINES=16
选择要拉伸的对象: 找到 1 个                        //选择布尔运算后的图形
选择要拉伸的对象:                                  //单击鼠标右键
指定拉伸的高度或 [方向(D)/路径(P)/倾斜角(T)] <50.0000>: 100
                                                  //指定拉伸高度
命令: facetres                                    //在命令行输入facetres命令，来改变图形的光滑度
```

输入 FACETRES 的新值 <0.5000>: 3　　　　//设置为3

命令： hide　　　　//执行消隐命令

正在重生成模型。

09 单击“修改”工具栏中的按钮，利用阵列命令排列石椅，效果如图6-27所示。

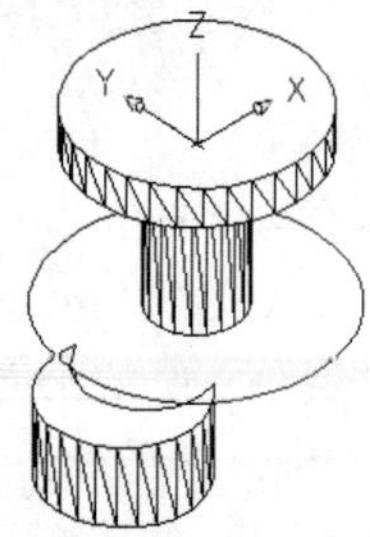

图6-26　拉伸石椅

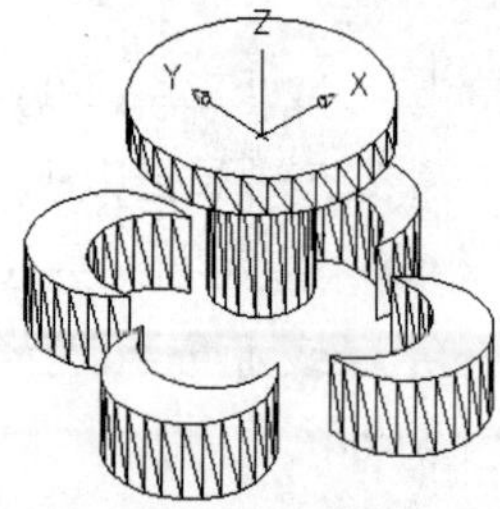

图6-27　阵列后效果

10 单击“实体编辑”工具栏中的按钮，对桌子进行着色，选择“视图”→“视觉样式”→“概念”菜单命令，最终效果如图6-21所示。

6.5.2 实例2：阳台

本节用长方体命令绘制阳台底面与侧面，用阵列命令绘制阳台栏杆，效果如图6-28所示。

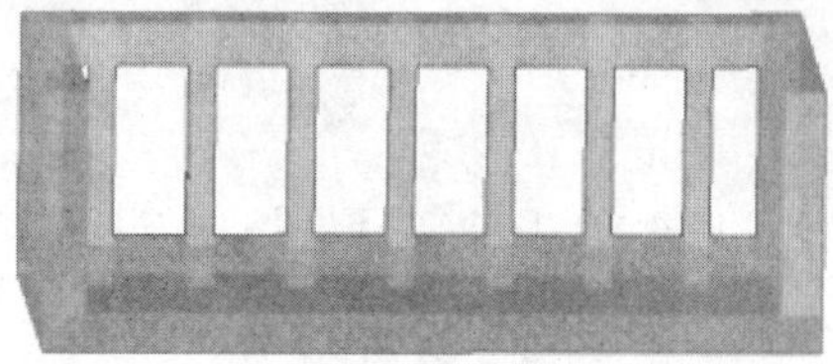

图6-28　阳台

01 在“文件”菜单中选择“新建”命令，创建一个新的文件。

02 利用矩形命令绘制一矩形，如图6-29所示。命令行提示如下：

命令：_rectang　　　　//调用矩形命令

指定第一个角点或 [倒角(C)/标高(E)/圆角(F)/厚度(T)/宽度(W)]:

指定另一个角点或 [面积(A)/尺寸(D)/旋转(R)]: @600,240　　　　//指定相对坐标

03 选择“视图”→“三维视图”→“东南等轴测”菜单命令，调整视图，调整后矩形如图6-30所示。

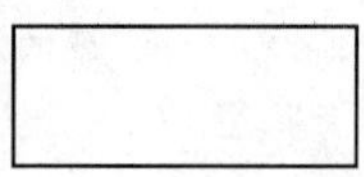

图6-29　二维图中的矩形

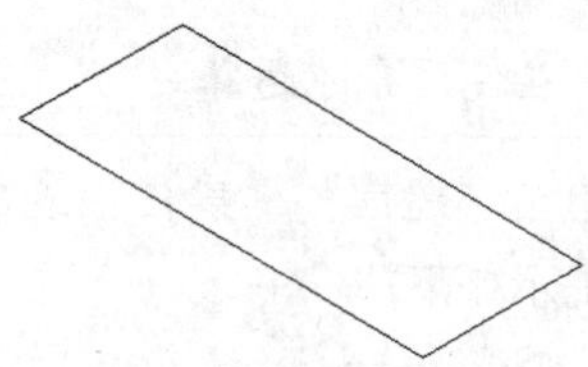

图6-30　三维图中的矩形

04 单击“建模”工具栏中的按钮，将矩形拉伸一定厚度。命令行提示如下：

命令：_extrude　　　　//调用拉伸命令

当前线框密度： ISOLINES=4

选择要拉伸的对象：找到 1 个　　　　//选择矩形

选择要拉伸的对象：　　　　//按Enter键或单击鼠标右键

指定拉伸的高度或 [方向(D)/路径(P)/倾斜角(T)] <450.0389>: 40　　//输入拉伸高度

05 单击“建模”工具栏中的按钮，利用长方体工具绘制阳台侧面。命令行提示如下：

命令: _box　　//调用长方体工具
指定第一个角点或 [中心(C)]:
指定其他角点或 [立方体(C)/长度(L)]: @750,60
指定高度或 [两点(2P)] <40.0000>: 40
命令: _copy　　//调用复制命令复制出阳台另一侧面
选择对象: 找到 1 个
选择对象:
当前设置: 复制模式 = 多个
指定基点或 [位移(D)/模式(O)] <位移>:
指定第二个点或 <使用第一个点作为位移>:
指定第二个点或 [退出(E)/放弃(U)] <退出>:

如图6-31所示为阳台的底面与侧面。

06 单击“绘图”工具栏中的按钮，绘制一矩形。命令行提示如下：

命令: _rectang
指定第一个角点或 [倒角(C)/标高(E)/圆角(F)/厚度(T)/宽度(W)]:
指定另一个角点或 [面积(A)/尺寸(D)/旋转(R)]:

07 利用“建模”工具栏中的拉伸命令，将矩形拉伸600，如图6-32所示。命令行提示如下：

命令: _extrude
当前线框密度: ISOLINES=4
选择要拉伸的对象: 找到 1 个
选择要拉伸的对象:
指定拉伸的高度或 [方向(D)/路径(P)/倾斜角(T)] <-591.8819>: 600

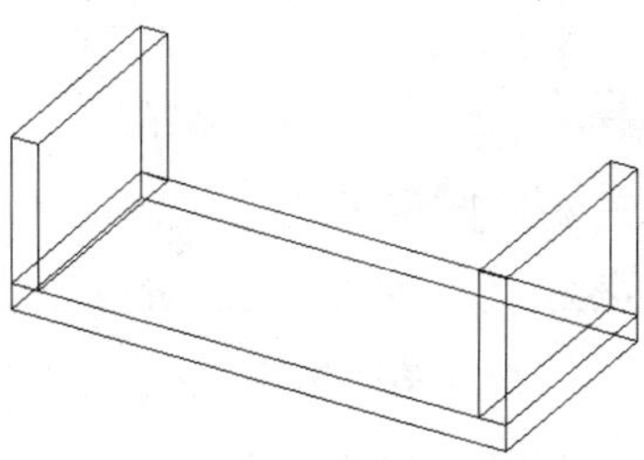

图6-31　阳台底面与侧面

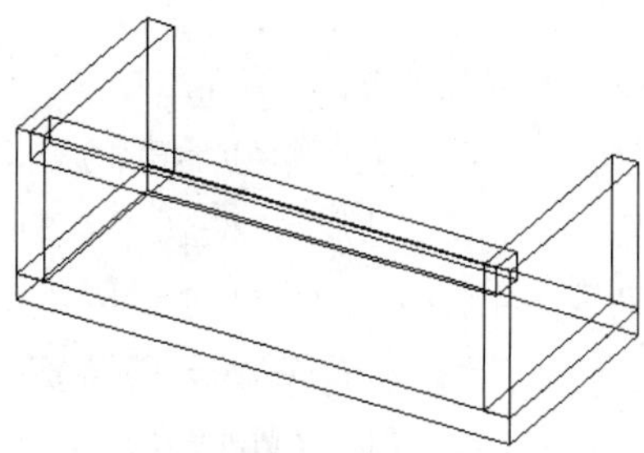

图6-32　阳台上侧护板

08 单击“建模”工具栏中的按钮，绘制栏杆，调整视图，如图6-33所示。

09 单击“修改”工具栏中的按钮，阵列后效果如图6-34所示。

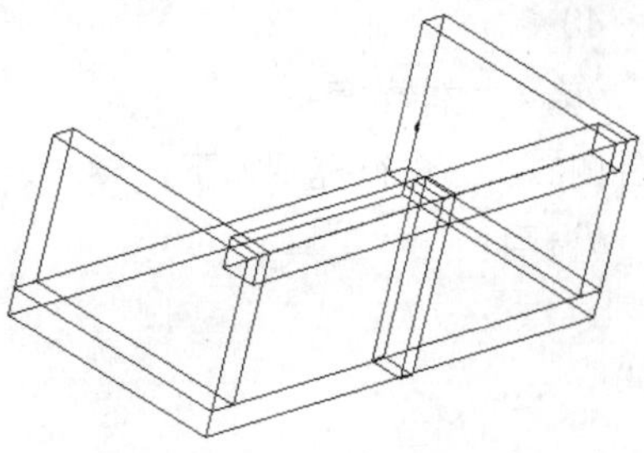

图6-33 绘制中间栏杆

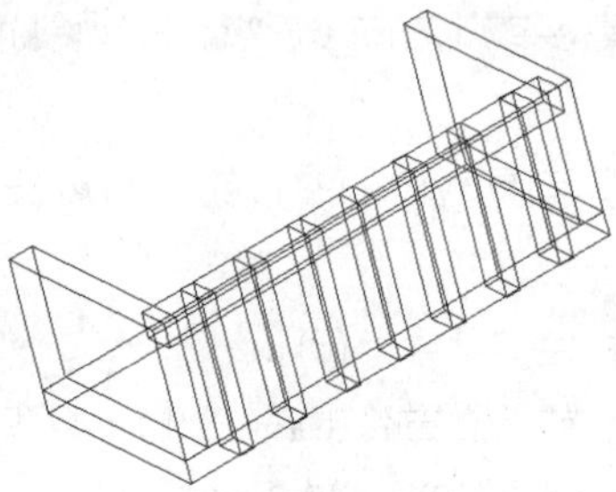

图6-34 绘制阳台栏杆

10 利用“材质”命令对阳台赋予材质。

11 选择“视图”→“渲染”→“渲染”菜单命令，得到如图6-35所示效果图。

图6-35 渲染后效果

6.5.3 实例3：板楼

本节利用多段线命令绘制墙体轮廓，利用拉伸命令将其拉伸一定高度。绘制墙体，然后用长方体命令绘制门窗洞。效果如图6-36所示。

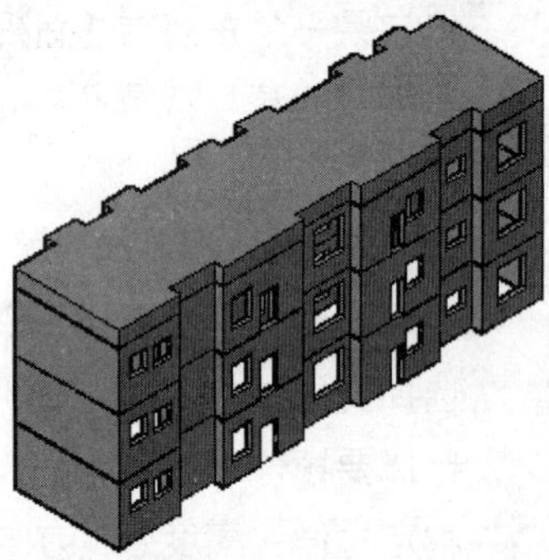

图6-36 板楼

01 在“文件”菜单中选择“新建”命令，创建一个新的文件。

02 单击“绘图”工具栏中的按钮，绘制房屋轮廓图，命令行提示如下：

命令：_pline

指定起点：

当前线宽为 0.0000

指定下一个点或 [圆弧(A)/半宽(H)/长度(L)/放弃(U)/宽度(W)]：<正交 开> @300,0

指定下一点或 [圆弧(A)/闭合(C)/半宽(H)/长度(L)/放弃(U)/宽度(W)]：@0,50

指定下一点或 [圆弧(A)/闭合(C)/半宽(H)/长度(L)/放弃(U)/宽度(W)]：@220,0

指定下一点或 [圆弧(A)/闭合(C)/半宽(H)/长度(L)/放弃(U)/宽度(W)]：@0,-50

指定下一点或 [圆弧(A)/闭合(C)/半宽(H)/长度(L)/放弃(U)/宽度(W)]：@400,0

指定下一点或 [圆弧(A)/闭合(C)/半宽(H)/长度(L)/放弃(U)/宽度(W)]：@0,50

指定下一点或 [圆弧(A)/闭合(C)/半宽(H)/长度(L)/放弃(U)/宽度(W)]：@280

指定下一点或 [圆弧(A)/闭合(C)/半宽(H)/长度(L)/放弃(U)/宽度(W)]：@280,0

指定下一点或 [圆弧(A)/闭合(C)/半宽(H)/长度(L)/放弃(U)/宽度(W)]：@0,-50

指定下一点或 [圆弧(A)/闭合(C)/半宽(H)/长度(L)/放弃(U)/宽度(W)]：@400,0

指定下一点或 [圆弧(A)/闭合(C)/半宽(H)/长度(L)/放弃(U)/宽度(W)]: @0,50
指定下一点或 [圆弧(A)/闭合(C)/半宽(H)/长度(L)/放弃(U)/宽度(W)]: @220,0
指定下一点或 [圆弧(A)/闭合(C)/半宽(H)/长度(L)/放弃(U)/宽度(W)]: @0,-50
指定下一点或 [圆弧(A)/闭合(C)/半宽(H)/长度(L)/放弃(U)/宽度(W)]: @300,0
指定下一点或 [圆弧(A)/闭合(C)/半宽(H)/长度(L)/放弃(U)/宽度(W)]: @0,520
指定下一点或 [圆弧(A)/闭合(C)/半宽(H)/长度(L)/放弃(U)/宽度(W)]: @-150,0
指定下一点或 [圆弧(A)/闭合(C)/半宽(H)/长度(L)/放弃(U)/宽度(W)]: @0,50
指定下一点或 [圆弧(A)/闭合(C)/半宽(H)/长度(L)/放弃(U)/宽度(W)]: @-120,0
指定下一点或 [圆弧(A)/闭合(C)/半宽(H)/长度(L)/放弃(U)/宽度(W)]: @0,-50
指定下一点或 [圆弧(A)/闭合(C)/半宽(H)/长度(L)/放弃(U)/宽度(W)]: @-100,0
指定下一点或 [圆弧(A)/闭合(C)/半宽(H)/长度(L)/放弃(U)/宽度(W)]: @0,50
指定下一点或 [圆弧(A)/闭合(C)/半宽(H)/长度(L)/放弃(U)/宽度(W)]: @-120,0
指定下一点或 [圆弧(A)/闭合(C)/半宽(H)/长度(L)/放弃(U)/宽度(W)]: @0,-50
指定下一点或 [圆弧(A)/闭合(C)/半宽(H)/长度(L)/放弃(U)/宽度(W)]: @-320,0
指定下一点或 [圆弧(A)/闭合(C)/半宽(H)/长度(L)/放弃(U)/宽度(W)]: @0,50
指定下一点或 [圆弧(A)/闭合(C)/半宽(H)/长度(L)/放弃(U)/宽度(W)]: @-160,0
指定下一点或 [圆弧(A)/闭合(C)/半宽(H)/长度(L)/放弃(U)/宽度(W)]: @0,-50
指定下一点或 [圆弧(A)/闭合(C)/半宽(H)/长度(L)/放弃(U)/宽度(W)]: @-120,0
指定下一点或 [圆弧(A)/闭合(C)/半宽(H)/长度(L)/放弃(U)/宽度(W)]: @0,50
指定下一点或 [圆弧(A)/半宽(H)/长度(L)/放弃(U)/宽度(W)]: @-160,0
指定下一点或 [圆弧(A)/闭合(C)/半宽(H)/长度(L)/放弃(U)/宽度(W)]: @0,-50
指定下一点或 [圆弧(A)/闭合(C)/半宽(H)/长度(L)/放弃(U)/宽度(W)]: @-240,0
指定下一点或 [圆弧(A)/闭合(C)/半宽(H)/长度(L)/放弃(U)/宽度(W)]: @0,50
指定下一点或 [圆弧(A)/闭合(C)/半宽(H)/长度(L)/放弃(U)/宽度(W)]: @-140,0
指定下一点或 [圆弧(A)/闭合(C)/半宽(H)/长度(L)/放弃(U)/宽度(W)]: @0,-50
指定下一点或 [圆弧(A)/闭合(C)/半宽(H)/长度(L)/放弃(U)/宽度(W)]: @-140,0
指定下一点或 [圆弧(A)/闭合(C)/半宽(H)/长度(L)/放弃(U)/宽度(W)]: @0,50
指定下一点或 [圆弧(A)/闭合(C)/半宽(H)/长度(L)/放弃(U)/宽度(W)]: @-140,0
指定下一点或 [圆弧(A)/闭合(C)/半宽(H)/长度(L)/放弃(U)/宽度(W)]: @0,-50
指定下一点或 [圆弧(A)/闭合(C)/半宽(H)/长度(L)/放弃(U)/宽度(W)]: @-210,0
指定下一点或 [圆弧(A)/闭合(C)/半宽(H)/长度(L)/放弃(U)/宽度(W)]: c

03 单击“修改”工具栏中的按钮，将上一步中绘制的轮廓线向内侧偏移24个单位，如图6-37所示。

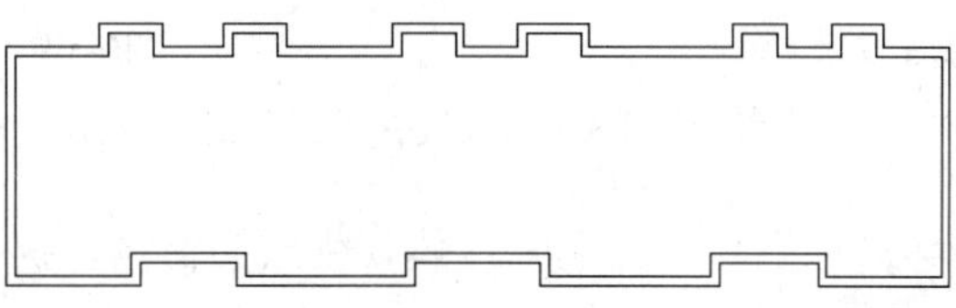

图6-37　绘制墙线

命令行提示如下：

命令: _offset　　//调用偏移命令

当前设置: 删除源=否　图层=源　OFFSETGAPTYPE=0

指定偏移距离或 [通过(T)/删除(E)/图层(L)] <10.0000>: 24　　//指定偏移距离

选择要偏移的对象，或 [退出(E)/放弃(U)] <退出>:

指定要偏移的那一侧上的点，或 [退出(E)/多个(M)/放弃(U)] <退出>:

选择要偏移的对象，或 [退出(E)/放弃(U)] <退出>:

04 选择“视图”→“三维视图”→“西南等轴测”菜单命令，改变为三维视图。

05 单击“建模”工具栏中的按钮，墙线拉伸一定高度，命令行提示如下：

命令: _extrude

当前线框密度: ISOLINES=4

选择要拉伸的对象: 找到 1 个

选择要拉伸的对象: 找到 1 个，总计 2 个

选择要拉伸的对象:

指定拉伸的高度或 [方向(D)/路径(P)/倾斜角(T)]: 280

执行“消隐”命令后，效果如图6-38所示。

06 由于房屋中间有空间，因此要将内部抽去。单击“建模”工具栏中布尔运算的“差集”按钮，命令行提示如下：

命令: _subtract

选择要从中减去的实体或面域...

选择对象: 找到 1 个　　//选择外面的轮廓

选择对象:　　//按Enter键或单击鼠标右键

选择要减去的实体或面域 ..

选择对象: 找到 1 个　　//选择要减去的实体，即内部轮廓

07 对其执行消隐命令，则可得到如图6-39所示效果。

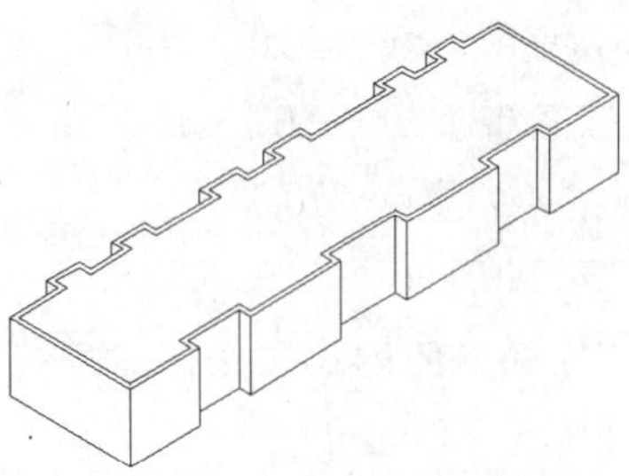

图6-38　消隐后效果

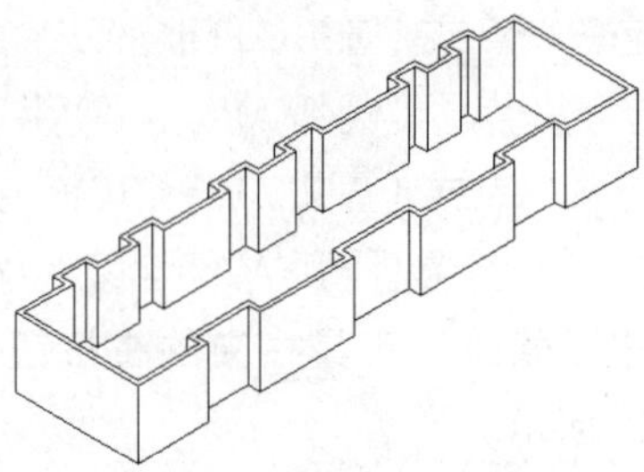

图6-39　抽去中心后效果

08 利用长方体命令在底层墙体中绘制80×100×20的窗洞和100×180×20的门洞。

09 利用布尔运算中的差集命令删除门窗洞长方体，生成门窗洞，执行“消隐”命令，效果如图6-40所示。

10 利用复制命令绘制其他楼层，如图6-41所示。

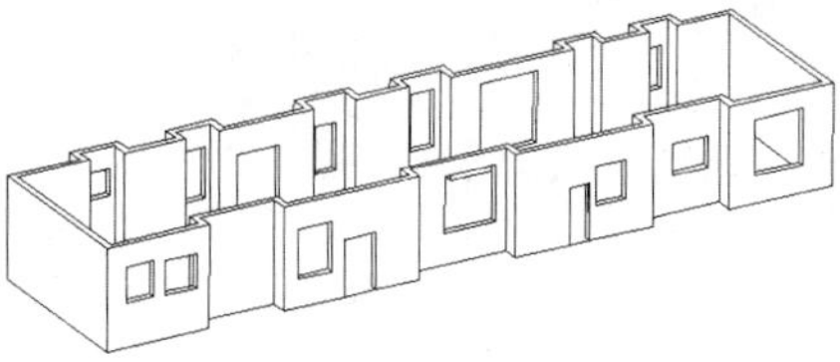

图6-40 生成门窗洞

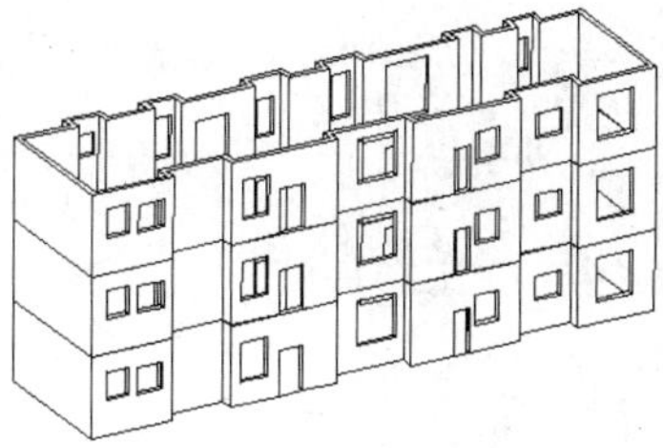

图6-41 复制出其他楼层

11 单击“绘图”工具栏中的按钮，绘制屋顶，然后利用“拉伸”命令拉伸一定的高度。命令行提示如下：

命令：_extrude

当前线框密度： ISOLINES=4

选择要拉伸的对象：找到 1 个

选择要拉伸的对象：

指定拉伸的高度或 [方向(D)/路径(P)/倾斜角(T)] <652.4406>: 80

结果如图6-42所示。

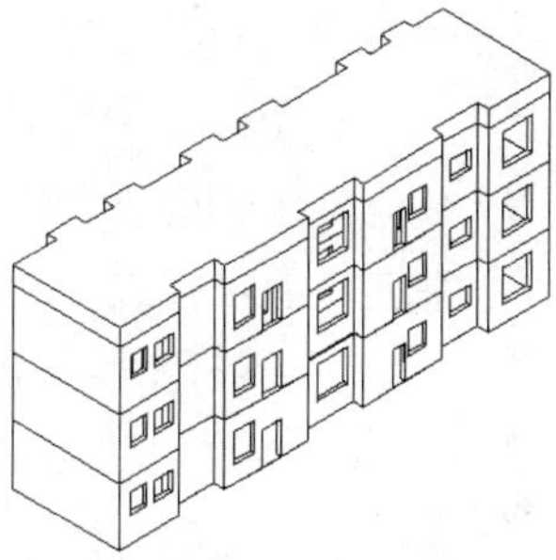

图6-42 绘制屋顶

6.5.4 实例4：走廊

本节利用长方体命令绘制走廊地基，用圆柱体命令绘制走廊上的支柱，最后利用多段线及拉伸命令将其拉伸一定宽度。效果如图6-43所示。

01 在“文件”菜单中选择“新建”命令，创建一个新的文件。

02 选择“视图”→“三维视图”→“西南等轴测”菜单命令。

03 单击“建模”工具栏中的按钮，绘制长方体，如图6-44所示。命令行提示如下：

命令：_box

指定第一个角点或 [中心(C)]: 0,0,0

指定其他角点或 [立方体(C)/长度(L)]: @480,200,0

指定高度或 [两点(2P)]: 80

04 以（0,40,40）为起始点，绘制一个480×120×40的长方体，命令行提示如下：

命令：_box

指定第一个角点或 [中心(C)]: 0,40,40

指定其他角点或 [立方体(C)/长度(L)]: l

指定长度 <480.0000>: <正交 开> 480

指定宽度 <156.5011>: 120

指定高度或 [两点(2P)] <26.7180>: 40

05 利用布尔运算中的“差集”命令减去第二个长方 体，结果如图6-45所示。

图6-43 走廊

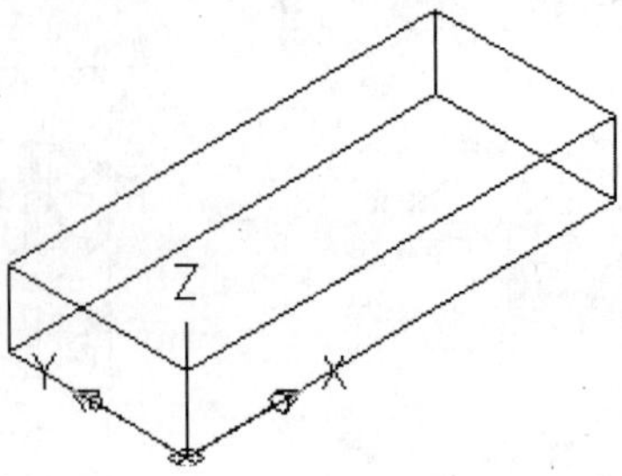

图6-44 绘制长方体

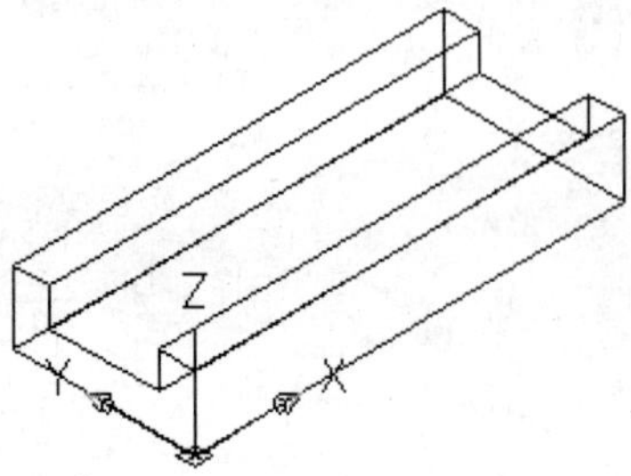

图6-45 减去中间部分

06 单击“建模”工具栏中的按钮，绘制支柱，如图6-46所示。命令行提示如下：

命令: _cylinder

指定底面的中心点或 [三点(3P)/两点(2P)/相切、相切、半径(T)/椭圆(E)]: 80,20,80

指定底面半径或 [直径(D)] <20.0000>: 20

指定高度或 [两点(2P)/轴端点(A)] <360.0000>: 360

07 单击“修改”工具栏中的按钮，设置阵列参数为4，得到如图6-47所示效果。

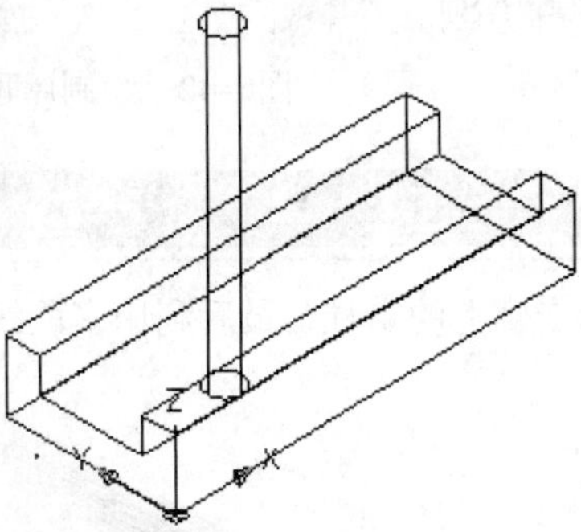

图6-46 绘制支柱

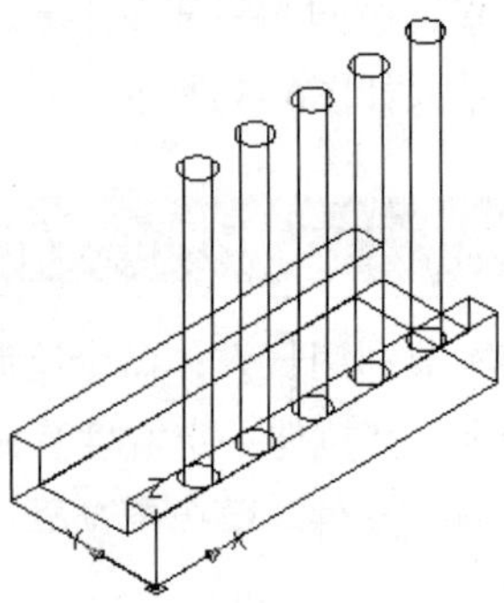

图6-47 阵列后效果

08 单击“修改”工具栏中的按钮，镜像出另一侧的走廊支柱，如图6-48所示。命令行提示如下：

命令: _mirror //调用镜像命令

选择对象: 找到 1 个 //选择圆柱体

选择对象: 找到 1 个，总计 2 个

选择对象: 找到 1 个，总计 3 个

选择对象: 找到 1 个，总计 4 个

选择对象: 找到 1 个，总计 5 个

选择对象: //按Enter键

指定镜像线的第一点: 指定镜像线的第二点: //指定长方体中线为镜像线

要删除源对象吗? [是(Y)/否(N)] <N>: //按Enter键

09 选择“左视”命令，绘制如图6-49所示的多段线。

10 返回“西南等轴测”视图，单击按钮，将多段线拉伸480，如图6-50所示。命令行提示如下：

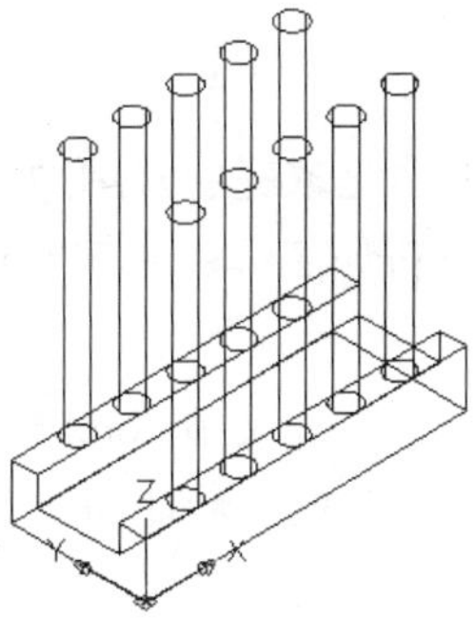
图6-48 镜像后效果

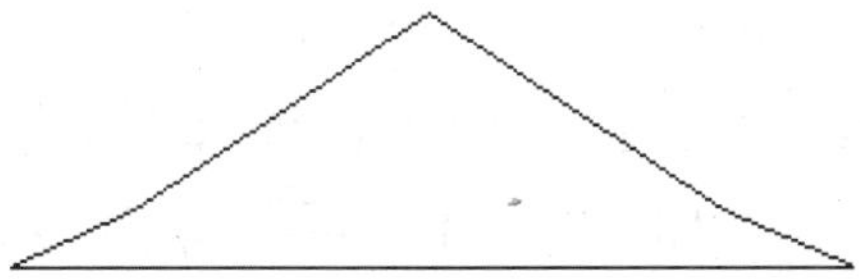
图6-49 多段线

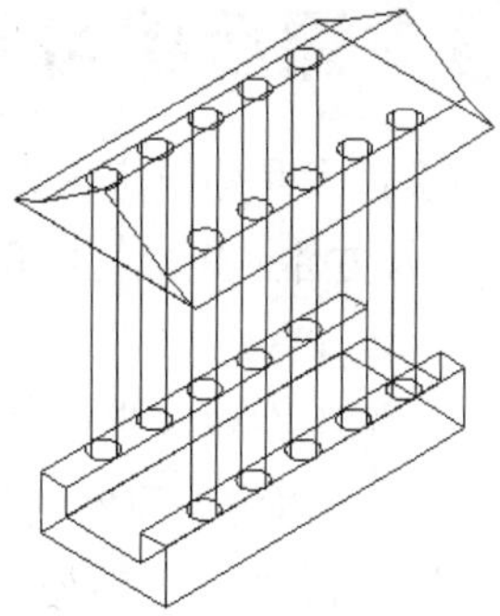
图6-50 绘制走廊顶部

命令: _extrude

当前线框密度: ISOLINES=4

选择要拉伸的对象: 找到 1 个

选择要拉伸的对象:

指定拉伸的高度或 [方向(D)/路径(P)/倾斜角(T)] <-480.0000>: 480

11 单击“实体编辑”工具栏中的按钮，对走廊表面进行着色，选择颜色如图6-51所示。

12 对各个面进行着色后，选择“视图”→“视觉样式”→“概念”菜单命令，效果如图6-52所示。

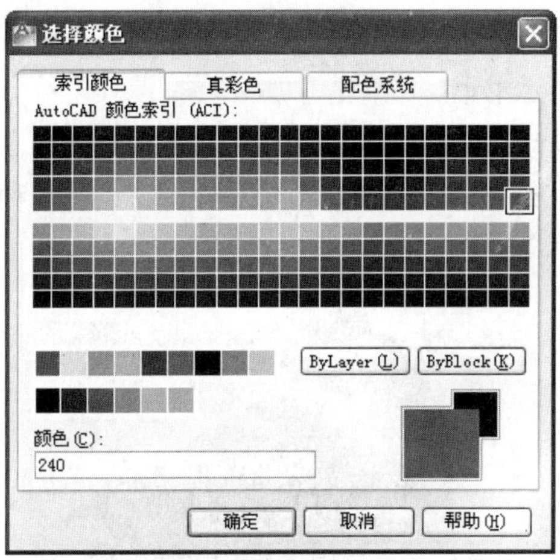

图6-51 “选择颜色”对话框

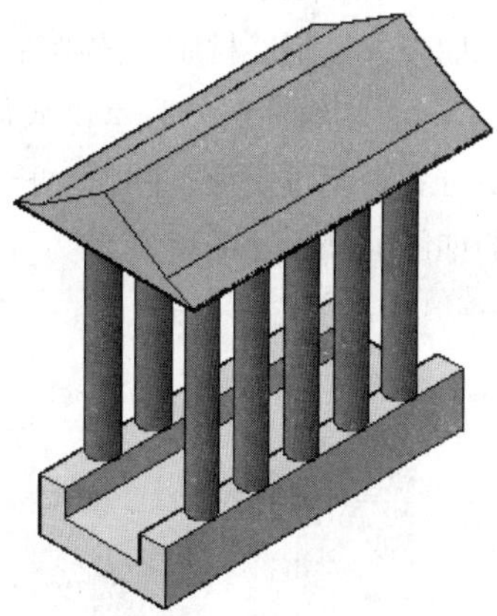
图6-52 着色后效果

13 选择“视图”→“渲染”→“渲染”菜单命令，对该图形进行渲染，可得到图6-43所示效果。

6.6 本章小结

本章主要讲解了AutoCAD中三维实体的操作，最后通过几个实例的绘制来巩固对三维命令的使用。通过本章的学习，读者应该熟练掌握常用命令的使用方法。

6.7 课后练习

（1）沙发是建筑室内设计和工业设计中很重要的一种家具，同样也是家庭中常用的家具之一，利用长方体、矩形、圆角、拉伸面、材质、材质库、渲染等命令进行如图6–53所示沙发模型的绘制。

（2）鞋架在建筑室内设计和工业设计中的设计空间非常开阔，虽然看起来很不起眼，但一个好的设计可以为居家室内增添很大的色彩。利用多段线、矩形、正多边形、拉伸面、三维旋转、三维阵列、材质、渲染等命令进行如图6–54所示三维鞋架的绘制。

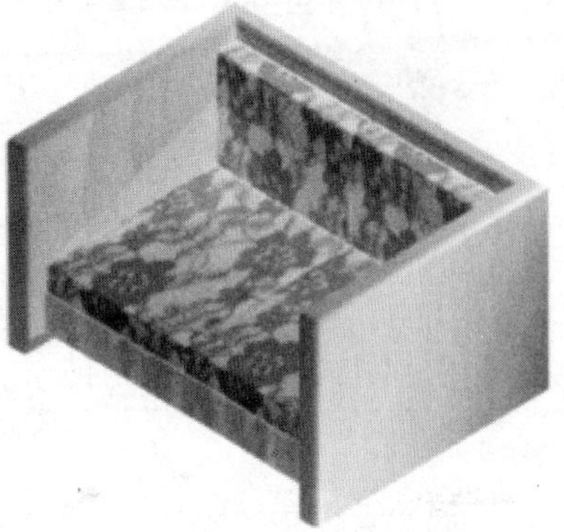

图6–53　沙发模型

图6–54　鞋架三维造型

（3）书桌的样式多种多样，是人们办公和学习必不可少的家具之一。通过利用长方体、圆环、抽壳、复制、材质、渲染等命令，绘制如图6–55所示书桌。

（4）床作为居家卧室供人们休息的家具，它的设计在建筑室内设计和工业设计中同样占有重要位置。通过矩形、圆弧、长方体、偏移、修剪、三维旋转、材质、渲染等命令，绘制一种简单的如图6–56所示的单人床。

图6–55　三维书桌

图6–56　床

第7章 建筑总平面图

本章内容提示

建筑总平面图是建筑施工图的一部分，它是在建筑区域上空向地面投影所形成的水平投影图。本章将绘制一幅完整的建筑图，体会绘制一幅建筑图的过程、步骤和方法。通过本章的学习，应熟练掌握建筑总平面图的基本绘制与要求。

学习要点

- □ 建筑总平面图的概述
- □ 建筑总平面图的图例表示
- □ 建筑总平面图的绘制过程

7.1 概述、内容和绘制要求

建筑总平面图又称为总平面图，是正投影在水平投影面上产生的图像，表明建筑地域内的自然环境和规划设计状况，是一项建筑工程的整体布局。总平面图指人们从上面俯瞰建筑物或景象所获得的视图，用以描述地面上的建筑物或建筑群在周围环境中的位置和方向。在绘制建筑总平面图之前，首先介绍一下建筑总平面图的相关知识。

7.1.1 建筑总平面图的概述

建筑总平面图是利用水平投影法和相应的图例将拟建建筑物四周一定范围的建筑物和周边的地形状况表现出来的图纸。总平面图给出了新建筑物的位置、朝向、占地范围、相互间距、室外场地和道路布置、绿化配置，场地的形状、大小、朝向、地形，地貌、标高以及原有建筑物和周围环境之间的关系的情况等信息。

总平面图中表示建筑物等的符号，均采用国家标准《建筑制图标准》中规定的图例来表示。对于《建筑制图标准》中没有或平时少用的图例，则在图中另加图例表示：

- 对于地势有起伏的地方，在总平面图中应画上表示地形的等高线。
- 对于较大范围的地区，则加上坐标方格网来表示建筑物等的位置。
- 在地形有起伏的基地上布置建筑物和道路时，应注意结合地形，以减少土石方工程。

7.1.2 建筑总平面图的绘制内容

建筑总平面图主要包括以下部分。

- 图名和比例。
- 建筑地域的环境状况，包括地理环境、用地范围地形、原有建筑物、构筑物、道路和管网等。

- 新建区域的布置情况，包括原有建筑物、道路和绿化等的布置，建筑物的层数，新建建筑物的位置等。
- 新建建筑物的相关尺寸，包括首层室内地面、室外整平地面和道路的绝对标高及新建建筑物的距离尺寸等。
- 新建建筑物的朝向和风向，即标明指北针和当地的风玫瑰。风玫瑰是根据当地的风向资料将全年中不同的吹风频率用同一比例绘制在十六方位线上连接而成的。

7.1.3 建筑总平面图的绘制要求

建筑总平面图的绘制要求具体如下所示。

- 比例：总平面图常用的比例有1:500，1:1000，1:2000等。
- 图例：总平面图中图例表示基地范围内的总体布置，包括各新建建筑物和构筑物的位置，道路、广场、室外场地和绿化等的布置情况以及建筑物的层数等。此外，对于《建筑制图标准》中没有而自制的图例，必须在总平面图中绘制清楚，并注明其名称。
- 图线：新建房屋的可见轮廓用粗实线绘制，新建的道路、桥梁、涵洞、围墙等用中实线绘制，计划扩建的建筑物用虚线绘制，原有的建筑物、道路以及坐标网、尺寸线、引用线等用细实线绘制。
- 层数：建筑物的层数用小圆点标注在建筑物的轮廓线内，如建筑物建筑层数为6层，则在建筑物的轮廓线的右上角标注6个小圆点即可，也可以用文字的形式标明在建筑物的轮廓线内。
- 标高：注明新建房屋底层室内地面和室外整平地坪的绝对标高，在地势平坦的地区，有时也可只在施工说明中注写。
- 尺寸标注：总平面图中的距离、标高以及坐标尺寸宜以m为单位。

7.1.4 建筑总平面图的绘制步骤

绘制建筑总平面图的一般步骤如下：

01 设置绘图环境。

02 绘制道路。

03 绘制各种建筑物。

04 绘制建筑物周边局部和绿化的细节。

05 标注必要的尺寸。

06 完成必要的文字说明。

07 添加图框和标题。

下面将通过绘制一个建筑总平面图的实例来对绘制过程进行详细的介绍。如图7-1所示为某住宅的建筑总平面图。

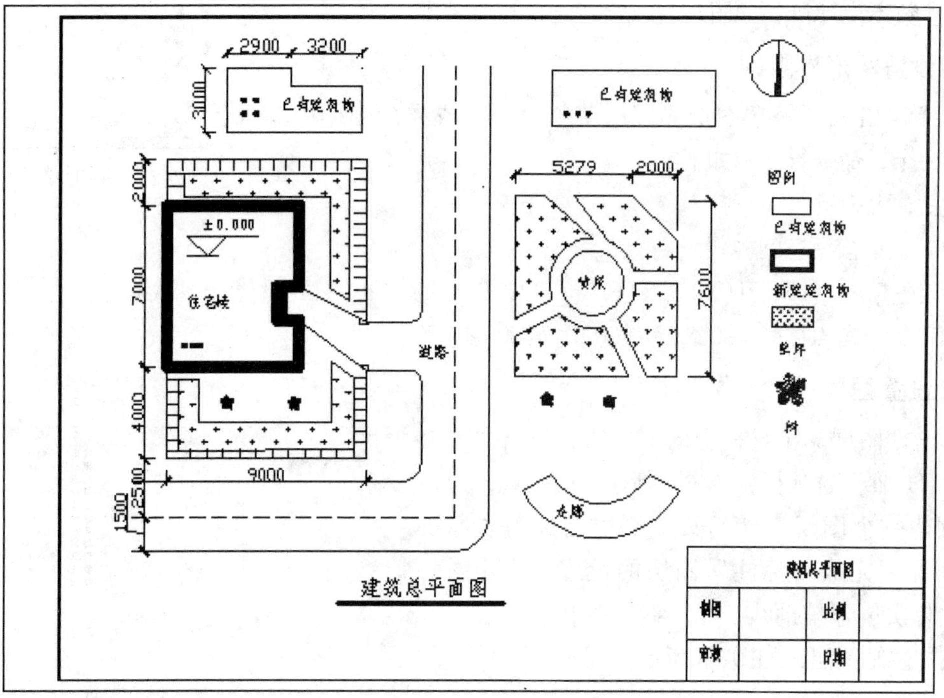

图7-1　某住宅的建筑总平面图

7.2 绘制过程

通过前面的学习，已经知道了绘制建筑总平面图的方法和步骤，下面进行建筑总平面图的绘制。

7.2.1　设置绘图环境

绘制之前，首先要设置好绘图环境。设置绘图环境主要包括：设置图形界限，设置绘图单位，设置图层，设置文字样式及设置标注样式等，下面分别进行介绍。

1. 新建图形文件

运行AutoCAD 2012程序，选择“文件”→“新建”菜单命令，或单击“标准”工具栏中的□按钮，弹出“选择样板”对话框，如图7-2所示。采用系统默认值，单击“打开”按钮，即可新建一个图形文件。

图7-2　“选择样板”对话框

2. 设置单位

在绘制建筑立平面图时，一般采用mm为基本单位，精度选用0。

选择“格式”→“单位”菜单命令，在弹出的“图形单位”对话框“长度”选项组的“精度”下拉列表中选择0，其他设置保持系统默认参数不变即可，如图7–3所示。

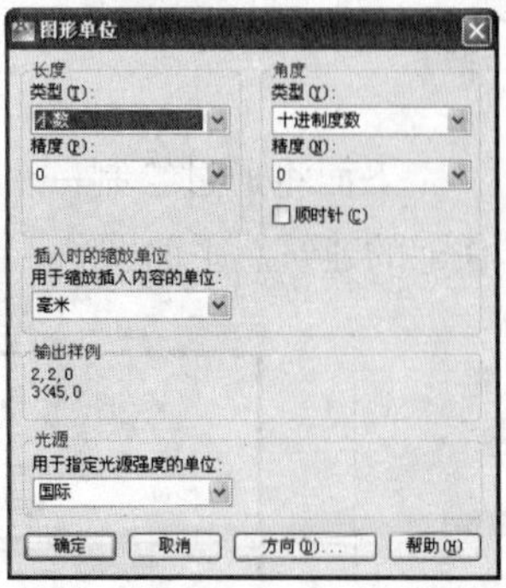

图7–3　“图形单位”对话框

3. 设置图形界限

选择“格式”→“图形界限”菜单命令，或在命令行中输入LIMITS命令，命令行提示如下：

```
命令: limits
重新设置模型空间界限:
指定左下角点或 [开(ON)/关(OFF)] <0.0000,0.0000>:   //按Enter键采用默认值
指定右上角点 <420.0000,297.0000>: 42000,29700
```

4. 设置图层

单击“图层”工具栏上的按钮，弹出“图层特性管理器”选项板，单击“新建”按钮，为轴线创建一个图层，然后设置图层名称为“标注”，即可完成“标注”图层的设置。采用同样方法依次创建辅助线、中心线、绿化、围墙、其他及标注等图层，如图7–4所示。

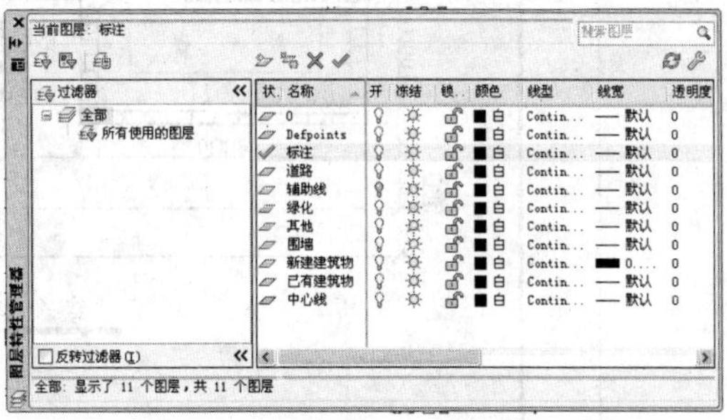

图7–4　“图层特性管理器”选项板

5. 设置文字样式

选择“格式”→“文字样式”菜单命令，弹出“文字样式”对话框，新建一个“文字”文字样式，在“字体名”的下拉列表中选择“仿宋_GB2312”，其他均采用默认值，如图7–5所示。

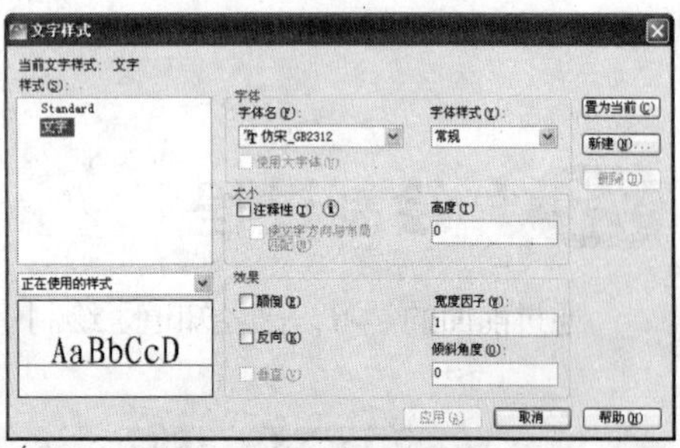

图7–5　设置文字样式

6. 设置标注样式

选择“格式”→“标注样式”菜单命令，弹出“标注样式”对话框。新建一个“标注”文字样式，在“线”选项卡中设置“起点偏移量”设为5；在“符号和箭头”选项卡中设置“箭头”为“建筑标记”；“调整”选项卡将“使用全局比例”设为100，“主单位”选项卡“线性标注”的精度设为0；其他设置保持系统默认参数不变即可，如图7–6所示。

图7-6　“新建标注样式”对话框

注意

在绘图过程中，根据实际需要，仍然可以对图形单位、界限、图层等进行重新设置。

7.2.2 绘制辅助线

辅助线用来在绘图时准确定位，其绘制步骤如下所示。

01 选择“绘图”→“缩放”→“全部”菜单命令，将图形显示在绘图区。

02 将“辅助线”层设置为当前层，打开“正交”模式。

03 选择“格式”→“线型”菜单命令，在弹出的“线型管理器”对话框中单击“加载”按钮加载线型Dashdot，单击“确定”按钮后可以看到线型已经被加载进来，如图7-7所示。

04 利用“直线”命令绘制长15000的水平辅助线和长2000的垂直辅助线。

05 利用“偏移”命令将水平辅助线依次向上偏移2500、4000、9000、4000个单位。

06 利用“偏移”命令将垂直辅助线依次向右偏移1500、9000、4000个单位。绘制好的辅助线如图7-8所示。命令行提示如下：

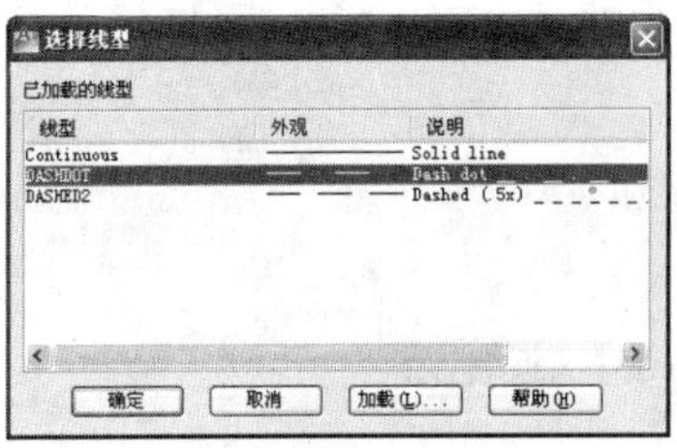

图7-7 加载线型Dashdot

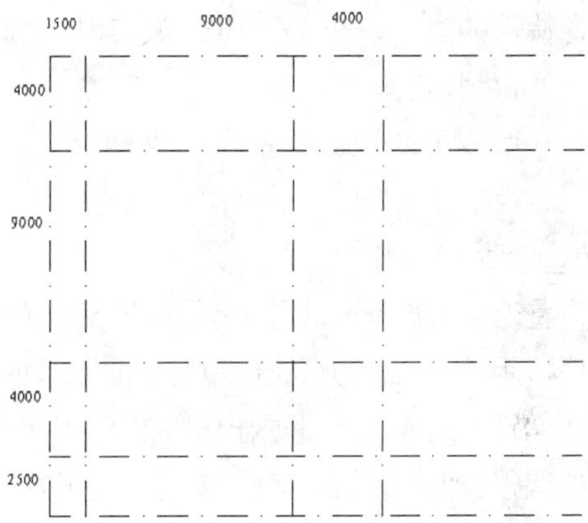

图7-8 绘制好的辅助线

```
命令: _line 指定第一点:                                                  //调用直线命令
指定下一点或 [放弃(U)]:
指定下一点或 [放弃(U)]:
命令: _offset                                                            //调用偏移命令
当前设置: 删除源=否  图层=源  OFFSETGAPTYPE=0
指定偏移距离或 [通过(T)/删除(E)/图层(L)] <1000>:  2500
选择要偏移的对象，或 [退出(E)/放弃(U)] <退出>:                           //选择水平辅助线
指定要偏移的那一侧上的点，或 [退出(E)/多个(M)/放弃(U)] <退出>:           //指定向上偏移
选择要偏移的对象，或 [退出(E)/放弃(U)] <退出>:
命令: _offset
当前设置: 删除源=否  图层=源  OFFSETGAPTYPE=0
指定偏移距离或 [通过(T)/删除(E)/图层(L)] <2500>:  4000
```

```
选择要偏移的对象，或 [退出(E)/放弃(U)] <退出>:          //选择上一条直线
指定要偏移的那一侧上的点，或 [退出(E)/多个(M)/放弃(U)] <退出>:
                                                          //指定向上偏移
选择要偏移的对象，或 [退出(E)/放弃(U)] <退出>:
命令: _offset
当前设置: 删除源=否  图层=源  OFFSETGAPTYPE=0
指定偏移距离或 [通过(T)/删除(E)/图层(L)] <4000>:  9000
选择要偏移的对象，或 [退出(E)/放弃(U)] <退出>:
指定要偏移的那一侧上的点，或 [退出(E)/多个(M)/放弃(U)] <退出>:
选择要偏移的对象，或 [退出(E)/放弃(U)] <退出>:
命令: _offset
当前设置: 删除源=否  图层=源  OFFSETGAPTYPE=0
指定偏移距离或 [通过(T)/删除(E)/图层(L)] <9000>:  4000
选择要偏移的对象，或 [退出(E)/放弃(U)] <退出>:
指定要偏移的那一侧上的点，或 [退出(E)/多个(M)/放弃(U)] <退出>:
选择要偏移的对象，或 [退出(E)/放弃(U)] <退出>:
命令: _line 指定第一点:                                   //调用直线命令，绘制垂直辅助线
指定下一点或 [放弃(U)]:
指定下一点或 [放弃(U)]:
命令: _offset                                             //调用偏移命令向右偏移垂直辅助线
当前设置: 删除源=否  图层=源  OFFSETGAPTYPE=0
指定偏移距离或 [通过(T)/删除(E)/图层(L)] <4000>:  1500
选择要偏移的对象，或 [退出(E)/放弃(U)] <退出>:
指定要偏移的那一侧上的点，或 [退出(E)/多个(M)/放弃(U)] <退出>:
选择要偏移的对象，或 [退出(E)/放弃(U)] <退出>:
命令: _offset
当前设置: 删除源=否  图层=源  OFFSETGAPTYPE=0
指定偏移距离或 [通过(T)/删除(E)/图层(L)] <1500>:  9000
选择要偏移的对象，或 [退出(E)/放弃(U)] <退出>:
指定要偏移的那一侧上的点，或 [退出(E)/多个(M)/放弃(U)] <退出>:
选择要偏移的对象，或 [退出(E)/放弃(U)] <退出>:
命令: _offset
当前设置: 删除源=否  图层=源  OFFSETGAPTYPE=0
指定偏移距离或 [通过(T)/删除(E)/图层(L)] <9000>:  4000
选择要偏移的对象，或 [退出(E)/放弃(U)] <退出>:
指定要偏移的那一侧上的点，或 [退出(E)/多个(M)/放弃(U)] <退出>:
选择要偏移的对象，或 [退出(E)/放弃(U)] <退出>:
```

7.2.3　绘制道路

建筑总平面图的道路绘制步骤如下所示。

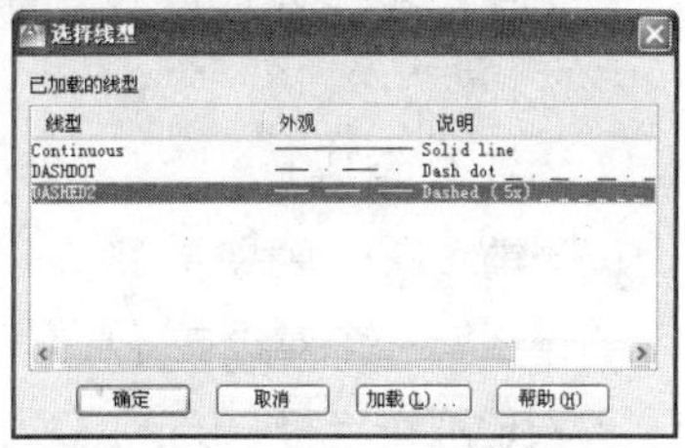

图7-9　加载线型Dashed2

01 将“道路”层设置为当前层，打开“对象捕捉”功能。

02 选择“格式”→“线型”菜单命令，打开“线型管理器”对话框，在该对话框中加载线型Dashed2，如图7-9所示。

03 单击“确定”按钮后，利用多段线命令使用此线型绘制中心线。命令行提示如下：

命令：_pline　　//调用多段线命令
指定起点：　　//捕捉辅线的端点，指定为起点
当前线宽为 0
指定下一个点或 [圆弧(A)/半宽(H)/长度(L)/放弃(U)/宽度(W)]：@0, -19500
指定下一点或 [圆弧(A)/闭合(C)/半宽(H)/长度(L)/放弃(U)/宽度(W)]：@-13983, 0
指定下一点或 [圆弧(A)/闭合(C)/半宽(H)/长度(L)/放弃(U)/宽度(W)]：

04 单击“修改”工具栏中的按钮，偏移出道路线，并将道路线型改为Coutinuous，如图7-10所示。命令行提示如下：

命令：_offset　　//调用“偏移”命令
当前设置：删除源=否　图层=源　OFFSETGAPTYPE=0
指定偏移距离或 [通过(T)/删除(E)/图层(L)] <4000>：1500　　//设置偏移距离
选择要偏移的对象，或 [退出(E)/放弃(U)] <退出>：　　//选择中心线
指定要偏移的那一侧上的点，或 [退出(E)/多个(M)/放弃(U)] <退出>：
//单击中心线内侧，向内偏移
选择要偏移的对象，或 [退出(E)/放弃(U)] <退出>：　　//选择中心线
指定要偏移的那一侧上的点，或 [退出(E)/多个(M)/放弃(U)] <退出>：
//单击中心线外侧，向外偏移
选择要偏移的对象，或 [退出(E)/放弃(U)] <退出>：　　//按Enter键

05 利用分解命令将多段线分解，并单击“修改”工具栏中的按钮，对道路线进行倒圆角，绘制出拐角处的弯道，如图7-11所示。命令行提示如下：

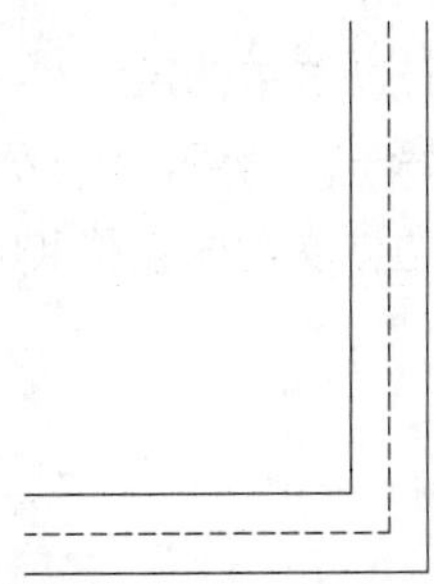

图7-10　偏移出道路线

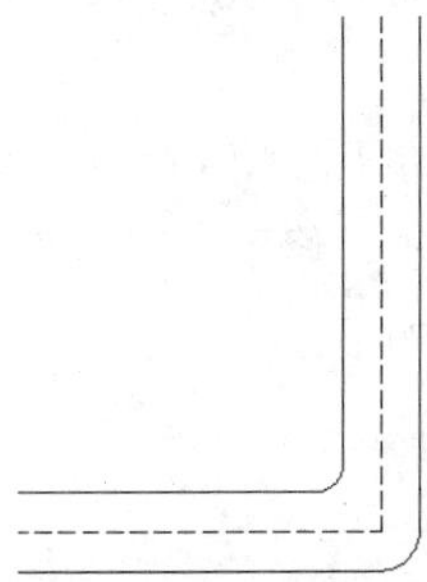

图7-11　圆角后的效果

```
命令: _explode
选择对象: 找到 1 个
选择对象:
命令: _fillet                                                    //调用圆角命令
当前设置: 模式 = 修剪, 半径 = 0
选择第一个对象或 [放弃(U)/多段线(P)/半径(R)/修剪(T)/多个(M)]: r     //选择半径
指定圆角半径 <0>: 1000                                            //设置圆角半径为1000
选择第一个对象或 [放弃(U)/多段线(P)/半径(R)/修剪(T)/多个(M)]:       //选择第一条直线
选择第二个对象, 或按住 Shift 键选择要应用角点的对象:                //选择第二条直线
命令: _explode
选择对象: 找到 1 个
命令: _fillet
当前设置: 模式 = 修剪, 半径 = 1000
选择第一个对象或 [放弃(U)/多段线(P)/半径(R)/修剪(T)/多个(M)]: r
指定圆角半径 <1000>: 1500                                         //设置外部道路的圆角
                                                                    半径为1500
选择第一个对象或 [放弃(U)/多段线(P)/半径(R)/修剪(T)/多个(M)]:
选择第二个对象, 或按住 Shift 键选择要应用角点的对象:
```

7.2.4 绘制新建建筑物及围墙

1. 绘制新建建筑物

建筑总平面图的新建筑物绘制步骤如下所示。

01 将“新建建筑物”层设置为当前层。

02 绘制“新建建筑物”外墙。单击“绘图”工具栏中的□按钮，命令行提示如下：

```
命令: _rectang                                  //调用矩形命令
指定第一个角点或 [倒角(C)/标高(E)/圆角(F)/厚度(T)/宽度(W)]:
                                                 //捕捉辅助线中的角点
指定另一个角点或 [面积(A)/尺寸(D)/旋转(R)]:    //捕捉另一个角点，如图7-12所示
```

03 将矩形分解，单击“修改”工具栏中的按钮，四个边依次向内偏移4000、3000、2000个单位。命令行提示如下：

```
命令: _explode
选择对象: 找到 1 个
选择对象:
命令: _offset
当前设置: 删除源=否  图层=源  OFFSETGAPTYPE=0
```

```
指定偏移距离或 [通过(T)/删除(E)/图层(L)] <1500>: 4000
选择要偏移的对象，或 [退出(E)/放弃(U)] <退出>:
指定要偏移的那一侧上的点，或 [退出(E)/多个(M)/放弃(U)] <退出>:
选择要偏移的对象，或 [退出(E)/放弃(U)] <退出>:
命令: _offset
当前设置: 删除源=否  图层=源  OFFSETGAPTYPE=0
指定偏移距离或 [通过(T)/删除(E)/图层(L)] <4000>: 3000
选择要偏移的对象，或 [退出(E)/放弃(U)] <退出>:
指定要偏移的那一侧上的点，或 [退出(E)/多个(M)/放弃(U)] <退出>:
选择要偏移的对象，或 [退出(E)/放弃(U)] <退出>:
命令: _offset
当前设置: 删除源=否  图层=源  OFFSETGAPTYPE=0
指定偏移距离或 [通过(T)/删除(E)/图层(L)] <3000>: 2000
选择要偏移的对象，或 [退出(E)/放弃(U)] <退出>:
指定要偏移的那一侧上的点，或 [退出(E)/多个(M)/放弃(U)] <退出>:
选择要偏移的对象，或 [退出(E)/放弃(U)] <退出>:
命令: _trim
当前设置:投影=无，边=无
选择剪切边...
选择对象或 <全部选择>: 找到 1 个
选择对象: 找到 1 个，总计 2 个
选择对象: 找到 1 个，总计 3 个
选择对象:
选择要修剪的对象，或按住 Shift 键选择要延伸的对象，或
[栏选(F)/窗交(C)/投影(P)/边(E)/删除(R)/放弃(U)]:
```

04 利用直线命令绘制建筑物的门，门尺寸为983×487，并对其进行修剪，选择其线宽为0.7mm，最后得到如图7-13所示图形。

图7-12　绘制建筑物外轮廓线

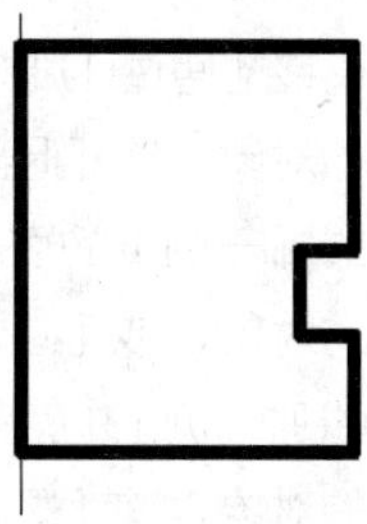

图7-13　绘制好后的新建筑物

2. 绘制围墙

绘制围墙的步骤如下所示。

01 将“围墙”层设置为当前层，线型为默认。

02 在上小节绘制的外墙轮廓内侧绘制较短的直线段，可利用阵列命令来辅助完成。

03 新建筑物的出口处，围墙要折断，新建筑物的初露和道路相连通。绘制好后的围墙如图7-14所示。

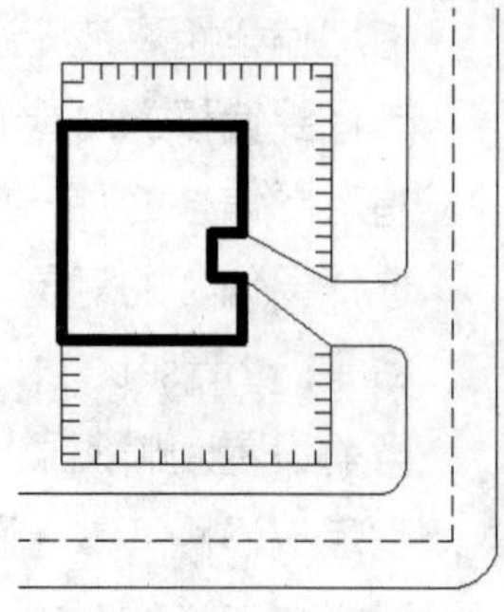

图7-14 绘制好的围墙

3. 绘制建筑物的边角

除了主体建筑物外，还有一些附属于建筑物的部分，如台阶、大门。下面分别绘制这些附属物。

01 选择“工具”→“新建USB”→“原点”菜单命令，新建坐标系。命令行提示如下：

```
命令: _ucs
当前 UCS 名称: *世界*
指定 UCS 的原点或 [面(F)/命名(NA)/对象(OB)/上一个(P)/视图(V)/世界(W)/X/Y/Z/Z 轴(ZA)] <世界>: _o
指定新原点 <0,0,0>:                    //指定新的原点
```

02 单击“绘图”工具栏中的按钮，绘制台阶。命令行提示如下：

```
命令: _pline                           //调用多线命令
指定起点: 0,-300
当前线宽为 0
指定下一个点或 [圆弧(A)/半宽(H)/长度(L)/放弃(U)/宽度(W)]: <正交 开> @300,0
指定下一点或 [圆弧(A)/闭合(C)/半宽(H)/长度(L)/放弃(U)/宽度(W)]: @0,-800
指定下一点或 [圆弧(A)/闭合(C)/半宽(H)/长度(L)/放弃(U)/宽度(W)]:
指定下一点或 [圆弧(A)/闭合(C)/半宽(H)/长度(L)/放弃(U)/宽度(W)]:
```

03 利用偏移命令，绘制出其他台阶，效果如图7-15所示。命令行提示如下：

```
命令: _offset
当前设置: 删除源=否  图层=源  OFFSETGAPTYPE=0
指定偏移距离或 [通过(T)/删除(E)/图层(L)] <通过>: 80
选择要偏移的对象，或 [退出(E)/放弃(U)] <退出>:
指定要偏移的那一侧上的点，或 [退出(E)/多个(M)/放弃(U)] <退出>:
选择要偏移的对象，或 [退出(E)/放弃(U)] <退出>:
指定要偏移的那一侧上的点，或 [退出(E)/多个(M)/放弃(U)] <退出>:
选择要偏移的对象，或 [退出(E)/放弃(U)] <退出>:
```

04 利用直线命令绘制大门，绘制时注意利用对象捕捉功能使两大门宽度相同。命令行提示如下：

```
命令: _line
```

指定第一点:
指定下一点或 [放弃(U)]: @460, 0
指定下一点或 [放弃(U)]: @0, 1120
指定下一点或 [闭合(C)/放弃(U)]: @-460, 0
指定下一点或 [闭合(C)/放弃(U)]:
指定下一点或 [闭合(C)/放弃(U)]:
命令: _line
指定第一点:
指定下一点或[放弃(U)]: @400, 0
指定下一点或 [放弃(U)]: @0, 1060
指定下一点或 [闭合(C)/放弃(U)]: @-400, 0
指定下一点或 [闭合(C)/放弃(U)]:

绘制完后的建筑物的边角如图7-16所示。

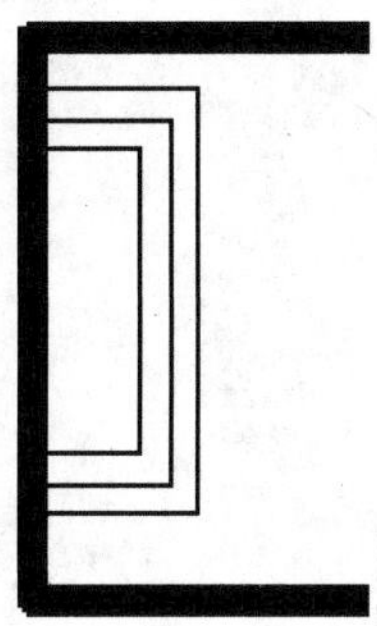

图7-15 绘制台阶

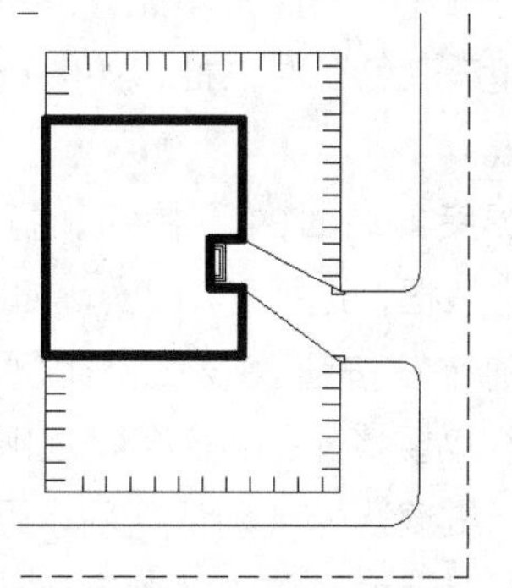

图7-16 绘制好的建筑物边角

7.2.5 绘制绿化草坪和树木

1. 绘制草坪

草坪是建筑物总平面图的一个重要组成部分。

01 将“绿化”层设置为当前层，线型为默认。

02 利用直线命令绘制草坪的轮廓线，绘制好的轮廓线如图7-17所示。命令行提示如下：

命令: _line 指定第一点:
指定下一点或 [放弃(U)]:
指定下一点或 [放弃(U)]:
指定下一点或 [闭合(C)/放弃(U)]:
指定下一点或 [闭合(C)/放弃(U)]: <正交 关>
指定下一点或 [闭合(C)/放弃(U)]:

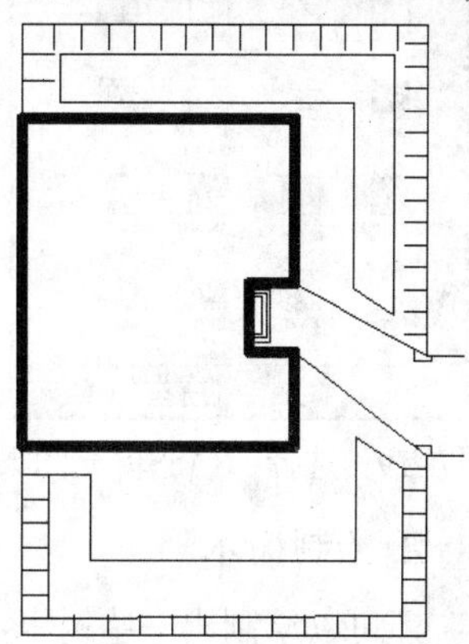

图7-17 绘制草坪轮廓线

指定下一点或 [闭合(C)/放弃(U)]: <正交 开>
指定下一点或 [闭合(C)/放弃(U)]:
指定下一点或 [闭合(C)/放弃(U)]:
指定下一点或 [闭合(C)/放弃(U)]:
命令: _line 指定第一点:
指定下一点或 [放弃(U)]:
指定下一点或 [放弃(U)]:
指定下一点或 [闭合(C)/放弃(U)]:
指定下一点或 [闭合(C)/放弃(U)]: <正交 关>
指定下一点或 [闭合(C)/放弃(U)]: <正交 开>
指定下一点或 [闭合(C)/放弃(U)]:
指定下一点或 [闭合(C)/放弃(U)]:
指定下一点或 [闭合(C)/放弃(U)]:

03 选择“绘图”→“图案填充”菜单命令，弹出“图案填充和渐变色”对话框，如图7-18所示，对草坪进行图案填充。

04 单击“图案”后面的[...]按钮，打开“填充图案选项板”对话框，选择GRASS项，如图7-19所示。

05 单击“确定”按钮，设置“比例”为30；单击按钮，拾取要填充的内部点，如图7-20所示。

06 单击鼠标右键选择“确认”后，返回“图案填充和渐变色”对话框，单击“确定”按钮，即可填充好图案，如图7-21所示。

图7-18 “图案填充和渐变色”对话框

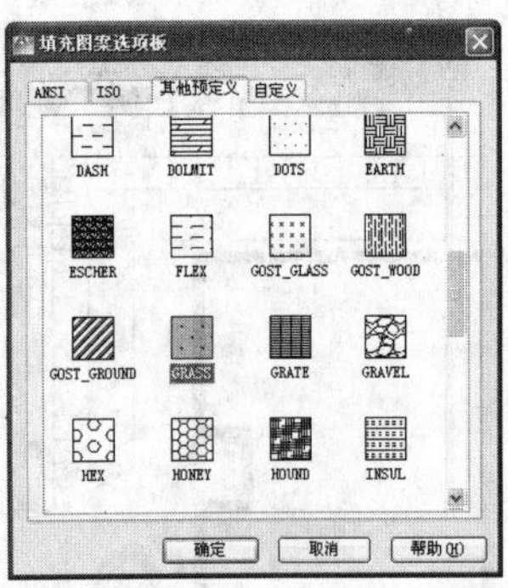

图7-19 选择GRASS填充图案

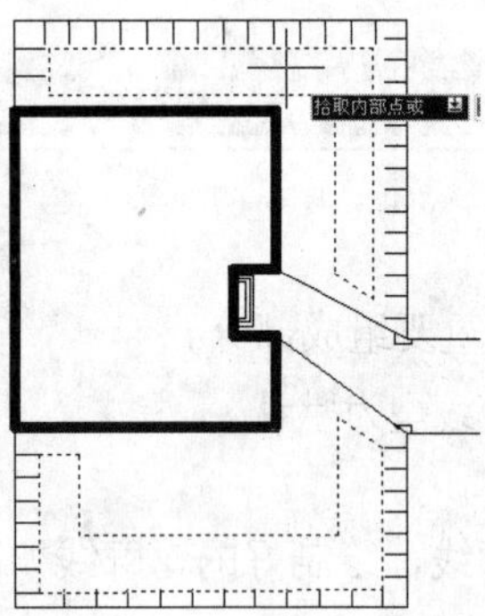

图7-20 拾取内部点

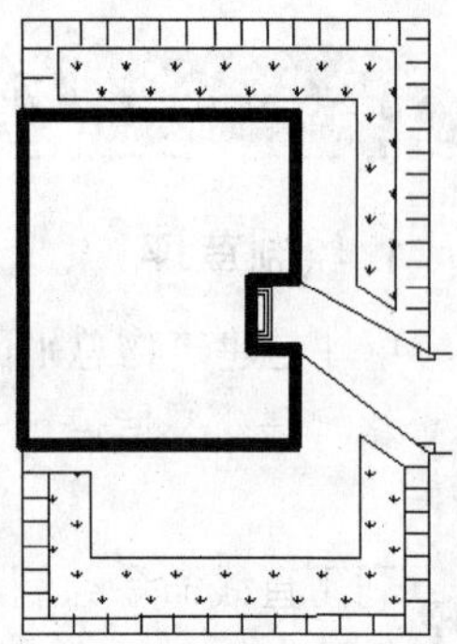

图7-21 填充后的草坪

2. 绘制树木

还可以绘制出一些树木。

01 选择“工具”→“选项板”→“工具选项板”菜单命令，打开“工具选项板”选项板，打开“建筑”选项卡，如图7-22所示。

02 单击“树”块，将其插入到总平面图合适的位置即可。

采用同样方法绘制出绿化环境，如图7-23所示。

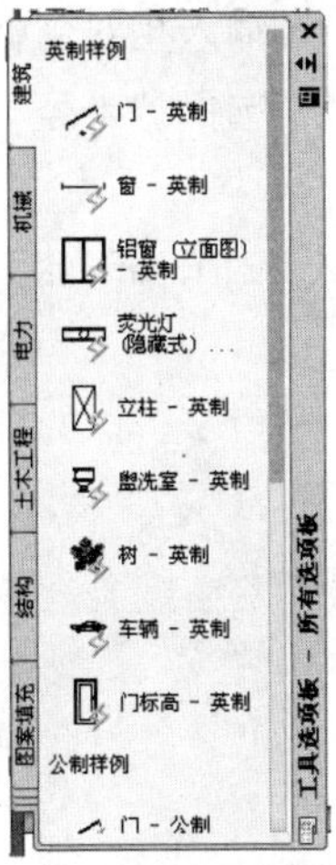

图7-22 “工具选项板”选项板

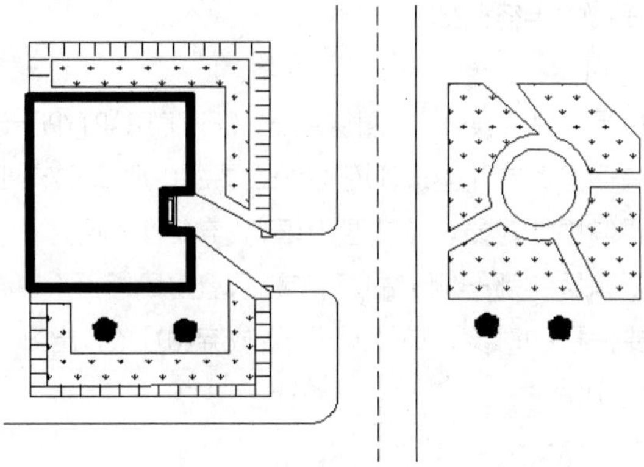

图7-23 绘制绿化环境

7.2.6 绘制已有建筑物

建筑总平面图已有建筑物的绘制过程如下所示。

01 将“已有建筑物”层设置为当前层，线型为默认。

02 利用直线命令绘制已有建筑物，如图7-24所示。命令行提示如下：

```
命令: _line
指定第一点:
指定下一点或 [放弃(U)]: @2900,0
指定下一点或 [放弃(U)]: @0, -735
指定下一点或 [闭合(C)/放弃(U)]: @3200,0
指定下一点或 [闭合(C)/放弃(U)]: @0, -2225
指定下一点或 [闭合(C)/放弃(U)]: @-6100,0
指定下一点或 [闭合(C)/放弃(U)]: @0,3000
指定下一点或 [闭合(C)/放弃(U)]:
```

03 利用圆弧和直线命令绘制休息走廊，如图7-25所示。命令行提示如下：

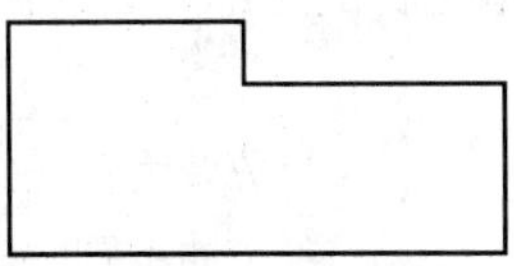

图7-24 已有建筑物

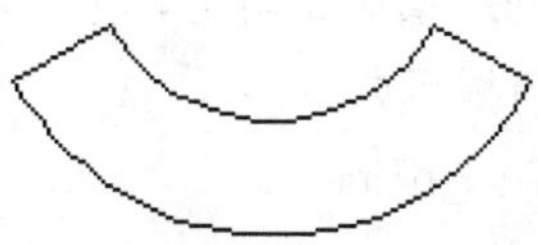

图7-25 绘制走廊

```
命令: _arc                                                    //调用圆弧命令
指定圆弧的起点或 [圆心(C)]:
指定圆弧的第二个点或 [圆心(C)/端点(E)]: <正交 关> e            //选择“端点”
指定圆弧的端点: @4500,0                                       //输入相对坐标
指定圆弧的圆心或 [角度(A)/方向(D)/半径(R)]: r                  //选择“半径”
指定圆弧的半径: 2000
命令: _offset                                                 //调用偏移命令
当前设置: 删除源=否  图层=源  OFFSETGAPTYPE=0
指定偏移距离或 [通过(T)/删除(E)/图层(L)] <80>: 1500
选择要偏移的对象, 或 [退出(E)/放弃(U)] <退出>:
指定要偏移的那一侧上的点, 或 [退出(E)/多个(M)/放弃(U)] <退出>:
选择要偏移的对象, 或 [退出(E)/放弃(U)] <退出>:
命令: _line
指定第一点:
指定下一点或 [放弃(U)]:
指定下一点或 [放弃(U)]:
命令: _line
指定第一点:
指定下一点或 [放弃(U)]:
指定下一点或 [放弃(U)]:
```

7.2.7 绘制指北针

在建筑总平面图中，通常用指北针来表示建筑物的方向。本节就来绘制一个指北针，如图7-26所示。

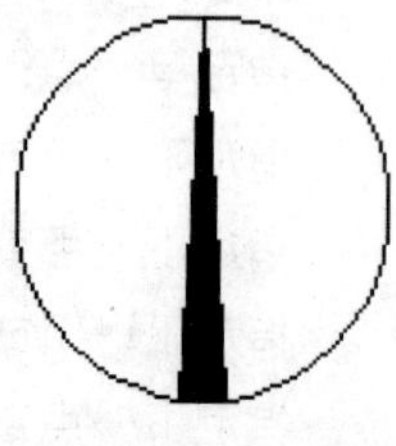

图7-26 指北针

01 将“其他”层设置为当前层，线型为默认。

02 利用圆命令绘制一个直径为2400的圆。命令行提示如下：

```
命令: _circle
指定圆的圆心或 [三点(3P)/两点(2P)/相切、相切、半径(T)]:         //指定圆心
指定圆的半径或 [直径(D)]: d                                   //选择“直径”
指定圆的直径: 2400                                            //指定直径值
```

03 打开对象捕捉功能。利用多段线命令绘制指北针，一般指北针的尾部为圆的直径的1/8。命令行提示如下：

```
命令: _pline                                                  //调用多段线命令
指定起点:                                                     //捕捉圆的象限点
当前线宽为300
```

指定下一个点或 [圆弧(A)/半宽(H)/长度(L)/放弃(U)/宽度(W)]: w //设置宽度
指定起点宽度 <300>: 0 //设置起点宽度
指定端点宽度 <0>: 300 //设置端点宽度
指定下一个点或 [圆弧(A)/半宽(H)/长度(L)/放弃(U)/宽度(W)]: //捕捉圆的另外一个象限点
指定下一点或 [圆弧(A)/闭合(C)/半宽(H)/长度(L)/放弃(U)/宽度(W)]: //按Enter键

04 单击“绘图”工具栏中的按钮，将指北针存储为块，在合适的位置插入即可。

7.2.8 添加尺寸标注、注释和图例

1. 尺寸标注

在建筑总平面图中，尺寸标注相对比较简单，标注后的图形如图7-27所示。

接下来可以往建筑总平面图中插入标高、层数等标注。建筑物的层数一般是用一个填充的黑圆圈来表示，黑圆圈的个数就代表建筑物的层数。添加了标高和层数的图形如图7-28所示。

在本建筑物的总平面图中，新建建筑物的层数为三层，原有建筑为四层，分别添加层数符号即可。

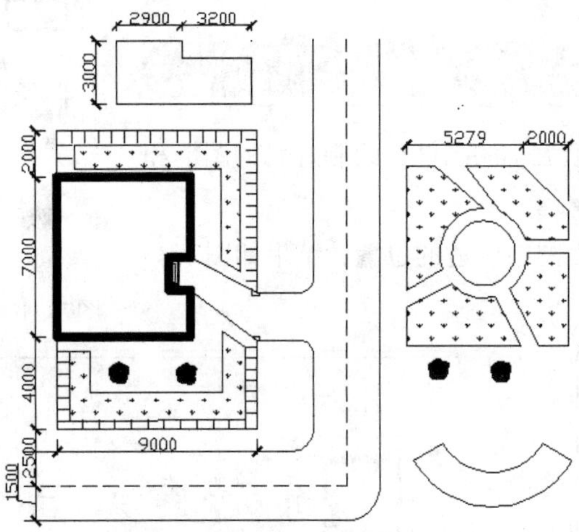

图7-27 标注后的总平面图

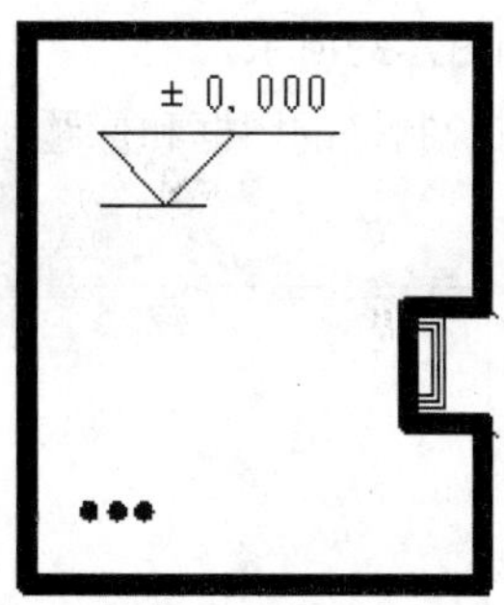

图7-28 标高和层数

2. 文字注释

为建筑总平面图添加文字注释的步骤如下所示。

01 单击“绘图”工具栏中的A按钮，弹出“文字各式”工具栏。设置文字高度为500，如图7-29所示。

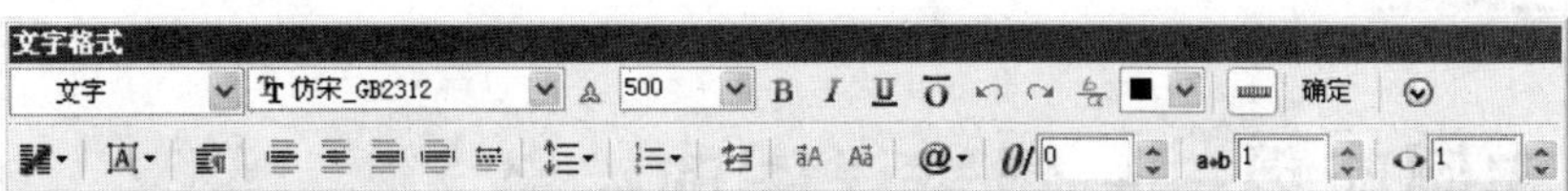

图7-29 设置文字高度

02 在文字输入区输入相应的文字注释，然后可根据需要调整文字的位置。输入文字后的总平面图如图7-30所示。

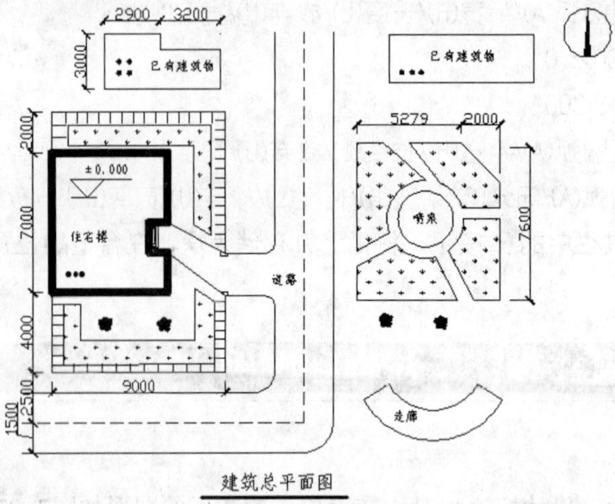

图7-30　文字注释

3. 绘制图例

在建筑总平面图中，为了更加准确地标明建筑物，需要将自己定义的图例给予说明，如图7-31所示。

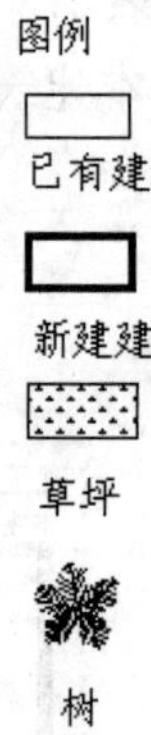

图7-31　图例

7.2.9　添加图框和标题

在建筑总平面图中，需要绘制一个A3图纸大小的图框，绘制好后的图框和标题如图7-32所示。

将绘制好的图框和标题插入到建筑总平面图中合适的位置，结果如图7-33所示。

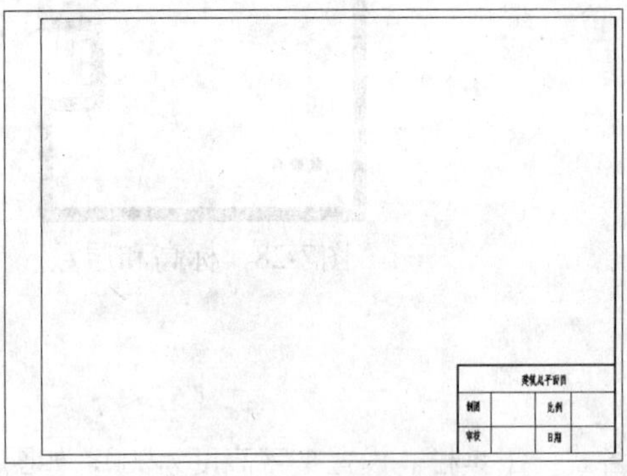

图7-32　图框和标题

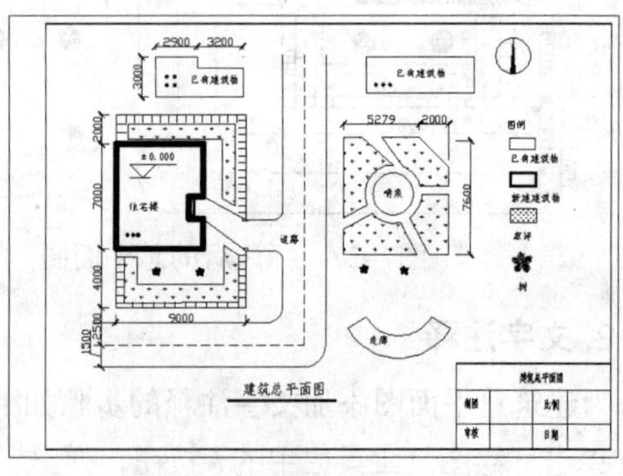

图7-33　建筑总平面图

7.3 实例应用——建筑详图的绘制

对平面图、立面图、剖面图表达不够清楚的建筑细部要用较大的比例详尽地绘出，这样的图样称为建筑详图。建筑详图通常有墙身剖面节点详图、建筑构配件详图（如雨蓬详图、阳台详图、门窗详图等）和房间详图（如厨房详图、卫生间详图、楼梯详图等）。

本节只对房间详图进行讲解。

7.3.1 卫生间详图

卫生间详图主要表达了卫生器具与墙体的相对位置关系。卫生间详图主要包括以下内容。

- 图名、比例。
- 卫生器具的图例，具体大小和绘制方法参照有关图集。
- 剖切到的墙、楼板等轮廓线用粗实线表示，其他用细实线表示。
- 卫生器具相对位置的尺寸标注。
- 必要的文字说明和索引符号。

绘制卫生间详图的一般步骤如下。

01 设置绘图环境。

02 绘制墙体。

03 绘制卫生器具。

04 标注尺寸。

05 添加图框。

下面通过绘制一个卫生间详图的实例介绍绘制过程。

1. 设置绘图环境

01 设置图形界限。本例采用的绘图比例为1:50，故图形界限设置为21000×14850，即A3图纸放大50倍。

02 设置绘图单位。在“图形单位”对话框“长度”选项组的“类型”下拉列表中选择“小数”，在“精度”下拉列表中选择0.00，其他设置保持系统默认参数。

03 设置线型。选择加载DASHDOTX2线型作为轴线的线型。

04 设置图层。在“图层特性管理器”选项板中，依次创建轴线、墙体、卫生器具、细部、标注及图框等图层，其中“轴线”图层的“线型”选择DASHDOTX2，“墙体”图层的“线宽”选择“0.35毫米”。

05 设置文字样式。在“文字样式”对话框中，新建一个“文字”文字样式和一个“数字”文字样式，“文字”文字样式的具体设置参数为：“字体名”选择“仿宋_GB2312”，“宽度因子”设为0.70；“数字”文字样式的具体设置参数为：“字体名”选择“txt.shx”，勾选“使用大字体”，“大字体”中选择“gbcbig.shx”，“宽度因子”设为0.70。

06 设置标注样式。在“标注样式”对话框中，新建一个“1:50”标注样式，具体设置参数为：在“线”选项卡中，“超出尺寸线”设为1，“起点偏移量”设为5；“符号和箭头”选项卡中，“箭头”选择“建筑标记”；“文字样式”选项卡中，“文字样式”选择“数字”；“调整”选项卡中，“文字位置”选择“尺寸线上方，不带引线”，“使用全局比例”设为50。

2. 绘制墙体

01 在“图层”下拉列表中选择“轴线”图层作为当前层。利用直线命令绘制轴线，横向轴线间的距离为1800，6000，纵向轴线间的距离为3900，3900。修改线型比例后，效果如图7-34所示。

02 在“图层”下拉列表中选择“墙体”图层作为当前层。利用直线命令绘制墙体，墙体的厚度为200，修改后的结果如图7-35所示。

03 对墙体开洞，外门的尺寸为1000、距轴线300，内门的尺寸为900、距轴线360，如图7-36所示。

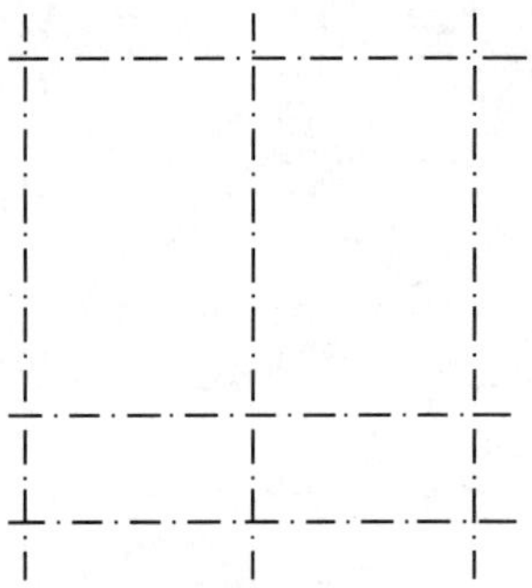

图7-34 轴线

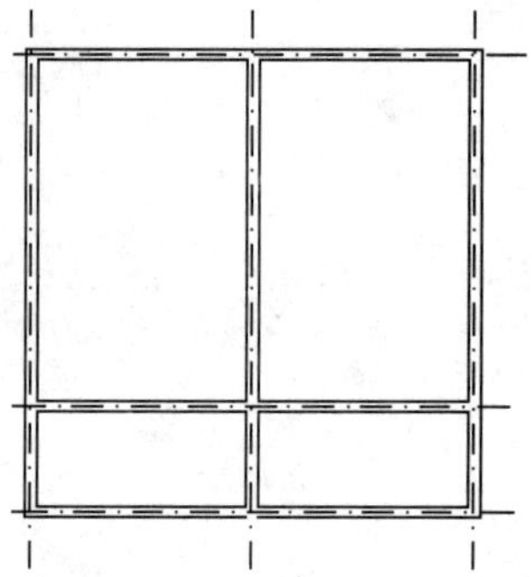

图7-35 墙体

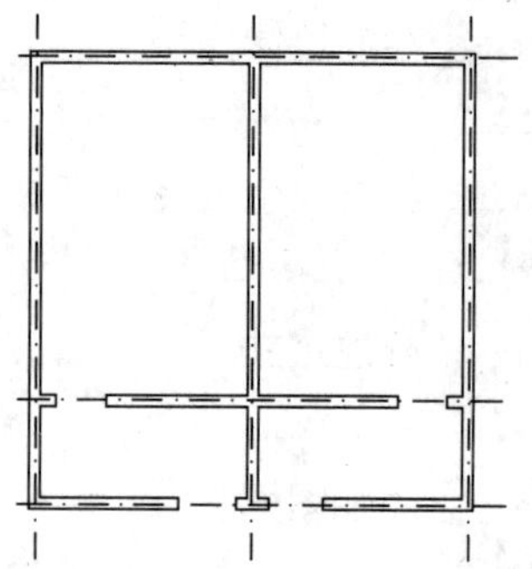

图7-36 墙体开洞

3. 绘制卫生器具

卫生器具一般情况下都制作成图块，在使用时直接插入即可。如本例中使用的如图7-37所示的小便斗，如图7-38所示的洗脸盆和如图7-39所示的地漏等，已经制作成图块。

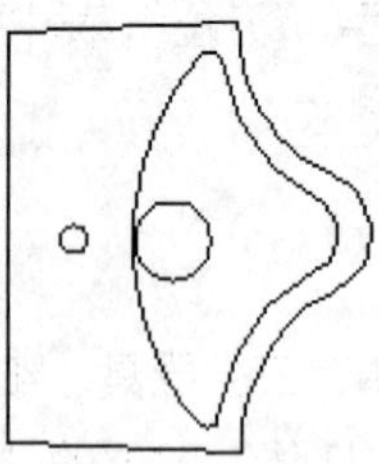

图7-37 小便斗

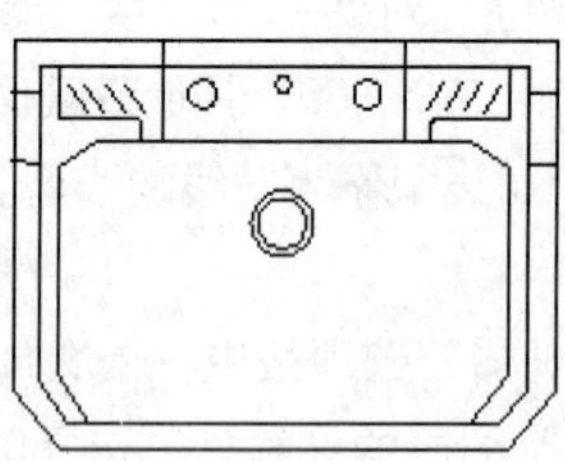

图7-38 洗脸盆

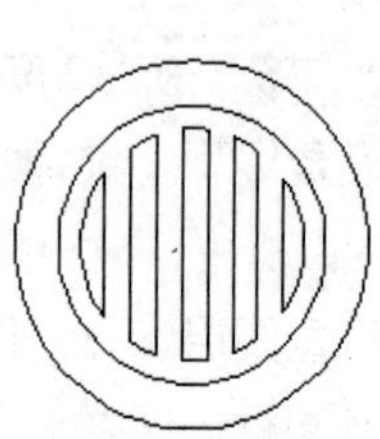

图7-39 地漏

01 在“图层”下拉列表中选择“卫生器具”图层作为当前层。利用直线命令和圆弧命令绘制合适大小的大便器和厕所隔板，如图7-40所示。

02 利用直线命令和圆命令绘制合适大小的水池，如图7-41所示。

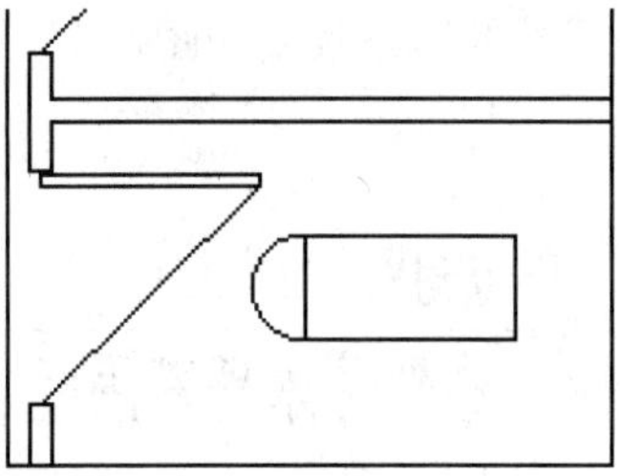

图7-40　大便器和厕所隔板

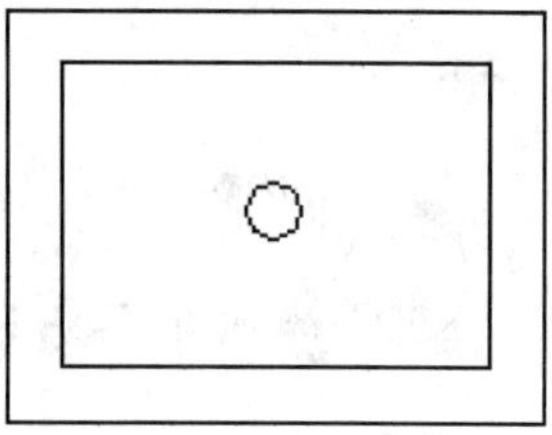

图7-41　水池

03 利用直线命令绘制合适大小的风道，如图7-42所示。

04 厕所蹲台的尺寸为1500×5500，将各个卫生器具和构件绘制到图形中，结果如图7-43所示。

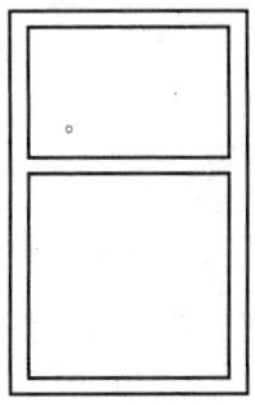

图7-42　风道

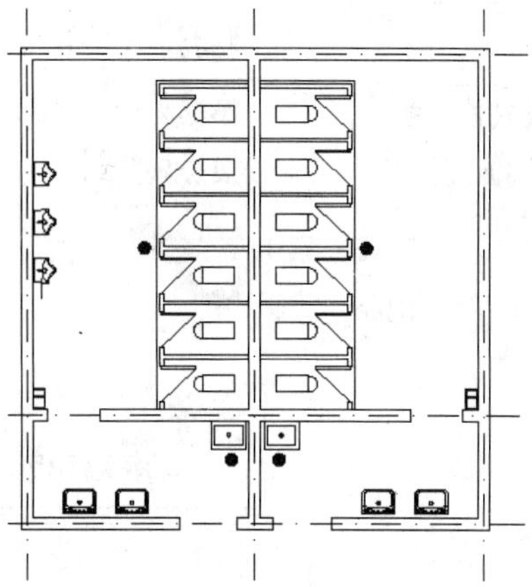

图7-43　厕所

4. 标注尺寸

01 在“图层”下拉列表中选择“标注”图层作为当前层。选择“1:50”标注样式作为当前样式，使用线性标注和连续标注，结果如图7-44所示。

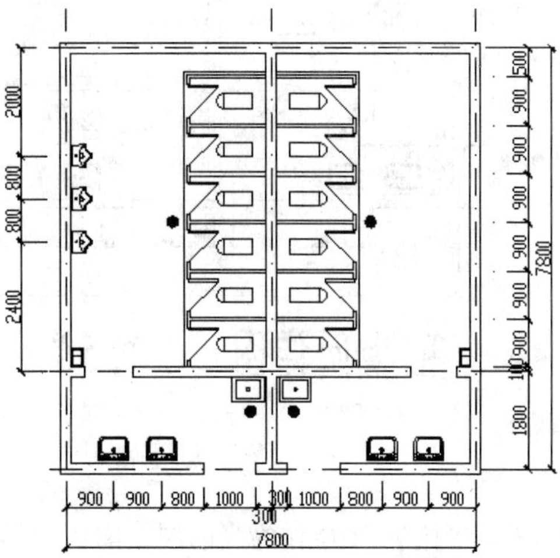

图7-44　标注

02 添加卫生器具图例的索引符号，厕所隔板和小便斗的详细索引如图7-45所示。

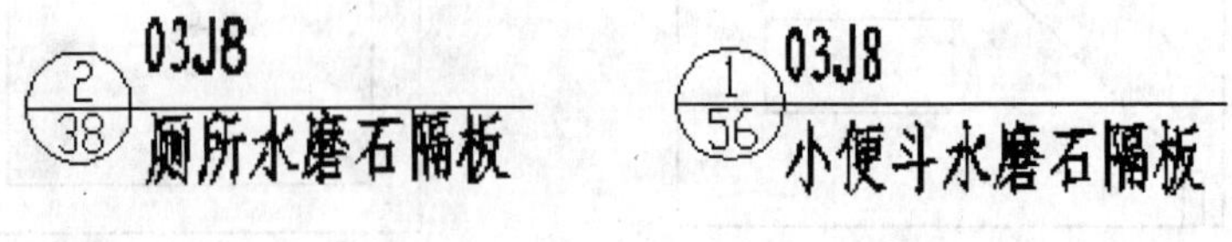

图7-45　索引

03 风道和水池的详细索引如图7-46所示。

04 添加文字说明、坡度和标题，坡度的具体形式如图图4-47所示。

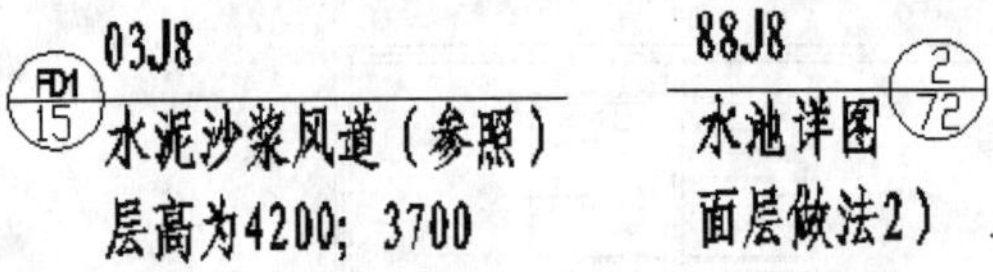

图7-46　索引

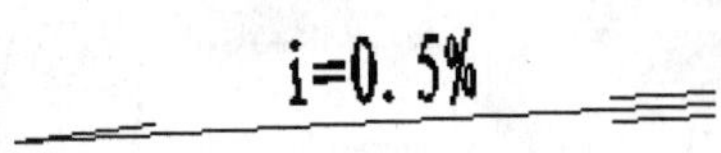

图7-47　坡度

05 最后的结果如图7-48所示。

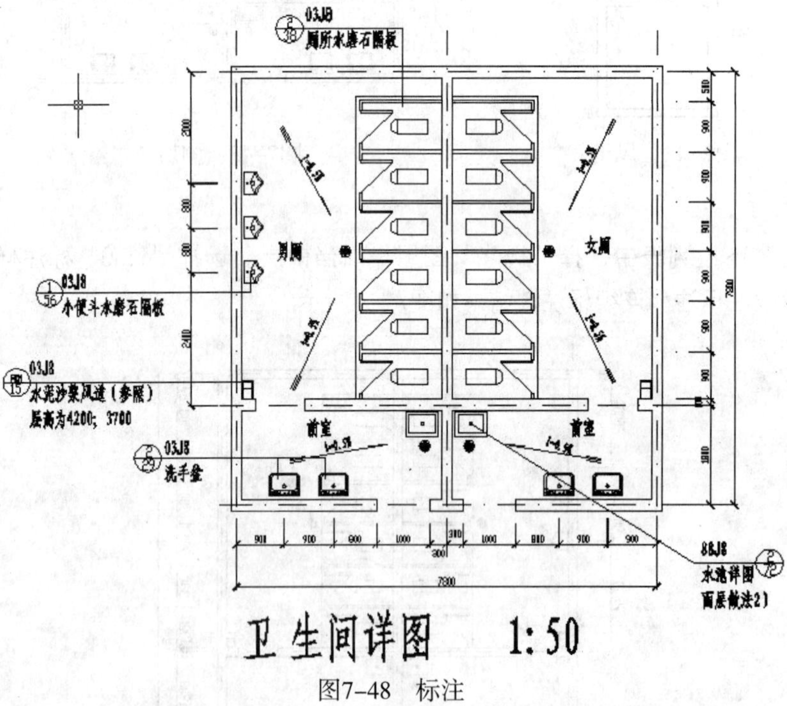

图7-48　标注

5. 添加图框

在“图层”下拉列表中选择“图框”图层作为当前层。图框的具体绘制方法此处不再重复，图框大小采用A3图幅放大50倍，添加后的结果如图7-49所示。

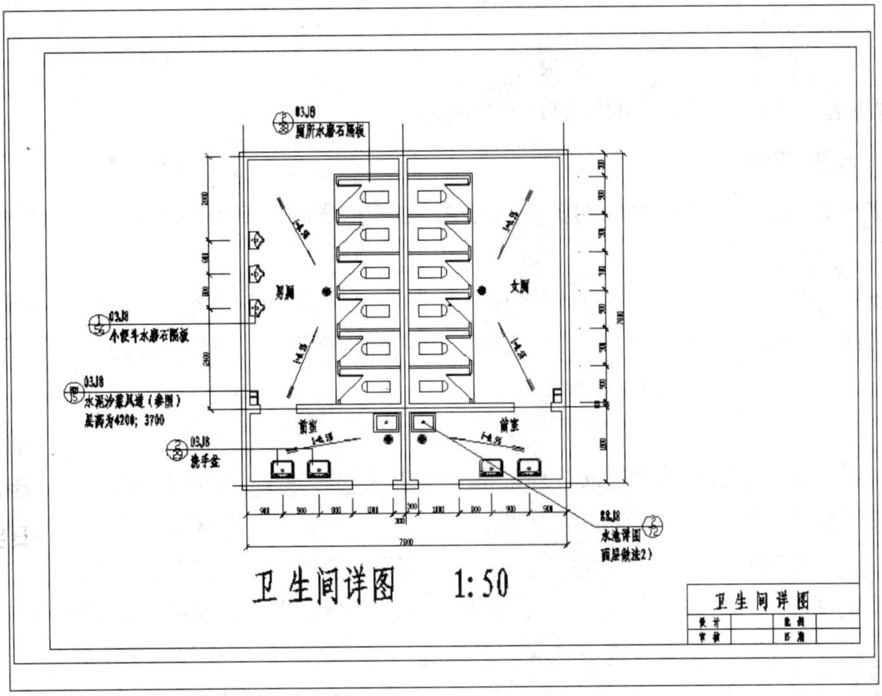

图7-49　添加图框

7.3.2　墙身大样

墙身大样，也称为墙身剖面详图，一般由墙身各主要建筑部位的剖面节点详图组成。它表达了屋顶、挑檐、楼地面、门窗过梁、窗台及散水等构配件的构造，以及楼板和墙的连接。

墙身大样主要包括以下内容：

- 各标准层的构造相同时，图中可以只画出一个楼板节点详图。
- 在标注楼板节点标高时，用不带括号的数字表示两层楼面节点详图的标高尺寸，用括号内数字表示其他标准层的楼板节点的标高尺寸。
- 墙身大样的节点详图通常用1:10、1:20或1:50的比例绘制，需要画出建筑材料的图例符号。
- 凡是以索引符号标注标准图集的图集名称及图号的部位，其构造和尺寸无须详细画出。
- 剖切到的墙、楼板等轮廓线用粗实线表示，其他采用细实线表示。

绘制墙身大样的一般步骤如下：

01 设置绘图环境。

02 绘制底层墙身大样。

03 绘制标准层墙身大样。

04 绘制顶层墙身大样。

05 添加图框和标题。

下面通过绘制一个墙身大样的实例介绍绘制过程。

1. 设置绘图环境

01 设置图形界限。本例采用的绘图比例为1:20，故图形界限设置为5940×4200，即A3图纸放大20倍。

02 设置绘图单位。“图形单位”对话框中，在“长度”选项组“类型”下拉列表中选择“小数”，在“精度”下拉列表中选择“0.00”，其他设置保持系统默认参数。

03 设置线型。选择加载DASHDOTX2线型作为轴线的线型。

04 设置图层。在“图层特性管理器”对话框中，依次创建轴线、墙体及楼板、地坪线、细部、标注及图框等图层，其中“轴线”图层的“线型”选择DASHDOTX2，“墙体及楼板”图层的“线宽”选择“0.35毫米”，“地坪线”图层的“线宽”选择“1.00毫米”。

05 设置文字样式。在“文字样式”对话框中，新建一个“文字”文字样式和一个“数字”文字样式，“文字”文字样式的具体设置参数为：“字体名”选择“仿宋_GB2312”，“宽度因子”设为“0.70”；“数字”文字样式的具体设置参数为：“字体名”选择“txt.shx”，勾选“使用大字体”，“大字体”中选择“gbcbig.shx”，“宽度因子”设为0.70。

06 设置标注样式。在“标注样式”对话框中，新建一个“1:20”标注样式，具体设置参数为：在“线”选项卡中，“超出尺寸线”设为1，“起点偏移量”设为5；“符号和箭头”选项卡中，“箭头”选择“建筑标记”；“文字样式”选项卡中，“文字样式”选择“数字”；“调整”选项卡中，“文字位置”选择“尺寸线上方，不带引线”，“使用全局比例”设为20。

2. 绘制底层墙身大样

01 在“图层”下拉列表中选择“轴线”图层作为当前层，利用直线命令绘制出一段轴线。

02 在“图层”下拉列表中选择“墙体及楼板”图层作为当前层，利用直线命令绘制出部分墙体。然后在“图层”下拉列表中选择“地坪线”图层作为当前层，利用直线命令绘制出地坪线，结果如图7-50所示。

03 在“图层”下拉列表中选择“细部”图层作为当前层。将直线进行偏移，得到地面做法和散水做法，左侧地坪线分别向上偏移100，20，30，20，右侧地坪线分别向上偏移60，20，两侧绘制切断符号，在100厚的楼板处布置100厚的防潮层，在墙体外侧绘制50厚的保温层和30厚的抹灰层，墙体内侧绘制30厚的抹灰层，并在底部绘制一个尺寸为50×120的踢脚，如图7-51所示。

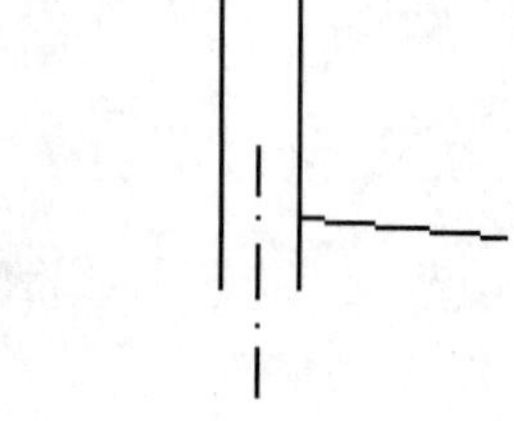

图7-50 墙体和地坪线

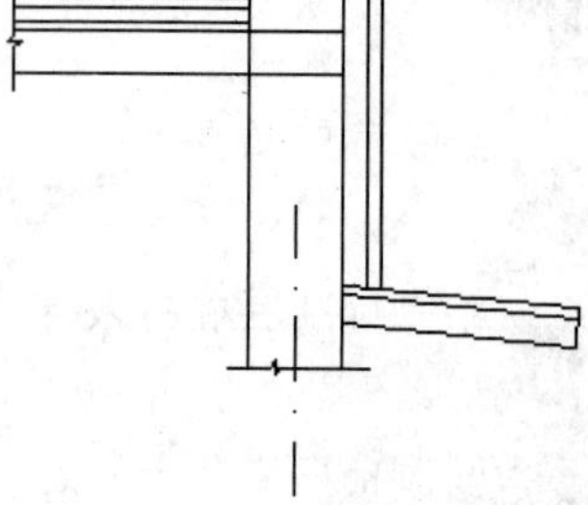

图7-51 细部做法

04 对相关图形进行图案填充，地坪线选择AR-HBONE图案类型，比例为0.5；墙体选择ANSI31图案类型，比例为30，素混凝土层选择AR-CONC图案类型，比例为0.5；防潮层选择SOLID图案类型，结果如图7-52所示。

05 在“图层”下拉列表中选择“标注”图层作为当前层，插入标高图块和标注墙体尺寸，结果如图7-53所示。

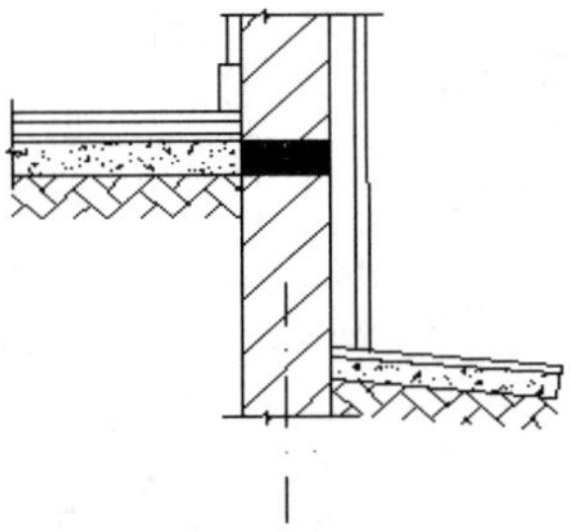

图7-52 图案填充

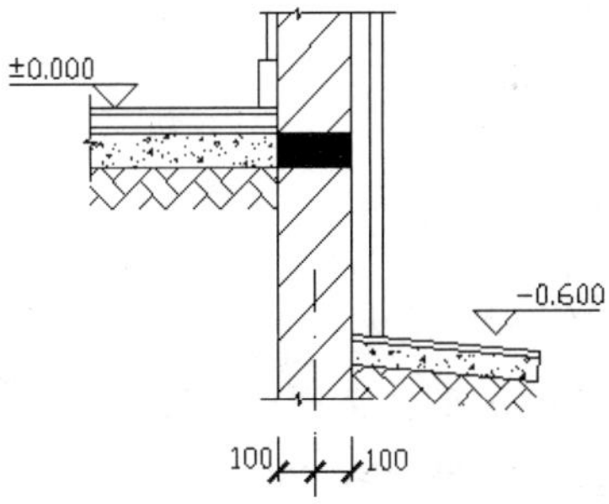

图7-53 标注

06 对地面和散水的工程做法进行标注，结果如图7-54所示。

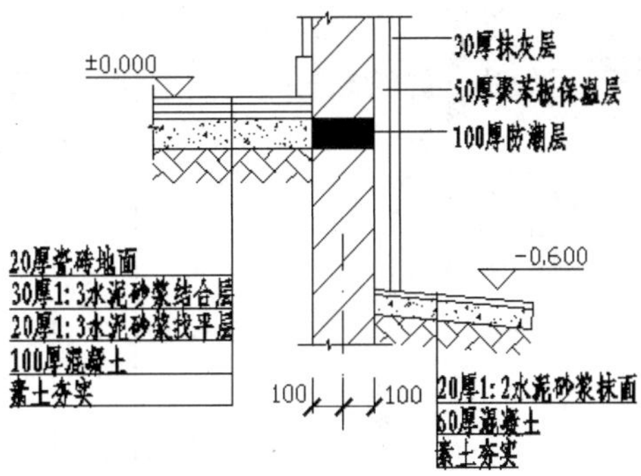

图7-54 工程做法标注

3. 绘制标准层墙身大样

01 在“图层”下拉列表中选择“轴线”图层，作为当前层，绘制一段轴线。在“图层”下拉列表中选择“墙体及楼板”图层，作为当前层，绘制出部分墙体、楼板和梁，如图7-55所示。

02 在“图层”下拉列表中选择“细部”图层作为当前层。利用偏移命令绘制出楼面和外墙的工程做法，并绘制出截断的窗和切断符号，如图7-56所示。

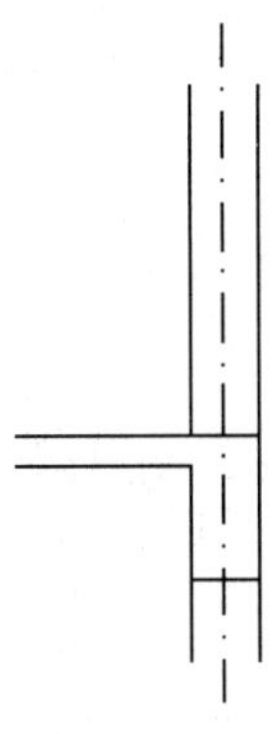

图7-55 墙体、楼板和梁

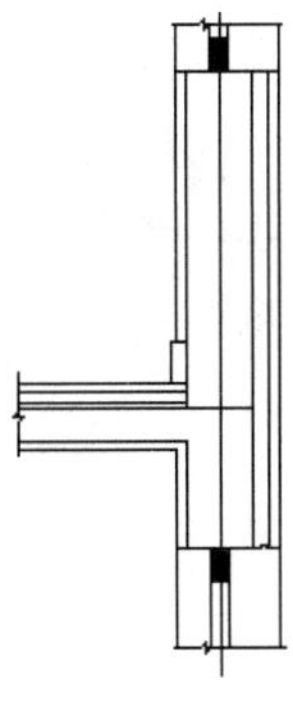

图7-56 细部

03 对相关图形进行图案填充，墙体选择ANSI31图案类型，比例为30；混凝土选择AR-CONC和ANSI31图案类型两种的叠加，结果如图7-57所示。

04 在“图层”下拉列表中选择“标注”图层作为当前层。插入标高图块，对楼地面的工程做法进行标注，结果如图7-58所示。

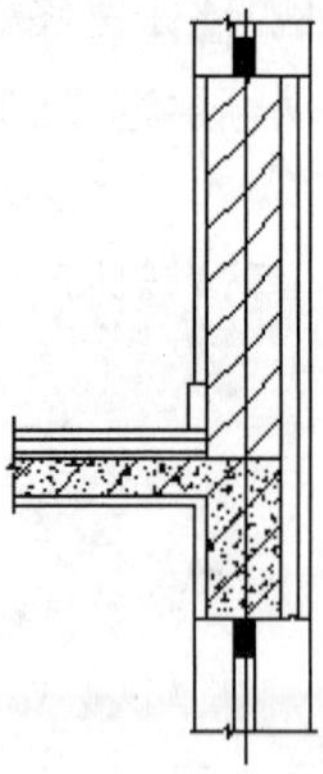

图7-57　图案填充

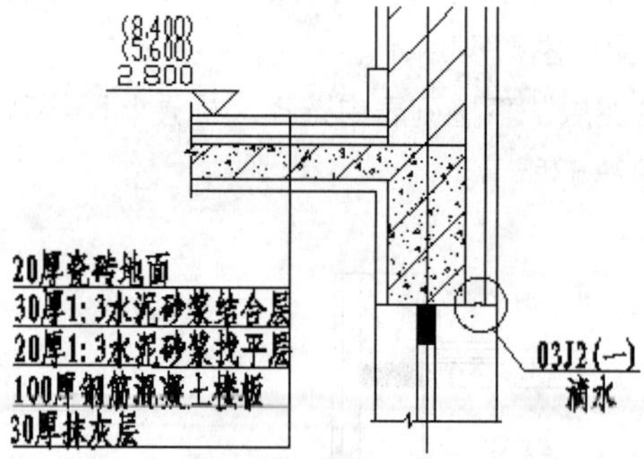

图7-58　标注

4. 绘制标准层墙身大样

01 在“图层”下拉列表中选择“轴线”图层作为当前层，绘制一段轴线。在“图层”下拉列表中选择“墙体及楼板”图层作为当前层，绘制出部分墙体、楼板和梁，如图7-59所示。

02 在“图层”下拉列表中选择“细部”图层作为当前层。利用偏移命令绘制出楼面和外墙的工程做法，并绘制出截断的窗和切断符号，如图7-60所示。

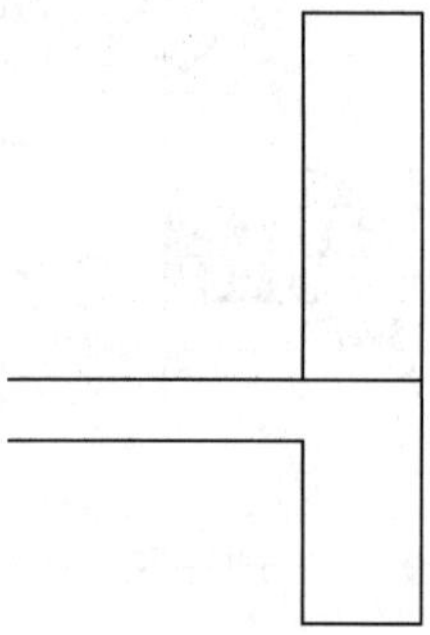

图7-59　墙体、楼板和梁

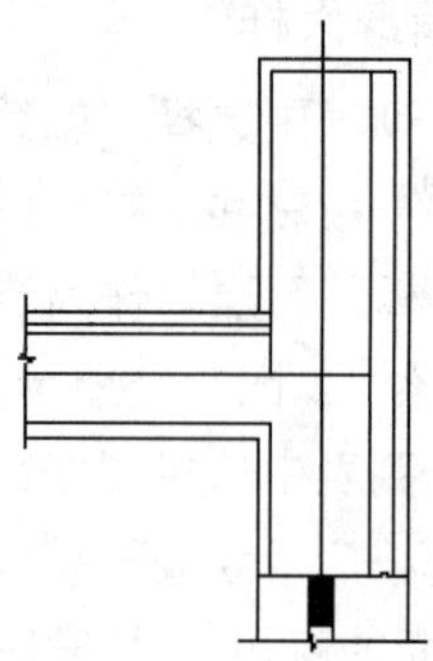

图7-60　细部

03 对相关图形进行图案填充，墙体选择ANSI31图案类型，比例为30；混凝土选择AR-CONC和ANSI31图案类型两种的叠加，结果如图7-61所示。

04 在“图层”下拉列表中选择“标注”图层作为当前层。插入标高图块，对楼地面的工程做法进行标注，结果如图7-62所示。

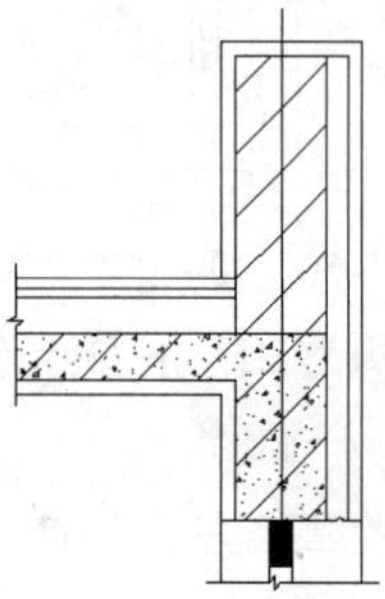

图7-61　图案填充

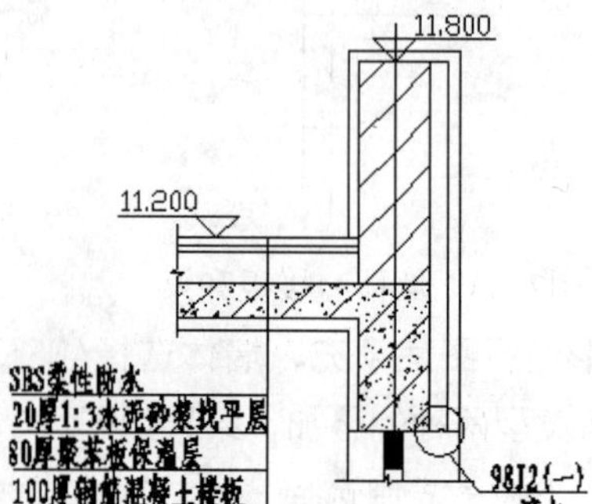

图7-62　标注

5. 添加图框和标题

在“图层”下拉列表中选择“图框”图层作为当前层。图框的具体绘制方法此处不再重复，图框大小采用A3立式图幅放大20倍，将底层、标准层和顶层墙身大样按轴线上下对齐，添加后的结果如图7-63所示。

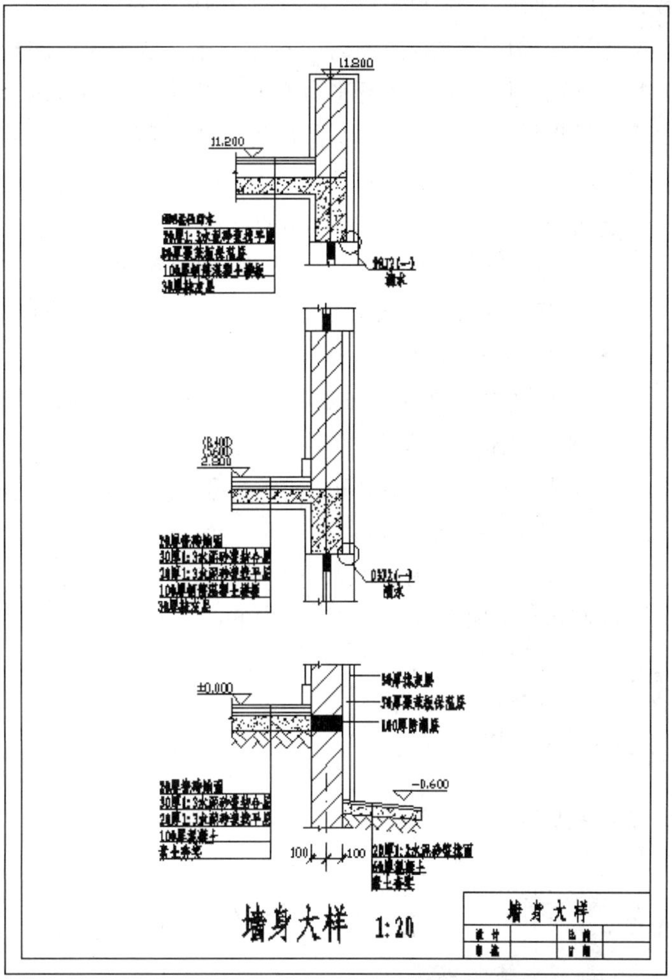

图7-63 墙身大样

7.3.3 建筑楼梯详图

楼梯是多层房屋上下交通的主要设施，它主要由楼梯梯段、休息平台和栏杆扶手组成。楼梯梯段是连接两个不同标高平台的倾斜构件，一般由踏步和楼梯梁组成。休息平台是供行走时调解疲劳和转换梯段方向用的。栏杆扶手是设在楼梯梯段及休息平台边缘的保护构件，以保证楼梯交通安全。

在一般建筑物中，最常见的楼梯形式是双梯段的并列楼梯，称双跑楼梯或双折式楼梯，除此之外还有直跑式楼梯、三跑式楼梯等多种形式，楼梯形式的选择主要以房屋的使用要求为依据。

楼梯的尺寸应满足有关的要求。楼梯梯段净宽不应小于1.10m。六层及六层以下住宅，一边设有栏杆的梯段净宽不应小于1m（楼梯梯段净宽是指墙面至扶手中心之间的水平距离）。楼梯踏步宽度不应小于0.26m，踏步高度不应大于0.175m，扶手高度不宜小于0.90m。楼梯水平段栏杆长度大于0.50m时，其扶手高度不应小于1.05m。楼梯栏杆垂直杆件间净空不应大于0.11m。楼梯平台净宽不应小于楼梯梯段净宽，并不得小于1.20m。楼梯平台的结构下缘至人行过道的垂直高度不应低于2m。入口处地坪与室外地面应有高差，并不应小于0.10m。楼梯井宽度大于0.11m时，必须采取防止儿童攀滑的措施。七层及以上的住宅或住户入口层楼面距室外设计地面的高度超过16m以上的住宅，必须设置电梯。

楼梯详图包括平面图、剖面图和节点详图，主要表现楼梯类型、结构形式、各部位的尺寸以及装饰做法。楼梯详图一般分为建筑楼梯详图和结构楼梯详图。

建筑楼梯详图中平面图的内容主要包括楼梯间的轴线和尺寸，楼地面和休息平台的标高，楼梯梯段的起步位置、水平长度、宽度和休息平台的宽度，上下行指示箭头，两层之间的踏步级数，底层平面图上标注的楼梯剖面图的剖切符号等。

建筑楼梯详图中剖面图的内容主要包括楼梯梯段的长度、踏步级数，楼梯结构形式及所用材料，地面、楼地面、休息平台、栏杆和墙体的构造做法，楼梯各部分的标高和详图索引符号等。建筑楼梯详图中节点详图的内容主要包括栏杆扶手的详图、踏步防滑条的详图和雨棚的详图等。

建筑楼梯详图的绘制要求具体如下：

- 楼梯平面图和剖面图一般以不低于1:50的比例绘制，节点详图一般以不低于1:10的比例绘制。
- 楼梯的剖切位置默认为站在该层平面上的人眼的高度位置。
- 在底层平面图上应标注楼梯剖面图的剖切符号和投影方向。
- 剖面图可以只画出底层、中间层和顶层3段剖面图，其他部分可以折断，屋面可以不画出，通常不画基础。
- 剖切到的墙体和楼梯用粗实线表示，并画上材料图例和粉刷线，看到的楼梯用细实线表示。
- 标注必要的尺寸和标高。
- 在各层平面图时，各层平面图宜按层数由低向高的顺序从左至右或从下至上布置。

绘制建筑楼梯详图的一般步骤如下：

01 设置绘图环境。

02 绘制底层平面图。

03 绘制标准层平面图。

04 绘制顶层平面图。

05 添加图框和标题。

下面通过一个建筑楼梯详图的实例介绍绘制过程。

1. 设置绘图环境

01 设置图形界限。本例采用的绘图比例为1:50，故图形界限设置为29700×21000，即A2图纸放大50倍。

02 设置绘图单位。在“图形单位”对话框“长度”选项组“类型”下拉列表中选择“小数”，在“精度”下拉列表中选择0.00，其他设置保持系统默认参数。

03 设置线型。选择加载DASHDOTX2线型作为轴线的线型。

04 设置图层。在“图层特性管理器”对话框中，依次创建轴线、墙体及楼板、门窗、楼梯线、细部、标注及图框等图层，其中“轴线”图层的“线型”选择DASHDOTX2，“墙体及楼板”图层的“线宽”选择“0.35毫米”。

05 设置文字样式。在“文字样式”对话框中，新建一个“文字”文字样式和一个“数字”文字样式，“文字”文字样式的具体设置参数为：“字体名”选择“仿宋_GB2312”，“宽度因子”设为0.70；“数字”文字样式的具体设置参数为：“字体名”选择“txt.shx”，勾选“使用大字体”，“大字体”中选择“gbcbig.shx”，“宽度因子”设为0.70。

06 设置标注样式。在“标注样式”对话框中，新建一个“1:50”标注样式，具体设置参数为：在“线”选项卡中，“超出尺寸线”设为1，“起点偏移量”设为5；“符号和箭头”选项卡中，“箭头”选择“建筑标记”；“文字样式”选项卡中，“文字样式”选择“数字”；“调整”选项卡中，“文字位置”选择“尺寸线上方，不带引线”，“使用全局比例”设为50。

2. 绘制底层平面图

01 在“图层”下拉列表中选择“轴线”图层作为当前层。利用直线命令绘制轴线轴，线间的距离为3900，7800。

02 在“图层”下拉列表中选择“墙体及楼板”图层作为当前层。利用直线命令绘制出部分墙体，墙体厚为200，如图7-64所示。

03 在“图层”下拉列表中选择“楼梯线”图层作为当前层。利用直线命令和矩阵命令绘制出楼梯线，踏步宽度为300，修剪后的效果如图7-65所示。

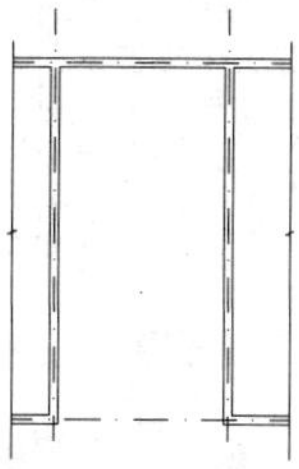

图7-64 轴线和墙体

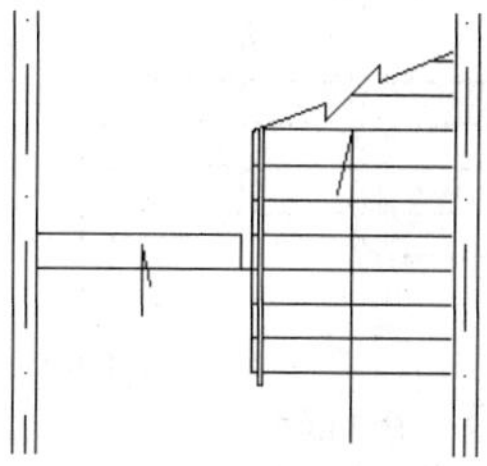

图7-65 楼梯线

04 在“图层”下拉列表中选择“细部”图层作为当前层。在墙体上开洞，插入窗图块，同时插入标高图块，如图7-66所示。

05 在“图层”下拉列表中选择“标注”图层，作为当前层。对图形进行尺寸标注，标注出楼梯的上下和剖面图的剖切符号，以及图形的标题，如图7-67所示。

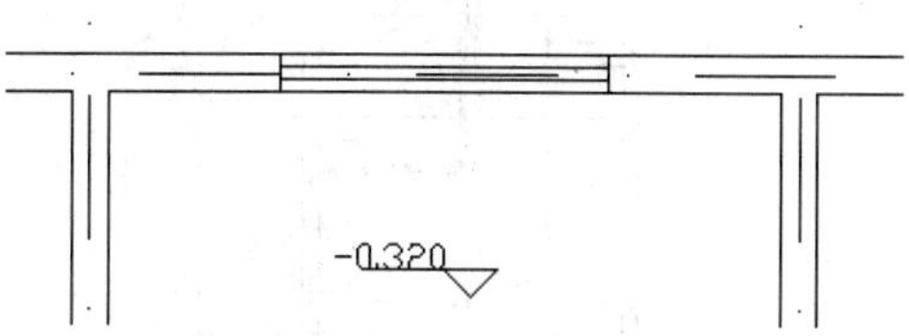

图7-66 细部

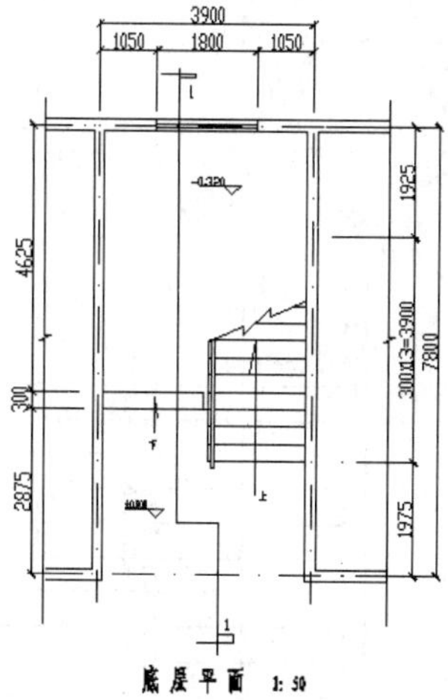

图7-67 标注

3. 绘制标准层平面图

标准层的轴线和墙体可以直接从底层平面图中复制过来稍加修改即可。

01 在“图层”下拉列表中选择“楼梯线”图层作为当前层。利用直线命令和矩阵命令绘制出楼梯线，踏步宽度为300，修剪后的效果如图7-68所示。

02 在“图层”下拉列表中选择“标注”图层作为当前层。对图形进行尺寸标注，标注出图形的标题，如图7-69所示。

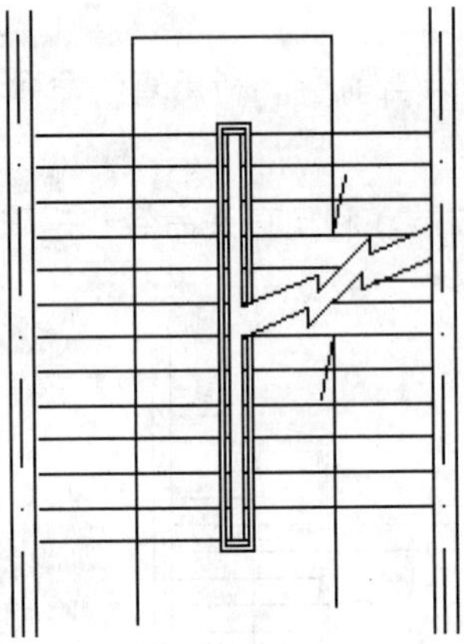

图7-68 楼梯线

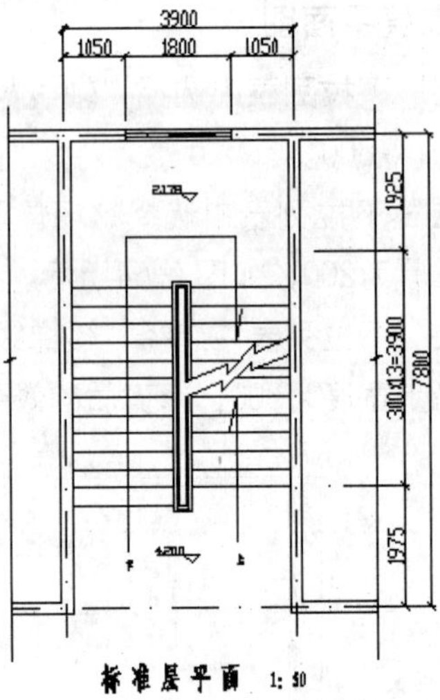

图7-69 标注

4. 绘制顶层平面图

顶层的轴线和墙体可以直接从底层平面图中复制过来，稍加修改即可。

01 在“图层”下拉列表中选择“楼梯线”图层作为当前层。利用直线命令和矩阵命令绘制出楼梯线，踏步宽度为300，修剪后的效果如图7-70所示。

02 在“图层”下拉列表中选择“标注”图层作为当前层。对图形进行尺寸标注，标注出图形的标题，如图7-71所示。

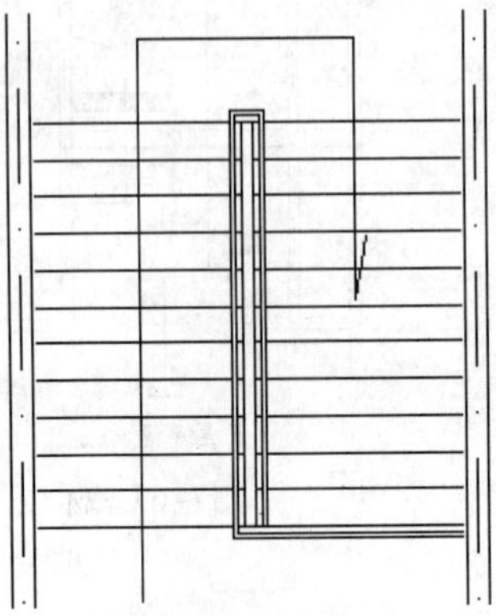

图7-70 楼梯线

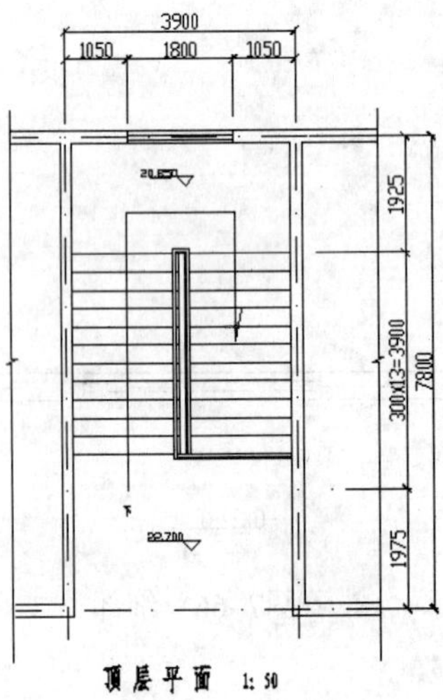

图7-71 标注

5. 添加图框和标题

在“图层”下拉列表中选择“图框”图层作为当前层。图框的具体绘制方法此处不再重复，图框大小采用A2图幅放大50倍，添加后的结果如图7-72所示。

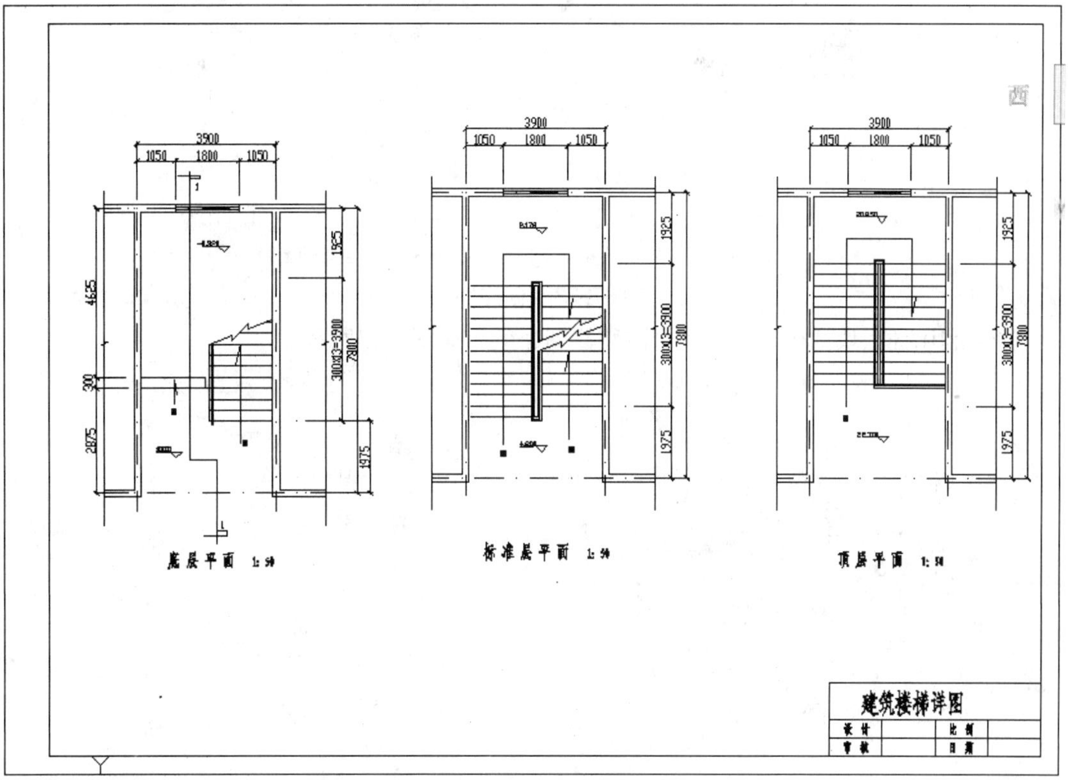

图7-72　添加图框

7.4 本章小结

本章主要介绍了建筑总平面图的基本知识，并通过实例讲解了总平面图的绘制过程，使读者对总平面图的绘制内容和要求有一定的了解。通过本章的学习，读者应该了解建筑总平面图包含的内容及绘制要求，掌握绘制建筑总平面图的基本方法和技巧。

7.5 课后练习

（1）别墅一般有两种类型：一种是住宅别墅，大多建造在城市郊区附近，或独立或群体，环境幽雅恬静，有花园绿地，交通便捷，便于上下班；另一种是休闲型别墅，一般建造在人口稀少、风景优美、山清水秀的风景区，供周末、假期消遣、疗养或避暑之用。首先对别墅的平面图进行标注，效果如图7-73所示。

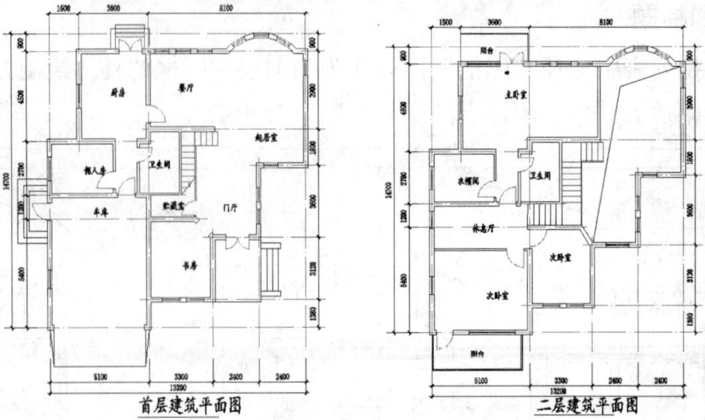

图7-73　标注别墅

（2）利用插入块命令，绘制别墅的装修图，效果如图7-74所示。

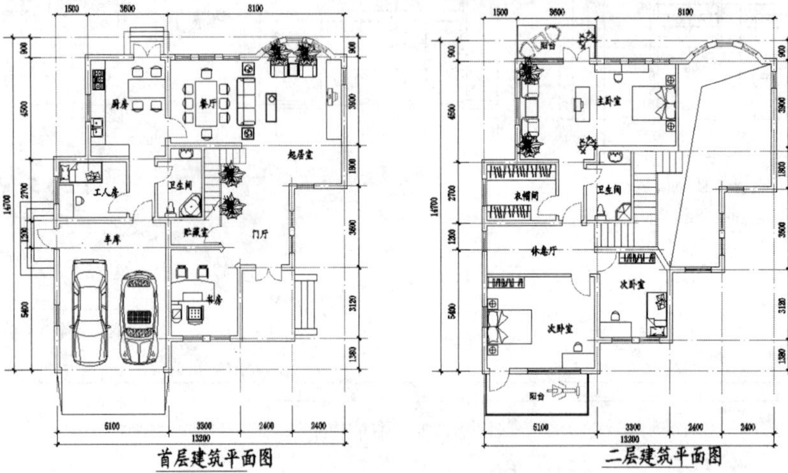

图7-74　绘制别墅的装修图

（3）利用图案填充命令绘制别墅的地面图，效果如图7-75所示。

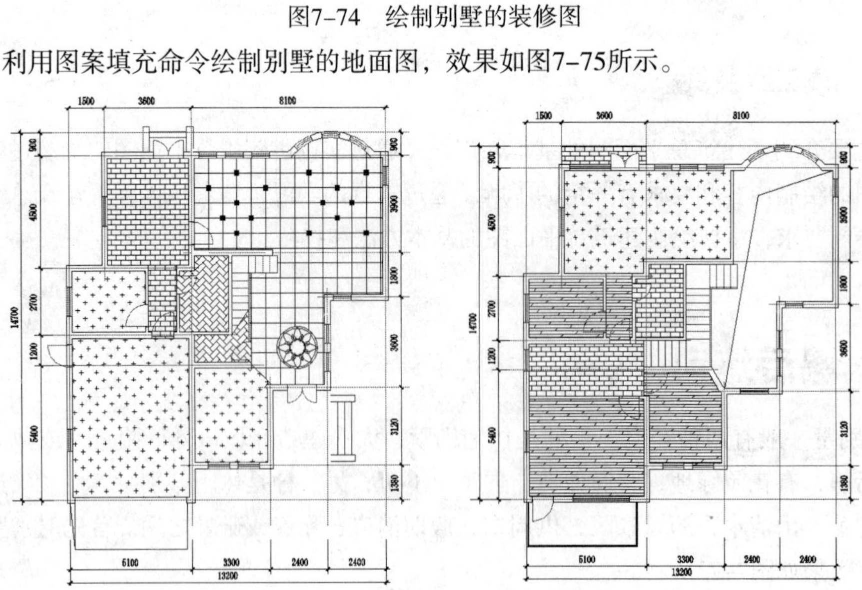

图7-75　绘制别墅的地面图

第8章 建筑平面图

本章内容提示

本章将利用AutoCAD 2012结合一张建筑平面图，来讲解建筑平面图的一般绘制方法。通过本章内容的学习，读者应对建筑平面图的设计过程和绘制方法有一个初步的了解。

学习要点

- □ 建筑平面图概述
- □ 建筑平面图绘制过程

8.1 概述、内容和绘制要求

建筑平面图是表示建筑物水平方向房屋各部分内容及其组合关系的图纸。由于建筑平面图能突出地表达建筑的组成和功能关系等方面的内容，因此一般建筑设计都先从平面设计入手。在建筑平面设计时，还应从建筑整体出发，考虑建筑空间组合的效果，照顾建筑剖面和立面的效果和体型关系。在绘制建筑平面图之前，读者首先应了解一下建筑平面图的基本知识。

8.1.1 建筑平面图的概述

通建筑平面图是通过使用假想水平剖切面，将建筑物在某层门窗洞口范围内剖开，移去剖切平面以上的部分，对剩下的部分作水平面的正投影图形成的。

在建筑平面设计中，平面图一般是由墙体、柱、门、窗、楼梯、阳台、台阶、厨卫洁具、室内布置、散水、雨蓬、花台、尺寸标注、轴线和说明文字等辅助图素组成。

对于多层建筑物，原则上应画出每一层的平面图，并在图的下方标注相应的图名，例如“底层平面图”、“三层平面图”等。如果一幢房间的中间层各楼层平面布局相同，则可共用一个平面图，也可称为“中间层平面图”或“标准层平面图”。一般情况下，3层或3层以上的房屋，至少应有3个平面图，即首层平面图、标准（或中间）层平面图和顶层平面图。

除上述的楼层平面图外，建筑平面图还有屋顶（或屋面）平面图和顶棚平面图。屋面平面图是房屋顶部的水平投影，顶棚平面图则是室内天花板构造或图案的表现图。对于顶棚平面图，如果采用水平正投影绘制，将出现大量的虚线，不利于看图，所以可使用镜像法，图名后须加上“镜像”二字。

当建筑物左右对称时，也可将不同的两层平面图左、右各画出一半拼在一起，中间以对称符号分界。

建筑平面图是表示建筑物平面形状、房间及墙（柱）布置、门窗类型、建筑材料等情况的图样，它是施工放线、墙体砌筑、门窗安装及室内装修等工作的施工依据。

8.1.2 建筑平面图的绘制内容

建筑平面图的内容主要包括以下部分。

- 反映建筑物某一层的平面形状，房间的位置、形状、大小及用途等。
- 表明建筑物的尺寸。在建筑平面图中，用轴线和尺寸线表示各部分的长宽尺寸和准确位置。
- 门厅、走廊、楼梯等交通设施的位置、形式和走向等。
- 其他的设施构造，如阳台、台阶、卫生器具等。
- 表示地下室、地坑、地沟、各种平台、楼阁（板）、检查孔、墙上留洞、高窗等位置尺寸与标高。如果是隐蔽的或者在剖切面以上部位的内容，应以虚线表示。
- 画出剖面图的剖切符号及编号（一般只标注在底层平面图上）。
- 标注有关部位上节点详图的索引符号。
- 表明各层地面的标高。首层地面标高定为±0.000，并注明室外地坪的绝对标高，其余各层均标注相对标高。
- 在底层平面图上画有指北针符号，以确定建筑物的朝向，另外还要画上剖面图的剖切位置，以便与剖面图对照查询。

8.1.3 建筑平面图的绘制要求

建筑平面图的绘制要求具体如下所示。

- 比例：根据不同的建筑物大小，采用不同的比例。绘制平面图常用的比例为1:50、1:100、1:200，一般采用1:100的比例，这样绘制起来比较方便。
- 定位轴线：定位轴线是施工定位、放线的重要依据。凡是承重墙、柱子等主要承重构件，都应画出轴线来确定其位置。建筑平面图中定位轴线编号确定后，其他图样中的轴线编号与之相应。
- 标注：在建筑平面图中，外墙一般应该标注三道尺寸，最外面的一道表示尺寸，表明建筑物的总长度和总宽度；中间一道是轴线尺寸，表明开间和进深的尺寸；最里面的一道表示门窗洞口、墙垛、墙后等详细尺寸。内墙必须标明与轴线的关系、门窗洞口尺寸等。建筑物平面图中也应注写房间的名称或编号。编号写在直径为6mm的细实线绘制的圆圈内，并在同张图纸上列出房间表。
- 图层：建筑平面图在绘制之前设置绘图环境时，分层很重要，进行图层分层对以后图形修改能起到很方便的作用。初学者很容易忽略这一点，一般情况下，将不同的构件、不同的线型等设置在不同的图层。
- 线型：建筑平面图中的图线应有粗细有别，层次分明。凡是承重墙和柱等主要承重构件的定位轴线，均应用细点画线来绘制；图中被剖分的墙、柱的断面轮廓线用粗实线来绘制；门的开启线用中粗线来绘制；其余的可见轮廓线用细实线来绘制；尺寸线、标高符号、定位轴线等用细实线来绘制。
- 线宽：图线的宽度b，应根据图样的复杂程度和比例，按规范规定选用。绘制较简单的图样时，可采用两种线宽的线宽组，其线宽比为b：0.25b（b一般采用的值为2.0、1.4、1.0、0.7、0.5、0.35）。

- 图例：由于平面图一般采用1：50、1：100、1：200的比例绘制，所有门、窗等应采用国标规定的图例来绘制，而相应的具体构造用放大比例的详图表达。常用构造及配件图例可翻阅相关资料。
- 投影：一般来说，各层平面图从投影方向能看到的部分均应画出，但通常是将重复之处省略，如散水、明沟、台阶等只在底层平面图中表示，而其他层次平面图则不画出；雨蓬也只在二层平面画出，必要时在平面图中还应画出卫生器具、水池、橱柜等。
- 详图索引符号：一般在屋顶平面图附近有檐口、女儿墙、雨水口等构造详图，以配合平面图的识读。凡需绘制详图的部位，均应画上详图索引符号。详图符号的圆圈应画成直径14mm的粗实线圆。索引符号的圆和水平直径均以细实线绘制，圆曲直径一般为10mm。

8.1.4 建筑平面图的绘制步骤

绘制建筑平面图的一般步骤如下：

01 设置绘图环境。

02 绘制定位轴线及柱网。

03 绘制各种建筑构配件（如墙体线、门窗洞等）的形状及大小。

04 绘制各个建筑细部。

05 绘制尺寸界线、标高数字、索引符号和相关说明文字。

06 尺寸标注。

07 添加图框和标题。

按照上述步骤，采用AutoCAD 2012设计并绘制某建筑的平面图，如图8-1所示。

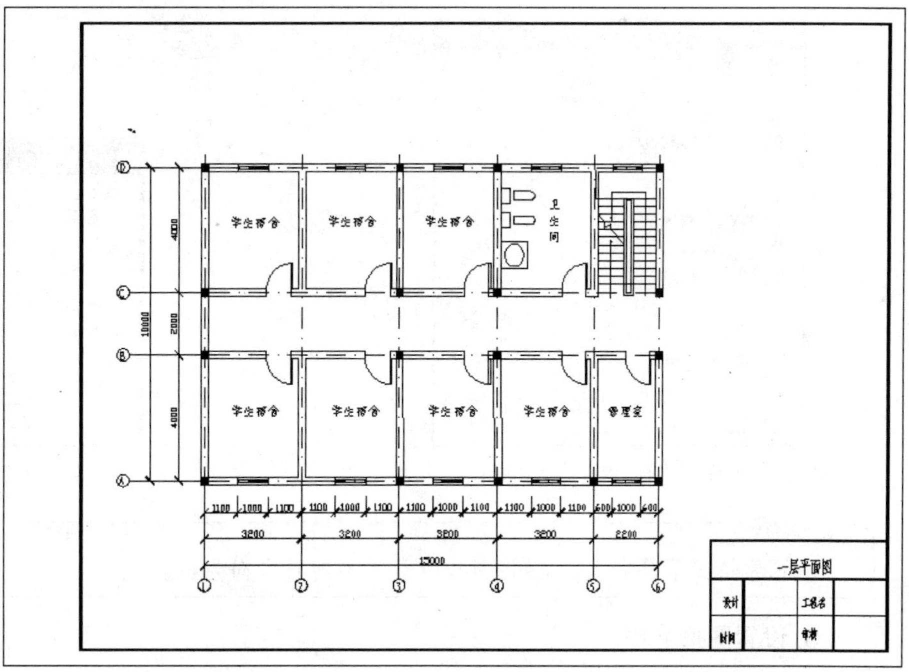

图8-1　某学生公寓建筑平面图

8.2 绘制过程

8.2.1 设置绘图环境

设置绘图环境主要包括设置图形界限，设置绘图单位，设置图层，设置文字样式及设置标注样式等，绘图之前首先要设置好绘图的环境。

1. 新建图形文件

运行AutoCAD 2012程序，选择“文件”→“新建”菜单命令，或单击“标准”工具栏中的按钮，弹出“选择样板”对话框，如图8-2所示。采用系统默认值，单击“打开”按钮即可新建一个图形文件。

图8-2 “选择样板”对话框

2. 设置单位

选择“格式”→“单位”菜单命令，在弹出的“图形单位”对话框“长度”选项组的“精度”下拉列表中选择0，系统默认的角度“类型”为十进制，精确小数位数为0，这里采用默认值，用于缩放插入内容的单位为“毫米”，如图8-3所示。

单击“方向”按钮，打开“方向控制”对话框，可设置角度测量的起始方向为东，如图8-4所示。

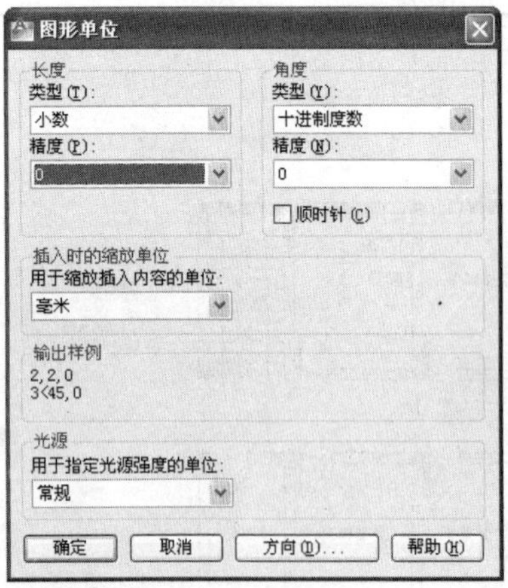

图8-3 “图形单位”对话框

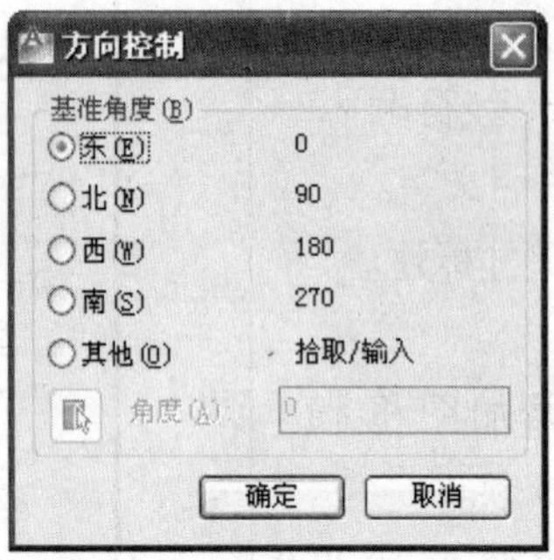

图8-4 “方向控制”对话框

注意

通常情况下，AutoCAD绘图是以默认的逆时针方向为正。

3. 设置图形界限

图形界限是指能够绘图区域的边界，它是AutoCAD绘图空间中的一个假想的矩形区域，可根据绘图需要设定其大小。

选择“格式”→“图形界限”菜单命令，也可以在命令行中输入LIMITS命令，命令行提示如下：

```
命令: limits
重新设置模型空间界限:
指定左下角点或 [开(ON)/关(OFF)] <0,0>:
                              //按Enter键采用默认值
指定右上角点 <420,297>: 21000,29700
                              //A4图纸放大100倍
```

可通过单击屏幕下方的“栅格”按钮，查看图形区域，如图8-5所示。

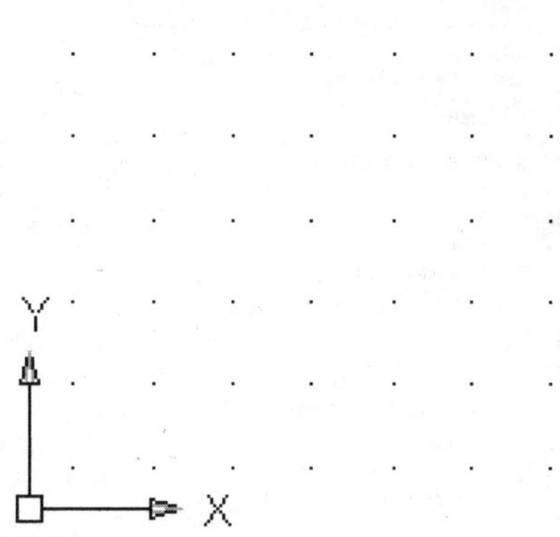

图8-5　栅格打开时显示状态

4. 设置图层

设置图层是绘制图形之前必不可少的工作。用户可以设置一些专门的图层，并把一些相关的图形放在专门的图层上，这样可以很方便地对图形进行管理和修改。单击“图层”工具栏上的按钮，弹出“图层特性管理器”选项板。单击“新建”按钮，为轴线创建一个图层，然后设置图层名称为“轴线”，即可完成“轴线”图层的设置。采用同样方法依次创建标注、墙体、窗户、楼梯、阳台、标注等图层，如图8-6所示。

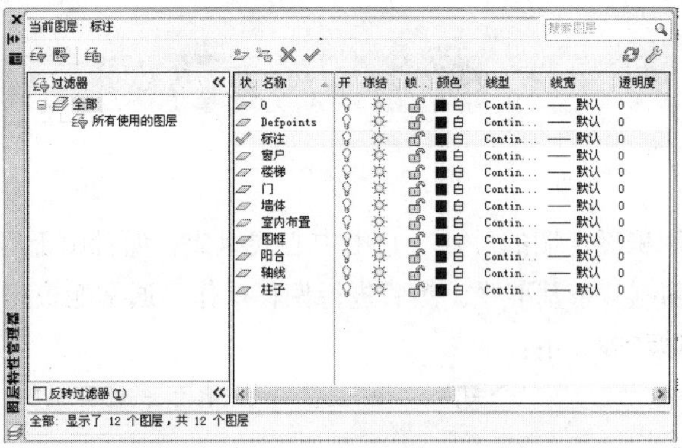

图8-6　“图层特性管理器”选项板

系统允许建立多个图层，但当前图层只有一个，绘图时只能在当前图层上绘制，这就要求绘图时要及时转换当前层。

5. 设置标注样式

选择“格式”→“标注样式”菜单命令，单击“新建”按钮，新建“标注”样式，其中“符号和箭头”选项卡选择“建筑标记”，“尺寸箭头”大小为4；“调整”选项卡中设置全局比例为100，如图8-7所示；“主单位”精度为0。

6. 设置文字样式

选择“格式”→“文字样式”菜单命令，弹出“文字样式”对话框。单击“新建”按钮，新建“文字”样式，如图8-8所示。根据国家建筑制图标准，在“字体”选项组的“字体名”下拉列表中选择“仿宋_GB2312”选项，其余设置均采用默认值。

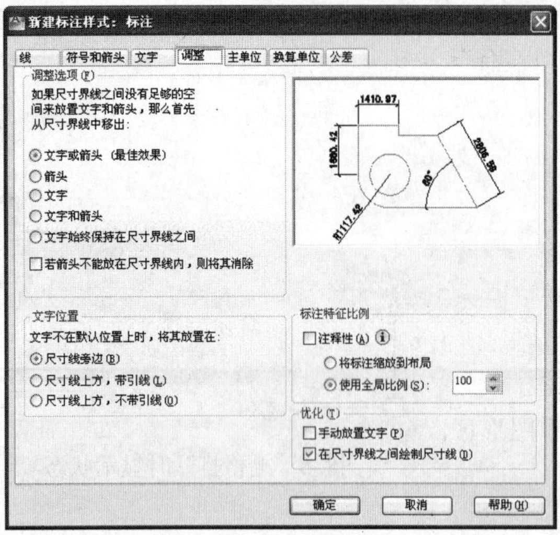

图8-7　修改标注样式

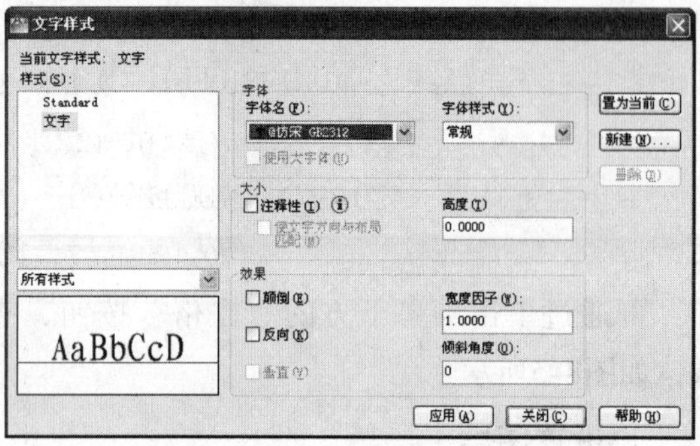

图8-8　“文字样式”对话框

注意

虽然在开始绘图前，已经对图形单位、界限、图层、标注等已经设置过了，但在绘制图形的过程中，仍然可以对它们进行重新设置，这样就避免了用户在绘图时因设置不合理而影响绘图。

8.2.2　绘制轴线及柱网

1. 绘制轴线

轴线也称基准线，用来确定墙的位置。它由中心线组成，而且由于房屋的特点，大多数轴线是平行关系，因此首先绘制某条基准线，然后进行偏移操作，通常能快速完成轴线的绘制。

具体绘制轴线的具体步骤如下：

01 选择“视图”→“缩放”→“全部”→菜单命令，将图形显示在绘图区。单击状态栏中的“正交”按钮，打开“正交”模式。

02 将“轴线”层设置为当前层，选择“格式”→“线型”菜单命令，打开“线型管理器”对话框，加载点划线线型Dashdot，如图8-9所示。

03 单击“确定”按钮，线型Dashdot即被加载进来。

04 单击“绘图”工具栏中的按钮，绘制基准水平轴线。利用偏移命令将水平轴线按固定的距离偏移，从下到上依次偏移4000、2000、4000个单位，如图8-10所示。命令行提示如下：

```
命令: _line 指定第一点:                    //用鼠标单击任意一点为第一点
指定下一点或 [放弃(U)]:                    //在屏幕上指定第二点
指定下一点或 [放弃(U)]:                    //按Enter键
命令: _offset                              //调用偏移命令
```

当前设置：删除源=否　图层=源　OFFSETGAPTYPE=0

指定偏移距离或 [通过(T)/删除(E)/图层(L)] <通过>:　4000　//指定偏移距离4000

选择要偏移的对象，或 [退出(E)/放弃(U)] <退出>:　//选择绘制的第一条直线

指定要偏移的那一侧上的点，或 [退出(E)/多个(M)/放弃(U)] <退出>:

//在直线上方单击，指定偏移方向

选择要偏移的对象，或 [退出(E)/放弃(U)] <退出>:　*取消*　//按Enter键

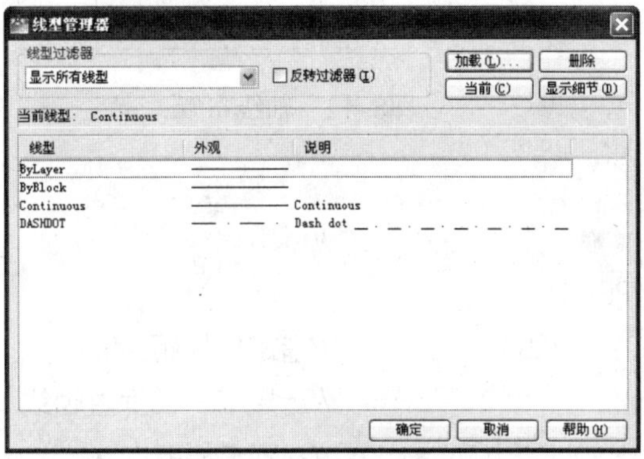

图8-9　加载线型Dashdot

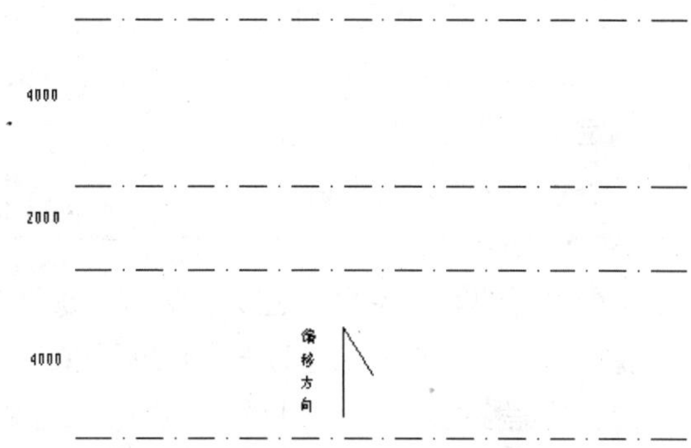

图8-10　水平轴线的绘制

命令：_offset　//调用偏移命令

当前设置：删除源=否　图层=源　OFFSETGAPTYPE=0

指定偏移距离或 [通过(T)/删除(E)/图层(L)] <650>:　2000　//指定偏移距离2000

选择要偏移的对象，或 [退出(E)/放弃(U)] <退出>:　//选择第二条直线

指定要偏移的那一侧上的点，或 [退出(E)/多个(M)/放弃(U)] <退出>:

//在直线上方单击，指定偏移方向

选择要偏移的对象，或 [退出(E)/放弃(U)] <退出>:　//按Enter键

命令：_offset　//调用偏移命令

当前设置：删除源=否　图层=源　OFFSETGAPTYPE=0

指定偏移距离或 [通过(T)/删除(E)/图层(L)] <300>: 4000　//指定偏移距离4000

选择要偏移的对象，或 [退出(E)/放弃(U)] <退出>:　//选择第四条直线

指定要偏移的那一侧上的点，或 [退出(E)/多个(M)/放弃(U)] <退出>: //在直线上方单击，指定偏移方向

选择要偏移的对象，或 [退出(E)/放弃(U)] <退出>:　//按Enter键

提示

当绘制的图形较大时，一般情况下轴线所采用的虚线显示为一条实线，此时可以通过设定其线型比例来实现在比例较小的图形中显示出虚线状态。可在命令行输入ITSCALE来设定相应的线型比例，如图8-11所示。

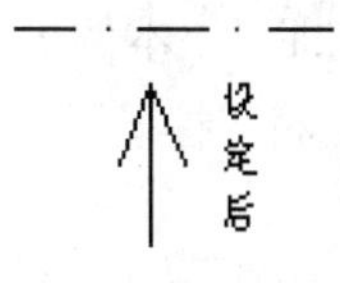

图8-11　设定线型比例

05 利用直线命令绘制基准垂直轴线，利用偏移命令将水平轴线按固定的距离偏移，从下到上依次偏移3200，3200，3200，3200，2200个单位，结果如图8-12所示。命令行提示如下：

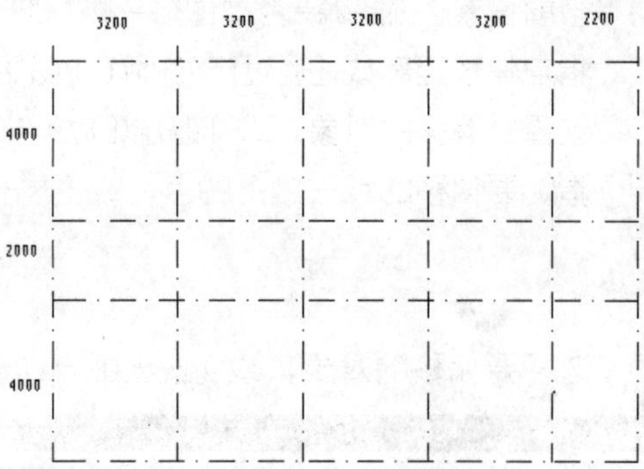

图8-12　轴线布置

```
命令: _line 指定第一点:
        //在水平轴线左侧指定任意一点
指定下一点或 [放弃(U)]:
        //在屏幕上指定第二点，完成第一条垂直轴线的绘制
指定下一点或 [放弃(U)]:
        //按Enter键
命令: _offset                                                   //调用偏移命令
当前设置: 删除源=否  图层=源  OFFSETGAPTYPE=0
指定偏移距离或 [通过(T)/删除(E)/图层(L)] <650>:  3200              //指定偏移距离3200
选择要偏移的对象，或 [退出(E)/放弃(U)] <退出>:                      //选择第一条垂直轴线
指定要偏移的那一侧上的点，或 [退出(E)/多个(M)/放弃(U)] <退出>:       //指定偏移方向
选择要偏移的对象，或 [退出(E)/放弃(U)] <退出>:                      //选择第二条垂直轴线
指定要偏移的那一侧上的点，或 [退出(E)/多个(M)/放弃(U)] <退出>:       //指定偏移方向
选择要偏移的对象，或 [退出(E)/放弃(U)] <退出>:                      //选择第三条垂直轴线
指定要偏移的那一侧上的点，或 [退出(E)/多个(M)/放弃(U)] <退出>:       //指定偏移方向
选择要偏移的对象，或 [退出(E)/放弃(U)] <退出>:                      //选择第四条垂直轴线
指定要偏移的那一侧上的点，或 [退出(E)/多个(M)/放弃(U)] <退出>:       //指定偏移方向
选择要偏移的对象，或 [退出(E)/放弃(U)] <退出>:                      //按Enter键
命令: _offset                                                   //调用偏移命令
当前设置: 删除源=否  图层=源  OFFSETGAPTYPE=0
指定偏移距离或 [通过(T)/删除(E)/图层(L)] <560>:  2200              //指定偏移距离2200
选择要偏移的对象，或 [退出(E)/放弃(U)] <退出>:                      //选择上一条偏移后的
                                                                  直线
指定要偏移的那一侧上的点，或 [退出(E)/多个(M)/放弃(U)] <退出>:       //指定偏移方向
选择要偏移的对象，或 [退出(E)/放弃(U)] <退出>:                      //按Enter键
```

2. 绘制柱网

在绘制完轴线的基础轴后，添加柱子。柱子的绘制方法比较简单，先绘制一个正方形，然后填充即可。本例子中的柱子尺寸全部为240×240。

01 将“柱子”层设置为当前层，打开“对象捕捉”中的捕捉“端点”和“交点”模式。

02 单击“绘图”工具栏中的□按钮，在一个轴线交点的位置绘制240×240的柱子。命令行提示如下：

命令：_polygon　　　　　　　　　　　　　　　　//调用正多边形命令
输入边的数目 <4>:
指定正多边形的中心点或 [边(E)]:　　　　　　　　//捕捉轴线的交点，并指定为中心点
输入选项 [内接于圆(I)/外切于圆(C)] <I>: c　　　//选择“外切于圆”
指定圆的半径：120　　　　　　　　　　　　　　//输入圆的半径120

03 选择“绘图”→“图案填充”菜单命令，在弹出的“图案填充和渐变色”对话框的“图案”下拉列表框中选择SOLID选项，如图8-13所示，然后进行填充即可。

04 采用复制命令，把填充完的柱子依次复制到各轴线相交处，完成后的效果如图8-14所示。命令行提示如下：

命令：_copy　　　　　　　　　　　　　　　　　//调用复制命令
选择对象：指定对角点：找到 3 个　　　　　　　//选择柱子
选择对象：
当前设置：　复制模式 = 多个
指定基点或 [位移(D)/模式(O)] <位移>: 指定第二个点或 <使用第一个点作为位移>:
　　　　　　　　　　　　　　　　　　　　　　//指定柱子的中心作为基点
指定第二个点或 [退出(E)/放弃(U)] <退出>:　　　//复制到第一个交点
指定第二个点或 [退出(E)/放弃(U)] <退出>:　　　//复制到第二个交点
指定第二个点或 [退出(E)/放弃(U)] <退出>:　　　//复制到第三个交点
……

图8-13　填充图案

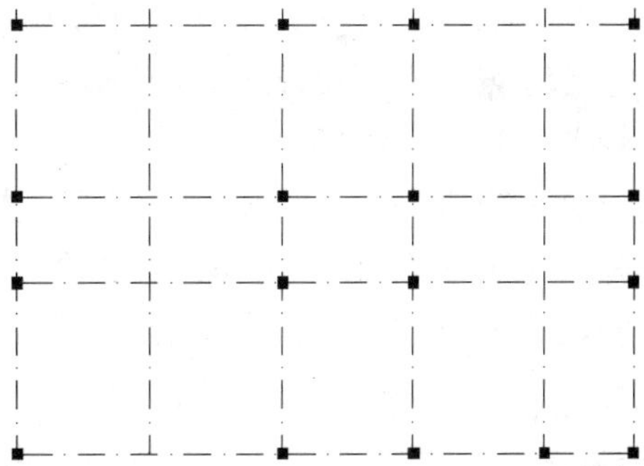

图8-14　产生柱网

8.2.3　绘制墙体

墙体依据其在房屋所处位置的不同分为外墙和内墙。凡是位于建筑物外围的墙体都是外墙，是建筑物的外围围护结构，起着挡风、阻碍、保温等作用；凡是位于建筑物内部的墙体都称为内墙，主要起隔断作用。

墙线能够表示出建筑平面的分割方式，因此墙线的绘制在建筑制图中占有很重要的地位。在AutoCAD中，通常使用多线命令绘制墙体，然后再编辑多线，整理墙体的交线，并在墙体上开出

门洞等。

01 将“墙体”层设为当前层，同时打开屏幕下方状态栏中的“对象捕捉”模式，设置为“端点”和“交点”捕捉方式。

02 选择“格式”→“多线样式”菜单命令，打开“多线样式”对话框，单击“新建”按钮，在“新样式名”文本框中输入“多线”，如图8-15所示。

03 单击“继续”按钮，打开“新建多线样式”对话框，在“图元”选项组中设置多线样式。选中第一个选项，在“偏移”文本框中输入120；再选中第二个选项，在“偏移”文本框中输入-120，如图8-16所示。然后单击“确定”按钮，返回“多线样式”对话框，单击“确定”按钮，即可完成多线的设置。

图8-15　输入样式名称

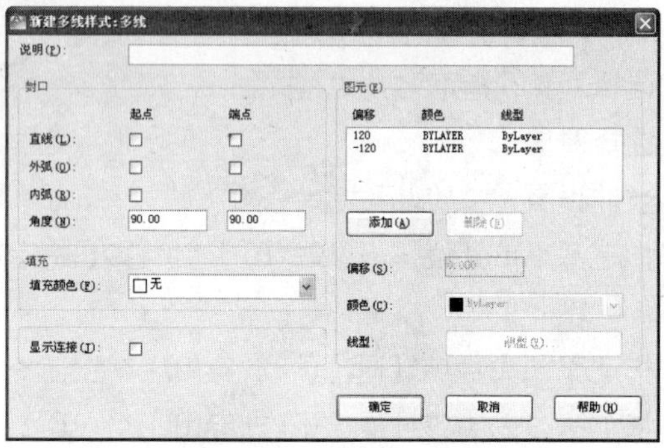

图8-16　设置多线样式

04 选择“绘图”→“多线”菜单命令，绘制墙线，绘制的结果如图8-17所示。命令行提示如下：

```
命令: _mline                                    //调用多线命令
当前设置: 对正 = 无，比例 = 20.00，样式 = 多线
指定起点或 [对正(J)/比例(S)/样式(ST)]:  s       //设置多线比例
输入多线比例 <20.00>:  1
当前设置: 对正 = 无，比例 = 1.00，样式 = 多线
指定起点或 [对正(J)/比例(S)/样式(ST)]:          //指定起点绘制多线
指定下一点:                                     //指定多线下一点
```

提示

绘制多线时，应注意多线的对正方式、比例和样式是否与绘制要求相符，如果不符合绘制要求，可在指定起点时在命令行输入相应的命令进行设置。

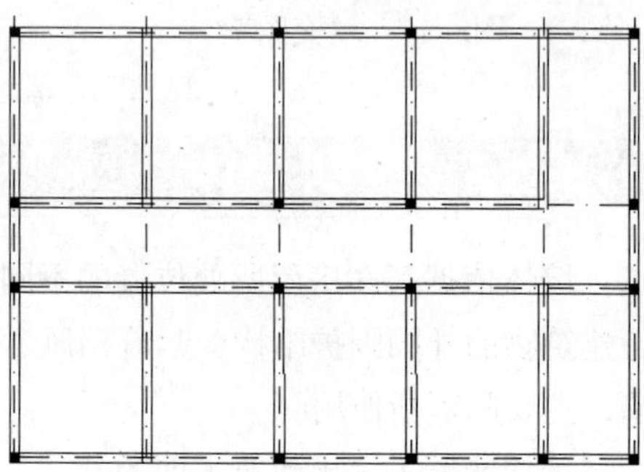

图8-17　绘制墙线

05 在命令行输入MLEDIT命令，弹出“多线编辑工具”对话框，如图8-18所示。从对话框中选择多线的交点形式，对墙线进行编辑。编辑后效果如图8-19所示。

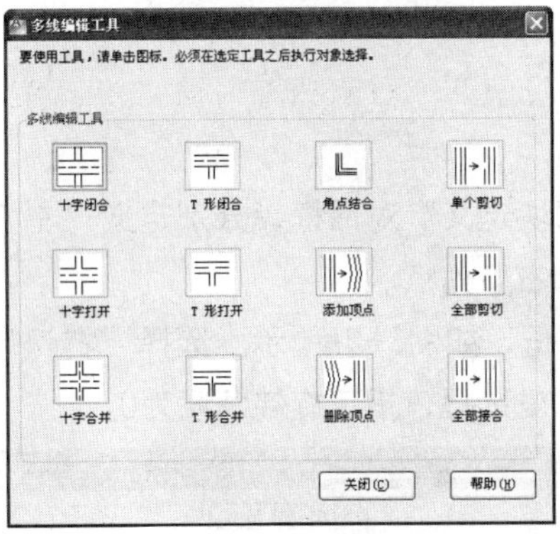

图8-18 “多线编辑工具”对话框

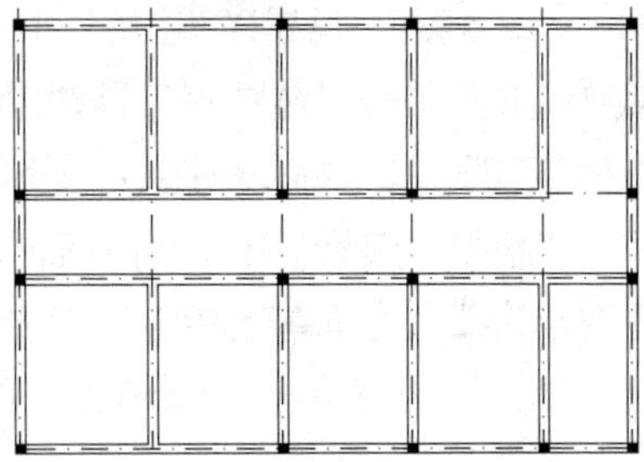

图8-19　编辑后的墙线图

8.2.4　设置门窗

完成墙体的设计之后．即可进行门窗设计。门窗的种类、数量很多，其设计是根据空间的使用功能而定的。我国建筑设计规范对门窗的设计有具体的要求，所以在使用AutoCAD设计建筑图形的时候，可以把它们作为标准图块插入到当前图形中，从而避免大量的重复工作，提高工作效率。所以为平面图设置门窗之前，应首先绘制一些标准门窗图块。

1. 设置门

绘制完柱子后，开始绘制门。可以先绘制出门，然后将其设置为图块，再将其插入到图中即可。

01 根据第4章的方法，绘制宽度800，厚度50的两个基本门——左门和右门，如图8-20所示。

```
命令: _rectang                                         //调用矩形命令
指定第一个角点或 [倒角(C)/标高(E)/圆角(F)/厚度(T)/宽度(W)]:
指定另一个角点或 [面积(A)/尺寸(D)/旋转(R)]: @50,-800

命令: _line 指定第一点:                                //绘制辅助线
指定下一点或 [放弃(U)]:
指定下一点或 [放弃(U)]:

命令: _arc                                             //调用圆弧命令
指定圆弧的起点或 [圆心(C)]:
指定圆弧的第二个点或 [圆心(C)/端点(E)]: e              //指定圆弧端点
指定圆弧的端点:                                        //拾取矩形右上角点
指定圆弧的圆心或 [角度(A)/方向(D)/半径(R)]: r          //指定圆弧半径
指定圆弧的半径: 800                                    //指定圆弧半径后，删除辅助线既可绘
                                                         制出左门

命令: _mirror                                          //调用镜像命令，镜像出右门
选择对象: 指定对角点: 找到 2 个
```

选择对象:

指定镜像线的第一点: 指定镜像线的第二点:

要删除源对象吗? [是(Y)/否(N)] <N>:

02 定义门块。单击“绘图”工具栏中的按钮，打开“块定义”对话框，分别定义“左门”块和“右门”块，“插入基点”分别取矩形左下角点和右下角点。

03 单击“绘图”工具栏中的按钮，打开“插入”对话框，如图8-21所示。选择“右门”块，插入点选择“在屏幕上指定”，选中下面的“分解”复选框，指定旋转角度为0。

图8-20 绘制基本门

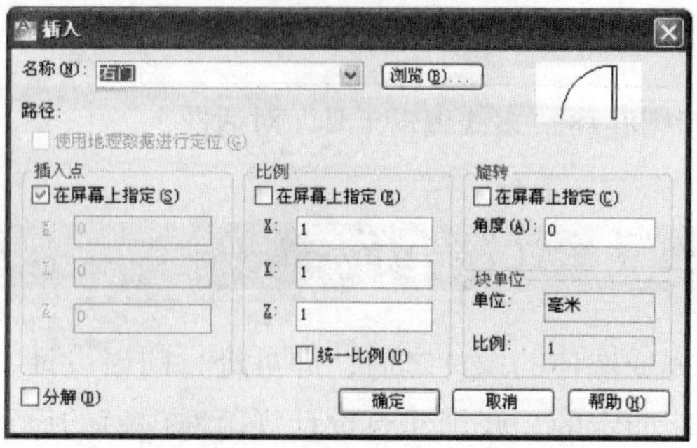

图8-21 选择插入“右门”块

04 单击“确定”按钮后，将门插入到合适的位置，插入后的门如图8-22所示。

05 由于墙线是多线，无法进行通常的编辑操作，因此需要将其分解。选择“墙线”图层为当前层，单击“修改”工具栏的按钮，将需要创建门洞的墙线分解，再利用直线命令和修剪命令创建门洞，结果如图8-23所示。

06 用同样的方法，绘制出其他的门洞，绘制完成后的门洞如图8-24所示。

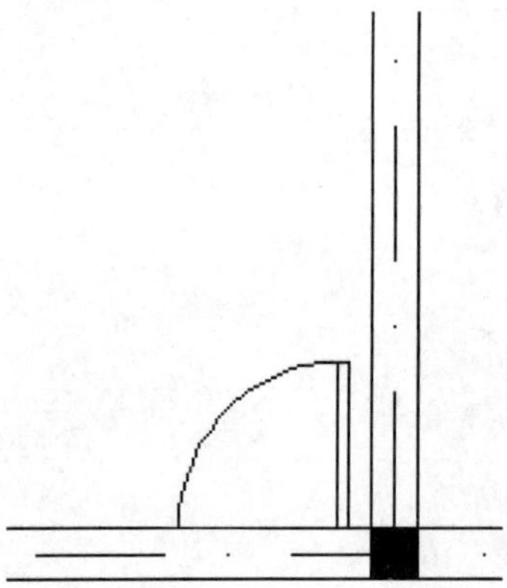

图8-22 插入的一扇门

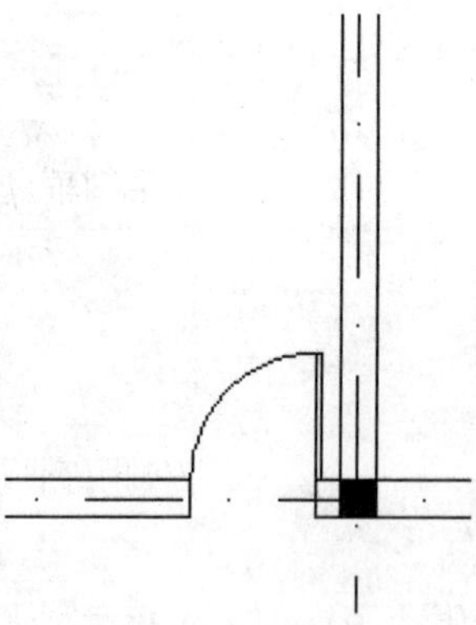

图8-23 创建门洞

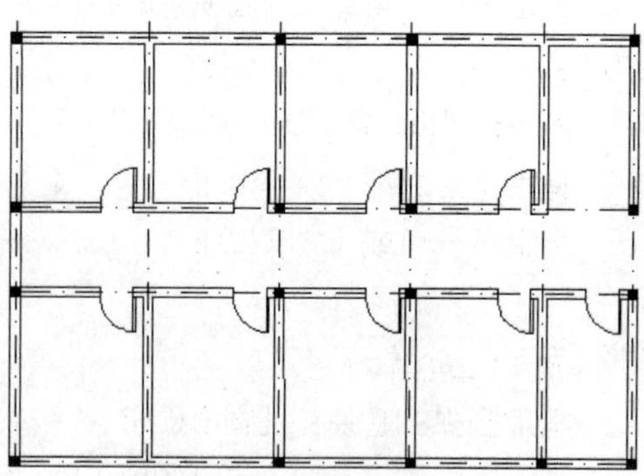

图8-24 完成门后的图形

2. 设置窗户

窗户的绘制过程和门的绘制过程比较相似，先绘制一个窗洞，然后绘制一个窗户，这里绘制一个尺寸为1000×240的窗户，并把它保存成图块，最后在需要的地方插入即可。

01 将“窗户”层设置为当前层，利用直线命令绘制出窗户的边界，然后修剪出窗洞，如图8-25所示。

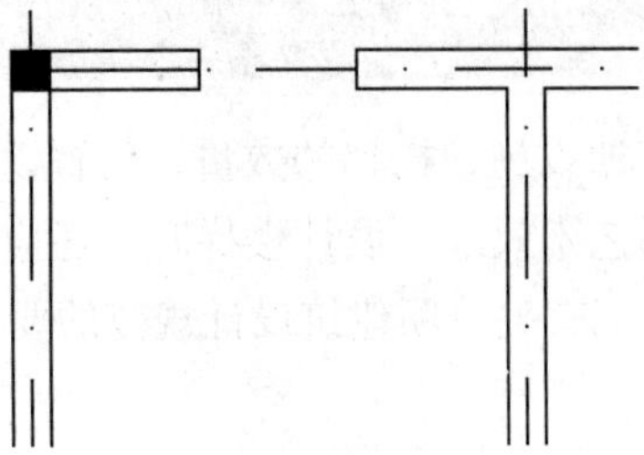

图8-25 绘制窗洞

02 绘制窗户，利用定数等分命令先将窗线三等分，连接等分点即可，如图8-26所示。命令行提示如下：

```
命令: _rectang                                          //调用矩形命令
指定第一个角点或 [倒角(C)/标高(E)/圆角(F)/厚度(T)/宽度(W)]:
指定另一个角点或 [面积(A)/尺寸(D)/旋转(R)]: @1000,-240   //用相对坐标指定长方形的长和宽
命令: _explode                                          //调用分解命令分解矩形
选择对象: 找到 1 个                                      //选择矩形
选择对象:                                               //按Enter键
命令: _divide                                           //调用定数等分命令
选择要定数等分的对象:                                    //选择矩形的一条边
输入线段数目或 [块(B)]: 3
命令: _divide
选择要定数等分的对象:                                    //选择矩形的另一条边
输入线段数目或 [块(B)]: 3
命令: _line                                             //用直线命令，连接等分点
指定第一点:
指定下一点或 [放弃(U)]:
指定下一点或 [放弃(U)]:
```

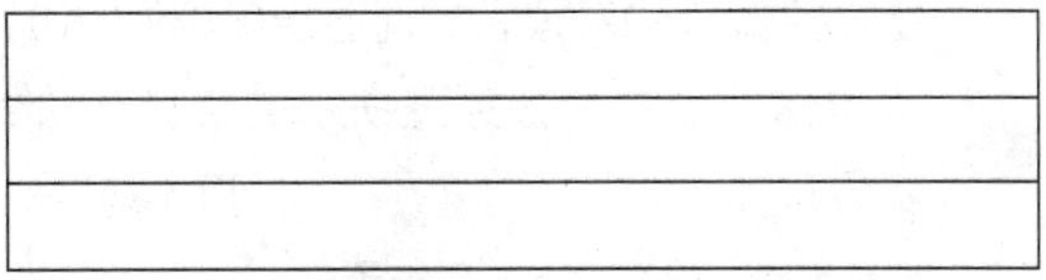

图8-26 窗户

03 与门的绘制方法一样，将如图8-26所示的窗线制成图块，插入基点选择矩形的左上方角点。

04 单击“绘图”工具栏中的按钮，打开“插入”对话框，选择“窗户”块，单击“确定”按钮插入一个窗户，插入窗户后的图形如图8-27所示。

05 同样的方法，绘制其他的窗户，如图8-28所示。

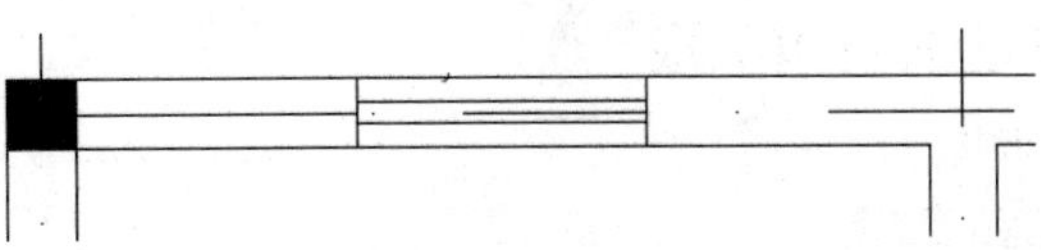

图8-27 插入窗户

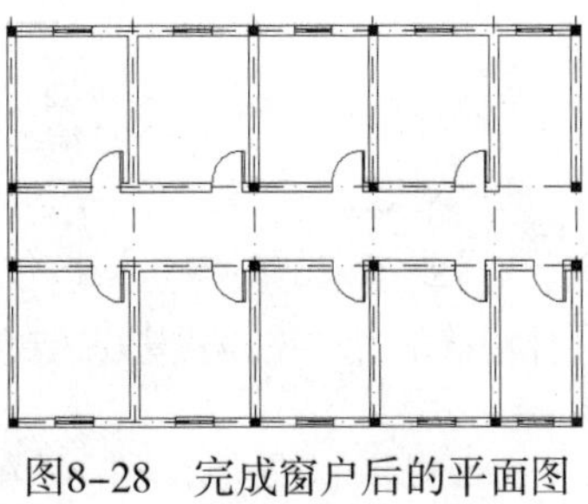

图8-28 完成窗户后的平面图

8.2.5 绘制楼梯

楼梯是建筑中常用的垂直交通设施，楼梯的数量、位置以及形式应满足使用方便和安全疏散的要求，并注重建筑环境空间的艺术效果。设计楼梯时，还应使其符合《建筑设计防火规范》和《建筑楼梯模数协调标准》等其他有关单项建筑设计规范的要求。

01 将“楼梯”层设为当前层。

02 利用直线命令绘制楼梯台阶AB。命令行提示如下：

```
命令: _line                    //调用直线命令绘制台阶线
指定第一点:                    //指定第一点
指定下一点或 [放弃(U)]:        //指定第二点
指定下一点或 [放弃(U)]:        //按Enter键
```

03 单击“修改”工具栏中的按钮，绘制其他台阶线，设置台阶的间距为250mm，效果如图8-29所示。

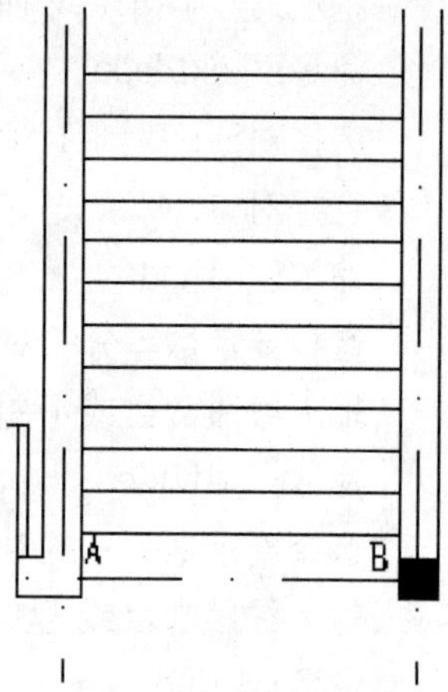

图8-29 阵列后效果

04 单击“绘图”工具栏中的按钮，绘制楼梯的上下扶手。命令行提示如下：

```
命令: _rectang                 //调用矩形命令
指定第一个角点或 [倒角(C)/标高(E)/圆角(F)/厚度(T)/宽度(W)]:
指定另一个角点或 [面积(A)/尺寸(D)/旋转(R)]: @300,-3100
命令: _offset                  //偏移外侧扶手，绘制内侧扶手
当前设置: 删除源=否   图层=源   OFFSETGAPTYPE=0
指定偏移距离或 [通过(T)/删除(E)/图层(L)] <通过>:  70
选择要偏移的对象，或 [退出(E)/放弃(U)] <退出>:
指定要偏移的那一侧上的点，或 [退出(E)/多个(M)/放弃(U)] <退出>:
选择要偏移的对象，或 [退出(E)/放弃(U)] <退出>:
```

05 采用修剪命令减去穿过扶手的楼梯台阶线。命令行提示如下：

```
命令: _trim                    //调用修剪命令
当前设置:投影=无，边=无
选择剪切边...
选择对象或 <全部选择>:  找到 1 个
选择对象: 找到 1 个，总计 2 个
选择对象: 找到 1 个，总计 3 个

选择对象: 找到 1 个，总计 12 个
选择对象:                      //按Enter键或单击鼠标右键
选择要修剪的对象，或按住 Shift 键选择要延伸的对象，或
[栏选(F)/窗交(C)/投影(P)/边(E)/删除(R)/放弃(U)]:
                               //依次选择要修剪的对象
```

选择要修剪的对象，或按住 Shift 键选择要延伸的对象，或
[栏选(F)/窗交(C)/投影(P)/边(E)/删除(R)/放弃(U)]:

选择要修剪的对象，或按住 Shift 键选择要延伸的对象，或
[栏选(F)/窗交(C)/投影(P)/边(E)/删除(R)/放弃(U)]:
//按Enter键或单击鼠标右键

06 利用多线命令绘制楼梯起跑方向和剖段线，如图8-30所示。

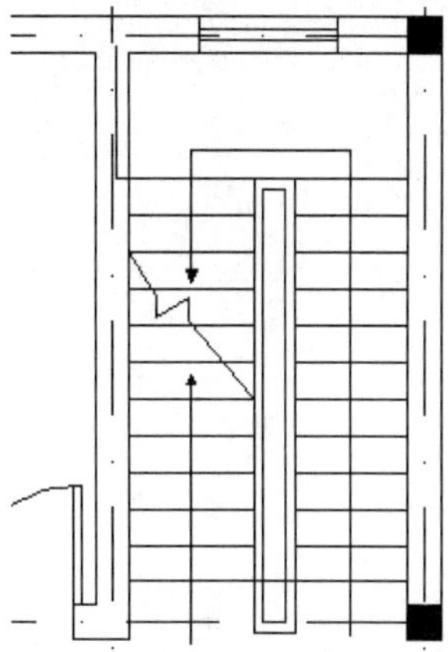

图8-30　楼梯图

8.2.6　绘制卫生间

卫生间主要包括马桶、洗手池等，具体绘制步骤如下所示。

01 将“室内设施”层设为当前层。

02 用矩形及圆弧绘制马桶，先用矩形绘制水箱，然后再绘制一个矩形，并且在矩形的顶部绘制出半圆弧。

03 绘制洗手池。先绘制出一个矩形，再在矩形的中间绘制一个椭圆。最终绘制效果如图8-31所示。

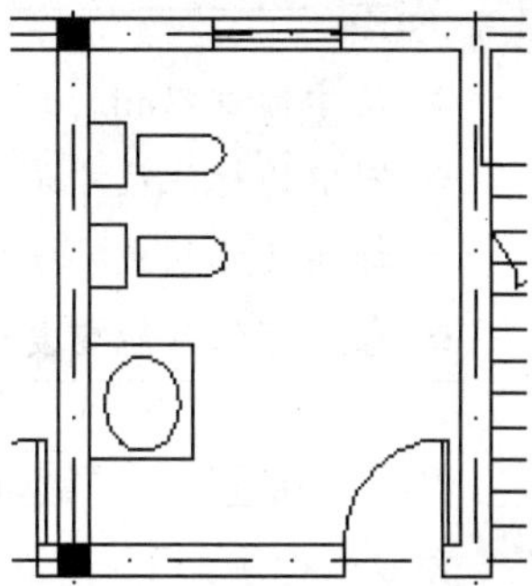

图8-31　绘制卫生间

8.2.7　尺寸标注

通过尺寸标注可以反映图形对象的形状和大小，可以精确表达出施工图各部分实际大小及其相互关系，方便指导施工。建筑施工图的尺寸标注力求规范、整齐，可采用各种方法达到这一目的。

01 将“标注”层设置为当前层。

02 选择“格式”→“标柱样式”菜单命令或单击“标注”工具栏中的按钮，弹出“标柱样式管理器”对话框，如图8-32所示，选择“标注”标柱样式。

03 单击“修改”按钮，将“线”选项卡中起点偏移量修改为5，如图8-33所示，关闭“修改标注样式”对话框。

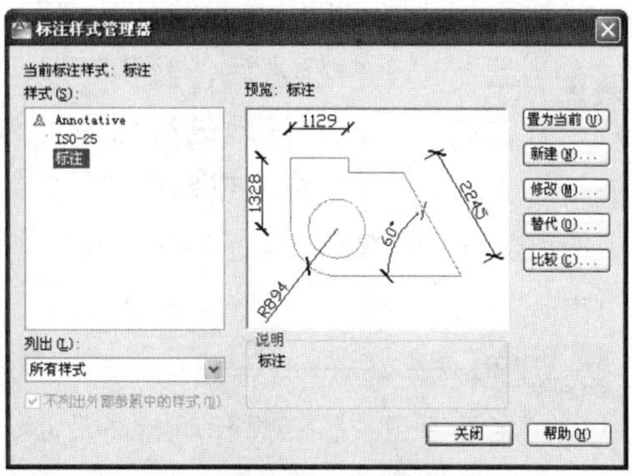

图8-32 “标柱样式管理器”对话框

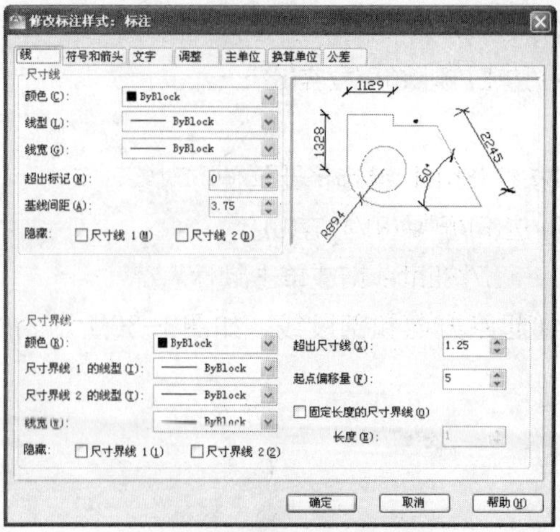

图8-33　设置起点偏移量

04 单击“置为当前”按钮，单击“关闭”按钮，完成标柱样式的选择。

提示

- 尺寸标柱以mm为单位。
- 图中的标注尺寸是实际的设计尺寸。
- 标注尺寸的文字采用仿宋字，数字采用阿拉伯数字。
- 每个部位不能重复标注。

05 选择“标注”→“线性”命令或单击“标注”工具栏中的⊢按钮，对平面图进行尺寸标注。命令行提示如下：

命令：_dimlinear

指定第一条尺寸界线原点或 <选择对象>:　　//指定标注图形的起点

指定第二条尺寸界线原点:　　//指定标注图形的终点

创建了无关联的标注。

指定尺寸线位置或　　//选择合适的位置

[多行文字(M)/文字(T)/角度(A)/水平(H)/垂直(V)/旋转(R)]:

标注文字 =15000

06 当绘制出一条标注后，我们可以采用连续标注方式，以快速地进行标注。选择“标注”→“连续标注”命令或单击“标注”工具栏中的⊢按钮，依次完成其他标注，结果如图8-34所示。

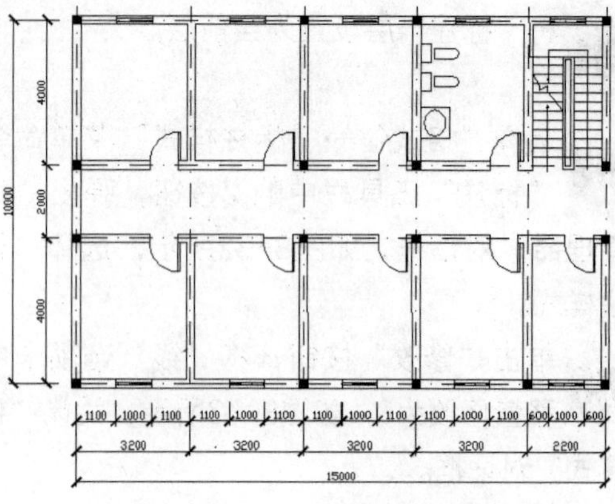

图8-34　尺寸标注结果

注意

在平面图中，必须标明标高尺寸。当相邻地面标高不同时，要分别标注清楚。

8.2.8 文字标注

对于建筑施工图中不能用图形来表达的部分或施工做法等，则需要详细的文字说明。文字标注是施工平面图的一项必不可少的内容，是对图纸进行必要的说明。文字标注一般包括标题栏中的内容、施工图说明、房间功能、门窗代号等。

文字标注具体步骤如下所示。

01 将“文字”层设为当前层。

02 选择“格式”→“文字样式”命令，弹出“文字样式”对话框，选择名为“文字” 的文字样式。具体设置参数为：在“字体名”选项组中选择“仿宋_GB2312”，字体高度设置为300，其他选项均采用默认设置。

03 单击“绘图”工具栏中的“多行文字”按钮，文字样式选择“文字”，字高输入250，此时输入所需文字即可，如图8-35所示。

注意

字高的输入应与图纸的打印比例相一致，如本例打印比例为1:100，若采用五号字，则字高应设为500。

对平面进行文字标注，完成的结果如图8-36所示。

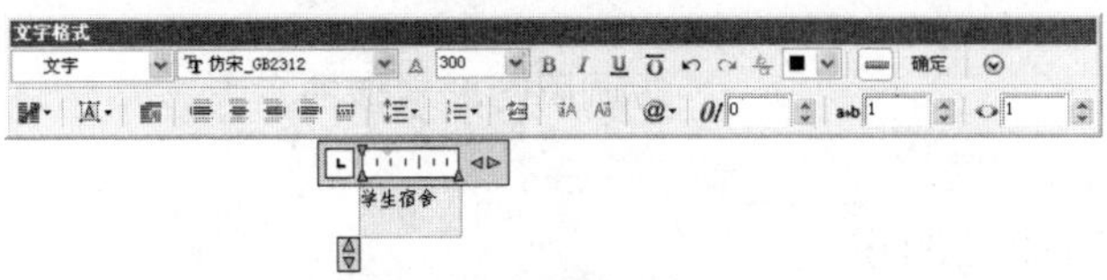

图8-35 标注文字

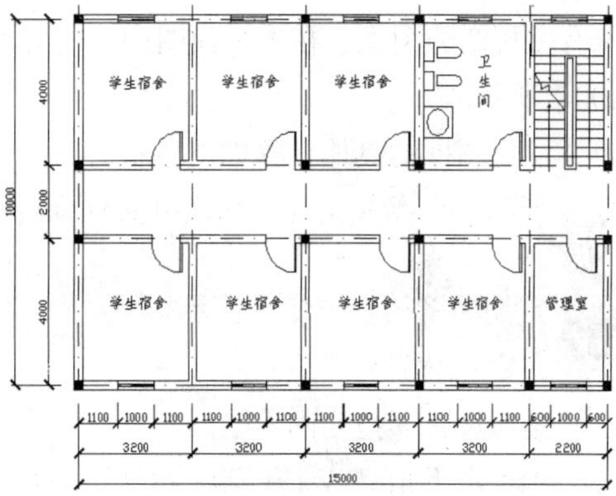

图8-36 文字标注后的效果

8.2.9 添加轴线编号

接下来为轴线添加符号，具体步骤如下所示。

01 将“标注”层作为当前层。

02 单击“绘图”工具栏上的按钮，绘制水平方向轴线的引线。

03 单击“绘图”工具栏中的按钮，绘制要标注符号端部的圆圈，并输入文字，命令行提示如下：

命令：_circle

指定圆的圆心或 [三点(3P)/两点(2P)/相切、相切、半径(T)]:

指定圆的半径或 [直径(D)]: 200　　　　　　　　　　//指定圆的半径为200

命令: _dtext

当前文字样式: "文字"　文字高度: 300　注释性: 否

指定文字的起点或 [对正(J)/样式(S)]: j

输入选项

[对齐(A)/调整(F)/中心(C)/中间(M)/右(R)/左上(TL)/中上(TC)/右上(TR)/左中(ML)/正中(MC)/右中(MR)/左下(BL)/中下(BC)/右下(BR)]: mc

指定文字的中间点:

指定文字的旋转角度 <0>:

04 采用复制命令，结合AutoCAD 2012的"对象捕捉"功能，绘制出其他轴线编号。最终效果如图8-37所示。

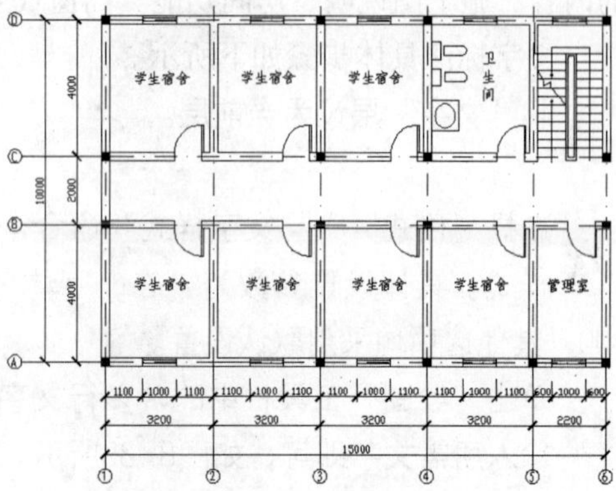

图8-37　标注轴线编号后的效果

8.2.10　添加图框和标题

正规的图纸中都是包括图框的。在使用AutoCAD 2012 绘制建筑施工图时，应绘制出符合国家有关规定的图框。在本平面图中，需要绘制一个长宽为21000mm × 29700 mm，即A4的图纸放大100倍所示。

绘制图框的具体步骤如下所示。

01 新建一个绘图文件，将图框文件保存为A4.dwg。

02 定制A4图符，命令行提示如下：

命令: LIMITS　　　　　　　　　　　　　　//调用图形界限命令

重新设置模型空间界限:

指定左下角点或 [开(ON)/关(OFF)] <0.0000,0.0000>:

指定右上角点 <420.0000,297.0000>: 21000,29700

命令: _zoom

指定窗口的角点，输入比例因子 (nX 或 nXP)，或者

[全部(A)/中心(C)/动态(D)/范围(E)/上一个(P)/比例(S)/窗口(W)/对象(O)] <实时>: _all

正在重生成模型。　　　　　　　　　　　　//显示当前视图范围

03 单击"绘图"工具栏中的□按钮，绘制图符线。命令行提示如下：

命令: _rectang

指定第一个角点或 [倒角(C)/标高(E)/圆角(F)/厚度(T)/宽度(W)]: 0,0

指定另一个角点或 [面积(A)/尺寸(D)/旋转(R)]: 29700,21000

04 图框线是图纸上存在的图形。在建筑制图标准中，规定采用粗实线进行绘制。命令行提示如下：

```
命令: _pline
指定起点: 2500,500
当前线宽为 60.0000
指定下一个点或 [圆弧(A)/半宽(H)/长度(L)/放弃(U)/宽度(W)]: W
指定起点宽度 <60.0000>:
指定端点宽度 <60.0000>:
指定下一个点或 [圆弧(A)/半宽(H)/长度(L)/放弃(U)/宽度(W)]: @26700,0
指定下一点或 [圆弧(A)/闭合(C)/半宽(H)/长度(L)/放弃(U)/宽度(W)]: @20000
需要二维角点或选项关键字。
指定下一点或 [圆弧(A)/闭合(C)/半宽(H)/长度(L)/放弃(U)/宽度(W)]: @0,20000
指定下一点或 [圆弧(A)/闭合(C)/半宽(H)/长度(L)/放弃(U)/宽度(W)]: @-26700,0
指定下一点或 [圆弧(A)/闭合(C)/半宽(H)/长度(L)/放弃(U)/宽度(W)]: C
```

05 采用同样的方法绘制出标题栏，并在标题栏中分别填充相应的文字，如图8-38所示。

06 将图框和标题保存为A4.dwg并插入到所绘制的平面图中。将比例设为1，选择适当的位置插入图形，如果不满意可利用移动命令调整位置。添加了图框的图形如图8-39所示。

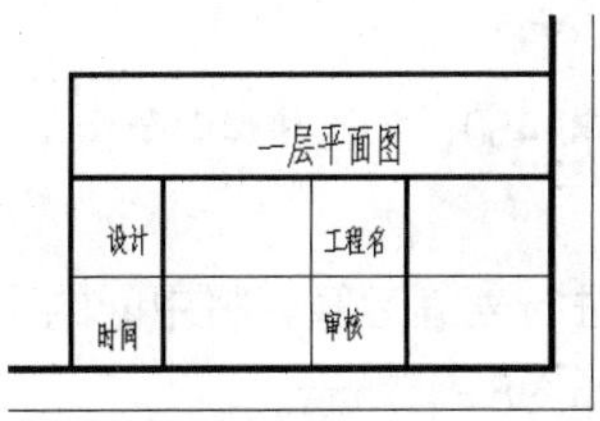

图8-38 标题栏

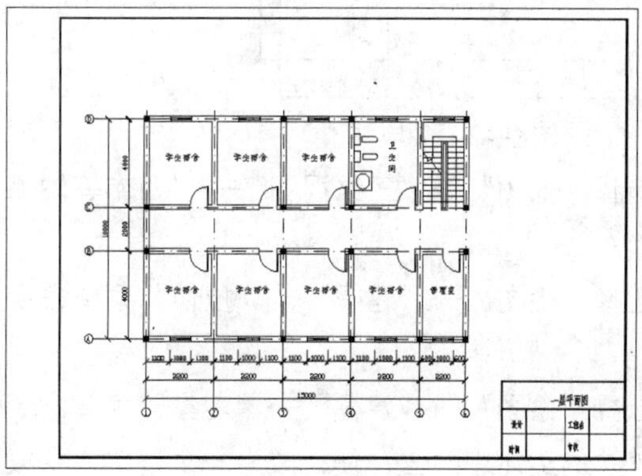

图8-39 加入图框后的图形

8.3 实例应用——别墅三维模型的绘制

8.3.1 别墅首层模型

1. 地面

01 选择“绘图”→“多段线”菜单命令，绘制一个13000×8000的矩形，如图8-40所示。

02 选择“视图”→“三维视图”→“西南等轴测”菜单命令，进入西南等轴测视图。

03 选择“绘图”→“建模”→“拉伸”菜单命令，将多段线拉伸100，如图8-41所示。

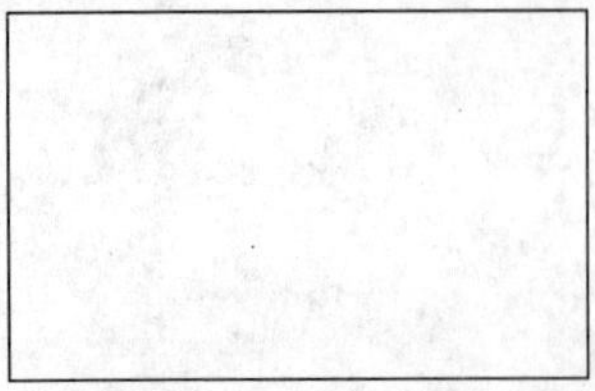

图8-40　多段线

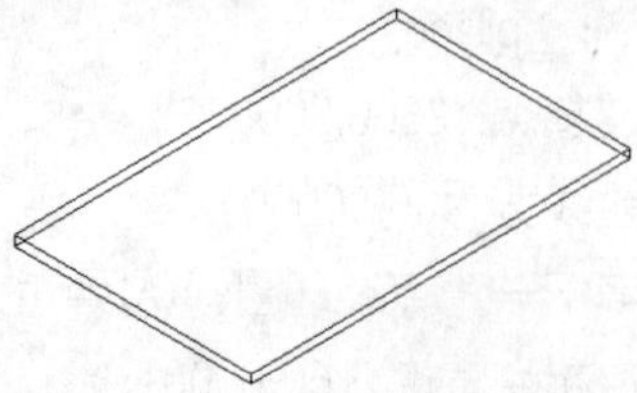

图8-41　拉伸

2. 墙体

01 选择“视图”→“三维视图”→“俯视图”菜单命令，进入俯视图。

02 选择“绘图”→“多段线”菜单命令，绘制一条多段线，如图8-42所示。

03 选择“修改”→“偏移”菜单命令，将多段线向内偏移200，如图8-43所示。

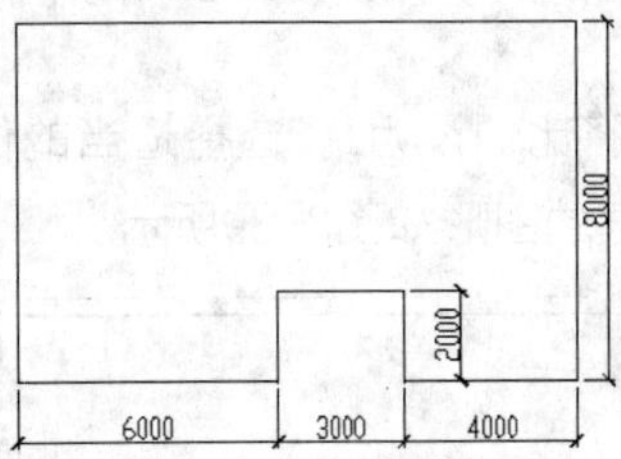

图8-42　多段线

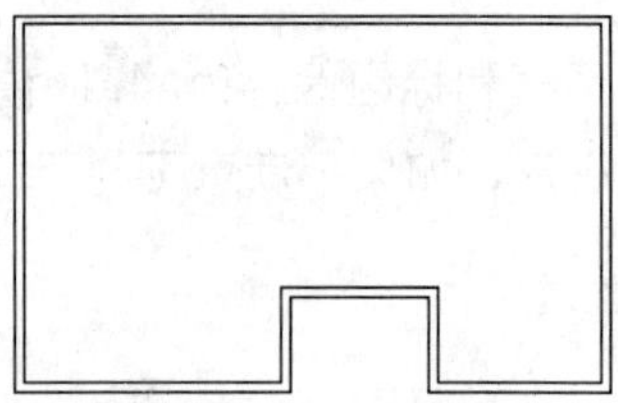

图8-43　偏移

04 选择“视图”→“三维视图”→“西南等轴测”菜单命令，进入西南等轴测视图。

05 选择“绘图”→“建模”→“拉伸”菜单命令，将多段线拉伸3450，如图8-44所示。

06 选择“绘图”→“建模”→“差集”菜单命令，将两个实体进行差集运算，将中间的实体从外边的实体中除去，使之成为一个整体，并放置到地面上，如图8-45所示。

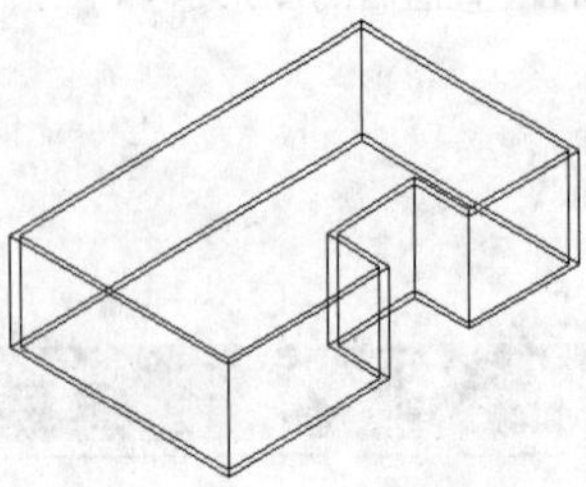

图8-44　拉伸

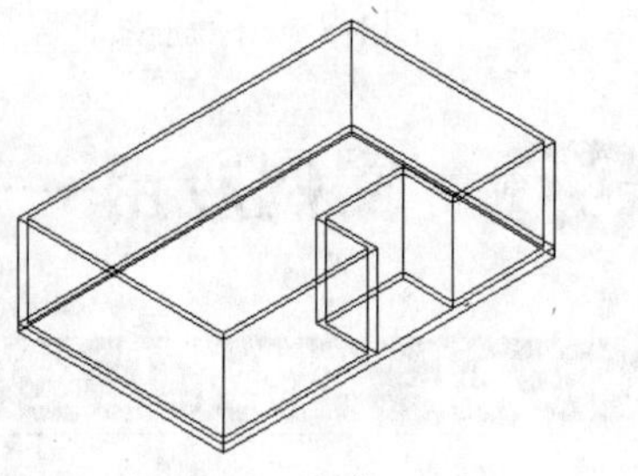

图8-45　差集

07 选择“视图”→“三维视图”→“俯视图”菜单命令，进入俯视图。

08 选择“绘图”→“圆弧”　→“起点、圆心、角度”菜单命令，绘制一条圆弧，圆弧半径为2000，然后利用直线命令封闭圆弧，如图8-46所示。命令行提示如下：

命令：_arc

指定圆弧的起点或 [圆心(C)]:

指定圆弧的第二个点或 [圆心(C)/端点(E)]: _c
指定圆弧的圆心: 2000
指定圆弧的端点或 [角度(A)/弦长(L)]: _a
指定包含角: 180
命令: _line 指定第一点:
指定下一点或 [放弃(U)]:
指定下一点或 [放弃(U)]:

09 选择“修改”→“偏移”菜单命令，将多段线向内偏移200，如图8-47所示。

10 选择“视图”→“三维视图”→“西南等轴测”菜单命令，进入西南等轴测视图。

11 选择“绘图”→“建模”→“拉伸”菜单命令，将多段线拉伸3550，如图8-48所示。

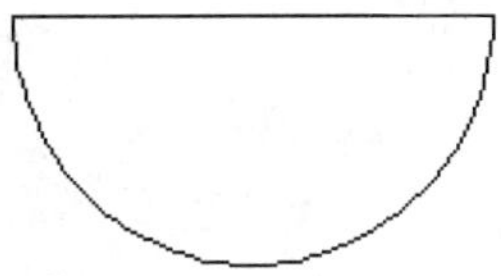

图8-46　多段线

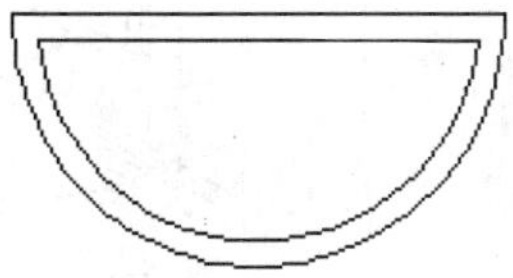

图8-47　偏移

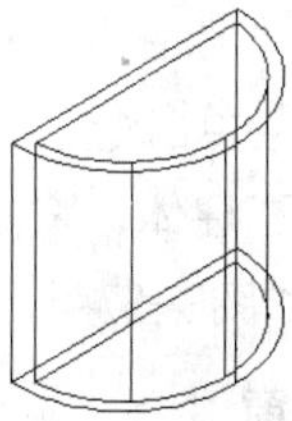

图8-48　拉伸

12 选择“绘图”→“建模”→“差集”菜单命令，对两个实体进行差集运算，将中间的实体从外边的实体中除去，使之成为一个整体，并放置到墙体处，圆弧中心距离墙边3000，如图8-49所示。

13 下面对墙体进行开洞。选择“绘图”→“建模”→“长方体”菜单命令，绘制一个1200×2100×200的长方体，如图8-50所示。

14 将长方体放置到墙体中，在该段墙体居中布置。选择“绘图”→“建模”→“差集”菜单命令，将两个实体进行差集运算，结果如图8-51所示。

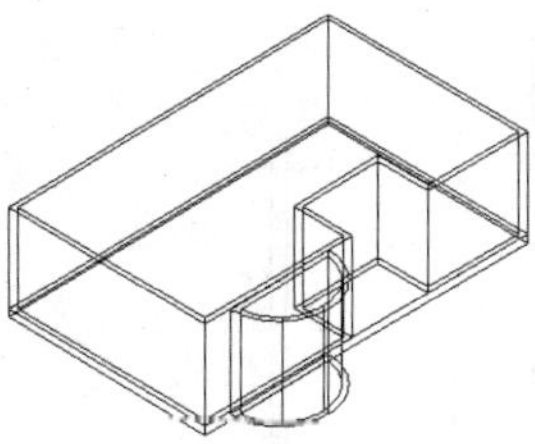

图8-49　差集

图8-50　长方体

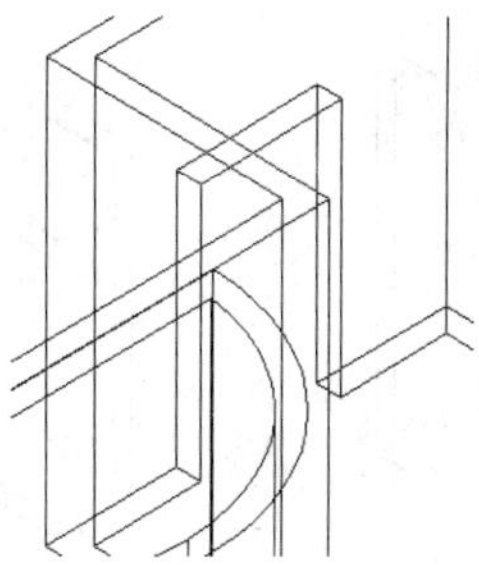

图8-51　差集

15 选择“绘图”→“建模”→“长方体”菜单命令，绘制一个2400×1800×200的长方体，如图8-52所示。

16 将长方体放置到墙体中，距离地面900，在该段墙体居中。选择“绘图”→“建模”→“差集”菜单命令，将两个实体进行差集运算，结果如图8-53所示。

17 选择“绘图”→“建模”→“长方体”菜单命令，绘制一个900×1800×200的长方体，如图8-54所示。

18 选择“绘图”→“建模”→“长方体”菜单命令，绘制一个1200×1500×200的长方体，如图8-55所示。

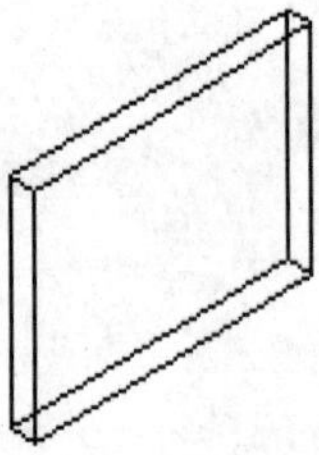

图8-52 长方体

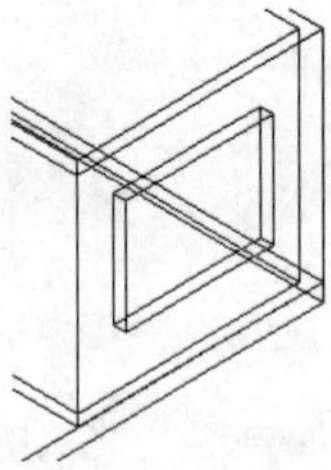

图8-53 差集

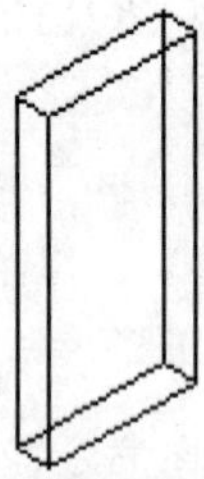

图8-54 长方体1

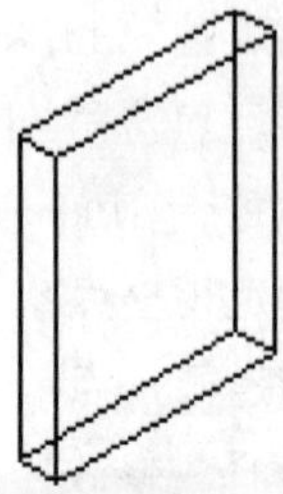

图8-55 长方体2

19 将长方体放置到墙体中。如图8-54所示的长方体距右侧墙体1500，如图8-55所示的长方体距左侧墙体1500，距离地面都为900。选择“绘图”→“建模”→“差集”菜单命令，将两个实体进行差集运算，结果如图8-56所示。

20 选择“绘图”→“建模”→“圆柱体”菜单命令，绘制一个半径150，高度3550的圆柱体，将圆柱体放置到半圆弧实体中，如图8-57所示。

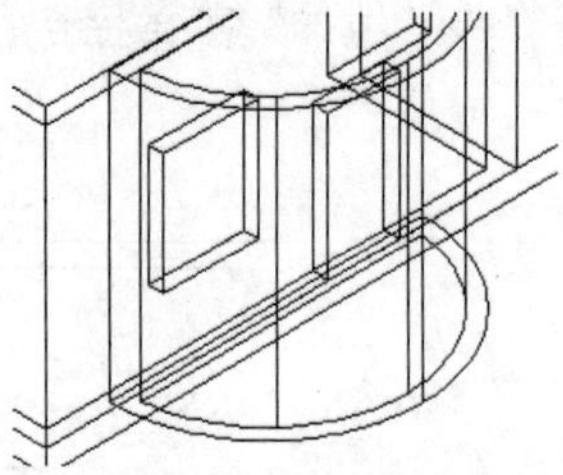

图8-56 差集

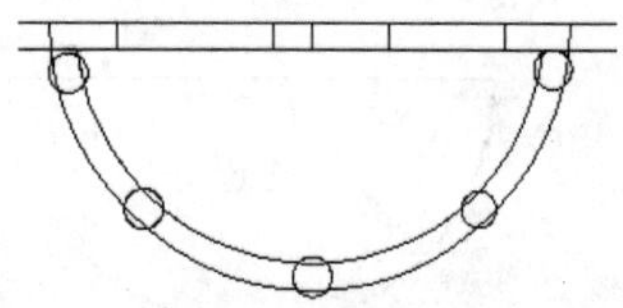

图8-57 圆柱体

3. 门窗

01 选择“绘图”→“建模”→“长方体”菜单命令，绘制一个1200×2100×100的长方体，如图8-58所示。

02 再绘制一个1000×400×100的长方体，距上边为300，居中布置。选择“绘图”→“建模”→“差集”菜单命令，将两个实体进行差集运算，结果如图8-59所示。

03 绘制一个1000×400×50的长方体，作为门上的玻璃，居中布置，如图8-60所示。

04 选择“绘图”→“建模”→“长方体”菜单命令，绘制一个2400×1800×100的长方体，如图8-61所示。

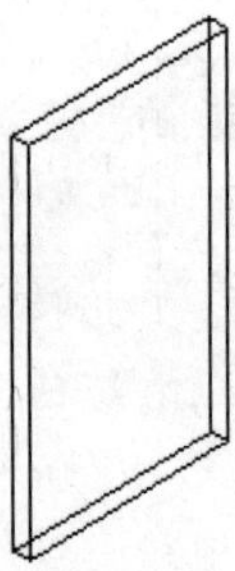

图8-58 长方体

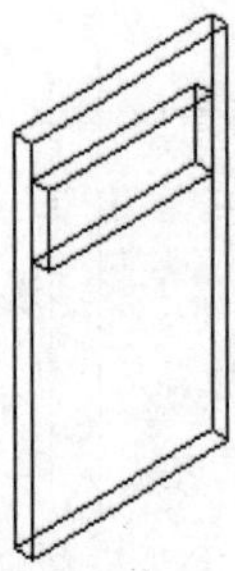

图8-59 门

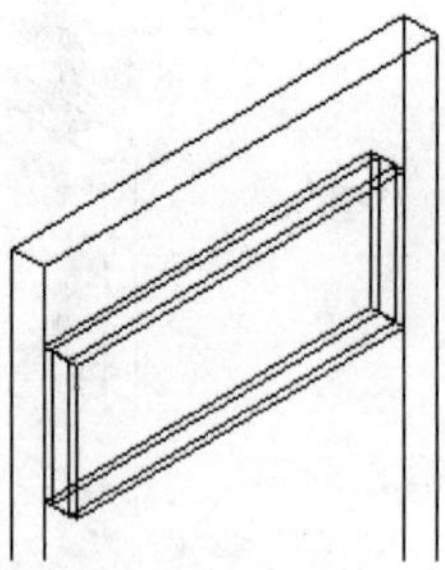

图8-60 玻璃

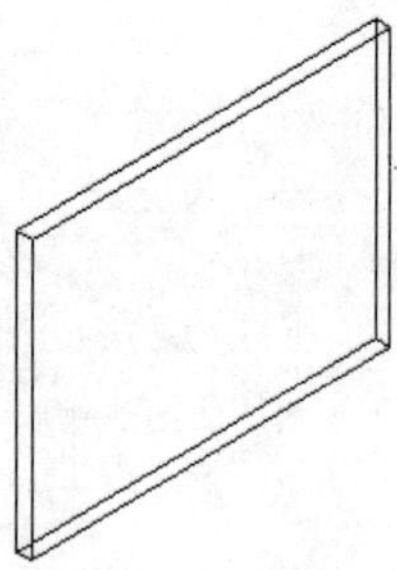

图8-61 长方体

05 再绘制4个1050×750×100的长方体，距各边为100。选择“绘图”→“建模”→“差集”菜单命令，将实体进行差集运算，结果如图8-62所示。

06 绘制4个1050×750×50的长方体，作为窗的玻璃，居中布置，如图8-63所示。

07 选择“绘图”→“建模”→“长方体”菜单命令，绘制一个900×1800×100的长方体，如图8-64所示。

08 选择“绘图”→“建模”→“长方体”菜单命令，绘制一个1200×1500×100的长方体，如图8-65所示。

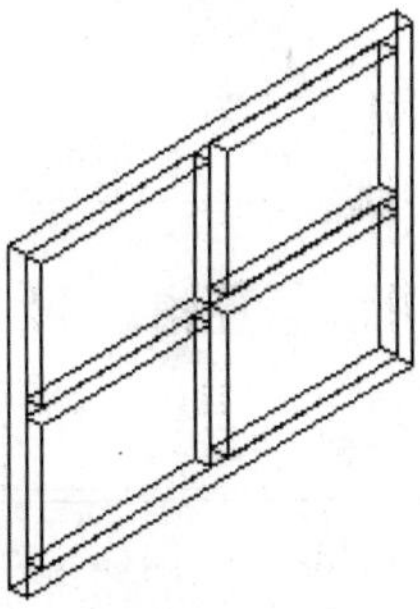
图8-62　窗

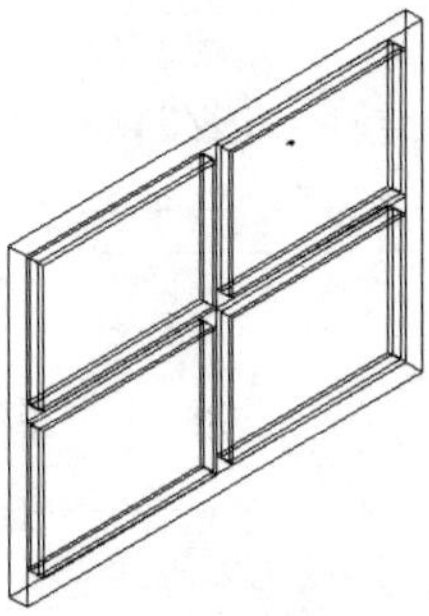
图8-63　玻璃

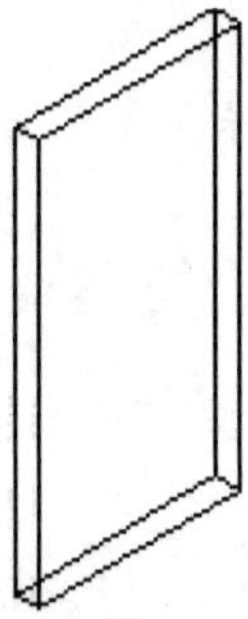
图8-64　长方体1

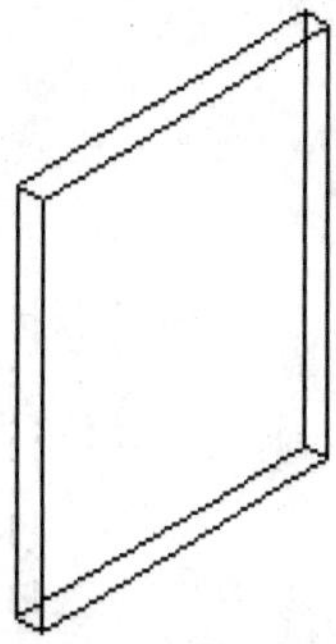
图8-65　长方体2

09 选择“绘图”→“建模”→“长方体”菜单命令，绘制一个1100×1400×100的长方体。选择“绘图”→“建模”→“差集”菜单命令，将3个实体进行差集运算，如图8-66所示。

10 选择“绘图”→“建模”→“长方体”菜单命令，绘制两个600×1400×50长方体，作为窗的玻璃，两长方体相叠部分长为100，如图8-67所示。

11 将玻璃布置到图8-66所示的实体中，如图8-68所示。

12 将上述绘制的门窗放置到墙体内，如图8-69所示。

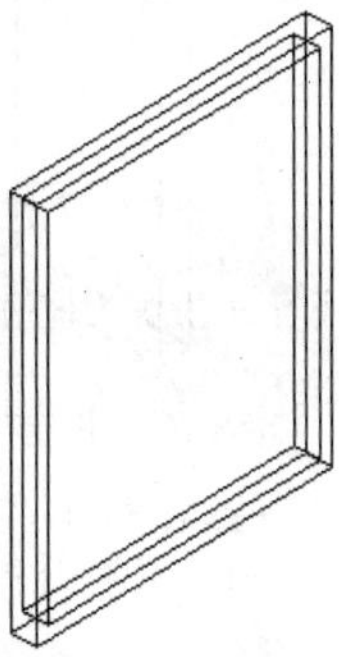
图8-66　3个实体差集运算

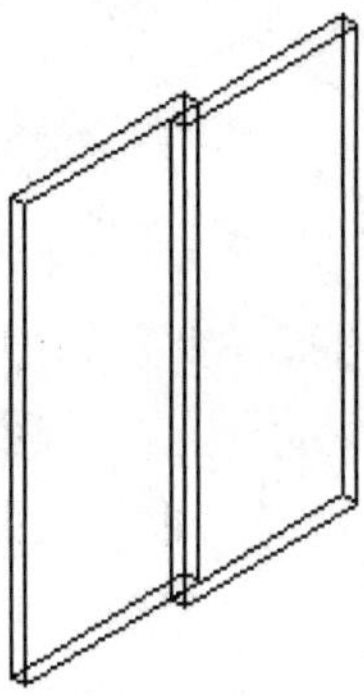
图8-67　玻璃

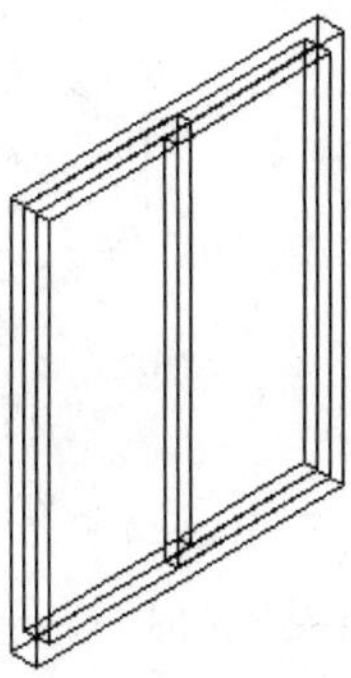
图8-68　窗

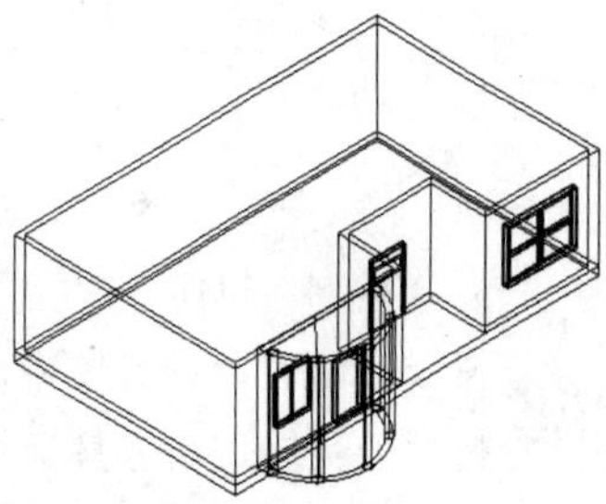
图8-69　门窗

8.3.2　别墅二层模型

1. 地面

01 选择“绘图”→“多段线”菜单命令，绘制一条多段线，如图8-70所示。

02 选择“视图”→“三维视图”→“西南等轴测”菜单命令，进入西南等轴测视图。

03 选择“绘图”→“建模”→“拉伸”菜单命令，将多段线拉伸100，如图8-71所示。

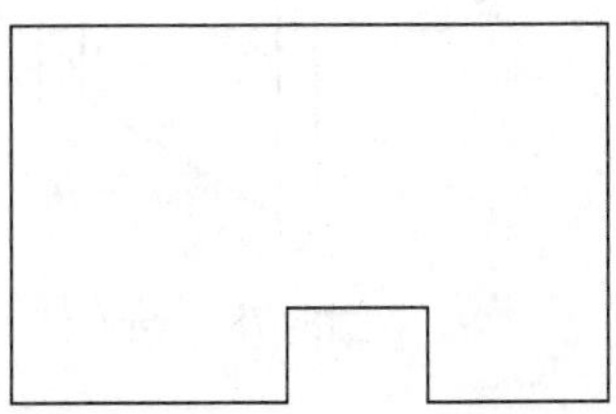
图8-70　多段线

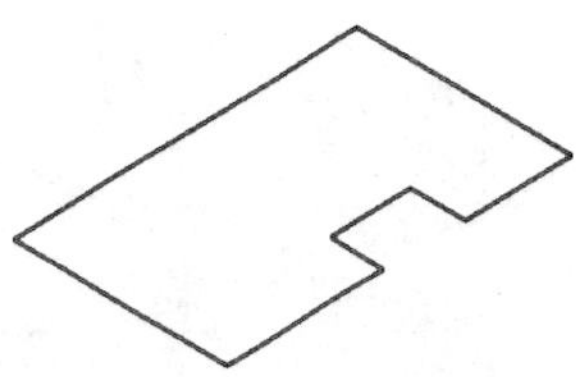
图8-71　拉伸

2. 墙体

01 选择“视图”→“三维视图”→“俯视图”菜单命令，进入俯视图。

02 选择“绘图”→“多段线”菜单命令，绘制一条多段线，如图8-72所示。

03 选择“修改”→“偏移”菜单命令，将多段线向内偏移200，如图8-73所示。

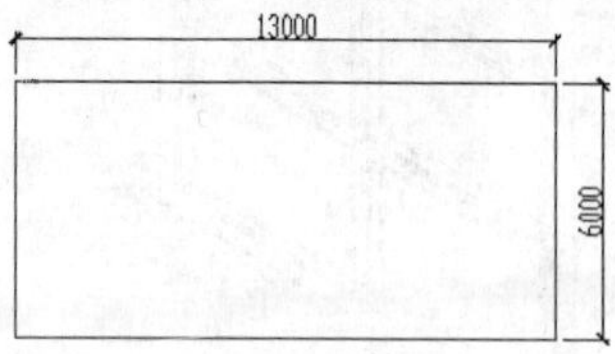

图8-72　多段线

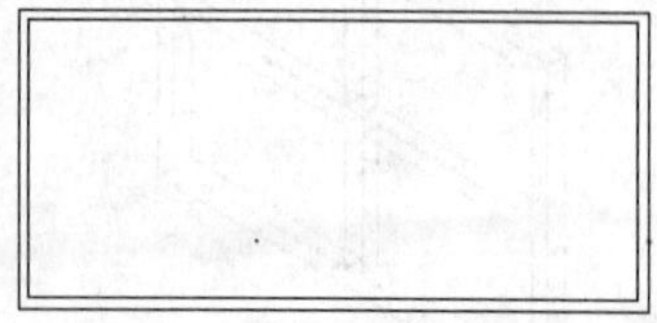

图8-73　偏移

04 选择“视图”→“三维视图”→“西南等轴测”菜单命令，进入西南等轴测视图。

05 选择“绘图”→“建模”→“拉伸”菜单命令，将多段线拉伸3000，如图8-74所示。

06 选择“绘图”→“建模”→“差集”菜单命令，将两个实体进行差集运算，将中间的实体从外边的实体中除去，使之成为一个整体，并放置到地面上，如图8-75所示。

07 下面对墙体进行开洞。选择“绘图”→“建模”→“长方体”菜单命令，绘制一个1200×2100×200长方体，如图8-76所示。

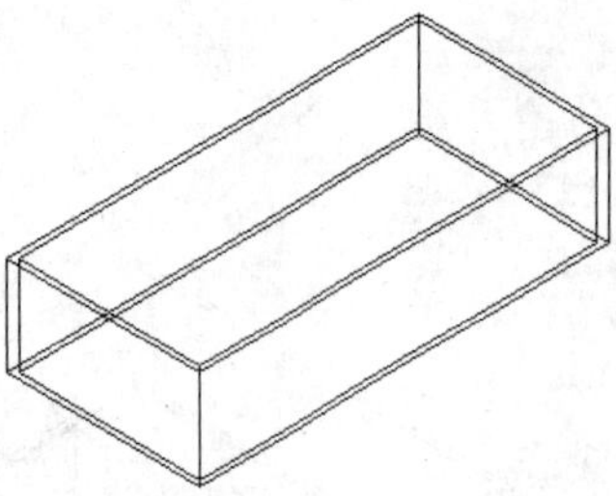

图8-74　拉伸

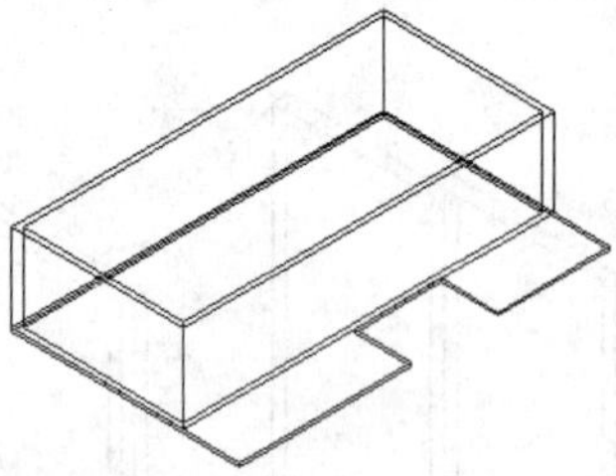

图8-75　差集

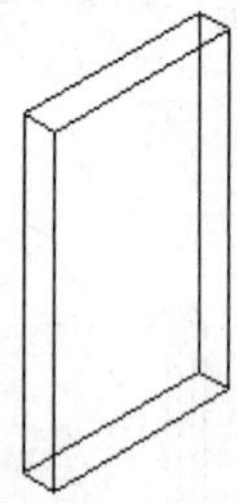

图8-76　长方体

08 将长方体放置到墙体中，距左侧墙体2400。选择“绘图”→“建模”→“差集”菜单命令，将两个实体进行差集运算，结果如图8-77所示。

09 选择“绘图”→“建模”→“长方体”菜单命令，绘制一个1200×1500×200长方体，如图8-78所示。

10 将长方体放置到墙体中，距左侧墙体600，距离地面900，如图8-79所示。

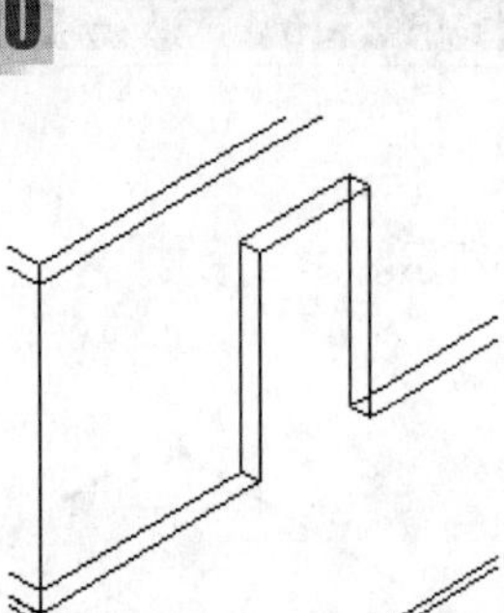

图8-77　差集

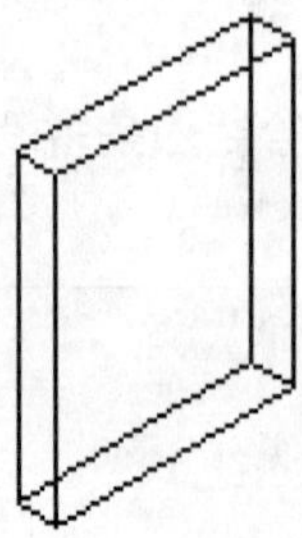

图8-78　长方体

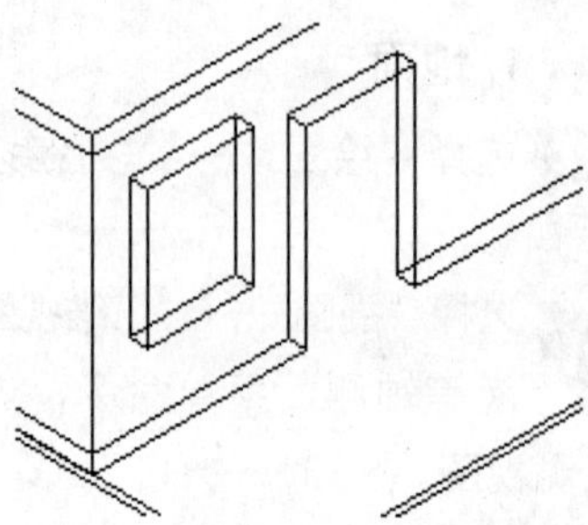

图8-79　窗

11 将该长方体向右侧进行复制，各个长方体之间的间距分别为2100、1500。选择“绘图”→“建模”→“差集”菜单命令，将两个实体进行差集运算，如图8-80所示。

12 选择“绘图”→“建模”→“长方体”菜单命令，绘制一个900×1800×200长方体，如图8-81所示。

13 将长方体放置到墙体中，距右侧墙体1550。选择“绘图”→“建模”→“差集”菜单命令，将两个实体进行差集运算，结果如图8-82所示。

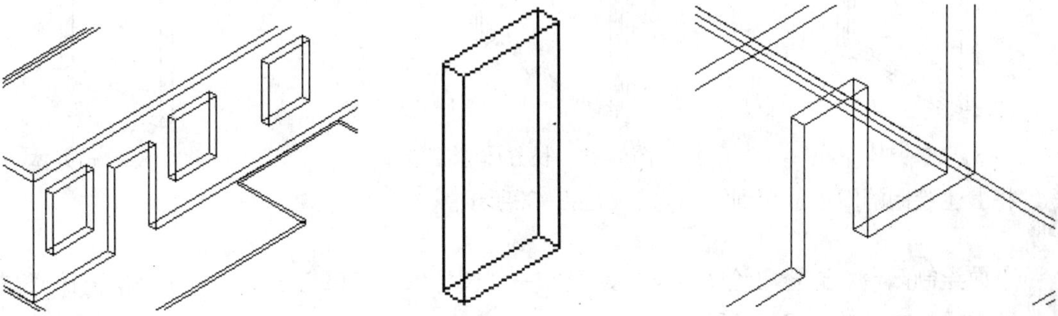

图8-80　差集　　图8-81　长方体　　图8-82　差集

3. 门窗

01 选择“绘图”→“建模”→“长方体”菜单命令，绘制一个1200×2100×100长方体，如图8-83所示。

02 再绘制两个1000×900×100长方体，距各边均为100，居中布置。选择“绘图”→“建模”→“差集”菜单命令，将两个实体进行差集运算，结果如图8-84所示。

03 绘制一个1000×900×50长方体，作为门的玻璃，居中布置，如图8-85所示。

04 选择“绘图”→“建模”→“长方体”菜单命令，绘制一个1200×1500×100长方体，如图8-86所示。

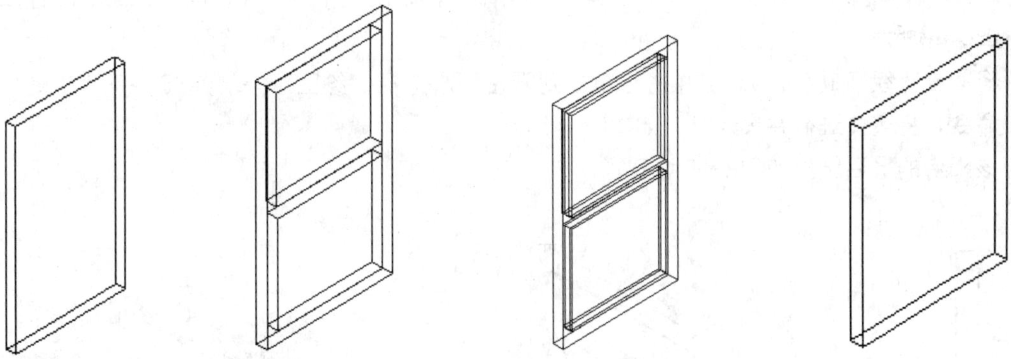

图8-83　长方体　　图8-84　门　　图8-85　门　　图8-86　长方体

05 选择“绘图”→“建模”→“长方体”菜单命令，绘制一个1100×1400×100长方体，选择“绘图”→“建模”→“差集”菜单命令，将两个实体进行差集运算，结果如图8-87所示。

06 选择“绘图”→“建模”→“长方体”菜单命令，绘制一个1100×1400×50的长方体，作为窗的玻璃，居中布置，如图8-88所示。

07 选择“绘图”→“建模”→“长方体”菜单命令，绘制一个900×1800×100长方体，如图8-89所示。

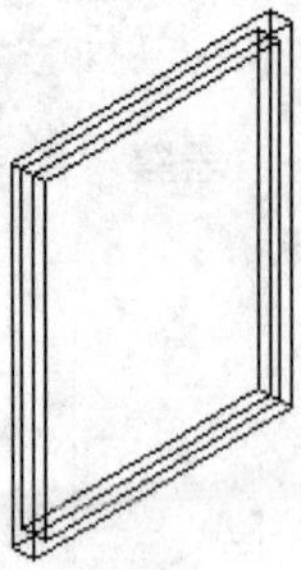

图8-87 长方体

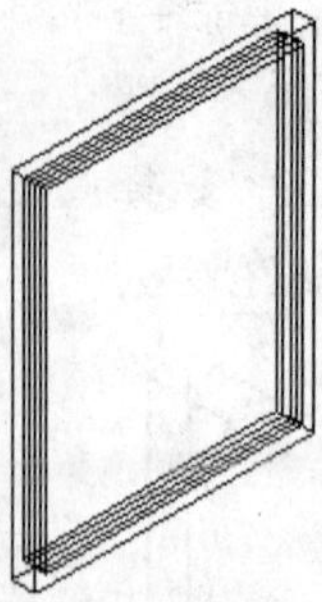

图8-88 长方体

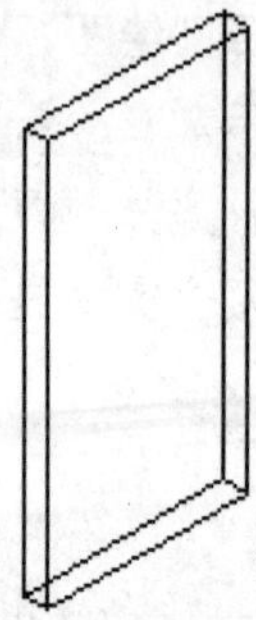

图8-89 长方体

08 将上述绘制的门窗放置到墙体内，如图8-90所示。

09 下面绘制阳台。选择“绘图”→“建模”→“圆柱体”菜单命令，绘制一个半径100，高度900的圆柱体，如图8-91所示。

10 选择“绘图”→“复制”菜单命令，在阳台每隔1000处布置一个圆柱体，如图8-92所示。

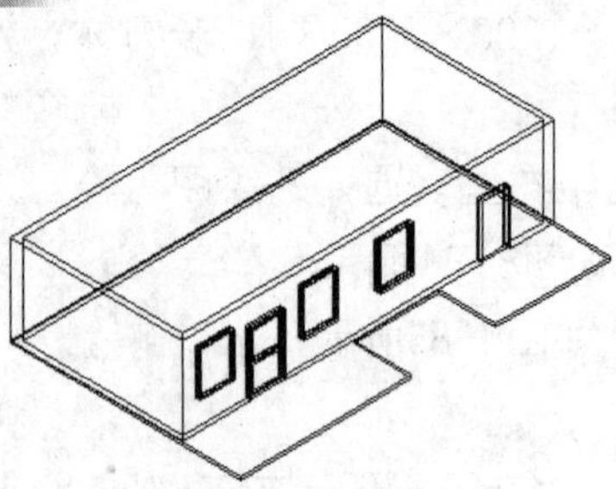

图8-90 门窗

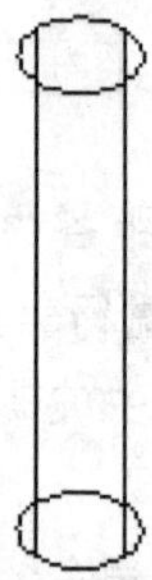

图8-91 圆柱体

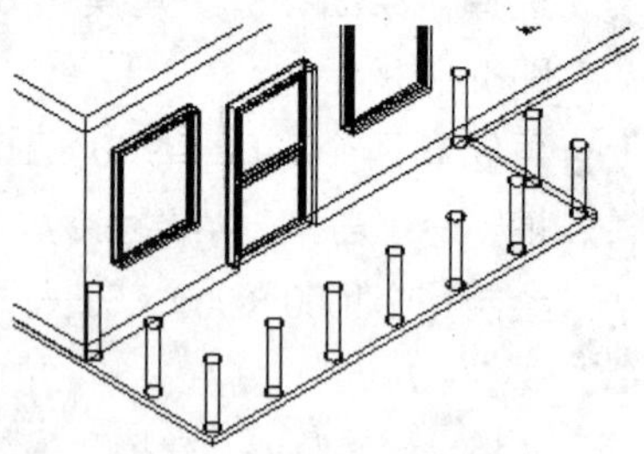

图8-92 阳台

11 选择“绘图”→“建模”→“圆柱体”菜单命令，绘制一个半径50，高度1000的圆柱体，如图8-93所示。

12 将圆柱体绕Y轴旋转90°，并将它布置到阳台处。选择“绘图”→“建模”→“并集”菜单命令，将实体进行并集运算，如图8-94所示。

13 该阳台的最后结果如图8-95所示。

图8-93 圆柱体

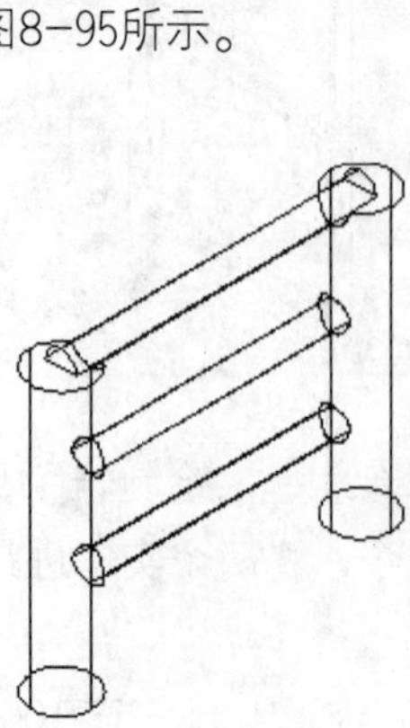

图8-94 阳台1

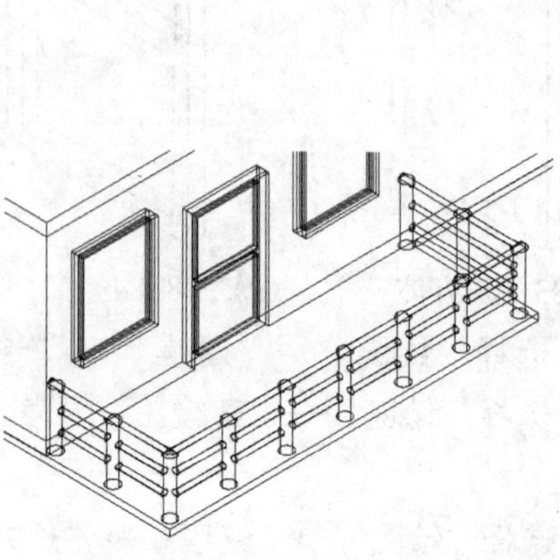

图8-95 阳台2

14 另一侧的阳台绘制方法一样，不再重复，如图8-96所示。

15 将二层的模型放置到一层上，如图8-97所示。

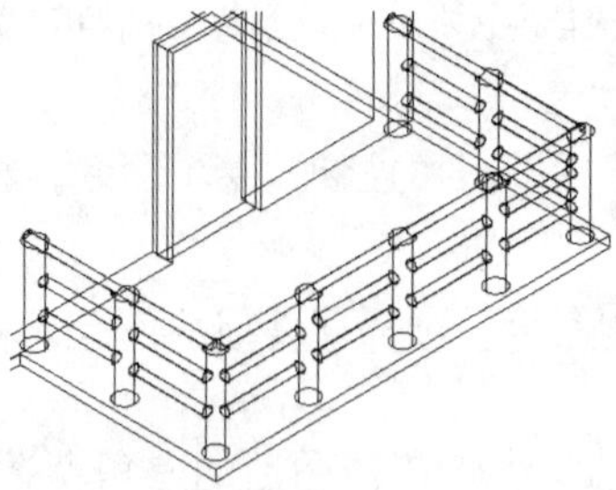

图8-96 阳台3

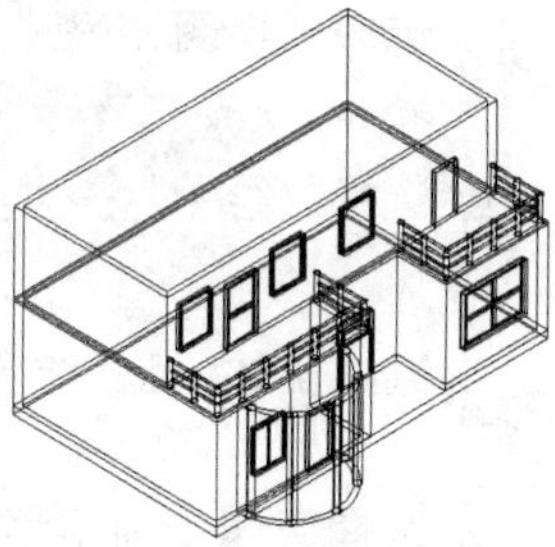

图8-97 别墅模型

8.3.3 屋顶

01 选择“视图”→“三维视图”→“俯视图”菜单命令，进入俯视图。

02 选择“绘图”→“多段线”菜单命令，绘制一条多段线，尺寸与图8-72一致，如图8-98所示。

03 选择“视图”→“三维视图”→“西南等轴测”菜单命令，进入西南等轴测视图。

04 选择“绘图”→“建模”→“拉伸”菜单命令，将多段线拉伸100，如图8-99所示。

05 选择“视图”→“三维视图”→“左视图”菜单命令，进入左视图。

06 选择“绘图”→“多段线”菜单命令，绘制一条多段线，如图8-100所示。

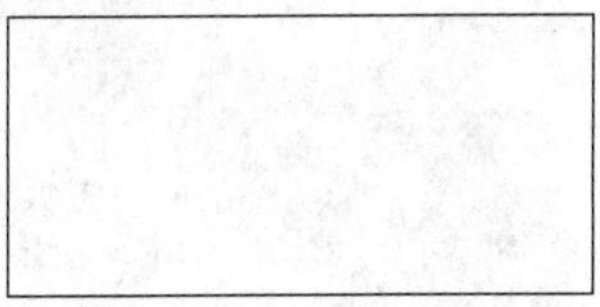

图8-98 多段线

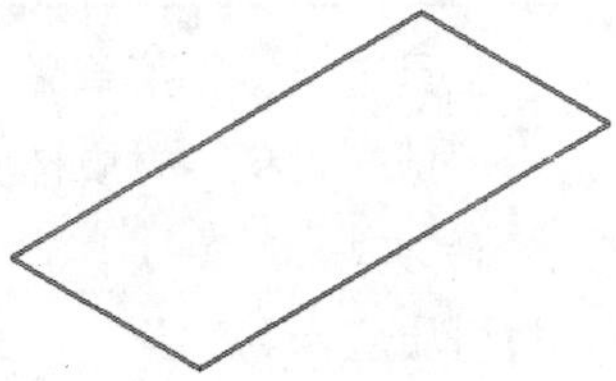

图8-99 拉伸

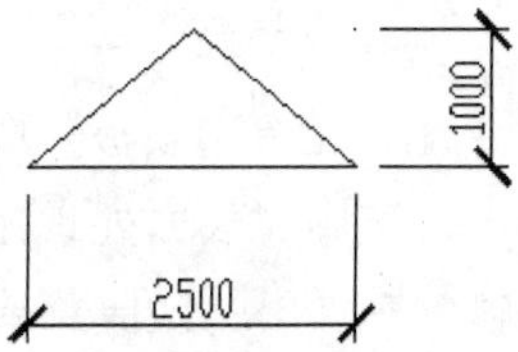

图8-100 多段线

07 选择“视图”→“三维视图”→“西南等轴测”菜单命令，进入西南等轴测视图。

08 选择“绘图”→“建模”→“拉伸”菜单命令，将多段线拉伸200，如图8-101所示。

09 将实体布置到楼盖上，距两边各500，如图8-102所示。

10 选择“视图”→“三维视图”→“左视图”菜单命令，进入左视图。

11 选择“绘图”→“多段线”菜单命令，绘制一条多段线，如图8-103所示。

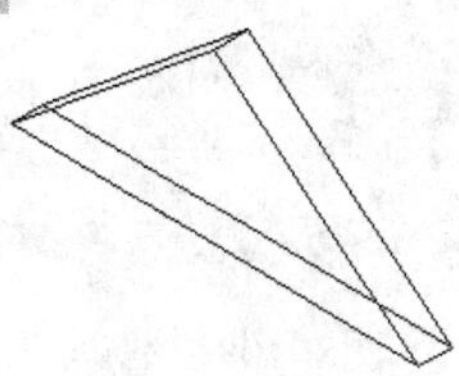

图8-101 拉伸

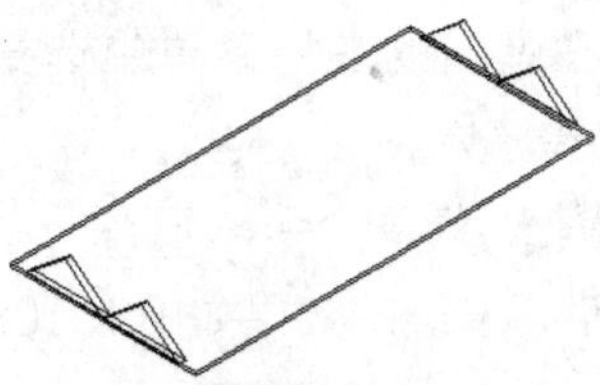

图8-102 屋顶

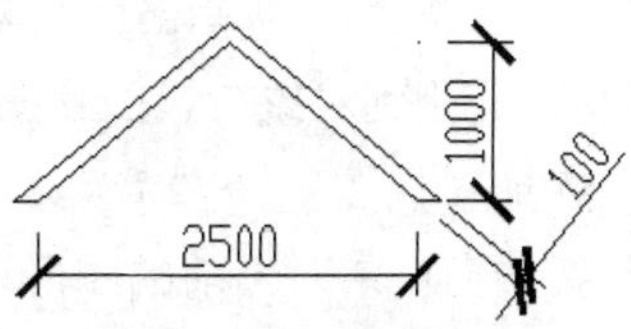

图8-103 多段线

12 选择“视图”→“三维视图”→“西南等轴侧”菜单命令，进入西南等轴侧视图。

13 选择“绘图”→“建模”→“拉伸”菜单命令，将多段线拉伸13000，如图8-104所示。

14 选择实体，利用复制命令，选择屋脊顶的顶点，将实体布置到楼盖上，如图8-105所示。

15 选择实体，利用移动命令，选择屋顶的左角点，将实体放置到别墅。选择“绘图”→“建模”→“消隐”菜单命令，消隐后的效果如图8-106所示。

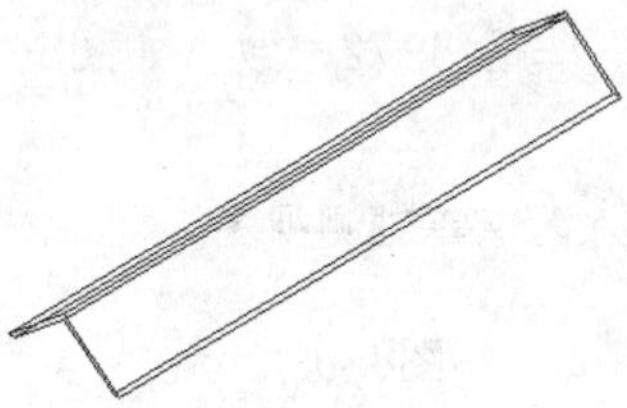

图8-104 拉伸

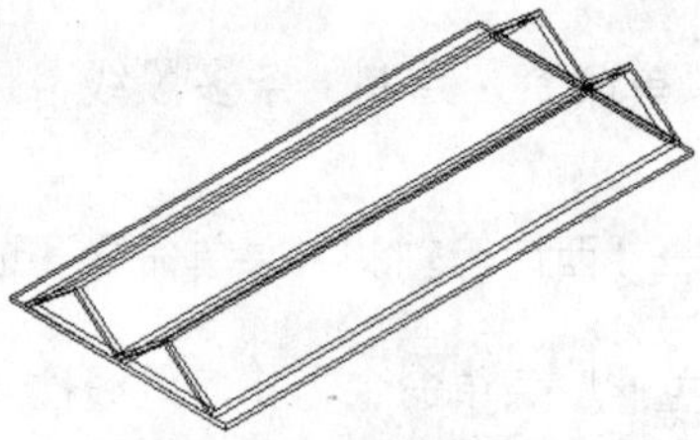

图8-105 屋顶

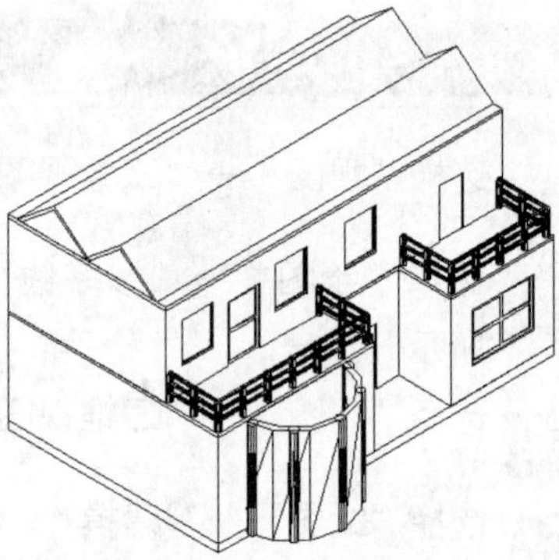

图8-106 消隐

8.3.4 渲染地面

01 选择“工具”→“选项板”→“工具选项板”菜单命令，弹出“工具选项板”选项板。选择“地板材料—材质样例”选项卡，选中“表面处理.地板.材质.瓷砖.方块.赤陶”，单击鼠标右键，在弹出的快捷菜单中选择“将材质应用到对象”，回到图形中选择地面。

02 选择“视图”→“渲染”→“渲染”菜单命令，则在一个新的窗口中对当前的图形进行渲染，渲染的效果如图8-107所示。

图8-107 渲染

8.3.5 渲染墙体

01 选择“工具”→“选项板”→“工具选项板”菜单命令，弹出“工具选项板”选项板。选择“表面处理—喷漆.灰浆.墙面.上蜡—材质库”选项卡，选中“表面处理.墙面装饰面层.条纹.垂直.蓝灰色”，单击鼠标右键，在弹出的快捷菜单中选择“将材质应用到对象”，回到图形中选择墙体。

02 选择“视图”→“渲染”→“渲染”菜单命令，则在一个新的窗口中对当前的图形进行渲染，渲染的效果如图8-108所示。

图8-108 渲染

8.3.6 渲染门窗

01 选择“工具”→“选项板”→“工具选项板”菜单命令，弹出“工具选项板”选项板。选择“木材和塑料—材质库”选项卡，选中“木材—塑料.成品木器.木材.红木”，单击鼠标右键，在弹出的快捷菜单中选择“将材质应用到对象”，回到图形中选择窗的外框。

02 选择“门和窗—材质样例”选项卡，选中“门—窗.玻璃镶嵌.2”，单击鼠标右键，在弹出的快捷菜单中选择“将材质应用到对象”，回到图形中选择门窗的玻璃。

03 选择“视图”→“渲染”→“渲染”菜单命令，则在一个新的窗口中对当前的图形进行渲染，渲染的效果如图8-109所示。

图8-109 渲染

8.3.7 渲染阳台

01 选择“工具”→“选项板”→“工具选项板”菜单命令，弹出“工具选项板”选项板。选择“表面处理—喷漆.灰浆.墙面.上蜡—材质库”选项卡，选中“表面处理. 灰浆.滑石.平滑”，单击鼠标右键，在弹出的快捷菜单中选择“将材质应用到对象”，回到图形中选择阳台。

02 选择“视图”→“渲染”→“渲染”菜单命令，则在一个新的窗口中对当前的图形进行渲染，渲染的效果如图8-110所示。

图8-110 渲染

8.3.8 渲染屋顶

01 选择“工具”→“选项板”→“工具选项板”菜单命令，弹出“工具选项板”选项板。选择“砖石—砖块—材质库”选项卡，选中“砖石.块体砖块.砖块.组合式.发亮物”，单击鼠标右键，在弹出的快捷菜单中选择“将材质应用到对象”，回到图形中选择屋顶。

02 选择“视图”→“渲染”→“渲染”菜单命令，则在一个新的窗口中对当前的图形进行渲染，渲染的效果如图8-111所示。

03 选择“视图”→“三维视图”→“主视图”菜单命令，进入主视图。

04 渲染效果如图8-112所示。

05 总的渲染效果如图8-113所示。

图8-111 渲染

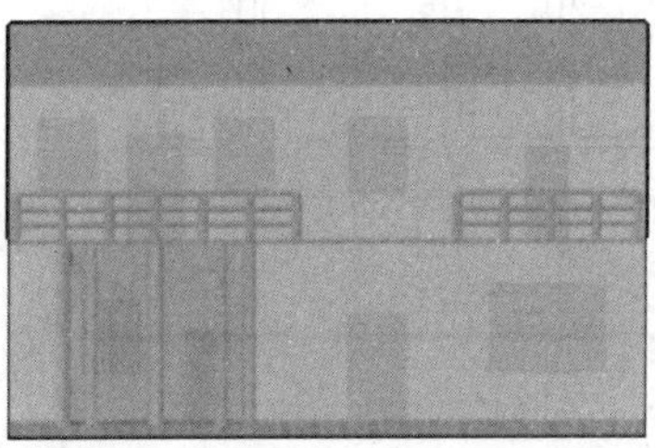

图8-112 渲染

图8-113 渲染

8.4 本章小结

本章主要介绍了使用 AutoCAD 2012绘制建筑平面图的具体步骤。根据具体情况和读者自己的设计思想差异，具体的绘制方法可能有所不同，不过绘制方法大多一样。

通过这一章的学习，可以使读者了解绘制建筑平面图的基本知识，掌握绘制过程及其在这一过程中需要注意的事项。

8.5 课后练习

（1）园林窗是绘制古建筑时常用的窗户类型。在本练习中，将利用矩形命令、偏移命令进行园林窗外边框的绘制；利用直线命令和偏移命令绘制支撑；利用圆命令绘制园林窗中心部分；利用分解命令和删除等命令对园林窗进行修剪；最后利用旋转命令将园林窗角度进行整体旋转，绘制如图8-114所示的园林窗。

（2）绘制组合柜。利用矩形、圆弧、多线、夹点编辑等命令绘制电视柜主体，最后利用图案填充命令对组合柜进行填充，效果如图8-115所示。

图8-114 园林窗

图8-115 组合柜立面图

（3）书柜是建筑家居设计中必备的物体，样式也多种多样，错综复杂。利用矩形、多段线、圆弧、多线、镜像、阵列等命令，绘制如图8-116所示书柜立面图。

（4）家居门是在日常生活中不可缺少的一件建筑物体。利用直线命令绘制门的外轮廓，通过调用多段线、圆的命令结合偏移和复制等命令为门添加各种造型和门锁，最终得到如图8-117所示的效果。

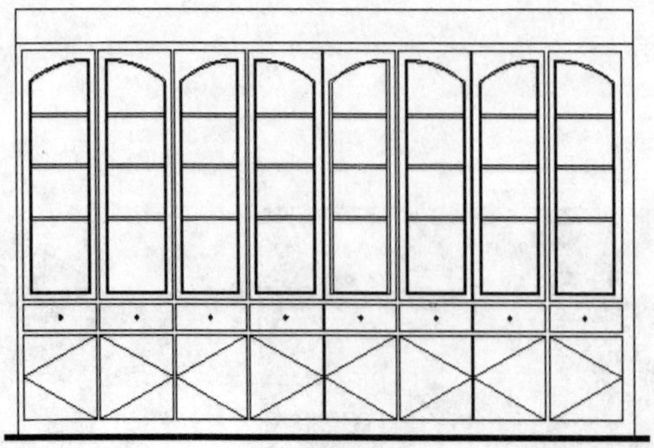

图8-116 书柜立面图

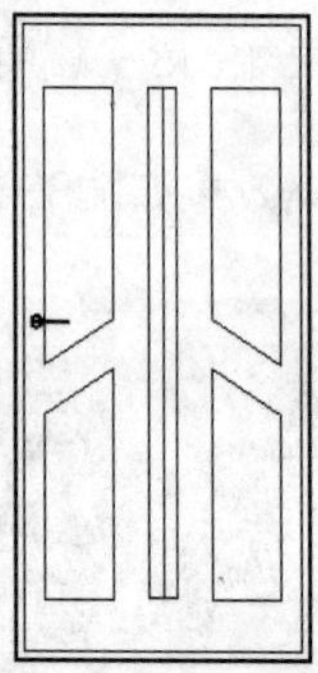

图8-117 家居门

第9章 建筑立面图

本章内容提示

本章结合建筑设计规范和建筑制图要求，详细讲述建筑立面图的绘制。通过本章内容的学习，读者将了解工程设计中有关建筑立面图设计的一般要求和使用AutocAD绘制建筑立面图的方法与技巧。

学习要点

- □ 建筑立面图概述
- □ 建筑立面图的绘制要求
- □ 建筑立面图的绘制过程

9.1 概述、内容和绘制要求

将房屋的各个立面按照正投影的方法投影到与之平行的投影面上，所得到的正投影图称为建筑立面图，简称立面图。建筑立面图是建筑施工图中的重要图样，也是指导施工的基本依据。在绘制建筑立向图之前，应首先了解立面图的内容、图示原理和方法，才能将设计意图和设计内容准确表达出来。

9.1.1 建筑立面图的概述

建筑立面图是建筑物不同方向的立面正投影视图，主要表现建筑物的体型和外貌，外墙面的面层材料、色彩，女儿墙的形式，线脚、腰线、勒脚等饰面做法，阳台形式，门窗布置以及雨水管位置等。

立面图的数量与建筑物的平面形式及外墙的复杂程度有关，原则上需要画出建筑每一个方向上的立面图，对于特别简单的立面图也可省略不画。

平面形状曲折的建筑物，可绘制展开立面图、展开室内立面图。圆形或多边形平面的建筑物，可分段展开绘制立面图、室内立面图，但均应在图名后加注“展开”二字。

较简单的对称式建筑物或对称的构配件等，在不影响构造处理和施工的情况下，立面图可绘制一半，并在对称轴线处画对称符号。通常一个房屋有4个朝向，立面图可以根据房屋的朝向来命名，如东立面、西立面等。也可根据主要出入口或房屋外貌的主要特征来命名，如正立面、背立面、左侧立面和右侧立面等。还可以根据立面团两端轴线的编号来命名，如①–②立面图等。

9.1.2 建筑立面图的绘制内容

建筑立面图主要包括以下内容。

- 图名、比例。
- 建筑立面图两端的定位轴线以及编号。
- 建筑物的外轮廓线形状、大小。
- 建筑构配件，如门窗、阳台、挑檐和台阶等的位置和形状。
- 建筑外墙的装修做法。
- 尺寸标注，包括建筑物的总高、各楼层高度以及标注建筑物的相对标高，一般要标注室外地坪、出入口地面、窗台、门窗顶及檐口等处的标高。
- 详细的索引符号。

9.1.3 建筑立面图的绘制要求

建筑立面图的绘制要求具体如下所示。

- 比例：立面图的比例通常与平面图相同，常用1:50，1:100，1:200等较小比例绘制。
- 定位轴线：立面图中只画出两端的轴线及编号。
- 线型：立面图中外轮廓线用粗实线表示，室外地坪线用加粗实线表示，所有构配件的轮廓线用中粗实线表示，其他如门窗线、尺寸线和标高等用细实线表示。
- 图例：门窗都是采用图例来绘制的，一般只给出有关轮廓线，具体的门窗等尺寸可以查看有关建筑标准，可单独列表给出。
- 尺寸标注：立面图的尺寸标注可沿立面图的高度方向标注细部尺寸、层高尺寸和总高度。在水平方向一般不标注尺寸，如需要可标注一道轴线间的长度。立面图的标高符号一般标注在同一条铅垂线上。
- 详图索引符号：必要时，可以添加一些文字说明和详图索引符号。

9.1.4 建筑立面图的绘制步骤

建筑立面图的绘制步骤如下：

01 设置绘图环境。

02 绘制地坪线、定位轴线、各层的楼面线、楼面和外墙轮廓线。

03 绘制门窗等细部构件的轮廓线。

04 绘制门窗线、外墙分割线等细部构件。

05 绘制尺寸界线、标高数字、索引符号和相关注释文字。

06 尺寸标注。

07 添加图框和标题。

本章将通过绘制某建筑的南向立面图实例来对绘制过程进行详细的介绍。绘制完后的立面图效果如图9-1所示。

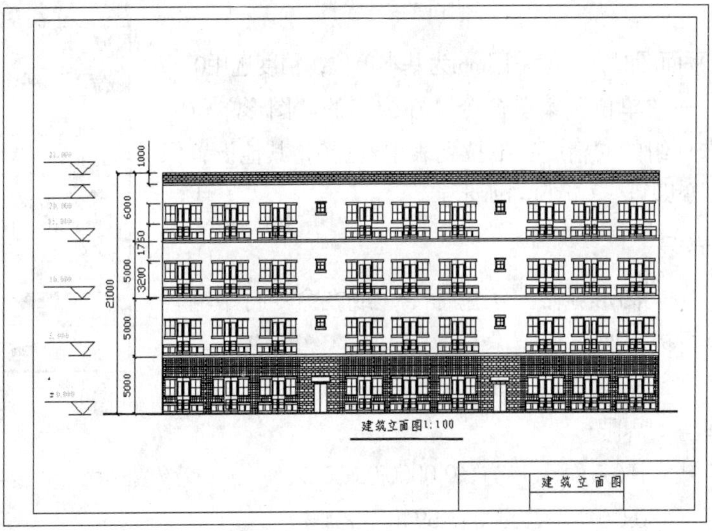

图9-1 某建筑立面施工图

9.2 绘制过程

通过前面的介绍，已经知道建筑立面图的绘制要求与具体步骤，接下来进行建筑立面图的绘制。

9.2.1 设置绘图环境

绘图之前，首先要设置好绘图环境，设置绘图环境主要包括设置图形界限、设置绘图单位、设置图层、设置文字样式及设置标注样式等，下面分别进行介绍。

1. 新建图形文件

运行AutoCAD 2012程序，选择“文件”→“新建”菜单命令，或单击“标准”工具栏中的□按钮，弹出“选择样板”对话框，如图9-2所示。采用系统默认值，单击“打开”按钮即可新建一个图形文件。

图9-2 “选择样板”对话框

2. 设置单位

在绘制建筑立平面图时，一般采用mm为基本单位，精度选用0。

选择“格式”→“单位”菜单命令，在弹出的“图形单位”对话框“长度”选项组的“精度”下拉列表中选择0，其他设置保持系统默认参数不变即可，如图9-3所示。

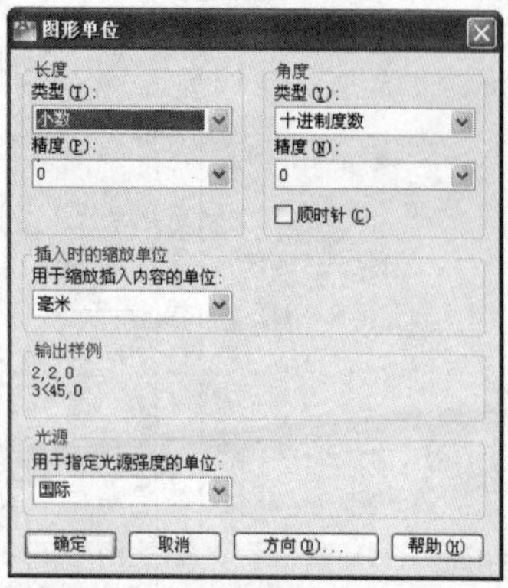

图9-3 “图形单位”对话框

3. 设置图形界限

选择“格式”→“图形界限”菜单命令，或在命令行中输入LIMITS命令。命令行提示如下：

```
命令: limits
重新设置模型空间界限:
指定左下角点或 [开(ON)/关(OFF)] <0.0000,0.0000>:          //按Enter键采用默认值
指定右上角点 <420.0000,297.0000>: 59400,42000
```

4. 设置图层

单击“图层”工具栏上的按钮，弹出“图层特性管理器”选项板。单击“新建”按钮，创建一个图层，然后设置图层名称为“标注”，即可完成“标注”图层的设置。采用同样方法依次创建辅助线、标注、窗户、阳台、其他及文字等图层，如图9-4所示。

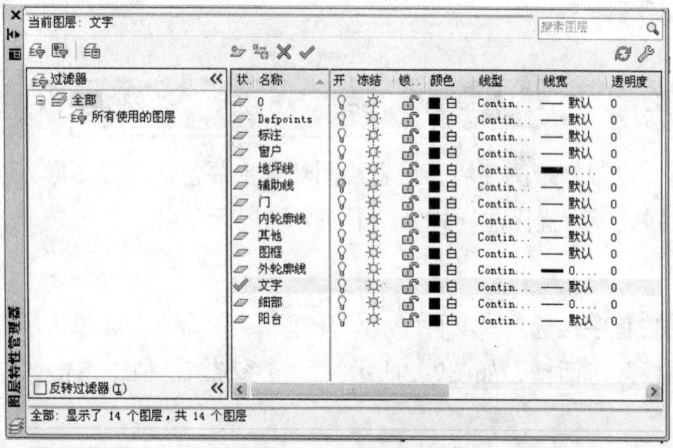

图9-4 “图层特性管理器”选项板

5. 设置文字样式

选择“格式”→“文字样式”菜单命令，弹出“文字样式”对话框，新建一个“文字”文字样式，“字体”中选择“仿宋_GB2312”，其他均采用默认值，如图9-5所示。

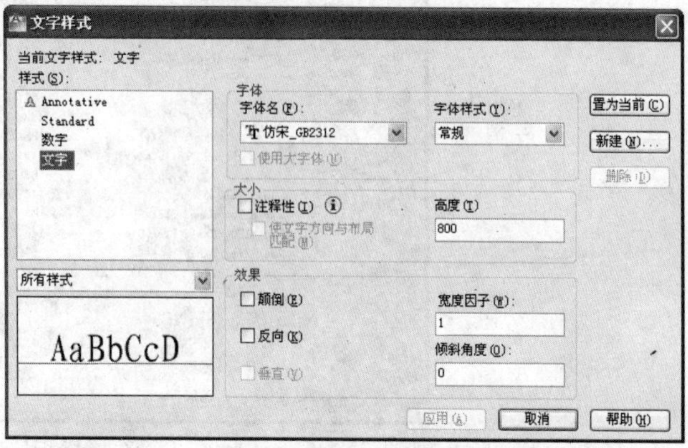

图9-5 设置文字样式

6. 设置标注样式

选择“格式”→“标注样式”菜单命令，弹出“标注样式”对话框。新

建一个“标注”文字样式，在“线”选项卡中设置“起点偏移量”设为5；在“符号和箭头”选项卡中设置“箭头”为“建筑标记”；“调整”选项卡中的“使用全局比例”设为100，“主单位”选项卡“线性标注”的精度设为0；其他设置保持系统默认参数不变即可，如图9-6所示。

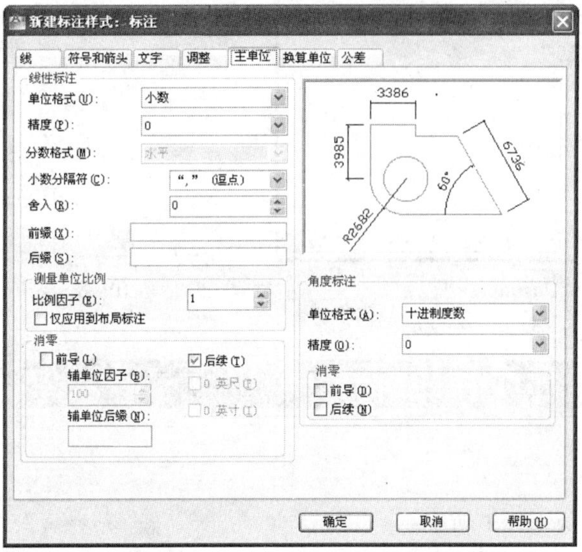

图9-6　“新建标注样式”对话框

9.2.2　绘制辅助线

辅助线用来在绘图的时候准确定位，其绘制步骤如下所示：

01 选择“视图”→“缩放”→“全部”菜单命令，将图形显示在绘图区。

02 单击屏幕下方状态栏中的“正交”按钮，打开“正交”模式。

03 将“辅助线”层设置为当前层。

04 选择“格式”→“线型”菜单命令，打开“线型管理器”对话框，加载线型Dashdot，如图9-7所示。

05 单击“绘图”工具栏中的按钮，绘制水平方向上的辅助线。命令行提示如下：

```
命令: _line
指定第一点:                              //在绘图区任意指定一点
指定下一点或 [放弃(U)]: 45000            //指定直线长度
指定下一点或 [放弃(U)]:                  //按Enter键
```

06 单击“修改”工具栏中的按钮，利用偏移命令绘制出水平辅助线，偏移距离依次为5000、5000、5000、5000、1000。

07 按照上述方法，利用直线和偏移命令，绘制垂直方向长2300的辅助线，偏移距离依次为4200、4200、4200、3600、4200、4200、4200、3600、4200、4200、4200。绘制完后的辅助线如图9-8所示。

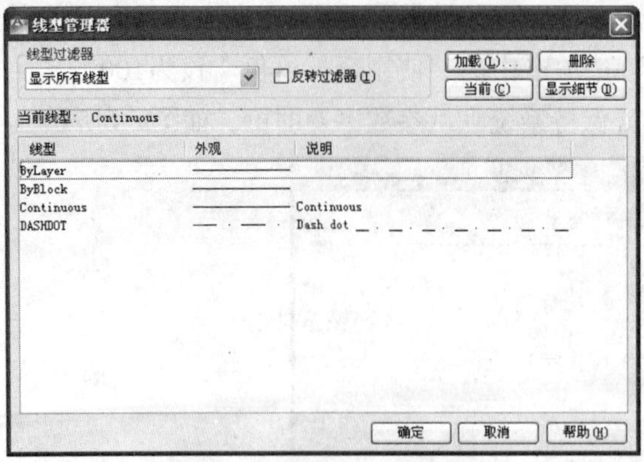

图9-7　加载Dashdot线型

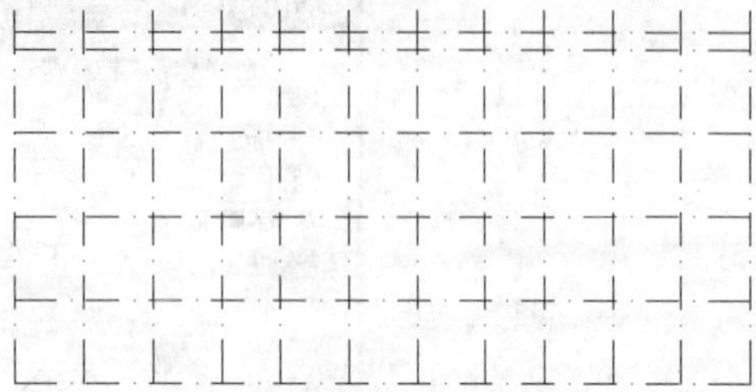

图9-8　完成后的辅助线

9.2.3　绘制地坪线和轮廓线

1. 绘制地坪线

绘制地坪线的具体步骤如下所示。

01 将“地坪线”层作为当前层。

02 单击“绘图”工具栏中的按钮，或在命令行中输入PLINE命令，命令行提示如下：

```
命令: _pline                                        //调用多线命令
指定起点:                                            //在屏幕上任意处指定一点
当前线宽为 0
指定下一个点或 [圆弧(A)/半宽(H)/长度(L)/放弃(U)/宽度(W)]: w
                                                    //设置当前线宽
指定起点宽度 <0>: 50
指定端点宽度 <50>:
指定下一个点或 [圆弧(A)/半宽(H)/长度(L)/放弃(U)/宽度(W)]: 52000
指定下一点或 [圆弧(A)/闭合(C)/半宽(H)/长度(L)/放弃(U)/宽度(W)]:
                                                    //按Enter键
```

> **提示**
> 此时若要显示线宽，可以单击状态栏的“线宽”按钮，打开线宽列表。

2. 绘制轮廓线

绘制轮廓线的具体步骤如下所示。

01 将“外轮廓线”层作为当前层。

02 将当前图层的线型设为Continuous，线宽为0.3mm。

03 采用直线和多线命令绘制轮廓线，绘制效果如图9-9所示。命令行提示如下：

图9-9　绘制好后的轮廓线

```
命令: _line                                   //调用直线命令绘制外部轮廓线
指定第一点:
指定下一点或 [放弃(U)]:@45000,0
指定下一点或 [放弃(U)]:@0, -21000,0
指定下一点或 [闭合(C)/放弃(U)]:@-45000,0
指定下一点或 [闭合(C)/放弃(U)]:
命令: _mline                                  //调用多线命令
当前设置: 对正 = 无, 比例 = 100.00, 样式 = STANDARD
指定起点或 [对正(J)/比例(S)/样式(ST)]:  j        //设置多线对齐方式
输入对正类型 [上(T)/无(Z)/下(B)] <上>:  z        //设置对齐方式为无
当前设置: 对正 = 无, 比例 = 100.00, 样式 = STANDARD
指定起点或 [对正(J)/比例(S)/样式(ST)]:  s
输入多线比例 <100.00>:  200                    //设置多线比例
当前设置: 对正 = 无, 比例 = 200.00, 样式 = STANDARD
指定起点或 [对正(J)/比例(S)/样式(ST)]:
指定下一点://捕捉框左下角点
指定下一点或 [放弃(U)]:                         //捕捉框右下角点
命令: _copy
选择对象: 找到 1 个
选择对象:
当前设置:  复制模式 = 多个
指定基点或 [位移(D)/模式(O)] <位移>:   5000
指定第二个点或 [阵列(A)] <使用第一个点作为位移>: 10000
指定第二个点或 [阵列(A)/退出(E)/放弃(U)] <退出>: 15000
指定第二个点或 [阵列(A)/退出(E)/放弃(U)] <退出>: 20000
指定第二个点或 [阵列(A)/退出(E)/放弃(U)] <退出>:
```

9.2.4 绘制门窗

门窗是立面图上重要的图形对象。从该建筑物的立面图来看，每层有9个阳台和18扇卧室窗户，2个楼道门和9个阳台门，但窗户的形式有两种，门形式有两种，阳台的形式有1种。因此，在作图时只需将每种形式绘制出一个，其余的复制即可。

事实上，建筑立面图中所有门窗的绘制方法大同小异，基本部是由矩形和直线组合而成。因此，熟练运用矩形和直线命令是绘制门窗的关键所在。

1. 绘制门

在绘制门之前，先观察一下这栋建筑物一共有多少种类的门。在AutoCAD 2012 作图的过程中，每种门只需作出一个，其余的都可以通过复制命令实现。

对于本立面图来说，只有楼道间的门和阳台上的门，所以只需绘制两种形式的门即可。

01 将“门”层设为当前层，线型为Continuous，线宽默认。

02 通过绘图工具栏中的□和/按钮绘制楼道间的门，如图9-10所示。 命令行提示如下：

```
命令: _rectang
指定第一个角点或 [倒角(C)/标高(E)/圆角(F)/厚度(T)/宽度(W)]: <对象捕捉追踪 关> <对象捕捉追踪 开>
指定另一个角点或 [面积(A)/尺寸(D)/旋转(R)]: @1200,2500
命令: _line
指定第一点:
指定下一点或 [放弃(U)]:                    //捕捉矩形中点
指定下一点或 [放弃(U)]:                    //捕捉矩形中点
命令: _rectang
指定第一个角点或 [倒角(C)/标高(E)/圆角(F)/厚度(T)/宽度(W)]:
指定另一个角点或 [面积(A)/尺寸(D)/旋转(R)]: @16924,200
```

03 利用“矩形”和“镜像”命令绘制阳台上的门，如图9-11所示。命令行提示如下：

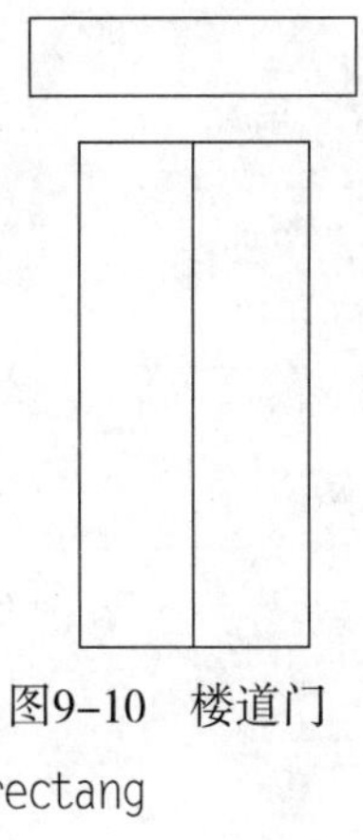

图9-10 楼道门

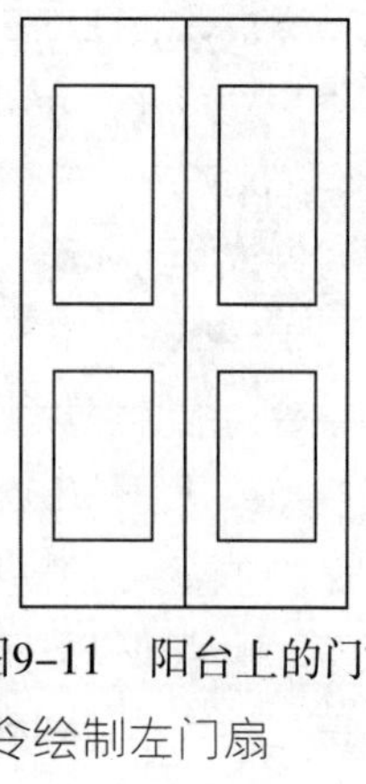

图9-11 阳台上的门

```
命令: _rectang                             //调用矩形命令绘制左门扇
指定第一个角点或 [倒角(C)/标高(E)/圆角(F)/厚度(T)/宽度(W)]: 0,0
指定另一个角点或 [面积(A)/尺寸(D)/旋转(R)]: @600,3200
```

```
命令:
命令: _rectang                                    //绘制下门扇
指定第一个角点或 [倒角(C)/标高(E)/圆角(F)/厚度(T)/宽度(W)]: 100,400
指定另一个角点或 [面积(A)/尺寸(D)/旋转(R)]: @400,800
命令:
命令: _rectang                                    //绘制上门扇
指定第一个角点或 [倒角(C)/标高(E)/圆角(F)/厚度(T)/宽度(W)]: 100,1600
指定另一个角点或 [面积(A)/尺寸(D)/旋转(R)]: @400,1200
命令:
命令: _mirror                                     //调用镜像命令，镜像出右扇门
选择对象: 指定对角点: 找到 3 个
选择对象:
指定镜像线的第一点: 指定镜像线的第二点:
要删除源对象吗? [是(Y)/否(N)] <N>:                //按Enter键
```

04 将两种门分别定义为块，然后如图9-12和图9-13所示，插入到合适的位置。

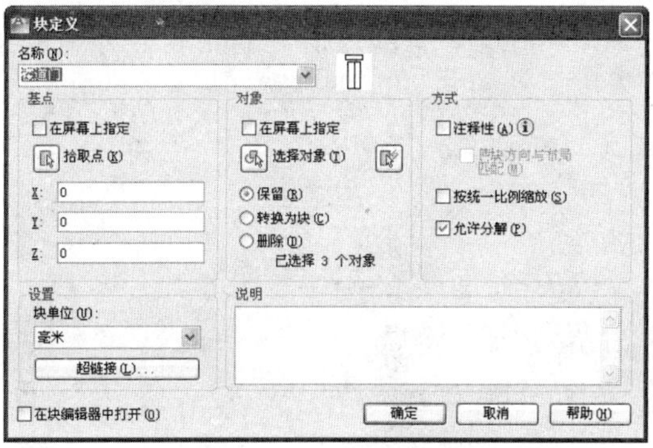

图9-12 定义“楼道门”块

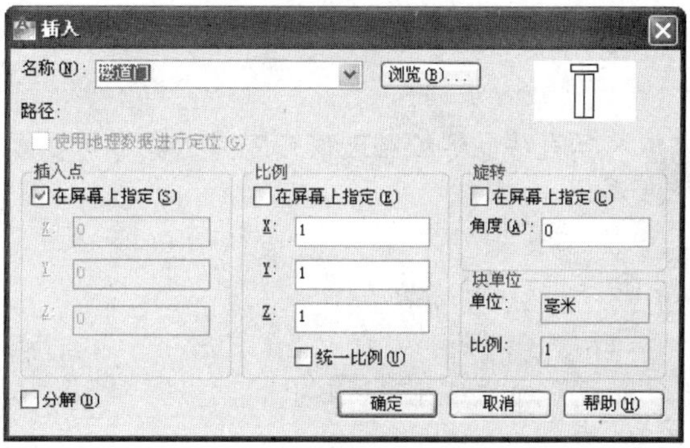

图9-13 插入“楼道门”块

所有门插入后的图形如图9-14所示。

图9-14 完成所有门后的图形

2. 绘制窗户

窗户的绘制方法和门的绘制方法相似。在绘制窗户之前，先观察一下这栋建筑物一共有多少种类的窗户，在AutoCAD 2012 作图的过程中，每种窗户只需作出一个，其余的都可以通过复制命令实现。

对于本立面图来说，只有楼道间的窗户和各个房间的窗户，所以只需绘制两种形式的窗户即可。窗户的具体绘制步骤如下所示。

01 将“窗户”层设为当前层，线型为Continuous，线宽默认。

02 用矩形命令，绘制上窗台。命令行提示如下：

```
命令: _rectang                                          //调用矩形命令绘制上窗台
指定第一个角点或 [倒角(C)/标高(E)/圆角(F)/厚度(T)/宽度(W)]:
指定另一个角点或 [面积(A)/尺寸(D)/旋转(R)]: @1100,160
```

03 单击“修改”工具栏中的器按钮，阵列矩形。

04 选择“工具”→“新建UCS”→“原点”菜单命令，改变坐标原点。命令行提示如下：

```
命令: ucs                                               //输入ucs命令
当前 UCS 名称: *世界*
指定 UCS 的原点或 [面(F)/命名(NA)/对象(OB)/上一个(P)/视图(V)/世界(W)/X/Y/Z/Z 轴(ZA)] <世界>: _o
指定新原点 <0,0,0>:                                     //指定下窗台矩形的右上角点为新的坐标原点
```

05 利用直线命令绘制玻璃轮廓线，命令行提示如下：

```
命令: _line
指定第一点: 100,0                                       //指定直线的第一点
指定下一点或 [放弃(U)]:                                 //指定下一点
指定下一点或 [放弃(U)]:                                 //按Enter键
命令:
命令: _offset                                           //调用偏移命令，偏移直线
当前设置: 删除源=否  图层=源  OFFSETGAPTYPE=0
指定偏移距离或 [通过(T)/删除(E)/图层(L)] <4200>: 900
选择要偏移的对象，或 [退出(E)/放弃(U)] <退出>:
指定要偏移的那一侧上的点，或 [退出(E)/多个(M)/放弃(U)] <退出>:
选择要偏移的对象，或 [退出(E)/放弃(U)] <退出>:
命令: _line
指定第一点:                                             //绘制玻璃轮廓线的中间平行线
指定下一点或 [放弃(U)]:                                 //捕捉上窗台矩形底边的中点
指定下一点或 [放弃(U)]:                                 //捕捉下窗台矩形顶边的中点
命令: _line
指定第一点:                                             //绘制玻璃轮廓线的中间垂直线
指定下一点或 [放弃(U)]:                                 //捕捉左边玻璃线的中点
```

指定下一点或 [放弃(U)]:　　　　　　　　　　　//捕捉右边玻璃线的中点，绘制完后如图9-15所示

06 采用相同的方法绘制楼梯间的窗户，绘制完后如图9-16所示。

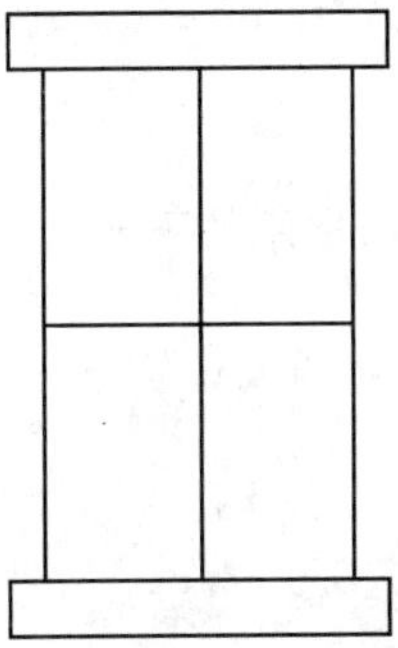

图9-15　绘制完成后窗户

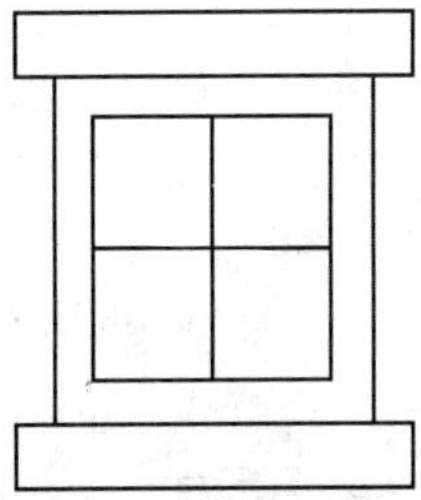

图9-16　楼梯间的窗户

07 将两种窗户定义为块，然后如图9-17和图9-18所示，插入到合适的位置即可。

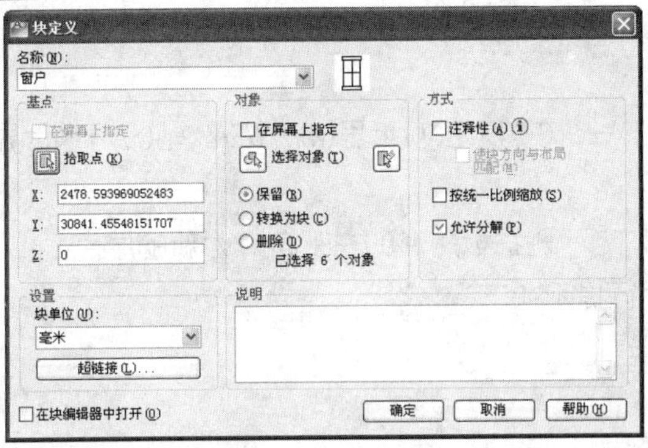

图9-17　定义“窗户”块

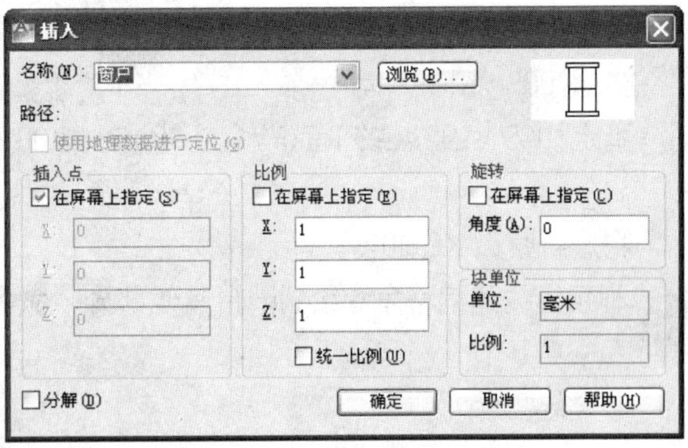

图9-18　插入“窗户”块

08 将窗户块插入到立面图合适的位置后，效果如图9-19所示。

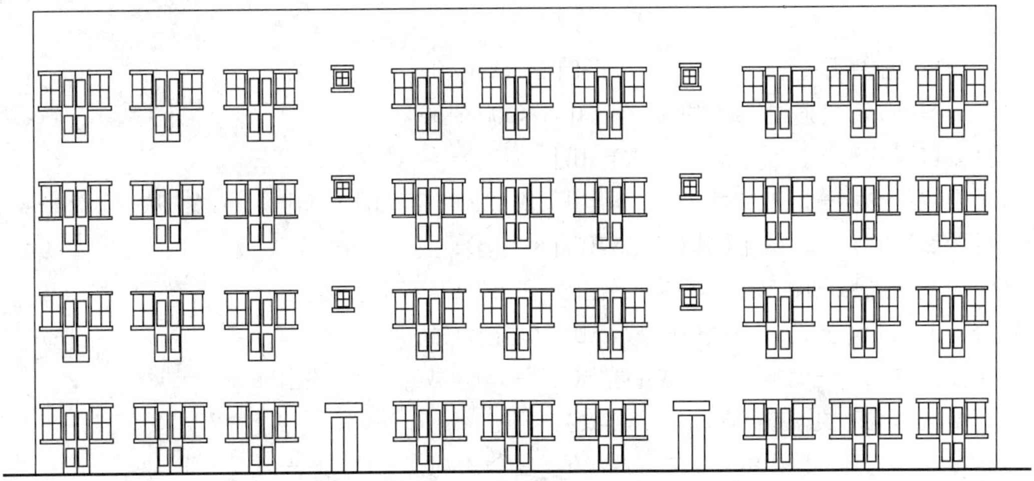

图9-19　插入窗户后的立面图

9.2.5 绘制阳台

在本立面图中每层都有阳台，而且样式都一样，分布也十分规则，所以可以先绘制出一个阳台，然后采用复制和镜像命令把阳台复制到合适的位置即可。

01 将“阳台”层设置为当前层，线型为Continuous，线宽默认。

02 单击“绘图”工具栏中的按钮，绘制阳台的上侧护板，命令行提示如下：

```
命令: _rectang                    //调用矩形命令绘制阳台上护板
指定第一个角点或 [倒角(C)/标高(E)/圆角(F)/厚度(T)/宽度(W)]:
指定另一个角点或 [面积(A)/尺寸(D)/旋转(R)]: @3600,-200
```

03 单击“修改”工具栏中的按钮，阵列出阳台下护板。

04 选择“工具”→“新建UCS” →“原点”菜单命令，改变坐标原点。命令行提示如下：

```
命令: _ucs
当前 UCS 名称: *世界*
指定 UCS 的原点或 [面(F)/命名(NA)/对象(OB)/上一个(P)/视图(V)/世界(W)/X/Y/Z/Z 轴(ZA)] <世界>: _o
指定新原点 <0,0,0>:                    //指定下侧护板矩形的左上角点为新的原点
```

05 利用直线和偏移命令绘制阳台其他部分，命令行提示如下：

```
命令: _line
指定第一点:
指定下一点或 [放弃(U)]: @0,660
指定下一点或 [放弃(U)]:
命令: _offset
当前设置: 删除源=否  图层=源  OFFSETGAPTYPE=0
指定偏移距离或 [通过(T)/删除(E)/图层(L)] <600>: 600
选择要偏移的对象，或 [退出(E)/放弃(U)] <退出>:
指定要偏移的那一侧上的点，或 [退出(E)/多个(M)/放弃(U)] <退出>:
选择要偏移的对象，或 [退出(E)/放弃(U)] <退出>:
指定要偏移的那一侧上的点，或 [退出(E)/多个(M)/放弃(U)] <退出>:
选择要偏移的对象，或 [退出(E)/放弃(U)] <退出>:
指定要偏移的那一侧上的点，或 [退出(E)/多个(M)/放弃(U)] <退出>:
选择要偏移的对象，或 [退出(E)/放弃(U)] <退出>:
指定要偏移的那一侧上的点，或 [退出(E)/多个(M)/放弃(U)] <退出>:
选择要偏移的对象，或 [退出(E)/放弃(U)] <退出>:
命令: _offset
```

当前设置：删除源=否 图层=源 OFFSETGAPTYPE=0
指定偏移距离或 [通过(T)/删除(E)/图层(L)] <600>: 150
选择要偏移的对象，或 [退出(E)/放弃(U)] <退出>:
指定要偏移的那一侧上的点，或 [退出(E)/多个(M)/放弃(U)] <退出>:
选择要偏移的对象，或 [退出(E)/放弃(U)] <退出>:
指定要偏移的那一侧上的点，或 [退出(E)/多个(M)/放弃(U)] <退出>:
选择要偏移的对象，或 [退出(E)/放弃(U)] <退出>:
指定要偏移的那一侧上的点，或 [退出(E)/多个(M)/放弃(U)] <退出>:
选择要偏移的对象，或 [退出(E)/放弃(U)] <退出>:
指定要偏移的那一侧上的点，或 [退出(E)/多个(M)/放弃(U)] <退出>:
选择要偏移的对象，或 [退出(E)/放弃(U)] <退出>:
指定要偏移的那一侧上的点，或 [退出(E)/多个(M)/放弃(U)] <退出>:
选择要偏移的对象，或 [退出(E)/放弃(U)] <退出>:
命令: _rectang
指定第一个角点或 [倒角(C)/标高(E)/圆角(F)/厚度(T)/宽度(W)]:
指定另一个角点或 [面积(A)/尺寸(D)/旋转(R)]: @3600,200
命令: _rectang
指定第一个角点或 [倒角(C)/标高(E)/圆角(F)/厚度(T)/宽度(W)]:
指定另一个角点或 [面积(A)/尺寸(D)/旋转(R)]: @3600,-200

绘制好后的阳台如图9-20所示。

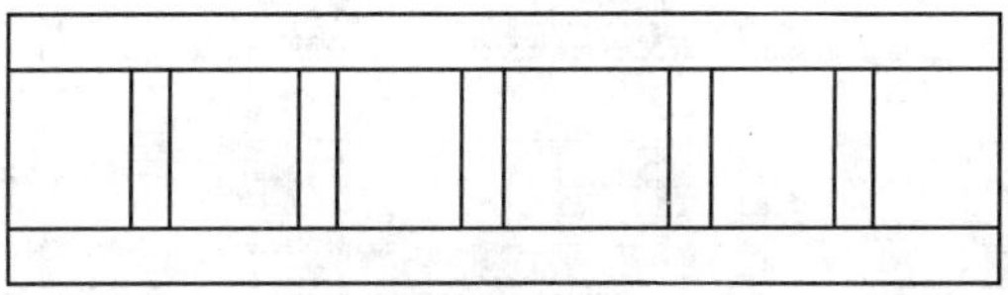

图9-20 阳台

06 将阳台定义为块，插入到合适立面图的位置，如图9-21所示。

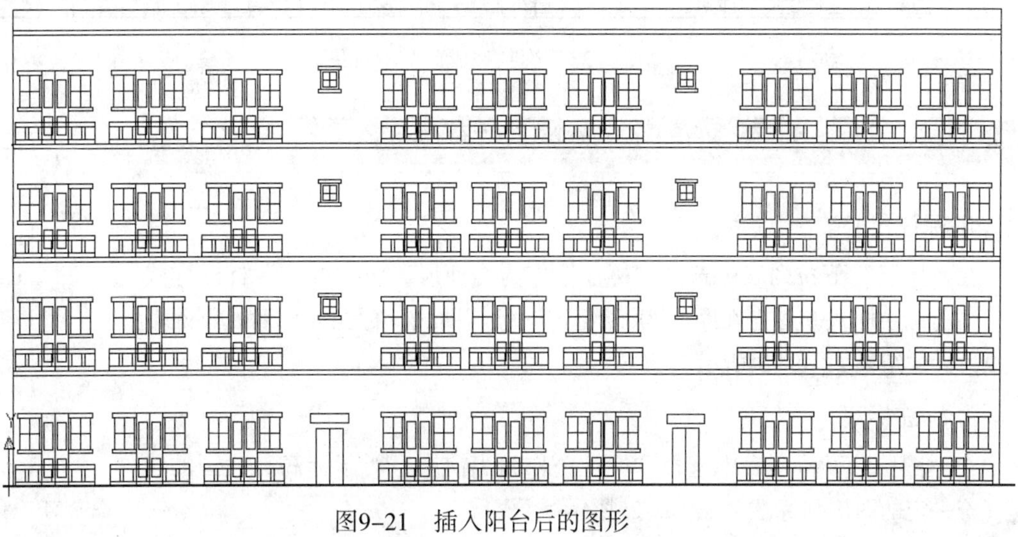

图9-21 插入阳台后的图形

9.2.6 墙面装饰

下面主要对建筑进行图案填充。

01 将“其他”层设置为当前层，线型为Continuous，线宽默认。

02 选择“绘图”→“图案填充”菜单命令，弹出“图案填充和渐变色”对话框，如图9-22所示。

03 单击“图案”下拉列表后面的按钮[...]，弹出“填充图案选项板”对话框，在对话框的“其他预定义”列表中选择图案AR-B816C。单击“确定”按钮后，重新回到“图案填充和渐变色”对话框。然后对立面图进行图案填充，效果如图9-23所示。

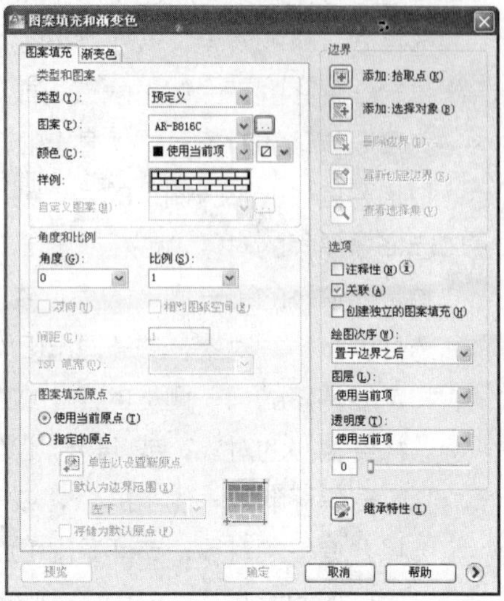

图9-22 “图案填充和渐变色”对话框

图9-23 绘制完成后的立面图

9.2.7 标注尺寸和标高

1. 标注尺寸

在“图层”下拉列表中选择“标注”作为当前层，将“标注”标注样式置为当前标注样式。首先在距墙200绘制出一条辅助线，标注完成后，删除辅助线，标注结果如图9-24所示。

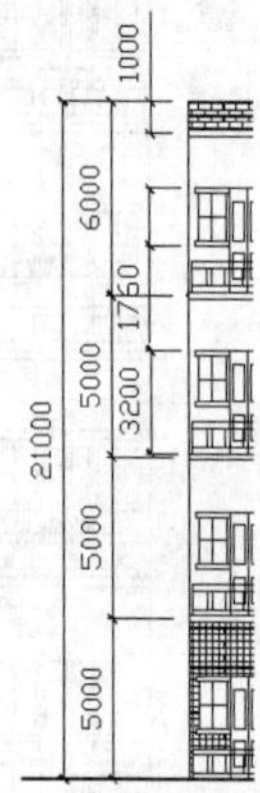

图9-24 标注尺寸

2. 标注标高

在“图层”下拉列表中选择“标注”作为当前层，对于标高，我国的建筑有着一定的图例和标准，如图9-25所示。

将标高保存为块，以三角形的顶点作为插入基点，在需要的地方将块插入即可。

在建筑图中，除了标高之外，还需要标注出轴线编号，以表明立面图所在的范围。本立面图要表明两条轴线的编号，分别是轴线H和A。完成这些标注后的立面图如图9-26所示。

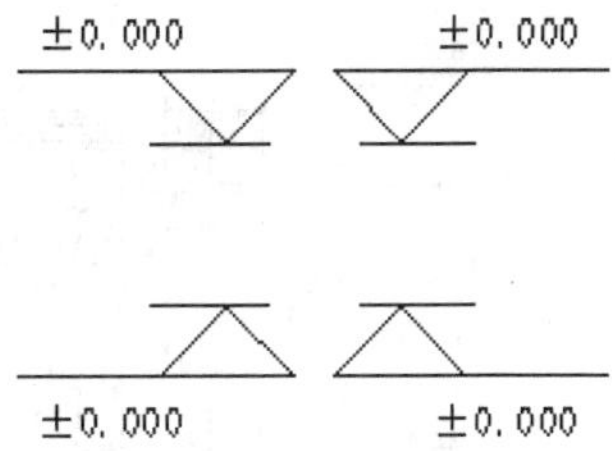

图9-25　不同的标高符号

图9-26　尺寸标注完毕的立面图

9.2.8　添加文字注释

建筑立面图应标注出图名和比例，还应标注出材质做法、详图索引等其他必要文字注释。

01 设置文字标注样式。选择“格式”→“文字样式”菜单命令，打开“文字样式”对话框。设置字体高度为600，其他选项采用默认值，如图9-27所示。

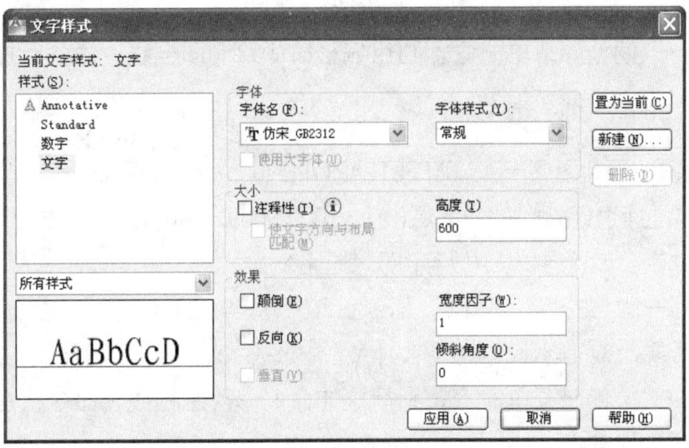

图9-27　“文字样式”对话框

02 输入注释文字，选择“绘图”→“文字”→“单行文字”菜单命令。完成文字标注的立面图如图9-28所示。

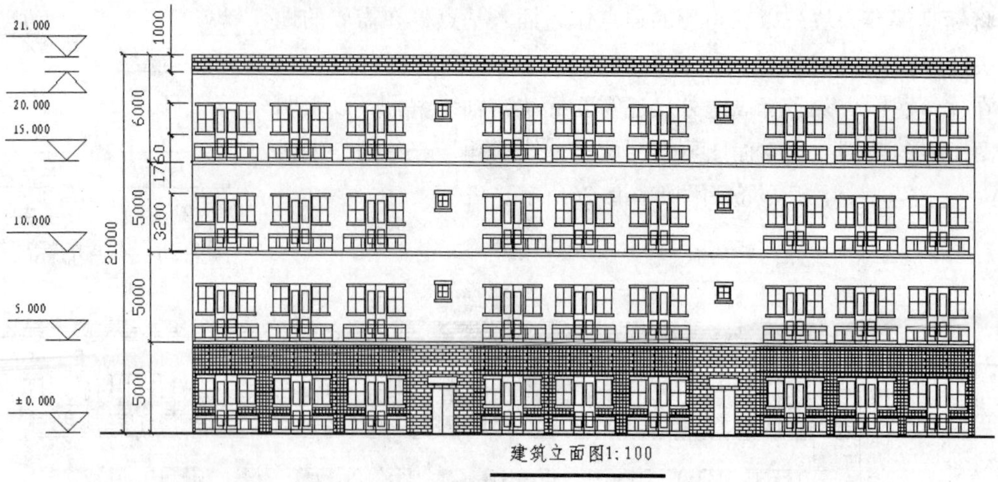

图9-28 完成文字标注的立面图

9.2.9 添加图框和标题

1. 图框

本例采用A2的图纸1:100打印出图，故图框采用59400×42000。

01 新建一个图形文件，选择“绘图”→“矩形”菜单命令，利用矩形绘制出幅面线。命令行提示如下：

```
命令: _rectang
指定第一个角点或 [倒角(C)/标高(E)/圆角(F)/厚度(T)/宽度(W)]:          //任意指定一点
指定另一个角点或 [面积(A)/尺寸(D)/旋转(R)]: d
指定矩形的长度 <10.0000>: 59400
指定矩形的宽度 <10.0000>: 42000
指定另一个角点或 [面积(A)/尺寸(D)/旋转(R)]:
```

02 选择“绘图”→“偏移”菜单命令，利用偏移命令绘制图框线。命令行提示如下：

```
命令: _offset
当前设置: 删除源=否  图层=源  OFFSETGAPTYPE=0
指定偏移距离或 [通过(T)/删除(E)/图层(L)] <1000.0000>: 1000
选择要偏移的对象，或 [退出(E)/放弃(U)] <退出>:
指定要偏移的那一侧上的点，或 [退出(E)/多个(M)/放弃(U)] <退出>:
选择要偏移的对象，或 [退出(E)/放弃(U)] <退出>:
```

03 选择“绘图”→“拉伸”菜单命令，利用拉伸命令修改图框线。命令行提示如下：

```
命令: _stretch
以交叉窗口或交叉多边形选择要拉伸的对象...                       //选择图框线的左部分
选择对象: 指定对角点: 找到 1 个
```

选择对象:

指定基点或 [位移(D)] <位移>:　　　　　　　　　　　　//选择图框线的左边顶点

指定第二个点或 <使用第一个点作为位移>:　1500

04 将图框线线宽修改为1.0，结果如图9-29所示。

2. 标题栏

按照同样法方法绘制标题栏，尺寸为20000×4000。添加图名，结果如图9-30所示。

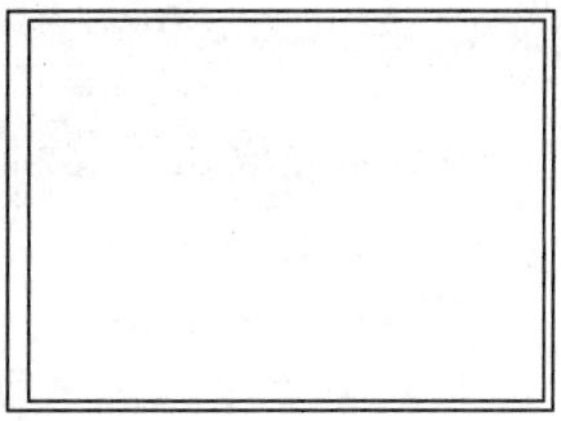

图9-29　绘制图框

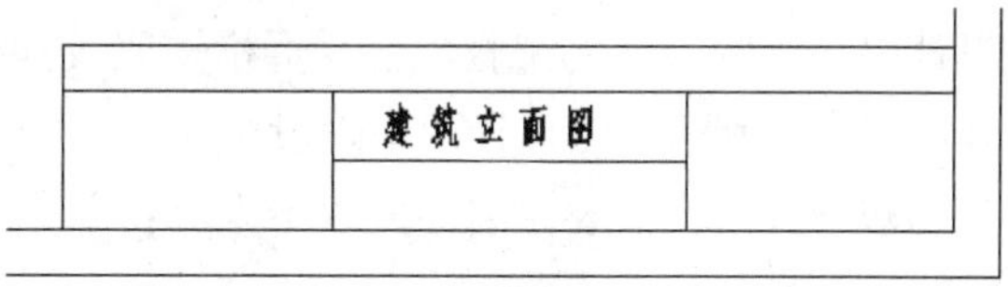

图9-30　绘制标题栏

将绘制好的图框与标题存储为块，插入到立面图中合适的位置。添加了图框和标题的图形如图9-31所示。

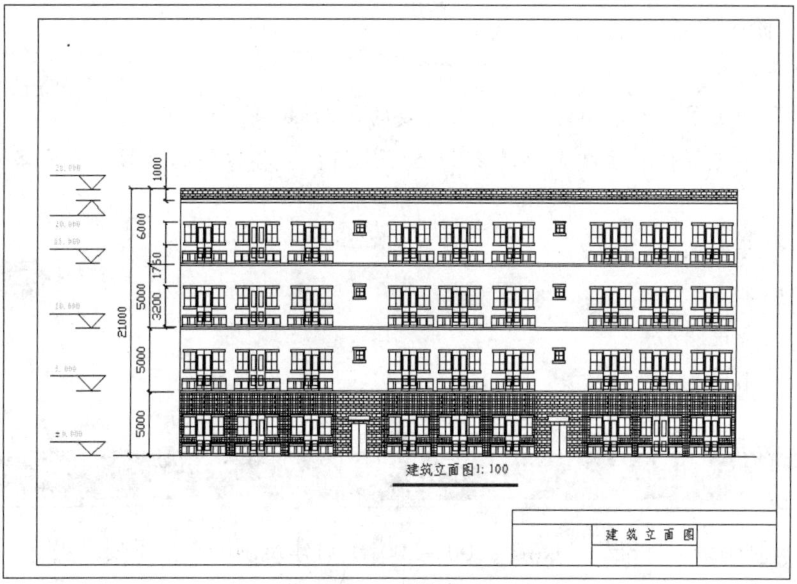

图9-31　建筑立面图

9.3 建筑绘图基本知识

9.3.1　建筑结构设计的原则

建筑一栋建筑是一个很复杂的过程，在施工之前必须对建筑的建造有一个整体的规划，制订出一套合理的方案，编制出完整的施工图纸和文件，为施工提供依据，这就是建筑的设计工作。

在建筑设计中，应遵循以下原则：

- 必须满足建筑物使用的功能要求，如防水防潮、通风、隔热、隔音等。
- 必须有利于结构安全。
- 必须适应建筑工业化的要求。
- 必须考虑建筑的经济、社会和环境的综合效益。
- 必须符合总体规范要求。

9.3.2 建筑结构设计的过程

建筑设计是一项综合性的工程，必须严格按照设计程序和设计步骤来完成建筑设计。一般建筑设计分为初步设计和施工图设计两个阶段。

其中，初步设计阶段需要主要完成以下内容：

- 设计所明书。
- 设计图纸，包括建筑总平面图、各层平面图以及主要剖面、立面图。
- 工程预算书。
- 对结构设计的基本说明。

施工图设计阶段主要包括以下设计内容：

- 建筑总平面图。
- 各层建筑平面图、各方向的立面图及必要的剖面图。
- 建筑结构节点详图，主要包括墙身、楼梯、门窗、各构件的连接节点和各部分的装饰详图等。
- 专业的配套图纸。
- 设计说明书。
- 结构及设备说明书。
- 工程预算书。

9.3.3 建筑制图规范对填充的要求

《房屋建筑制图统一标准》（GB/T 50001-2001）对建筑制图有如下要求：

- 图例线应间隔均匀，疏密适度，做到图例正确，表示清楚。
- 不同品种的同类材料使用同一图例时（如某些特定部位的石膏板必须注明是防水石膏板），应在图上附加必要的说明。
- 两个相同的图例相接时，图例线宜错开或使倾斜方向相反，如图9-32所示。
- 两个相邻的涂黑图例（如混凝土构件、金属件）间应留有空隙，其宽度不得小于0.7mm。
- 画出的建筑材料图例面积过大时，可在断面轮廓线内沿轮廓线作局部表示。

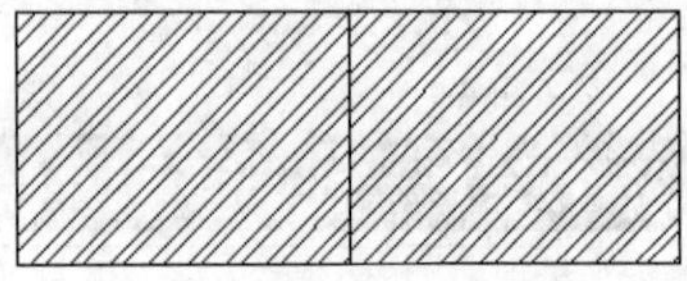

图9-32　相同图例相接时的画法

9.3.4　建筑制图规范对文字的要求

- 《房屋建筑制图统一标准》（GB/T 50001-2001）中要求图纸上所需书写的文字、数字或符号等，均应笔画清晰、字体端正、排列整齐；标点符号应清楚正确；文字的字高应从如下系列中选用：3.5、5、7、10、14、20；图样及说明中的汉字宜采用长仿宋体，宽度与高度的关系应符合表9-1中的规定。

表9-1　长仿宋体字高宽关系　（单位：mm）

字高	20	14	10	7	5	3.5
字宽	14	10	7	5	3.5	2.5

- 拉丁字母、阿拉伯数字与罗马数字的书写与排列应符合表9-2的规定。

表9-2　拉丁字母、阿拉伯数字与罗马数字的书写规格

书写格式	一般字体	窄字体
大写字母高度	H	h
小写字母高度（上下均无延伸）	7/10h	10/14h
小写字母伸出头或尾部	3/10h	4/14h
笔画宽度	1/10h	1/14h
字母间距	2/10h	2/14h
上下行基准线最小间距	15/10h	21/14h
词间距	6/10h	6/14h

- 拉丁字母、阿拉伯数字与罗马数字如需写成斜体字，其斜度应是从字的底线逆时针向上倾斜75°。斜体字的高度与宽度应与相应的直体字相等。
- 拉丁字母、阿拉伯数字与罗马数字的字高应不小于2.5mm，数量的数值注写应采用正体阿拉伯数字，各种计量单位凡前面有量值的均应采用国家颁布的单位符号注写，单位符号应采用正体字母。
- 分数、百分数和比例数的注写，应采用阿拉伯数字和数学符号，例如四分之三、百分之二十五和一比二十应分别写成3/4、25%和1:20。
- 当注写的数字小于1时，必须写出个位的0，小数点应采用圆点，齐基准线书写，例如0.01。

9.3.5　建筑制图规范对尺寸的要求

《房屋建筑制图统一标准》（GB/T 50001-2001）中对建筑制图中的尺寸标注有着详细的规定。下面分别介绍规范对尺寸界线、尺寸线、尺寸起止符号和标注文字（尺寸数字）的一些要求。

1. 尺寸界线、尺寸线及尺寸起止符号

尺寸界线应用细实线绘制，一般应与被注长度垂直，其一端应离开图样轮廓线不小于2mm，另一端宜超出尺寸线2～3mm。图样轮廓线可用作尺寸界线。

尺寸线应用细实线绘制，应与被注长度平行。图样本身的任何图线均不得用作尺寸线，因此

尺寸线应调整好位置避免与图线重合。

尺寸起止符号一般用中粗斜短线绘制，其倾斜方向应与尺寸界线成顺时针45° 角，长度宜为2～3mm。半径、直径、角度与弧长的尺寸起止符号，宜用箭头表示。

2. 尺寸数字

图样上的尺寸，应以尺寸数字为准，不得从图上直接量取。但建议按比例绘图，这样可以减少绘图错误。图样上的尺寸单位，除标高及总平面以米为单位外，其他必须以毫米为单位。

尺寸数字一般应依据其方向注写在靠近尺寸线的上方中部。如没有足够的注写位置，最外边的尺寸数字可注写在尺寸界线的外侧，中间相邻的尺寸数字可错开注写。

3. 尺寸的排列与布置

尺寸宜标注在图样轮廓以外，不宜与图线、文字及符号等相交。

互相平行的尺寸线，应从被注写的图样轮廓线由近向远整齐排列，较小尺寸应离轮廓线较近，较大尺寸应离轮廓线较远。

图样轮廓线以外的尺寸线，距图样最外轮廓之间的距离不宜小于10mm。平行排列的尺寸线的间距宜为7～10mm，并应保持一致。

总尺寸的尺寸界线应靠近所指部位，中间的分尺寸的尺寸界线可稍短，但其长度应相等。

4. 半径、直径、球的尺寸标注

半径的尺寸线应一端从圆心开始，另一端画箭头指向圆弧。半径数字前应加注半径符号“R”。

标注圆的直径尺寸时，直径数字前应加直径符号“Φ”。在圆内标注的尺寸线应通过圆心，两端画箭头指至圆弧。

标注球的半径尺寸时，应在尺寸前加注符号“SR”。标注球的直径尺寸时，应在尺寸数字前加注符号“SΦ”。注写方法与圆弧半径和圆直径的尺寸标注方法相同。

5. 角度、弧度、弧长的标注

角度的尺寸线应以圆弧表示。该圆弧的圆心应是该角的顶点，角的两条边为尺寸界线。起止符号应以箭头表示，如没有足够位置画箭头，可用圆点代替，角度数字应按水平方向注写。

标注圆弧的弧长时，尺寸线应以与该圆弧同心的圆弧线表示，尺寸界线应垂直于该圆弧的弦，起止符号用箭头表示，弧长数字上方应加注圆弧符号“⌒”。

标注圆弧的弦长时，尺寸线应以平行于该弦的直线表示，尺寸界线应垂直于该弦，起止符号用中粗斜短线表示。

6. 标高

标高数字应以米为单位，注写到小数点以后第三位。在总平面图中，可注写到小数点以后第二位。零点标高应注写成±0.000，正数标高不注“+”，负数标高应注“-”，例如3.000、-0.600。

9.3.6 建筑规范对线型和线宽的要求

《房屋建筑制图统一标准》（GB/T 5001-2001）中对建筑制图的线形和线宽都有比较明确的

规定，这样便于设计人员的读图和绘图，以及加强图纸的通用性。

- 图线的基本宽度b，宜从下列线宽系列中选取：2.0、1.4、1.0、0.7、0.5、0.35。每个图样，应根据复杂程度与比例大小，先选定基本线宽b，再选用表9-3中相应的线宽组。同一张图纸内，相同比例的各图样，应选用相同的线宽组。

表9-3 线宽组 （单位：mm）

线宽比	线宽组					
B	2.0	1.4	1.0	0.7	0.5	0.35
0.5b	1.0	0.7	0.5	0.35	0.25	0.18
0.25b	0.5	0.35	0.25	0.18	–	–
注：1. 需要微缩的图纸，不宜采用0.18mm及更细的线宽 2. 同一张图纸内，各种不同线宽中的细线，可采用统一较细的线宽组的细线						

- 工程建设制图，不同的线型和线宽有着不同的含义，比较统一的选取原则参见表9-4的图线。

表9-4 图线

名称		线型	线宽	一般用途
实线	粗		b	主要可见轮廓线
	中		0.5b	可见轮廓线
	细		0.25b	可见轮廓线、图例线
虚线	粗		b	见各有关专业制图标准
	中		0.5b	不可见轮廓线
	细		0.25b	不可见轮廓线、图例线
单点长画线	粗		b	见各有关专业制图标准
	中		0.5b	见各有关专业制图标准
	细		0.25b	中心线、对称线等
双点长画线	粗		b	见各有关专业制图标准
	中		0.5b	见各有关专业制图标准
	细		0.25b	假想轮廓线、成型前原始轮廓线
折断线			0.25b	断开界限
波浪线			0.25b	断开界限

- 图纸的图框和标题栏线，可采用如表9-5所示的线宽。

表9-5 图框线、标题栏线的宽度 （单位：mm）

图幅代号	图框线	标题栏外框线	标题栏分格线、会前栏线
A0、A1	1.4	0.7	0.35
A2、A3、A4	1.0	0.7	0.35

- 相互平行的图线，其间隙不宜小于其中的粗线宽度，且不宜小于0.7mm。
- 虚线、单点长画线或双点长画线的线段长度和间隔，宜各自相等。
- 单点长画线或双点长画线，当在较小图形中绘制有困难时，可用实线代替。
- 单点长画线或双点长画线的两端，不应是点。点画线与点画线交接或点画线与其他图线交接时，应是线段交接。

- 虚线与虚线交接或虚线与其他图线交接时，应是线段交接。虚线为实线的延长线时，不得与实线连接。
- 图线不得与文字、数字或符号重叠、混淆，不可避免时，应首先保证文字等的清晰。

9.4 实例应用——厨房主要设备模型的制作

9.4.1 煤气灶的制作

煤气灶立体效果图如图9-33所示，下面详细讲解绘制过程。

图9-33 立体效果图

1. 制作模型

01 选择“视图”→“三维视图”→“西南等轴测”菜单命令，进入西南等轴测视图。单击“建模”工具栏上的“长方体”按钮或在命令行中输入BOX命令，绘制一个长方体，长为1000，宽为500，高为100，如图9-34所示。

02 单击“建模”工具栏上的“楔体”按钮或在命令行中输入WEDGE命令，绘制一个楔体，选择长方体的上表面的左下角点为第一角点，如图9-35所示。命令行提示如下：

```
命令：_wedge
指定第一个角点或 [中心(C)]:
指定其他角点或 [立方体(C)/长度(L)]: l
指定长度 <80.0000>: <正交 开> 80
指定宽度 <1000.0000>: 1000
指定高度或 [两点(2P)] <80.0000>: -80
```

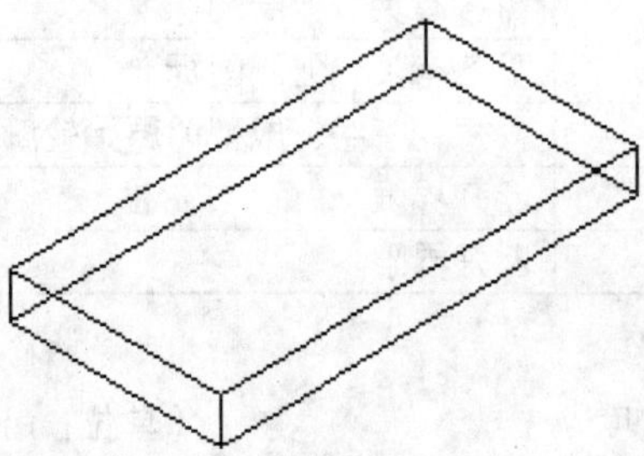

图9-34 灶身

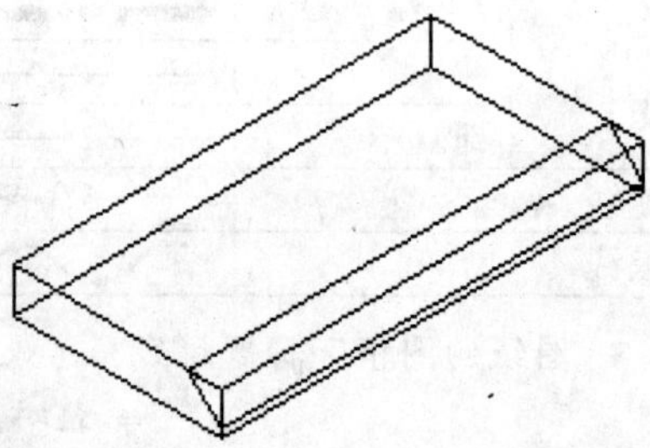

图9-35 楔体

03 单击“建模”工具栏上的“差集”按钮或在命令行中输入SUBTRACT命令，将两个实体进行合并，使之成为一个整体，如图9-36所示。

04 选择“工具”→“新建UCS”→“原点”菜单命令或单击UCS工具栏上的UCS按钮，新建如图9-37所示的原点。

05 单击“建模”工具栏上的“圆柱体”按钮或在命令行中输入CYLINDER命令，在煤气灶灶身的斜面上绘制半径为60，高度为15的圆柱体，如图9-38所示。

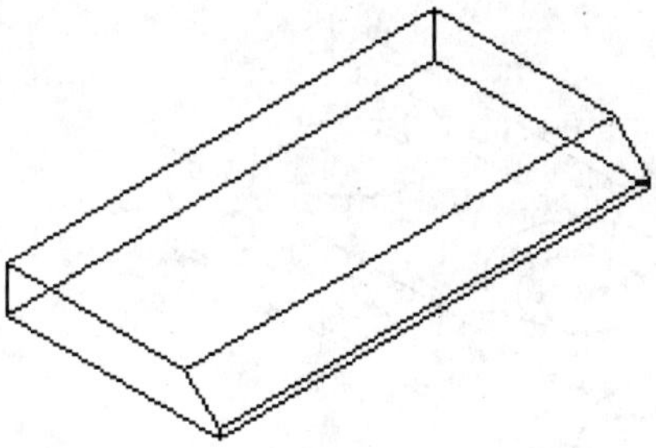

图9-36　差集运算

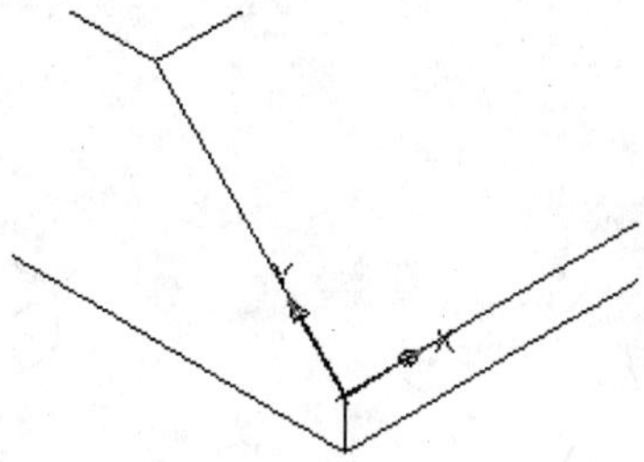

图9-37　新建原点

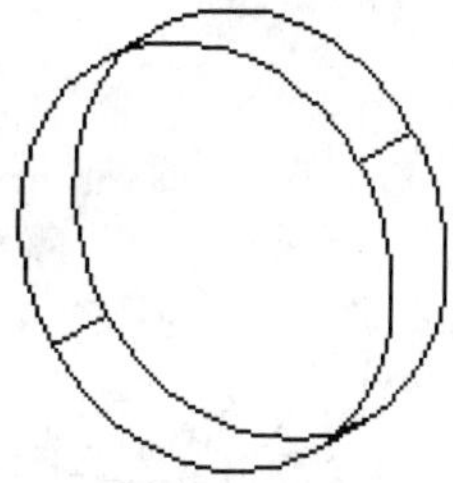

图9-38　圆柱体

06 单击“建模”工具栏上的“长方体”按钮或在命令行中输入BOX命令，绘制一个长方体，长为60，宽为10，高为15，如图9-39所示。

07 将圆柱体和长方体叠合到一起，圆柱体的下表面的圆心和长方体的下表面的几何中心重合，如图9-40所示。

08 单击“建模”工具栏上的“并集”按钮或在命令行中输入UNION命令，将两个实体进行合并，使之成为一个整体，如图9-41所示。

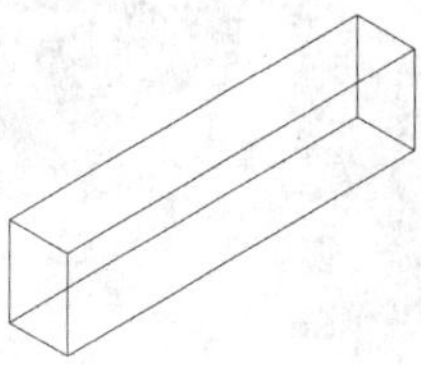

图9-39　长方体

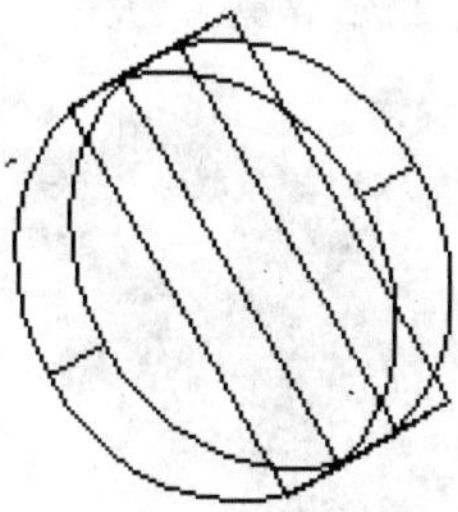

图9-40　叠合

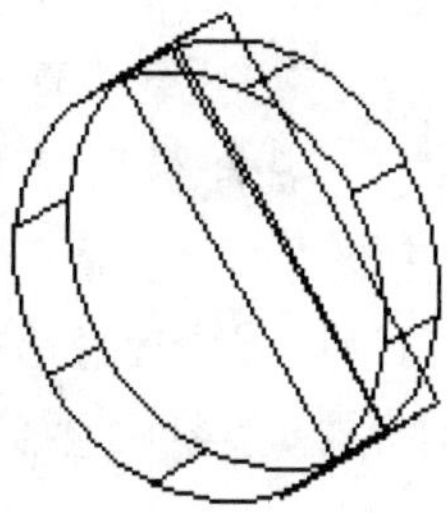

图9-41　并集运算

09 将合并的实体四等分地放置到斜面上，如图9-42所示。

10 单击“建模”工具栏上的“圆锥体”按钮或在命令行中输入CONE命令，绘制一个圆锥体，上表面的半径为150，下表面的半径为100，高度为30，如图9-43所示。命令行提示如下：

命令: _cone
指定底面的中心点或 [三点(3P)/两点(2P)/相切、相切、半径(T)/椭圆(E)]:
指定底面半径或 [直径(D)] <150.0000>: 150
指定高度或 [两点(2P)/轴端点(A)/顶面半径(T)] <-30.0000>: t
指定顶面半径 <100.0000>: 100
指定高度或 [两点(2P)/轴端点(A)] <-30.0000>: -30

11 将灶盘对应于按钮放置于灶身的上表面，单击“建模”工具栏上的“差集”按钮或在命令行中输入SUBTRACT命令，将两个实体进行合并，使之成为一个整体，如图9-44所示。

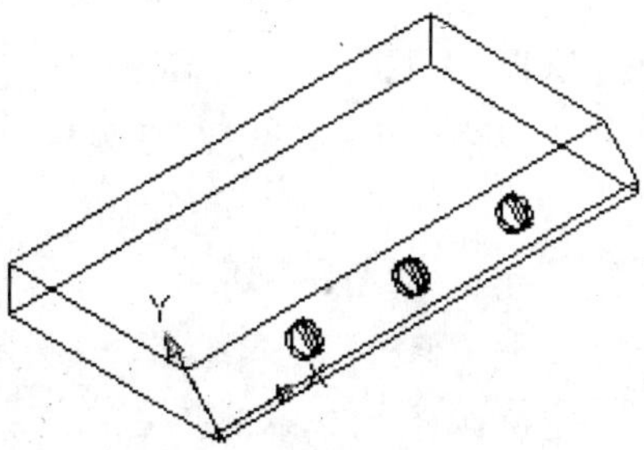

图9-42　绘制按钮

图9-43　绘制灶盘

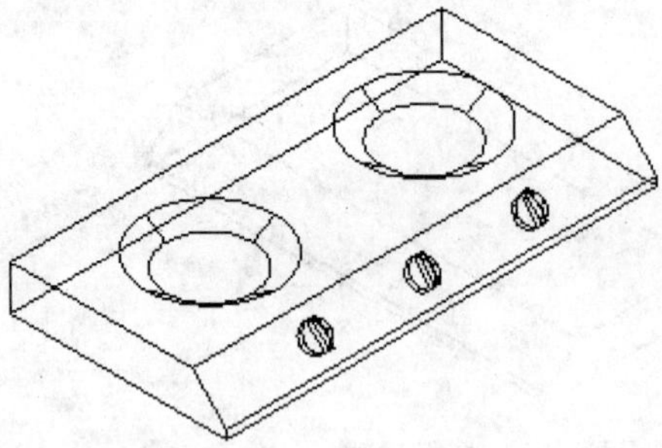

图9-44　绘制灶盘

2. 渲染

01 选择“视图”→“渲染”→“渲染”菜单命令或单击“渲染”工具栏上的“渲染”按钮，则在一个新的窗口中，对当前的图形进行渲染。

02 煤气灶的所有图形若采用Global材质，渲染的效果如图9-45所示。

03 若新建一个材质“材质1”，在“材质”选项板中 “材质编辑器”选项卡的“类型”下拉列表中选择“真实金属”，“样板”下拉列表中选择“金属”作为按钮的材质，灶身选择Global材质，渲染后的结果如图9-46所示。

图9-45　渲染

图9-46　渲染

9.4.2 微波炉的制作

微波炉立体效果图如图9-47所示，下面将详细讲解绘制过程。

1. 制作模型

01 选择“视图”→“三维视图”→“西南等轴测”菜单命令，进入西南等轴测视图，单击“建模”工具栏上的“长方体”按钮或在命令行中输入BOX命令，绘制一个长方体，长为450，宽为250，高为250，如图9-48所示。

图9-47　立体效果图

02 选择“视图”→“三维视图”→“主视图”菜单命令，进入主视图。单击“绘图”工具栏中的“矩形”按钮或在命令行中输入RECTANG命令，绘制一个尺寸为200×250的矩形，距外边矩形为25，如图9-49所示。

03 单击“修改”工具栏上的“圆角”按钮或在命令行中输入FILLET命令，将矩形进行圆角，圆角半径为20，如图9-50所示。

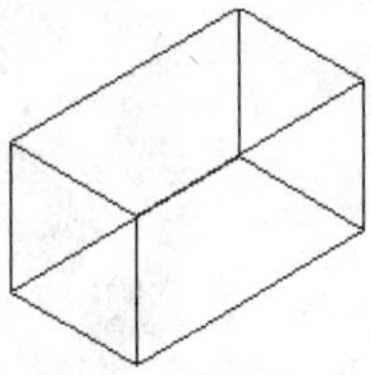

图9-48 炉体

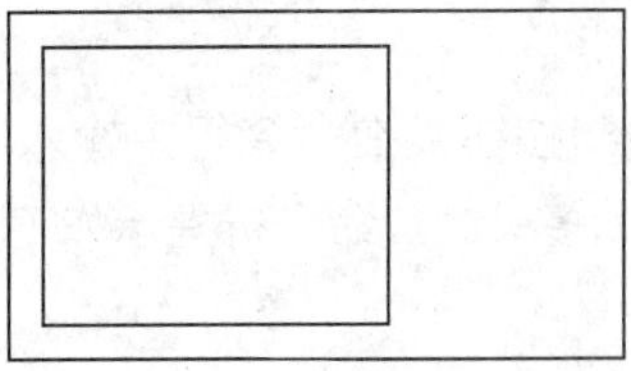

图9-49 面板

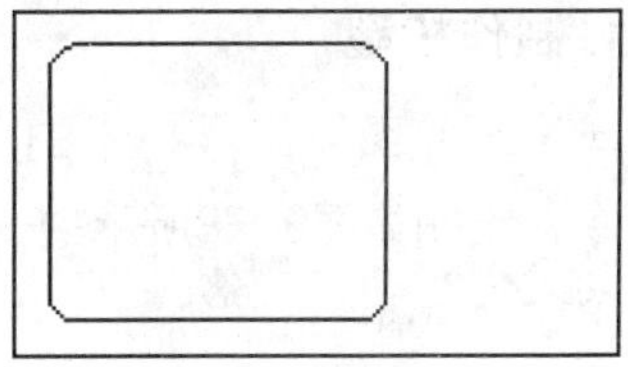

图9-50 圆角

04 单击“绘图”工具栏中的“矩形”按钮或在命令行中输入RECTANG命令，绘制一个尺寸为150×125的矩形，距外边矩形为25，如图9-51所示。

05 单击“绘图”工具栏中的“圆”按钮或在命令行中输入CIRCLE命令，绘制3个半径为10的圆，如图9-52所示。

06 单击“绘图”工具栏中的“矩形”按钮或在命令行中输入RECTANG命令，绘制一个尺寸为50×10的矩形，如图9-53所示。

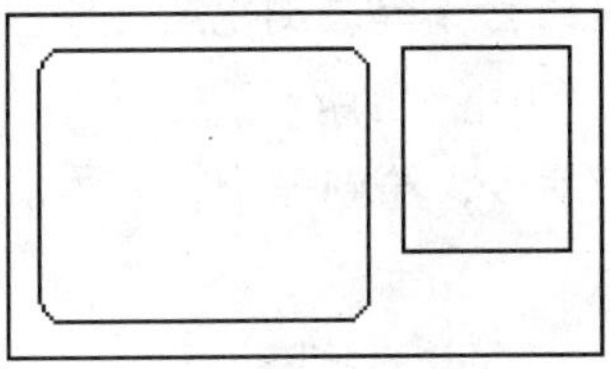

图9-51 面板

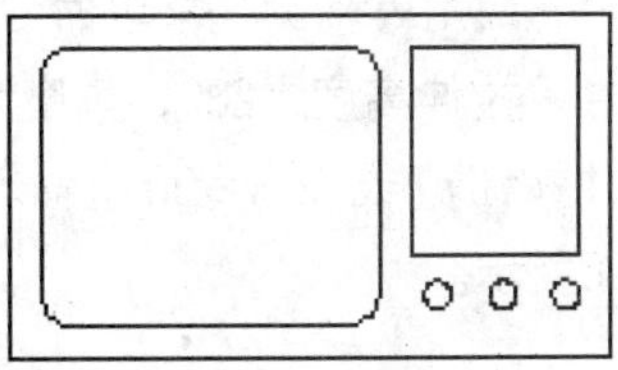

图9-52 面板

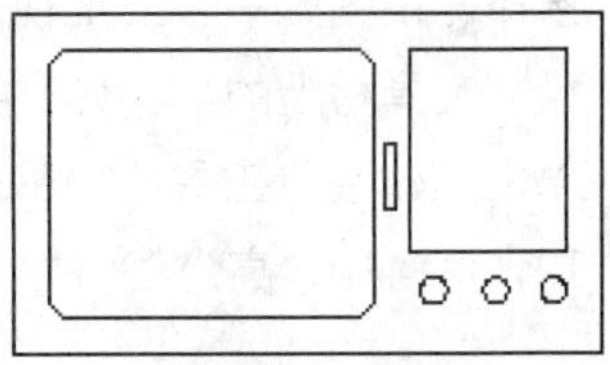

图9-53 面板

07 选择“视图”→“三维视图”→“西南等轴测”菜单命令，进入西南等轴测视图，单击“建模”工具栏上的“拉伸”按钮，两个大矩形拉伸高度为-10，角度为0，其他图形的拉伸高度为-5，角度为0，如图9-54所示。

08 单击“建模”工具栏上的“差集”按钮或在命令行中输入SUBTRACT命令，将实体进行合并，使之成为一个整体。

09 执行“视图”→“视图样式”→“概念”菜单命令，可得到如图9-55所示的效果。

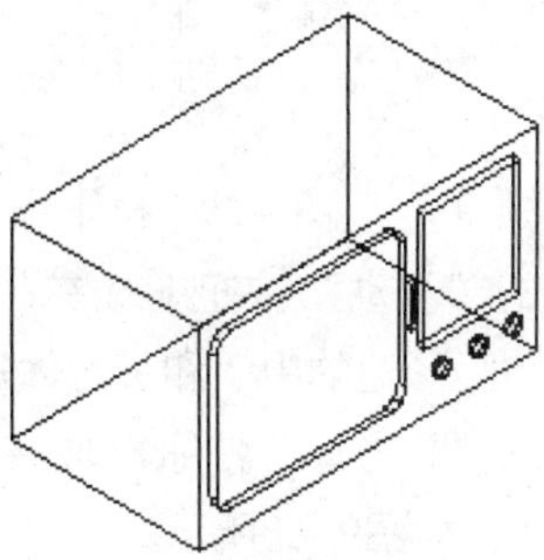

图9-54 拉伸

图9-55 概念

2. 渲染

01 选择“视图”→“渲染”→“渲染”菜单命令或单击“渲染”工具栏上的“渲染”按钮，则在一个新的窗口中，对当前的图形进行渲染。

02 微波炉的所有图形若采用Global材质，渲染的效果如图9-56所示。

图9-56 渲染

9.4.3 菜刀的制作

菜刀立体效果图如图9-57所示，下面将详细讲解绘制过程。

1. 制作模型

图9-57　立体效果图

01 单击“绘图”工具栏中的“多段线”按钮或在命令行中输入PLINE命令，绘制如图9-58所示的一条闭合的多段线。命令行提示如下：

命令: _pline

指定起点:

当前线宽为 0.0000

指定下一个点或 [圆弧(A)/半宽(H)/长度(L)/放弃(U)/宽度(W)]: @6,0

指定下一点或 [圆弧(A)/闭合(C)/半宽(H)/长度(L)/放弃(U)/宽度(W)]: @0,-100

指定下一点或 [圆弧(A)/闭合(C)/半宽(H)/长度(L)/放弃(U)/宽度(W)]: @-3,-20

指定下一点或 [圆弧(A)/闭合(C)/半宽(H)/长度(L)/放弃(U)/宽度(W)]: @-3,20

指定下一点或 [圆弧(A)/闭合(C)/半宽(H)/长度(L)/放弃(U)/宽度(W)]: c

02 选择“视图”→“三维视图”→“西南等轴测”菜单命令，进入西南等轴测视图，单击“建模”工具栏上的“拉伸”按钮，拉伸高度为200，角度为0，如图9-59所示。

03 单击“建模”工具栏上的长方体按钮或在命令行中输入BOX命令，绘制一个长方体，长为10，宽为10，高为20，如图9-60所示。

图9-58　断面

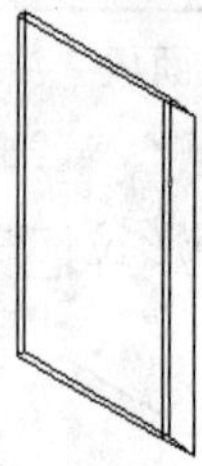

图9-59　拉伸

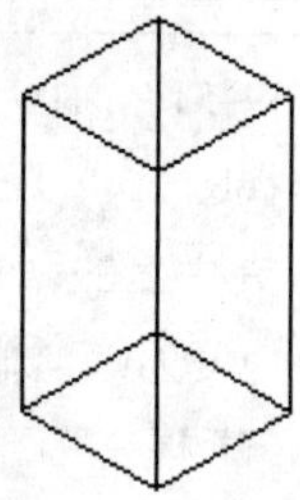

图9-60　刀托1

04 单击“修改”工具栏上的“移动”按钮或在命令行中输入MOVE命令，将绘制的图形移动到如图9-61所示的位置，矩形边的中心和长方体短边的中心重合。

05 单击“建模”工具栏上的“长方体”按钮或在命令行中输入BOX命令，绘制一个长方体，长为10，宽为10；高为20，如图9-62所示。

06 单击“修改”工具栏上的“移动”按钮或在命令行中输入MOVE命令，将绘制的图形移动到如图9-63所示的位置，刀把的截面中心和刀托的截面中心重合。

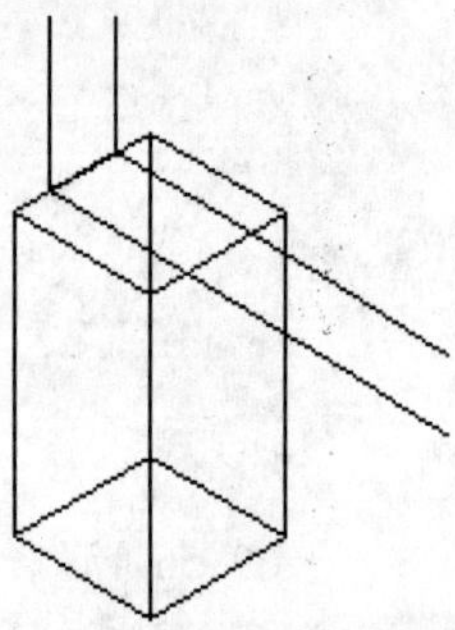

图9-61 刀托2

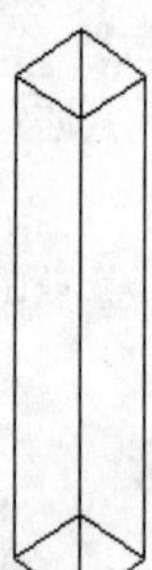

图9-62　刀把1

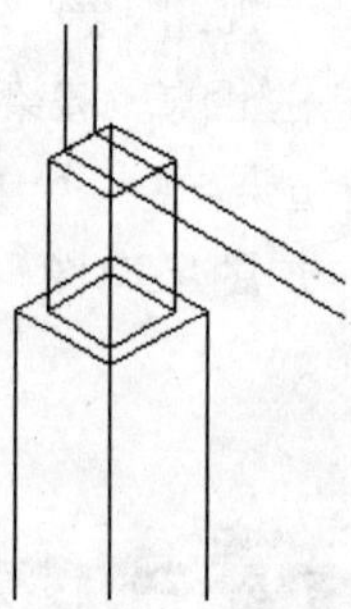

图9-63　刀把2

07 单击“修改”工具栏上的“圆角”按钮或在命令行中输入FILLET命令将刀把的所有棱边进行圆角，圆角半径为5，如图9-64所示。

08 菜刀的完成效果如图9-65所示。

2. 渲染

01 选择“视图”→“渲染”→“渲染”菜单命令或单击“渲染”工具栏上的渲染按钮，则在一个新的窗口中，对当前的图形进行渲染。

02 菜刀的所有图形若采用Global材质，渲染的效果如图9-66所示。

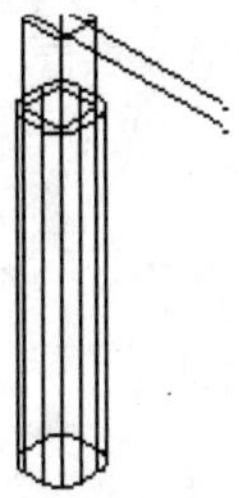

图9-64 圆角

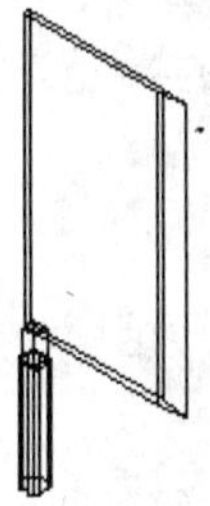

图9-65 菜刀

图9-66 渲染

9.4.4 餐桌的绘制

餐桌立体效果图如图9-67所示，下面将详细讲解绘制过程。

图9-67 立体效果图

1. 制作模型

01 单击“绘图”工具栏中的“矩形”按钮或在命令行中输入RECTANG命令，绘制一个尺寸为800×800的矩形，如图9-68所示。

02 单击“绘图”工具栏中的“圆”按钮或在命令行中输入CIRCLE命令，绘制一个以矩形对角线角点为圆心、对角线的一半为半径的圆，如图9-69所示。

03 单击“绘图”工具栏中的“多段线”按钮，在命令行中输入PLINE命令，将矩形的边和与之对应的圆弧绘制成一条闭合的多段线，将圆删除，将绘制的四个多段线作为桌面的折叠角。命令行提示如下：

图9-68 矩形

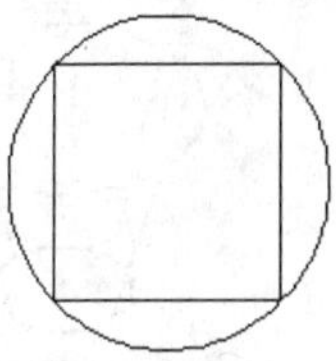

图9-69 圆

命令：PLINE
指定起点：
当前线宽为 0.0000
指定下一个点或 [圆弧(A)/半宽(H)/长度(L)/放弃(U)/宽度(W)]：a
指定圆弧的端点或
[角度(A)/圆心(CE)/方向(D)/半宽(H)/直线(L)/半径(R)/第二个点(S)/放弃(U)/宽度(W)]：ce
指定圆弧的圆心：
指定圆弧的端点或 [角度(A)/长度(L)]：a
指定包含角：90

指定圆弧的端点或

[角度(A)/圆心(CE)/闭合(CL)/方向(D)/半宽(H)/直线(L)/半径(R)/第二个点(S)/放弃(U)/宽度(W)]: l

指定下一点或 [圆弧(A)/闭合(C)/半宽(H)/长度(L)/放弃(U)/宽度(W)]: c

04 选择“视图”→“三维视图”→“西南等轴测”菜单命令，进入西南等轴测视图。单击“建模”工具栏上的“拉伸”按钮，将矩形和四个多段线进行拉伸，拉伸高度为20，角度为0，如图9-70所示。

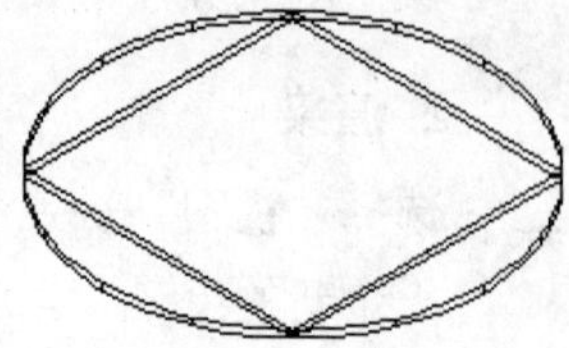

图9-70 桌面

05 单击“建模”工具栏上的“圆锥体”按钮或在命令行中输入CONE命令，绘制一个圆锥体，上表面的半径为200，下表面的半径为100，高度为-300，如图9-71所示。命令行提示如下：

命令：_cone

指定底面的中心点或 [三点(3P)/两点(2P)/相切、相切、半径(T)/椭圆(E)]:

指定底面半径或 [直径(D)]: 200

指定高度或 [两点(2P)/轴端点(A)/顶面半径(T)] <20.0000>: t

指定顶面半径 <0.0000>: 100

指定高度或 [两点(2P)/轴端点(A)] <20.0000>: -300

06 单击“建模”工具栏上的“圆柱体”按钮或在命令行中输入CYLINDER命令，以圆锥体的下表面的圆心为中心点，绘制半径为100，高度为250的圆柱体，如图9-72所示。

07 单击“建模”工具栏上的“圆锥体”按钮或在命令行中输入CONE命令，以圆柱体的下表面的圆心为中心点，绘制一个圆锥体，上表面的半径为100，下表面的半径为200，高度为-300，如图9-73所示。

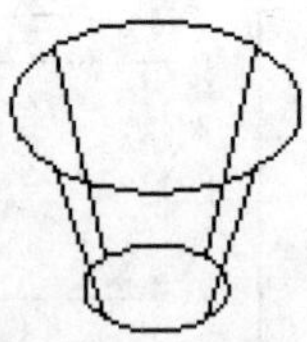

图9-71 桌腿1

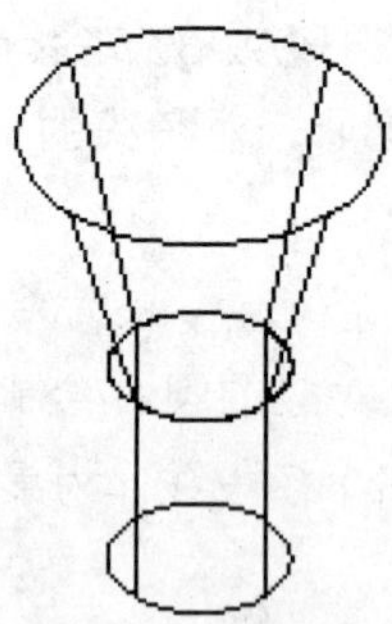

图9-72 桌腿2

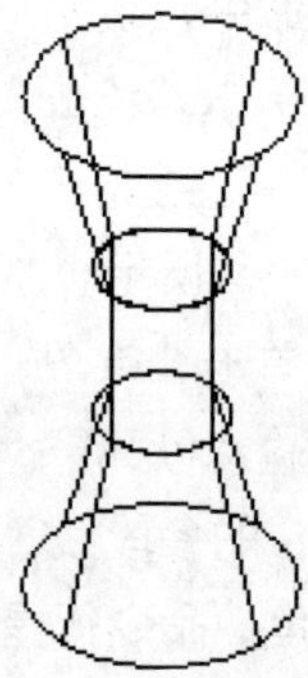

图9-73 桌腿3

08 单击“修改”工具栏上的“移动”按钮或在命令行中输入MOVE命令，将绘制的桌腿移动到如图9-74所示的位置，将桌腿的上表面圆心和桌面的下表面矩形的对角线角点重合。

09 单击“建模”工具栏上的“长方体”按钮或在命令行中输入BOX命令，绘制一个长方体，长为600，宽为600，高为30。单击“修改”工具栏上的“移动”按钮或在命令行中输入MOVE命令，将绘制的底座移动到如图9-75所示的位置，将底座的上表面圆心和桌腿圆锥体的下表面圆心重合。

10 消隐后的结果如图9-76所示。

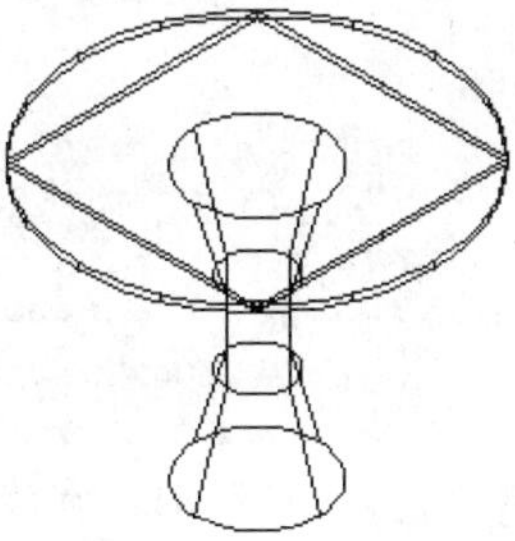
图9-74　桌腿4

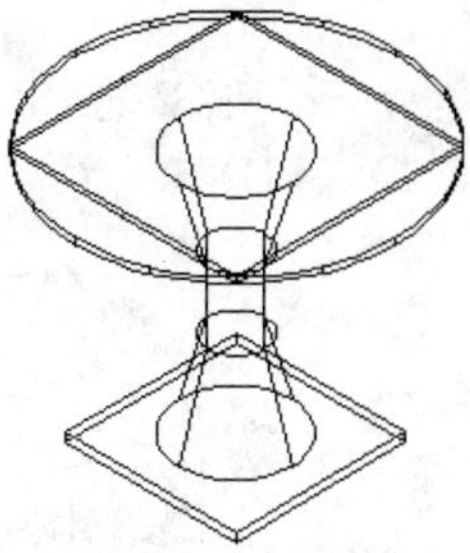
图9-75　底座

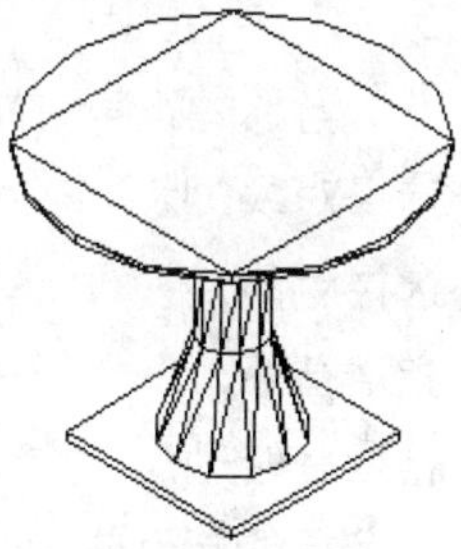
图9-76　消隐

2. 渲染

01 选择“视图”→“渲染”→“渲染”菜单命令或单击“渲染”工具栏上的“渲染”按钮，则在一个新的窗口中，对当前的图形进行渲染。

02 餐桌的所有图形若采用Global材质，渲染的效果如图9-77所示。

03 选择“工具”→“选项板”→“工具选项板”菜单命令，弹出“工具选项板”选项板，在该选项板中选择“门和窗—材质样例”选项卡，将“门—窗.玻璃镶嵌.玻璃透明”添加到当前图形。在“图形中可用的材质”一栏中，将出现“Doors-Windows.Glazing.Glass.Clear”材质，将该材质应用到桌面，渲染后的结果如图9-78所示。

图9-77　渲染1

图9-78　渲染2

9.4.5　凳子的绘制

凳子立体效果图如图9-79所示，下面将详细讲解绘制过程。

图9-79　立体效果图

1. 制作模型

01 单击“绘图”工具栏中的“多段线”按钮或在命令行中输入PLINE命令，绘制一条高度为600，宽度为300的多段线，如图9-80所示。命令行提示如下：

命令：_pline
指定起点：
当前线宽为 0.0000
指定下一个点或 [圆弧(A)/半宽(H)/长度(L)/放弃(U)/宽度(W)]：600
指定下一点或 [圆弧(A)/闭合(C)/半宽(H)/长度(L)/放弃(U)/宽度(W)]：300
指定下一点或 [圆弧(A)/闭合(C)/半宽(H)/长度(L)/放弃(U)/宽度(W)]：600
指定下一点或 [圆弧(A)/闭合(C)/半宽(H)/长度(L)/放弃(U)/宽度(W)]：

02 选择“视图”→“三维视图”→“西南等轴测”菜单命令，进入西南等轴测视图。选择“修改”→“三维操作”→“三维旋转”菜单命令，将图形绕X轴旋转90°，如图9-81所示，旋转后的结果如图9-82所示。命令行提示如下：

```
命令: _3drotate
UCS 当前的正角方向: ANGDIR=逆时针  ANGBASE=0
选择对象: 找到 1 个
选择对象:
指定基点:
拾取旋转轴:
指定角的起点或键入角度: 90
```

图9-80 绘制凳子腿

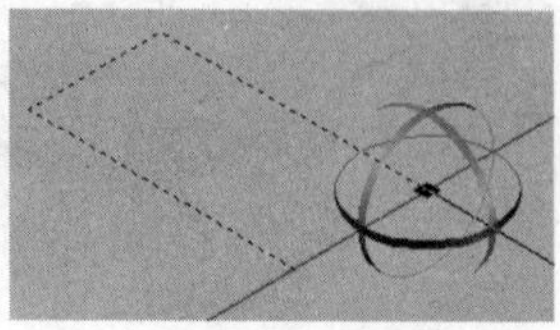

图9-81 旋转

03 单击“修改”工具栏上的“圆角”按钮或在命令行中输入FILLET命令，将棱边进行圆角，圆角半径为50，如图9-83所示。

04 单击“修改”工具栏上的“复制”按钮或在命令行中输入COPY命令，复制一个图形。再选择“修改”→“三维操作”→“三维旋转”菜单命令，将图形绕Z轴旋转90°。单击“修改”工具栏上的“移动”按钮或在命令行中输入MOVE命令，将两个图形的水平段的中点重合，如图9-84所示。

05 选择“视图”→“动态观察”→“三维动态观察”菜单命令，将图形调整到如图9-85所示的角度。

图9-82 旋转

图9-83 圆角

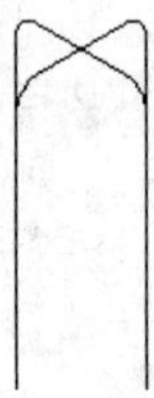

图9-84 绘制凳子腿

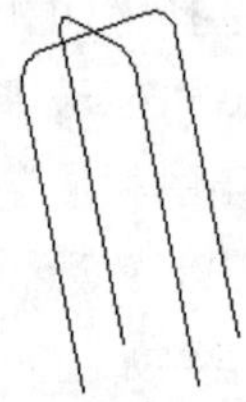

图9-85 调整角度

06 单击“绘图”工具栏中的“圆”按钮或在命令行中输入CIRCLE命令，绘制两个半径为20的圆，如图9-86所示。

07 单击“建模”工具栏上的“拉伸”按钮，以多段线为拉伸路径将圆进行拉伸，如图9-87所示。

08 单击“建模”工具栏上的“并集”按钮或在命令行中输入UNION命令，将两个实体进行合并，使之成为一个整体。

09 单击“建模”工具栏上的“圆柱体”按钮或在命令行中输入CYLINDER命令，绘制半径为150，高度为20的圆柱体，如图9-88所示。

10 单击“修改”工具栏上的“移动”按钮或在命令行中输入MOVE命令，将绘制的圆柱体移动到如图9-89所示的位置，将圆柱体下表面的圆心与实体的角点重合。

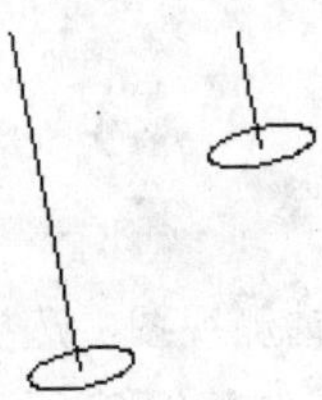

图9-86 绘制圆

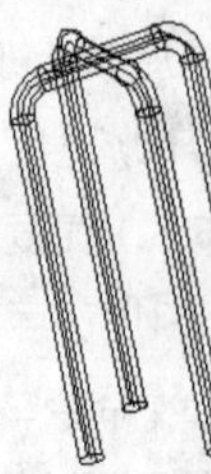

图9-87 拉伸

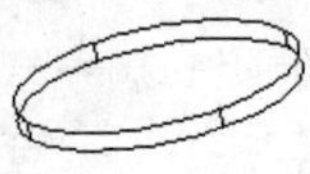

图9-88 凳面

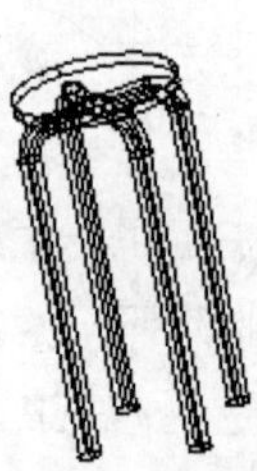

图9-89 凳子

11 消隐后的结果如图9-90所示。

2. 渲染

01 选择“视图”→“渲染”→“渲染”菜单命令或单击“渲染”工具栏上的“渲染”按钮，则在一个新的窗口中，对当前的图形进行渲染。

02 凳子的所有图形若采用Global材质，渲染的效果如图9-91所示。

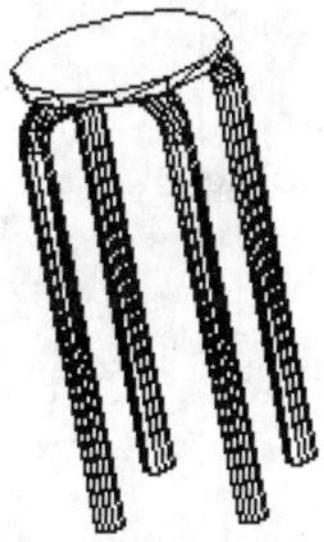

图9-90　消隐

图9-91　渲染

9.5 实例应用——客厅家具模型的制作

9.5.1 电视机的制作

电视机立体效果图如图9-92所示，下面将详细讲解绘制过程。

图9-92　立体效果图

1. 制作模型

01 单击“建模”工具栏上的“长方体”按钮或在命令行中输入BOX命令，绘制电视机主体外壳。制作一个长方体以（0,0,0）为一个角点，长为800，宽为100，高为700，如图9-93所示。命令行提示如下：

命令：_box

指定第一个角点或 [中心(C)]：0,0,0

指定其他角点或 [立方体(C)/长度(L)]：l

指定长度：800　　　　//将鼠标指向X轴正方向，再输入长度值

指定宽度：100

指定高度或 [两点(2P)]：700

> **提示**
>
> 本章的图形为西南等轴测视图下的状态，用户可以通过“视图”→“三维视图”→“西南等轴测”菜单命令来设定视图状态。

02 再制作一个以（50,0,100）为角点，长为700，宽为100，高为550，如图9-94所示。

03 单击“建模”工具栏上的“差集”按钮或在命令行中输入SUBTRACT命令，将两个长方体进行合并，使之成为一个整体。

04 单击“建模”工具栏上的“长方体”按钮或在命令行中输入BOX命令，绘制电视机屏幕。制作一个长方体以（50,10,100）为一个角点，长为700，宽为10，高为550，如图9-95所示。

05 单击“建模”工具栏上的“长方体”按钮或在命令行中输入BOX命令，绘制电视机的控制按钮盖。制作一个长方体以（150,0,0）为一个角点，长为500，宽为5，高为70，如图9-96所示。

06 单击“修改”工具栏上的“圆角”按钮或在命令行中输入FILLET命令，将电视机外壳轮廓线的所有棱边进行圆角，圆角半径为10，如图9-97所示。

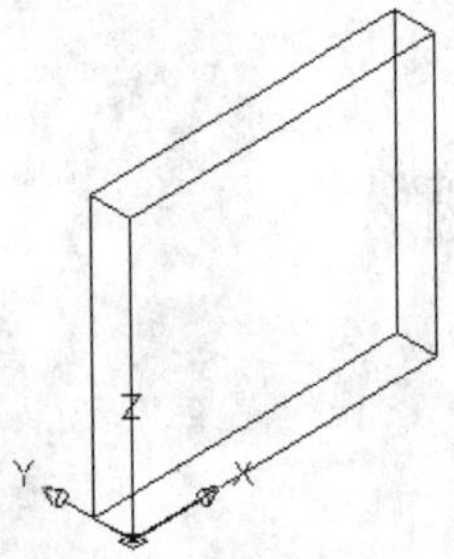

图9-93 电视机外壳

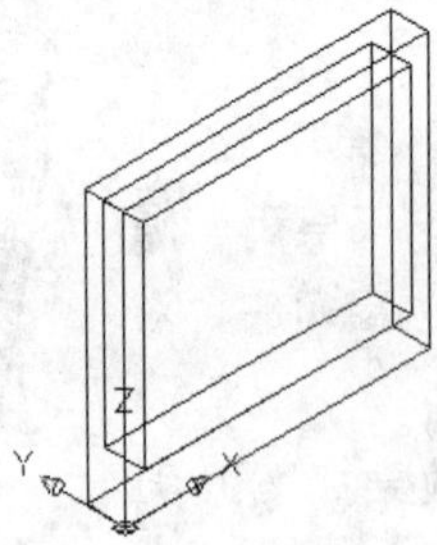

图9-94 电视机外壳

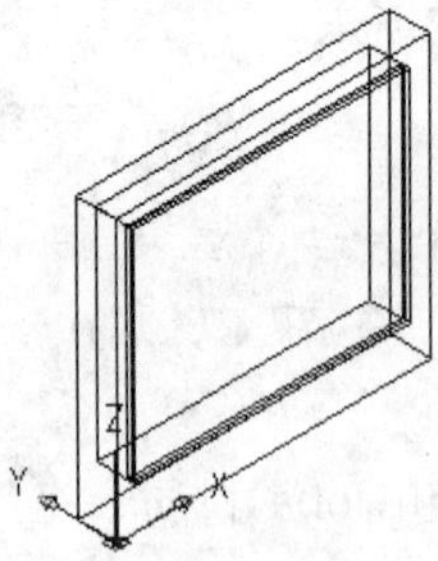

图9-95 电视机屏幕

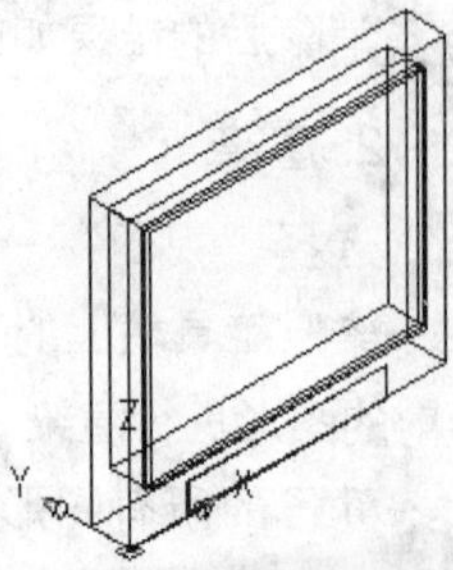

图9-96 电视机控制按钮盖

07 执行“视图”→“视图样式”→“概念”菜单命令，可得到如图9-98所示的效果。

2. 渲染

选择“视图”→“渲染”→“渲染”菜单命令，渲染的结果如图9-92所示。

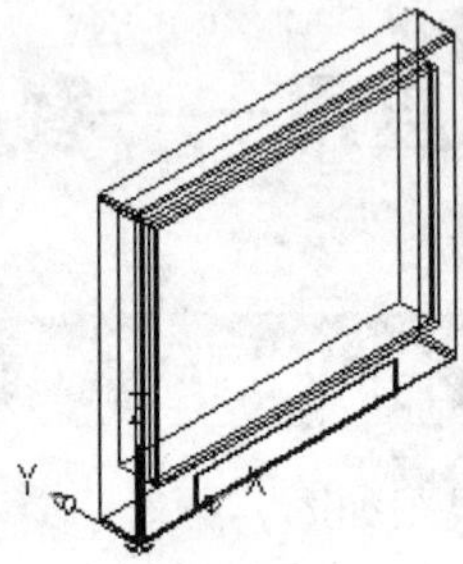

图9-97 圆角

图9-98 概念效果

9.5.2 电视柜的制作

电视柜立体效果图如图9-99所示，下面将详细讲解绘制过程。

1. 制作模型

图9-99 立体效果图

01 单击“绘图”工具栏中的“矩形”按钮或在命令行中输入RECTANG命令，绘制一个尺寸为1200×600的矩形，如图9-100所示。将图形视图调整到西南等轴测视图。

02 单击“建模”工具栏上的“圆柱体”按钮或在命令行中输入CYLINDER命令，选择矩形左下角点为圆柱体的中心点，绘制半径为30，高度为500的圆柱体，作为电视柜的支架，如图9-101所示。命令行提示如下：

命令: _cylinder

指定底面的中心点或 [三点(3P)/两点(2P)/相切、相切、半径(T)/椭圆(E)]:

指定底面半径或 [直径(D)] <410.1887>: 30

指定高度或 [两点(2P)/轴端点(A)] <399.5845>: -500

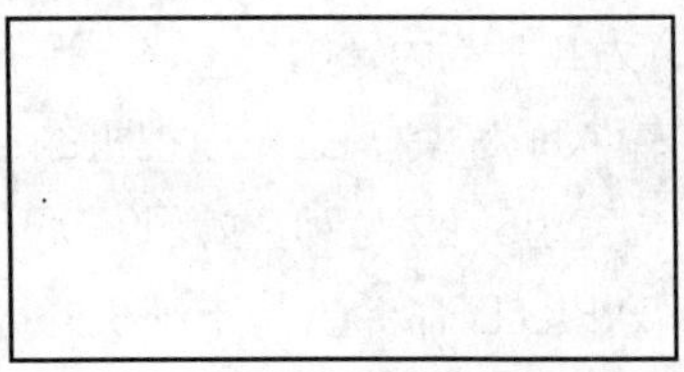

图9-100 绘制矩形

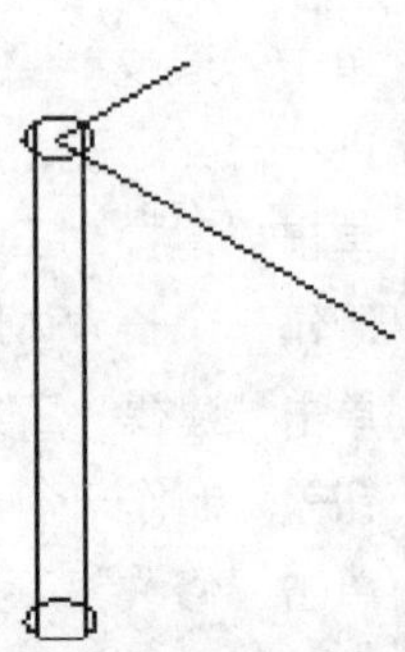

图9-101 绘制圆柱体

03 再次执行CYLINEDR命令，以圆柱体下表面的中心点为中心点，绘制一个半径为35，高度为10的圆柱体，作为电视柜的支架的装饰圆环，如图9-102所示。

04 单击“绘图”工具栏中的“圆”按钮或在命令行中输入CIRCLE命令，以装饰圆环的下表面的中心点为圆心，绘制一个半径为30的圆。然后单击“建模”工具栏上的“拉伸”按钮，拉伸高度为-50，角度为-15，作为底部基座，如图9-103所示。命令行提示如下：

命令：_extrude

当前线框密度：ISOLINES=4

选择要拉伸的对象：找到 1 个

选择要拉伸的对象：

指定拉伸的高度或 [方向(D)/路径(P)/倾斜角(T)] <-10.0000>: t

指定拉伸的倾斜角度 <0>: -15

指定拉伸的高度或 [方向(D)/路径(P)/倾斜角(T)] <-10.0000>: -50

05 单击“修改”工具栏上的“复制”按钮或在命令行中输入COPY命令，以矩形的角点为基点，选择绘制的电视柜的支架为对象，复制到矩形的其他角点，如图9-104所示。

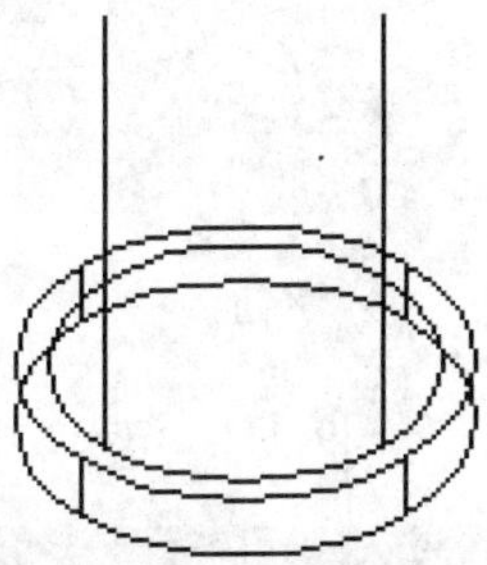

图9-102　装饰圆环

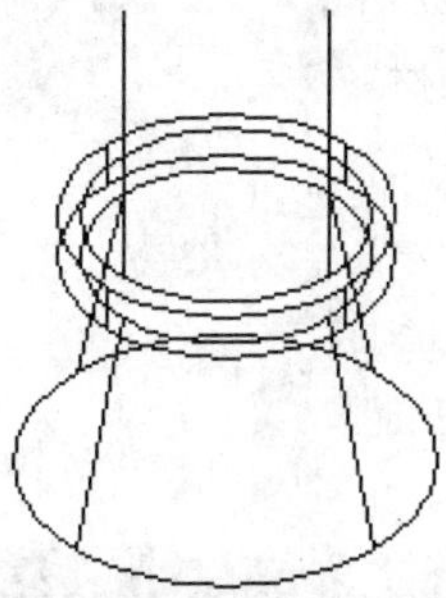

图9-103　绘制基座

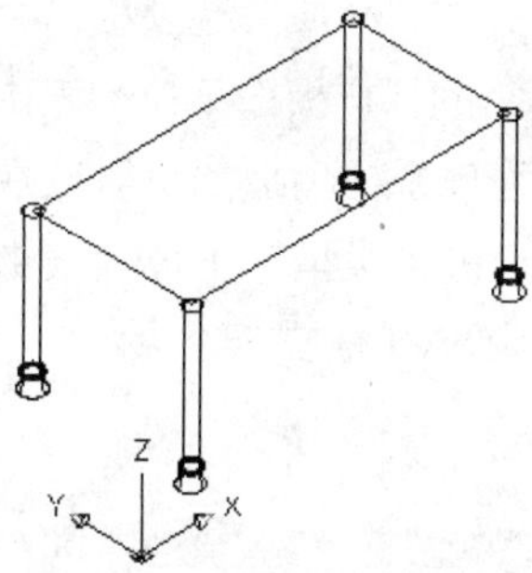

图9-104　复制命令

06 单击“建模”工具栏上的“拉伸”按钮，选择矩形为拉伸对象绘制隔板，拉伸高度为-10，角度为0，如图9-105所示。

07 单击“修改”工具栏上的“复制”按钮或在命令行中输入COPY命令，选择拉伸的隔板，依此向下200、400复制，如图9-106所示。

08 单击“建模”工具栏上的“长方体”按钮或在命令行中输入BOX命令，绘制电视柜底层的隔板和柜门。制作一个长方体，以最下层的隔板的矩形左下角点为角点，长为10，宽为600，高为210；再制作一个长方体，以最下层的隔板的矩形左下角点为角点，长为1200，宽为10，高为200，如图9-107所示。

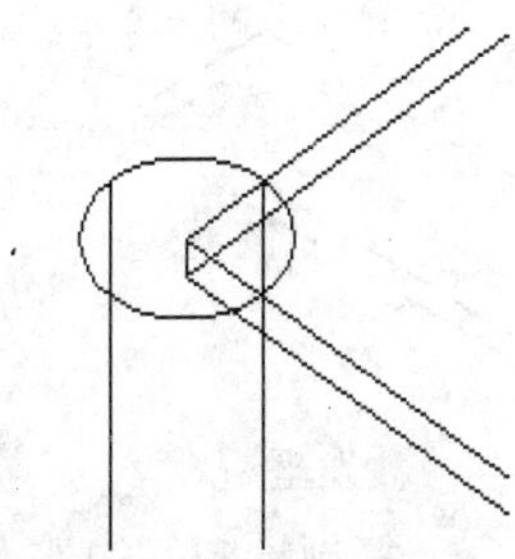

图9-105　绘制隔板

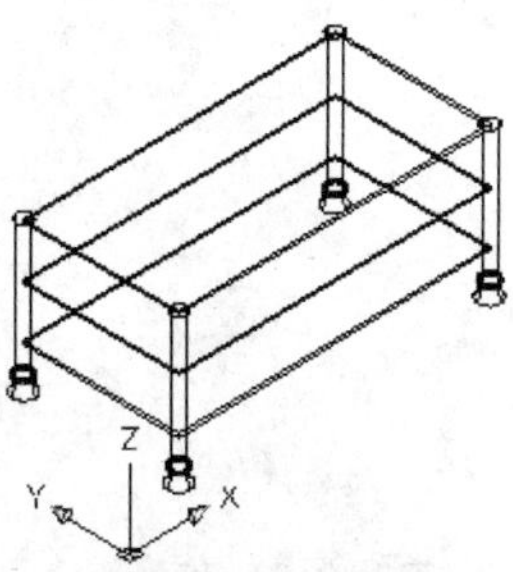

图9-106　绘制隔板

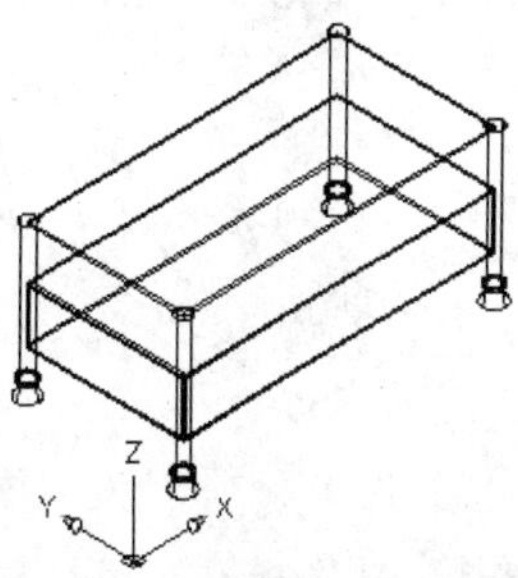

图9-107　绘制隔板和柜门

09 单击“修改”工具栏上的复制按钮或在命令行中输入COPY命令，分别选择隔板和柜门，将其复制到底层相应的位置使之封闭，如图9-108所示。

10 单击“UCS”工具栏上的按钮或选择“工具”→“新建UCS”→“X”菜单命令，将当前坐标绕X轴旋转90°。单击“建模”工具栏上的“圆柱体”按钮或在命令行中输入CYLINDER命令，选择柜门的几何中心为圆柱体的中心点，绘制半径为30，高度为20的圆柱体，作为电视柜门的拉手，如图9-109所示。

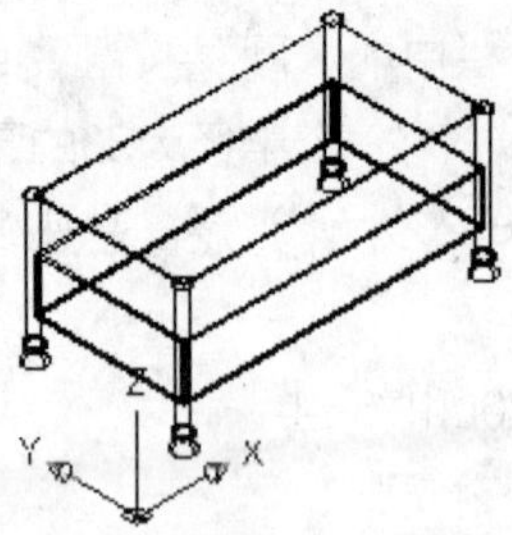

图9-108 绘制隔板和柜门

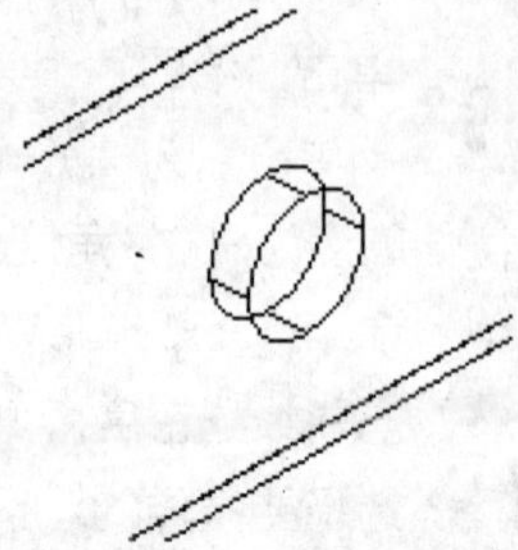
图9-109 绘制拉手

2. 渲染

01 选择“视图”→“渲染”→“渲染”菜单命令或单击“渲染”工具栏上的“渲染”按钮，则在一个新的窗口中，对当前的图形进行渲染。

02 电视柜的所有图形若采用Global材质，渲染的效果如图9-110所示。

03 在“材质”选项板“材质编辑器”选项卡的“样板”下拉列表中选择“涂漆木材”作为电视柜隔板的材质；在“材质编辑器”选项卡的“类型”下拉列表中选择“真实金属”作为电视柜支架的材质，结果如图9-111所示。

图9-110 渲染1

图9-111 渲染2

9.5.3 沙发的制作

沙发立体效果如图9-112所示，下面将详细讲解绘制过程。

图9-112 立体效果图

1. 制作模型

01 单击“建模”工具栏上的“长方体”按钮或在命令行中输入BOX命令，绘制一个长为2100，宽为600，高为100的长方体，如图9-113所示。

02 单击“建模”工具栏上的“长方体”按钮或在命令行中输入BOX命令，绘制一个以沙发主体的上表面的左下角点为角点，长为700，宽为600，高为200的长方体，如图9-114所示。

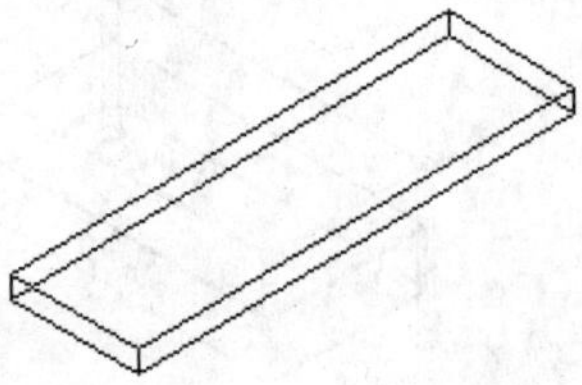
图9-113 沙发主体

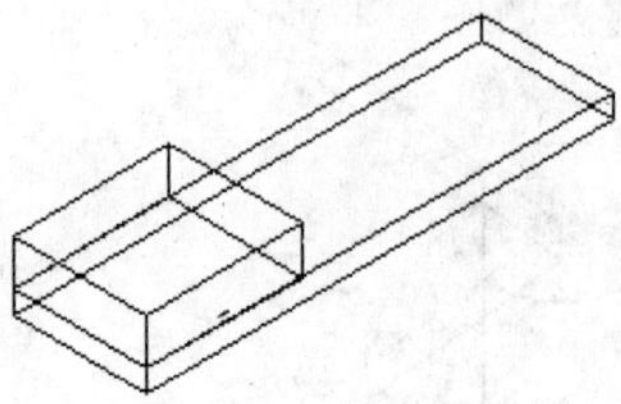
图9-114 沙发坐垫

03 单击“修改”工具栏上的“复制”按钮或在命令行中输入COPY命令，复制绘制好的沙发坐垫，结果如图9-115所示。

04 选择“视图”→“三维视图”→“主视图”菜单命令，进入主视图。单击“绘图”工具栏中的“多段线”按钮或在命令行中输入PLINE命令，绘制如图9-116所示的一条闭合的多段线。命令行提示如下：

命令：_pline

指定起点： //选择左下角点

当前线宽为 0.0000

指定下一个点或 [圆弧(A)/半宽(H)/长度(L)/放弃(U)/宽度(W)]：600 //向上600

指定下一点或 [圆弧(A)/闭合(C)/半宽(H)/长度(L)/放弃(U)/宽度(W)]：a

指定圆弧的端点或

[角度(A)/圆心(CE)/闭合(CL)/方向(D)/半宽(H)/直线(L)/半径(R)/第二个点(S)/放弃(U)/宽度(W)]：100 //捕捉自上一结束点

指定圆弧的端点或

[角度(A)/圆心(CE)/闭合(CL)/方向(D)/半宽(H)/直线(L)/半径(R)/第二个点(S)/放弃(U)/宽度(W)]：l

指定下一点或 [圆弧(A)/闭合(C)/半宽(H)/长度(L)/放弃(U)/宽度(W)]:600 //向下600

指定下一点或 [圆弧(A)/闭合(C)/半宽(H)/长度(L)/放弃(U)/宽度(W)]：c //闭合

05 选择“视图”→“三维视图”→“西南等轴测”菜单命令，进入西南等轴测视图。单击“建模”工具栏上的“拉伸”按钮，选择多段线为拉伸对象，拉伸高度为600，角度为0，如图9-117所示。

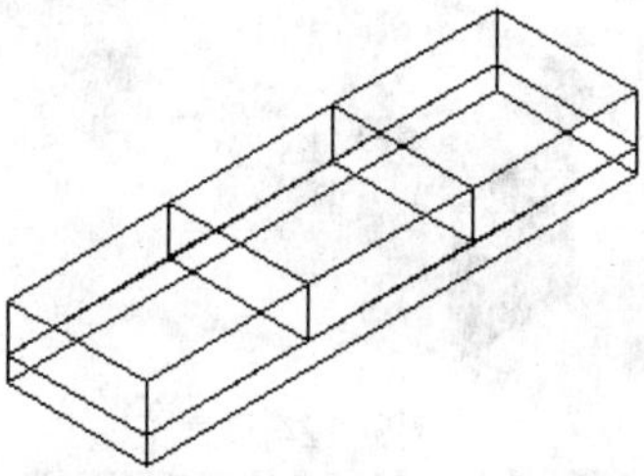

图9-115 沙发坐垫

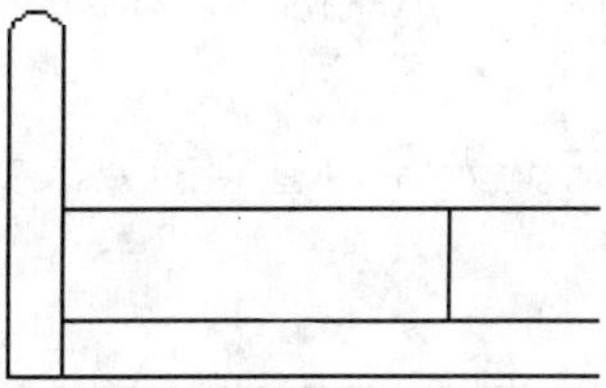

图9-116 沙发扶手

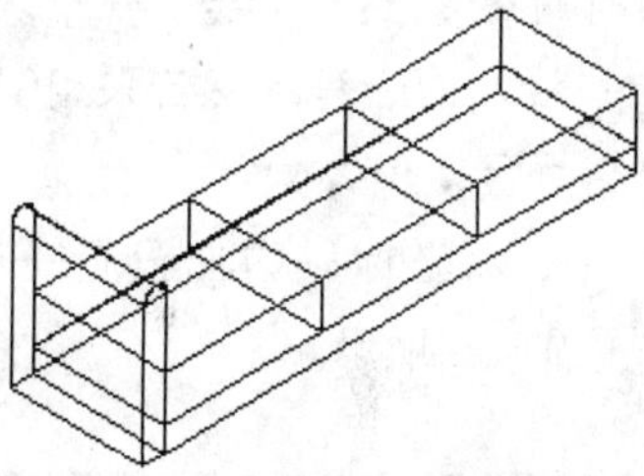

图9-117 沙发扶手

06 单击“修改”工具栏上的“复制”按钮或在命令行中输入COPY命令，复制绘制好的沙发扶手，结果如图9-118所示。

07 单击“建模”工具栏上的“长方体”按钮或在命令行中输入BOX命令，绘制一个以沙发主体的下表面的左上角点为角点，长为700，宽为200，高为750的长方体，如图9-119所示。

08 选择“视图”→“三维视图”→“左视图”菜单命令，进入左视图。单击“修改”工具栏上的“旋转”按钮或在命令行中输入ROTATE命令，将沙发靠背旋转15°，如图9-120所示。

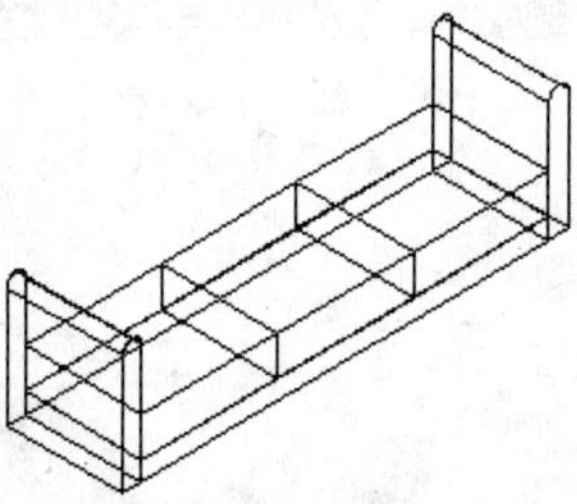

图9-118 沙发扶手

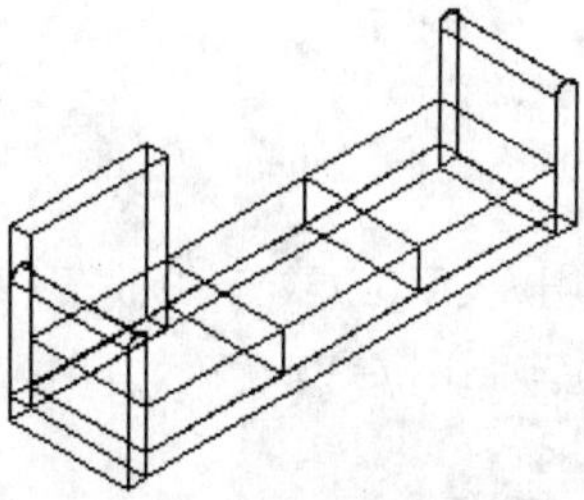

图9-119 沙发靠背1

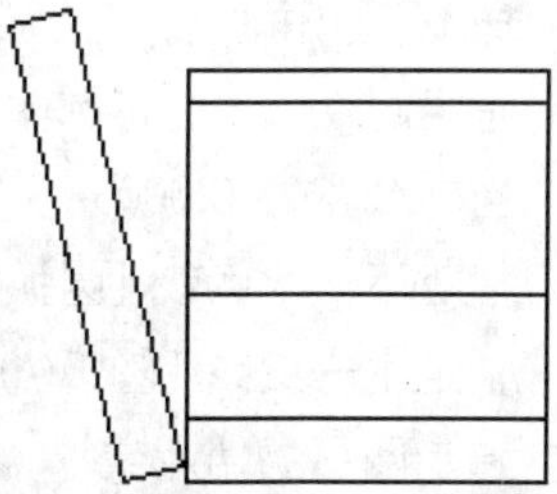

图9-120 沙发靠背2

09 单击“修改”工具栏上的“移动”按钮或在命令行中输入MOVE命令，将旋转后的图形移动到如图9-121所示的位置。

10 单击“视图”→“三维视图”→“西南等轴测”菜单命令，进入西南等轴测视图。单击“修改”工具栏上的“复制”按钮或在命令行中输入COPY命令，复制绘制好的沙发靠背，结果如图9-122所示。

11 单击“修改”工具栏上的“圆角”按钮或在命令行中输入FILLET命令，将沙发的坐垫和靠背的所有棱边进行圆角，圆角半径为50，如图9-123所示。

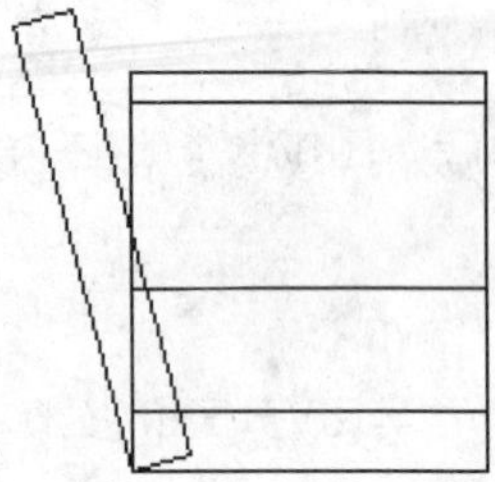
图9-121 沙发靠背3

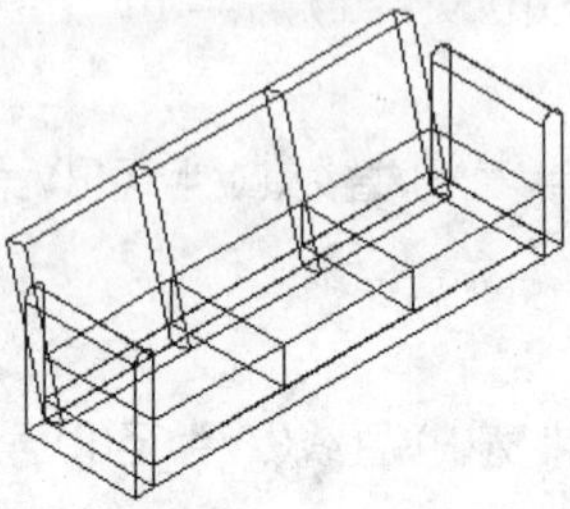
图9-122 沙发靠背4

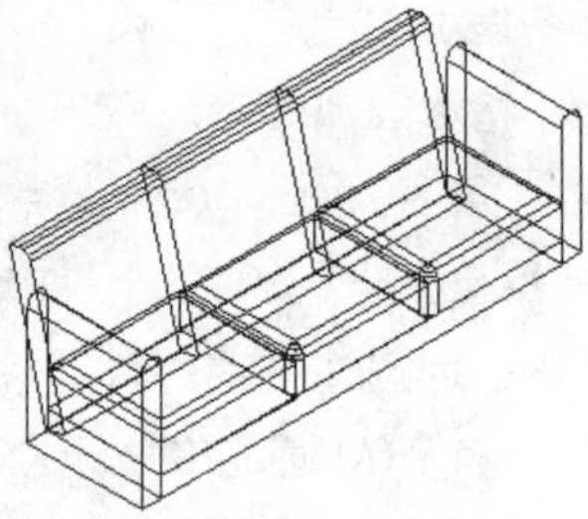
图9-123 沙发靠背5

2. 渲染

01 选择“视图”→“渲染”→“渲染”菜单命令或单击“渲染”工具栏上的“渲染”按钮，则在一个新的窗口中，对当前的图形进行渲染。

02 沙发的所有图形若采用Global材质，渲染的效果如图9-112所示。

03 若沿坐标轴方向设置一道平行光光源，渲染的效果如图9-124所示。

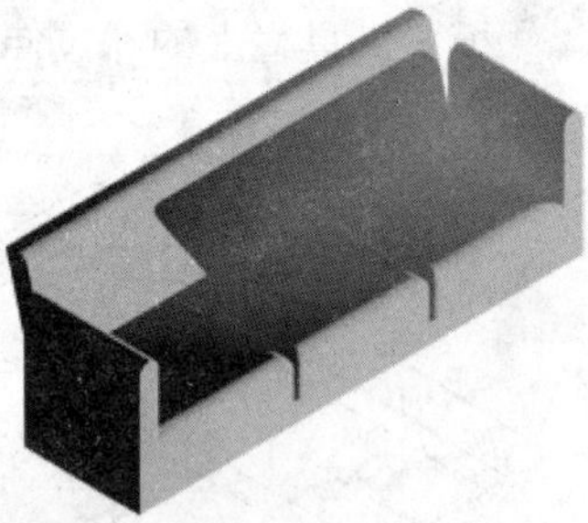
图9-124 渲染

9.5.4 茶几的制作

茶几立体效果如图9-125所示，下面将详细讲解绘制过程。

图9-125 立体效果图

1. 制作模型

01 单击“绘图”工具栏中的“多段线”按钮或在命令行中输入PLINE命令，绘制如图9-126所示的一条闭合的多段线。命令行提示如下：

命令：_pline

指定起点：

当前线宽为 0.0000

指定下一个点或 [圆弧(A)/半宽(H)/长度(L)/放弃(U)/宽度(W)]: 150

指定下一点或 [圆弧(A)/闭合(C)/半宽(H)/长度(L)/放弃(U)/宽度(W)]: a

指定圆弧的端点或

[角度(A)/圆心(CE)/闭合(CL)/方向(D)/半宽(H)/直线(L)/半径(R)/第二个点(S)/放弃(U)/宽度(W)]: a

指定包含角: 180
指定圆弧的端点或 [圆心(CE)/半径(R)]: 60
指定圆弧的端点或
[角度(A)/圆心(CE)/闭合(CL)/方向(D)/半宽(H)/直线(L)/半径(R)/第二个点(S)/放弃(U)/宽度(W)]: l
指定下一点或 [圆弧(A)/闭合(C)/半宽(H)/长度(L)/放弃(U)/宽度(W)]: 150
指定下一点或 [圆弧(A)/闭合(C)/半宽(H)/长度(L)/放弃(U)/宽度(W)]: a
指定圆弧的端点或
[角度(A)/圆心(CE)/闭合(CL)/方向(D)/半宽(H)/直线(L)/半径(R)/第二个点(S)/放弃(U)/宽度(W)]: a
指定包含角: 180
指定圆弧的端点或 [圆心(CE)/半径(R)]:
指定圆弧的端点或
[角度(A)/圆心(CE)/闭合(CL)/方向(D)/半宽(H)/直线(L)/半径(R)/第二个点(S)/放弃(U)/宽度(W)]:

02 选择“视图”→“三维视图”→“西南等轴测”菜单命令，进入西南等轴测视图。单击“建模”工具栏上的“拉伸”按钮，选择矩形为拉伸对象，拉伸高度为10，角度为0，如图9-127所示。

03 单击“建模”工具栏上的“圆柱体”按钮或在命令行中输入CYLINDER命令，绘制半径为4，高度为40的圆柱体。单击“修改”工具栏上的“移动”按钮或在命令行中输入MOVE命令，选择圆柱体上表面圆心为基点，将绘制的圆柱体移动到距长方体上表面直线段端点10的位置，如图9-128所示。

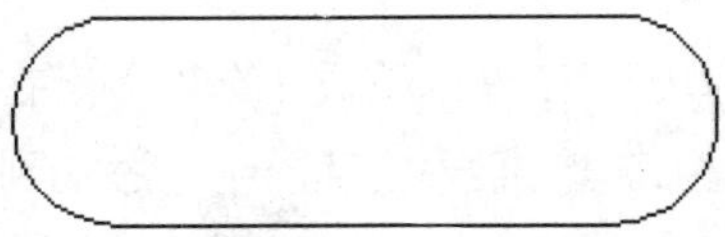

图9-126 多段线

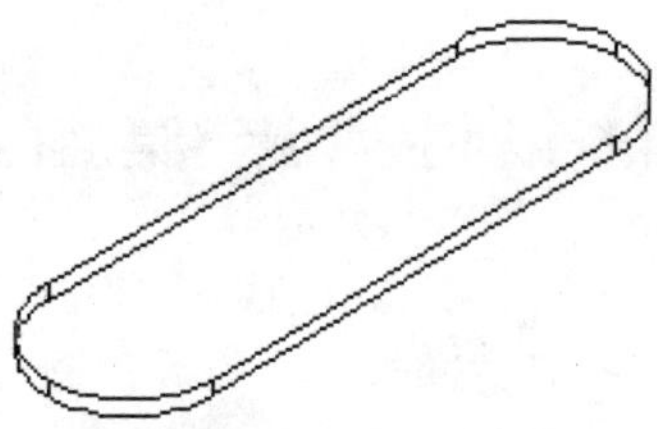

图9-127 茶几桌面

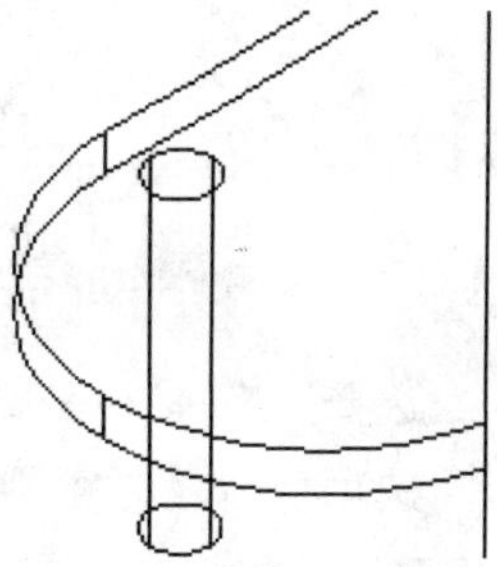

图9-128 茶几支架

04 单击“绘图”工具栏中的按钮或在命令行中输入CIRCLE命令，以圆柱体的下表面的中心点为圆心，绘制一个半径为4的圆。单击“建模”工具栏上的“拉伸”按钮拉伸圆，拉伸高度为-10，角度为-15，作为底部基座，如图9-129所示。

05 单击“修改”工具栏上的“复制”按钮或在命令行中输入COPY命令，选择茶几支架圆柱体上表面圆心为基点，选择绘制的茶几支架为对象，复制的结果如图9-130所示。

06 单击“绘图”工具栏中的“矩形”按钮或在命令行中输入RECTANG命令，以4个茶几支架的圆柱体的上表面的圆心为角点绘制矩形。单击“修改”工具栏上的“移动”按钮或在命令行中输入MOVE命令，将矩形向下移动30。单击“建模”工具栏上的“拉伸”按钮，选择矩形为拉伸对象，拉伸高度为5，角度为0，如图9-131所示。

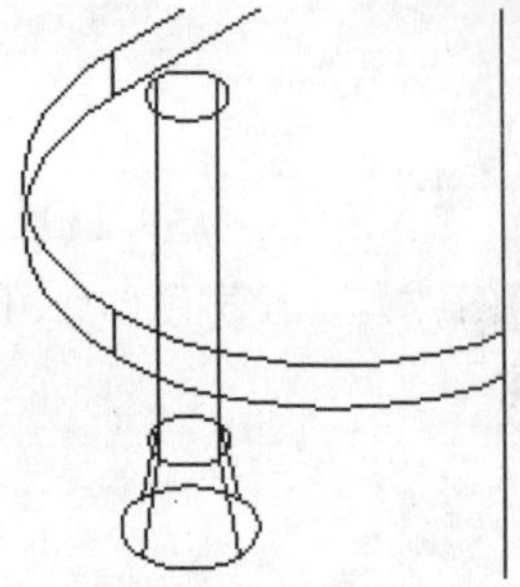

图9-129　茶几支架

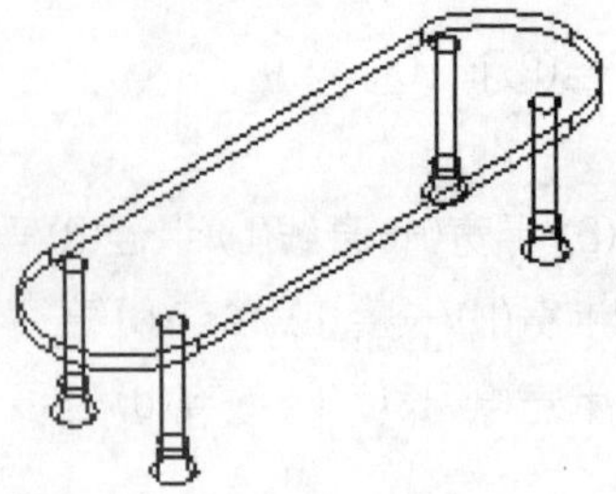

图9-130　茶几支架

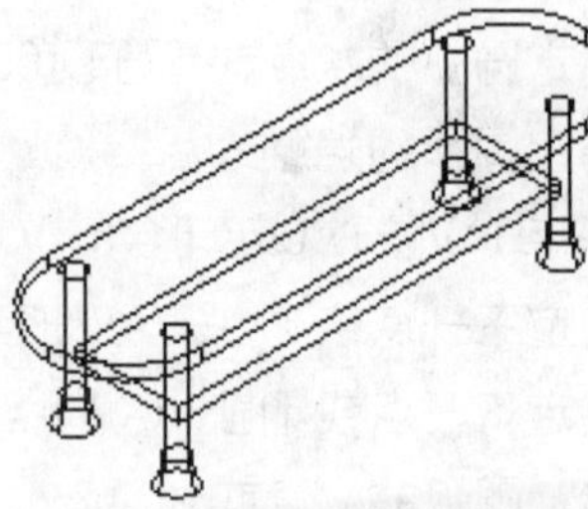

图9-131　茶几托板

07 选中拉伸的长方体，单击如图9-132所示的箭头，将长方体的4个侧面分别拉长5，结果如图9-133所示。

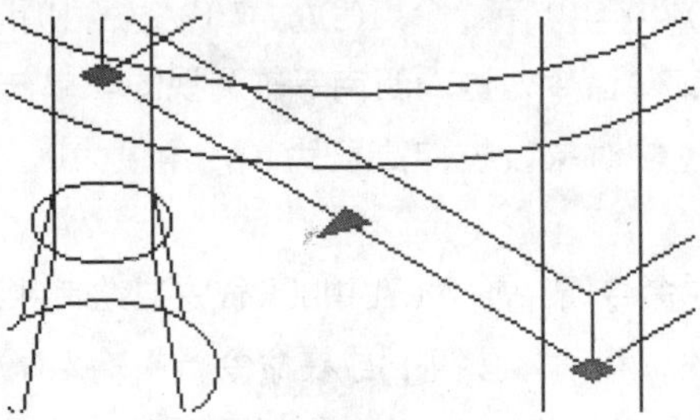

图9-132　箭头

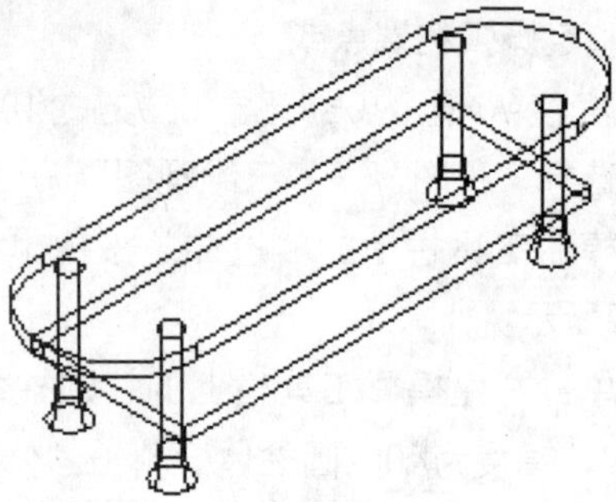

图9-133　茶几托板

2. 渲染

01 选择“视图”→“渲染”→“渲染”菜单命令或单击“渲染”工具栏上的“渲染”按钮，则在一个新的窗口中，对当前的图形进行渲染。

02 茶几的所有图形若采用Global材质，渲染的效果如图9-134所示。

03 选择“工具”→“选项板”→“工具选项板”菜单命令，弹出“工具选项板”选项板。在该选项板中，选择“门和窗－材质样例”选项卡，将“门－窗.玻璃镶嵌.玻璃透明”添加到当前图形。

04 若新建一个材质，如“材质1”，选择新添加的材质，且在“材质”选项板“材质编辑器”选项卡的“样板”下拉列表中选择“玻璃—清晰”作为茶几桌面的材质。其他图形选择Global材质，渲染后的结果如图9-135所示。

图9-134　渲染1

图9-135　渲染2

9.5.5 门的制作

1. 制作模型

门立体效果如图9-136所示，下面将详细讲解绘制过程。

图9-136 立体效果图

01 单击“绘图”工具栏中的“矩形”按钮或在命令行中输入RECTANG命令，绘制一个长为2100，宽为900的矩形，如图9-137所示。

02 单击“绘图”工具栏中的“圆”按钮或在命令行中输入CIRCLE命令，绘制一个半径为350的圆。单击“修改”工具栏上的“移动”按钮或在命令行中输入MOVE命令，选择圆心为基点，圆心距矩形短边为500，距矩形长边为450。再绘制一条过圆心的直线，修剪后的结果如图9-138所示。

03 单击“绘图”工具栏中的“多段线”按钮或在命令行中输入PLINE命令，按照图9-137所示的窗图形绘制一条闭合的多段线，再将圆和直线删除。命令行提示如下：

命令: _pline
指定起点:
当前线宽为 0.0000
指定下一个点或 [圆弧(A)/半宽(H)/长度(L)/放弃(U)/宽度(W)]:
指定下一点或 [圆弧(A)/闭合(C)/半宽(H)/长度(L)/放弃(U)/宽度(W)]: a
指定圆弧的端点或
[角度(A)/圆心(CE)/闭合(CL)/方向(D)/半宽(H)/直线(L)/半径(R)/第二个点(S)/放弃(U)/宽度(W)]: a
指定包含角: 180
指定圆弧的端点或 [圆心(CE)/半径(R)]:
指定圆弧的端点或
[角度(A)/圆心(CE)/闭合(CL)/方向(D)/半宽(H)/直线(L)/半径(R)/第二个点(S)/放弃(U)/宽度(W)]:

04 单击“绘图”工具栏中的“矩形”按钮或在命令行中输入RECTANG命令，绘制一个长为700，宽为600的矩形，矩形距多段线的直线段为100，距矩形的长边为100，如图9-139所示。

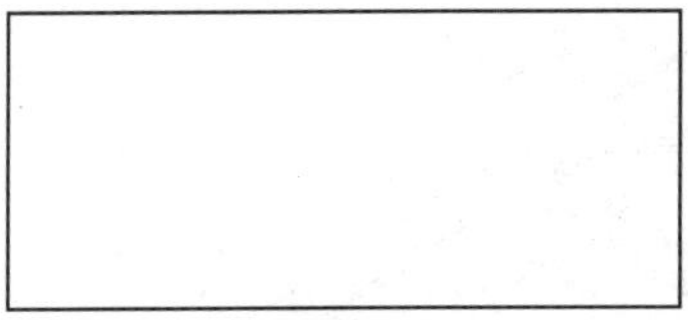

图9-137 绘制门体

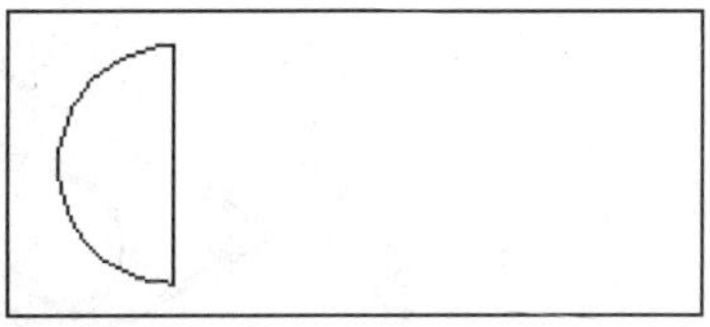

图9-138 绘制窗

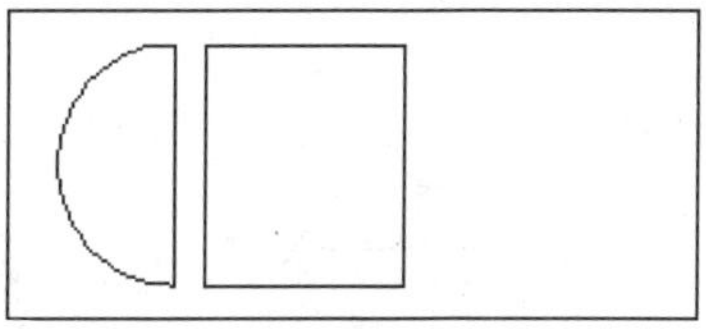

图9-139 门板

05 单击“修改”工具栏上的“复制”按钮或在命令行中输入COPY命令，选择绘制的矩形门板，两个门板之间的距离为100，如图9-140所示。

06 选择“视图”→“三维视图”→“东南等轴测”菜单命令，进入东南等轴测视图，如图9-141所示。单击“建模”工具栏上的“拉伸”按钮，选择所有绘制好的图形为拉伸对象，拉伸高度为20，角度为0，如图9-142所示。

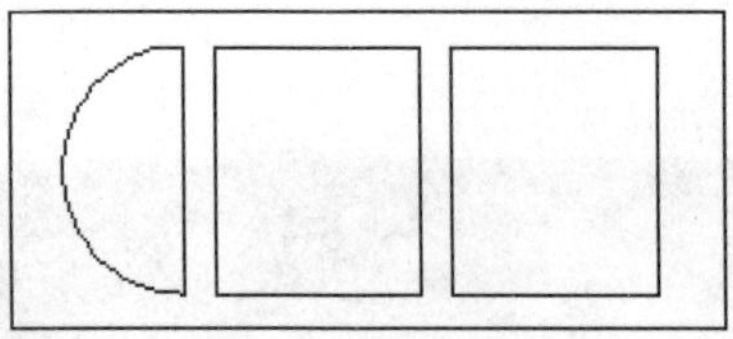

图9-140 门板

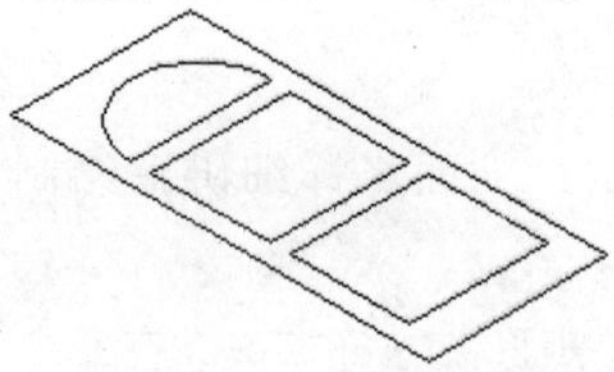

图9-141 东南等轴测视图

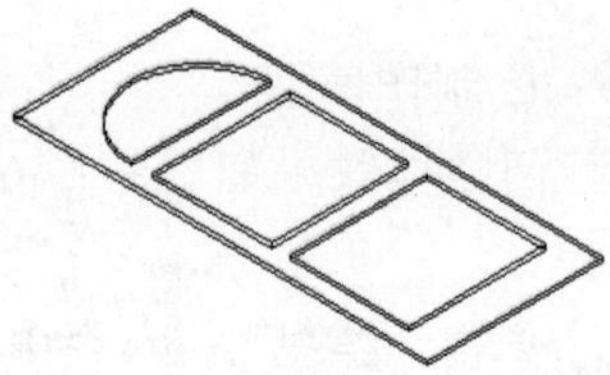

图9-142 拉伸

07 单击“建模”工具栏上的“差集”按钮或在命令行中输入SUBTRACT命令，将实体进行合并，使之成为一个整体。首先选择外边的大长方体为母体，其他的实体为子体进行求差运算，这样可以得到开了3个洞的门板实体。

08 选择“视图”→“三维视图”→“俯视图”菜单命令，进入俯视图，如图9-143所示，在门洞处利用多段线命令和矩形命令再分别按其图形绘制半圆和矩形。单击“视图”→“三维视图”→“东南等轴测”菜单命令，进入东南等轴测视图，单击“建模”工具栏上的“拉伸”按钮，分别选择刚绘制好的图形为拉伸对象，拉伸高度为15，角度为0，如图9-144所示。

09 单击“绘图”工具栏中的“多段线”按钮或在命令行中输入PLINE命令，绘制如图9-145所示的门把手的断面。

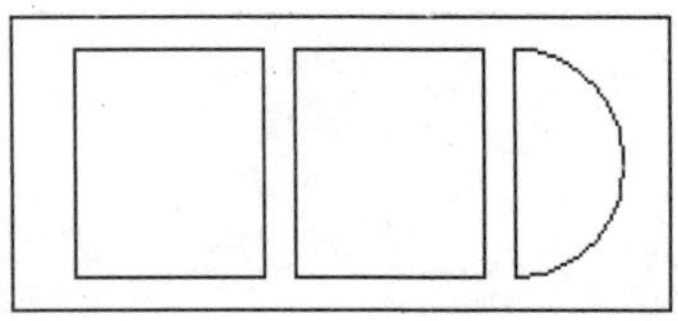

图9-143 俯视图

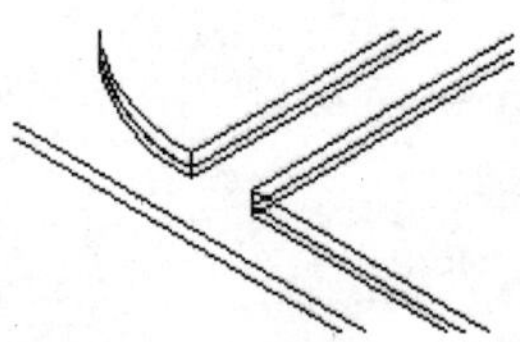

图9-144 拉伸

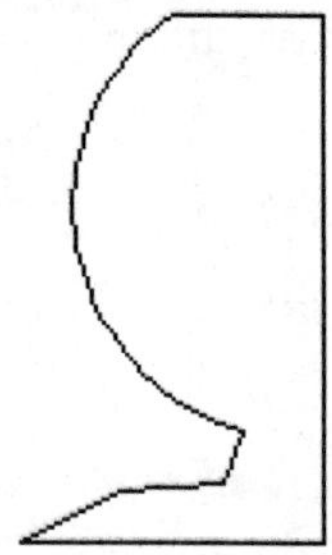

图9-145 门把手断面

10 单击“建模”工具栏上的“旋转”按钮或在命令行中输入REVOLVE命令，将门把手断面绕自己的中心线旋转360°,如图9-146所示。

11 单击“视图”→“消隐”菜单命令，消隐后的图形如图9-147所示。

12 单击“修改”工具栏上的“移动”按钮或在命令行中输入MOVE命令，选择门把手的底面圆心为基点，将门把手移动到如图9-148所示的位置。

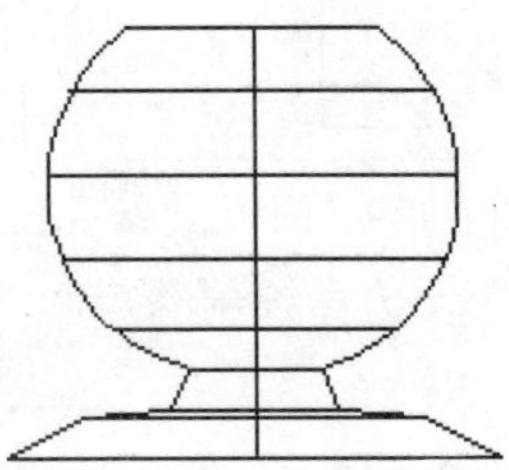

图9-146 旋转门把手

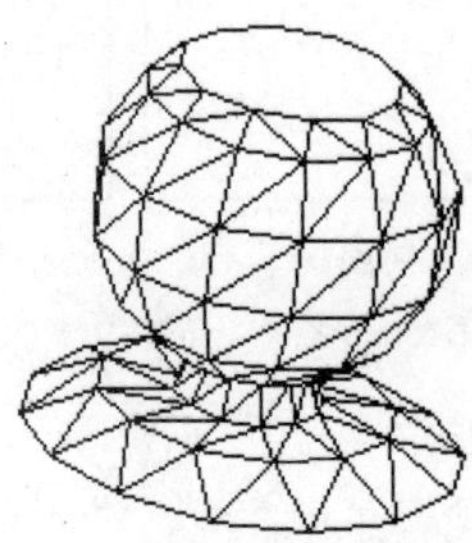

图9-147 消隐

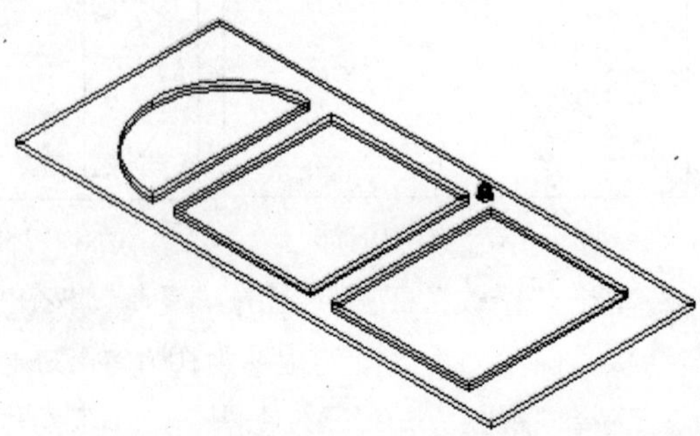

图9-148 门把手

2. 渲染

01 选择"视图"→"渲染"→"渲染"菜单命令或单击"渲染"工具栏上的"渲染"按钮，则在一个新的窗口中，对当前的图形进行渲染。

02 新建一个材质"材质1"，在"材质"选项板"材质编辑器"选项卡的"类型"下拉列表中选择"真实金属"，在"样板"下拉列表中选择"金属"作为门把手的材质；新建一个材质"材质2"，在"材质"选项板"材质编辑器"选项卡的"样板"下拉列表中选择"玻璃—清晰"作为窗的材质，门实体选择Global材质，渲染后的结果如图9-136所示。

9.6 本章小结

本章主要介绍了建筑立平面图的基本知识，并通过实例讲解了立平面图的绘制过程，使读者对立平面图的设计和绘制有一定的了解。通过本章的学习，读者应该了解建筑立平面图包含的内容及绘制要求，掌握建筑立平面图的绘制方法和技巧。

9.7 课后练习

（1）利用插入、缩放比例、角度等命令，进行平面图中门的插入，插入后效果如图9-149所示。

（2）栏杆，也被称作栅栏，常见于建筑设计立面图中，多用于别墅的设计。利用矩形、多线、圆、修剪等命令进行如图9-150所示栏杆的绘制。

（3）在建筑设计图纸的组成中，建筑立面图是必不可少的一个组成部分。利用各种命令绘制图纸，绘制效果如图9-151所示。

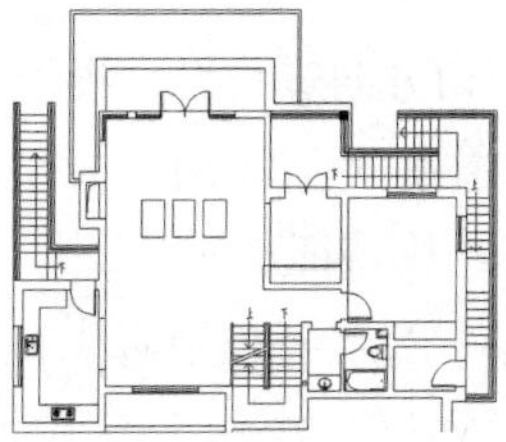

图9-149　在平面图中插入门

图9-150　简易栏杆

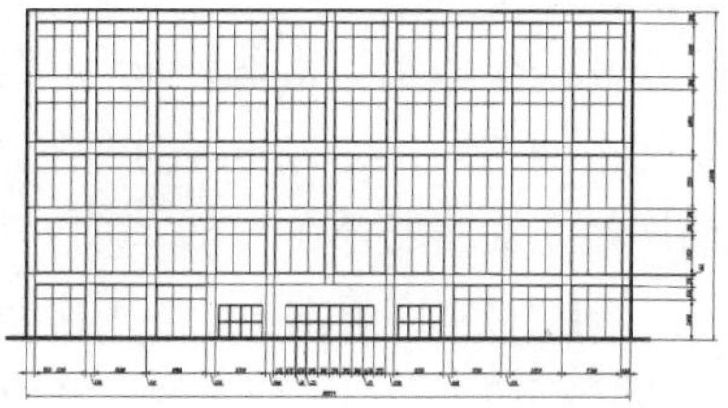

图9-151　建筑立面图

第10章 建筑剖面图

本章内容提示

本章结合建筑设计规范和建筑制图要求，详细讲述建筑剖而图的绘制。通过本章内容的学习，读者将了解工程设计中有关建筑剖面图设计的一般要求和使用AutoCAD绘制建筑剖面图的方法与技巧。

学习要点

- □ 建筑剖面图概述
- □ 建筑剖面图的绘制过程
- □ 建筑剖面图的绘制内容

10.1 概述、内容和绘制过程

建筑剖面图是用来表达建筑物竖向构造的方法，主要可以表现建筑物内部的垂直方向高度、楼层的分层、垂直空间的利用以及简要的结构形式和构造方式，如屋顶的形式、屋顶的坡度、檐口的形式、楼板的搁置方式和搁置位置、楼梯的形式等。

10.1.1 建筑剖面图的概述

用一个假想的铅垂平面沿指定的位置将建筑物剖切为两部分，并沿剖切方向进行平行投影得到的平面图形，称为建筑剖面图，简称剖面图。建筑剖面图也是建筑施工图中的重要内容，和平面图及立面图配合在一起，可以使读图的人更加清楚地了解建筑物的总体结构特征。

剖切位置应根据图纸的用途和设计深度，在平面图上选择能反映全貌、构造特征以及有代表性的部位剖切。剖切平面一般应平行于建筑物的宽度方向或者长度方向，并且通过墙体的门窗洞口。

建筑剖面图的数量应根据建筑物的实际复杂程度和建筑物的本身特点决定，一般选择一个和两个剖面图说明问题即可。但是在某些建筑平面较为复杂而且建筑物内部的功能分区又没有特别规律性的情况下，要想完整地表达出整个建筑物的实际情况，所需要的剖面图的数量是很大的。在这种情况下，就需要从几个有代表性的位置绘制多张剖面图，这样才可以完整地反映整个建筑物的全貌。

10.1.2 建筑剖面图的绘制内容

建筑剖面图主要包括以下内容：

- 各层的楼板、层面板等的轮廓。
- 建筑物内部的分层情况、各建筑部位的高度、房间的进深或开间等。
- 各层地面、屋面、梁和板等主要承重构件的相互关系。
- 有关建筑部位的构造和工程做法。
- 被剖切的墙体轮廓线。
- 被剖切到的梁、板、平台、阳台、地面以及地下室图形。
- 被剖切到的门窗图形。
- 未被剖切的可见部位的构配件。
- 室外地坪、楼地面和阳台等处的标高和高度尺寸，以及门窗的标高和高度尺寸。
- 墙柱的定位轴线及轴线的编号。
- 详图索引符号等有关标注。
- 图名和出图比例。

10.1.3　建筑剖面图的绘制要求

建筑剖面图的绘制要求具体如下所示。

- 定位轴线：在剖面图中要画出两端的轴线及其编号，有时也注出中间轴线。
- 比例：剖面图的比例与平面图、立面图的比例相同，采用1:50、1:100、1:200等较小比例绘制。
- 图例：门窗都是采用图例来绘制的，一般只给出轮廓线。具体尺寸要求可参照国家有关建筑标准。砖墙和钢筋混凝土的材料图例，在较小比例的剖面图中，其简化画法与平面图相同；在较大比例的剖面图中，其表示方法也与平面图相同。
- 投影：各种剖面图应按正投影法绘制。建筑剖面图的投影方向宜向左、向上。
- 剖切符号：剖切符号应在底层平面图中明确标注。剖切符号可用阿拉伯数字、罗马数字或拉丁字母编号。
- 标注：在建筑剖面图中，主要是注意建筑物的标高，不同的地方采用不同的标高符号。剖面图在竖直方向通常标注3道尺寸线：第一道标注门窗洞口及洞口间墙体的尺寸；第二道标注层高尺寸；第三道标注房屋的总高度尺寸。在水平方向，需要标注剖切到的墙、柱轴线尺寸、总长和必要的细部尺寸。
- 线型：剖面图中被剖切到的墙、板和柱等构件用粗实线表示，没有剖切到的其他构件的投影线用细实线表示。
- 详图索引符号：由于剖面图比例较小，某些部位如墙脚、窗台、楼地面、顶棚等节点，不能详细表达，可在剖面图上的该部位处画上详图索引符号，另用详图表示其细部构造。

10.1.4　建筑剖面图的绘制过程

绘制建筑剖面图的一般步骤如下：

01 设置绘图环境。

02 绘制定位轴线。

03 绘制墙体、楼板的轮廓线。

04 绘制绘制各种梁的轮廓线以及断面。

05 绘制楼梯、室内的固定设备、室外的台阶，以及其他可见的细节构件，并且给出楼梯的材质。

06 标注尺寸、标高。

07 绘制索引符号。

08 添加图框和标题。

下面将通过绘制一个建筑剖面图的实例来对绘制过程进行详细的介绍。如图10-1所示为某一建筑物的剖面图。

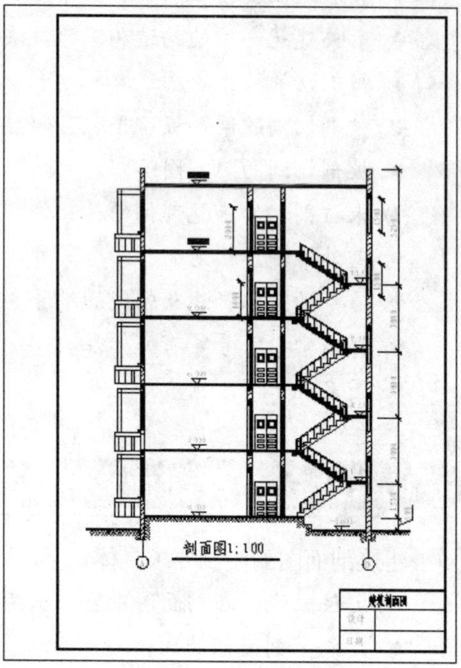

图10-1 某建筑物剖面图

10.2 绘制过程

通过前面的介绍，已经知道建筑剖面图的绘制要求与具体步骤，接下来进行建筑剖面图的绘制。

10.2.1 设置绘图环境

绘制之前，首先要设置好绘图环境。设置绘图环境主要包括设置图形界限、设置绘图单位、设置图层、设置线型、设置文字样式及设置标注样式等，下面分别进行介绍。

1. 新建图形文件

运行AutoCAD 2012程序，选择“文件”→“新建”菜单命令，或单击“标准”工具栏中的□按钮，弹出“选择样板”对话框，如图10-2所示。采用系统默认值，单击“打开”按钮即可新建一个图形文件。

图10-2 “选择样板”对话框

2. 设置单位

在绘制建筑立平面图时，一般采用mm为基本单位，精度选用0。

选择“格式”→“单位”菜单命令，在弹出的“图形单位”对话框“长度”选项组“精度”下拉列表中选择0，其他设置保持系统默认参数不变即可，如图10-3所示。

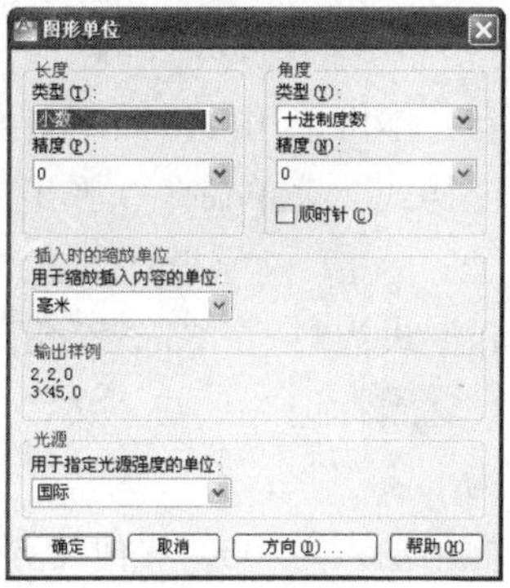

图10-3 “图形单位”对话框

3. 设置图形界限

选择“格式”→“图形界限”命令，也可以在命令行中输入LIMITS命令。命令行提示如下：

```
命令: limits
重新设置模型空间界限:
指定左下角点或 [开(ON)/关(OFF)] <0.0000,0.0000>:
                                                  //按Enter键采用默认值
指定右上角点 <420.0000,297.0000>: 21000,29700    //A4图纸放大100倍
```

4. 设置图层

设置图层是绘制图形之前必不可少的准备工作。可以先设置一些专门的图层，绘图时将相应图层设置为当前层即可，这样可以很方便地对图形进行管理和修改。单击“图层”工具栏上的按钮，弹出“图层特性管理器”选项板。单击“新建”按钮，为轴线创建一个图层，然后设置图层名称为“辅助线”，即可完成“辅助线”图层的设置。采用同样方法依次创建标注、地坪线、轮廓线、窗户、阳台、其他及文字等图层，如图10-4所示。

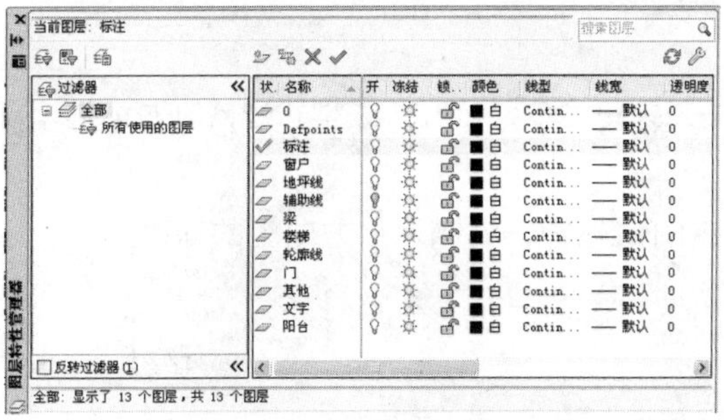

图10-4 “图层特性管理器”选项板

5. 设置文字样式

选择“格式”→“文字样式”菜单命令，弹出“文字样式”对话框。新建一个“文字”文字样式，设置参数为：“字体”中选择“仿宋_GB2312”，其他采用默认值，如图10-5所示。

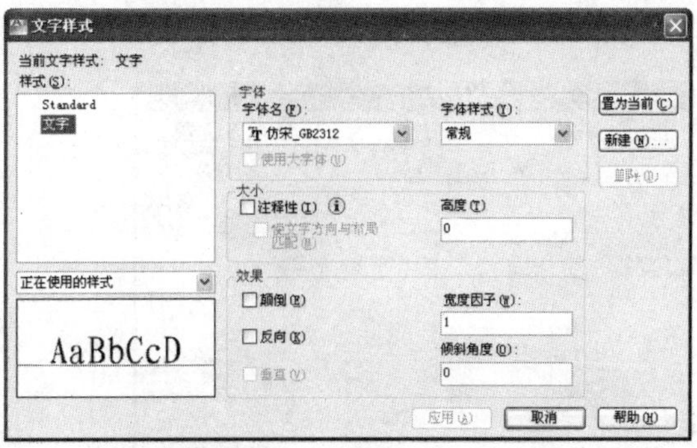

图10-5 “文字样式”对话框

6. 设置标注样式

本例采用的绘图比例为1:100，选择“格式”→“标注样式”菜单命令，弹出“标注样式”对话框。新建一个“标注”文字样式，在“线”选项卡中设置“起点偏移量”设为5；在“符号和箭头”选项卡中设置“箭头”为“建筑标记”；在“文字”选项卡中设置“文字样式”为“文字”；在“调整”选项卡“使用全局比例”文本框中输入为100，其他设置保持系统默认参数不变即可，如图10-6所示。

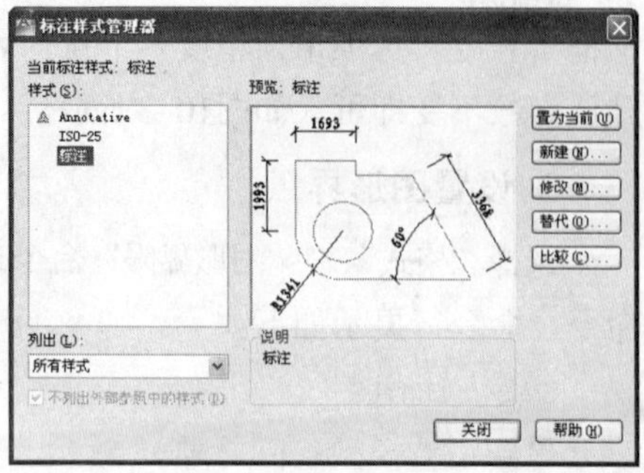

图10-6 “标注样式管理器”对话框

10.2.2 绘制辅助线

辅助线用来在绘图时对图形准确定位，具体绘制步骤如下：

01 选择“视图”→“缩放”→“全部”菜单命令，将图形显示在绘图区。

02 单击屏幕下方状态栏中的“正交”按钮，打开“正交”模式。

03 将“辅助线”层设置为当前层。

04 选择“格式”→“线型”菜单命令，打开“线型管理器”对话框，加载线型Dashdot，如图10-7所示。

05 单击“绘图”工具栏中的╱按钮，绘制水平方向上的辅助线。命令行提示如下：

```
命令：_line                                      //在绘图区任意指定一点
指定第一点：
指定下一点或 [放弃(U)]： 15000                    //指定直线长度
指定下一点或 [放弃(U)]：                          //按Enter键
```

06 利用偏移命令绘制水平辅助线，分别向上偏移600、3000、3000、3000、3000、3000、800个单位。

07 采用相同方法绘制垂直方向的辅助线，间距从左向右依次为5000、1500、4000个单位，如图10-8所示。

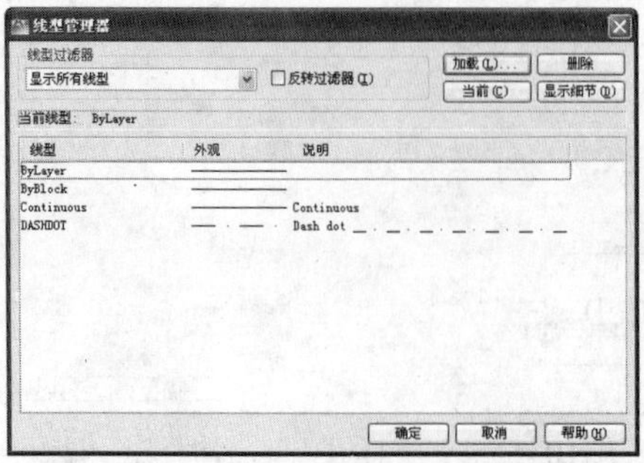

图10-7 加载Dashdot线型

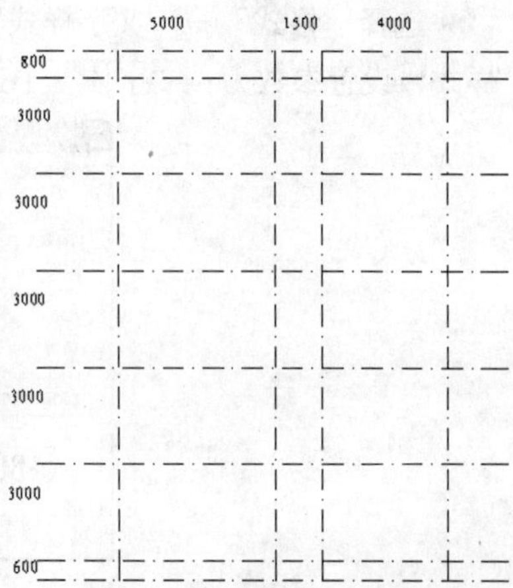

图10-8 完成后的辅助线

10.2.3　绘制地坪线和轮廓线

1. 绘制地坪线

地坪线的具体绘制步骤如下所示。

01 将“地坪线”层设置为当前层。

02 选择“绘图”→“多段线”菜单命令，绘制地坪线，然后偏移600个单位。命令行提示如下：

```
命令: _pline
指定起点:
当前线宽为 10
指定下一个点或 [圆弧(A)/半宽(H)/长度(L)/放弃(U)/宽度(W)]: w
指定起点宽度 <10>: 30
指定端点宽度 <30>:
指定下一个点或 [圆弧(A)/半宽(H)/长度(L)/放弃(U)/宽度(W)]:
指定下一点或 [圆弧(A)/闭合(C)/半宽(H)/长度(L)/放弃(U)/宽度(W)]:
命令: _offset
当前设置: 删除源=否　图层=源　OFFSETGAPTYPE=0
指定偏移距离或 [通过(T)/删除(E)/图层(L)] <4000>: 600
选择要偏移的对象，或 [退出(E)/放弃(U)] <退出>:
指定要偏移的那一侧上的点，或 [退出(E)/多个(M)/放弃(U)] <退出>:
选择要偏移的对象，或 [退出(E)/放弃(U)] <退出>:
```

03 利用直线命令绘制台阶线，用偏移命令偏移700个单位，然后利用“修剪”命令将其修剪即可。修剪好后的地坪线如图10-9所示。

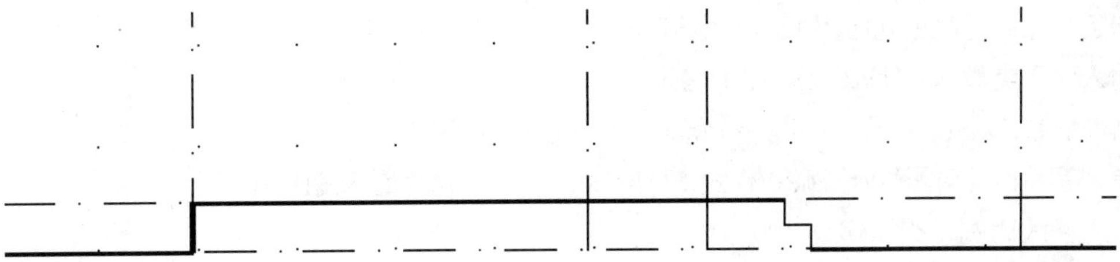

图10-9　地坪线

2. 绘制轮廓线

绘制轮廓线的具体步骤如下。

01 将“轮廓线”层设置为当前层。

02 选择“绘图”→“多线”菜单命令，绘制墙体轮廓线。命令行提示如下：

```
命令: _mline                                    //调用多线命令
当前设置: 对正 = 上, 比例 = 20.00, 样式 = STANDARD
指定起点或 [对正(J)/比例(S)/样式(ST)]: j
输入对正类型 [上(T)/无(Z)/下(B)] <上>: z
当前设置: 对正 = 无, 比例 = 20.00, 样式 = STANDARD
指定起点或 [对正(J)/比例(S)/样式(ST)]: s
输入多线比例 <20.00>: 200                        //设置多线比例
当前设置: 对正 = 无, 比例 = 200.00, 样式 = STANDARD
指定起点或 [对正(J)/比例(S)/样式(ST)]:
指定下一点:
指定下一点或 [放弃(U)]:
```

重复使用多线命令绘制其他轮廓线，如图10-10所示。

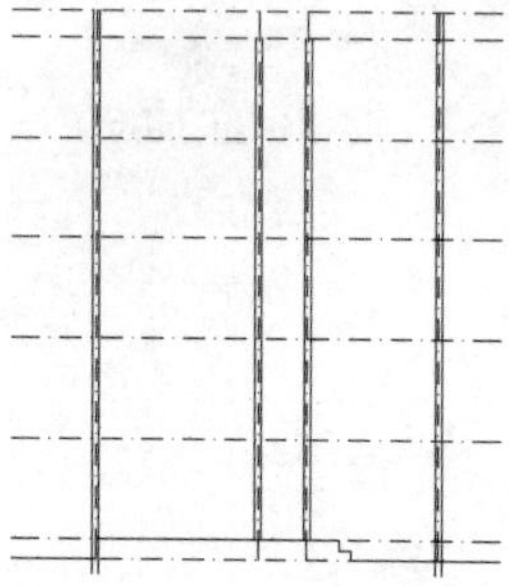

图10-10 墙体轮廓线

3. 绘制楼板

楼板就是各层的地板和楼梯间的平台，在AutoCAD 2012中同样可以使用“多线”命令绘制。

01 选择“格式”→“多线样式”菜单命令，打开“多线样式”对话框。单击“新建”按钮，新建“楼板”多线样式，单击“继续”按钮后，在“新建多线样板”对话框“图元”列表框中将多线“偏移量”分别设置为50和-50，如图10-11所示。

02 单击“确定”按钮，返回“多线样式”对话框，单击“确定”按钮完成设置。

03 选择“绘图”→“多线”菜单命令，绘制楼板。命令行提示如下：

```
命令: _mline                          //调用多线命令
当前设置: 对正 = 无, 比例 = 200.00, 样式 = 楼板
指定起点或 [对正(J)/比例(S)/样式(ST)]: j
输入对正类型 [上(T)/无(Z)/下(B)] <无>:
当前设置: 对正 = 无, 比例 = 200.00, 样式 = 楼板
指定起点或 [对正(J)/比例(S)/样式(ST)]: s        //设置多线比例
输入多线比例 <200.00>: 100
当前设置: 对正 = 无, 比例 =100, 样式 = 楼板
指定起点或 [对正(J)/比例(S)/样式(ST)]:
指定下一点:
指定下一点或 [放弃(U)]:
....//重复上述操作，按照图10-12在合适位置绘制楼板
```

注意

在绘制多线时，如果多线比例的设置不当，可能会导致绘图的不正确。

04 重复执行上述命令，绘制完成的楼板和墙体多处不吻合，需要进行修剪。通过多线命令对其进行修剪即可。完成后的效果如图10-12所示。

图10-11 “新建多线样式”对话框

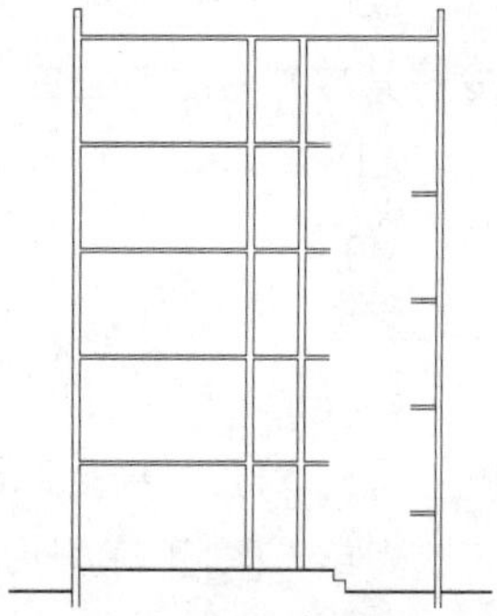

图10-12　楼板和墙体

10.2.4　绘制楼梯

楼梯的绘制是剖面图中最常见的，也是最为复杂的一部分。本图中有五层，可以先绘制出一层的楼梯，然后存储为块，使用的时候插入到合适的位置即可。

01 将“楼梯”层设置为当前层。

02 将当前图层的线型设为Continuous，线宽为0.3mm。

03 单击“绘图”工具栏中的╱按钮，绘制第一跑台阶。命令行提示如下：

```
命令: _line
指定第一点:
指定下一点或  [放弃(U)]:  @0,200
指定下一点或  [放弃(U)]:  @300,0
指定下一点或  [闭合(C)/放弃(U)]:  @0,200
指定下一点或  [闭合(C)/放弃(U)]:  @300,0
指定下一点或  [闭合(C)/放弃(U)]:  @0,200
```

04 利用直线命令继续绘制第二跑台阶，命令行提示如下：

```
命令: _line
指定第一点:
指定下一点或  [放弃(U)]:  @0,250
指定下一点或  [放弃(U)]:  @-300,0
指定下一点或  [闭合(C)/放弃(U)]:  @0,180
指定下一点或  [闭合(C)/放弃(U)]:  @-300,0
```

指定下一点或 [闭合(C)/放弃(U)]: @0,180

05 选择“绘图”→“多线”菜单命令，绘制栏杆。绘制出一个栏杆后，其他栏杆可以通过复制命令将其放到合适的位置。命令行提示如下：

命令: MLINE //调用多线命令

当前设置: 对正 = 无，比例 = 1.00，样式 = 楼板

指定起点或 [对正(J)/比例(S)/样式(ST)]: st

输入多线样式名或 [?]: standard

当前设置: 对正 = 无，比例 = 1.00，样式 = STANDARD

指定起点或 [对正(J)/比例(S)/样式(ST)]: s

输入多线比例 <1.00>: 30

当前设置: 对正 = 无，比例 = 30.00，样式 = STANDARD

指定起点或 [对正(J)/比例(S)/样式(ST)]:

指定下一点:

指定下一点或 [放弃(U)]:

命令: _copyclip 找到 1 个

命令: _pasteclip 忽略块 _ArchTick 的重复定义。

指定插入点:

命令: _pasteclip 忽略块 _ArchTick 的重复定义。

指定插入点:

06 利用多线命令绘制楼梯扶手。

07 在两段的楼梯下部添加一条轮廓线，然后利用修剪命令对楼梯的细部进行修剪，修剪完后的楼梯如图10-13所示。

08 单击“绘图”工具栏中的按钮，将楼梯定义为块，如图10-14所示。

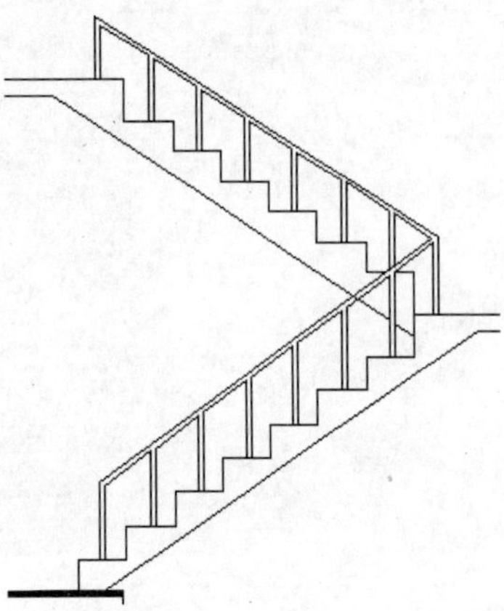

图10-13 一层楼梯

图10-14 “块定义”对话框

09 单击“绘图”工具栏中的按钮，在“插入”对话框中选择“楼梯”块，如图10-15所示，单击“确定”按钮，插入到途中合适的位置即可。完成后的楼梯图形如图10-16所示。

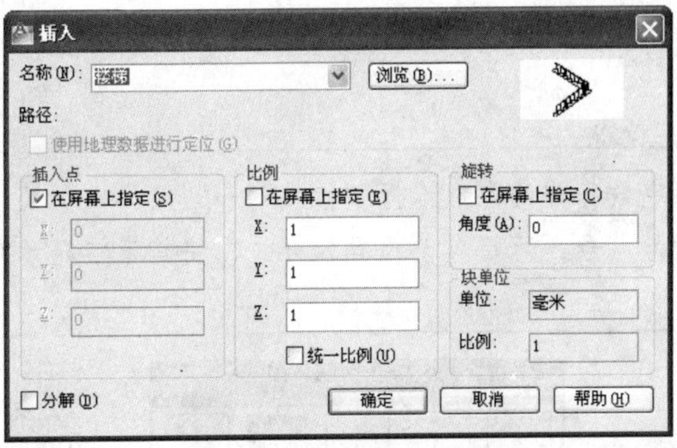

图10-15 “插入”对话框

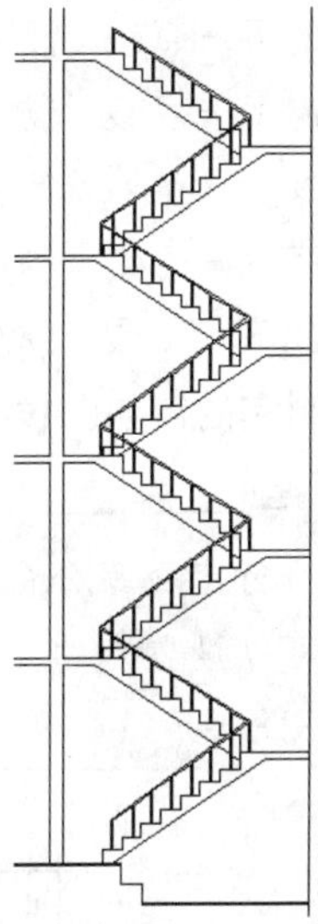

图10-16 绘制好的楼梯

10.2.5 绘制门窗

1. 绘制窗户

在介绍建筑平面图和建筑立面图时，都接触过窗的绘制。在建筑剖面图中，窗主要分为两类：被剖切到的窗和未被剖切到的窗，它们的绘制方法与建筑立面图中的绘制方法相同。由于本图的剖切面位置，仅有一种被剖切的窗，尺寸为1500×200，其绘制步骤如下所示。

01 将“窗户”层设置为当前层。

02 单击“绘图”工具栏中的按钮，绘制窗的外轮廓。命令行提示如下：

```
命令: _rectang
指定第一个角点或 [倒角(C)/标高(E)/圆角(F)/厚度(T)/宽度(W)]:
指定另一个角点或 [面积(A)/尺寸(D)/旋转(R)]: @200,-1500
```

03 单击“修改”工具栏中的按钮，将矩形分解。利用定数等分与直线命令绘制窗户细部，命令行提示如下：

```
命令: _explode                          //调用分解命令
选择对象: 找到 1 个
选择对象:                               //选择矩形
命令: _divide                           //调用定数等分命令
选择要定数等分的对象:                   //选择矩形上面的边
输入线段数目或 [块(B)]: 3
```

命令: _line
指定第一点:
指定下一点或 [放弃(U)]:
指定下一点或 [放弃(U)]:
命令: _line 指定第一点:
指定下一点或 [放弃(U)]:
指定下一点或 [放弃(U)]:

绘制完的窗如图10-17所示。

提示

执行定数等分命令后，往往看不到定数等分的点。选择“格式”→“点样式”菜单命令，可以设置点的显示样式。系统默认为点号，可将其改为其他样式，使其正常显示，如图10-18所示。

图10-17 被剖切到的窗

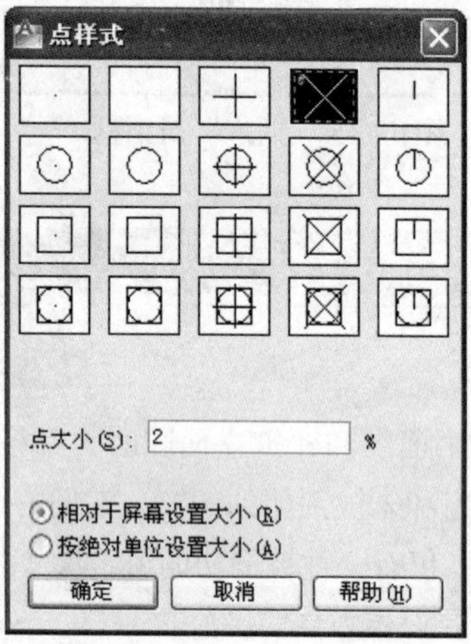

图10-18 “点样式”对话框

04 利用矩形命令绘制窗台，命令行提示如下：

命令: _rectang
指定第一个角点或 [倒角(C)/标高(E)/圆角(F)/厚度(T)/宽度(W)]:
指定另一个角点或 [面积(A)/尺寸(D)/旋转(R)]: @-300,-180

05 利用修剪命令修剪多余线段，如图10-19所示。

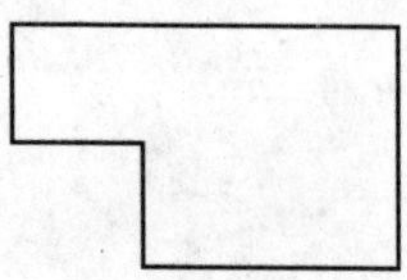

图10-19 窗台

06 分别将窗与窗台存储为块，插入到合适的位置即可，如图10-20所示。

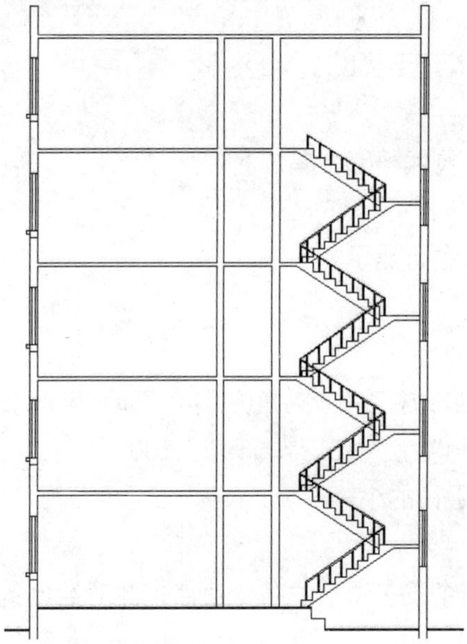

图10-20　插入窗户后的剖面图

2. 绘制门

在建筑平面图与立面图中，接触过门的绘制。在建筑剖面图中，门主要分为两类：被剖切到的门和未被剖切到的门。

（1）被剖切到的门

01 将“门”层设置为当前层。

02 利用矩形命令绘制门的外轮廓线。命令行提示如下：

```
命令: _rectang
指定第一个角点或 [倒角(C)/标高(E)/圆角(F)/厚度(T)/宽度(W)]:
指定另一个角点或 [面积(A)/尺寸(D)/旋转(R)]: @200,2000
```

03 利用直线和定数等分命令绘制门的细部，具体方法与窗的绘制一致。绘制完后如图10-21所示。

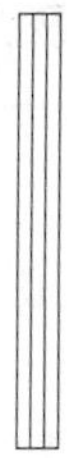

图10-21　被剖切的门

（2）未被剖切的门

01 单击“绘图”工具栏中的按钮，绘制门的外部轮廓，命令行提示如下：

```
命令: _rectang                                    //执行矩形命令
指定第一个角点或 [倒角(C)/标高(E)/圆角(F)/厚度(T)/宽度(W)]:
指定另一个角点或 [面积(A)/尺寸(D)/旋转(R)]: @-500,1600
```

02 单击“绘图”工具栏中的按钮，绘制内部边框。命令行提示如下：

```
命令: _polygon
输入边的数目 <4>:                                 //调用正多边形命令
```

指定正多边形的中心点或 [边(E)]:
输入选项 [内接于圆(I)/外切于圆(C)] <I>: C
指定圆的半径: //在屏幕上指定合适的半径

03 利用偏移命令将边框向内侧偏移60个单位。

04 绘制门下方的小矩形。命令行提示如下：

命令: _rectang
指定第一个角点或 [倒角(C)/标高(E)/圆角(F)/厚度(T)/宽度(W)]:
指定另一个角点或 [面积(A)/尺寸(D)/旋转(R)]: 500

05 利用阵列命令绘制出3个平行的小矩形。

06 利用直线命令连接上方两个正多边形的各个顶点，此时绘制的其中一扇门如图10-22所示。

07 单击“修改”工具栏中的按钮，镜像出另一扇门，如图10-23所示。

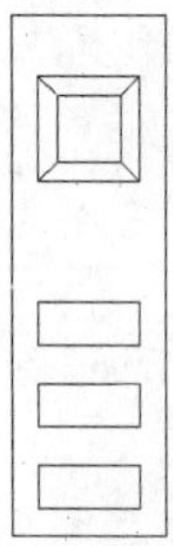

图10-22 绘制好的一扇门

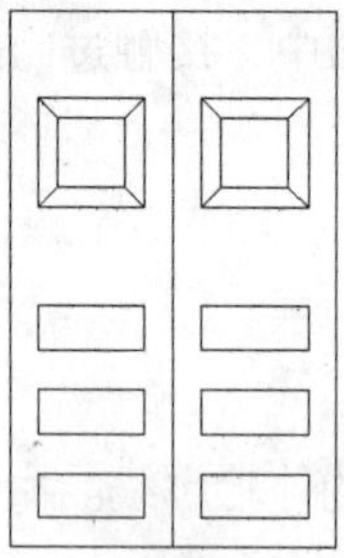

图10-23 镜像后的门

08 将两种门定义为块，在需要的地方插入即可。插入门后的剖面图如图10-24所示。

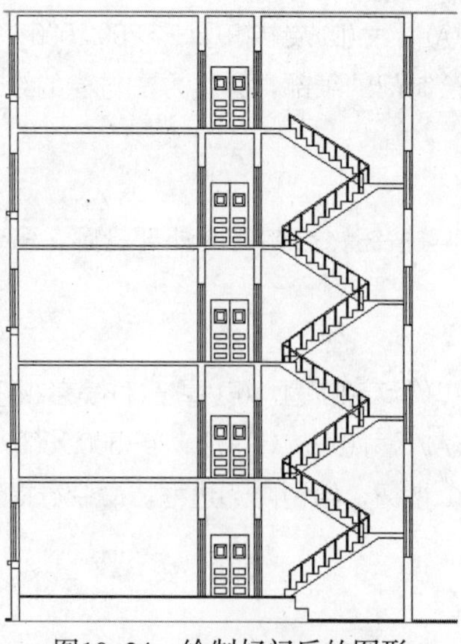

图10-24 绘制好门后的图形

10.2.6　绘制阳台

本例中的每层都有阳台，且样式相同，因此只要绘制出其中一层的阳台，其他的通过复制或将阳台定义为块插入到相应的位置即可。

01 将“阳台”层设置位前层。

02 利用矩形、分解及偏移命令绘制阳台下方护栏。命令行提示如下：

```
命令: _rectang                                                    //执行矩形命令
指定第一个角点或 [倒角(C)/标高(E)/圆角(F)/厚度(T)/宽度(W)]:          //指定第一个对角点
指定另一个角点或 [面积(A)/尺寸(D)/旋转(R)]: @-1200,800
命令: _explode                                         //调用分解命令
选择对象: 找到 1 个                                     //选择绘制出的矩形
选择对象:                                              //单击鼠标右键或按Enter键
命令: _offset                                          //调用偏移命令
当前设置: 删除源=否   图层=源   OFFSETGAPTYPE=0
指定偏移距离或 [通过(T)/删除(E)/图层(L)] <通过>: 160    //设置偏移距离
选择要偏移的对象，或 [退出(E)/放弃(U)] <退出>:           //选择矩形上面的边
指定要偏移的那一侧上的点，或 [退出(E)/多个(M)/放弃(U)] <退出>:
                                                       //指定偏移方向，向下偏移
选择要偏移的对象，或 [退出(E)/放弃(U)] <退出>:           //按Enter键
命令: _offset
当前设置: 删除源=否   图层=源   OFFSETGAPTYPE=0
指定偏移距离或 [通过(T)/删除(E)/图层(L)] <160>: 200
选择要偏移的对象，或 [退出(E)/放弃(U)] <退出>:           //选择矩形右边的边
指定要偏移的那一侧上的点，或 [退出(E)/多个(M)/放弃(U)] <退出>:     //向右偏移
选择要偏移的对象，或 [退出(E)/放弃(U)] <退出>:                     //按Enter键
命令: _offset
当前设置: 删除源=否   图层=源   OFFSETGAPTYPE=0
指定偏移距离或 [通过(T)/删除(E)/图层(L)] <200>: 300
选择要偏移的对象，或 [退出(E)/放弃(U)] <退出>:           //选择上此偏移后的直线
指定要偏移的那一侧上的点，或 [退出(E)/多个(M)/放弃(U)] <退出>:     //向右偏移
选择要偏移的对象，或 [退出(E)/放弃(U)] <退出>:           //选择上此偏移后的直线
指定要偏移的那一侧上的点，或 [退出(E)/多个(M)/放弃(U)] <退出>:     //向右偏移
选择要偏移的对象，或 [退出(E)/放弃(U)] <退出>:                     //按Enter键
命令: _offset                              //继续执行偏移命令，向右偏移100个单位
当前设置: 删除源=否   图层=源   OFFSETGAPTYPE=0
```

```
指定偏移距离或 [通过(T)/删除(E)/图层(L)] <300>: 100
选择要偏移的对象，或 [退出(E)/放弃(U)] <退出>:
指定要偏移的那一侧上的点，或 [退出(E)/多个(M)/放弃(U)] <退出>:
选择要偏移的对象，或 [退出(E)/放弃(U)] <退出>:
```

03 选择修剪命令，修剪掉多余的直线。修剪后的图形如图10-25所示。

04 利用矩形和偏移命令绘制阳台上的玻璃轮廓。命令行提示如下：

```
命令: _rectang
指定第一个角点或 [倒角(C)/标高(E)/圆角(F)/厚度(T)/宽度(W)]:
指定另一个角点或 [面积(A)/尺寸(D)/旋转(R)]: @-1100,2000
命令: _explode
选择对象: 找到 1 个
选择对象:
命令: _offset                      //执行偏移命令向内侧偏移
当前设置: 删除源=否   图层=源   OFFSETGAPTYPE=0
指定偏移距离或 [通过(T)/删除(E)/图层(L)] <100>: 200
选择要偏移的对象，或 [退出(E)/放弃(U)] <退出>:          //选择矩形上面的边
指定要偏移的那一侧上的点，或 [退出(E)/多个(M)/放弃(U)] <退出>:
选择要偏移的对象，或 [退出(E)/放弃(U)] <退出>:          //选择矩形右面一条边
指定要偏移的那一侧上的点，或 [退出(E)/多个(M)/放弃(U)] <退出>:
选择要偏移的对象，或 [退出(E)/放弃(U)] <退出>:
```

05 绘制好后的阳台如图10-26所示。单击“绘图”工具栏中的按钮，将其定义为块，选择右下角点为插入点，如图10-27所示。

06 单击“绘图”工具栏中的按钮，将阳台插入到合适的位置，插入后的剖面图如图10-28所示。

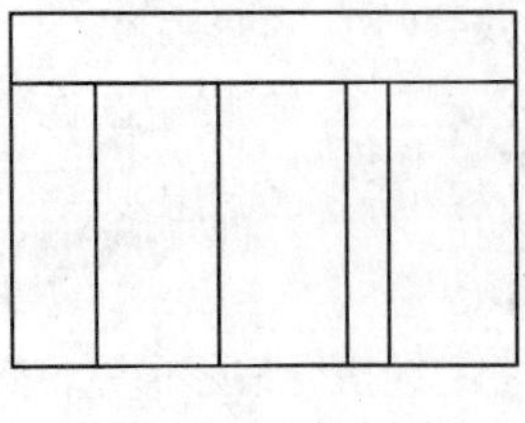

图10-25 绘制护栏

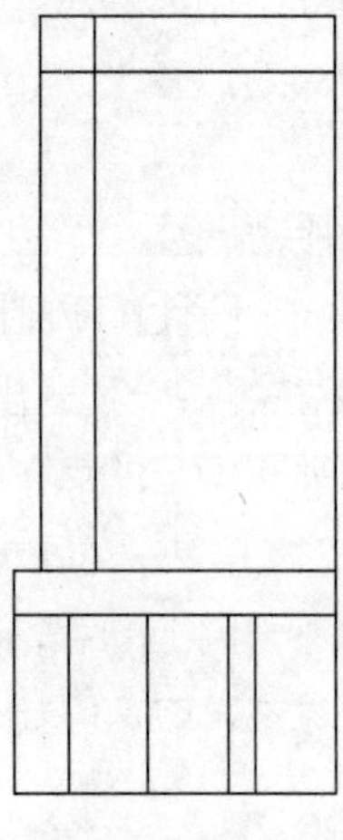

图10-26 绘制完后的阳台

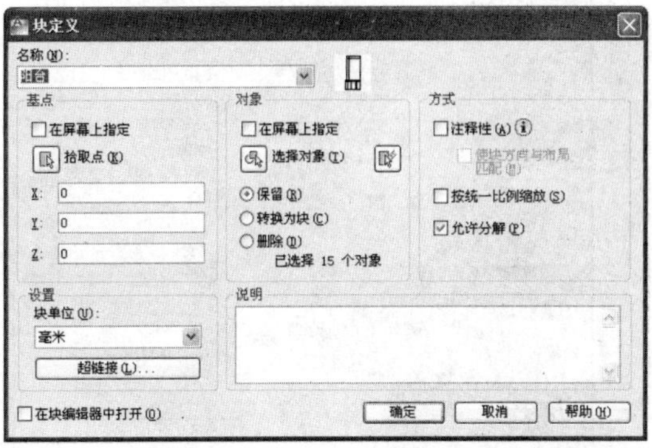

图10-27　定义“阳台”块

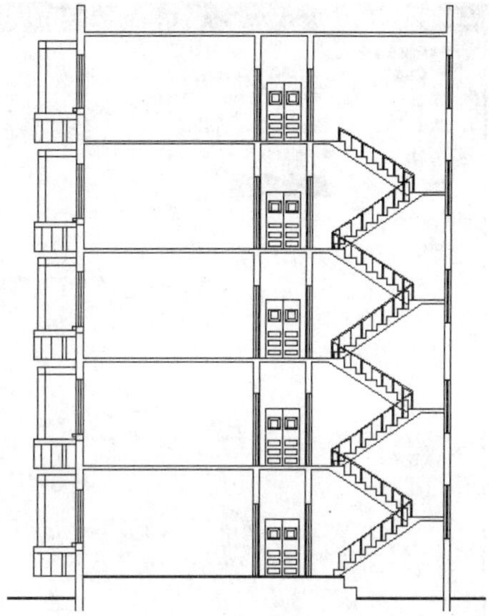

图10-28　绘制完阳台后的图形

10.2.7　绘制过梁

梁设置在楼板的下面，或者设置在门窗的顶部和楼梯的下面。

01 将“梁”层设置为当前层，线型设置为Coutinuous，线宽为默认。

02 本例中主要需要用到两种梁：一种是门窗的梁，一种是阳台下面的梁。利用矩形命令绘制形状，然后填充图案即可。

03 将两种梁定义为块，然后插入到相应的位置，如图10-29所示。

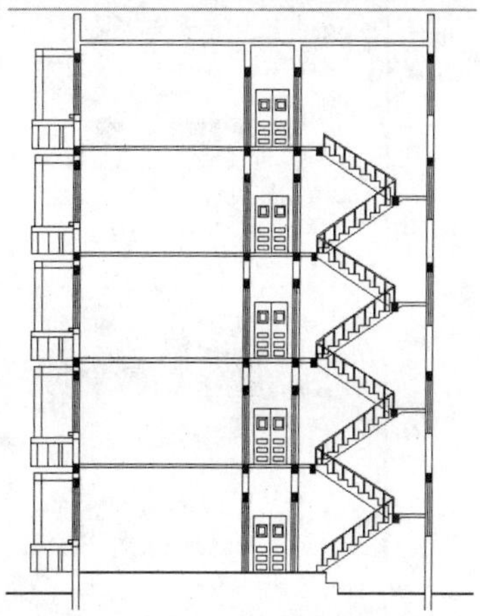

图10-29　绘制完梁后的剖面图

10.2.8　图形装饰

本例绘图比例为1:100，故楼板和梁直接涂黑，墙体和地坪画出材料图例。

01 在“图层”下拉列表中选择“其他”图层作为当前层。选择“绘图”→“图案填充”菜单命令，如图10-30所示，填充SOLID图案类型，选择楼梯板和梁作为填充对象。

02 选择“绘图”→“图案填充”菜单命令，如图10-31所示，填充ANSI31图案类型，比例为50，选择墙体作为填充对象。

03 填充地坪图例时应首先添加辅助线，使地坪线与辅助线成为封闭的图形，填充后再将辅助线删除。选择“绘图”→“图案填充”菜单命令，如图10-32所示，填充AR-HBONE图案类型，比例为50，选择地坪作为填充对象。结果如图10-33所示。

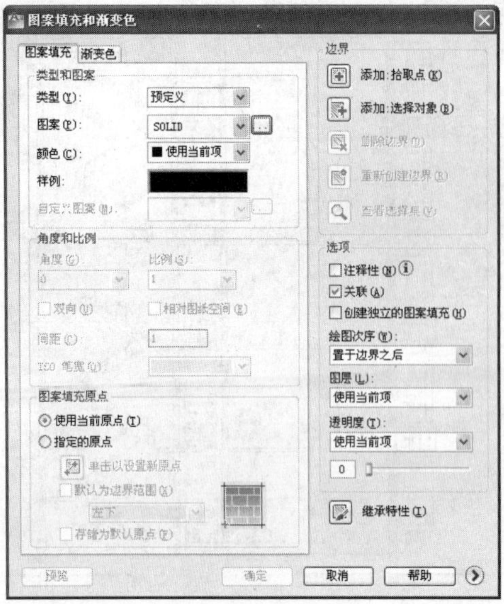

图10–30 “图案填充和渐变色”对话框1

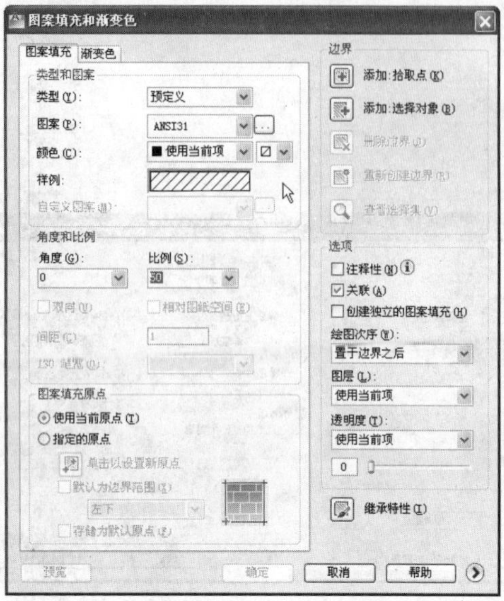

图10–31 “图案填充和渐变色”对话框2

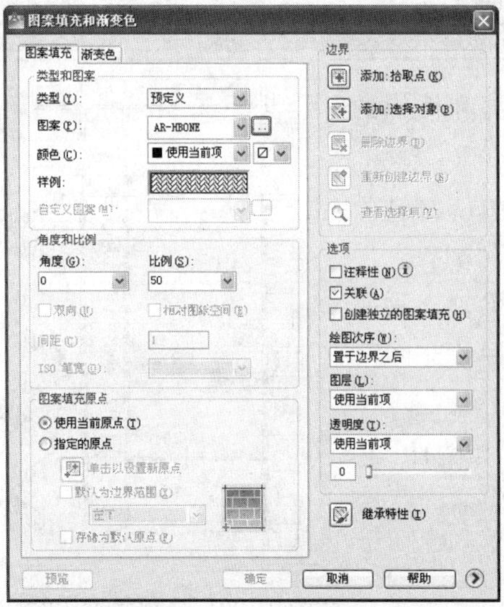

图10–32 “图案填充和渐变色”对话框3

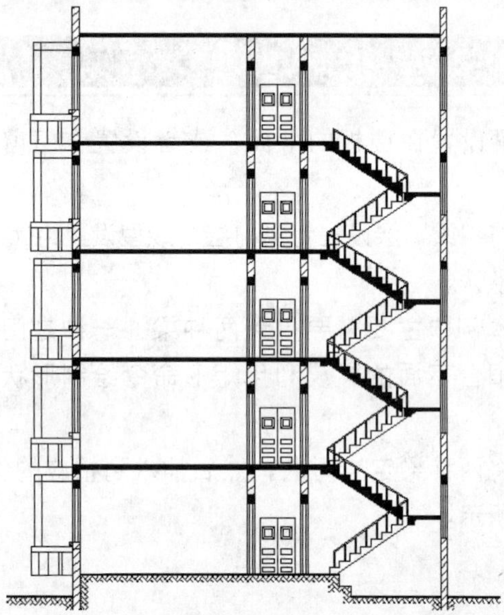

图10–33 填充后效果

10.2.9 标注尺寸和标高

在“图层”下拉列表中选择“标注”为当前图层，将“标注”标注样式置为当前标注样式。对外墙的门窗等进行尺寸标注，再标注出层高，以及室内外的高度差和建筑物的标高等。

在建筑剖面图中，除了标高外，还需要标注出轴线符号。

1. 标注尺寸

利用“标注”工具栏中的“线型”标注与“连续”标注按钮对完成的剖面图进行尺寸标注，标注后的效果如图10–34所示。

2. 标注标高和轴线符号

除此之外，剖面图还须标注一些结构的标高，包括各部分的地面、楼面、楼梯休息平台面、梁、雨篷等。AutoCAD 2012没有自带的标高工具，需要自己绘制出不同的标高符号，然后将它们保存成图块。一般以三角形的顶点作为插入基点，在需要的位置插入即可。

在建筑剖面图中，除了标高之外，还需要标注出轴线符号，以表明立面图所在的范围。完成这些标注后的剖面图如图10-35所示。

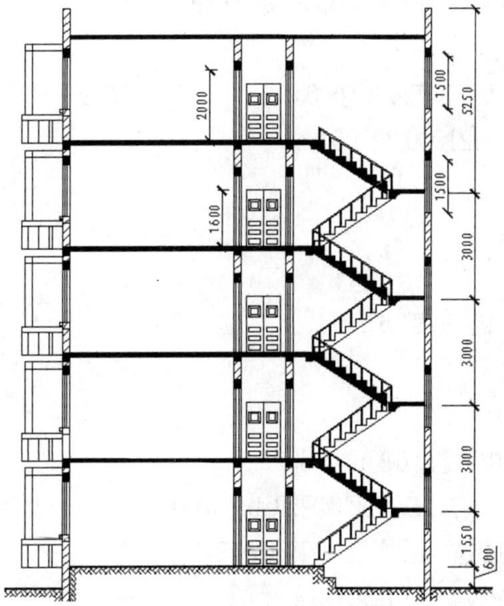

图10-34　标注完尺寸的图形

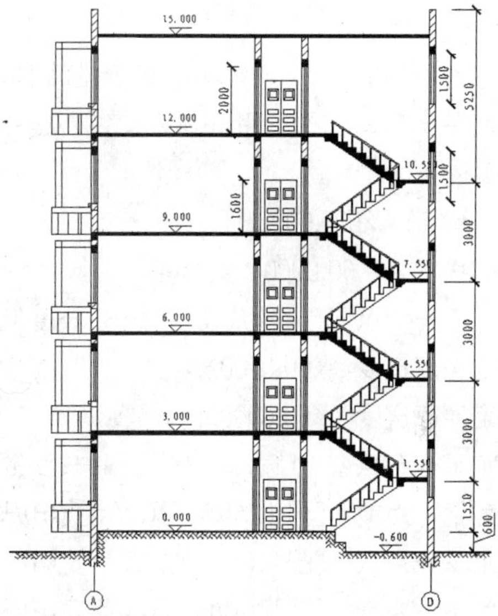

图10-35　完成标高和索引的图形

3. 标注文字

在建筑剖面图中，需要对一些特殊的结构进行说明，比如所用的材料、坡度等。

01 在“样式”工具栏中的“标注样式”下拉列表中选择“文字”样式。

02 单击“绘图”工具栏中的A按钮，命令行提示如下：

```
命令: _mtext
当前文字样式:    “文字”    文字高度:    3    注释性:    否
指定第一角点:                                    //在合适的位置指定第一点
指定对角点或  [高度(H)/对正(J)/行距(L)/旋转(R)/样式(S)/宽度(W)/栏(C)]:    //指定对角点
```

03 执行上述命令后，会弹出“文字样式”工具栏，设置文字高度为500，如图10-36所示。

图10-36　添加文字

到此，剖面图的绘制基本完成。

10.2.10 添加图框和标题

前面已经介绍过图框和标题的绘制方法，这里仍然采用相同的方法来绘制图框和标题。

本图的大小为宽度10500，长度为16400，本图的比例为1:100，因此需要制作一个A4页面的图框，然后绘制标题栏。设计好的图框和标题栏如图10-37所示。部分命令行提示如下：

```
命令: _rectang
指定第一个角点或 [倒角(C)/标高(E)/圆角(F)/厚度(T)/宽度(W)]: 0,0
指定另一个角点或 [面积(A)/尺寸(D)/旋转(R)]: @21000,29700
命令: _pline
指定起点: 2500,500
当前线宽为 60.0000
指定下一个点或 [圆弧(A)/半宽(H)/长度(L)/放弃(U)/宽度(W)]: w
指定起点宽度 <60.0000>:
指定端点宽度 <60.0000>:
指定下一个点或 [圆弧(A)/半宽(H)/长度(L)/放弃(U)/宽度(W)]: @18000,0
指定下一点或 [圆弧(A)/闭合(C)/半宽(H)/长度(L)/放弃(U)/宽度(W)]: @0,28700
指定下一点或 [圆弧(A)/闭合(C)/半宽(H)/长度(L)/放弃(U)/宽度(W)]: @-18000,0
指定下一点或 [圆弧(A)/闭合(C)/半宽(H)/长度(L)/放弃(U)/宽度(W)]: c
```

将设计好的图框和标题存储为块，插入到前面绘制好的剖面图中即可。添加了图框和标题的剖面图如图10-38所示。

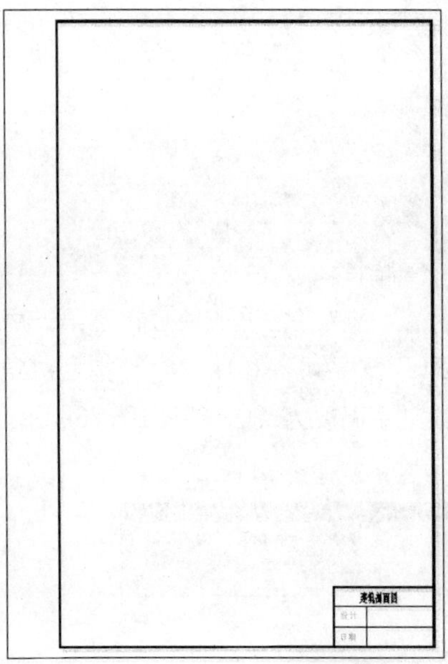

图10-37 绘制好的图框和标题

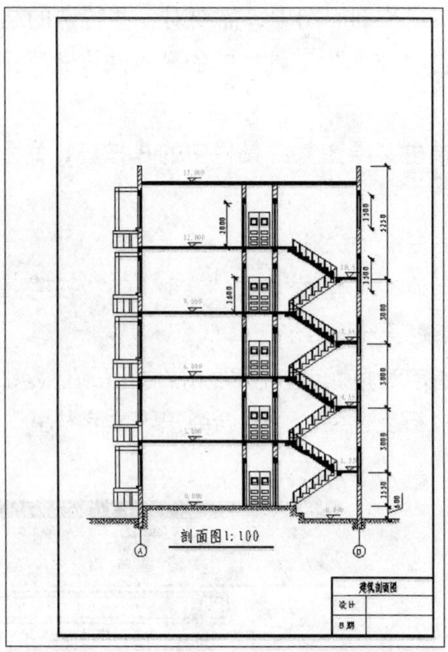

图10-38 添加了图框和标题的剖面图

10.3 实例应用——某别墅平面图的绘制

10.3.1 绘图准备

01 选择“文件”→“新建”菜单命令，弹出“选择样板”对话框，如图10-39所示。采用系统默认值，单击“打开”按钮，新建一个图形文件。

图10-39 “选择样板”对话框

02 选择“格式”→“单位”菜单命令，在弹出的“图形单位”对话框“长度”选项组“精度”下拉列表中选择0。

03 选择“格式”→“图形界限”菜单命令，也可以在命令行中输入limits命令，命令行提示如下：

命令: _limits

重新设置模型空间界限:

指定左下角点或 [开(ON)/关(OFF)] <0,0>:

指定右上角点 <420,297>: 29700,21000

04 选择“视图”→“缩放”→“全部”菜单命令。

05 单击“图层”工具栏中的按钮，打开“图层特性管理器”选项板。单击“新建图层”按钮，建立几个基本图层，包括轴线、柱子、门窗、墙体、室内布置等，如图10-40所示。

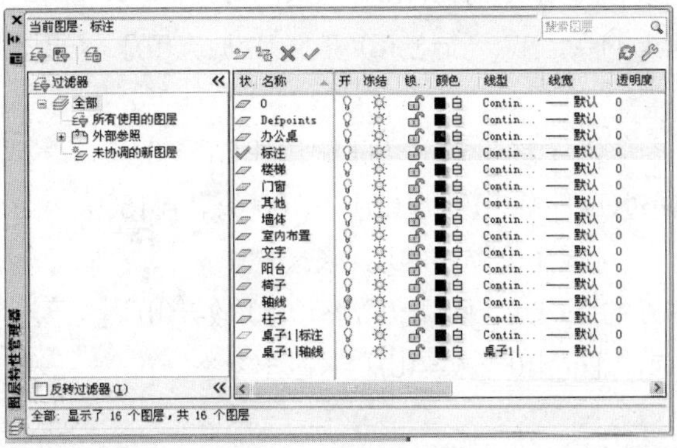

图10-40 新建图层

10.3.2 绘制墙体

1. 绘制轴线

01 单击状态栏中的正交按钮，打开“正交”模式。

02 将“轴线”层设置为当前层。

03 选择“格式”→“线型”菜单命令，打开“线型管理器”对话框，单击“加载”按钮，加载点划线线型Dashdot。

04 单击“绘图”工具栏中的按钮，绘制基准水平轴线，利用“偏移”命令将水平轴线按固定的距离偏移，从下到上依次偏移1000，1500，2000，1000，4000个单位，如图10-41所示。命令行提示如下：

图10-41 绘制水平轴线

```
命令: _line 指定第一点:                              //调用直线命令，绘制第一条水平轴线
指定下一点或 [放弃(U)]: 14000                         //输入直线长度
指定下一点或 [放弃(U)]:                               //回车
命令: _offset                                        //调用偏移命令
当前设置: 删除源=否 图层=源 OFFSETGAPTYPE=0
指定偏移距离或 [通过(T)/删除(E)/图层(L)] <通过>: 1000
选择要偏移的对象，或 [退出(E)/放弃(U)] <退出>:
指定要偏移的那一侧上的点，或 [退出(E)/多个(M)/放弃(U)] <退出>:     //向上偏移
命令: _offset
当前设置: 删除源=否 图层=源 OFFSETGAPTYPE=0
指定偏移距离或 [通过(T)/删除(E)/图层(L)] <1000>: 1500
选择要偏移的对象，或 [退出(E)/放弃(U)] <退出>:
指定要偏移的那一侧上的点，或 [退出(E)/多个(M)/放弃(U)] <退出>:
选择要偏移的对象，或 [退出(E)/放弃(U)] <退出>:
命令: _offset
当前设置: 删除源=否 图层=源 OFFSETGAPTYPE=0
```

指定偏移距离或 [通过(T)/删除(E)/图层(L)] <1500>: 2000
选择要偏移的对象，或 [退出(E)/放弃(U)] <退出>:
指定要偏移的那一侧上的点，或 [退出(E)/多个(M)/放弃(U)] <退出>:
命令: _offset
当前设置: 删除源=否 图层=源 OFFSETGAPTYPE=0
指定偏移距离或 [通过(T)/删除(E)/图层(L)] <2000>: 1000
选择要偏移的对象，或 [退出(E)/放弃(U)] <退出>:
选择要偏移的对象，或 [退出(E)/放弃(U)] <退出>:
指定要偏移的那一侧上的点，或 [退出(E)/多个(M)/放弃(U)] <退出>:
命令: _offset
当前设置: 删除源=否 图层=源 OFFSETGAPTYPE=0
指定偏移距离或 [通过(T)/删除(E)/图层(L)] <1000>: 4000
选择要偏移的对象，或 [退出(E)/放弃(U)] <退出>:
指定要偏移的那一侧上的点，或 [退出(E)/多个(M)/放弃(U)] <退出>:
选择要偏移的对象，或 [退出(E)/放弃(U)] <退出>:

05 采用相同方法绘制垂直方向轴线，如图10-42所示。

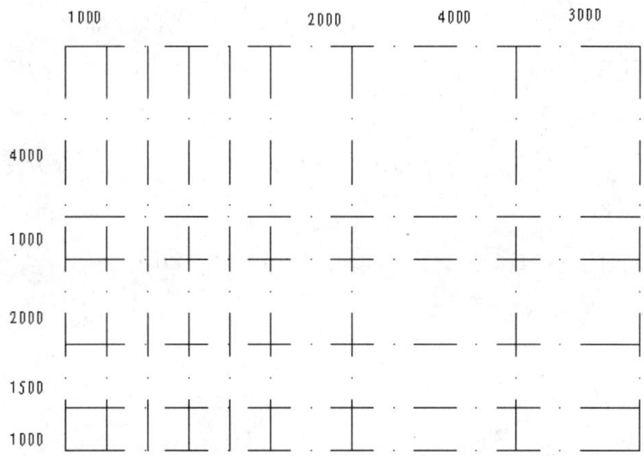

图10-42 绘制好的轴线

2. 绘制墙体

01 将“墙体”层设置为当前层。

02 单击状态栏中的“对象捕捉”按钮，打开“对象捕捉”模式。

03 选择“格式”→“多线样式”菜单命令，打开“多线样式”对话框。单击“新建”按钮，在“新样式名”文本框中输入240，如图10-43所示。

04 单击“继续”按钮，在打开的“新建多线样式”对话框中设置图元“偏移”量分别为120和-120，如图10-44所示。

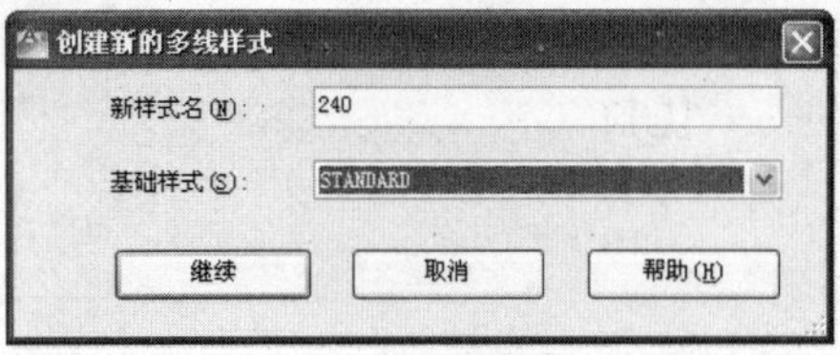

图10-43 “创建新的多线样式”对话框

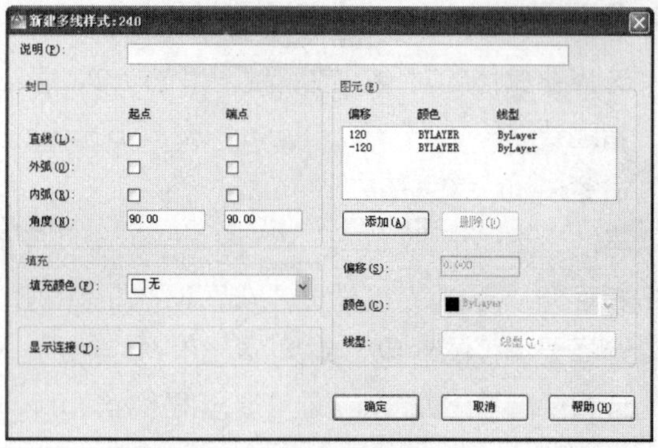

图10-44 “新建多线样式”对话框

05 单击“确定”按钮，返回“多线样式”对话框，单击“确定”按钮。

06 选择“绘图”→“多线”菜单命令，绘制墙线，绘制的结果如图10-45所示。命令行提示如下：

```
命令: _mline                                          //调用多线命令
当前设置: 对正 = 上，比例 = 20.00，样式 = STANDARD
指定起点或 [对正(J)/比例(S)/样式(ST)]: j               //设置多线对齐样式
输入对正类型 [上(T)/无(Z)/下(B)] <上>: z
当前设置: 对正 = 无，比例 = 20.00，样式 = STANDARD
指定起点或 [对正(J)/比例(S)/样式(ST)]: s               //设置多线比例
输入多线比例 <20.00>: 1
指定起点或 [对正(J)/比例(S)/样式(ST)]: st              //设置多线样式
输入多线样式名或 [?]: 240
当前设置: 对正 = 无，比例 = 20.00，样式 = 240
指定起点或 [对正(J)/比例(S)/样式(ST)]:                 //指定多线起始点
指定下一点:
指定下一点或 [放弃(U)]:
指定下一点或 [闭合(C)/放弃(U)]:
```

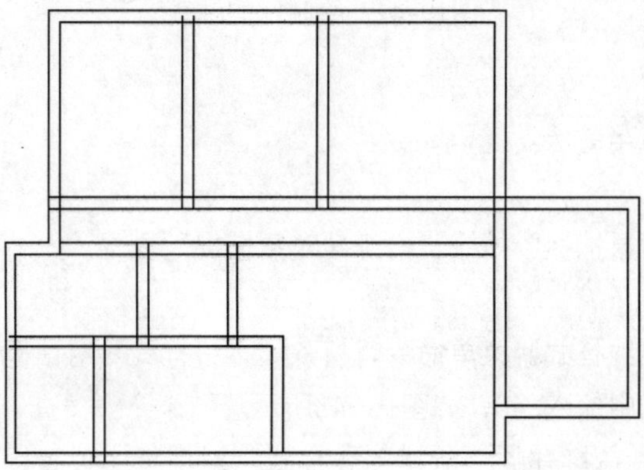

图10-45 绘制墙体

提示

绘制多线时，应注意多线的对正方式、比例和样式是否和绘制要求相符。如果不符合绘制要求，可在指定起点时在命令行输入相应的命令进行设置。

07 选择“修改”→“对象”→“多线”菜单命令，在弹出的“多线编辑工具”对话框中选择合适的多线编辑工具，如图10-46所示。从对话框中选择多线的交点形式，对墙线进行编辑。

08 单击“修改”工具栏中的按钮，将不能进行编辑的多段线分解，利用“修剪”命令对其进行修剪，最后得到如图10-47所示的墙体。

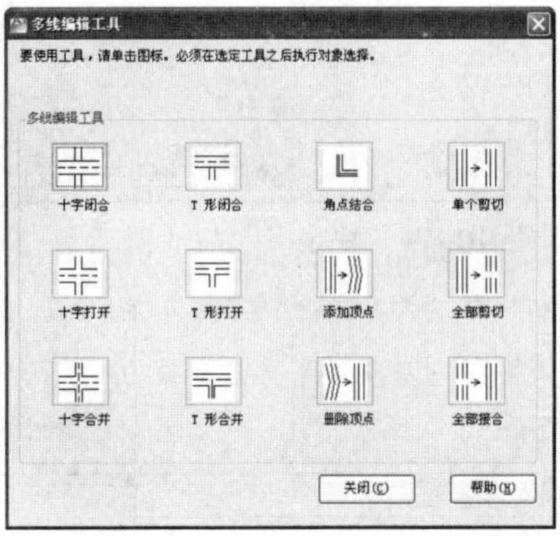

图10-46 “多线编辑工具”对话框

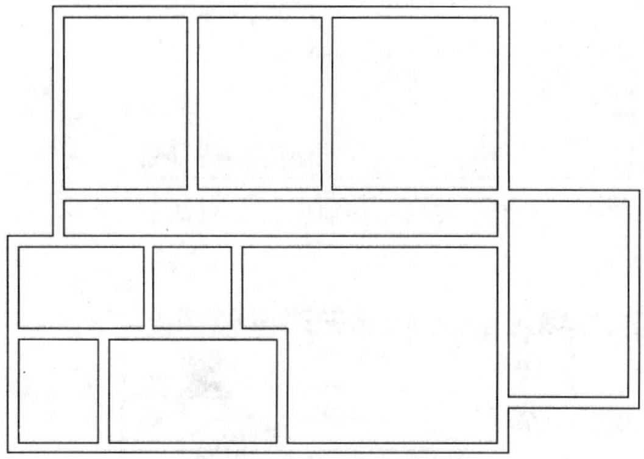

图10-47　修饰后的墙体

3. 绘制柱子

01 将“柱子”层设置为当前层。

02 单击“绘图”工具栏中的按钮，在一个轴线交点的位置绘制一个240×140的柱子，命令行提示如下：

命令：_polygon　　//调用正多边形菜单命令
输入边的数目 <4>:
指定正多边形的中心点或 [边(E)]:
输入选项 [内接于圆(I)/外切于圆(C)] <I>: C
指定圆的半径: 120　　//输入外切圆的半径，确定正方形的边长

03 单击“绘图”工具栏中的按钮，在弹出的“图案填充和渐变色”对话框中，设置填充图案为SOLID，如图10-48所示。

04 单击“拾取点”按钮，拾取正方形内部。单击鼠标右键确认后，返回“图案填充和渐变色”对话框，单击“确定”按钮即可绘制出一个柱子。

05 单击“绘图”工具栏中的按钮，弹出“块定义”对话框，拾取柱子中心点为基点，单击“选择对象”按钮，选择柱子，如图10-49所示。

06 单击“绘图”工具栏中的按钮，打开“插入”对话框，各项设置如图10-50所示。

07 设置完后，单击“确定”按钮，捕捉轴线的交点，插入柱子，结果如图10-51所示。

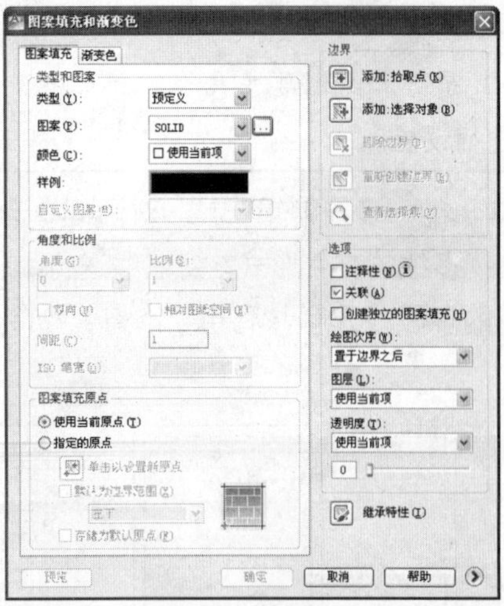

图10-48 “图案填充和渐变色”对话框

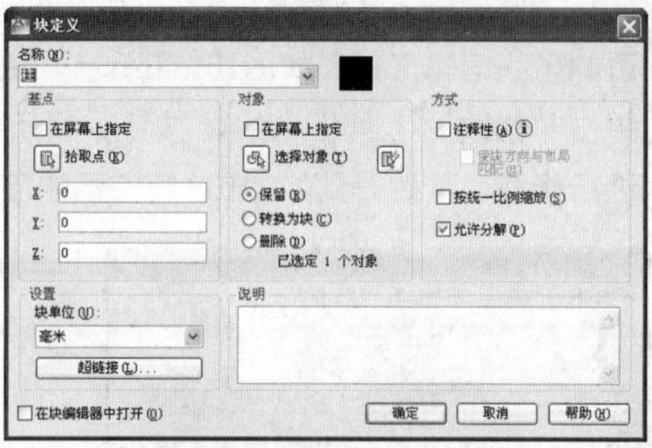

图10-49 “块定义”对话框

图10-50 “插入”对话框

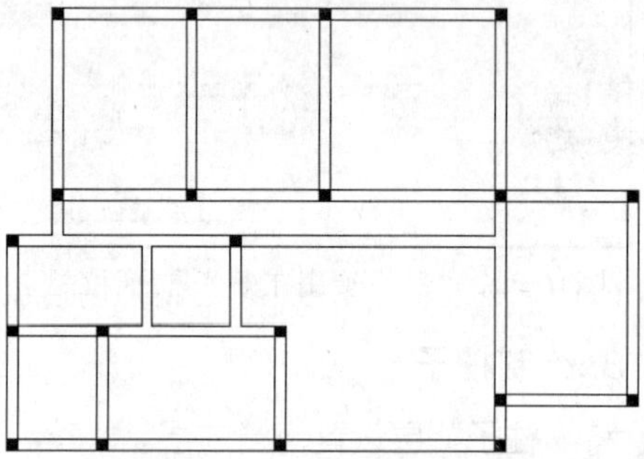

图10-51 绘制柱网

10.3.3 绘制门窗

1. 绘制门

01 将“门窗”层设置为当前层。

02 绘制宽为900，厚为45的门，如图10-52所示，分别为左门与右门。

03 将两种门分别存储为块。单击“绘图”工具栏中的按钮，打开“插入”对话框，在“名称”下拉列表中选择“右门”块，如图10-53所示，单击“确定”按钮，将其插入到合适的位置。

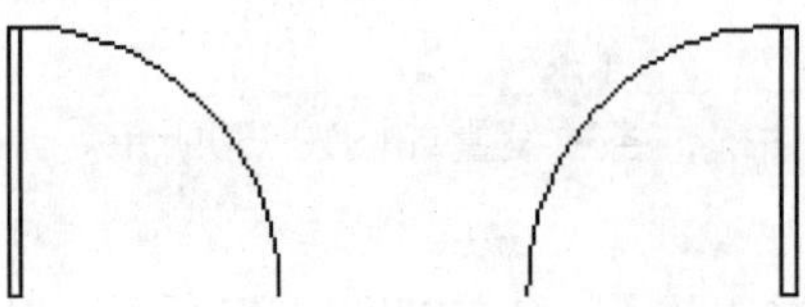

图10-52 左门和右门

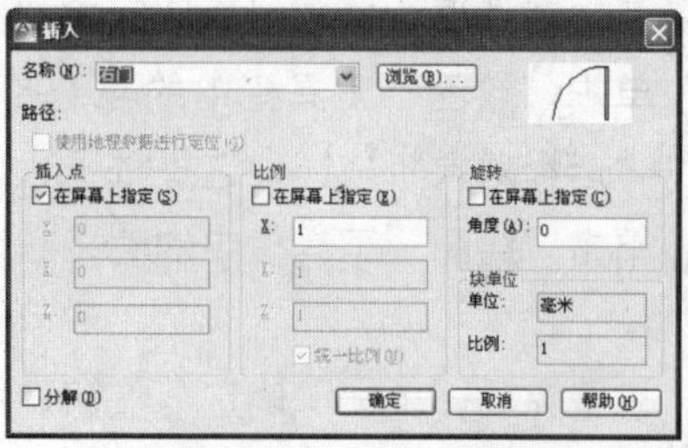

图10-53 “插入”对话框

04 采用同样方法把左门也插入进来，如图10-54所示。

05 单击“绘图”工具栏中的 按钮，绘制两条直线，如图10-55所示。

06 单击“修改”工具栏中的 按钮，修剪掉多余的直线，修剪后的门洞如图10-56所示。

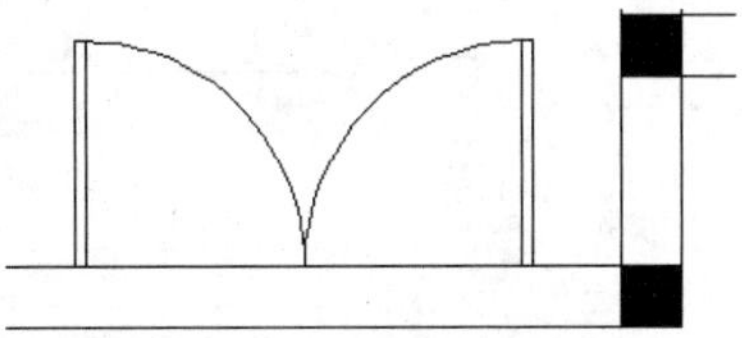

图10-54　插入门图

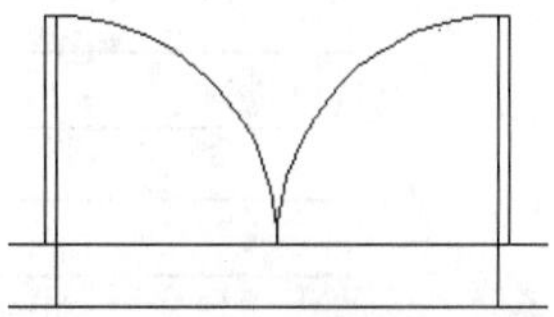

10-55　绘制直线

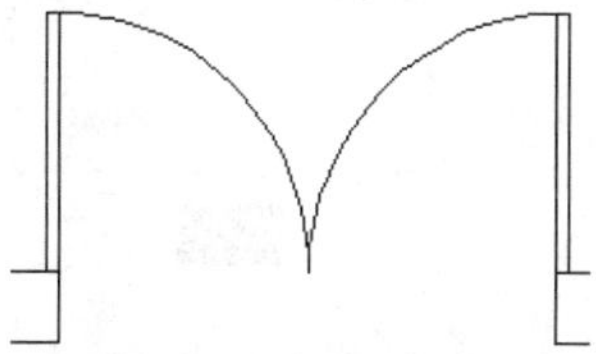

图10-56　修剪门洞

07 采用同样方法绘制出其他各出的门及门洞，结果如图10-57所示。

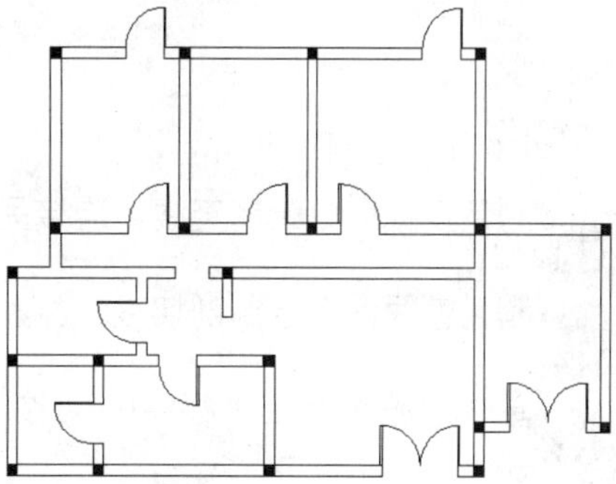

图10-57　绘制门及门洞

2. 绘制窗

01 绘制方法绘制本别墅所用的3种窗，它们分别是2200×240，1500×240，800×2400，如图10-58所示。

02 单击“绘图”工具栏中的 按钮，将3种形式的窗分别存储为块，以右下角点为基点。

03 单击“绘图”工具栏中的 按钮，将图10-58中所绘制的窗插入到合适的位置，如图10-59所示。

图10-58　3种形式的窗

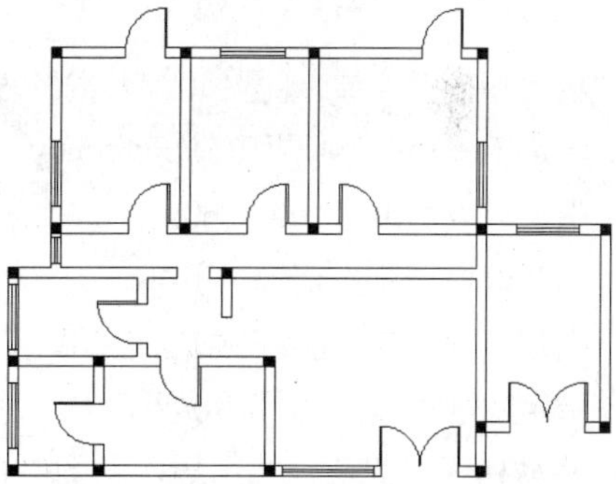

图10-59　插入窗户

10.3.4　绘制楼梯与阳台

1. 绘制楼梯

01 将“楼梯”层设置为当前层。

02 单击“绘图”工具栏中的 按钮，绘制一条长为800的直线，如图10-60所示。

03 单击“修改”工具栏中的按钮，将直线向上偏移150，依次复制出8条直线，如图10-61所示。

04 单击“绘图”工具栏中的按钮，绘制矩形扶手，命令行提示如下：

命令：_rectang

指定第一个角点或 [倒角(C)/标高(E)/圆角(F)/厚度(T)/宽度(W)]：//捕捉第一个点，如图10-62所示

指定另一个角点或 [面积(A)/尺寸(D)/旋转(R)]： @-80,1200

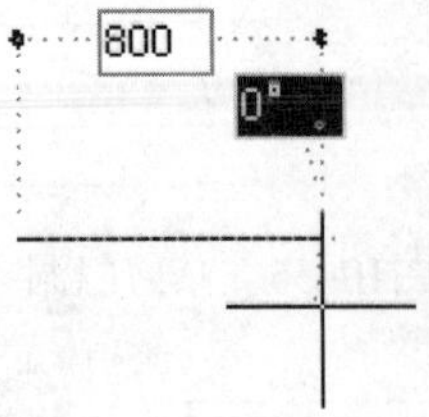

图10-60 绘制直线

图10-61 偏移直线

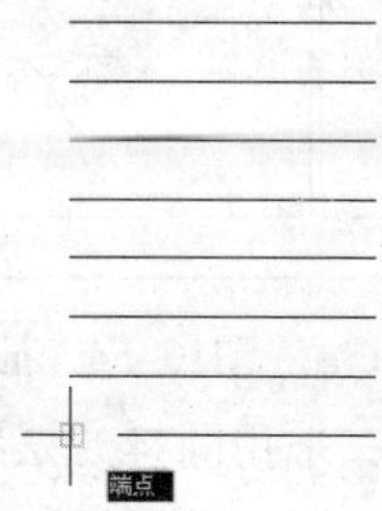

图10-62 捕捉矩形第一点

05 利用直线命令绘制直线，连接另一侧。

06 利用直线命令绘制剖切线，并利用修剪命令修剪掉多余的直线，如图10-63所示。

07 单击“绘图”工具栏中的按钮，绘制楼梯方向的指示线，如图10-64所示。命令行提示如下：

命令：_pline

指定起点： <正交 开> <对象捕捉 开>

当前线宽为 0

指定下一个点或 [圆弧(A)/半宽(H)/长度(L)/放弃(U)/宽度(W)]：

指定下一点或 [圆弧(A)/闭合(C)/半宽(H)/长度(L)/放弃(U)/宽度(W)]： w

指定起点宽度 <0>： 60

指定端点宽度 <60>： 0

指定下一点或 [圆弧(A)/闭合(C)/半宽(H)/长度(L)/放弃(U)/宽度(W)]：

指定下一点或 [圆弧(A)/闭合(C)/半宽(H)/长度(L)/放弃(U)/宽度(W)]：

08 将楼梯保存为块，然后插入到图中合适的位置，如图10-65所示。

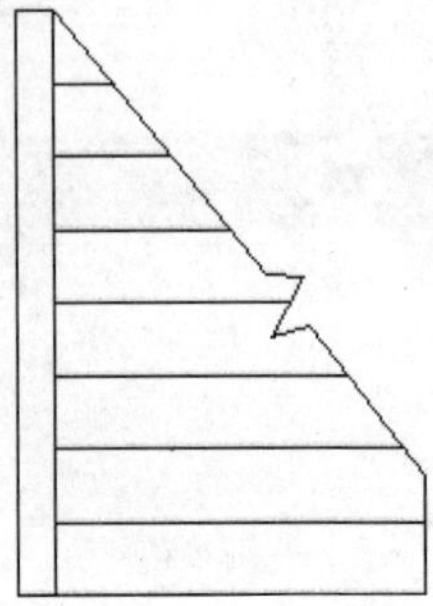
图10-63 绘制剖切线

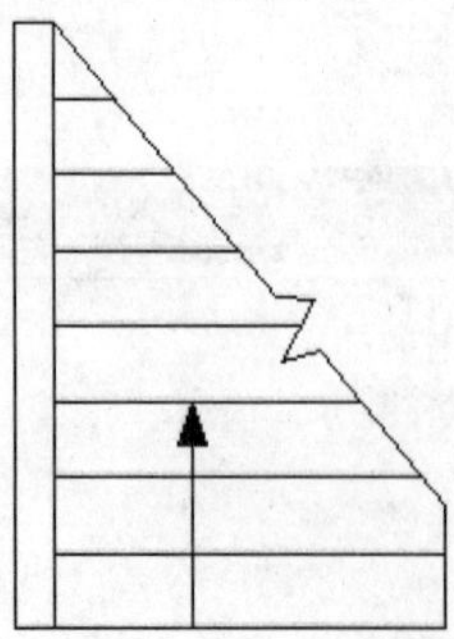
图10-64 绘制方向指示线

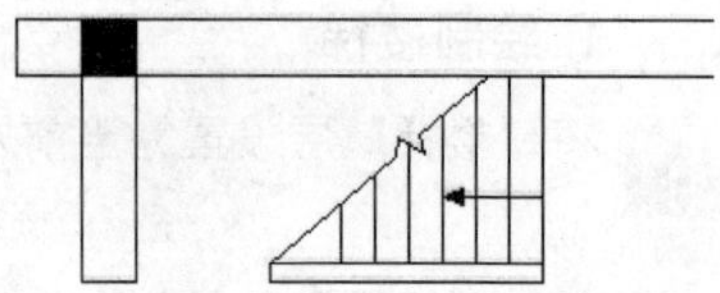
图10-65 插入楼梯

2. 绘制阳台

01 将“阳台”层设置为当前层。

02 利用直线和圆弧命令绘制阳台轮廓，如图10-66所示。

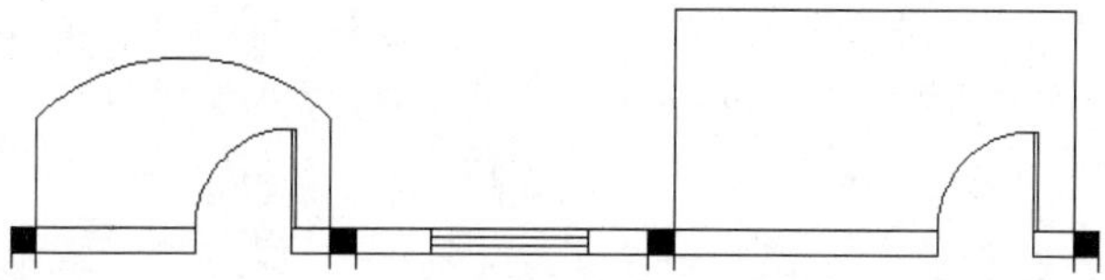

图10-66 阳台

10.3.5 绘制室内家具

将“室内家具”层设置为当前层。

1. 绘制沙发

绘制如图10-67所示的沙发。

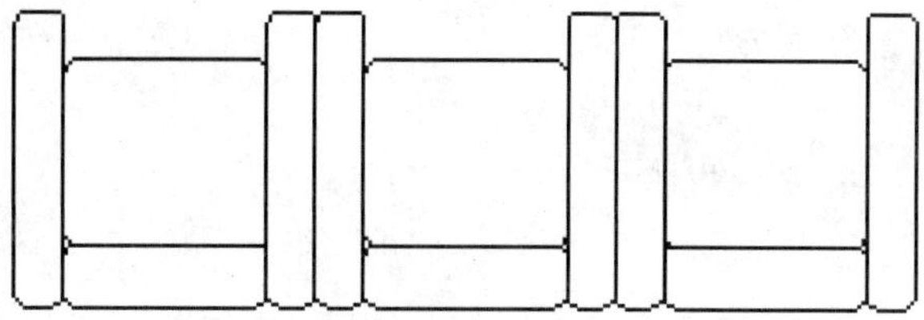

图10-67 沙发

2. 绘制桌子

01 单击“绘图”工具栏中的□按钮，命令行提示如下：

```
命令: _rectang
指定第一个角点或 [倒角(C)/标高(E)/圆角(F)/厚度(T)/宽度(W)]:
指定另一个角点或 [面积(A)/尺寸(D)/旋转(R)]: @500,-1000
```

02 利用偏移命令将矩形向内侧偏移，然后利用倒角命令进行倒角，命令行提示如下：

```
命令: _offset
当前设置: 删除源=否 图层=源 OFFSETGAPTYPE=0
指定偏移距离或 [通过(T)/删除(E)/图层(L)] <150>: 120
选择要偏移的对象，或 [退出(E)/放弃(U)] <退出>:
指定要偏移的那一侧上的点，或 [退出(E)/多个(M)/放弃(U)] <退出>:
选择要偏移的对象，或 [退出(E)/放弃(U)] <退出>:
命令: _chamfer
("修剪"模式) 当前倒角长度 = 80，角度 = 80
选择第一条直线或 [放弃(U)/多段线(P)/距离(D)/角度(A)/修剪(T)/方式(E)/多个(M)]: a
指定第一条直线的倒角长度 <80>: 80
指定第一条直线的倒角角度 <80>: 30
选择第一条直线或 [放弃(U)/多段线(P)/距离(D)/角度(A)/修剪(T)/方式(E)/多个(M)]:
选择第二条直线，或按住 Shift 键选择要应用角点的直线:
```

绘制好的桌子如图10-68所示。

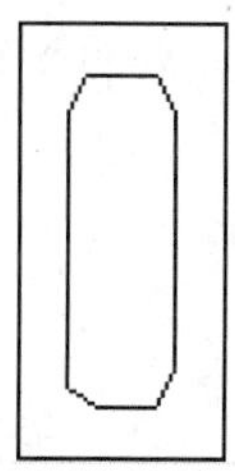

图10-68 桌子

3. 绘制床

01 单击“绘图”工具栏中的□按钮，绘制一个矩形，命令行提示如下：

命令: _rectang

指定第一个角点或 [倒角(C)/标高(E)/圆角(F)/厚度(T)/宽度(W)]:

指定另一个角点或 [面积(A)/尺寸(D)/旋转(R)]: @1800,-2000

02 选择“工具”→“新建UCS”→“原点”菜单命令，指定矩形角点为新的原点，利用矩形命令绘制小矩形，命令行提示如下：

命令: _rectang

指定第一个角点或 [倒角(C)/标高(E)/圆角(F)/厚度(T)/宽度(W)]: 300,-300

指定另一个角点或 [面积(A)/尺寸(D)/旋转(R)]: @480,-250

03 绘制另一个矩形。单击“修改”工具栏中的按钮，对两个矩形进行倒圆角，命令行提示如下：

命令: _fillet

当前设置: 模式 = 修剪，半径 = 0

选择第一个对象或 [放弃(U)/多段线(P)/半径(R)/修剪(T)/多个(M)]: r

指定圆角半径 <0>: 100

选择第一个对象或 [放弃(U)/多段线(P)/半径(R)/修剪(T)/多个(M)]:

选择第二个对象，或按住 Shift 键选择要应用角点的对象:

04 效果如图10-69所示。单人床的绘制方法与之类似，在此不再介绍。

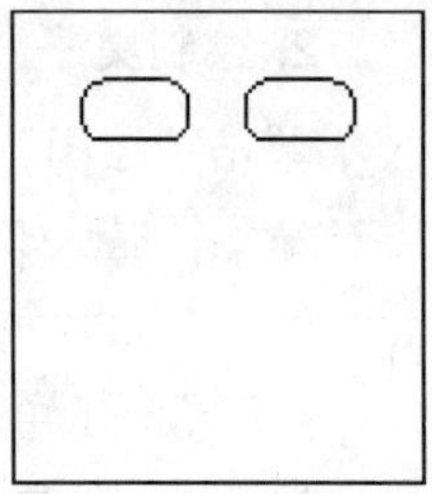

图10-69 双人床

利用二维图形命令依次绘制餐厅桌子、椅子、电视等家具，如图10-70所示。

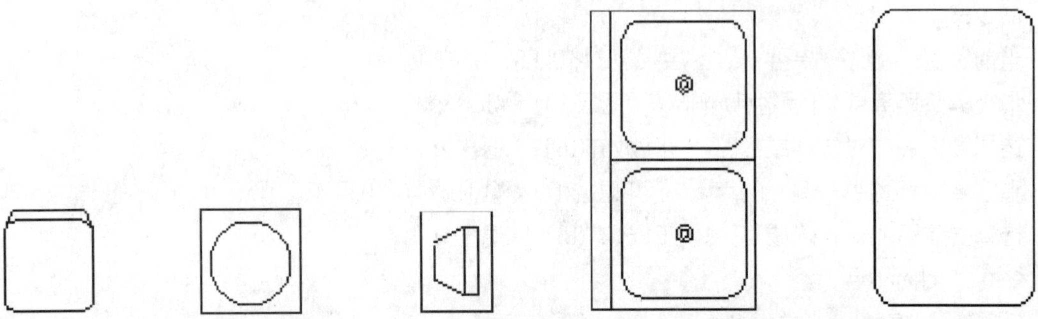

（a）椅子 （b）小桌 （c）电视 （d）水池 （e）浴池

图10-70 室内家具

4. 插入室内物品

01 将所有绘制的室内家具存储为块，插入到平面图中来，如图10-71所示。

02 选择“工具”→“选项板”→“工具选项板”菜单命令，打开“工具选项板”选项板，如图10-72所示。

03 选择“建筑”选项卡，单击“车辆”，将汽车插入进来，如图10-73所示。

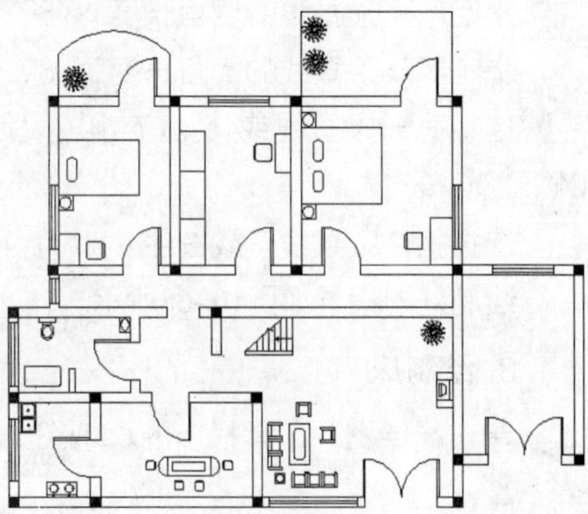

图10-71 插入室内家具

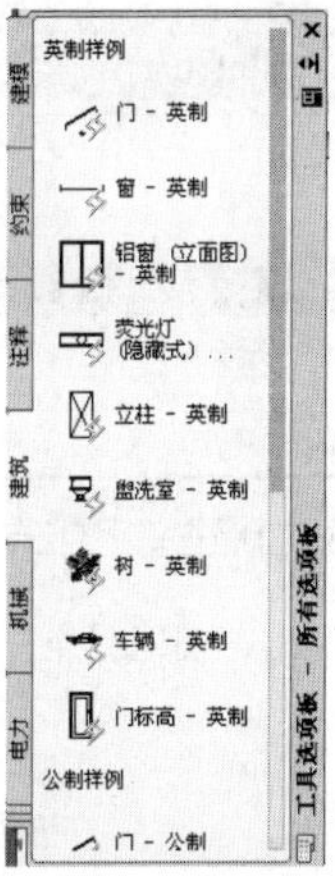

图10-72　“工具选项板”选项板

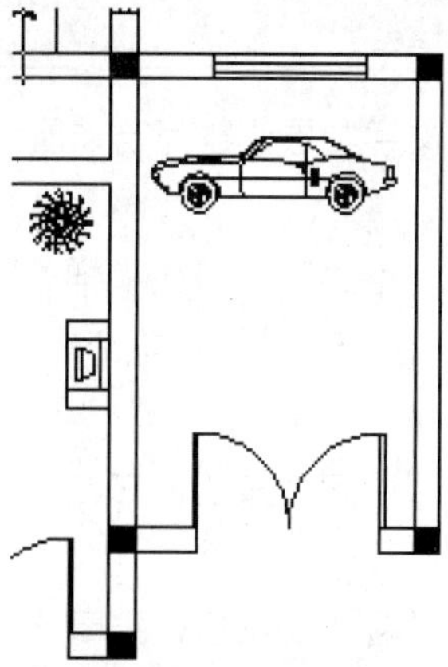

图10-73　插入汽车

10.3.6　填充图案

01 将“其他”层设置为当前层。

02 选择所有墙体，在“特性”选项板中选择“颜色”框中的蓝色。

03 设置其他家居为深绿色。

04 在“特性”选项板中设置颜色为黄色，单击“绘图”工具栏中的按钮，打开“图案填充和渐变色”对话框。

05 设置图案为NET，比例为80，如图10-74所示。单击“拾取点”按钮，拾取要填充的边界的内部，对边界进行填充。

06 对不同的房间可设置不同的填充边界和图案的颜色，填充完后如图10-75所示。

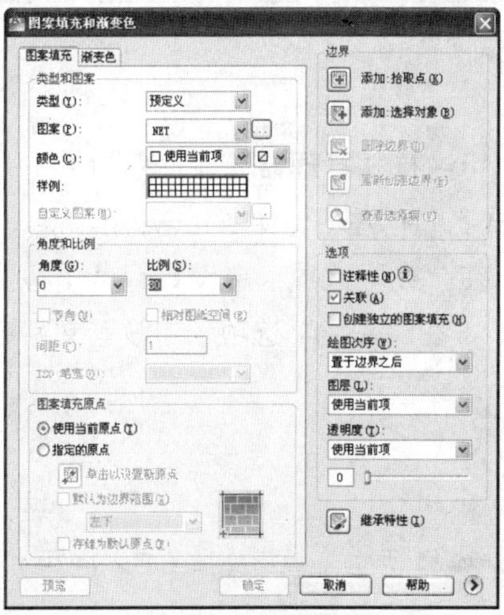

图10-74　“图案填充和渐变色”对话框

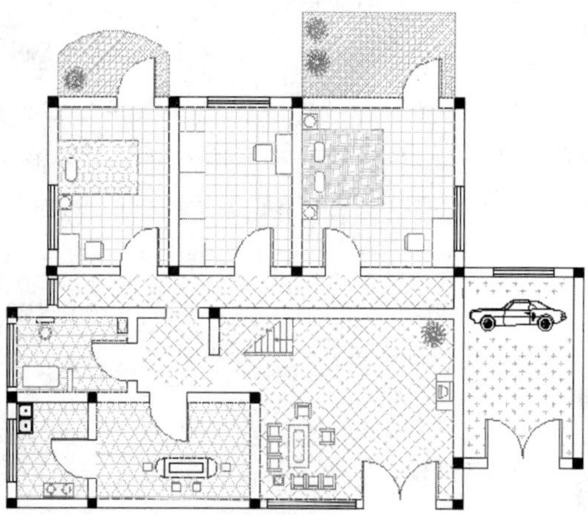

图10-75　填充后的图案

10.3.7 添加文字

01 将“文字”层设置为当前层。

02 选择“格式”→“文字样式”菜单命令，单击“新建”按钮，在“新建文字样式”对话框中输入“文字”，如图10-76所示。

图10-76 “新建文字样式”对话框

03 单击“确定”按钮，在弹出的“文字样式”对话框中设置“文字”样式，如图10-77所示。

04 单击“应用”按钮，关闭该对话框。

05 单击“绘图”工具栏中的A按钮，在合适的位置输入注释文字，如图10-78所示。

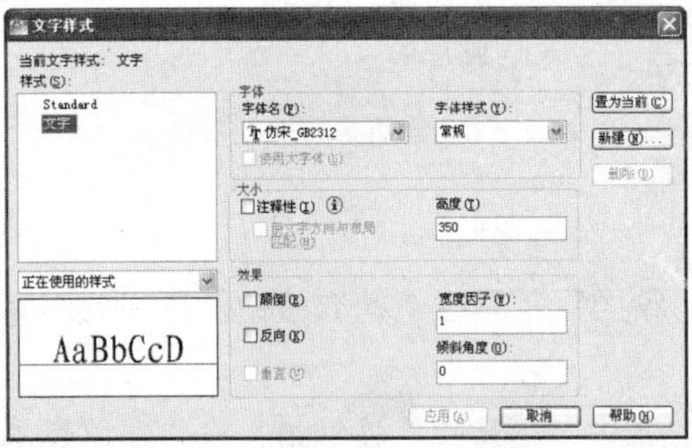

图10-77 “文字样式”对话框

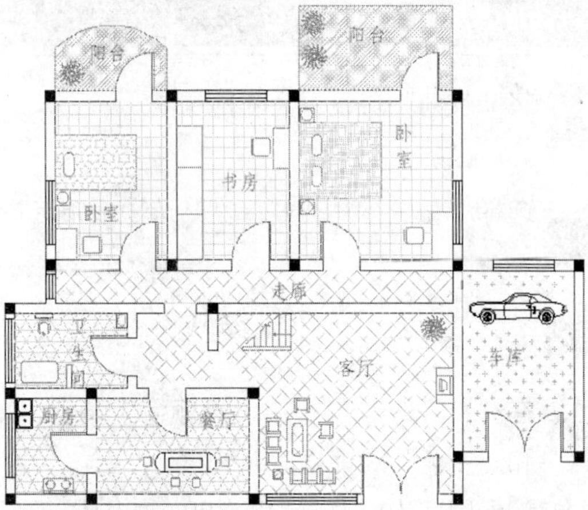

图10-78 添加文字注释

10.3.8 尺寸标注

01 将“标注”层设置为当前层。

02 选择“格式”→“标注样式”菜单命令，在打开的“标注样式管理器”对话框中单击“新建”按钮，在“创建新标注样式”对话框中输入新样式名“标注”，如图10-79所示。

03 单击“继续”按钮，打开“新建标注样式”对话框。在“线”选项卡中设置起点偏移量为5；在“符号和箭头”中设置“箭头”为“建筑标记”；在“文字”选项卡中设置文字高度为3.5；在“调整”选项卡中设置全局比例为100。

04 单击“确定”按钮，关闭“标注样式管理器”对话框。

05 选择“标注”菜单中的各种标注命令，对平面图的尺寸进行标注，结果如图10-80所示。

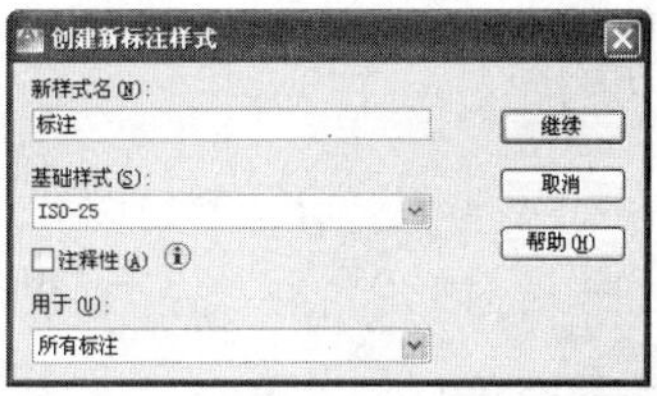

图10-79　“创建新标注样式”对话框

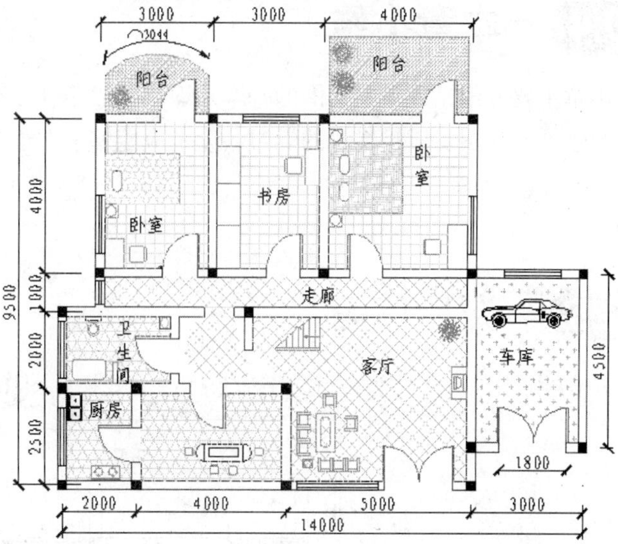

图10-80　标注

提示

对尺寸进行标注时，若有的位置用前面设置的“标注”样式不太符合或不太美观，可在标注后，选中该标注，然后右击选择“特性”命令，在打开的“特性”选项板中即可对个别样式进行修改。

10.3.9　添加图框和标题栏

本例所绘制的平面图为14000×9500，因此需要绘制一个A4大小的图框，绘制好后的图框如图10-81所示。

绘制完图框后，采用同样的方法绘制出标题栏即可，绘制好后的标题栏如图10-82所示。

将绘制好的标题栏保存，然后插入到平面图中，结果如图10-83所示。

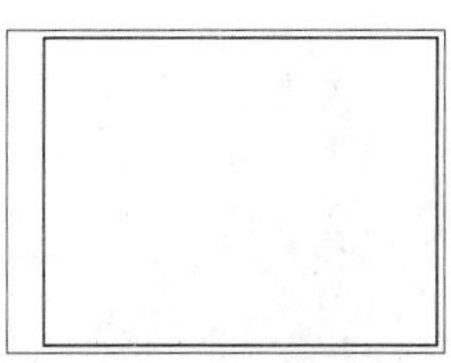

图10-81　图框

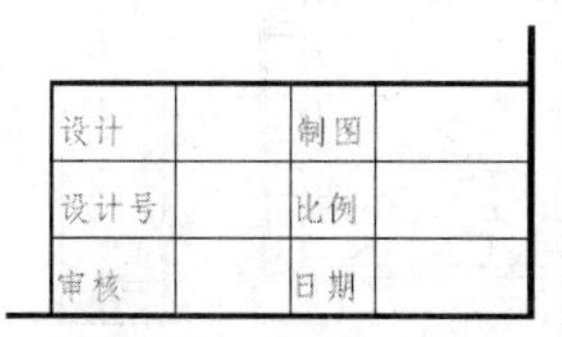

图10-82　标题栏图

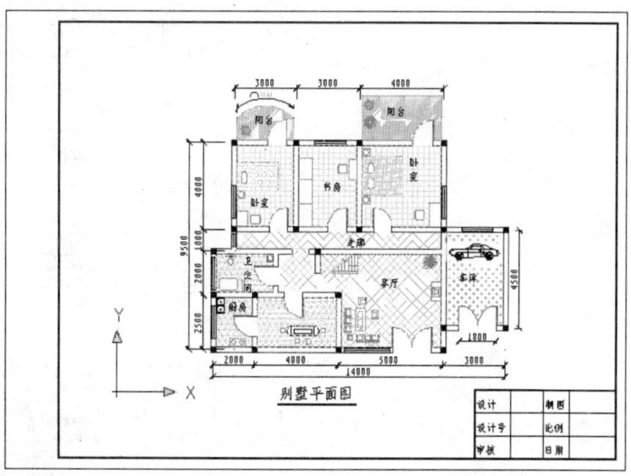

10-83　添加图框和标题栏

10.4 本章小结

本章主要介绍了建筑剖面图的基本知识和一般绘制方法，并利用AutoCAD 2012绘制出了一个完整的建筑剖面图。通过本章的学习，读者应能够掌握绘制建筑剖面图的基本方法和剖面图的主要绘制内容。

10.5 课后练习

（1）利用单行文字和多行文字命令标注，效果如图10-84所示。

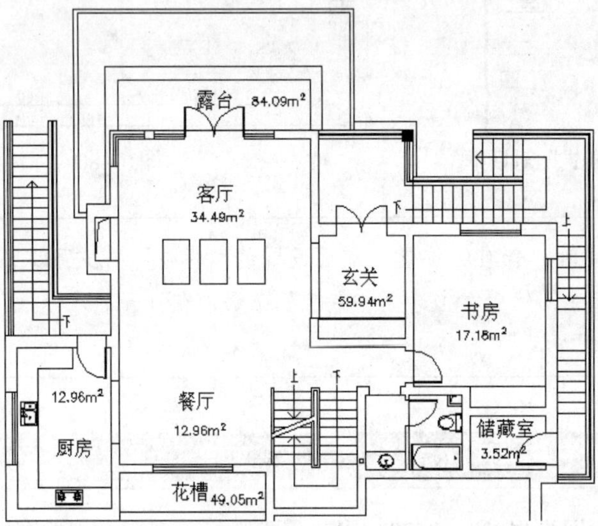

图10-84　标注别墅底层平面图文字

（2）利用线性标注、连续标注和快速标注等尺寸标注命令，进行如图10-85所示别墅底层平面图尺寸的标注。

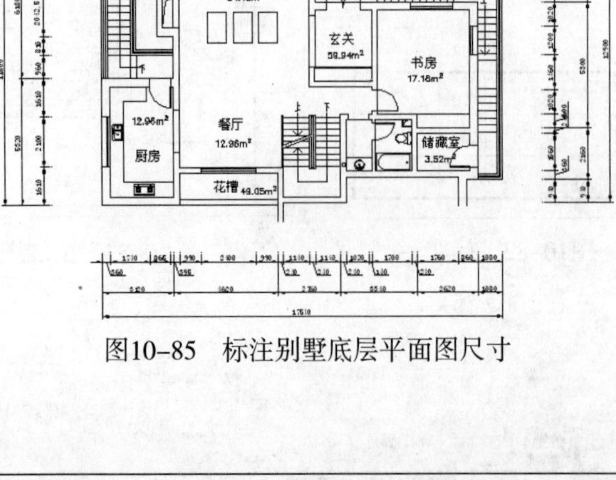

图10-85　标注别墅底层平面图尺寸

第11章 建筑施工图

本章内容提示

本章将详细介绍建筑施工图的主要内容和绘制方法，通过一个建筑物的建筑施工图的绘制，具体介绍总平面图绘制、平面图绘制、立面图绘制、剖面图绘制和详图绘制。每节将通过一个工程实例讲解具体的绘制过程，使读者体会绘制一幅施工图的过程、步骤和方法，从而进一步熟悉和巩固AutoCAD 2012的有关命令和基本操作，为以后的绘图打下坚实的基础。

学习要点

- □ 建筑施工图的内容
- □ 建筑施工图的绘制过程

建筑施工图是表示建筑外形、布局、构造以及建筑装饰的工程图样，是依据正投影原理和国家有关建筑制图标准、建筑行业的习惯表达方法绘制的，是指导施工、编制建筑工程概预算的主要技术文件之一。

11.1 建筑总平面图的绘制

下面绘制一个建筑总平面图。

1. 设置绘图环境

（1）设置图形界限

选择“格式”→“图形界限”命令，或在命令行中输入LIMITS命令。执行上述命令后，命令行提示如下：

命令: limits

重新设置模型空间界限:

指定左下角点或 [开(ON)/关(OFF)] <0.0000,0.0000>:

//按Enter键采用默认值

指定右上角点 <420.0000,297.0000>: 297000,210000

表示设置绘图比例为1:500的一个长为297000，宽为210000的图形界限，即A2图纸的大小。

（2）设置绘图单位

选择“格式”→“单位”菜单命令，或在命令行中输入Units命令，弹出“图形单位”对话框，如图11-1所示。

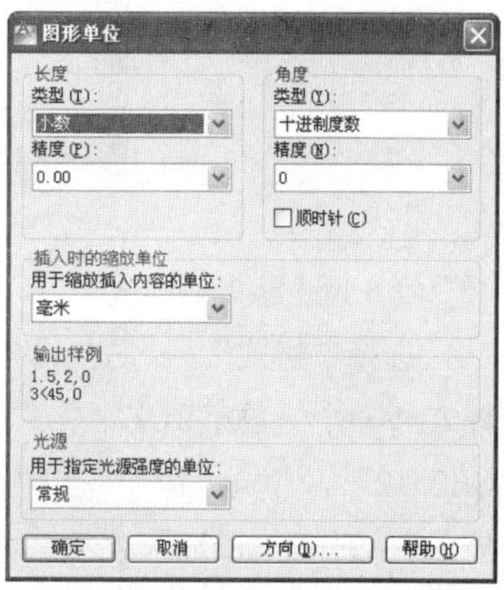

图11-1 “图形单位”对话框

在该对话框“长度”选项组“类型”下拉列表中选择“小数”，“精度”下拉列表中选择0.00，其他设置保持系统默认参数。

（3）设置线型

在建筑图形中，不同的对象有不同的表示，所以需要设置线型。选择“格式”→“线型”菜单命令，弹出“线型管理器”对话框，如图11-2所示。

单击“加载”按钮，弹出“加载或重载线型”对话框，如图11-3所示，在“可用线型”列表框中选择加载ACAD-IS002W100和DASHDOTX2两种线型，单击“确定”按钮，返回“线型管理器”对话框，单击“确定”按钮，完成设置。

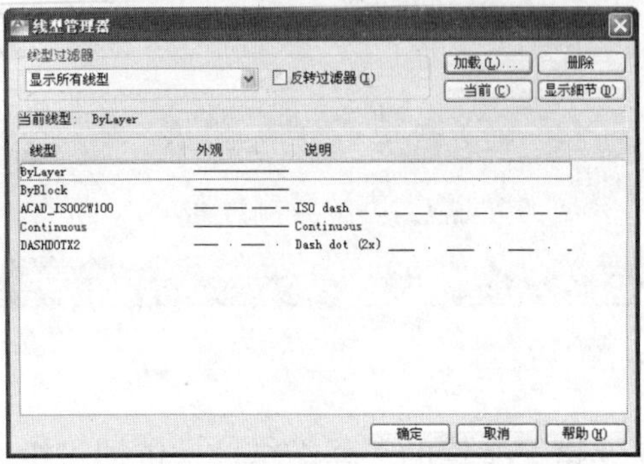

图11-2 “线型管理器”对话框

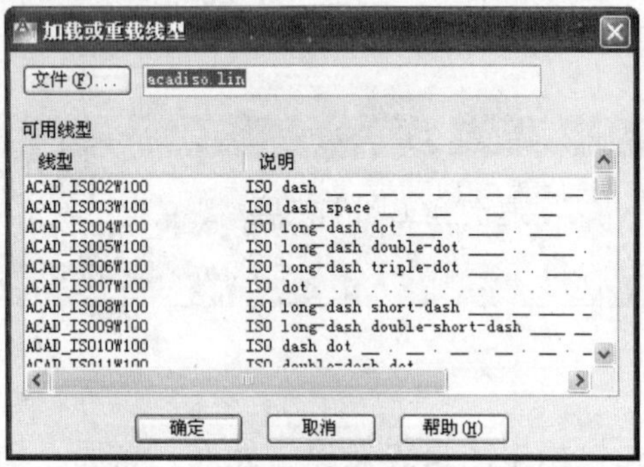

图11-3 “加载或重载线型”对话框

（4）设置图层

选择“格式”→“图层”菜单命令，或单击“图层”工具栏上的按钮，弹出“图层特性管理器”选项板，依次创建轴线、道路、围墙、原有建筑、新建建筑、拟建建筑、绿化及标注等图层，其中“轴线”图层的“线型”选择DASHDOTX2，“原有建筑”图层的“线宽”选择“0.35毫米”，“新建建筑”图层的“线宽”选择“0.70毫米”，“拟建建筑”图层的“线型”选择ACAD-ISO02W100，“线宽”选择“0.70毫米”，如图11-4所示。

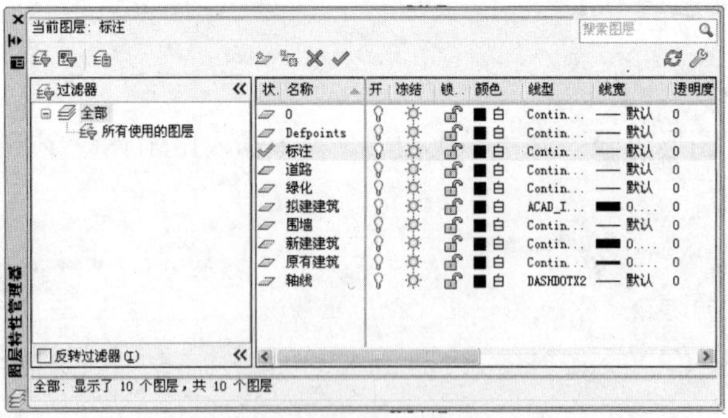

图11-4 “图层特性管理器”选项板

（5）设置文字样式

选择“格式”→“文字样式”菜单命令，弹出“文字样式”对话框。新建一个“文字”文字样式和一个“数字”文字样式，“文字”文字样式的具体设置参数为：“字体名”选择“仿宋_GB2312”，“宽度因子”设为0.70，如图11-5所示；“数字”文字样式的具体设置参数为：“字体名”选择“txt.shx”，勾选“使用大字体”，“大字体”中选择“gbcbig.shx”，“宽度因子”设为0.70，如图11-6所示。

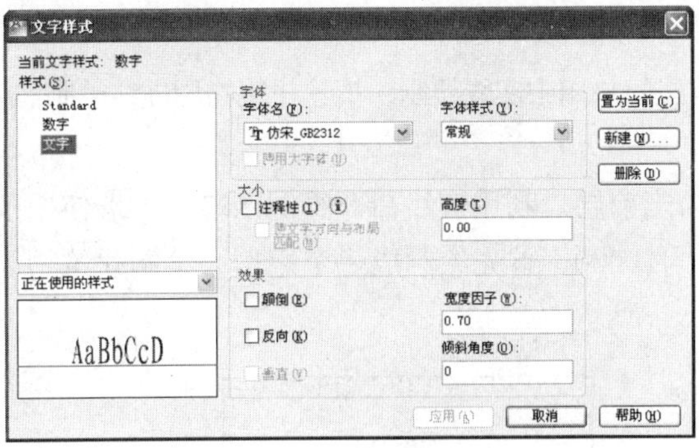

图11-5　“文字”文字样式

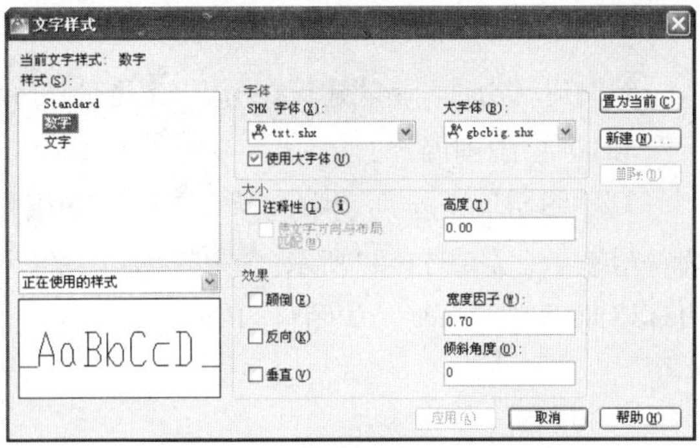

图11-6　“数字”文字样式

（6）设置标注样式

选择“格式”→“标注样式”菜单命令，弹出“标注样式”对话框，新建一个“1:500”标注样式。在“线”选项卡中，“超出尺寸线”设为1，“起点偏移量”设为5；在“符号和箭头”选项卡中，“箭头”选择“建筑标记”；在“文字样式”选项卡中，“文字样式”选择“数字”；在“调整”选项卡中，“文字位置”选择“尺寸线上方，不带引线”，“使用全局比例”设为500，得到如图11-7所示的标注样式。

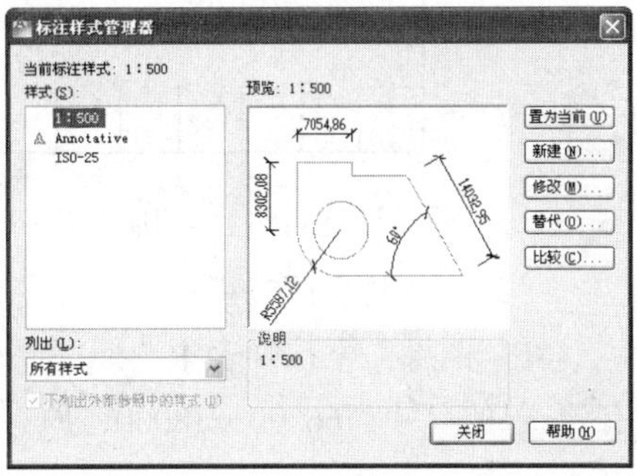

图11-7　“1:500”标注样式

到此为止，图形的绘图环境设置基本完成，若在绘图过程中需要修改，仍可以对它们进行重新设置，这样就避免了用户在绘图时因设置不合理而影响绘图。

2. 绘制道路

（1）绘制道路的轴线

在“图层”下拉列表中选择“轴线”图层作为当前层。利用直线命令绘制两条互为垂直的轴线，如图11-8所示。

提示

若直线的线型在绘图区内无法显示出来，用户可以双击直线，弹出“特性”选项板，修改“线型比例”即可显示，本例修改为500。

（2）绘制道路

在“图层”下拉列表中选择“道路”图层作为当前层。选择偏移命令，将轴线向两侧偏移10000，然后将偏移的直线放到“道路”图层中，即选中两条虚线，单击“图层”下拉列表中的“道路”图层，两条虚线就变成了实线，结果如图11-9所示。

利用圆角命令对直线进行修改，其中圆角的半径为10000，最后的结果如图11-10所示，

图11-8　轴线

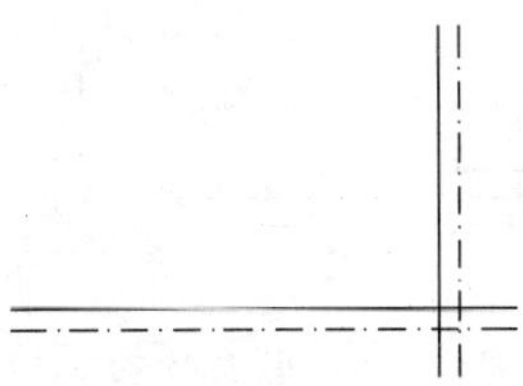

图11-9　偏移命令

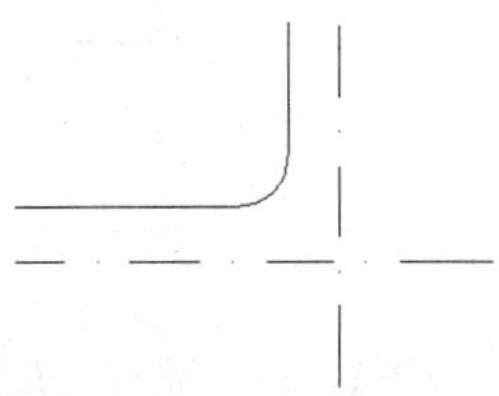

图11-10　圆角命令

3. 绘制建筑物

绘制建筑物时，新建建筑物用粗实线绘制，原有建筑物用中实线绘制，拟建建筑物用虚线绘制。

（1）绘制围墙

在“图层”下拉列表中选择“围墙”图层作为当前层。利用直线命令绘制围墙，围墙使用围墙符号表示，如图11-11所示，围墙距道路的距离为10000，首先绘制成一个矩形，绘制建筑物周边环境时再进行修改，如图11-12所示。

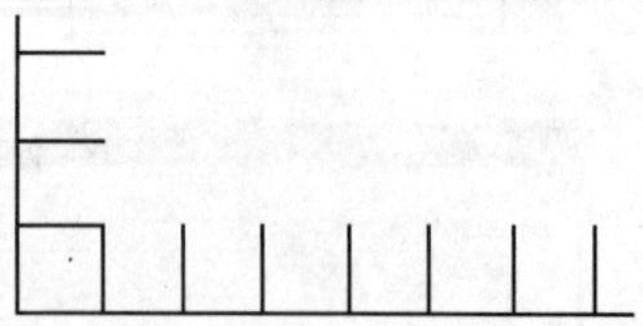

图11-11　围墙符号

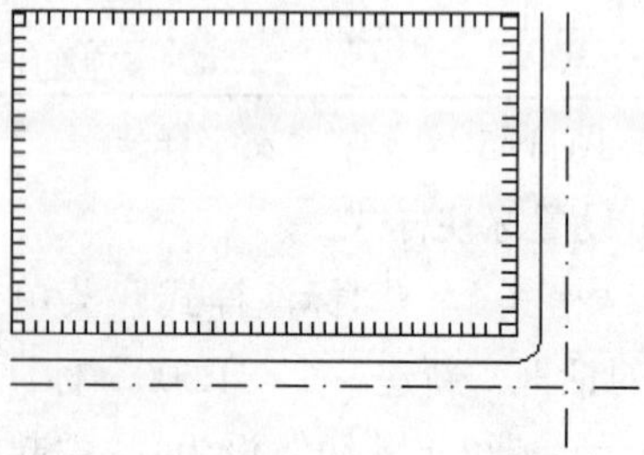

图11-12　围墙

（2）绘制原有建筑

在“图层”下拉列表中选择“原有建筑”图层作为当前层。利用矩形命令绘制原有建筑，原有建筑1的尺寸为66000×18000，原有建筑2的尺寸为50000×25000，如图11-13所示。

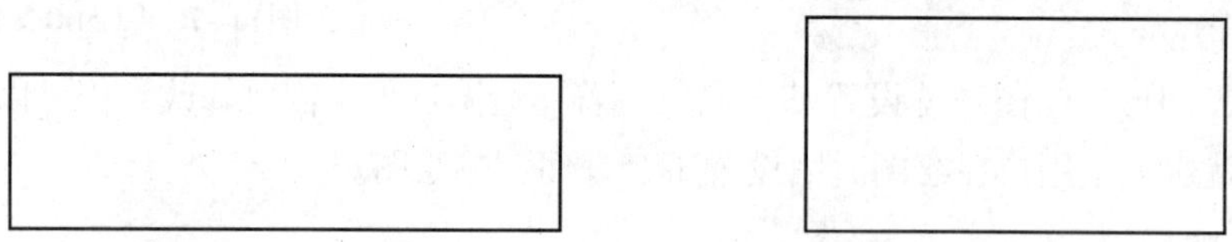

（a）　（b）

图11-13　原有建筑1

原有建筑1距离围墙的右上端点的距离为10000，两个原有建筑之间的距离为20000，如图11-14所示。

提示

若需要显示线宽，可以单击状态栏上的“线宽”按钮，在线宽开和线宽关之间转换。

原有建筑2距离围墙的左下端点的距离为10000，如图11-15所示。

（3）绘制新建建筑

在“图层”下拉列表中选择“新建建筑”图层作为当前层。利用矩形命令绘制新建建筑，新建建筑的尺寸与原有建筑1的尺寸相同，与原有建筑之间的距离为20000，如图11-16所示。

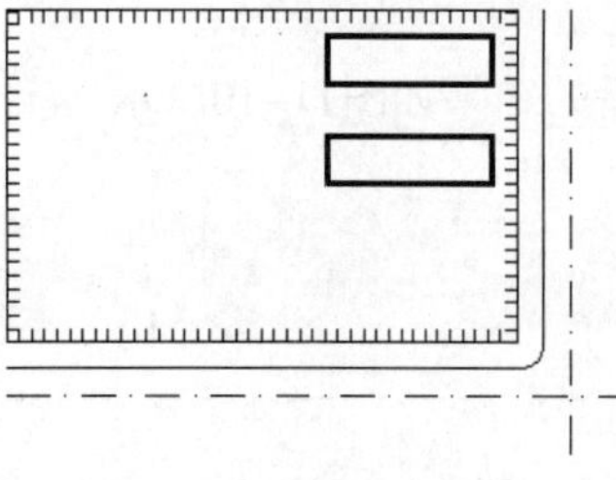

图11-14　原有建筑2

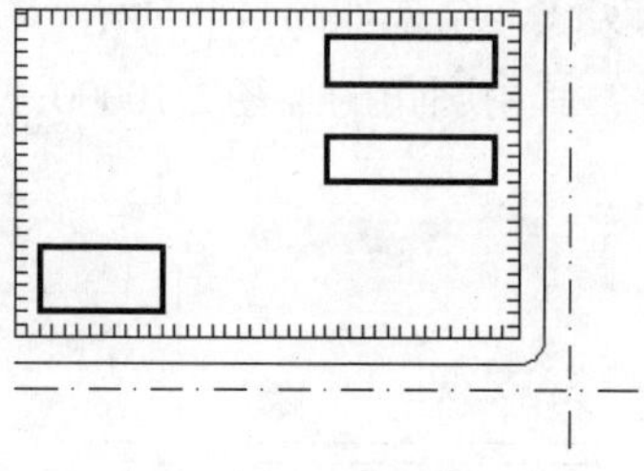

图11-15　原有建筑3

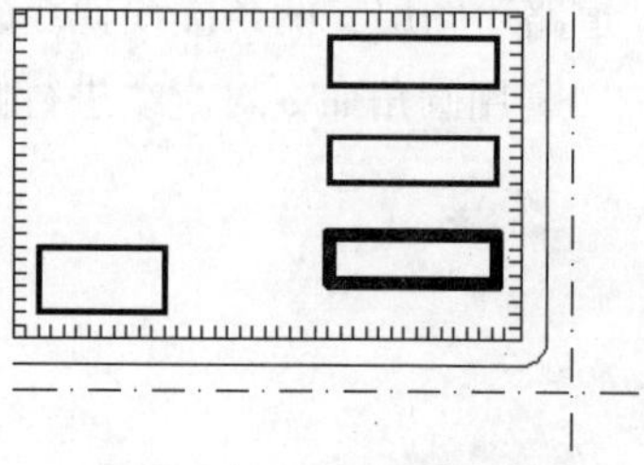

图11-16　新建建筑

（4）绘制拟建建筑

在“图层”下拉列表中选择“拟建建筑”图层作为当前层。利用矩形命令绘制拟建建筑，拟建建筑的尺寸与原有建筑2的尺寸相同，与原有建筑之间的距离为20000，此时将线宽关闭，如图11-17所示。

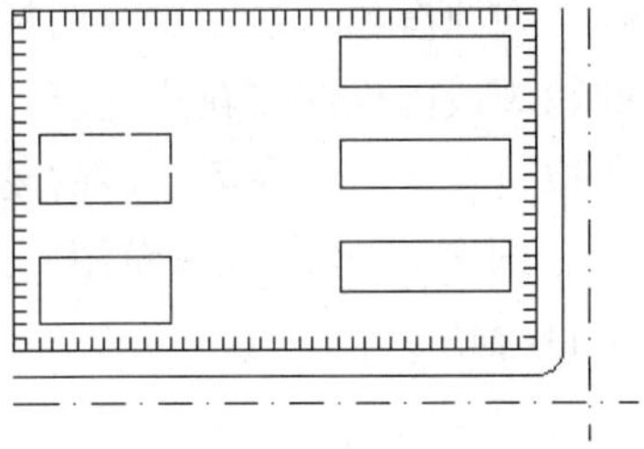

图11-17　拟建建筑

4. 绘制建筑物周边环境

（1）绘制活动区

在“图层”下拉列表中选择“道路”图层作为当前层。利用矩形命令绘制活动区，大小为80000×30000，与拟建建筑之间的距离为10000，如图11-18所示。

距拟建建筑的右上端点20000处，利用矩形命令绘制一个大小为50000×30000的矩形，如图11-19所示。

（2）绘制道路

在“图层”下拉列表中选择“道路”图层作为当前层。利用直线命令绘制道路，道路的宽度为5000，在道路拐角处利用圆角命令矩形圆角，圆角半径为5000，图中央的矩形的道路以矩形对角线为中心，在对角线的交点处绘制一个半径为5000的圆，结果如图11-20所示。

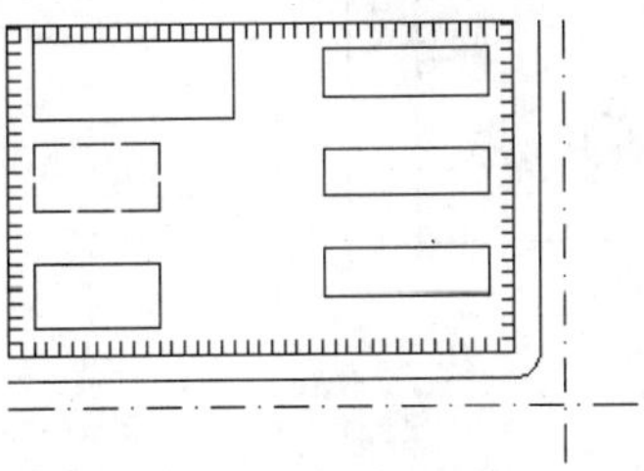

图11-18　活动区1

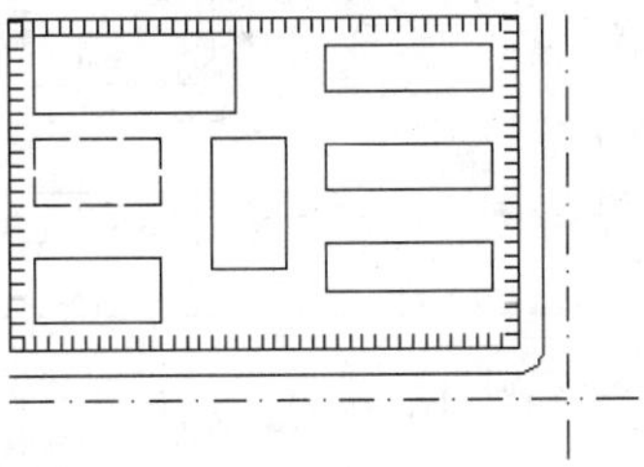

图11-19　活动区2

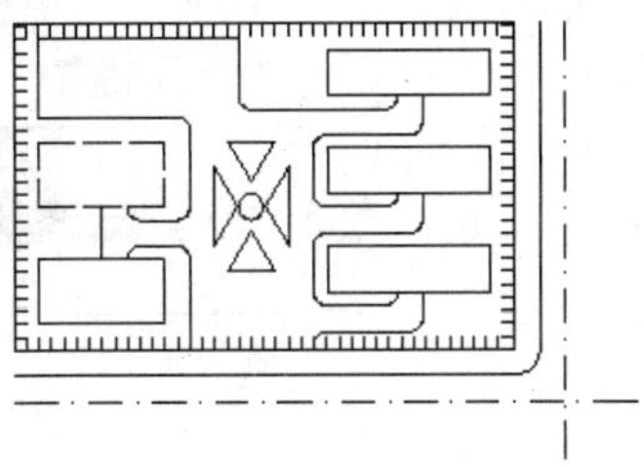

图11-20　道路

（3）绘制草坪

在“图层”下拉列表中选择“绿化”图层作为当前层。利用图案填充命令绘制草坪，在“预定义”类型中选择GRASS图案类型，比例设为300，结果如图11-21所示。

利用插入块命令插入选择已经定义的外部图块“树木”插入到当前图形中，比例指定为10000，并将围墙进行修改，结果如图11-22所示。

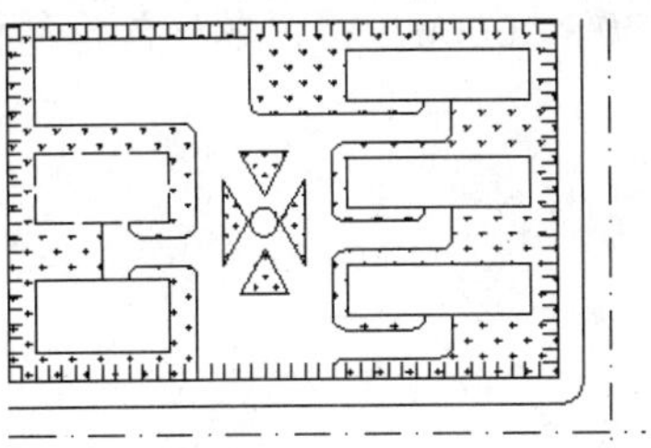

图11-21　草坪

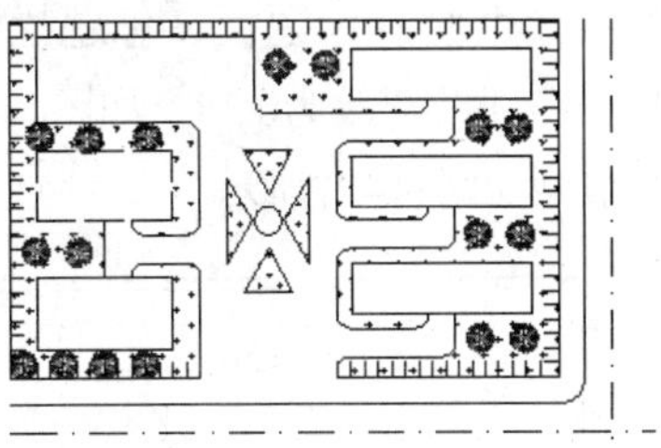

图11-22　树木

5. 标注尺寸和文字

在“图层”下拉列表中选择“标注”图层作为当前层，利用线性标注命令对图形进行标注，如图11-23所示。

在原有建筑的轮廓线内标注“原有建筑”，在新建建筑的轮廓线内标注“新建建筑”，在拟建建筑的轮廓线内标注“拟建建筑”，在活动区的轮廓线内标注“活动区”，最后标注图名“建筑总平面图1:500”，文字大小为3500，如图11-24所示。

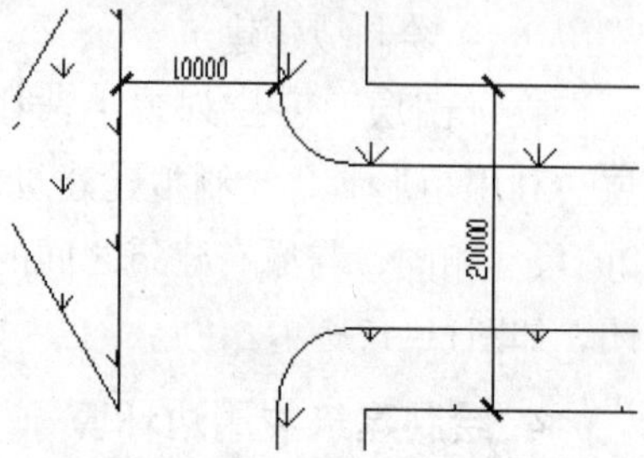

图11-23　标注

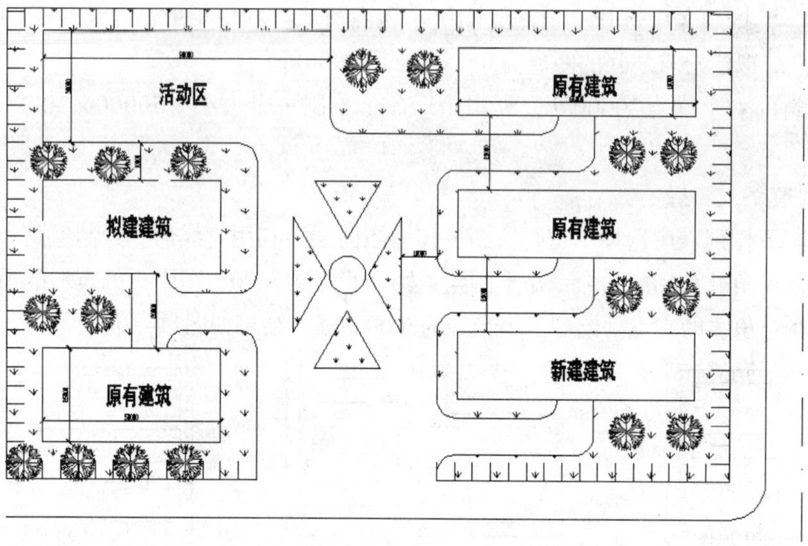

图11-24　标注

6. 添加图框

在“图层”下拉列表中选择“标注”图层作为当前层。本例采用A2图纸即可，绘图比例为1:500，故图框采用297000×210000。

利用矩形命令绘制图框的幅面线，再利用偏移命令绘制图框线，偏移距离为5000。然后利用拉伸命令修改图框线，将图框线左端向右拉伸7500，将图框线线宽修改为1.4，关闭线宽按钮，结果如图11-25所示。

利用直线命令绘制标题栏，标题栏的尺寸为60000×20000，将标题栏外框线的线宽改为0.7，标题栏分格线线宽改为0.35，如图11-26所示。

最后的结果如图11-27所示。

图11-25　图框

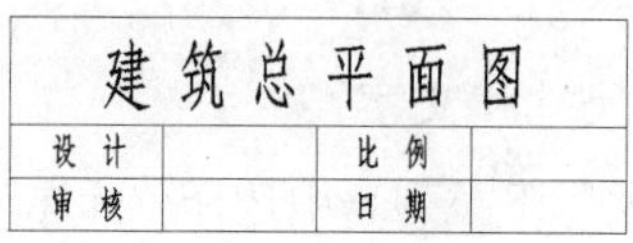

图11-26　标题栏

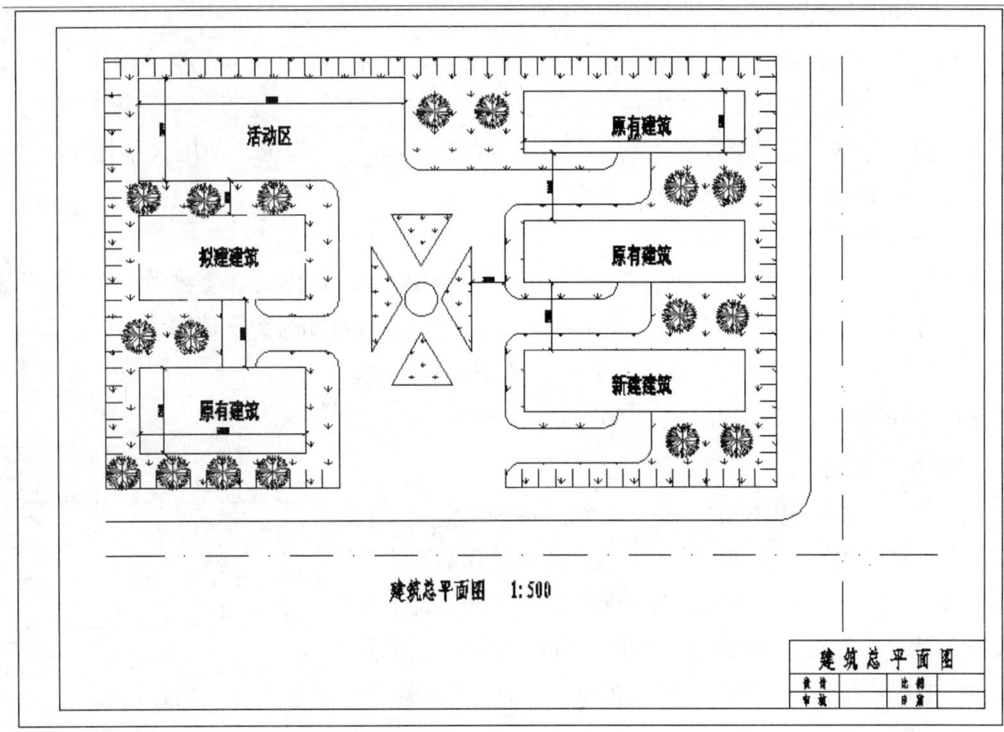

图11-27　建筑总平面图

11.2 建筑平面图的绘制

11.2.1　单元平面图的绘制

下面绘制一个单元平面图。

1. 设置绘图环境

（1）设置图形界限

本例采用的绘图比例为1:100，故图形界限设置为59400×42000，即A2图纸放大100倍。

（2）设置绘图单位

在“图形单位”对话框“长度”选项组“类型”下拉列表中选择“小数”，在“精度”下拉列表中选择0.00，其他设置保持系统默认参数。

（3）设置线型

选择加载DASHDOTX2线型作为轴线的线型。

（4）设置图层

在“图层特性管理器”选项组中，依次创建轴线、外墙、内墙、柱网、门窗、标注、楼梯及图框等图层，其中“轴线”图层的“线型”选择DASHDOTX2，“外墙”图层的“线宽”选择“0.35毫米”。

（5）设置文字样式

在“文字样式”对话框中，新建一个“文字”文字样式和一个“数字”文字样式，“文字”文字样式的具体设置参数为：“字体名”选择“仿宋_GB2312”，“宽度因子”设为0.70；“数字”文字样式的具体设置参数为：“字体名”选择“txt.shx”，勾选“使用大字体”，“大字体”中选择“gbcbig.shx”，“宽度因子”设为0.70。

（6）设置标注样式

在“标注样式”对话框中，新建一个“1:100”标注样式，具体设置参数为：在“线”选项卡中，将“超出尺寸线”设为1，“起点偏移量”设为5；“符号和箭头”选项卡中，“箭头”选择“建筑标记”；“文字样式”选项卡中，“文字样式”选择“数字”；“调整”选项卡中，“文字位置”选择“尺寸线上方，不带引线”，“使用全局比例”设为100。

2. 绘制定位轴线

在“图层”下拉列表中选择“轴线”图层作为当前层。利用直线命令绘制两条互为垂直的轴线，然后使用偏移命令将轴线偏移，水平轴线之间的距离依次为4800、2400、3600，下部垂直轴线之间的距离依次为3200、4000、4000、3200，上部垂直轴线之间的距离依次为3200、2750、2500、2750、3200，将中间3条轴线调整，如图11-28所示。

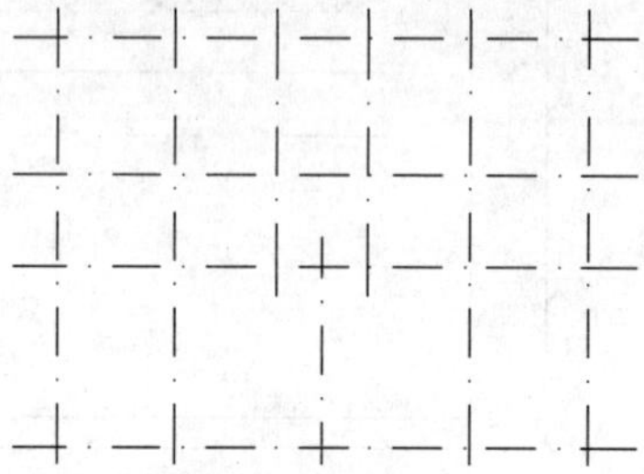

图11-28 轴线

3. 绘制墙体

通常有两种方法绘制墙体：一种是偏移轴线，将轴线向两边偏移一定量的距离得到墙体，再将其放到墙图层中；另一种方法使用多线命令绘制墙体。本例用多线命令绘制墙体。

本例中，外墙采用300mm厚的墙体，轴线两侧分别为180、120；内墙采用250mm厚的墙体，轴线中心对称。绘制墙体之前，应首先设置多线样式。

01 选择“格式”→“多线样式”菜单命令，弹出“多线样式”对话框，在该对话框中创建一个“外墙”多线样式，具体参数设置如下：选择直线的起点和终点封口，设置一条直线的偏移量为0.6，另一条直线的偏移量为-0.4。

02 再创建一个“内墙”多线样式，具体参数设置如下：选择直线的起点和终点封口，设置一条直线的偏移量为0.5，另一条直线的偏移量为-0.5。

03 结果如图11-29所示。

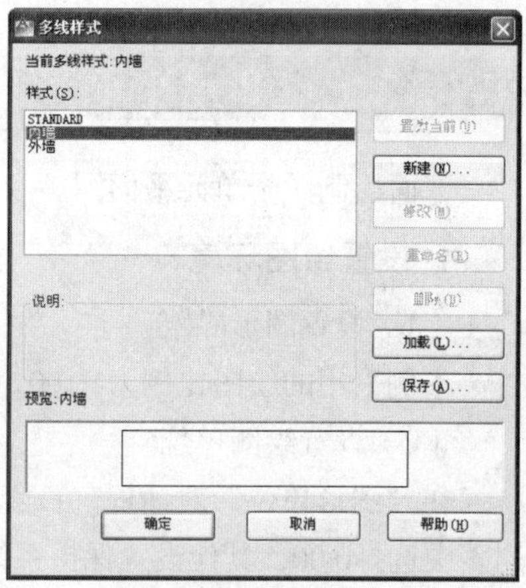

图11-29 设置多线样式

04 多线样式设置完成后，绘制墙体。在“图层”下拉列表中选择“外墙”图层作为当前层。利用多线命令绘制外墙，命令行提示如下：

命令：_mline

当前设置：对正 = 上，比例 = 20.00，样式 = STANDARD

指定起点或 [对正(J)/比例(S)/样式(ST)]： st

输入多线样式名或 [?]： 外墙

当前设置：对正 = 上，比例 = 20.00，样式 = 外墙
指定起点或 [对正(J)/比例(S)/样式(ST)]： s
输入多线比例 <20.00>： 300
当前设置：对正 = 上，比例 = 300.00，样式 = 外墙
指定起点或 [对正(J)/比例(S)/样式(ST)]： j
输入对正类型 [上(T)/无(Z)/下(B)] <上>： z
当前设置：对正 = 无，比例 = 300.00，样式 = 外墙
指定起点或 [对正(J)/比例(S)/样式(ST)]：
指定下一点：
指定下一点或 [放弃(U)]：

05 结果如图11-30所示。

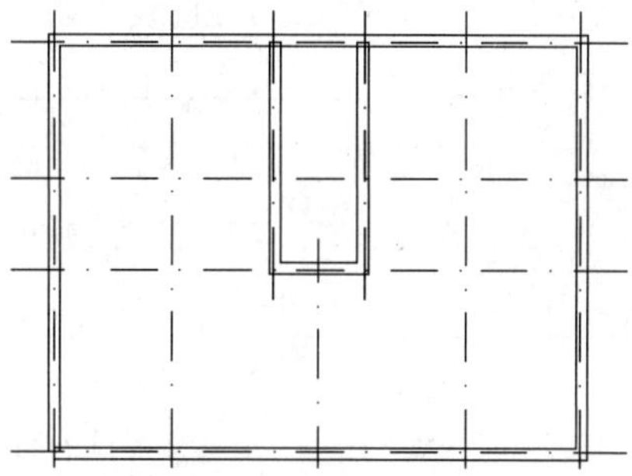

图11-30 绘制外墙

06 在“图层”下拉列表中选择“内墙”图层作为当前层。利用多线命令绘制内墙，命令行提示如下：

命令：_mline
当前设置：对正 = 无，比例 = 300.00，样式 = 外墙
指定起点或 [对正(J)/比例(S)/样式(ST)]： st
输入多线样式名或 [?]： 内墙
当前设置：对正 = 无，比例 = 300.00，样式 = 内墙
指定起点或 [对正(J)/比例(S)/样式(ST)]： s
输入多线比例 <300.00>： 250
当前设置：对正 = 无，比例 = 250.00，样式 = 内墙
指定起点或 [对正(J)/比例(S)/样式(ST)]： j
输入对正类型 [上(T)/无(Z)/下(B)] <无>： z
当前设置：对正 = 无，比例 = 250.00，样式 = 内墙
指定起点或 [对正(J)/比例(S)/样式(ST)]：
指定下一点：
指定下一点或 [放弃(U)]：

07 结果如图11-31所示。

08 通过多线编辑对墙体的细部进行编辑，墙体拐角处使用“角点结合”按钮，相交墙体处使用“T形合并”，结果如图11-32所示。

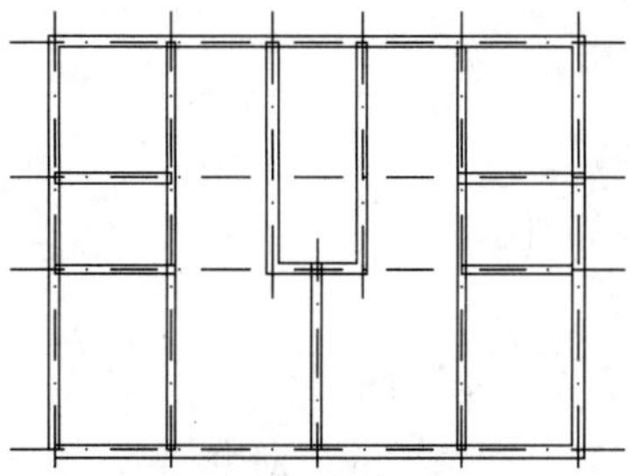

图11-31 绘制内墙

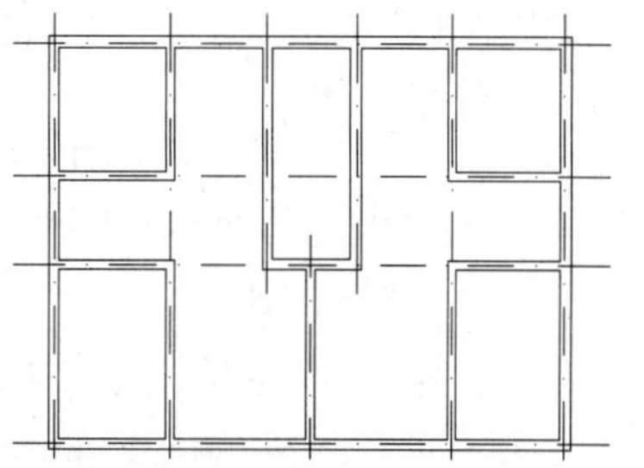

图11-32 编辑墙体

4. 绘制门窗

绘制门窗时，首先利用直线和修剪命令将门窗洞口的位置绘制出来，然后插入已经定义好的门窗图块即可。

（1）定义窗图块

门图块已经在第8章定义为外部图块，直接调用即可，下面介绍如何定义窗图块。

首先利用直线命令绘制窗图形，如图11-33所示，窗的大小为1×1的矩形，窗的两条中间线距上下线的距离为0.33。

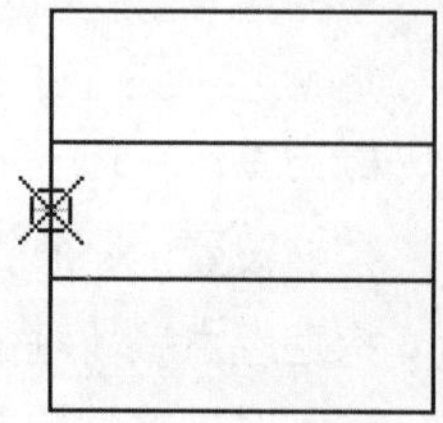

图11-33　窗图形

（2）创建为内部图块

单击“绘图”工具栏上的“创建块”按钮，在弹出的对话框“名称”文本框中输入“窗”，采用单击方式来指定基点和选择对象，基点选择图11-33图形中的直线中点，选择对象为6条直线，如图11-34所示。

提示

在此将窗定义为1×1大小的单位图块，是为了提高该图块的通用性，适用于任何大小的窗，如需要插入的墙体厚为240，窗的长度为1800，只需在插入图块时输入相应的比例X=1800，Y=240即可。

（3）墙体开洞

利用直线和修剪命令将墙体开洞并绘制出窗洞口的位置，首先绘制两条辅助直线，如图11-35所示。

图11-34　“块定义”对话框

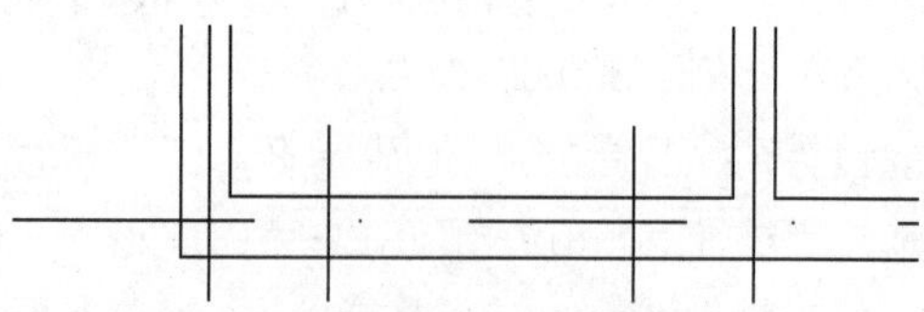

图11-35　墙体开洞1

利用修剪命令将墙体打断，将辅助线为修剪边界，如图11-36所示。

将辅助线删除，完成后的结果如图11-37所示。

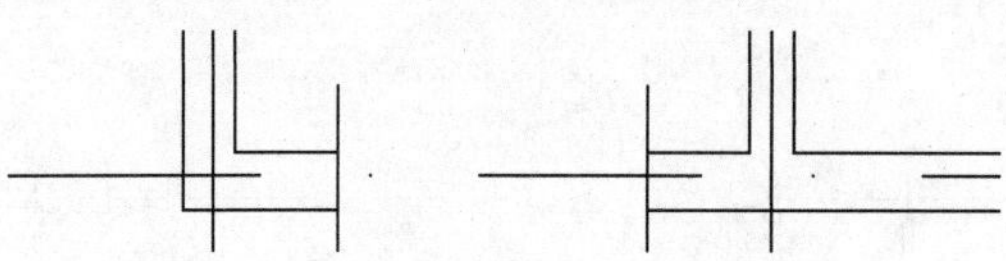

图11-36　墙体开洞2

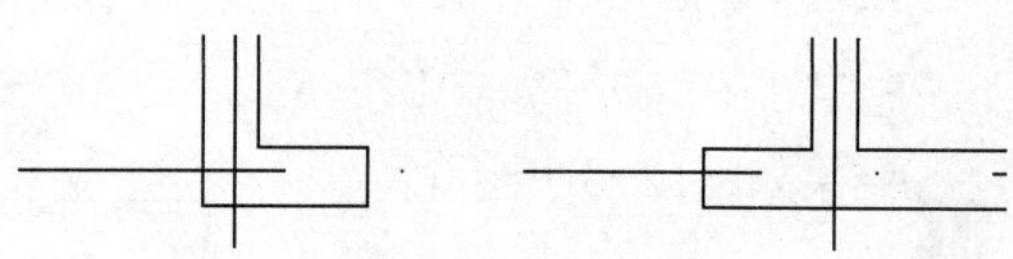

图11-37　墙体开洞3

墙体开洞的最后结果如图11-38所示。

（4）插入图块

在“图层”下拉列表中选择“门窗”图层作为当前层。例如，在图11-35所示的墙体处，利用插入块命令插入窗图块，设置如图11-39所示，结果如图11-40所示。

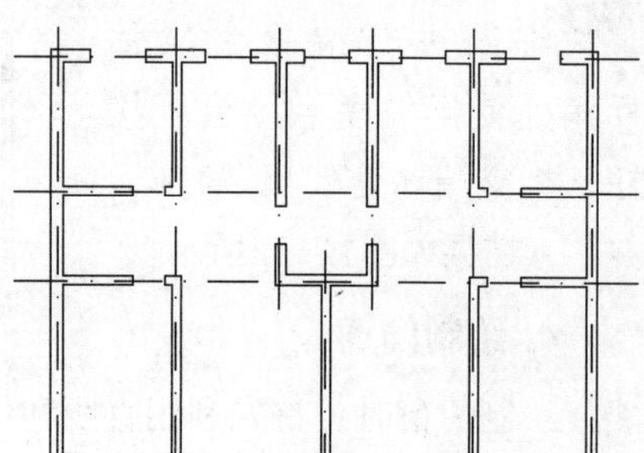

图11-38　墙体开洞效果

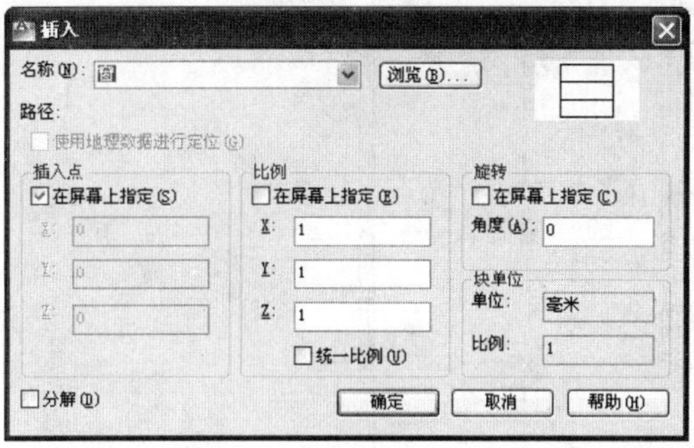

图11-39　“插入”对话框

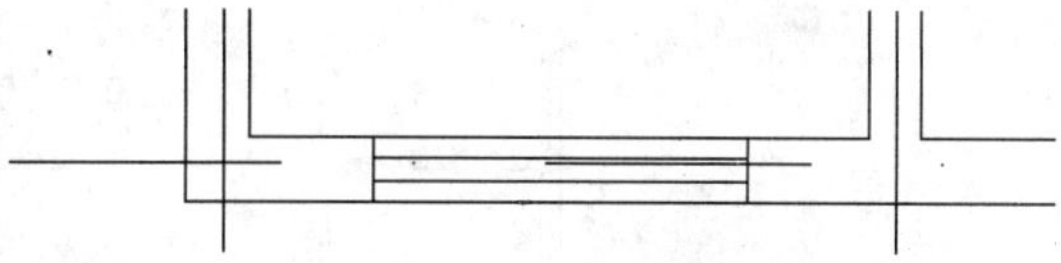

图11-40　插入窗

在图11-38中分别插入门图块和窗图块，最后的结果如图11-41所示。

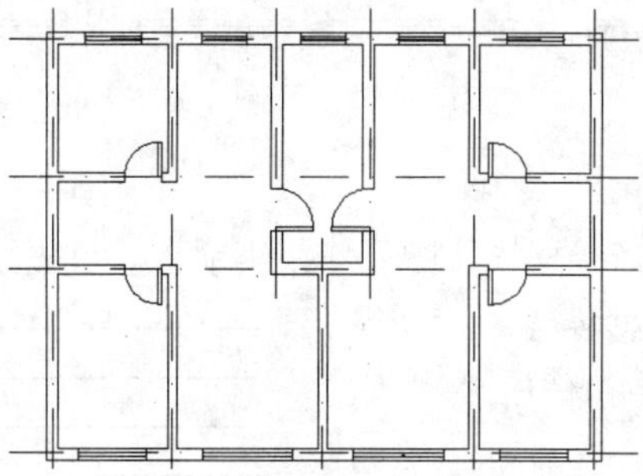

图11-41　插入门窗

提示

在插入门图块时，若要插入如图11-42所示的第二个和第三个门图块，则需要设置X、Y的插入比例以及图块的旋转角度。例如第二个图块的设置为X=+1，Y=+1，旋转角度设为−90°；第三个图块的设置为X=−1，Y=+1，旋转角度设为90°。对于其他情况，请读者自行练习。

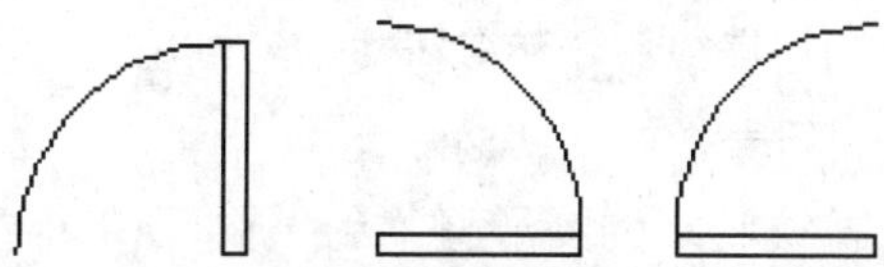

（1）　（2）　（3）

图11-42　门图块

5. 绘制柱网

01 在比例为1:100的平面图中，柱子不用绘制出材料的图例，直接涂黑即可。本例中采用200×200的矩形柱，图形中进行图案填充即可。

02 在“图层”下拉列表中选择“柱网”图层，作为当前层。利用矩形命令绘制出矩形来，再利用图案填充命令矩形图案填充，选择SOLID进行填充，如图11-43所示，结果如图11-44所示。

03 利用复制命令将填充好的柱复制到各个指定位置，最后结果如图11-45所示。

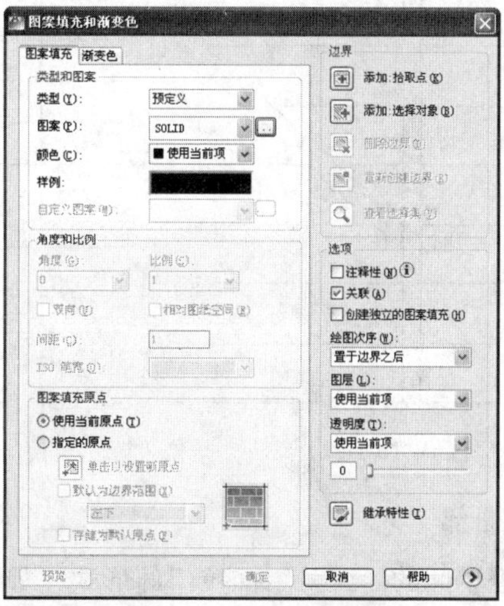

图11-43　图案填充

图11-44　柱

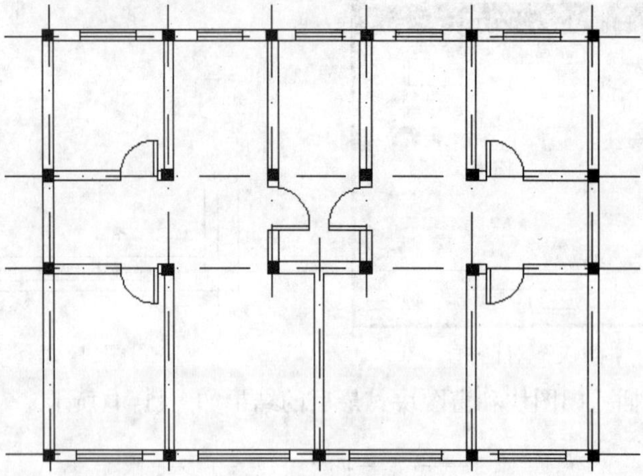

图11-45　柱网布置

6. 绘制楼梯

01 在“图层”下拉列表中选择“楼梯”图层作为当前层。首先绘制一条长度为2140的直线，然后利用阵列命令绘制其他楼梯线，楼梯踏步的宽度为300 ，结果如图11-46所示。

02 在直线的中点的两侧、距中点50处绘制两条直线作为楼梯井，结果如图11-47所示。

03 利用直线绘制剖断符号，修剪后的结果如图11-48所示。

04 利用直线命令和多行文字绘制出楼梯上下行符号，如图11-49所示。

图11-46　楼梯线

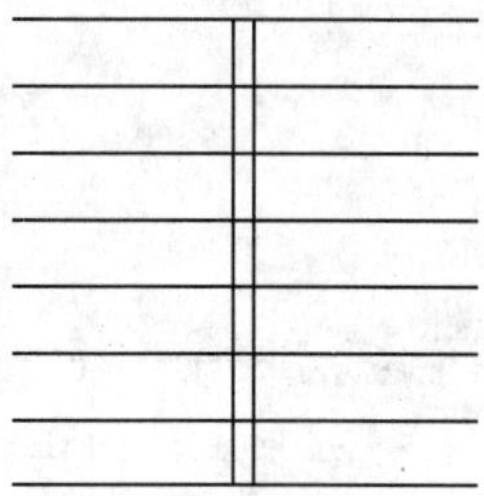

图11-47　楼梯井

05 将绘制好的图形移动到平面图中，楼梯最下面的一条楼梯线距离轴线处300，结果如图11-50所示。

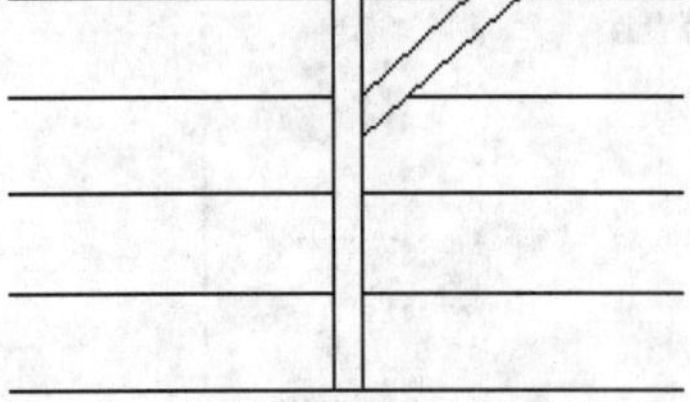

图11-48　楼梯

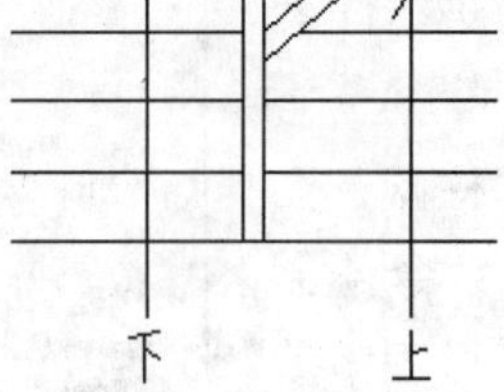

图11-49　楼梯

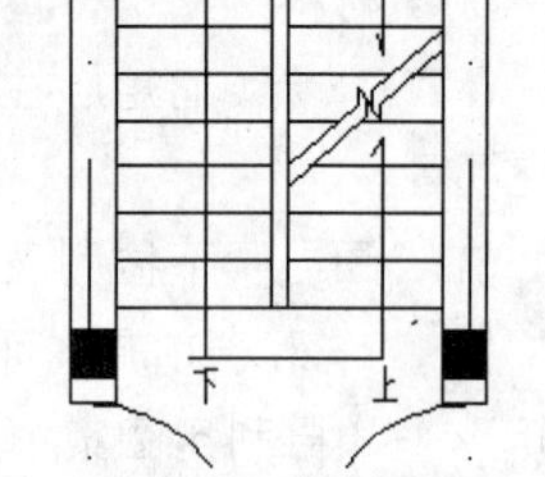

图11-50　楼梯

7. 绘制细部

厨房和卫生间的门，采用推拉门的形式，如图11-51所示，门的宽度为20，长度由具体位置而定。

添加后的结果如图11-52所示。

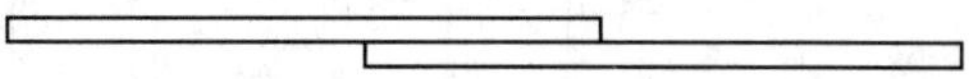

图11-51　推拉门

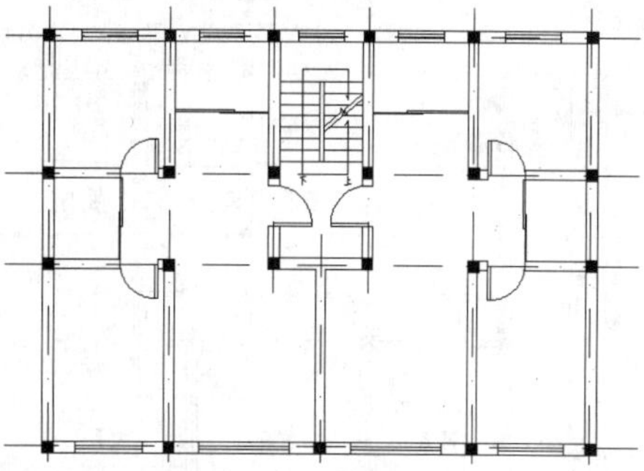

图11-52　添加推拉门

8. 标注尺寸和文字

在“图层”下拉列表中选择“标注”图层作为当前层。选择“1:100”标注样式作为当前样式，使用线性标注和连续标注方法标注，结果如图11-53所示。

使用多行文字将各个房间的功能标注到图形中，并注明标题，如图11-54所示。

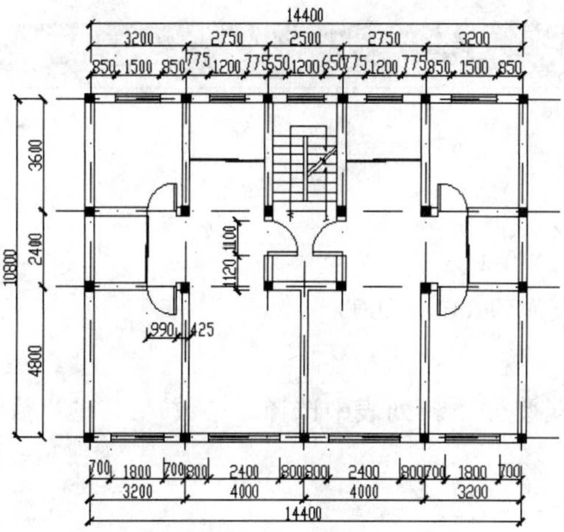

图11-53　尺寸标注

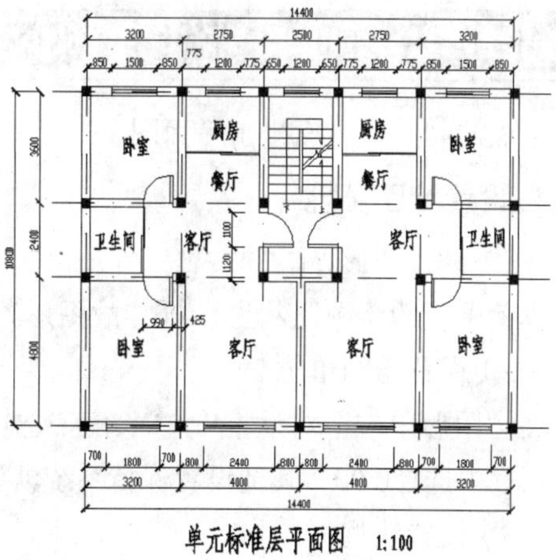

图11-54　文字标注

9. 添加图框

图框大小采用A4图幅，添加后的结果如图11-55所示。

若需要绘制组合平面图，只需将单元平面图进行组合，并进行必要的修改即可。例如将单元标准平面图组合成二个单元的组合平面图，如图11-56所示。

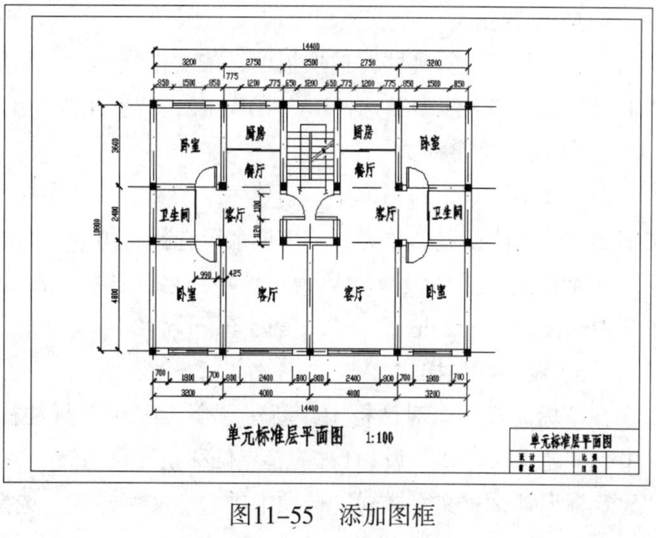

图11-55　添加图框

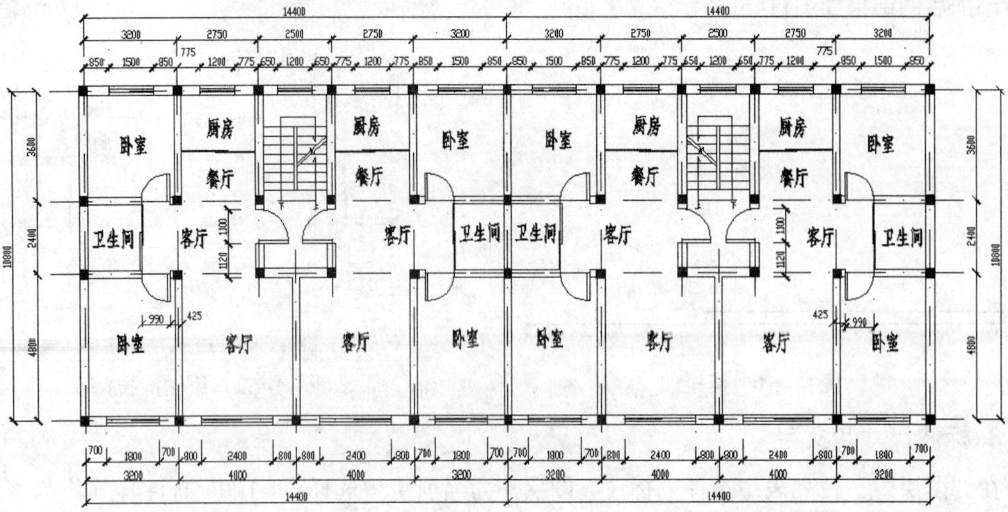

图11-56　组合平面图

11.2.2　屋面排水平面图的绘制

下面绘制一个屋面排水平面图。

1. 设置绘图环境

（1）设置图形界限

本例采用的绘图比例为1:100，故图形界限设置为59400×42000。

（2）设置绘图单位

在“图形单位”对话框中“长度”选项组“类型”下拉列表中选择“小数”，在“精度”下拉列表中选择0.00，其他设置保持系统默认参数。

（3）设置线型

选择加载DASHDOTX2线型作为轴线的线型。

（4）设置图层

在“图层特性管理器”选项板中，依次创建轴线、女儿墙、排水、标注及图框等图层，其中“轴线”图层的“线型”选择DASHDOTX2，“女儿墙”图层的“线宽”选择“0.35毫米”。

（5）设置文字样式

在“文字样式”对话框中，新建一个“文字”文字样式和一个“数字”文字样式，“文字”文字样式的具体设置参数为：“字体名”选择“仿宋_GB2312”，“宽度因子”设为0.70；“数字”文字样式的具体设置参数为：“字体名”选择“txt.shx”，勾选“使用大字体”，“大字体”中选择“gbcbig.shx”，“宽度因子”设为0.70。

（6）设置标注样式

在“标注样式”对话框中，新建一个“1:100”标注样式，具体设置参数为：在“线”选项卡中，“超出尺寸线”设为1，“起点偏移量”设为5；“符号和箭头”选项卡中，“箭头”选择“建筑标记”；“文字样式”选项卡中，“文字样式”选择“数字”；“调整”选项卡中，“文字位置”选择“尺寸线上方，不带引线”，“使用全局比例”设为100。

2. 绘制定位轴线

在“图层”下拉列表中选择“轴线”图层作为当前层。利用直线命令绘制两条互为垂直的轴线，然后使用偏移命令将轴线偏移，水平轴线之间的距离依次为4800、2400、3600，垂直轴线之间的距离依次为3200、4000、4000、3200、3200、4000、4000、3200，如图11–57所示。

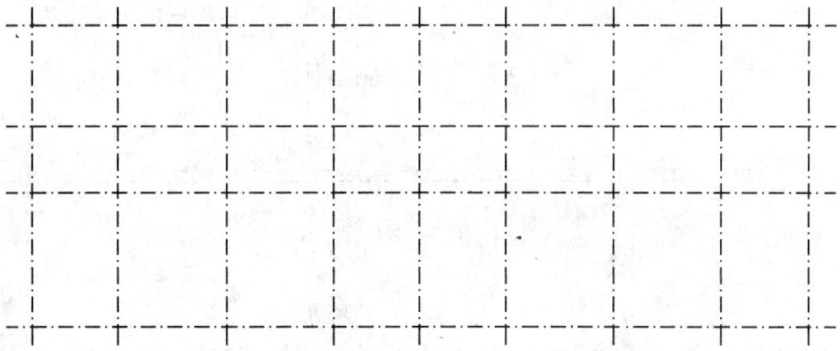

图11–57　轴线

3. 绘制女儿墙

在“图层”下拉列表中选择“女儿墙”图层作为当前层。女儿墙的厚度为300，沿建筑物周边布置，轴线外测为175，轴线内侧为125。利用偏移命令将轴线偏移，再将偏移后的直线放到“女儿墙”图层，修剪后的结果如图11–58所示。

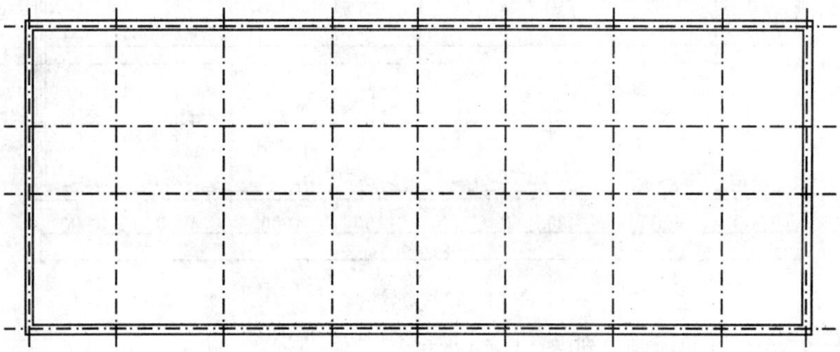

图11–58　女儿墙

4. 绘制排水

在“图层”下拉列表中选择“排水”图层作为当前层。在屋面排水平面图中应该绘制出排水坡度、排水方向和雨水口的位置，并标注出其具体参照的图集名称。排水坡度和排水方向一般采用如图11–59所示的形式，箭头方向表示排水方向，2%表示排水坡度。

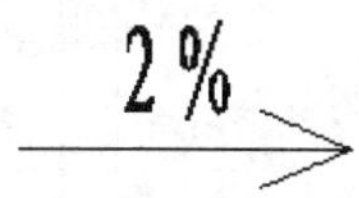

图11–59　排水

女儿墙处排水的具体画法如图11–60所示。

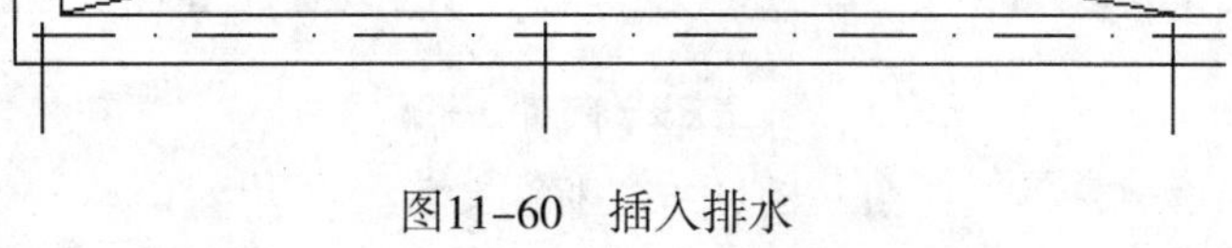

图11–60　插入排水

绘制的最后结果如图11-61所示。

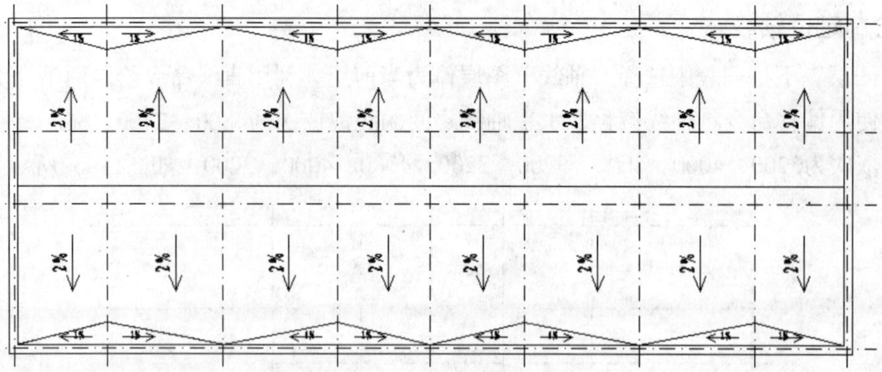

图11-61　屋面排水

5. 标注尺寸

在“图层”下拉列表中选择“标注”图层作为当前层。选择“1:100”标注样式作为当前样式，使用线性标注和连续标注命令标注，结果如图11-62所示。

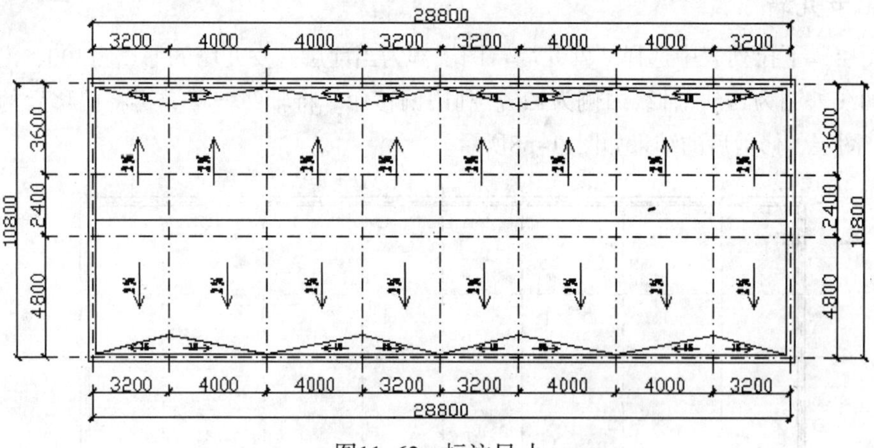

图11-62　标注尺寸

标注必要的文字说明和标题，如图11-63所示。

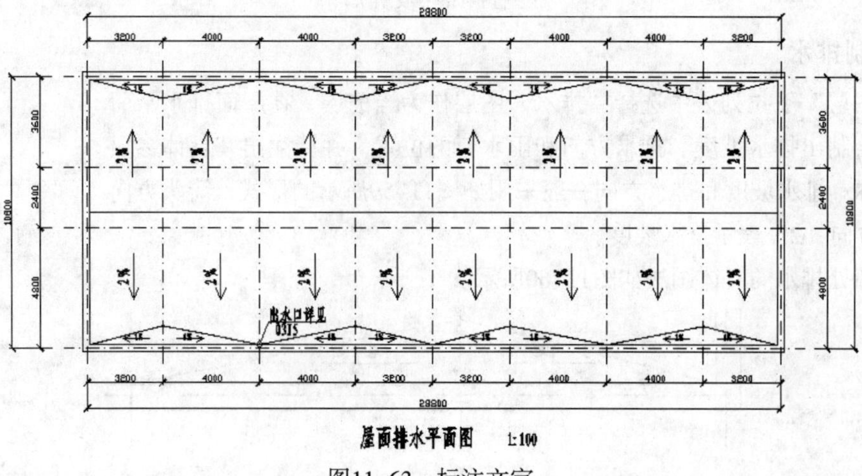

图11-63　标注文字

6. 添加图框

在“图层”下拉列表中选择“图块”图层，作为当前层。图框大小采用A3图幅，添加后的结果如图11-64所示。

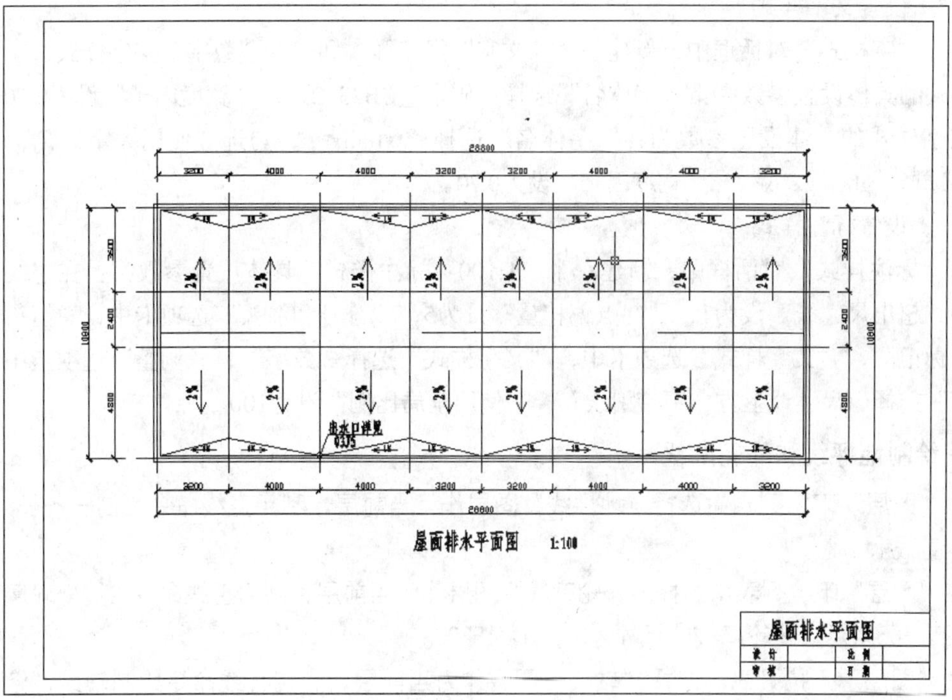

图11-64　添加图框

11.3 建筑立面图的绘制

11.3.1　南立面图的绘制

下面绘制一个南立面图。

1. 设置绘图环境

（1）设置图形界限

本例采用的绘图比例为1:100，故图形界限设置为59400×42000，即A2图纸放大100倍。

（2）设置绘图单位

在“图形单位”对话框“长度”选项组“类型”下拉列表中选择“小数”，在“精度”下拉列表中选择0.00，其他设置保持系统默认参数。

（3）设置线型

选择加载DASHDOTX2线型作为轴线的线型。

（4）设置图层

在“图层特性管理器”选项板中，依次创建轴线、外轮廓线、地坪线、细部、门窗、标注及图框等图层，其中“轴线”图层的“线型”选择DASHDOTX2，“外轮廓线”图层的“线宽”选择“0.35毫米”，“地坪线”图层的“线宽”选择“1.00毫米”，“门窗”图层的“线宽”选择“0.25毫米”。

（5）设置文字样式

在“文字样式”对话框中，新建一个“文字”文字样式和一个“数字”文字样式，“文字”文字样式的具体设置参数为：“字体名”选择“仿宋_GB2312”，“宽度因子”设为0.70；“数字”文字样式的具体设置参数为：“字体名”选择“txt.shx”，勾选“使用大字体”，“大字体”中选择“gbcbig.shx”，“宽度因子”设为0.70。

（6）设置标注样式

在“标注样式”对话框中，新建一个“1:100”标注样式，具体设置参数为：在“线”选项卡中，“超出尺寸线”设为1，“起点偏移量”设为5；“符号和箭头”选项卡中，“箭头”选择“建筑标记”；“文字样式”选项卡中，“文字样式”选择“数字”；“调整”选项卡中，“文字位置”选择“尺寸线上方，不带引线”，“使用全局比例”设为100。

2. 绘制地坪线和外轮廓线

01 在“图层”下拉列表中选择“地坪线”图层作为当前层，利用直线命令绘制一条长为32000的直线。

02 在“图层”下拉列表中选择“外轮廓线”图层作为当前层，利用直线命令绘制外轮廓线，如图11-65所示，外轮廓线的尺寸为32300×15200。

03 在“图层”下拉列表中选择“轴线”图层作为当前层，利用直线命令绘制轴线，修改线型比例后，利用插入块命令，插入“轴线编号”图块，插入比例为X=100，Y=100，结果如图11-66所示。

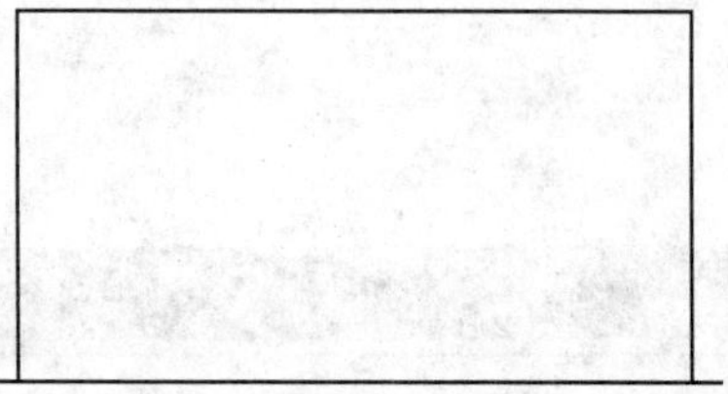

图11-65　轮廓线

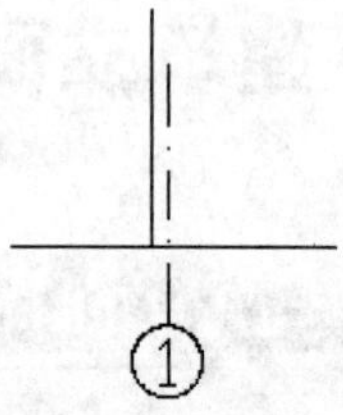

图11-66　轴线

3. 绘制门窗

在“图层”下拉列表中选择“门窗”图层作为当前层，两种窗的具体尺寸如图11-67所示。

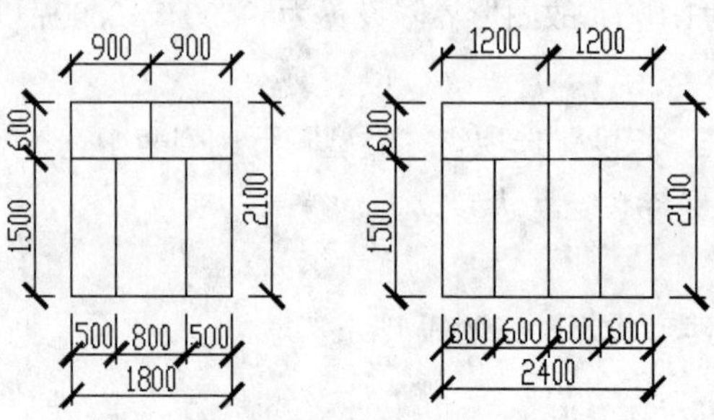

图11-67　窗类型

结合单元平面图，绘制出如图11-68所示的图形，本例中，窗与窗之间的距离为1400。

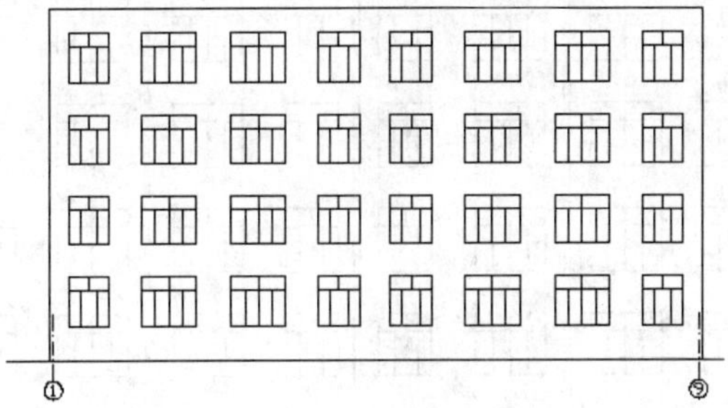

图11-68　绘制门窗

4. 绘制落水斗

在“图层”下拉列表中选择“细部”图层作为当前层。绘制600高的女儿墙，利用直线命令绘制落水斗，具体画法如图11-69所示，结果如图11-70所示。

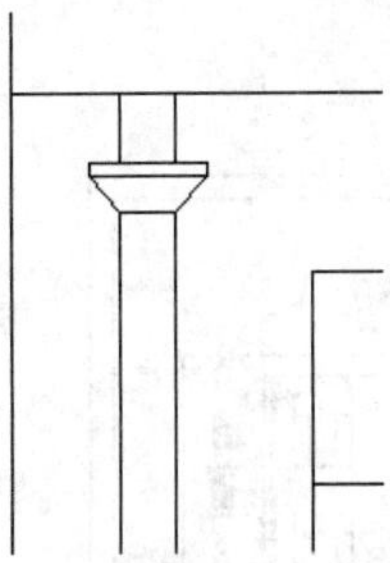

图11-69　落水斗

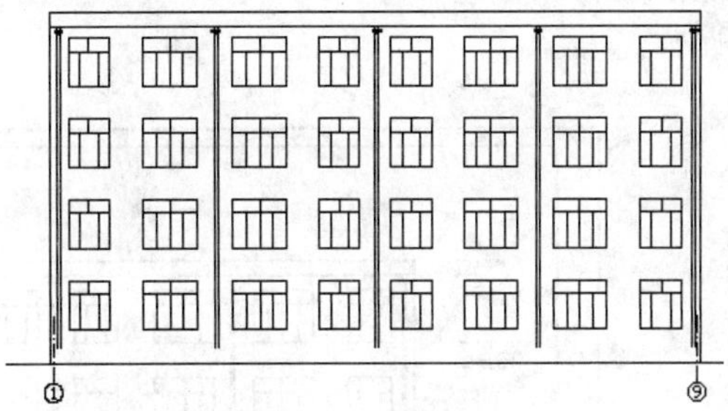

图11-70　绘制落水斗

5. 标注尺寸和标高

在“图层”下拉列表中选择“标注”图层作为当前层。选择“1:100”标注样式作为当前样式，使用线性标注和连续标注进行标注，并添加必要的文字说明和标题，最后的结果如图11-71所示。

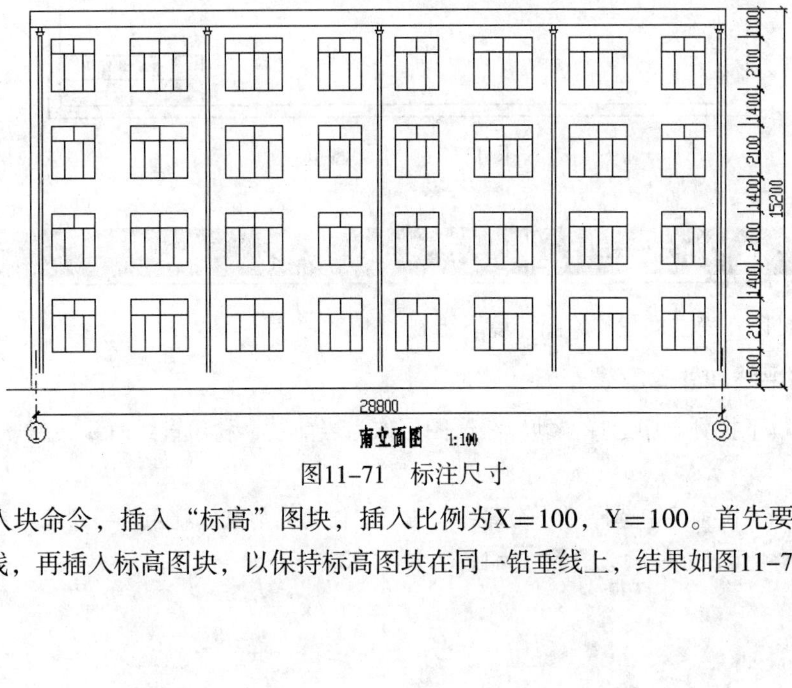

图11-71　标注尺寸

利用插入块命令，插入“标高”图块，插入比例为X=100，Y=100。首先要绘制与建筑同等高度的短线，再插入标高图块，以保持标高图块在同一铅垂线上，结果如图11-72所示。

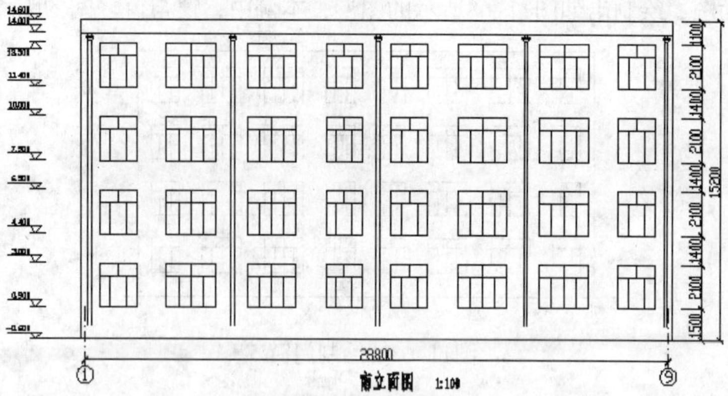

图11-72　绘制标高

6. 添加图框

在“图层”下拉列表中选择“图块”图层作为当前层。图框大小采用A3图幅，添加后的结果如图11-73所示。

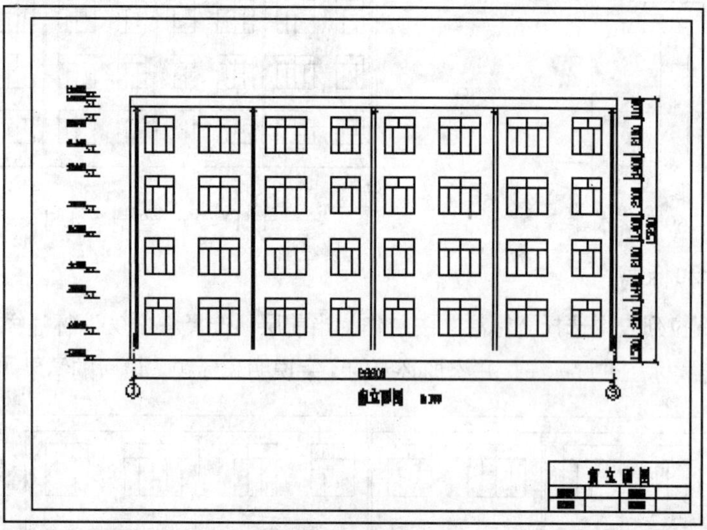

图11-73　添加图框

11.3.2　东立面图的绘制

东立面图可以在南立面图的绘图环境下绘制。

1. 绘制地坪线和外轮廓线

01 在“图层”下拉列表中选择“地坪线”图层作为当前层，利用直线命令绘制一条长为13000的直线。

02 在“图层”下拉列表中选择“外轮廓线”图层，作为当前层。利用直线命令绘制外轮廓线，如图11-74所示，外轮廓线的尺寸为11500×15200。

03 绘制层高轮廓线，本例的层高为3500，结果如图11-75所示。

04 在“图层”下拉列表中选择“轴线”图层作为当前层，利用直线命令绘制轴线，修改线型比例后，两轴线间的距离为10800。利用插入块命令，插入“轴线编号”图块，插入比例为X=100，Y=100，结果如图11-76所示。

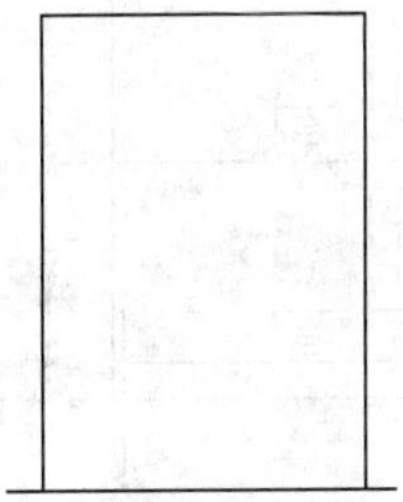

图11-74 轮廓线1

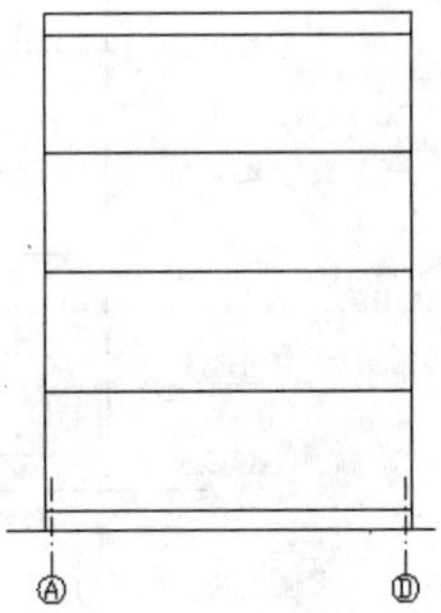

图11-75 轮廓线2

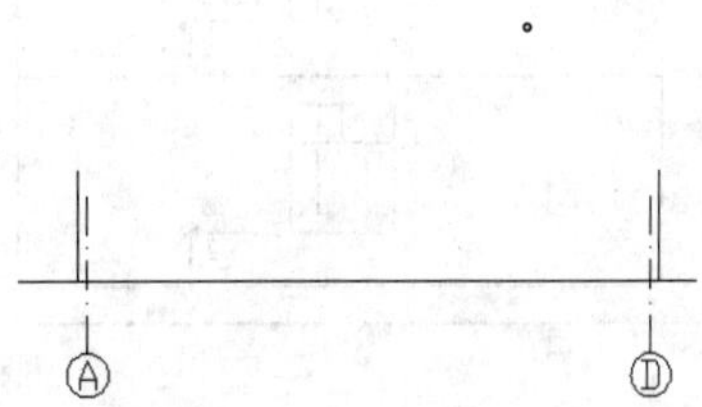

图11-76 轴线

2. 绘制门窗及细部

01 在“图层”下拉列表中选择“门窗”图层，作为当前层。侧面有一种窗类型，窗的具体尺寸如图11-77所示。

02 绘制窗的结果如图11-78所示，窗下檐距层高线900，居中布置。

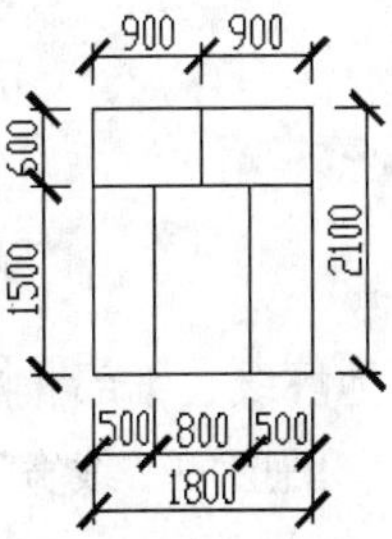

图11-77 窗类型

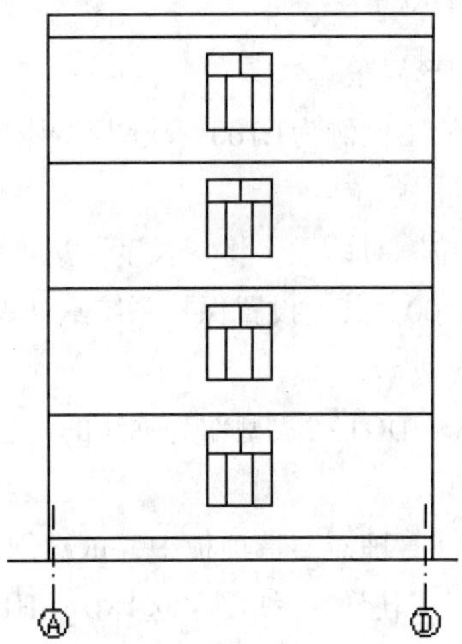

图11-78 绘制窗

3. 标注尺寸和标高

01 在“图层”下拉列表中选择“标注”图层，作为当前层。选择“1:100”标注样式作为当前样式，使用线性标注和连续标注进行标注，并添加必要的文字说明和标题，最后的结果如图11-79所示。

02 利用插入块命令，插入“标高”图块，插入比例为X=100，Y=100。首先要绘制与建筑同等高度的短线，再插入标高图块，以保持标高图块在同一铅垂线上，结果如图11-80所示。

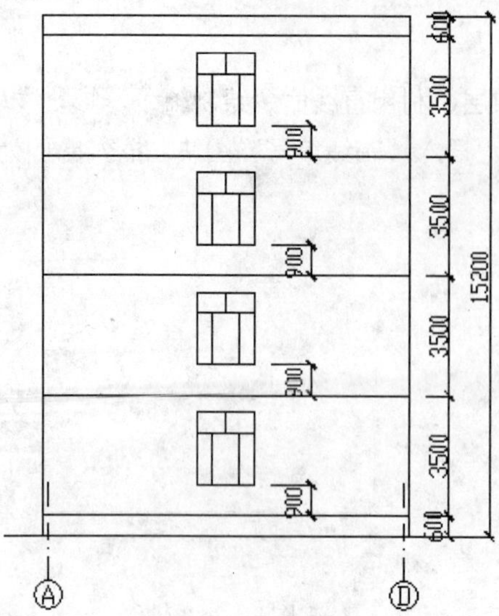

图11-79　标注尺寸

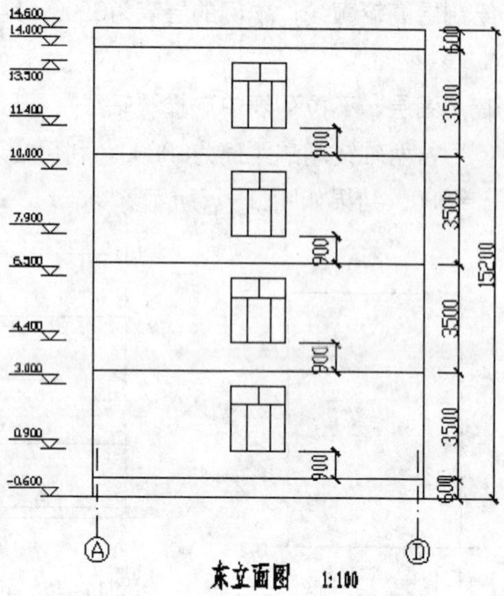

图11-80　绘制标高

11.4 建筑剖面图的绘制

下面绘制一个建筑剖面图。

1. 设置绘图环境

（1）设置图形界限

本例采用的绘图比例为1:100，故图形界限设置为59400×42000，即A2图纸放大100倍。

（2）设置绘图单位

在“图形单位”对话框，将“长度”选项组“类型”下拉列表中选择“小数”，在“精度”下拉列表中选择0.00，其他设置保持系统默认参数。

（3）设置线型

选择加载DASHDOTX2线型作为轴线的线型。

（4）设置图层

在“图层特性管理器”选项板中，依次创建轴线、轮廓线、地坪线、细部、标注及图框等图层，其中“轴线”图层的“线型”选择DASHDOTX2，“轮廓线”图层的“线宽”选择“0.35毫米”，“地坪线”图层的“线宽”选择“1.00毫米”。

（5）设置文字样式

在“文字样式”对话框中，新建一个“文字”文字样式和一个“数字”文字样式，“文字”文字样式的具体设置参数为：“字体名”选择“仿宋_GB2312”，“宽度因子”设为0.70；“数字”文字样式的具体设置参数为：“字体名”选择“txt.shx”，勾选“使用大字体”，“大字体”中选择“gbcbig.shx”，“宽度因子”设为0.70。

（6）设置标注样式

在“标注样式”对话框中，新建一个“1:100”标注样式，具体设置参数为：在“线”选项卡中，“超出尺寸线”设为1，“起点偏移量”设为5；“符号和箭头”选项卡中，“箭头”选择“建筑标记”；“文字样式”选项卡中，“文字样式”选择“数字”；“调整”选项卡中，“文字位置”选择“尺寸线上方，不带引线”，“使用全局比例”设为100。

2. 绘制墙体

01 在“图层”下拉列表中选择“地坪线”图层作为当前层，利用直线命令绘制一条长为13000的直线。

02 在“图层”下拉列表中选择“轴线”图层作为当前层，利用直线命令绘制轴线，修改线型比例后，轴线间的距离为4800、2400、3600。利用插入块命令，插入“轴线编号”图块，插入比例为X=100，Y=100，结果如图11-81所示。

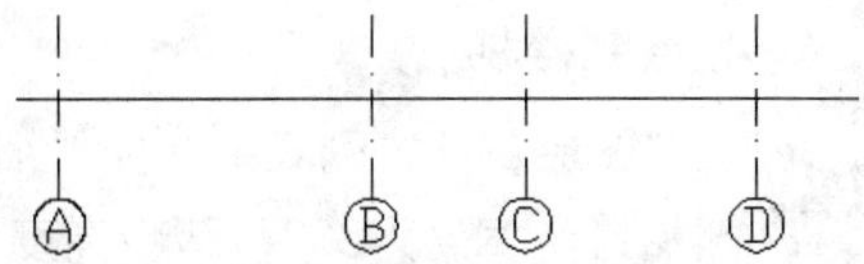

图11-81　轴线

03 在“图层”下拉列表中选择“轮廓线”图层作为当前层。外墙墙体为300厚，内墙墙体为200厚，利用直线命令绘制墙体，建筑物的总高度为12400，修剪后的结果如图11-82所示。

04 修改地坪线，室内地坪与室外地坪的高差为600，台阶为150×300，修改结果如图11-83所示。

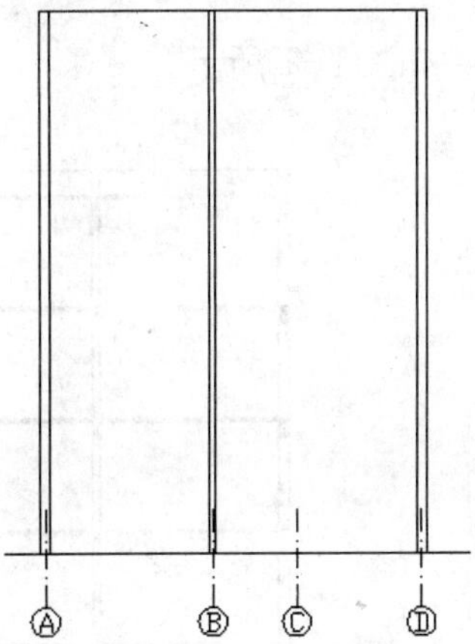

图11-82　墙体

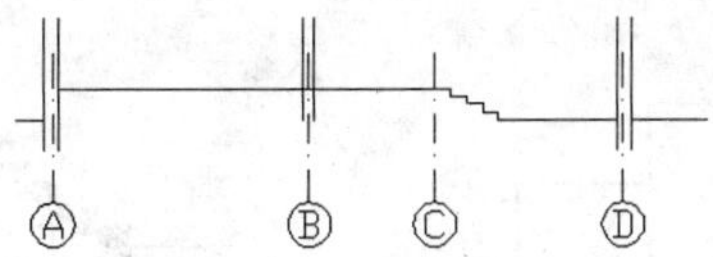

图11-83　修改地坪线

3. 绘制楼板轮廓线

01 在“图层”下拉列表中选择“轮廓线”图层作为当前层。楼板的厚度为100，与外墙相连的梁的尺寸为300×500，与内墙相连的梁的尺寸为200×400。

02 与外墙相连的梁的具体绘制方法如图11-84所示。

03 与内墙相连的梁的具体绘制方法如图11-85所示。

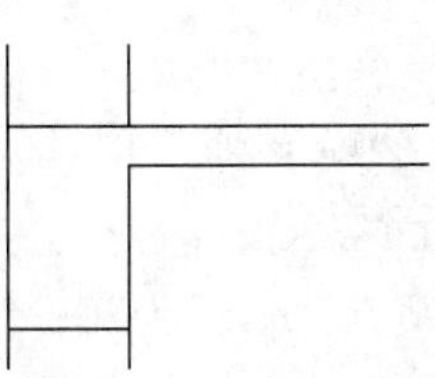

图11-84　楼板1

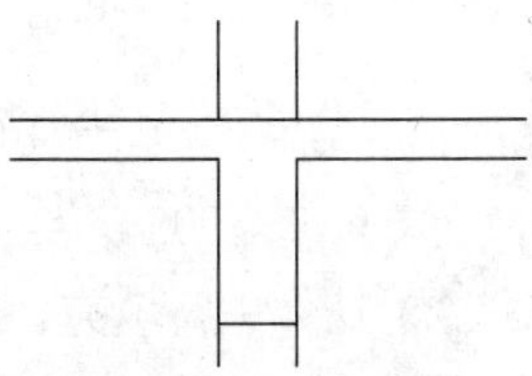

图11-85　楼板2

04 利用图案填充命令对楼板进行填充，选择SOLID图案，效果如图11-86所示。

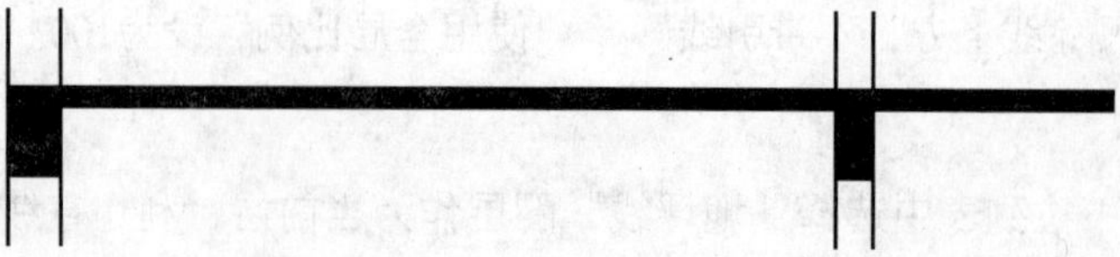

图11-86 楼板3

4. 绘制楼梯

01 在“图层”下拉列表中选择“细部”图层，作为当前层。楼梯踏步宽度为300，踏步高度为175，一跑楼梯为8个踏步，楼梯梁的尺寸为200×400。

02 休息平台与墙体的结合处的具体画法如图11-87所示。

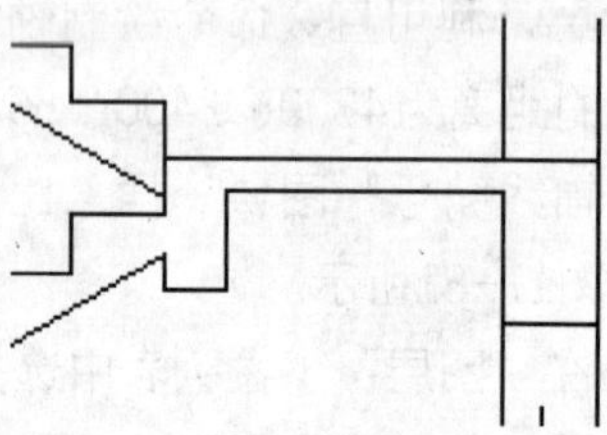

图11-87 楼梯平台

03 楼梯与楼板的结合处的具体画法如图11-88所示。

04 利用图案填充命令对楼板进行填充，选择SOLID图案，结果如图11-89所示。

05 利用复制命令绘制处其他层的楼板和楼梯，最后结果如图11-90所示。

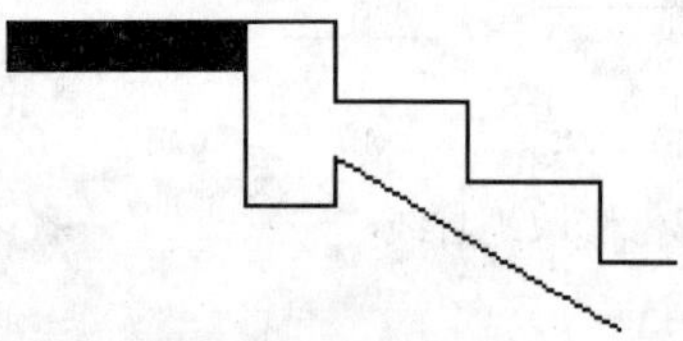

图11-88 楼梯平台

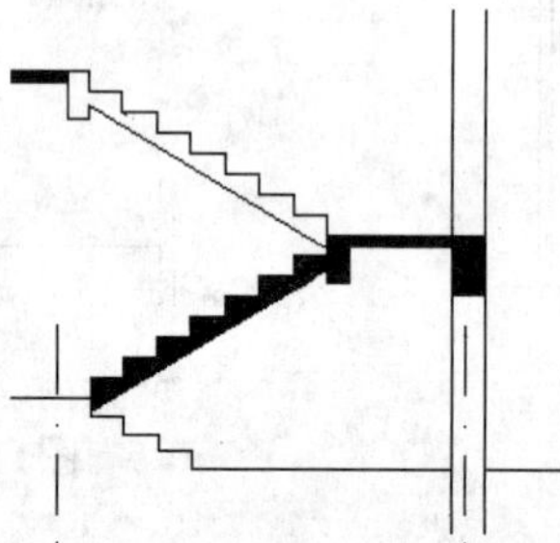

图11-89 楼梯

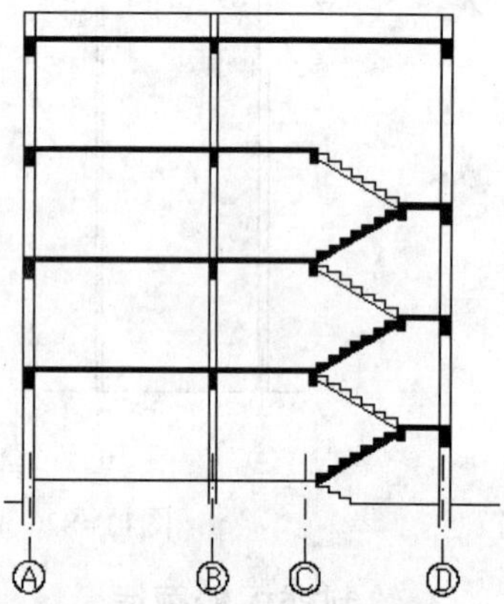

图11-90 楼板及楼梯

5. 绘制细部

01 在“图层”下拉列表中选择“细部”图层作为当前层，绘制如图11-91所示的门图例，门的宽度为1000，高度为2100。

02 将门添加到图形中，门的左下端点距左侧轴线距离为1000，结果如图11-92所示。

03 绘制外墙墙体的窗，窗的高度为1800。利用插入块命令插入窗图块，X=1800，Y=300，旋转角度为90°，结果如图11-93所示。

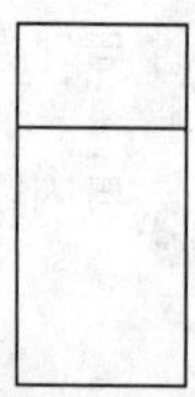

图11-91 门

04 利用图案填充命令对墙体进行填充，选择ANSI31图案，比例设为30，结果如图11-94所示。

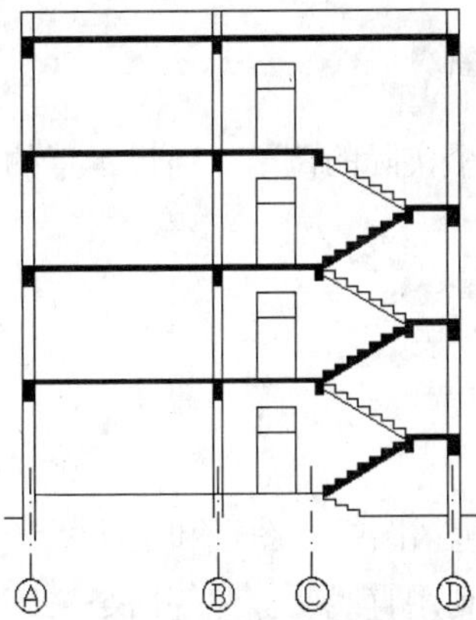

图11-92　绘制门

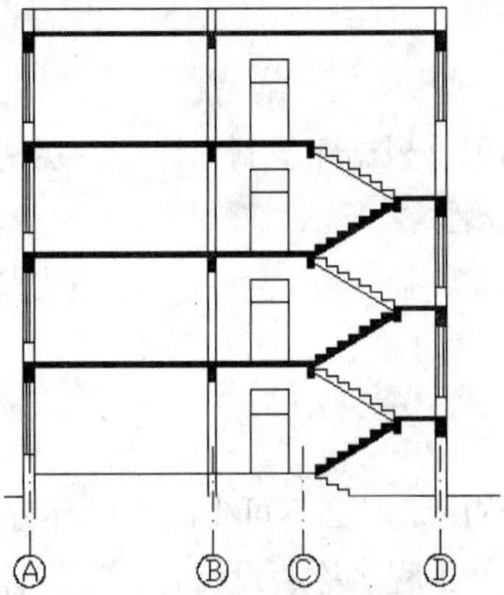

图11-93　绘制窗

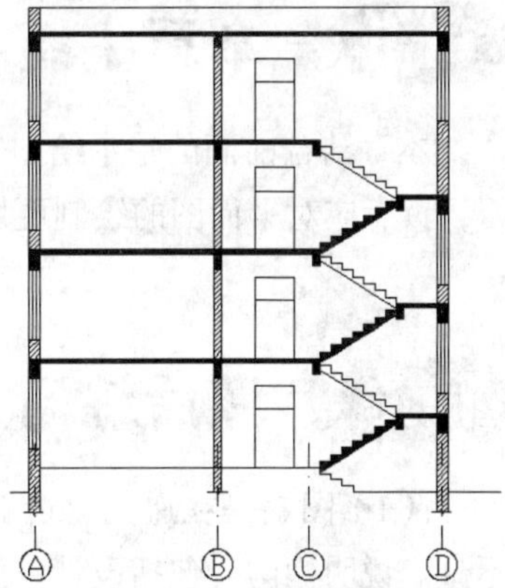

图11-94　墙体填充

6. 标注尺寸和标高

01 在“图层”下拉列表中选择“标注”图层作为当前层。选择“1:100”标注样式作为当前样式，使用线性标注和连续标注进行标注，并添加必要的文字说明和标题，最后的结果如图11-95所示。

02 利用插入块命令，插入“标高”图块，插入比例为X=100，Y=100，结果如图11-96所示。

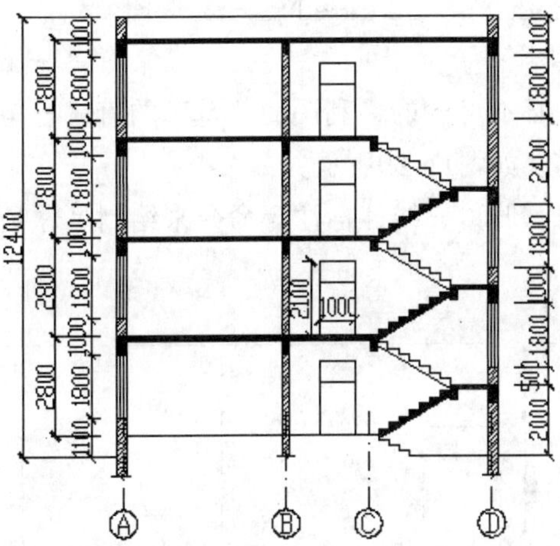

图11-95　标注尺寸

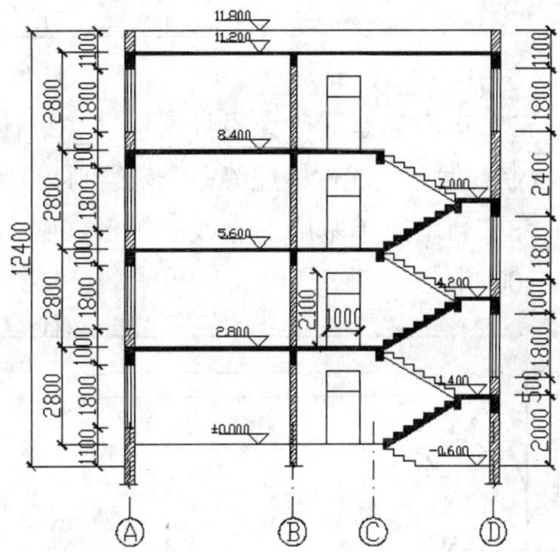

图11-96　绘制标高

7. 添加图框

在“图层”下拉列表中选择“图框”图层作为当前层。图框大小采用A4图幅，添加后的结果如图11-97所示。

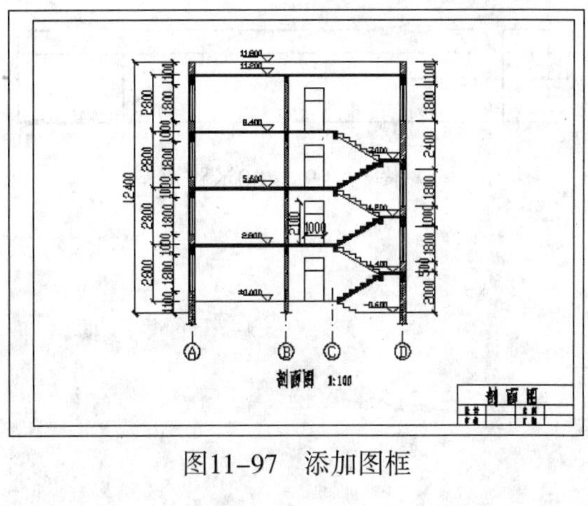

图11-97　添加图框

11.5 本章小结

本章结合前面的基本绘图知识并根据建筑制图标准，绘制了多个实际的例子。通过本章的学习，读者应对平面图的绘制更加熟悉。

11.6 课后练习

（1）图签是在递交建筑工程图纸时必不可少的组成部分，它包括图幅、图框和说明栏三个不分。说明栏内容包括设计单位、工程名称、设计者、审核者等。利用直线、标注等命令来绘制如图11–98所示的图签。

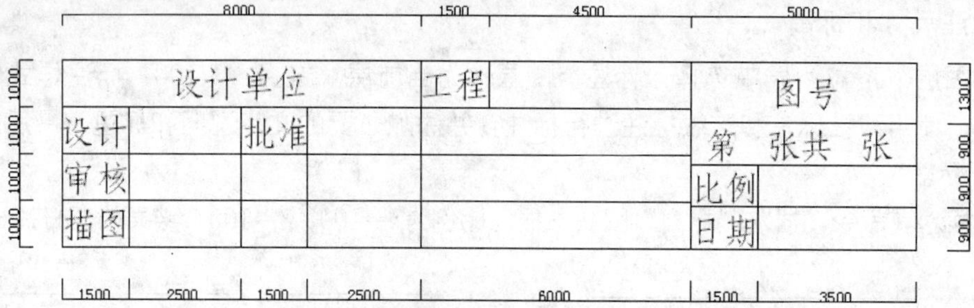

图11–98 图签

（2）运动场是居住区设计、运动场设计等中必不可少的，利用简单基础的直线、矩形、圆、复制、偏移、线性标注等命令来绘制400米跑道，如图11–99所示。

（3）利用简单基础的直线、矩形、圆、复制、偏移、线性标注等命令来绘制足球场，如图11–100所示。

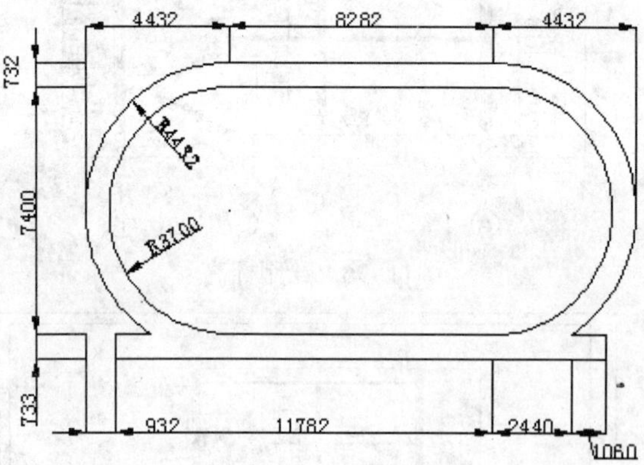

图11–99 400米跑道

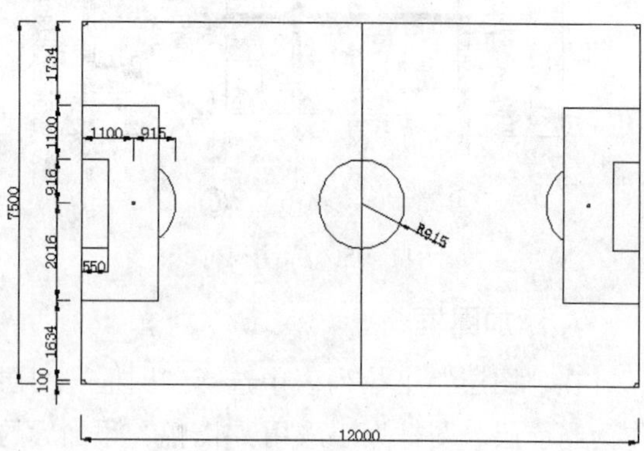

图11–100 足球场

第12章 三维建模——亭子

本章内容提示

本章主要通过一个实例来说明三维实体的绘制方法。通过本章的学习，读者应熟练掌握三维绘图的基本方法。

学习要点

- □ 绘制地基和台阶
- □ 绘制石栏杆
- □ 绘制支柱和侧栏
- □ 绘制亭顶
- □ 渲染

亭子的立体造型包括基础、柱子和亭顶3部分，本章就是按照这个顺序讲解。

12.1 绘制地基和台阶

首先建立几个基本图层，以方便每一步的绘制与修改，选择“格式”→“图层”菜单命令，打开“图层特性管理器”对话框，建立地基和台阶、石栏杆、亭顶等图层，如图12-1所示。

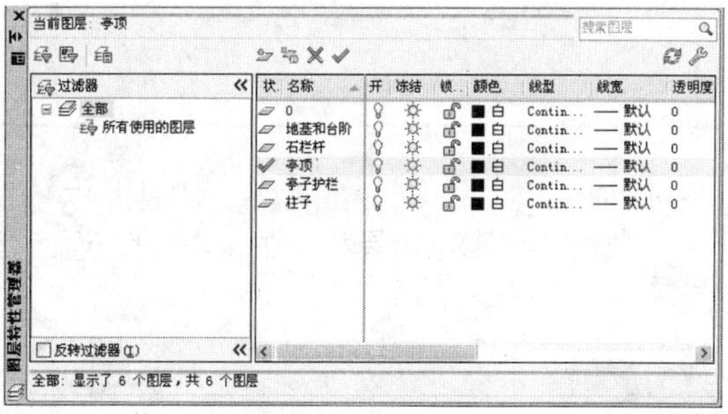

图12-1 新建图层

地基与台阶是亭子的最基本的构造，其绘制步骤如下所示。

01 将“地基和台阶”层设置为当前层。

02 选择“视图”→“三维视图”→“西南等轴测”菜单命令，改变为三维视图。

03 单击“建模”工具栏中的按钮，绘制如图12-2所示的长方体，命令行提示如下：

```
命令: _box
指定第一个角点或 [中心(C)]: 0,0,0            //指定中心点
指定其他角点或 [立方体(C)/长度(L)]: l
指定长度: 500                                //输入长度
指定宽度: 500                                //输入宽度
指定高度或 [两点(2P)] <30.4866>: 80          //输入高度
```

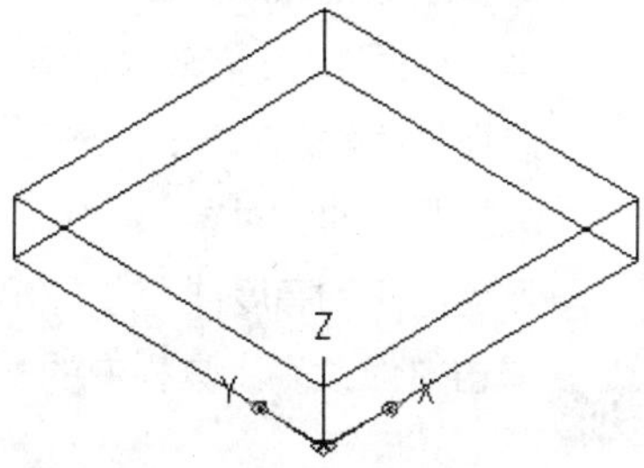

图12-2 绘制长方体

04 选择“视图”→“三维视图”→“左视”菜单命令，进入左视图。

05 单击“绘图”工具栏中的按钮，绘制如图12-3所示的图形，命令行提示如下：

```
命令：_pline
指定起点：
当前线宽为 0.0000
指定下一个点或 [圆弧(A)/半宽(H)/长度(L)/放弃(U)/宽度(W)]: @30,0
指定下一点或 [圆弧(A)/闭合(C)/半宽(H)/长度(L)/放弃(U)/宽度(W)]: @0,20
指定下一点或 [圆弧(A)/闭合(C)/半宽(H)/长度(L)/放弃(U)/宽度(W)]: u
指定下一点或 [圆弧(A)/闭合(C)/半宽(H)/长度(L)/放弃(U)/宽度(W)]: @0,-20
指定下一点或 [圆弧(A)/闭合(C)/半宽(H)/长度(L)/放弃(U)/宽度(W)]: @30,0
指定下一点或 [圆弧(A)/闭合(C)/半宽(H)/长度(L)/放弃(U)/宽度(W)]: @0,-20
指定下一点或 [圆弧(A)/闭合(C)/半宽(H)/长度(L)/放弃(U)/宽度(W)]: @30,0
指定下一点或 [圆弧(A)/闭合(C)/半宽(H)/长度(L)/放弃(U)/宽度(W)]: @0,-20
指定下一点或 [圆弧(A)/闭合(C)/半宽(H)/长度(L)/放弃(U)/宽度(W)]: @30,0
指定下一点或 [圆弧(A)/闭合(C)/半宽(H)/长度(L)/放弃(U)/宽度(W)]: @0,-20
指定下一点或 [圆弧(A)/闭合(C)/半宽(H)/长度(L)/放弃(U)/宽度(W)]:
```

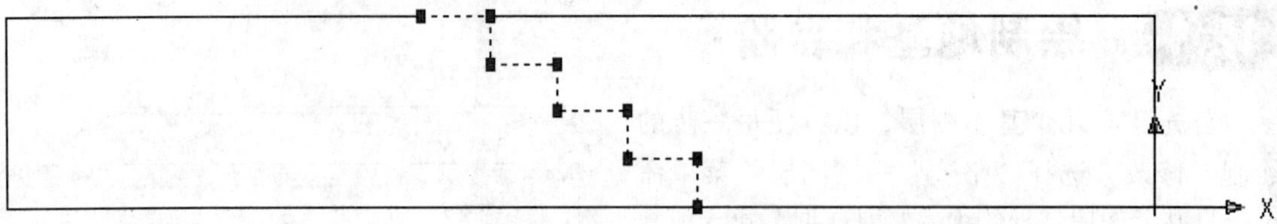

图12-3　绘制台阶轮廓线

06 单击“视图”工具栏中的按钮，返回西南等轴测视图，如图12-4所示。

提示

打开“视图”工具栏的方法为在任意一个工具栏上右击，选择“视图”命令即可。

07 单击“建模”工具栏中的按钮，将绘制的多段线拉伸100的宽度，命令行提示如下：

```
命令：_extrude
当前线框密度：ISOLINES=4
选择要拉伸的对象：找到 1 个
选择要拉伸的对象：
指定拉伸的高度或 [方向(D)/路径(P)/倾斜角(T)] <80.0000>: 100
```

08 单击“修改”工具栏中的按钮，把拉伸后的台阶移动到合适的位置，如图12-5所示。

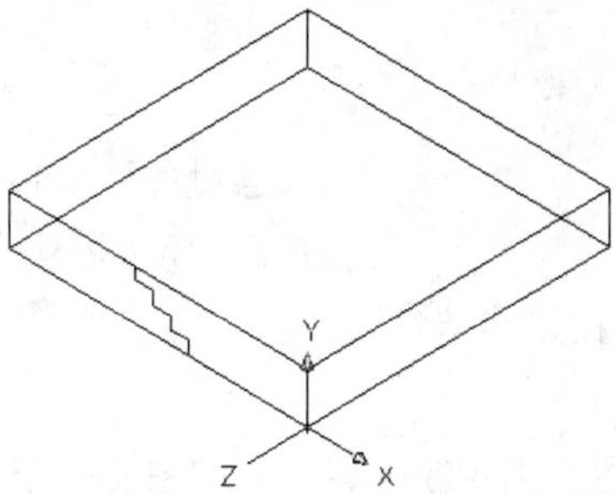

图12-4 返回西南等轴测视图

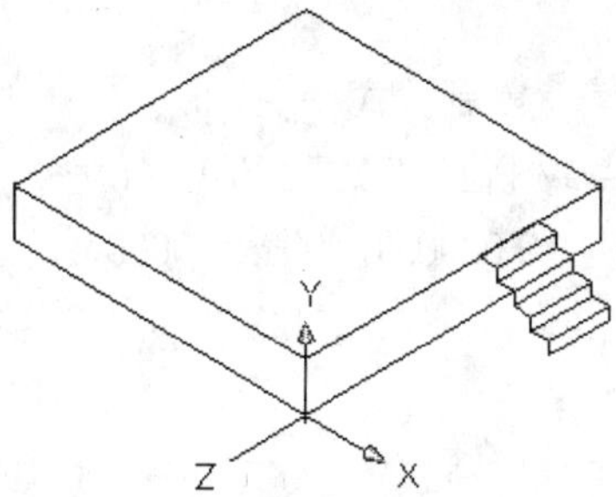

图12-5 台阶轮廓

09 利用“多段线”命令绘制如图12-6所示的轮廓线，命令行提示如下：

```
命令：_pline                                                      //调用多段线命令
指定起点：                                                         //捕捉点1为起始点
当前线宽为 0.0000
指定下一个点或 [圆弧(A)/半宽(H)/长度(L)/放弃(U)/宽度(W)]：              //指定捕捉的第二点
指定下一点或 [圆弧(A)/闭合(C)/半宽(H)/长度(L)/放弃(U)/宽度(W)]：         //指定捕捉的第三点
指定下一点或 [圆弧(A)/闭合(C)/半宽(H)/长度(L)/放弃(U)/宽度(W)]:c        //闭合多段线
指定下一点或 [圆弧(A)/闭合(C)/半宽(H)/长度(L)/放弃(U)/宽度(W)]：         //按Enter键
```

10 单击“建模”工具栏中的按钮，将其拉伸，命令行提示如下：

```
命令：_extrude
当前线框密度： ISOLINES=4
选择要拉伸的对象：找到 1 个
选择要拉伸的对象：
指定拉伸的高度或 [方向(D)/路径(P)/倾斜角(T)] <100.0000>：15
                                        //指定拉伸高度为15，结果如图12-7所示
```

11 单击“修改”工具栏中的按钮，将上一步绘制的拉伸实体复制到另一侧，如图12-8所示。命令行指示如下：

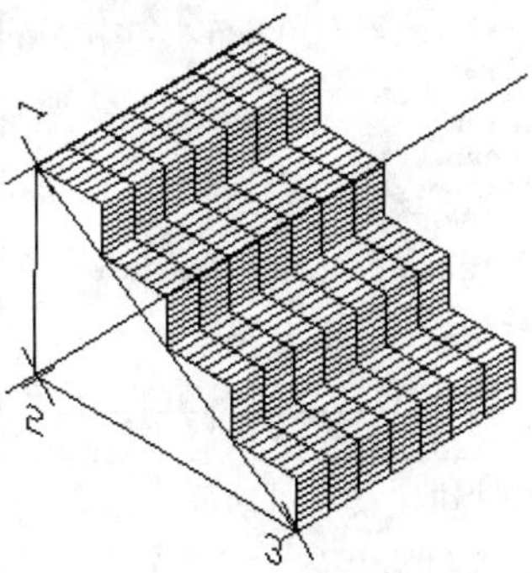

图12-6 绘制多段线

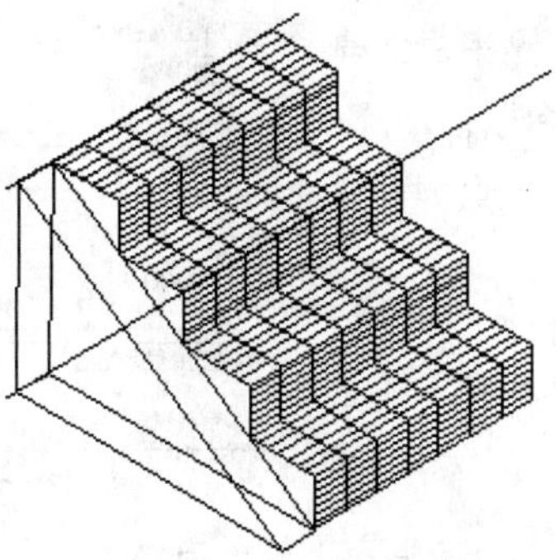
图12-7 拉伸后效果

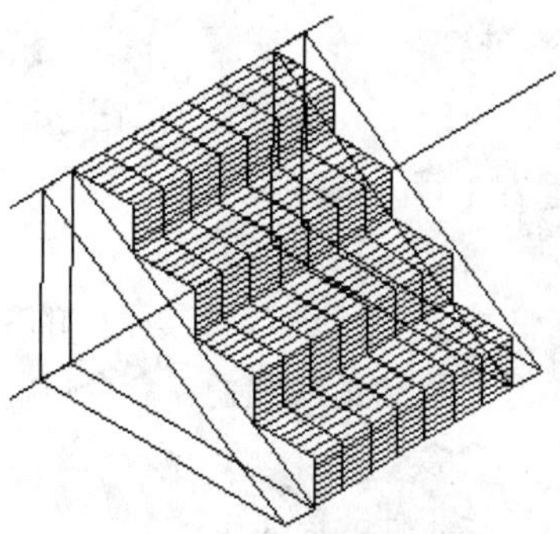
图12-8 复制后效果

```
命令：_copy
选择对象：找到 1 个
```

选择对象:
当前设置: 复制模式 = 多个
指定基点或 [位移(D)/模式(O)] <位移>: d　　　　　　　　　　//选择通过位移复制
指定位移 <0.0000, 0.0000, 0.0000>: 115　　　　　　　　　　//指定具体位移

12 选择“工具”→“新建UCS”→“Z”菜单命令，指定旋转角度为270。

13 选择“工具”→“新建UCS”→“原点”菜单命令，指定新的原点，如图12-9所示。

14 单击“建模”工具栏中的按钮，绘制长方体，如图12-10所示，命令行提示如下：

命令: _box
指定第一个角点或 [中心(C)]:100, 100, 0
指定其他角点或 [立方体(C)/长度(L)]: l
指定长度 <100.0000>: 300
指定宽度 <100.0000>: 300
指定高度或 [两点(2P)] <80.0000>: 60

15 按照步骤（4）-（11）绘制台阶亭子内部的，如图12-11所示。

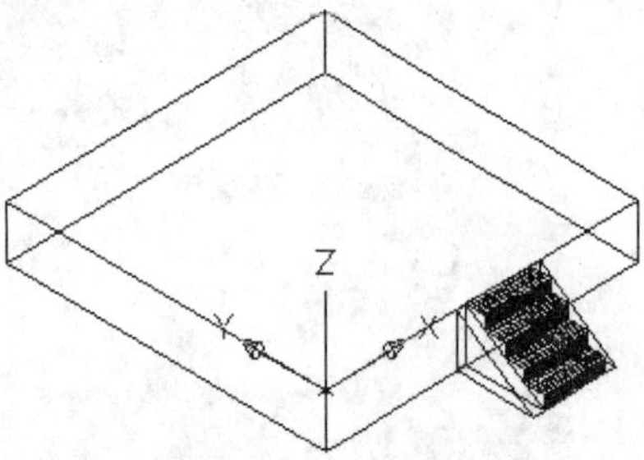

图12-9　指定新的坐标原点

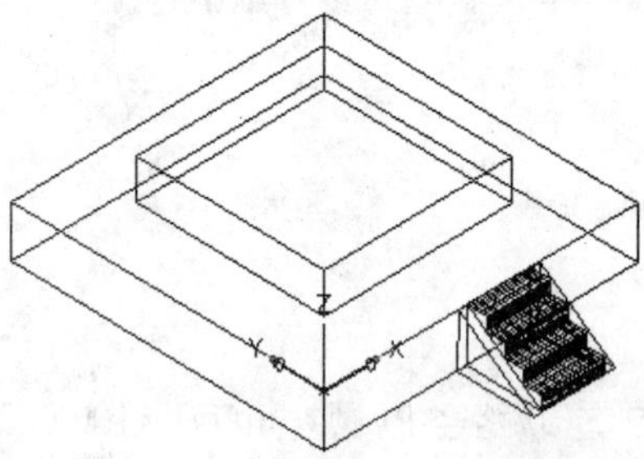
图12-10　绘制上部的长方体

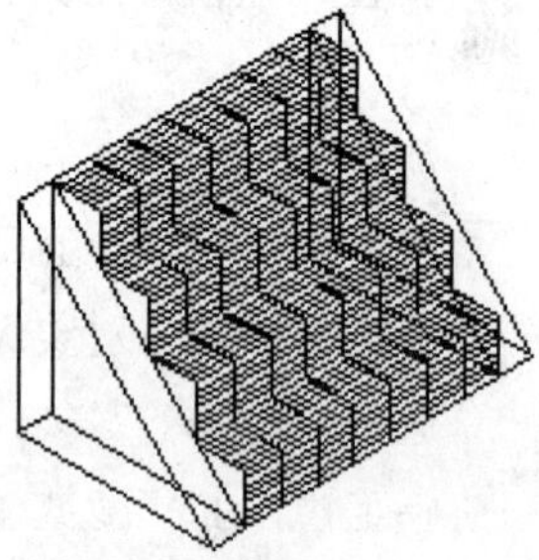
图12-11　绘制亭子内部台阶

16 单击“绘图”工具栏中的按钮，将其存储为块，如图12-12所示。单击对话框中的“拾取点”按钮，拾取台阶上侧中点为基点，单击“选择对象”按钮选择台阶。

17 单击“确定”按钮，即可将其存储为块。

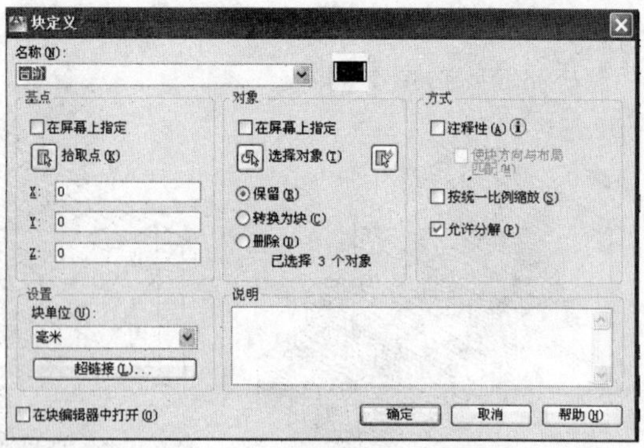

图12-12　“块定义”对话框

18 单击“绘图”工具栏中的按钮，将块插入到合适的位置，命令行提示如下：
命令: _insert
指定块的插入点:　　　　　　　　//指定上部长方体顶边的中点为插入点
指定 XYZ 轴比例因子: 1　　　　　//指定插入比例为1
指定旋转角度 <0>:　　　　　　　//按Enter键即可得到如图12-13所示图形

19 选择“修改”→“三维操作”→“三维镜像”菜单命令，镜像出对面的台阶，如图12-14所示，命令行提示如下：

命令：_mirror3d　　//调用三维镜像命令

选择对象：找到 1 个　　//选择要镜像的对象

选择对象：找到 1 个，总计 2 个

选择对象：找到 1 个，总计 3 个

选择对象：　　//回车

指定镜像平面（三点）的第一个点或[对象(O)/最近的(L)/Z 轴(Z)/视图(V)/XY 平面(XY)/YZ 平面(YZ)/ZX 平面(ZX)/三点(3)] <三点>：　　//指定上侧中心点

在镜像平面上指定第二点：在镜像平面上指定第三点：　　//指定对边中点

是否删除源对象？[是(Y)/否(N)] <否>：N　　//选择保留原对象

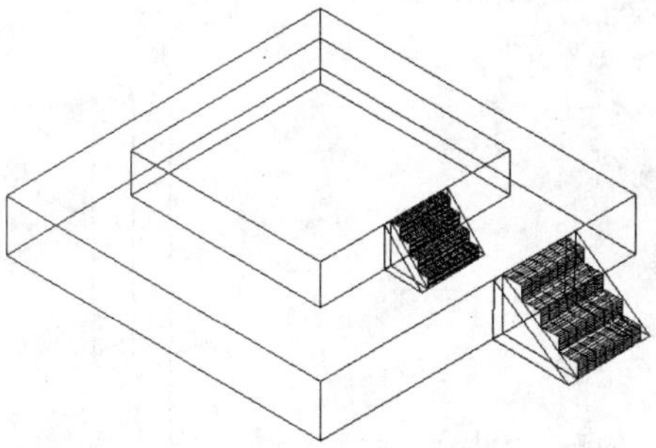

图12-13　插入台阶

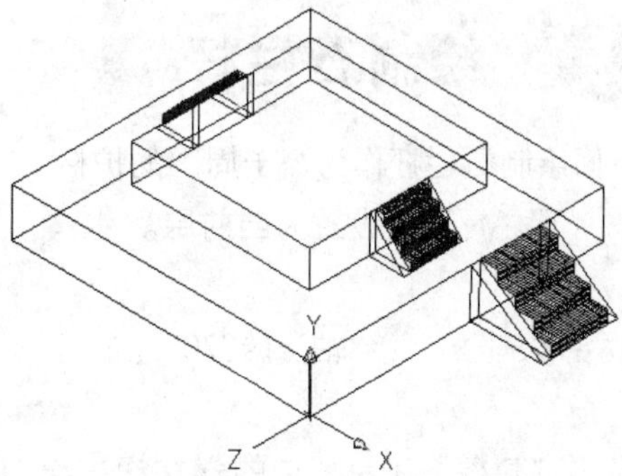

图12-14　镜像出一个台阶

20 重复利用三维镜像命令镜像出另外一个台阶，镜像平面为长方体的对角面，命令行提示如下：

命令：_mirror3d

选择对象：找到 1 个

选择对象：找到 1 个，总计 2 个

选择对象：找到 1 个，总计 3 个

选择对象：

指定镜像平面（三点）的第一个点或[对象(O)/最近的(L)/Z 轴(Z)/视图(V)/XY 平面(XY)/YZ 平面(YZ)/ZX 平面(ZX)/三点(3)] <三点>：//指定角点1，如图12-15所示

在镜像平面上指定第二点：　//指定角点2

在镜像平面上指定第三点：　//指定角点3

是否删除源对象？[是(Y)/否(N)] <否>：N

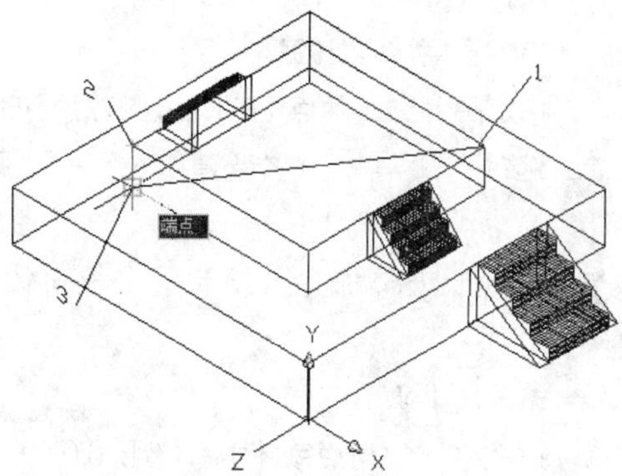

图12-15　确定镜像平面

选择步骤（19）中镜像出的台阶为镜像对象，采用同样方法镜像后效果如图12-16所示。

21 选择“视图”→“消隐”后，地基和台阶效果如图12-17所示。

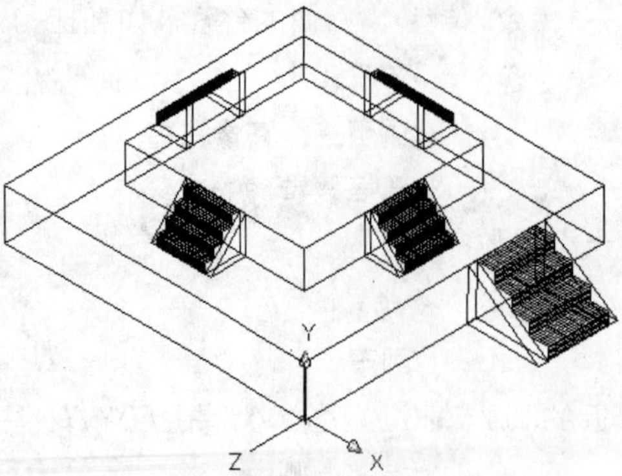

图12-16　镜像台阶

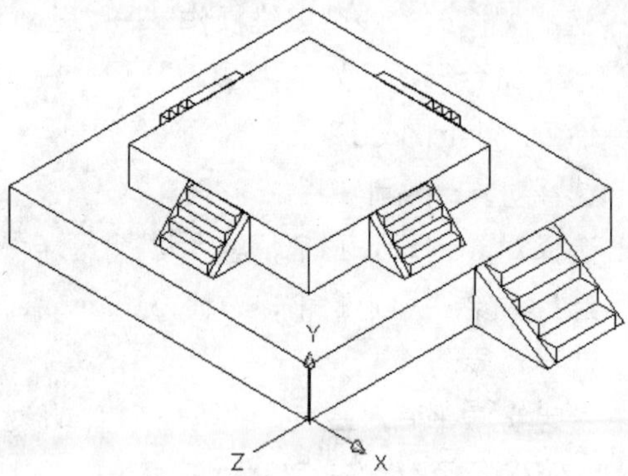

图12-17　消隐后的地基与台阶

12.2 绘制石栏杆

下面绘制石栏杆作为亭子周围的护栏。

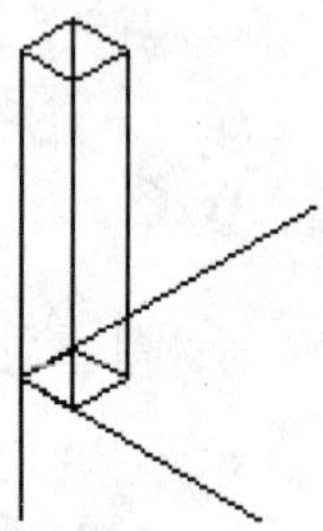
图12-18　绘制长方体

01 将“石栏杆”层设置为当前层。

02 改变UCS坐标，绕X轴旋转270°。

03 单击“建模”工具栏中的按钮，绘制如图12-18所示的长方体。命令行提示如下：

命令：_box

指定第一个角点或 [中心(C)]:　　　　　　　　//指定下面长方体的顶点为第一个角点

指定其他角点或 [立方体(C)/长度(L)]: l

指定长度 <12.0000>: 15

指定宽度 <72.1991>: 15

指定高度或 [两点(2P)] <-3.9171>: 50

04 选择“工具”→“新建UCS”→“原点”菜单命令，指定新的坐标原点。

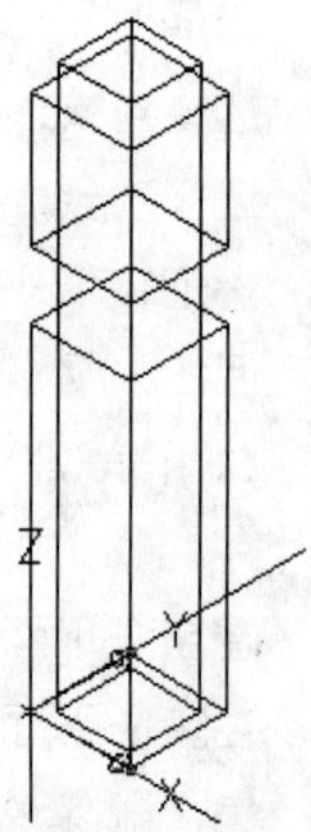

图12-19　绘制另外两个长方体

05 利用长方体命令再绘制两个长方体，如图12-19所示。命令行提示如下：

命令：_box

指定第一个角点或 [中心(C)]: 0,0,60

指定其他角点或 [立方体(C)/长度(L)]: l

指定长度 <12.0000>:

指定宽度 <12.0000>:

指定高度或 [两点(2P)] <50.0000>: 20

命令：_box

指定第一个角点或 [中心(C)]: 2,2,0

指定其他角点或 [立方体(C)/长度(L)]: l

指定长度 <12.0000>: 11

指定宽度 <12.0000>: 11

指定高度或 [两点(2P)] <20.0000>: 84

3个长方体在整个图形中的位置如图12-20所示。

06 利用长方体命令绘制一个长80，宽11，高55的长方体，命令行提示如下：

命令: _box

指定第一个角点或 [中心(C)]: 13,2,55

指定其他角点或 [立方体(C)/长度(L)]: l

指定长度 <11.0000>: 80

指定宽度 <12.6.2734>: 11

指定高度或 [两点(2P)] <70.9078>: 55

07 再绘制一个长78，宽11，高15的长方体，位于上一个长方体的内部，如图12-21所示。命令行提示如下：

命令: _box

指定第一个角点或 [中心(C)]: 15,2,50

指定其他角点或 [立方体(C)/长度(L)]: l

指定长度 <78.0000>: 78

指定宽度 <11.0000>: 11

指定高度或 [两点(2P)] <-50.0000>: 15

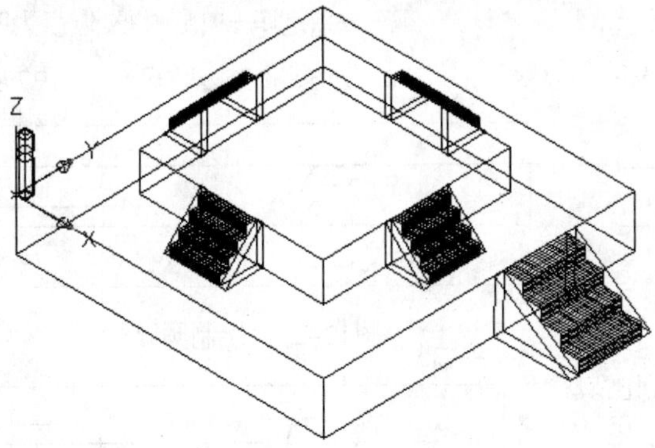

图12-20 长方体的位置

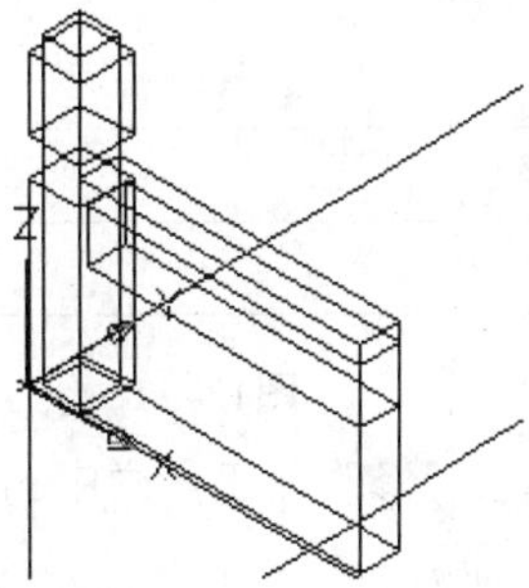

图12-21 绘制两个长方体

08 单击“建模”工具栏中的按钮，将内部的长方体减去，命令行提示如下：

命令: _subtract

选择要从中减去的实体或面域...

选择对象: 找到 1 个　　　　//选择外部的长方体

选择对象:　　　　//单击鼠标右键

选择要减去的实体或面域 ..

选择对象: 找到 1 个 //选择内部长方体

选择对象: //单击鼠标右键

09 单击“建模”工具栏中的按钮，进入左视图，绘制一个如图12-22所示的长为80的直线。选择“绘图”→“点”→“定数等分”菜单命令，将其分为3等分。命令行提示如下：

命令: _divide

选择要定数等分的对象: //选择直线

输入线段数目或 [块(B)]: 3 //输入3

10 利用圆及圆弧命令绘制出如图12-23所示的图案，命令行提示如下：

命令: _circle

指定圆的圆心或 [三点(3P)/两点(2P)/相切、相切、半径(T)]: // 调用圆命令

指定圆的半径或 [直径(D)]: //绘制一个与上下两侧相切的圆

命令: _circle

指定圆的圆心或 [三点(3P)/两点(2P)/相切、相切、半径(T)]: //绘制一个小圆

指定圆的半径或 [直径(D)] <7.5028>:

命令: _polygon 输入边的数目 <4>: 6 //绘制正多边形

指定正多边形的中心点或 [边(E)]:

输入选项 [内接于圆(I)/外切于圆(C)] <I>: C

指定圆的半径: 5

命令: _arc

指定圆弧的起点或 [圆心(C)]: //指定正多边形一个定点为起点

指定圆弧的第二个点或 [圆心(C)/端点(E)]: //指定第一个圆的象限点为第二点

指定圆弧的端点: //指定正多边形的另一个点为第三点

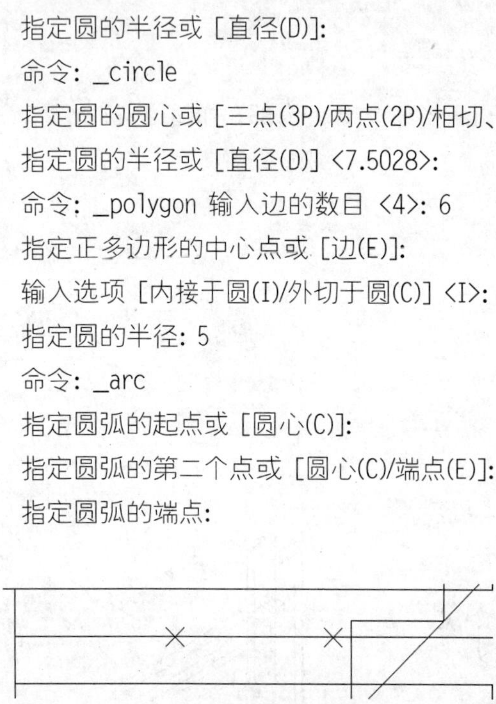

图12-22 绘制直线

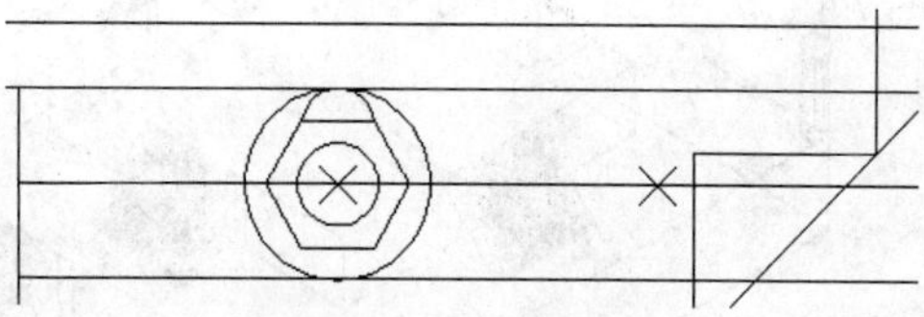

图12-23 绘制圆弧

11 单击“修改”工具栏中的按钮，阵列出其他圆弧。

12 设置完后单击“确定”按钮，然后删除大圆与正多边形，结果如图12-24所示。

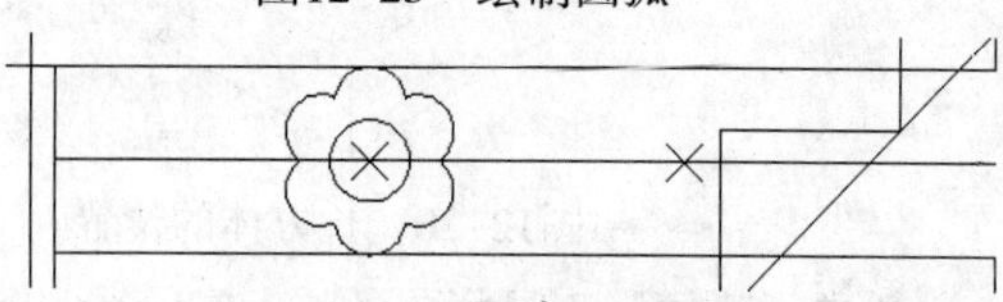

图12-24 阵列后效果

13 将图案复制到另一个等分点上，删除多余的直线与点，单击按钮，返回“西南等轴测”视图。

14 单击“建模”工具栏中的按钮，将图案拉伸一定高度，命令行提示如下：

命令: _extrude
当前线框密度: ISOLINES=4
选择要拉伸的对象: 找到 1 个
选择要拉伸的对象: 找到 1 个, 总计 2 个
选择要拉伸的对象: 找到 1 个, 总计 3 个
选择要拉伸的对象: 找到 1 个, 总计 4 个
选择要拉伸的对象: 找到 1 个, 总计 5 个
选择要拉伸的对象: 找到 1 个, 总计 6 个
选择要拉伸的对象: 找到 1 个, 总计 7 个
选择要拉伸的对象:
指定拉伸的高度或 [方向(D)/路径(P)/倾斜角(T)] <11.0000>: -11

15 改变视图可看到栏杆效果，如图12-25所示。

16 采用同样方法及镜像、复制等命令绘制出所有的栏杆，返回“西南等轴测”视图，如图12-26所示。

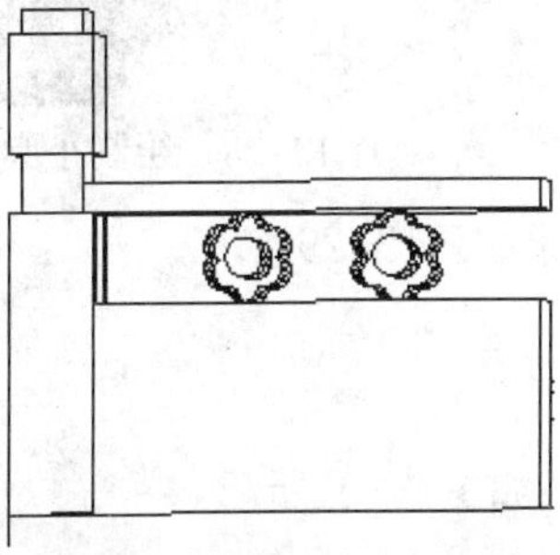

图12-25 部分栏杆

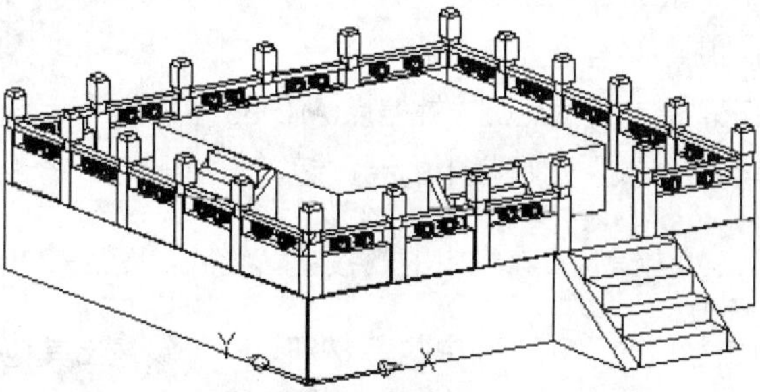

图12-26 绘制好的石栏杆

12.3 绘制支柱与侧栏

12.3.1 绘制木柱

绘制亭子木柱的步骤如下所示。

01 将“柱子”层设为当前层。

02 选择“工具”→“新建UCS”→“原点”菜单命令，改变用户坐标系，使原点位于上侧台基的顶点处。

03 单击“建模”工具栏中的按钮，绘制如图12-27所示的支柱，命令行提示如下:

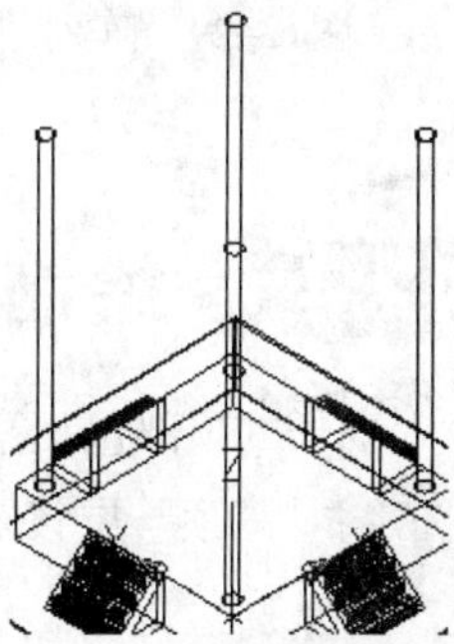

图12-27 阵列后的柱子

```
命令: _cylinder                                                    //调用圆柱体命令
指定底面的中心点或 [三点(3P)/两点(2P)/相切、相切、半径(T)/椭圆(E)]: 20,20,0
                                                                   //指定圆柱体中心点
指定底面半径或 [直径(D)]: 10                                         //指定圆柱体半径
指定高度或 [两点(2P)/轴端点(A)] <50.0000>: 400                        //指定圆柱体高度
```

04 单击“修改”工具栏中的按钮，选择“环形阵列”选项，设置中心点为“X：200”，“Y：200”，填充数目为4，填充角度为360，即可得到如图12-27所示的图形。

12.3.2 绘制侧栏

绘制亭子侧栏的步骤如下所示。

01 利用圆柱体命令绘制如图12-28所示的圆柱。命令行提示如下：

```
命令: _cylinder
指定底面的中心点或 [三点(3P)/两点(2P)/相切、相切、半径
(T)/椭圆(E)]: 60,20,0
指定底面半径或 [直径(D)]: 4
指定高度或 [两点(2P)/轴端点(A)]: 35
```

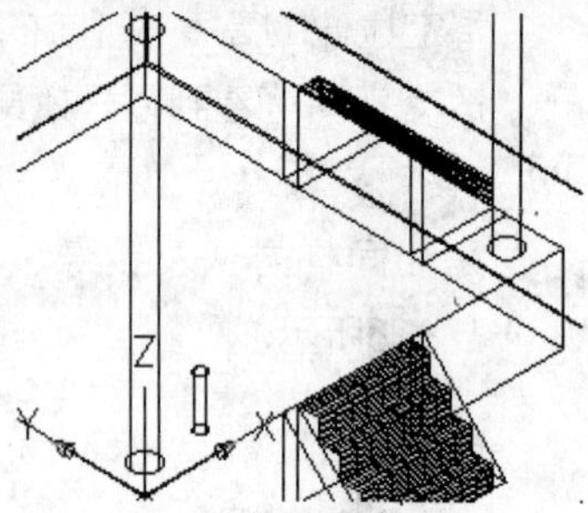

图12-28　绘制小圆柱

02 单击“修改”工具栏中的按钮，绘制出另外5个柱子，结果如图12-29所示。

03 单击“建模”工具栏中的按钮，绘制如图12-30所示长方体。

04 单击“修改”工具栏中的按钮，一一镜像出其他的侧栏，如图12-31所示。

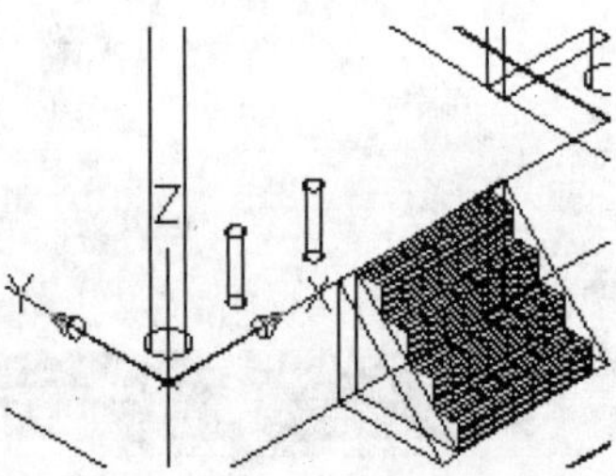

图12-29　阵列结果

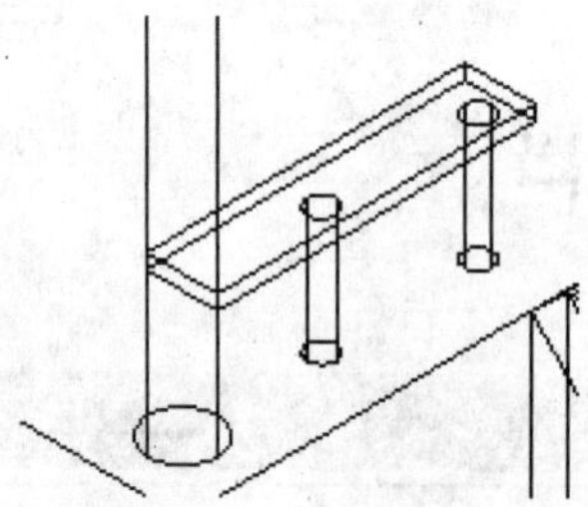
图12-30　绘制长方体

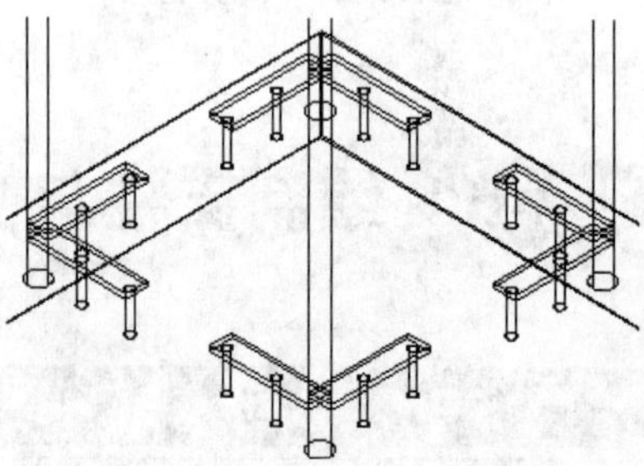
图12-31　镜像后的侧栏

12.4 绘制亭顶

亭子的顶部包括亭子的顶部与挂檐，其具体绘制步骤如下所示。

01 将“亭顶”层设置为当前层。

02 单击“绘图”工具栏中的按钮，绘制一个边长为300的正方形，如图12-32所示。

03 选择“工具”→“新建UCS”→“原点”菜单命令，新建坐标原点，如图12-33所示。

04 再次利用正多边形命令绘制一个正方体，如图12-34所示，命令行提示如下：

命令：_polygon　　　　　　　　　　　　　　　　　　//调用正多边形命令
输入边的数目 <4>:
指定正多边形的中心点或 [边(E)]: 150,150,40　　　　　　//指定正多边形的中心
输入选项 [内接于圆(I)/外切于圆(C)] <C>: C
指定圆的半径: 50

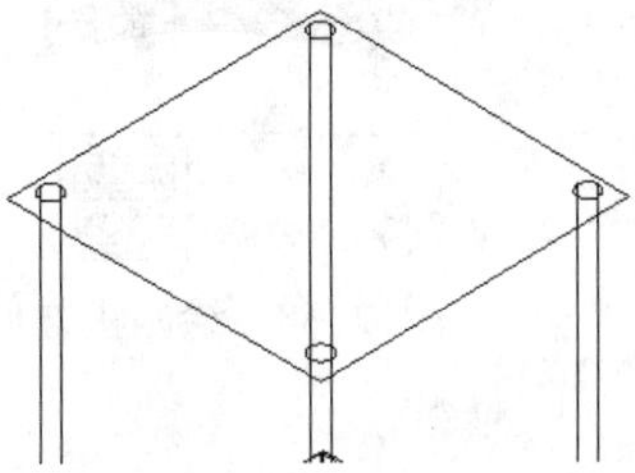
图12-32　绘制正方形

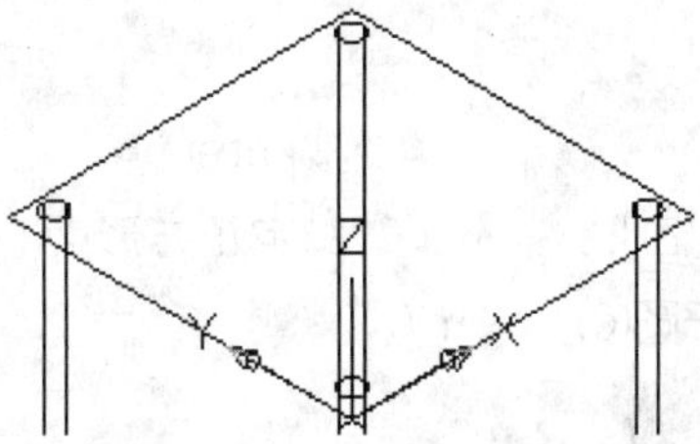

图12-33　新建坐标原点

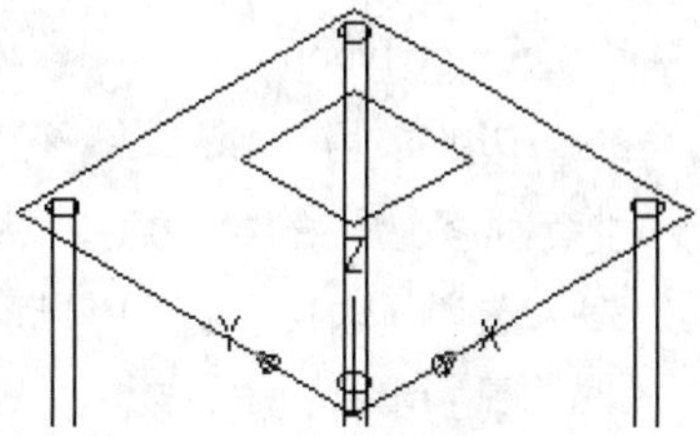

图12-34　绘制正方形

05 单击“修改”工具栏中的按钮，将外侧的正方形向内侧偏移30。

06 选择“绘图”→“圆弧”→“三点”菜单命令，以外面的正方形的顶点为起始点，内侧正方形边的中点为第二点，绘制完后如图12-35所示。

07 采用同样方法绘制出其他的圆弧，删除两个正方形后，如图12-36所示。

08 单击“修改”工具栏中的按钮，将正方形分解。

09 单击“绘图”工具栏中的，连接图12-36中的正方形与圆弧的顶点。

10 选择“绘图”→“建模”→“网格”→“边界网格”菜单命令，生成如图12-37所示的侧面。命令行提示如下：

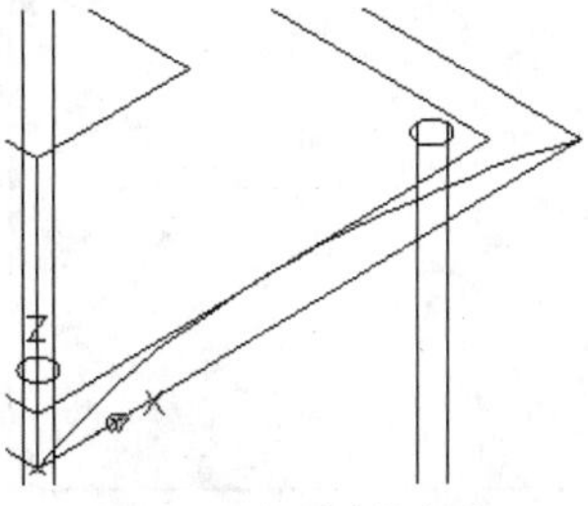

图12-35　绘制圆弧

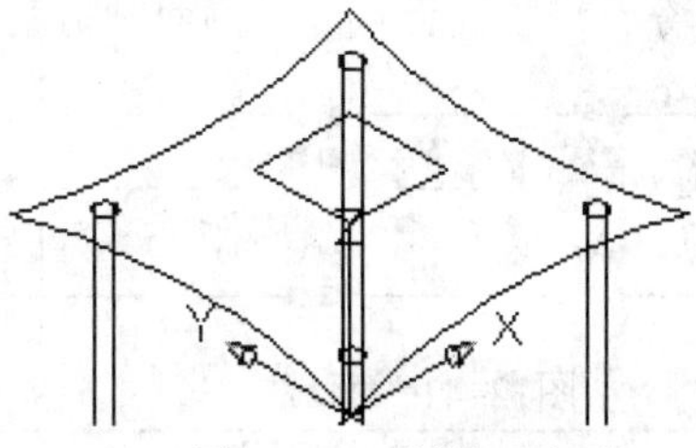

图12-36　删除正方形

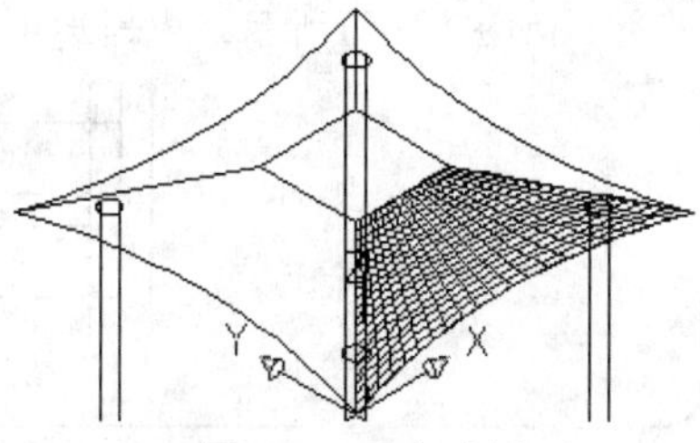

图12-37　生成侧面

命令：_edgesurf
当前线框密度：SURFTAB1=20　SURFTAB2=20
选择用作曲面边界的对象 1:

选择用作曲面边界的对象 2:
选择用作曲面边界的对象 3:
选择用作曲面边界的对象 4:

提示

在命令行输入SURFTAB1或SURFTAB2的值，可改变网格的密度。

11 单击“修改”工具栏中的按钮，选择“环形阵列”，中心点为正方形中心，生成其他侧面。

12 选择“视图”→“三维视图”→“俯视”菜单命令，再单击“绘图”工具栏中的按钮，绘制一个正方形，如图12-38所示。命令行提示如下：

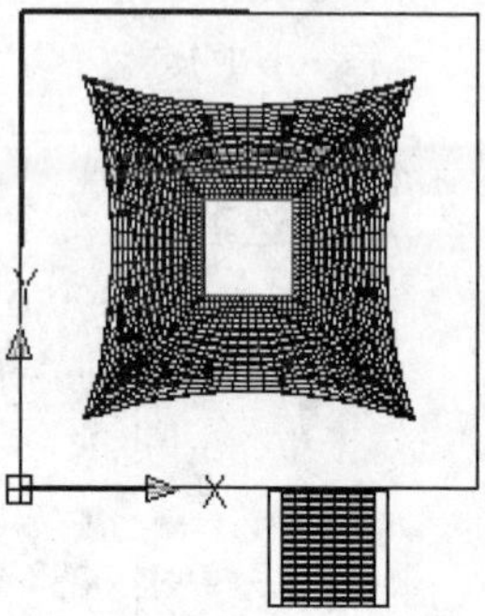

图12-38 绘制正方形

```
命令: _polygon
输入边的数目 <4>:                    //按Enter键
指定正多边形的中心点或 [边(E)]:        //指定正方形中心
输入选项 [内接于圆(I)/外切于圆(C)] <C>: C
指定圆的半径: 50
```

13 选择“视图”→“三维视图”→“西南等轴测”菜单命令，或单击“视图”工具栏中的按钮，返回“西南等轴测”视图。

14 单击“建模”工具栏中的按钮，将正方形拉伸20个单位，结果如图12-39所示。

15 单击“视图”工具栏中的按钮，进入左视图，利用矩形、直线、修剪命令绘制出如图12-40所示的图形。

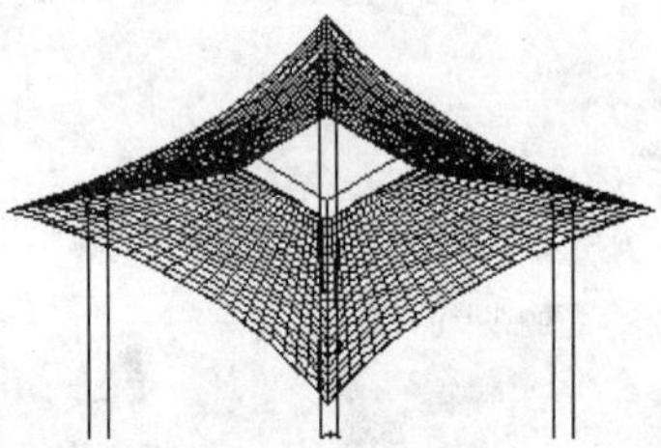

图12-39 拉伸后效果

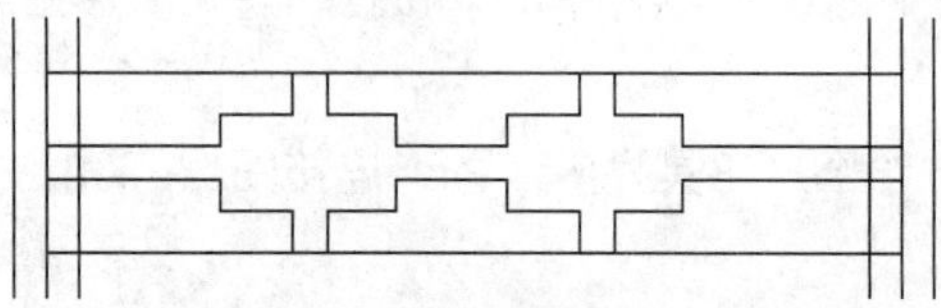

图12-40 绘制图案

注意

如图12-41所示，中间选中部分为应生成面域，否则拉伸时将很烦琐。

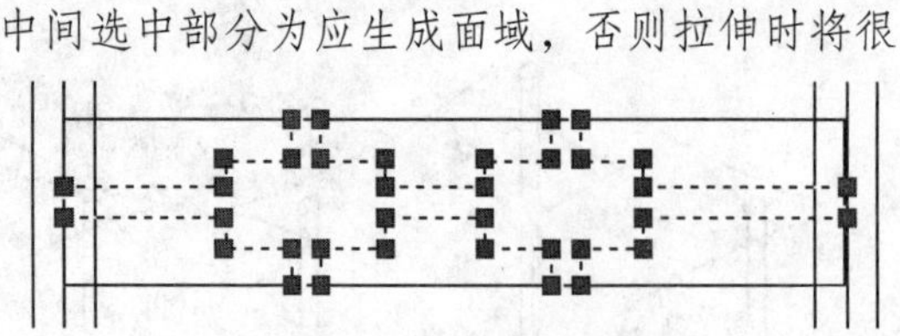

图12-41 面域

16 返回“西南等轴测”视图，并单击“建模”工具栏中的按钮将其拉伸一定高度，命令行提示如下：

```
命令: _extrude
```

当前线框密度： ISOLINES=4
选择要拉伸的对象：找到 1 个

选择要拉伸的对象：找到 1 个，总计 30 个
选择要拉伸的对象：
指定拉伸的高度或 [方向(D)/路径(P)/倾斜角(T)] <20.0000>：5 //指定拉伸高度为5

利用“移动”命令将拉伸后的实体放到合适的位置，如图12-42所示。

17 选择“修改”→“三维操作”→“三维镜像”菜单命令，将拉伸后的实体镜像至其他几个柱子中间，结果如图12-43所示。

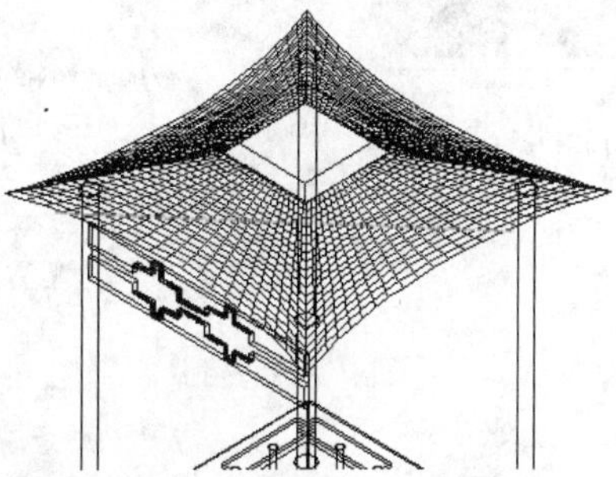

图12-42 拉伸后的实体

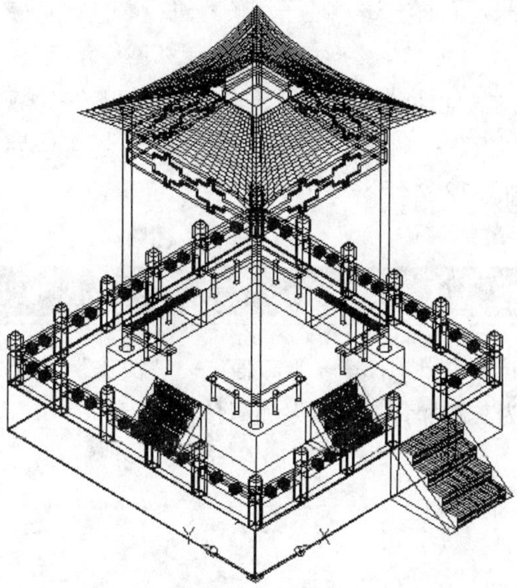

图12-43 亭子

12.5 着色与渲染

12.5.1 着色

01 选择“实体编辑”工具栏中的按钮，对柱子进行着色，命令行提示如下：

命令：_solidedit
实体编辑自动检查： SOLIDCHECK=1
输入实体编辑选项 [面(F)/边(E)/体(B)/放弃(U)/退出(X)] <退出>：_face
输入面编辑选项
[拉伸(E)/移动(M)/旋转(R)/偏移(O)/倾斜(T)/删除(D)/复制(C)/颜色(L)/材质(A)/放弃(U)/退出(X)] <退出>：_color

选择面或 [放弃(U)/删除(R)]: 找到一个面。 //选择柱子

选择面或 [放弃(U)/删除(R)/全部(ALL)]: //按Enter键，弹出“选择颜色”对话框设置颜色

输入面编辑选项

[拉伸(E)/移动(M)/旋转(R)/偏移(O)/倾斜(T)/删除(D)/复制(C)/颜色(L)/材质(A)/放弃(U)/退出(X)] <退出>: X

实体编辑自动检查: SOLIDCHECK=1

输入实体编辑选项 [面(F)/边(E)/体(B)/放弃(U)/退出(X)] <退出>: X

02 采用同样方法对柱子和侧栏进行着色。

03 对其他面分别着色后，选择“视图”→“视觉样式”→“概念”菜单命令，可看到着色后的效果，如图12-44所示。

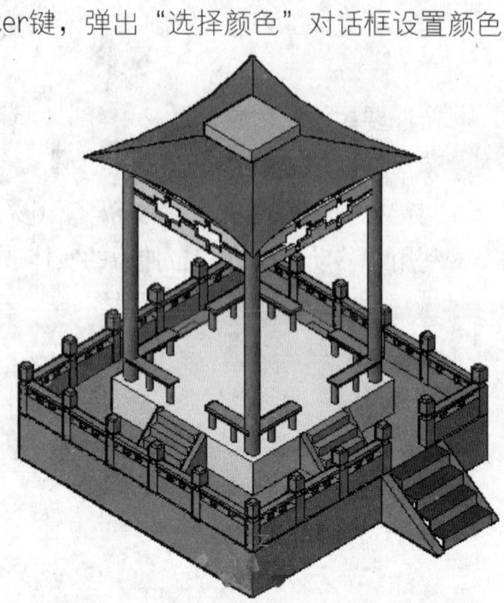

图12-44 “概念”视图

12.5.2 渲染

选择“视图”→“渲染”→“渲染”菜单命名，对图形进行渲染，为其添加背景后效果如图12-45所示。

图12-45 渲染效果

12.6 建筑三维模型的制作

12.6.1 旋转门的制作

旋转门效果如图12-46所示。

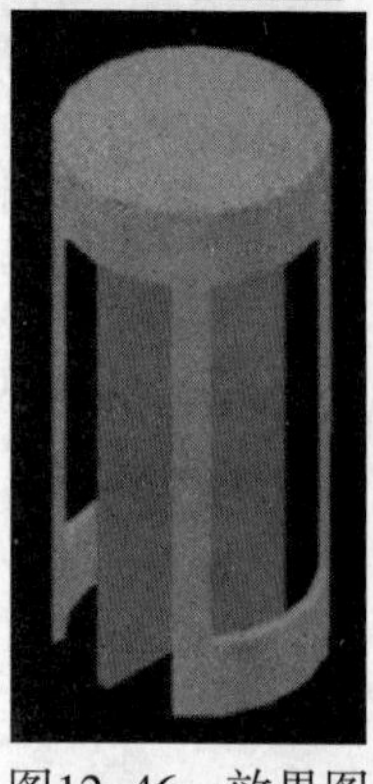

图12-46 效果图

1. 制作模型

01 单击“视图”→“三维视图”→“西南等轴测”菜单命令，进入西南等轴测视图，单击“建模”工具栏上的“圆柱体”按钮或在命令行中输入CYLINDER命令，绘制半径为500，高度为2100的圆柱体，如图12-47所示。

02 单击“建模”工具栏上的“圆柱体”按钮或在命令行中输入CYLINDER命令，绘制半径为450，高度为1900的圆柱体，如图12-48所示。

03 单击“建模”工具栏上的“差集”按钮或在命令行中输入SUBTRACT命令，将小圆柱体从中除去，使之形成一个圆环体。

04 单击“建模”工具栏上的“长方体”按钮或在命令行中输入BOX命令，绘制一个长方体，长为1200，宽为600，高为1800，如图12-49所示。

05 单击“建模”工具栏上的“长方体”按钮或在命令行中输入BOX命令，绘制一个长方体，长为1200，宽为600，高为1500，如图12-50所示。

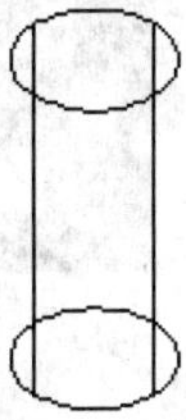
图12-47 圆柱体1

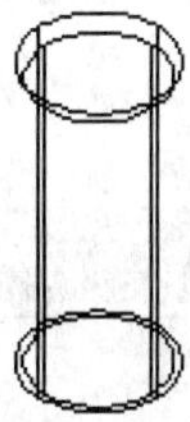
图12-48 圆柱体2

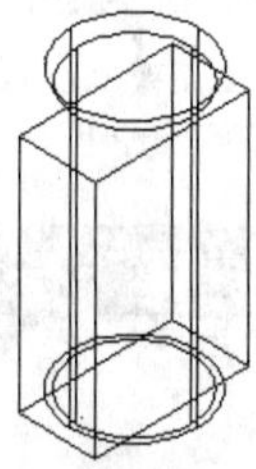
图12-49长方体1

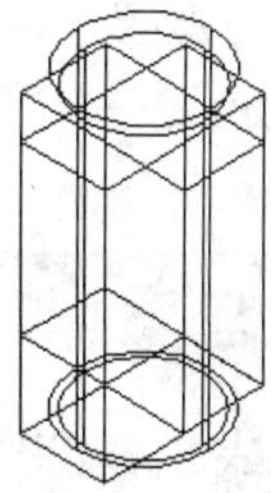
图12-50 长方体2

06 单击“建模”工具栏上的“差集”按钮或在命令行中输入SUBTRACT命令，将长方体从圆环体中除去，如图12-51所示。

07 单击“建模”工具栏上的“长方体”按钮或在命令行中输入BOX命令，绘制一个长方体，长为900，宽为50，高为1800，如图12-52所示。

08 单击“建模”工具栏上的“长方体”按钮或在命令行中输入BOX命令，绘制一个长方体，长为700，宽为50，高为1600，如图12-53所示。

09 与之垂直再绘制两个长方体，如图12-54所示。

10 消隐后的效果如图12-55所示。

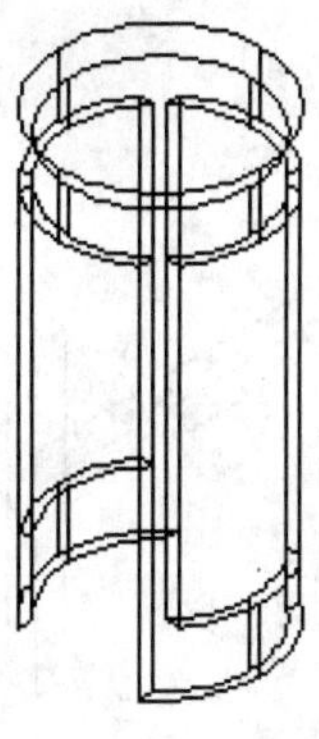
图12-51 差集

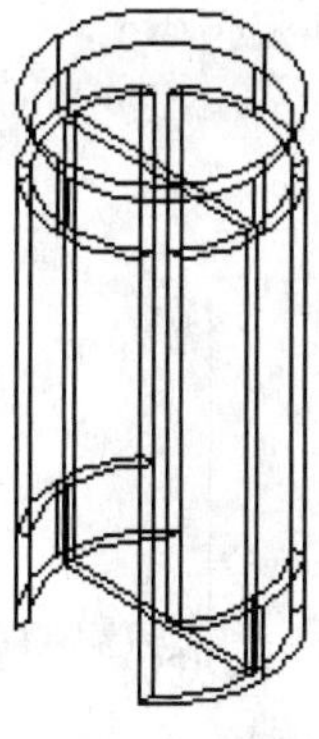
图12-52 长方体1

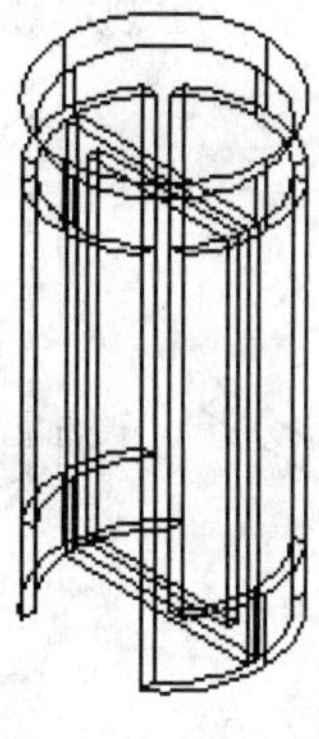
图12-53 长方体2

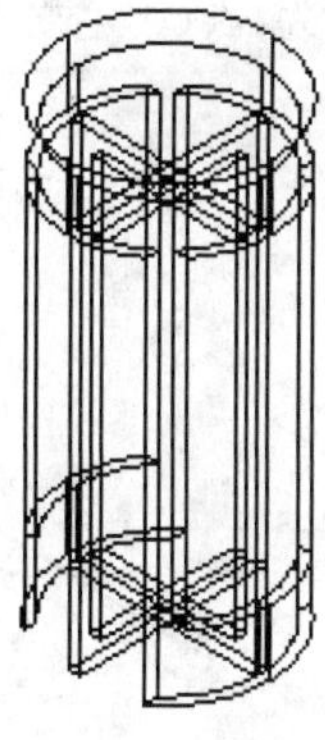
图12-54 长方体3

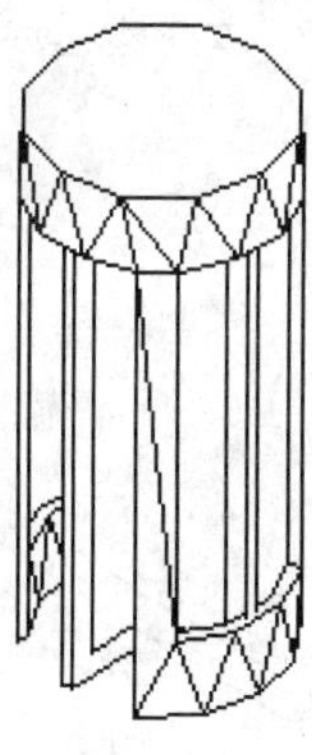
图12-55 消隐

2. 渲染

01 选择“工具”→“选项板”→“工具选项板”菜单命令，弹出“工具选项板”选项板。选择“木材和塑料－材质样例”选项卡，选中“木材－塑料.成品木器.木材.红木”，单击鼠标右键，在弹出的快捷菜单中选择“将材质应用到对象”，回到图形中选择旋转门的外框。

02 选择“门和窗－材质样例”选项卡，选中“门－窗.玻璃镶嵌.玻璃透明”，单击鼠标右键，在弹出的快捷菜单中选择“将材质应用到对象”，回到图形中选择旋转门的小长方体。

03 选择“木材和塑料—材质样例”选项卡，选中“木材—塑料.成品木器.木材.镶板.1”，单击鼠标右键，在弹出的快捷菜单中选择“将材质应用到对象”，回到图形中选择旋转门的大长方体。

04 选择“视图”→“渲染”→“渲染”菜单命令或单击“渲染”工具栏上的“渲染”按钮，则在一个新的窗口中，对当前的图形进行渲染，渲染的效果如图12-56所示。

图12-56 渲染

12.6.2 悬索桥的制作

悬索桥效果如图12-57所示。

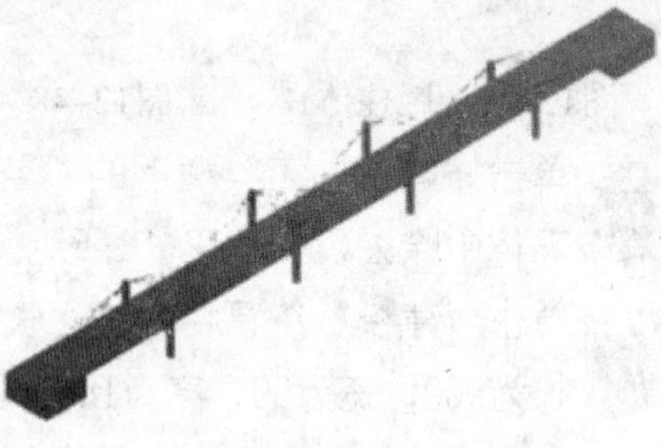

图12-57 效果图

1. 制作模型

01 选择“视图”→“三维视图”→“西南等轴测”菜单命令，进入西南等轴测视图，单击“建模”工具栏上的“长方体”按钮或在命令行中输入BOX命令，绘制一个长方体作为桥面，长为150000，宽为10000，高为500，如图12-58所示。

02 单击“建模”工具栏上的“长方体”按钮或在命令行中输入BOX命令，绘制两个长方体作为桥墩，长为10000，宽为10000，高为5000，如图12-59所示。

03 单击“建模”工具栏上的“长方体”按钮或在命令行中输入BOX命令，绘制两个长方体作为桥墩，长为1000，宽为1000，高为10000，两个间距为12000，如图12-60所示。

04 单击“建模”工具栏上的“长方体”按钮或在命令行中输入BOX命令，绘制一个长方体作为桥墩横梁，长为12000，宽为1000，高为1000，如图12-61所示。

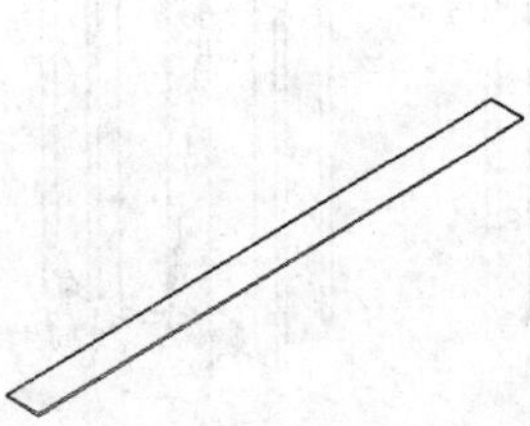

图12-58 长方体1

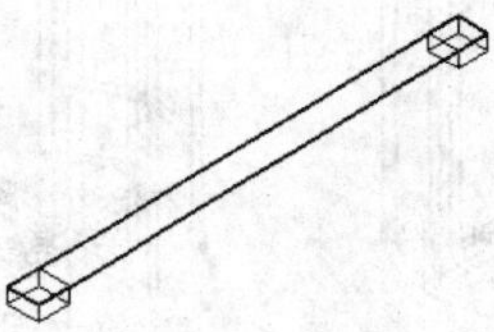

图12-59 长方体2

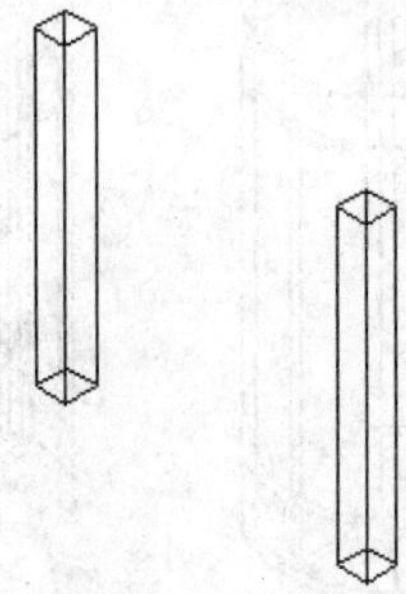

图12-60 长方体3

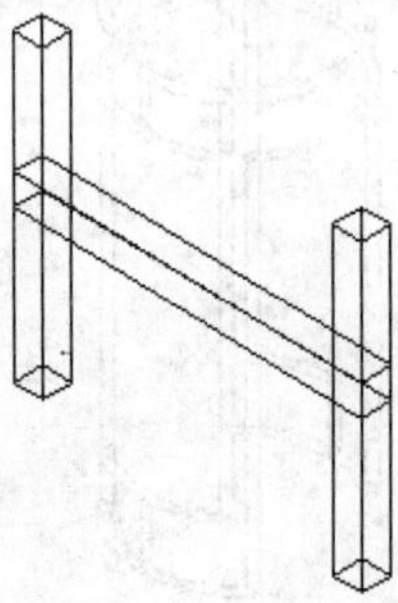

图12-61 长方体4

05 单击“建模”工具栏上的“并集”按钮或在命令行中输入UNION命令，将图12-59长方体进行并集运算。单击“修改”工具栏上的“移动”按钮或在命令行中输入MOVE命令，将桥墩移动到桥面处，与端处距离为30000，如图12-62所示。

06 利用同样的方法绘制另一个桥墩，高度为13000，如图12-63所示。

07 最后的结果如图12-64所示。

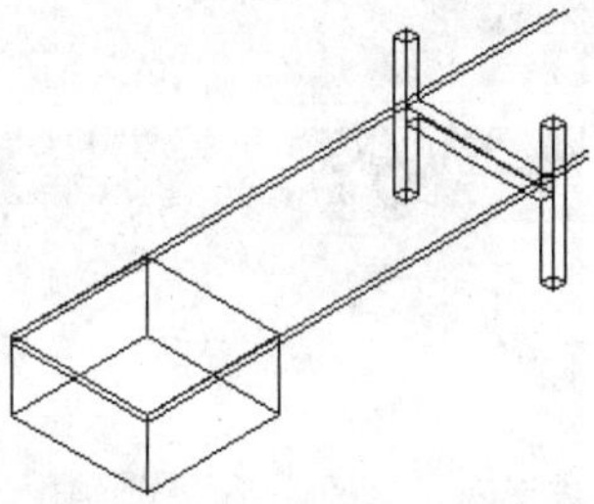
图12-62 桥墩1

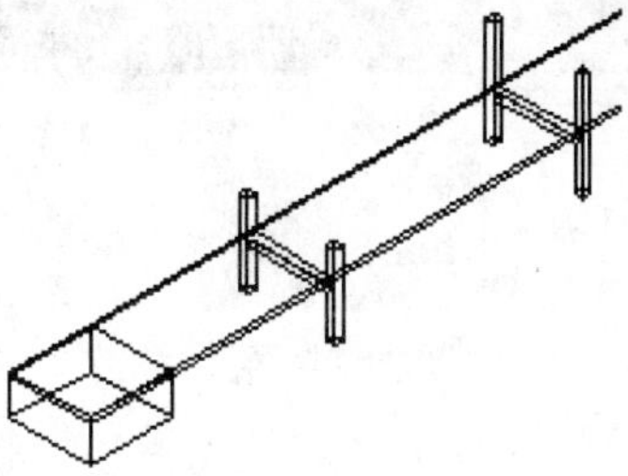
图12-63 桥墩2

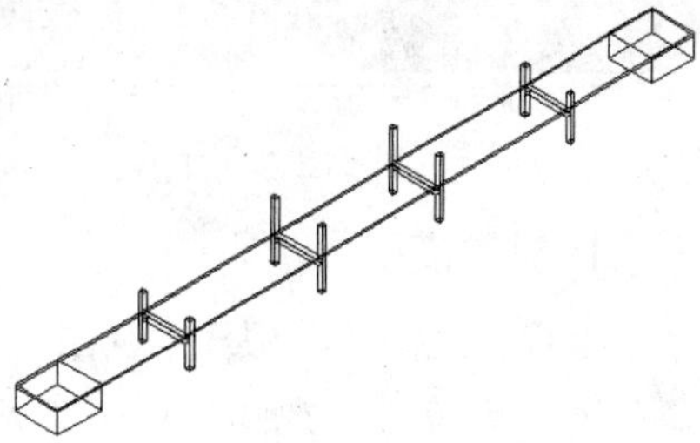
图12-64 桥墩3

08 单击“建模”工具栏上的“多段体”按钮或在命令行中输入POLYSOLID命令，设置宽度和高度都为10，绘制绳索如图12-65所示。单击“视图”→“三维视图”→“主视图”菜单命令，进入主视图，如图12-66所示。

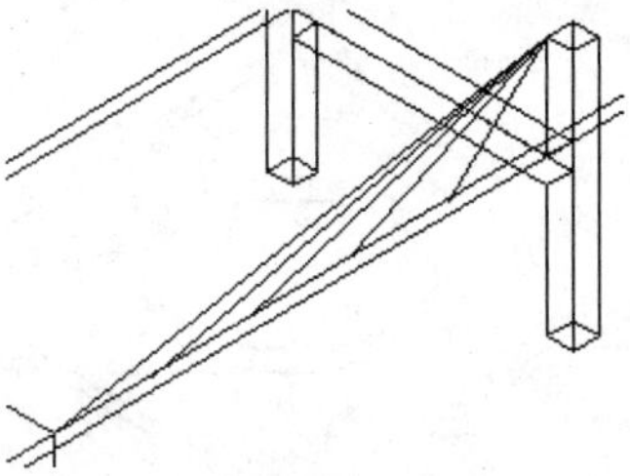
图12-65 绳索1

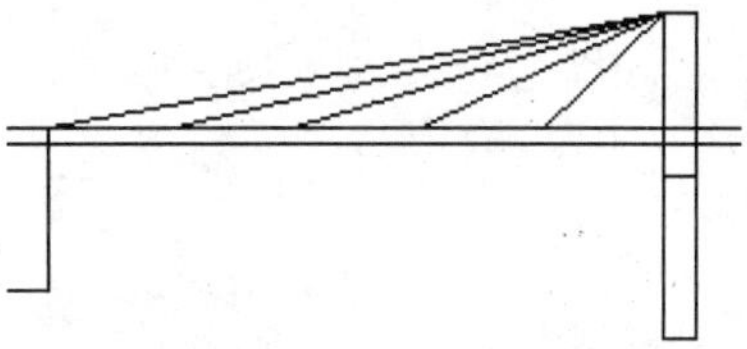
图12-66 绳索2

09 添加绳索后的效果如图12-67所示。

10 消隐后的效果如图12-68所示。

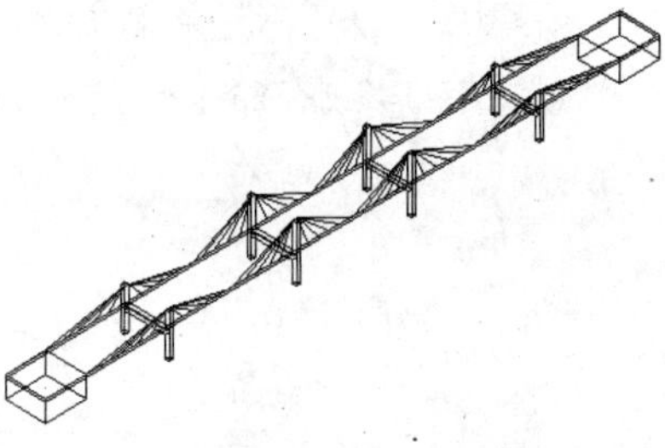
图12-67 绳索3

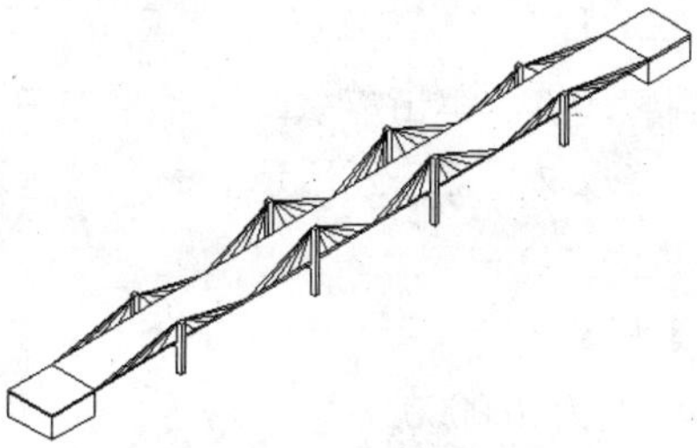
图12-68 消隐

2. 渲染

01 选择“工具”→“选项板”→“工具选项板”菜单命令，弹出“工具选项板”选项板。选择“砖石—材质样例”选项卡，选中“砖石.块体砖石.砖块.组合式.堆叠”，单击鼠标右键，在弹出的快捷菜单中选择“将材质应用到对象”，回到图形中选择桥体。

02 选择“金属—材质样例”选项卡，选中“金属.金属结构构件.钢”，单击鼠标右键，在弹出的快捷菜单中选择“将材质应用到对象”，回到图形中选择绳索。

03 选择“视图”→“渲染”→“渲染”菜单命令或单击“渲染”工具栏上的“渲染”按钮，则在一个新的窗口中，对当前的图形进行渲染，渲染的效果如图12-69所示。

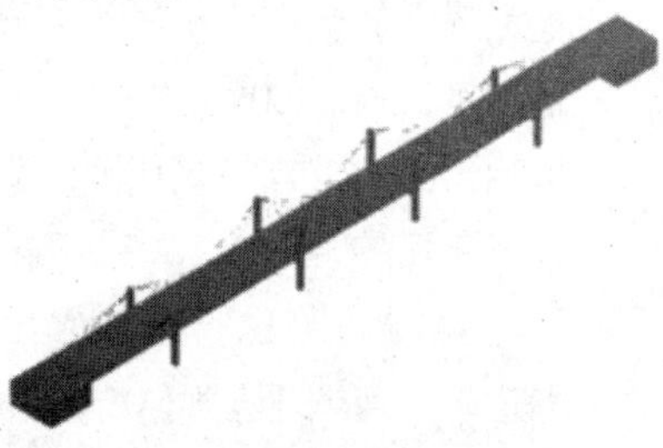
图12-69 渲染

12.6.3 广场的制作

广场效果如图12-70所示。

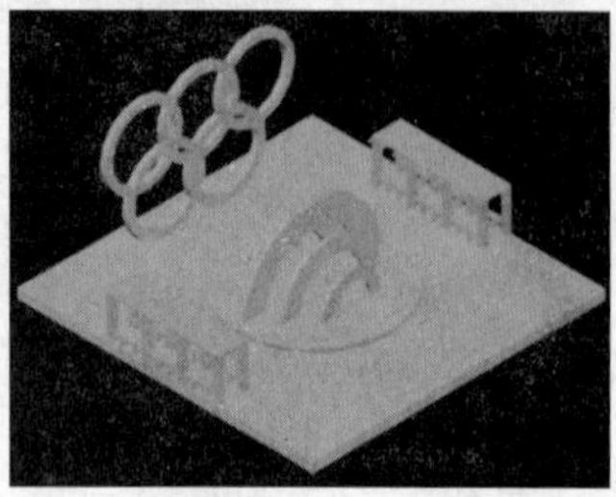

图12-70 效果图

1. 制作模型

01 选择“视图”→“三维视图”→“西南等轴测”菜单命令，进入西南等轴测视图。单击“建模”工具栏上的“长方体”按钮或在命令行中输入BOX命令，绘制一个长方体，长为15000，宽为15000，高为500，如图12-71所示。

02 单击“建模”工具栏上的“圆柱体”按钮或在命令行中输入CYLINDER命令，绘制半径为4000，高度为700的圆柱体，如图12-72所示。

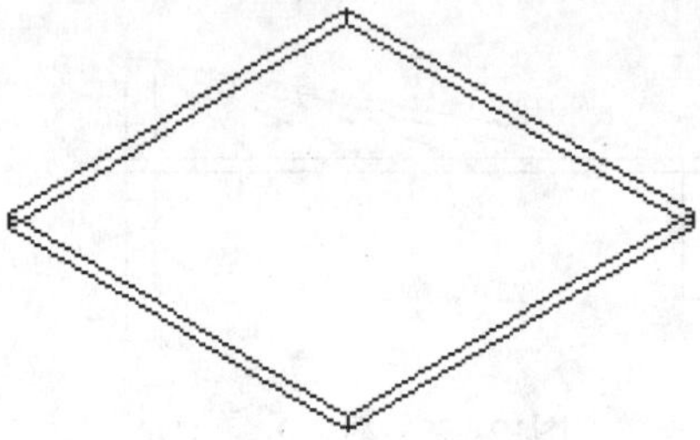

图12-71 长方体

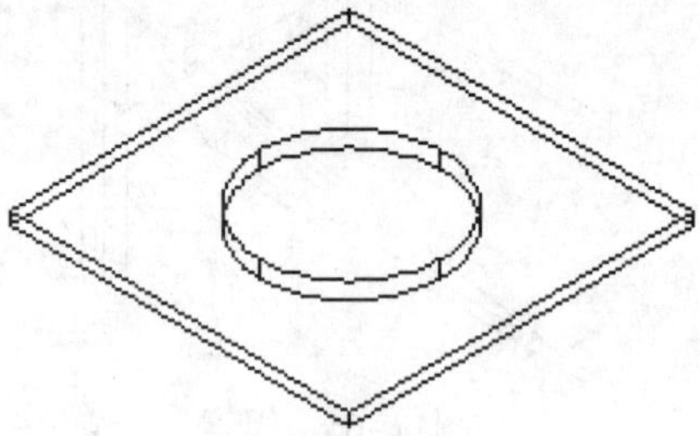

图12-72 圆柱体

03 单击“建模”工具栏上的“并集”按钮或在命令行中输入UNION命令，将实体进行并集运算。

04 单击UCS工具栏上的按钮或选择“工具”→“新建UCS”→“X”菜单命令，将当前坐标绕X轴旋转90°。单击“绘图”工具栏中的“多段线”按钮或在命令行中输入PLINE命令，绘制一条多段线，如图12-73所示。命令行提示如下：

```
命令: _pline
指定起点:
当前线宽为 0.0000
指定下一个点或 [圆弧(A)/半宽(H)/长度(L)/放弃(U)/宽度(W)]: 500
指定下一点或 [圆弧(A)/闭合(C)/半宽(H)/长度(L)/放弃(U)/宽度(W)]: a
指定圆弧的端点或
[角度(A)/圆心(CE)/闭合(CL)/方向(D)/半宽(H)/直线(L)/半径(R)/第二个点(S)/放弃(U)/宽度(W)]: r
指定圆弧的半径: 1000
指定圆弧的端点或 [角度(A)]: a
指定包含角: 180
指定圆弧的弦方向 <180>:
指定圆弧的端点或
[角度(A)/圆心(CE)/闭合(CL)/方向(D)/半宽(H)/直线(L)/半径(R)/第二个点(S)/放弃(U)/宽度(W)]: l
指定下一点或 [圆弧(A)/闭合(C)/半宽(H)/长度(L)/放弃(U)/宽度(W)]: 500
指定下一点或 [圆弧(A)/闭合(C)/半宽(H)/长度(L)/放弃(U)/宽度(W)]: a
```

指定圆弧的端点或

[角度(A)/圆心(CE)/闭合(CL)/方向(D)/半宽(H)/直线(L)/半径(R)/第二个点(S)/放弃(U)/宽度(W)]: r

指定圆弧的半径: 1500

指定圆弧的端点或 [角度(A)]: a

指定包含角: -680

指定圆弧的弦方向 <180>:

指定圆弧的端点或

[角度(A)/圆心(CE)/闭合(CL)/方向(D)/半宽(H)/直线(L)/半径(R)/第二个点(S)/放弃(U)/宽度(W)]: cl

05 单击UCS工具栏上的按钮或选择“工具”→“新建UCS”→“X”菜单命令，将当前坐标绕X轴旋转-90°。单击“建模”工具栏上的“拉伸”按钮，将多段线进行拉伸，拉伸长度为200，如图12-74所示。

06 用同样的方法绘制另外两个实体，一个实体内径为2000，外径为2500；另一个实体的内径为3000，外径为3500，拉伸后效果如图12-75所示。

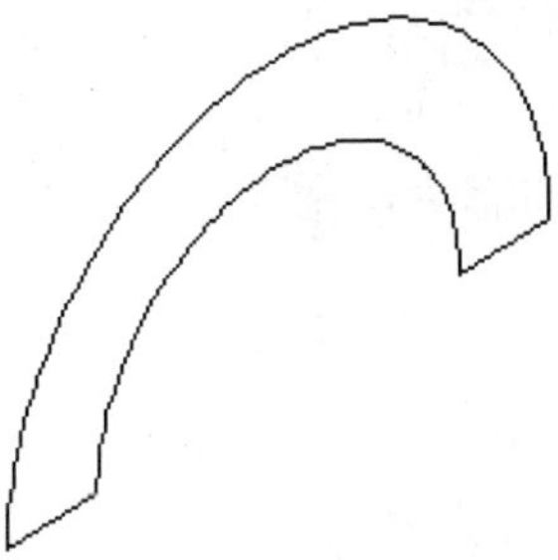

图12-73　多段线

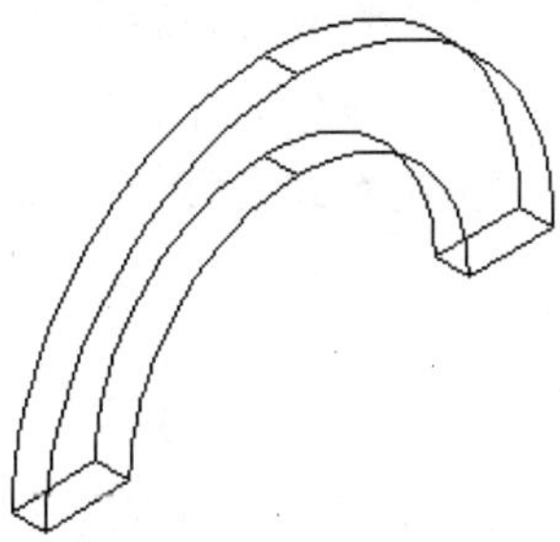

图12-74　拉伸

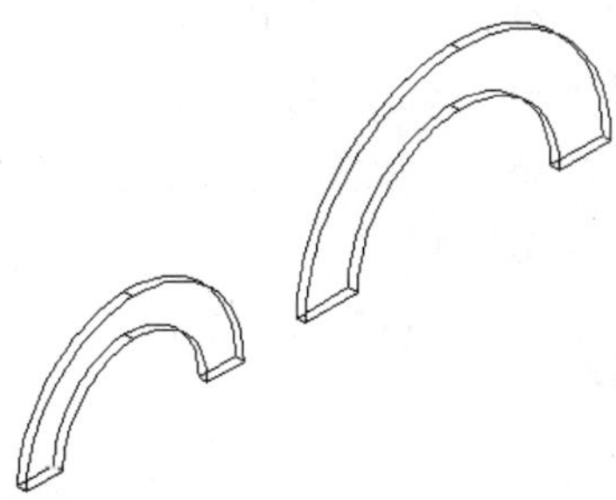

图12-75　圆环体1

07 将3个圆环体对称布置到广场中间圆柱体的上方，如图12-76所示。

08 单击“建模”工具栏上的“长方体”按钮或在命令行中输入BOX命令，绘制一个长方体，长为300，宽为300，高为2000，如图12-77所示。

09 将长方体布置为亭柱，柱之间的距离为1800，道路的宽度为1200，如图12-78所示。

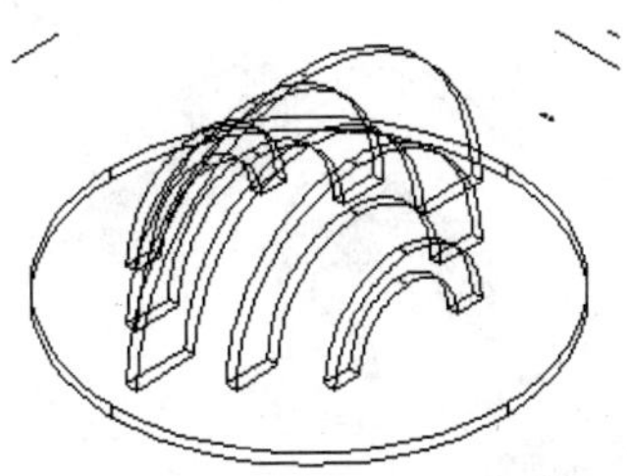

图12-76　放置圆环体2

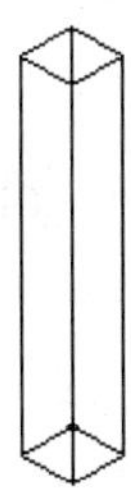

图12-77　长方体

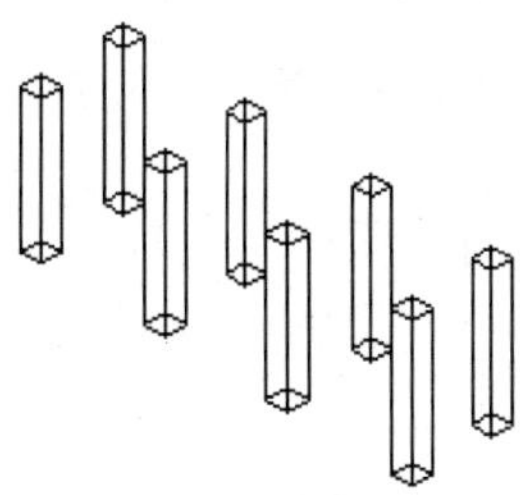

图12-78　布置

10 单击“建模”工具栏上的“长方体”按钮或在命令行中输入BOX命令，绘制一个长方体，长为5400，宽为1500，高为100，如图12-79所示。

11 单击“建模”工具栏上的“长方体”按钮或在命令行中输入BOX命令，绘制一个长方体，长为1800，宽为300，高为100，布置到亭顶，如图12-80所示。

12 单击“建模”工具栏上的“并集”按钮或在命令行中输入UNION命令，将实体进行并集运算。

13 单击“建模”工具栏上的“长方体”按钮或在命令行中输入BOX命令，绘制一个长方体，长为1800，宽为300，高为100，距地面为400，如图12-81所示。

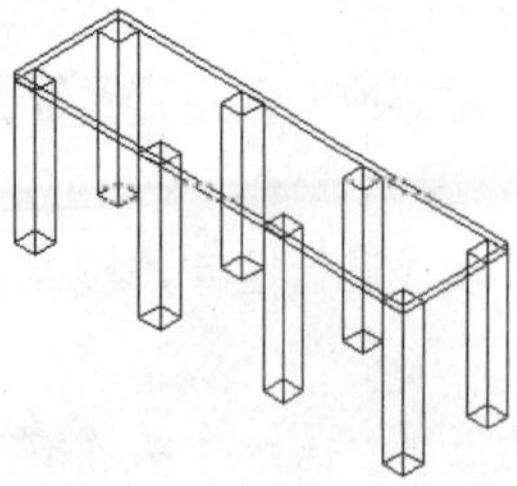

图12-79 长方体1

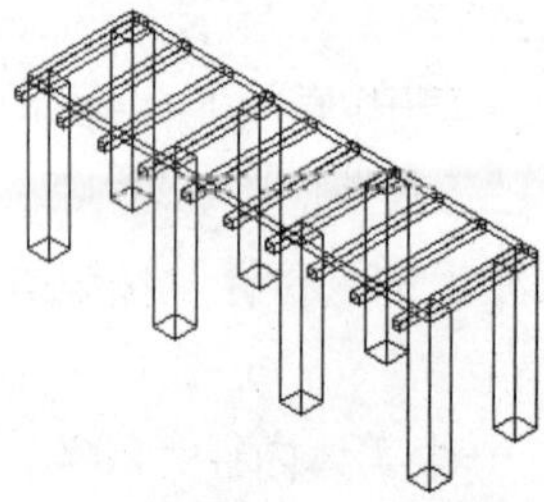

图12-80 长方体2

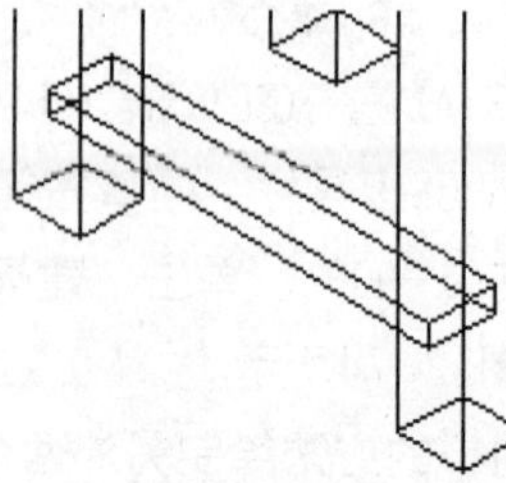

图12-81 长方体3

14 单击“建模”工具栏上的“长方体”按钮或在命令行中输入BOX命令，绘制一个长方体，长为300，宽为100，高为400，布置到柱间作为休息台，如图12-82所示。

15 单击“建模”工具栏上的“并集”按钮或在命令行中输入UNION命令，将所有实体进行并集运算，如图12-83所示。

16 消隐后的效果如图12-84所示。

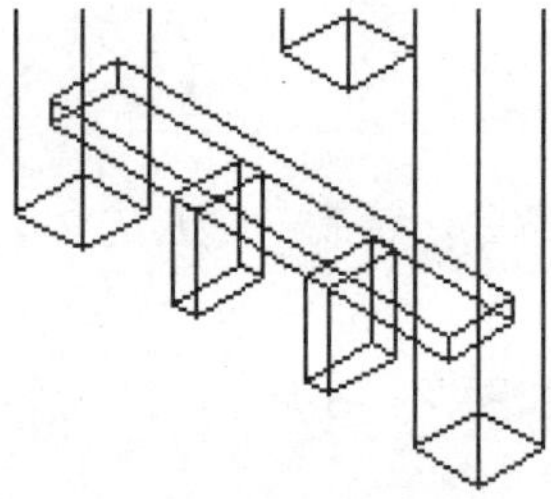

图12-82 长方体4

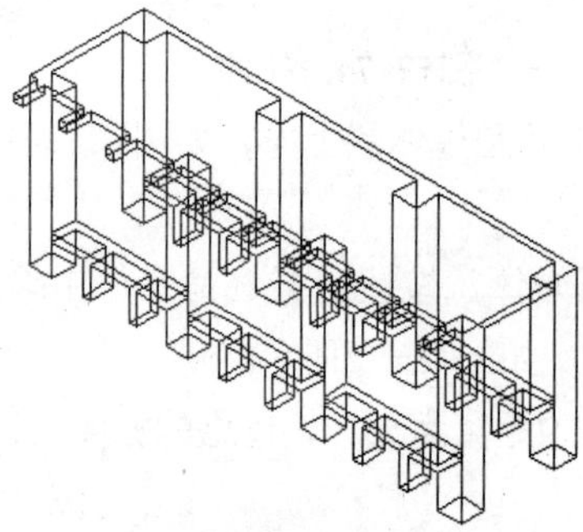

图12-83 并集

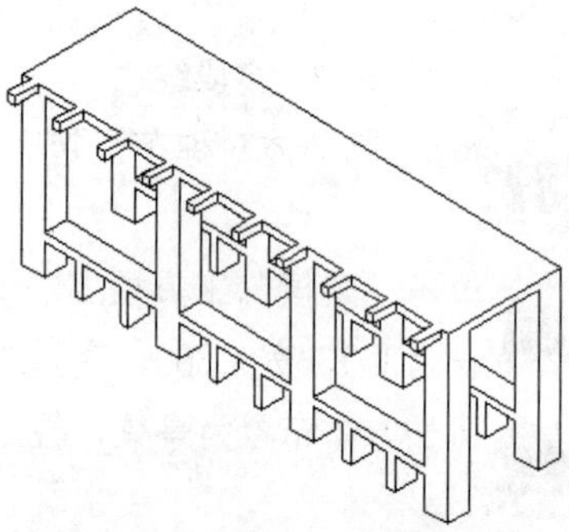

图12-84 消隐

17 将亭子布置到广场，如图12-85所示。

18 单击“建模”工具栏上的“圆柱体”按钮或在命令行中输入CYLINDER命令，绘制半径为2000，高度为300的圆柱体。单击“建模”工具栏上的“圆柱体”按钮或在命令行中输入CYLINDER命令，绘制半径为1600，高度为300的圆柱体，如图12-86所示。

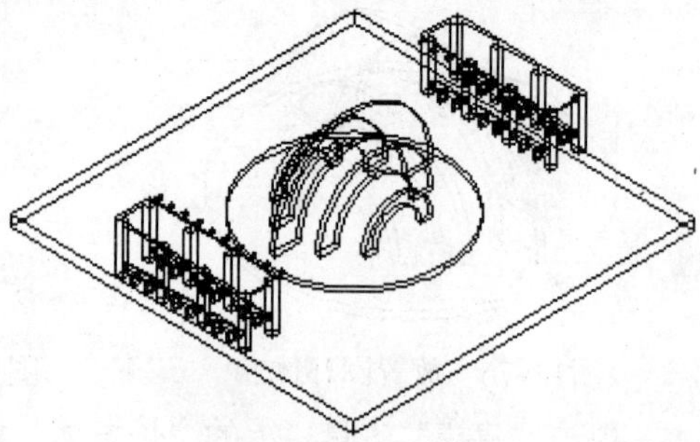

图12-85 亭子

19 单击“建模”工具栏上的“差集”按钮或在命令行中输入SUBTRACT命令，将两个圆柱体进行差集运算。

20 用同样的方法绘制另外四个尺寸相同的圆环体，将五个圆环体布置成五环的图案，如图12-87所示。

21 单击“建模”工具栏上的“并集”按钮或在命令行中输入UNION命令，将五个圆环体进行并集运算。

22 将五环布置到广场，如图12-88所示。

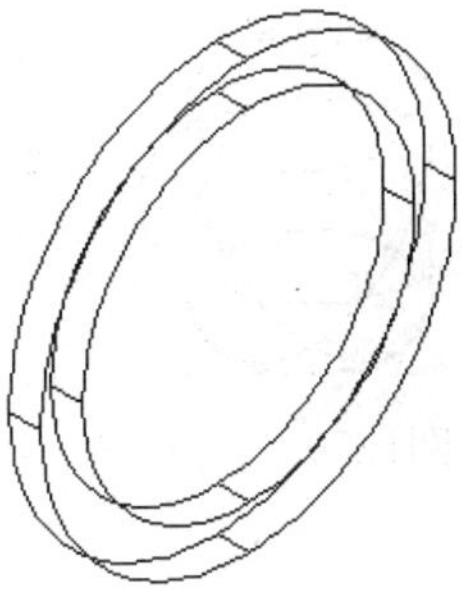

图12-86　圆环体

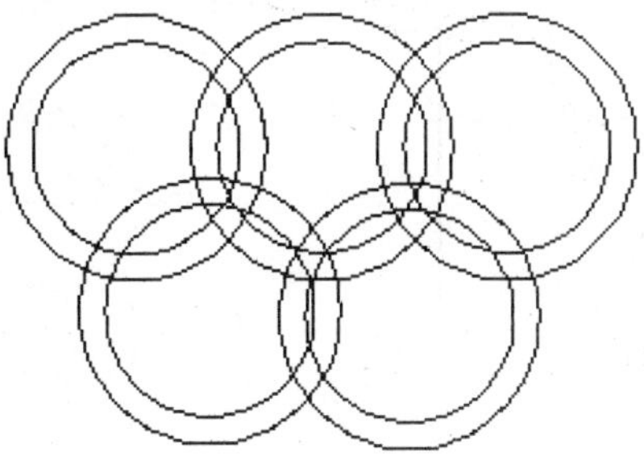

图12-87　五环

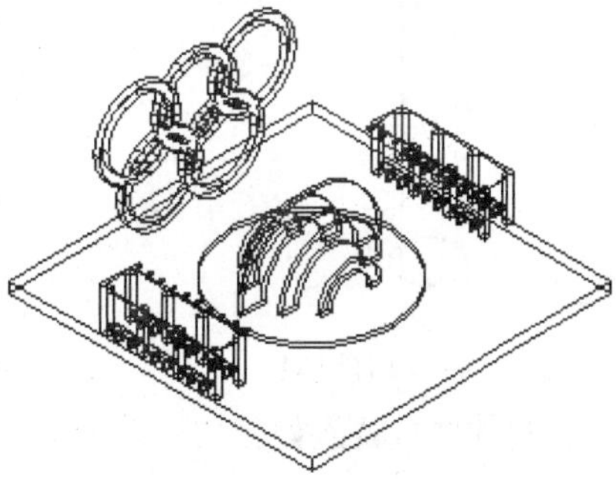

图12-88　布置五环

2. 渲染

01 选择“工具”→“选项板”→“工具选项板”菜单命令，弹出“工具选项板”选项板。选择“地板—材质样例”选项卡，选中“表面处理.地板材料.大理石.白色”，单击鼠标右键，在弹出的快捷菜单中选择“将材质应用到对象”，回到图形中选择广场地面及修饰和五环。

02 选择“表面处理—材质样例”选项卡，选中“表面处理.墙面装饰面层.条纹.垂直.蓝灰色”，单击鼠标右键，在弹出的快捷菜单中选择“将材质应用到对象”，回到图形中选择亭子。

03 选择“视图”→“渲染”→“渲染”菜单命令或单击“渲染”工具栏上的“渲染”按钮，则在一个新的窗口中，对当前的图形进行渲染，渲染的效果如图12-89所示。

图12-89　渲染

12.6.4　艺术路灯的制作

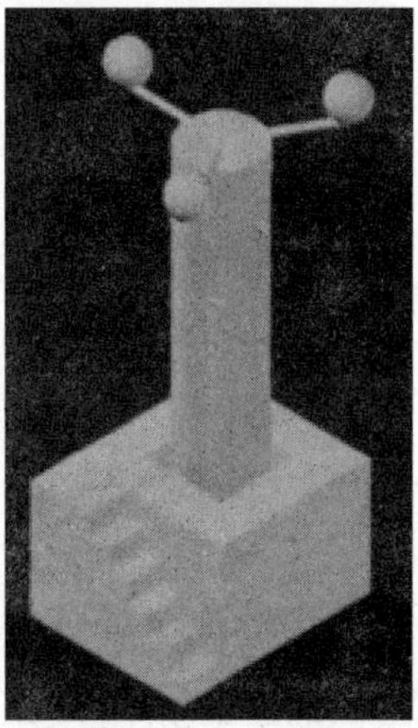

图12-90　效果图

艺术路灯效果如图12-90所示。

1. 制作模型

01 单击“视图”→“三维视图”→“西南等轴测”菜单命令，进入西南等轴测视图。单击“建模”工具栏上的“圆柱体”按钮或在命令行中输入CYLINDER命令，绘制半径为200，高度为2000的圆柱体，如图12-91所示。

02 选择“工具”→“新建UCS”→“X”菜单命令，将当前坐标绕X轴旋转90°。单击“建模”工具栏上的“圆柱体”按钮或在命令行中输入CYLINDER命令，绘制半径为20，长度为500的圆柱体，布置效果如图12-92所示。

03 选择“工具”→“新建UCS”→“X”菜单命令，将当前坐标绕X轴旋转-90°，回到原来的视图。单击“建模”工具栏上的“球体”按钮或在命令行中输入SPHERE命令，绘制一个半径为100的球体，如图12-93所示。

图12-91 圆柱体1

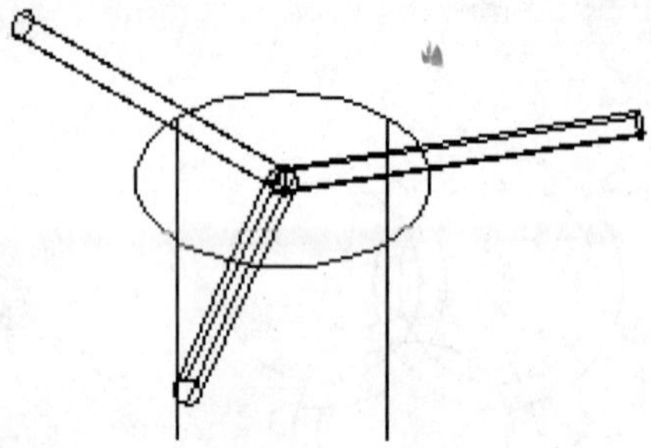

图12-92 圆柱体2

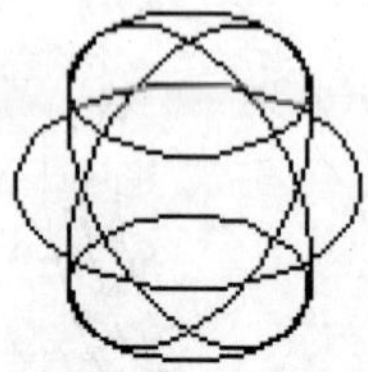

图12-93 球体

04 将球体放置到如图12-94所示的位置。

05 单击“建模”工具栏上的“并集”按钮或在命令行中输入UNION命令，将所有实体进行并集运算。

06 选择“视图”→“三维视图”→“俯视图”菜单命令，进入俯视图。单击“绘图”工具栏中的“多段线”按钮或在命令行中输入PLINE命令，绘制如图12-95所示的一条闭合的多段线。命令行提示如下：

```
命令: _pline
指定起点:                                    //选择1点
当前线宽为 0.0000
指定下一个点或 [圆弧(A)/半宽(H)/长度(L)/放弃(U)/宽度(W)]: 200
指定下一点或 [圆弧(A)/闭合(C)/半宽(H)/长度(L)/放弃(U)/宽度(W)]: 400
指定下一点或 [圆弧(A)/闭合(C)/半宽(H)/长度(L)/放弃(U)/宽度(W)]: 400
指定下一点或 [圆弧(A)/闭合(C)/半宽(H)/长度(L)/放弃(U)/宽度(W)]: 410
指定下一点或 [圆弧(A)/闭合(C)/半宽(H)/长度(L)/放弃(U)/宽度(W)]: 610
指定下一点或 [圆弧(A)/闭合(C)/半宽(H)/长度(L)/放弃(U)/宽度(W)]: 610
指定下一点或 [圆弧(A)/闭合(C)/半宽(H)/长度(L)/放弃(U)/宽度(W)]: 200
指定下一点或 [圆弧(A)/闭合(C)/半宽(H)/长度(L)/放弃(U)/宽度(W)]: 810
指定下一点或 [圆弧(A)/闭合(C)/半宽(H)/长度(L)/放弃(U)/宽度(W)]: 1010
指定下一点或 [圆弧(A)/闭合(C)/半宽(H)/长度(L)/放弃(U)/宽度(W)]: 810
指定下一点或 [圆弧(A)/闭合(C)/半宽(H)/长度(L)/放弃(U)/宽度(W)]: 800
指定下一点或 [圆弧(A)/闭合(C)/半宽(H)/长度(L)/放弃(U)/宽度(W)]: c
```

07 选择“视图”→“三维视图”→“西南等轴测”菜单命令，进入西南等轴测视图。单击“建模”工具栏上的“拉伸”按钮，选择多段线为拉伸对象，拉伸长度为600，角度为0，消隐后的结果如图12-96所示。

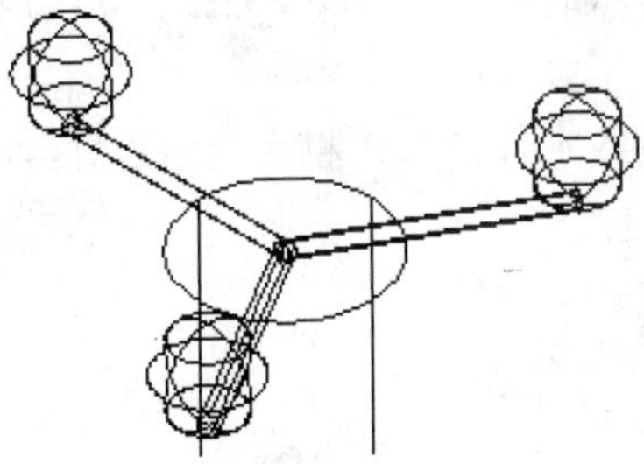
图12-94　布置

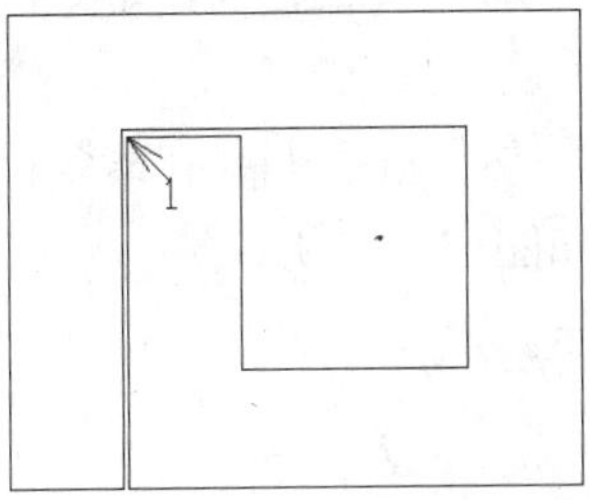

图12-95　多段线

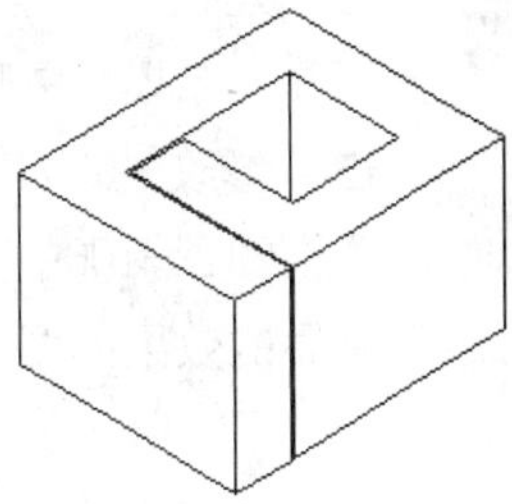
图12-96　拉伸

08 选择“视图”→“三维视图”→“左视图”菜单命令，进入左视图。单击“绘图”工具栏中的“多段线”按钮或在命令行中输入PLINE命令，绘制如图12-97所示的一条闭合的多段线。命令行提示如下：

```
命令：_pline
指定起点:
当前线宽为 0.0000
指定下一个点或 [圆弧(A)/半宽(H)/长度(L)/放弃(U)/宽度(W)]: 500
指定下一点或 [圆弧(A)/闭合(C)/半宽(H)/长度(L)/放弃(U)/宽度(W)]: 500
指定下一点或 [圆弧(A)/闭合(C)/半宽(H)/长度(L)/放弃(U)/宽度(W)]: 100
指定下一点或 [圆弧(A)/闭合(C)/半宽(H)/长度(L)/放弃(U)/宽度(W)]: 100
指定下一点或 [圆弧(A)/闭合(C)/半宽(H)/长度(L)/放弃(U)/宽度(W)]: 100
指定下一点或 [圆弧(A)/闭合(C)/半宽(H)/长度(L)/放弃(U)/宽度(W)]: 100
指定下一点或 [圆弧(A)/闭合(C)/半宽(H)/长度(L)/放弃(U)/宽度(W)]: 100
指定下一点或 [圆弧(A)/闭合(C)/半宽(H)/长度(L)/放弃(U)/宽度(W)]: 100
指定下一点或 [圆弧(A)/闭合(C)/半宽(H)/长度(L)/放弃(U)/宽度(W)]: 100
指定下一点或 [圆弧(A)/闭合(C)/半宽(H)/长度(L)/放弃(U)/宽度(W)]: 100
指定下一点或 [圆弧(A)/闭合(C)/半宽(H)/长度(L)/放弃(U)/宽度(W)]: 100
指定下一点或 [圆弧(A)/闭合(C)/半宽(H)/长度(L)/放弃(U)/宽度(W)]: c
```

09 选择“视图”→“三维视图”→“西南等轴测”菜单命令，进入西南等轴测视图。单击“建模”工具栏上的“拉伸”按钮，选择多段线为拉伸对象，拉伸长度为200，角度为0，如图12-98所示。

10 单击“修改”工具栏上的“移动”按钮或在命令行中输入MOVE命令，将图12-98的实体移动到图12-96的实体中，如图12-99所示。

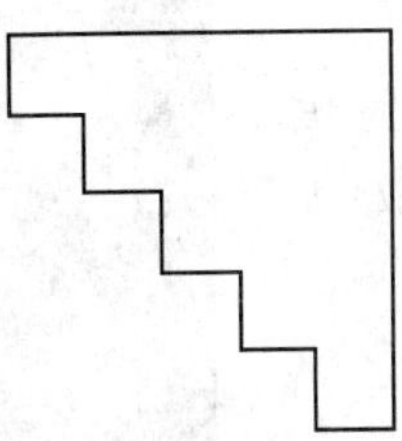
图12-97　多段线

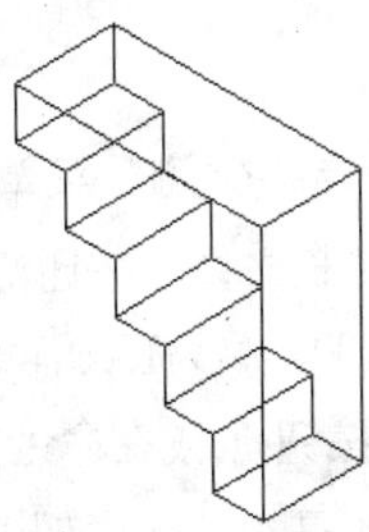
图12-98　拉伸

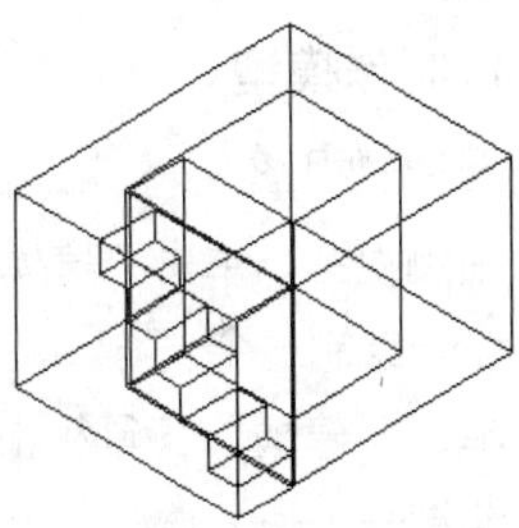
图12-99　移动

11 单击“建模”工具栏上的“差集”按钮或在命令行中输入SUBTRACT命令，将实体进行差集运算，结果如图12-100所示。

12 单击“修改”工具栏上的“移动”按钮或在命令行中输入MOVE命令，将生成的路灯实体移动到图12-100的实体中，如图12-101所示。

13 消隐后的效果如图12-102所示。

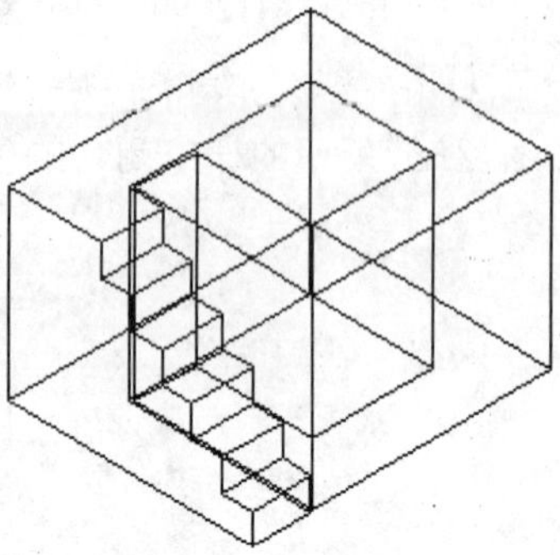

图12-100　差集

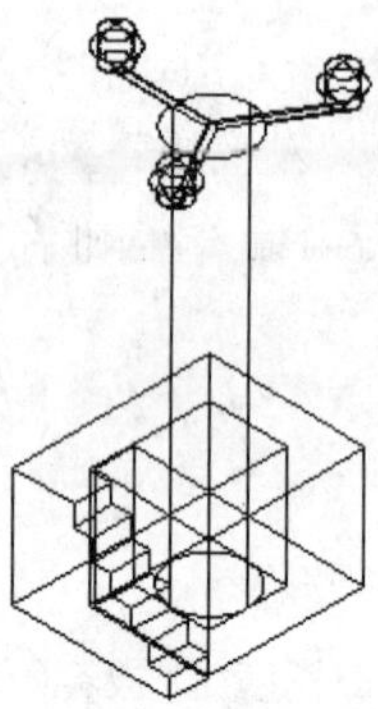

图12-101　艺术路灯

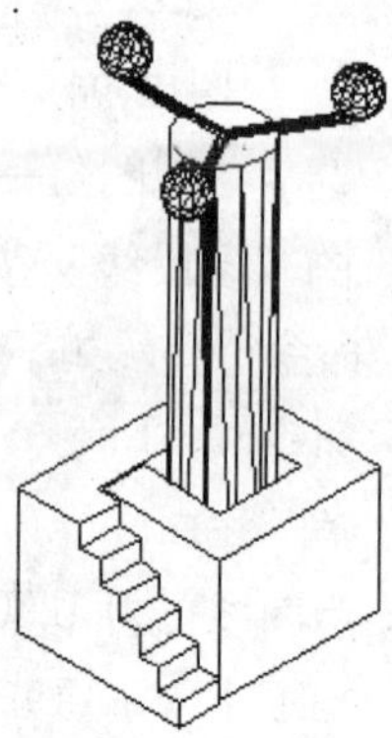

图12-102　消隐

2. 渲染

01 选择“工具”→“选项板”→“工具选项板”菜单命令，弹出“工具选项板”选项板。选择“地板—材质样例”选项卡，选中“表面处理.地板材料.大理石.白色”，单击鼠标右键，在弹出的快捷菜单中选择“将材质应用到对象”，回到图形中选择底座实体。

02 选择“表面处理—材质样例”选项卡，选中“表面处理.墙面装饰面层.条纹.垂直.蓝灰色”，单击鼠标右键，在弹出的快捷菜单中选择“将材质应用到对象”，回到图形中选择路灯。

03 选择“视图”→“渲染”→“渲染”菜单命令或单击“渲染”工具栏上的“渲染”按钮，则在一个新的窗口中，对当前的图形进行渲染，渲染的效果如图12-103所示。

图12-103　渲染

12.6.5　大厦的制作

大厦效果如图12-104所示。

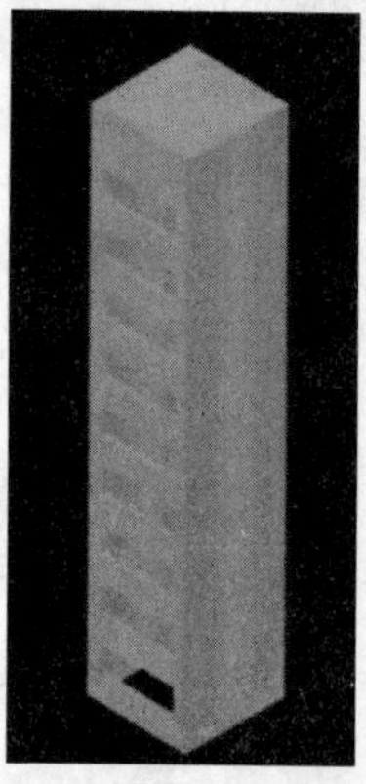

图12-104　效果图

1. 制作模型

01 选择“视图”→“三维视图”→“西南等轴测”菜单命令，进入西南等轴测视图。单击“建模”工具栏上的“长方体”按钮或在命令行中输入BOX命令，绘制一个长方体，长为200，宽为200，高为1000，如图12-105所示。

02 单击“建模”工具栏上的“长方体”按钮或在命令行中输入BOX命令，绘制一个长方体，长为200，宽为200，高为1000，如图12-106所示。

03 单击“建模”工具栏上的“差集”按钮或在命令行中输入SUBTRACT命令，将实体进行差集运算。

04 选择“工具”→“新建UCS”→“X”菜单命令，将当前坐标绕X轴旋转90°。单击“绘图”工具栏中的“矩形”按钮或在命令行中输入RECTANG命令，绘制一个尺寸为200×1000的矩形。单击“建模”工具栏上的“拉伸”按钮，选择矩形为拉伸对象，拉伸长度为-200，角度为15，如图12-107所示。

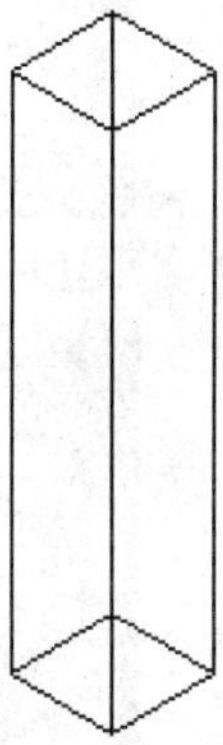

图12-105　长方体1

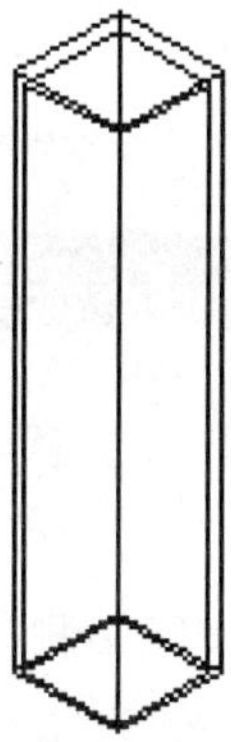

图12-106　长方体2

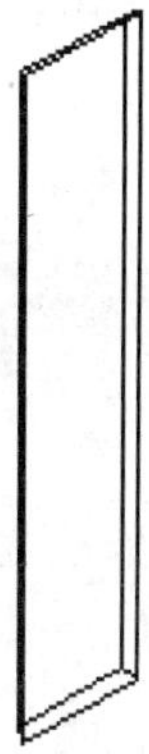

图12-107　拉伸

05 单击“修改”工具栏上的“移动”按钮或在命令行中输入MOVE命令，将实体移动到大厦主体，如图12-108所示。

06 单击“建模”工具栏上的“长方体”按钮或在命令行中输入BOX命令，绘制一个长方体，长为150，宽为20，高为50。将长方体布置到大厦主体上，间距为50，如图12-109所示。

07 单击“建模”工具栏上的“差集”按钮或在命令行中输入SUBTRACT命令，将实体进行差集运算，消隐后的效果如图12-110所示。

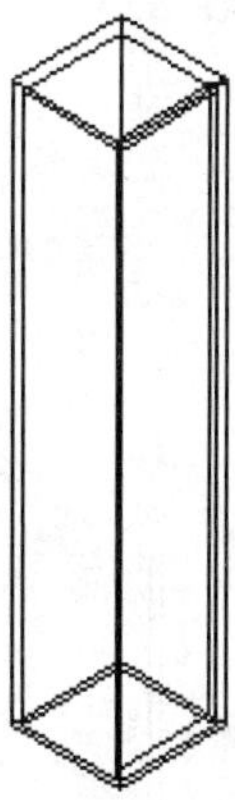

图12-108　棱台

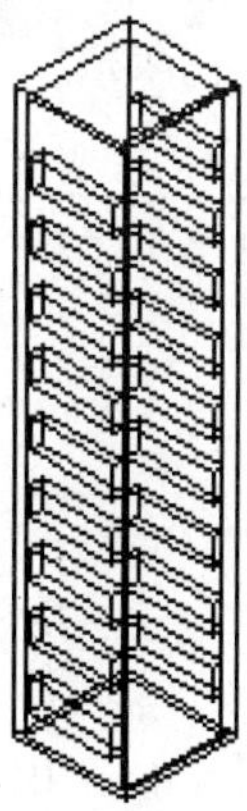

图12-109　长方体

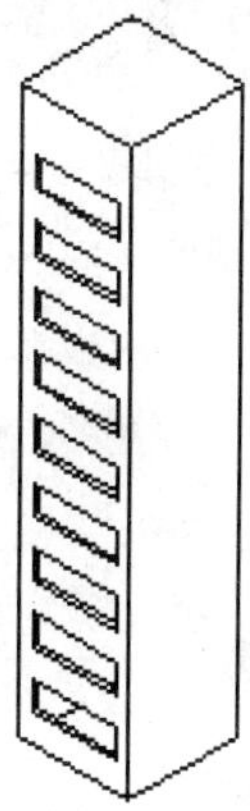

图12-110　差集

2. 渲染

01 选择“工具”→“选项板”→“工具选项板”菜单命令，弹出“工具选项板”选项板。选择“地板—材质样例”选项卡，选中“表面处理.地板材料.大理石.白色”，单击鼠标右键，在弹出的快捷菜单中选择“将材质应用到对象”，回到图形中选择大厦主体。

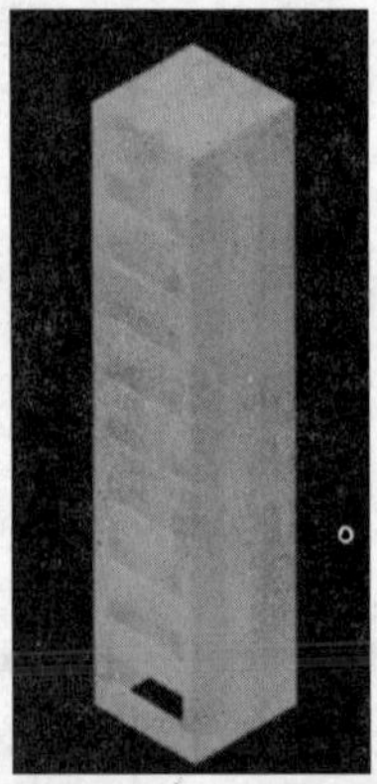

图12-111 渲染

02 选择“表面处理—材质样例”选项卡，选中“表面处理.墙面装饰面层.条纹.垂直.蓝灰色”，单击鼠标右键，在弹出的快捷菜单中选择“将材质应用到对象”，回到图形中选择两侧棱台。

03 选择“视图”→“渲染”→“渲染”菜单命令或单击“渲染”工具栏上的渲染按钮，则在一个新的窗口中，对当前的图形进行渲染，渲染的效果如图12-111所示。

12.6.6 古式门的制作

古式门效果如图12-112所示。

图12-112 效果图

1. 制作模型

01 选择“视图”→“三维视图”→“西南等轴测”菜单命令，进入西南等轴测视图。单击“建模”工具栏上的“长方体”按钮或在命令行中输入BOX命令，绘制一个长方体，长为50，宽为50，高为1800。

02 单击“建模”工具栏上的“长方体”按钮或在命令行中输入BOX命令，绘制一个长方体，长为600，宽为50，高为50。移动两个长方体，使之对角重合，如图12-113所示。

03 单击“修改”工具栏上的“复制”按钮或在命令行中输入COPY命令，将长方体复制得到门的框架，横向的长方体之间的距离分别为300，500，300，650，如图12-114所示。

04 单击“建模”工具栏上的“长方体”按钮或在命令行中输入BOX命令，绘制一个长方体，长为600，宽为30，高为300，如图12-115所示。

05 单击“建模”工具栏上的“长方体”按钮或在命令行中输入BOX命令，绘制一个长方体，长为600，宽为30，高为600，如图12-116所示。

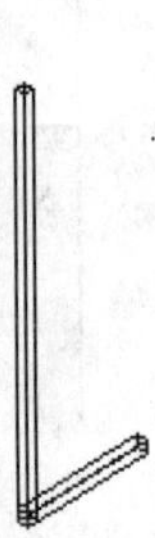

图12-113 长方体1

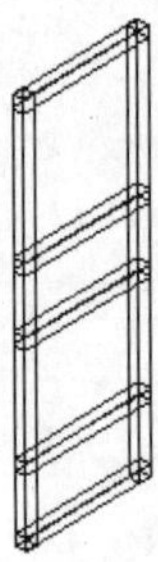

图12-114 长方体2

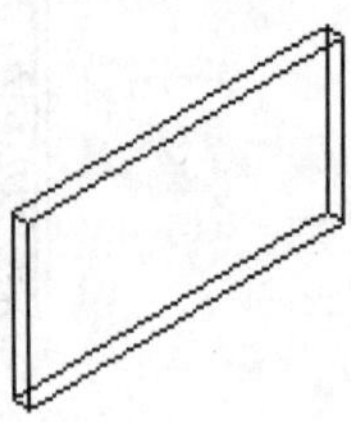

图12-115 长方体3

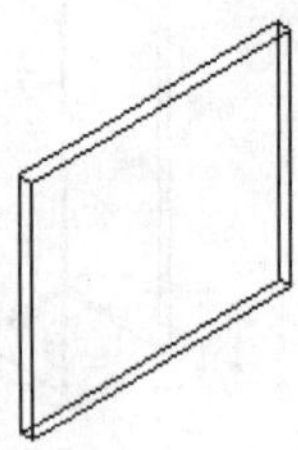

图12-116 长方体4

06 将图12-116添加到门框中作为门板。单击“建模”工具栏上的“并集”按钮或在命令行中输入UNION命令，将所有实体进行并集运算，如图12-117所示。

07 单击“建模”工具栏上的“长方体”按钮或在命令行中输入BOX命令，绘制长方体，长方体的截面为10×10，高度捕捉门上各点确定。将长方体交叉布置，如图12-118所示。

08 将实体添加到门框中。单击“建模”工具栏上的并集按钮或在命令行中输入UNION命令，将所有实体进行并集运算，如图12-119所示。

09 单击UCS工具栏上的按钮或选择“工具”→“新建UCS”→“X”菜单命令，将当前坐标绕X轴旋转90°。单击“建模”工具栏上的“圆柱体”按钮或在命令行中输入CYLINDER命令，绘制半径为200，高度为20的圆柱体，如图12-120所示。

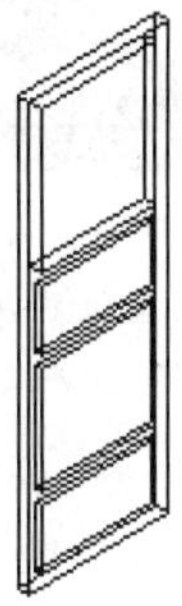

图12-117　并集

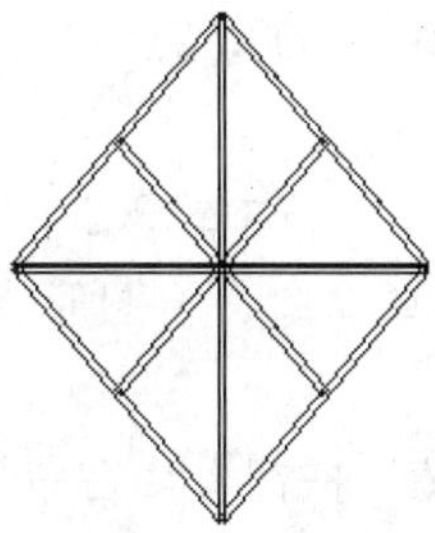

图12-116　长方体

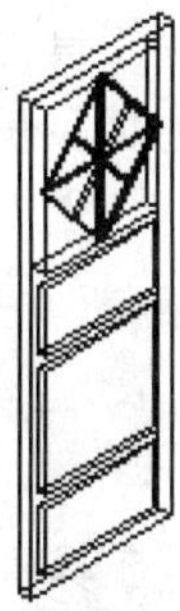

图12-119　并集

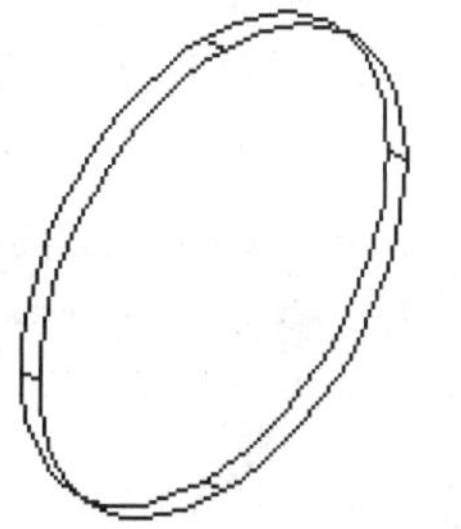

图12-120　圆柱体

10 将实体添加到门框中，单击“建模”工具栏上的“并集”按钮或在命令行中输入UNION命令，将所有实体进行并集运算，如图12-121所示。

11 消隐后的效果如图12-122所示。

12 单击“视图”→“三维视图”→“主视图”菜单命令，进入主视图，镜像出另一扇门，结果如图12-123所示。

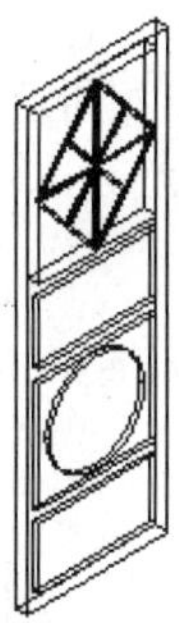

图12-121　并集

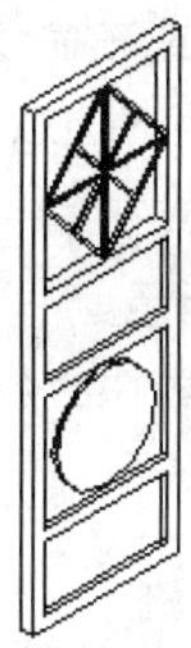

图12-122　消隐

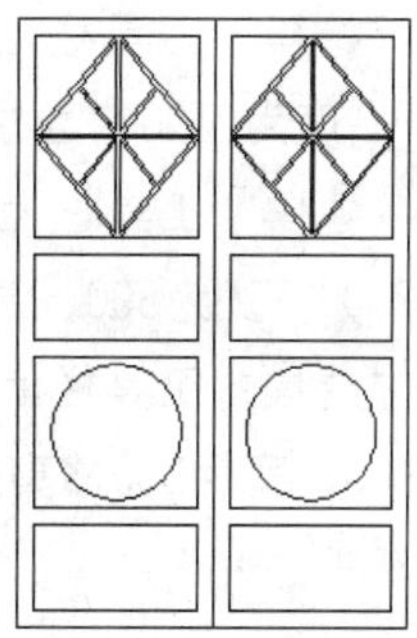

图12-123　门

2. 渲染

01 打开“工具选项板”选项板，选择“木材和塑料—材质样例”选项卡，选中“木材—塑料.成品木器.木材.红木”，单击鼠标右键，在弹出的快捷菜单中选择“将材质应用到对象”，回到图形中选择门实体。

02 选择“视图”→“渲染”→“渲染”菜单命令或单击“渲染”工具栏上的“渲染”按钮，则在一个新的窗口中，对当前的图形进行渲染，渲染的效果如图12-124所示。

图12-124　渲染

12.6.7 走廊的制作

走廊效果如图12-125所示。

图12-125 效果图

1. 制作模型

01 选择“视图”→“三维视图”→“西南等轴测”菜单命令，进入西南等轴测视图。单击“建模”工具栏上的“长方体”按钮或在命令行中输入BOX命令，绘制一个长方体，长为4000，宽为1500，高为100，如图12-126所示。

02 单击“修改”工具栏上的“复制”按钮或在命令行中输入COPY命令，复制长方体后，单击“修改”→“三维操作”→“三维旋转”菜单命令，将图形绕Z轴旋转15°，结果如图12-127所示。

03 将实体调整后，单击“建模”工具栏上的“并集”按钮或在命令行中输入UNION命令，将所有实体进行并集运算得到走廊的地面，如图12-128所示。

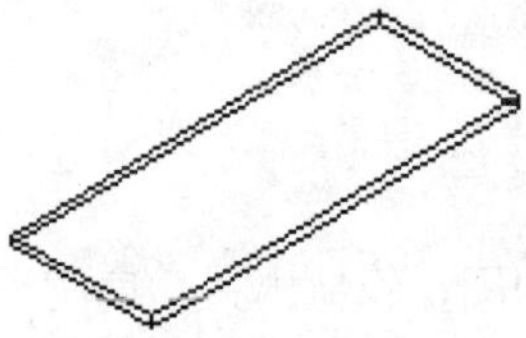

图12-126 长方体

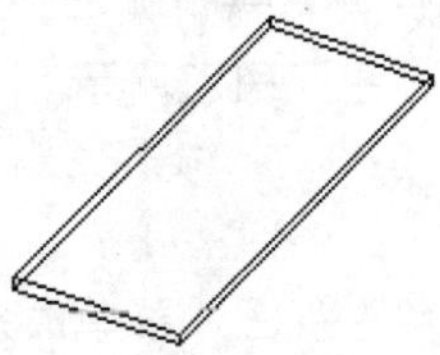

图12-127 旋转

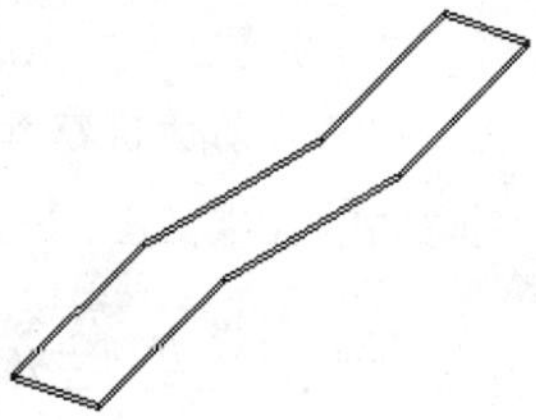

图12-128 并集

04 单击“建模”工具栏上的“圆柱体”按钮或在命令行中输入CYLINDER命令，绘制半径为150，高度为2100的圆柱体，将柱沿走廊边缘每隔2000布置一个，如图12-129所示。

05 单击“建模”工具栏上的“长方体”按钮或在命令行中输入BOX命令，绘制一个长方体，长为2000，宽为300，高为100，如图12-130所示。

06 单击“建模”工具栏上的“长方体”按钮或在命令行中输入BOX命令，绘制一个长方体，长为500，宽为200，高为500，如图12-131所示。

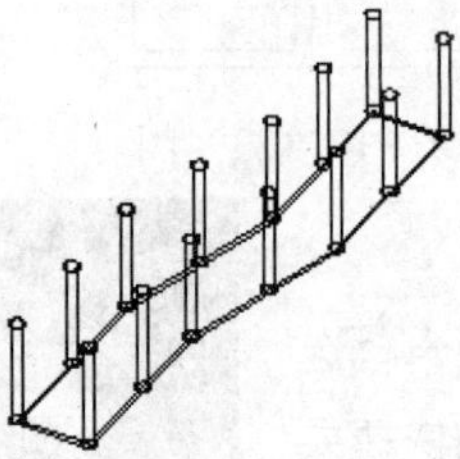

图12-129 圆柱体

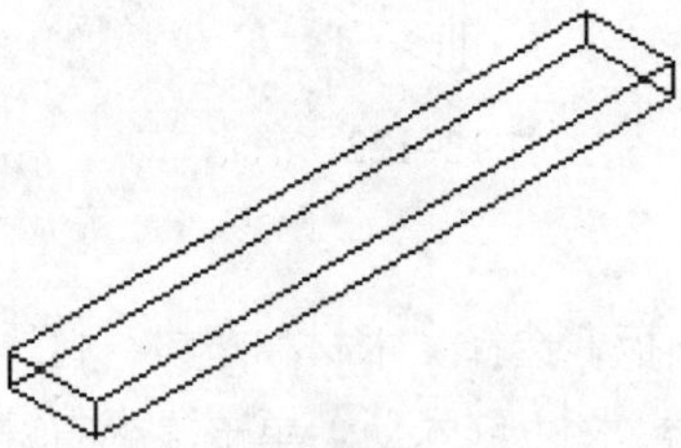

图12-130 长方体1

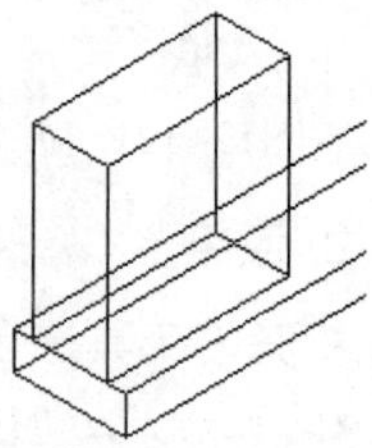

图12-131 长方体2

07 单击UCS工具栏上的按钮或选择“工具”→“新建UCS”→“X”菜单命令，将当前坐标绕X轴旋转90°。单击“建模”工具栏上的“圆柱体”按钮或在命令行中输入CYLINDER命令，绘制半径为200，高度为200的圆柱体，如图12-132所示。

08 单击UCS工具栏上的按钮或选择“工具”→“新建UCS”→“X”菜单命令，将当前坐标绕X轴旋转-90°。单击“建模”工具栏上的“差集”按钮或在命令行中输入SUBTRACT命令，将实体进行差集运算，如图12-133所示。

09 单击“修改”工具栏上的“复制”按钮或在命令行中输入COPY命令，复制后的效果如图12-134所示。

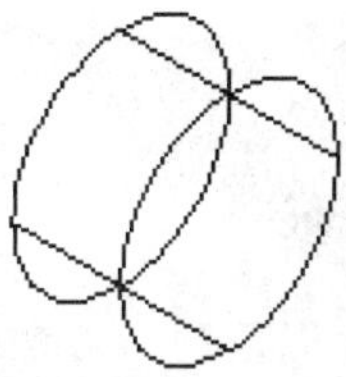

图12-132　圆柱体

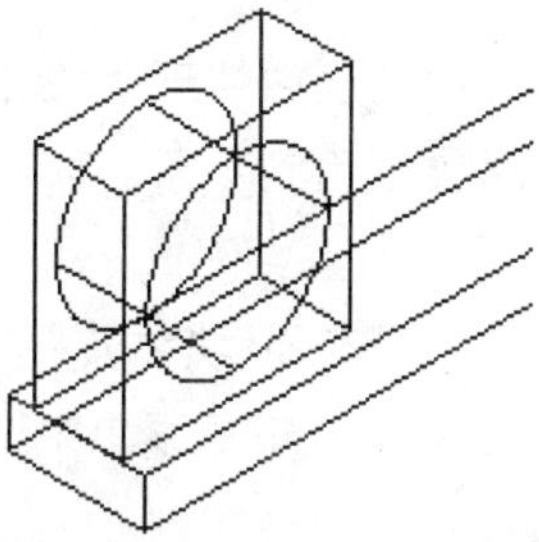

图12-133　差集

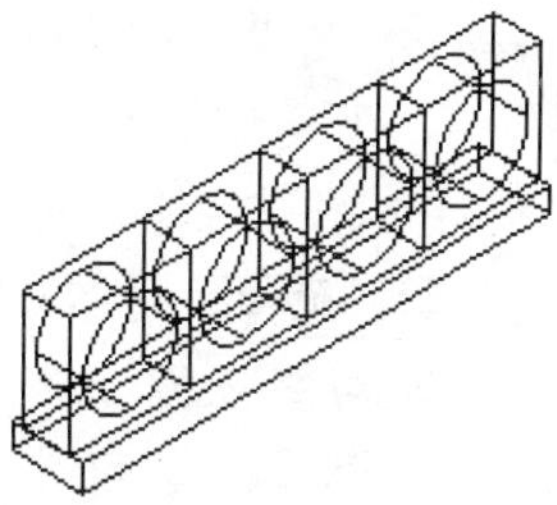

图12-134　复制

10 单击“建模”工具栏上的“长方体”按钮或在命令行中输入BOX命令，绘制一个长方体，长为2000，宽为300，高为100，放置到顶部。单击“建模”工具栏上的“并集”按钮或在命令行中输入UNION命令，将所有实体进行并集运算得到走廊的护栏，如图12-135所示。

11 将护栏添加到柱之间，如图12-136所示。

12 单击“建模”工具栏上的“并集”按钮或在命令行中输入UNION命令，将护栏和柱进行并集运算，消隐后的效果如图12-137所示。

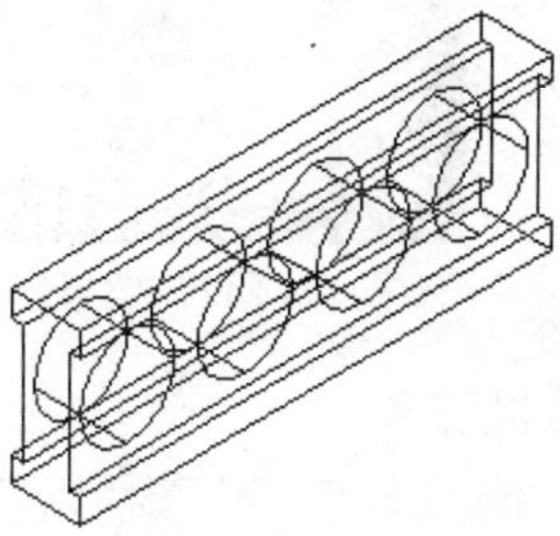

图12-135　护栏1

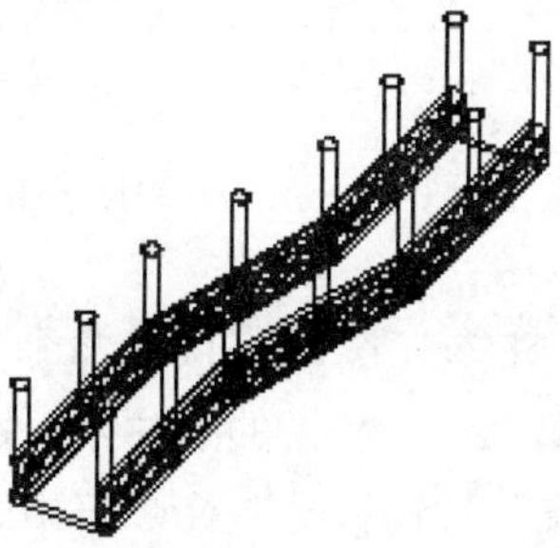

图12-136　护栏2

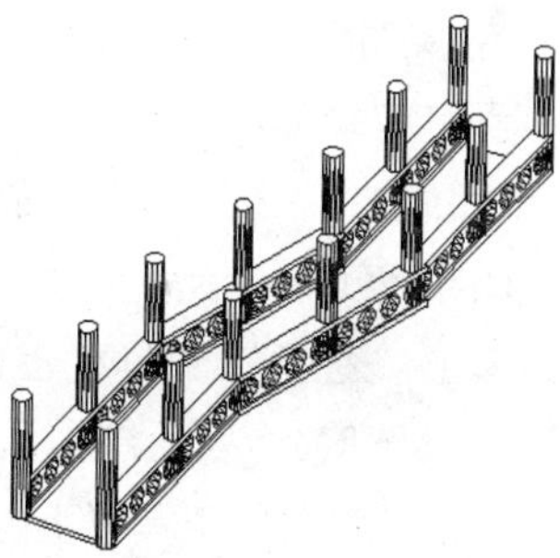

图12-137　消隐

13 单击“绘图”工具栏中的“多段线”按钮或在命令行中输入PLINE命令，绘制一条多段线，如图12-138所示。

14 将图12-138的多段线放置到柱顶。单击“建模”工具栏上的“拉伸”按钮，选择多段线为拉伸对象，沿柱顶圆心绘制一条多段线作为拉伸路径，拉伸结果如图12-139所示。

15 消隐后的效果如图12-140所示。

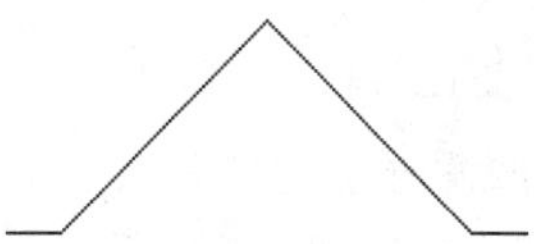

图12-138　多段线

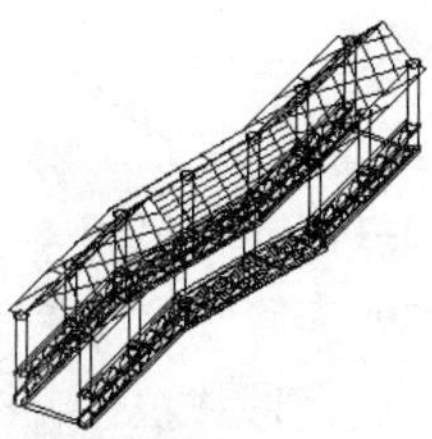

图12-139　拉伸

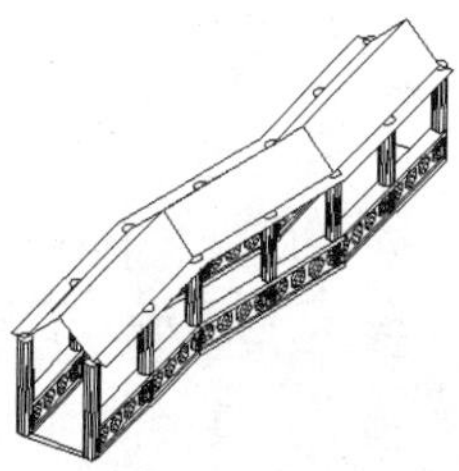

图12-140　消隐

2. 渲染

01 打开“工具选项板”选项板，选择“地板—材质样例”选项卡，选中“表面处理.地板.材质.瓷砖.方块.赤陶”，单击鼠标右键，在弹出的快捷菜单中选择“将材质应用到对象”，回到图形中选择走廊地面。

02 选择“地板—材质样例”选项卡，选中“表面处理.地板材料.大理石.白色”，单击鼠标右键，在弹出的快捷菜单中选择“将材质应用到对象”，回到图形中选择护栏和柱实体。

03 选择“砖石—材质样例”选项卡，选中“砖石.块体砖石.砌块.组合式.堆叠.灰色”，单击鼠标右键，在弹出的快捷菜单中选择“将材质应用到对象”，回到图形中选择顶部。

04 选择“视图”→“渲染”→“渲染”菜单命令或单击“渲染”工具栏上的“渲染”按钮，则在一个新的窗口中，对当前的图形进行渲染，渲染的效果如图12-141所示。

图12-141　渲染

12.6.8　凉亭的制作

凉亭效果如图12-142所示。

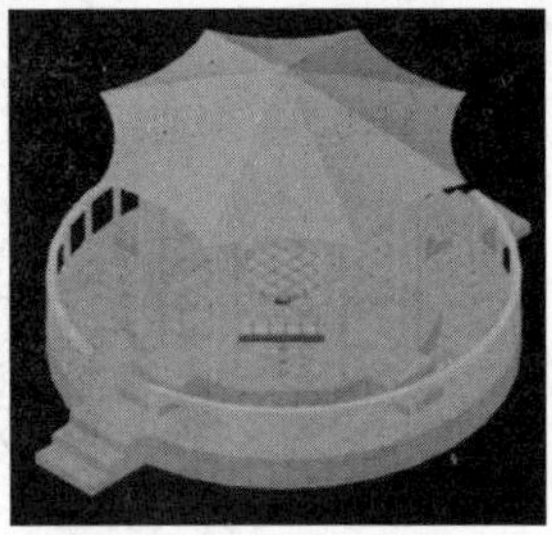

图12-142　效果图

1. 制作模型

01 选择“视图”→“三维视图”→“西南等轴测”菜单命令，进入西南等轴测视图。单击“建模”工具栏上的“圆柱体”按钮或在命令行中输入CYLINDER命令，绘制半径为3000，高度为450的圆柱体，如图12-143所示。

02 单击“建模”工具栏上的“圆柱体”按钮或在命令行中输入CYLINDER命令，绘制半径为2000，高度为300的圆柱体，如图12-144所示。

03 单击“建模”工具栏上的“并集”按钮或在命令行中输入UNION命令，将两个圆柱体进行并集运算。

04 选择“视图”→“三维视图”→“主视图”菜单命令，进入主视图。单击“绘图”工具栏中的多段线按钮或在命令行中输入PLINE命令，绘制一条多段线，踏步的尺寸为150×300，最上面一步的长度为400，如图12-145所示。

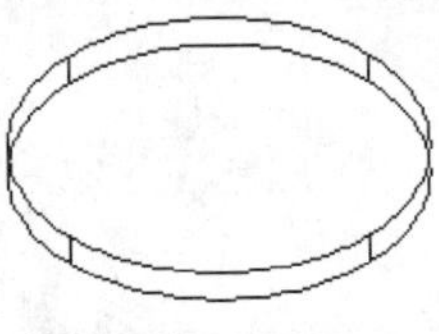

图12-143　圆柱体1

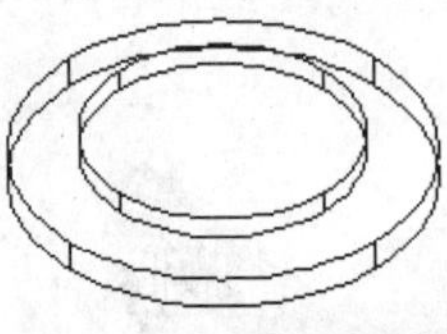

图12-144　圆柱体2

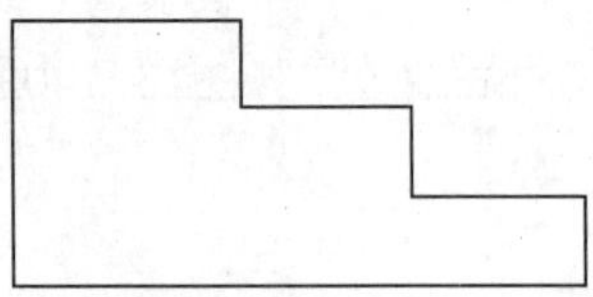

图12-145　多段线

05 选择“视图”→“三维视图”→“西南等轴测”菜单命令，进入西南等轴测视图。单击“建模”工具栏上的“拉伸”按钮，将多段线拉伸，拉伸长度为1000，如图12-146所示。

06 将台阶移动到底座处，从切面处向内移动100，如图12-147所示。

07 选择“视图”→“三维视图”→“主视图”菜单命令，进入主视图，单击“绘图”工具栏中的“多段线”按钮或在命令行中输入PLINE命令，绘制一条多段线，踏步的尺寸为150×300，最上面一步的长度为400，如图12-148所示。

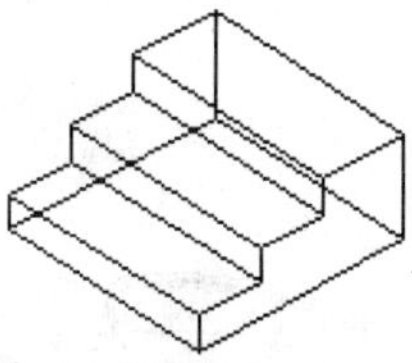

图12-146　拉伸

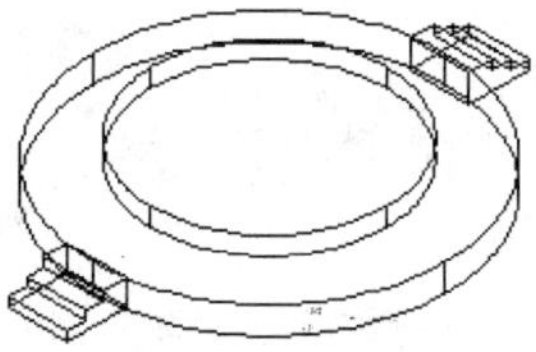

图12-147　台阶

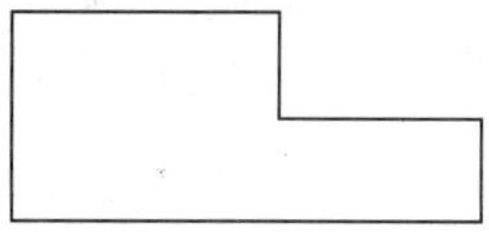

图12-148　多段线

08 选择“视图”→“三维视图”→“西南等轴测”菜单命令，进入西南等轴测视图。单击“建模”工具栏上的“拉伸”按钮，将多段线拉伸，拉伸长度为800，如图12-149所示。

09 将台阶移动到底座处，从切面处向内移动100，如图12-150所示。

10 单击“建模”工具栏上的“并集”按钮或在命令行中输入UNION命令，将所有实体进行并集运算，如图12-151所示。

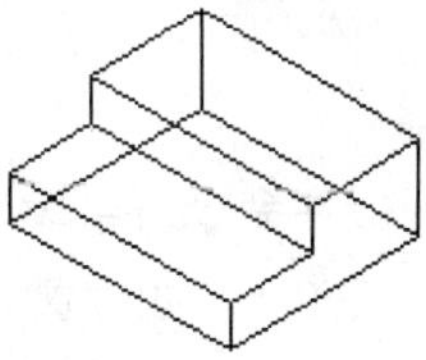

图12-149　拉伸

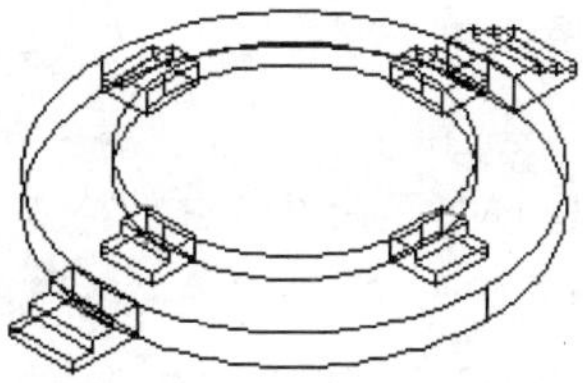

图12-150　台阶

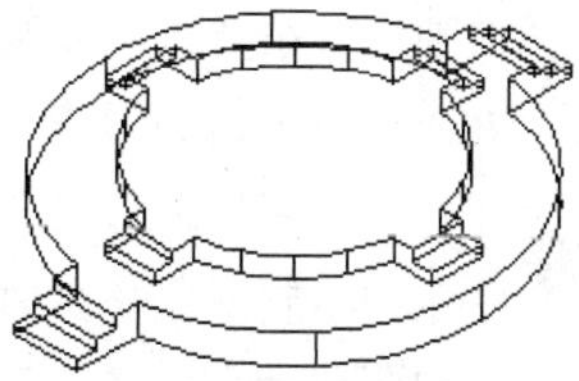

图12-151　并集

11 单击“建模”工具栏上的“圆柱体”按钮或在命令行中输入CYLINDER命令，绘制半径为50，高度为600的圆柱体，如图12-152所示。

12 将圆柱体均匀布置到底座的边缘。选择“视图”→“三维视图”→“俯视图”菜单命令，进入俯视图，如图12-153所示。

13 单击“建模”工具栏上的“圆柱体”按钮或在命令行中输入CYLINDER命令，绘制半径为3000，高度为100的圆柱体。单击“建模”工具栏上的“圆柱体”按钮或在命令行中输入CYLINDER命令，绘制半径为2900，高度为100的圆柱体，如图12-154所示。

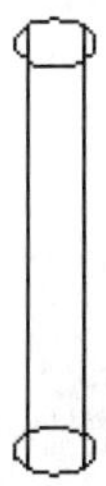

图12-152　圆柱体

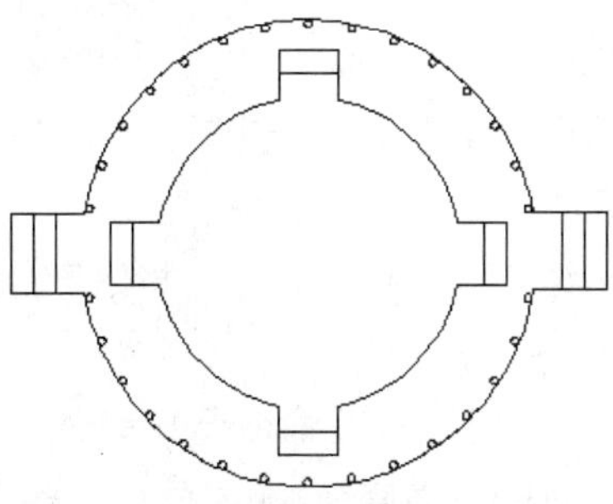

图12-153　栏杆

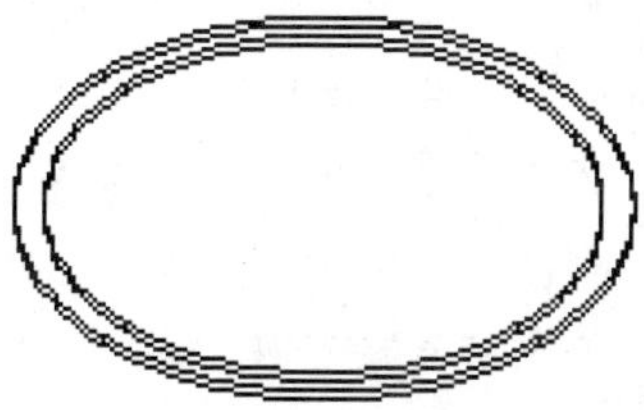

图12-154　圆柱体

14 单击“建模”工具栏上的“差集”按钮或在命令行中输入SUBTRACT命令，将小圆柱体从中除去，使之形成一个圆环体。

15 单击“建模”工具栏上的“长方体”按钮或在命令行中输入BOX命令，绘制一个长方体，长为500，宽为1000，高为100，放置到如图12-155所示位置。

16 单击“建模”工具栏上的“差集”按钮或在命令行中输入SUBTRACT命令，将实体进行差集运算，结果如图12-156所示。

17 将实体移动到栏杆柱顶作为扶手，如图12-157所示。

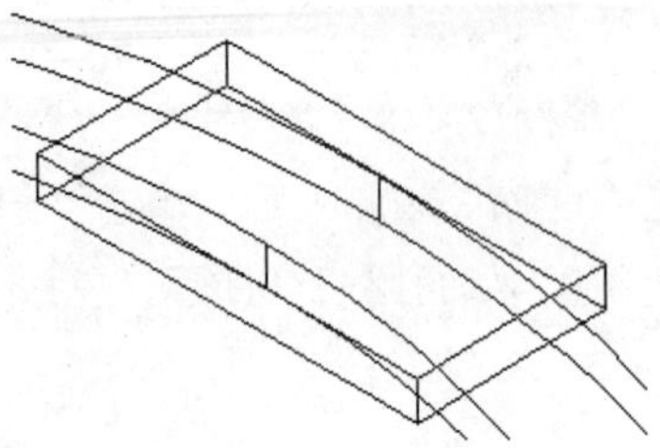

图12-155 长方体

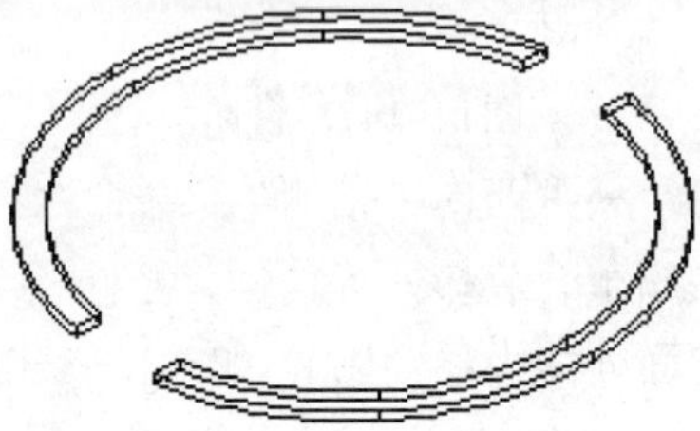

图12-156 并集

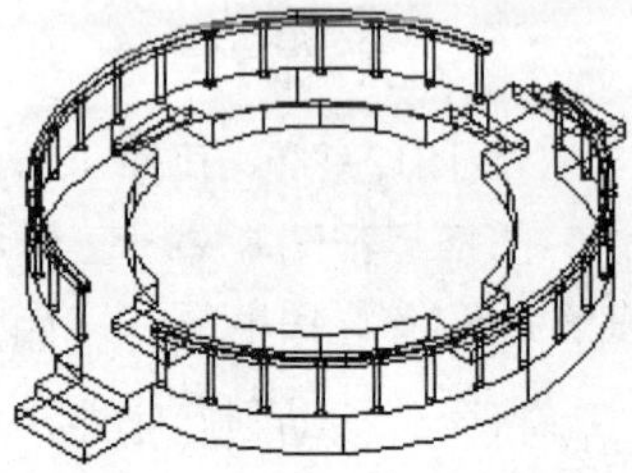

图12-157 栏杆

18 单击“建模”工具栏上的“圆柱体”按钮或在命令行中输入CYLINDER命令，绘制半径为200，高度为2500的圆柱体。

19 将圆柱体布置到中间圆柱体的边缘。单击“视图”→“三维视图”→“俯视图”菜单命令，进入俯视图，如图12-158所示。

20 在柱子之间绘制休息台。单击“建模”工具栏上的“长方体”按钮或在命令行中输入BOX命令，绘制两个长方体，长为100，宽为100，高为600，调整到如图12-159所示的位置。

21 将实体移动到柱子之间。单击“建模”工具栏上的“长方体”按钮或在命令行中输入BOX命令，绘制一个长方体，长为1300，宽为300，高为100，调整到如图12-160所示的位置。

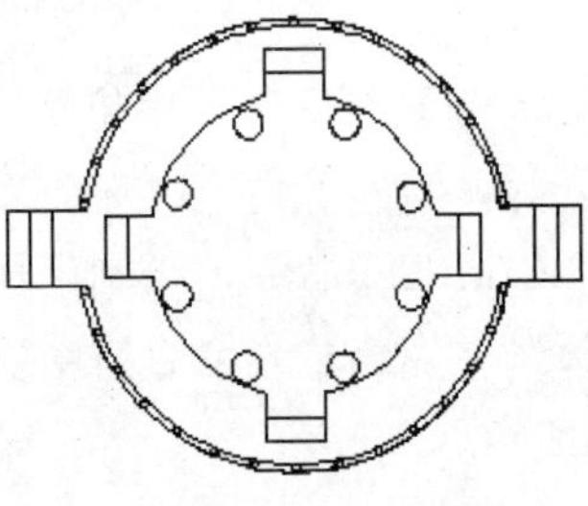

图12-158 柱

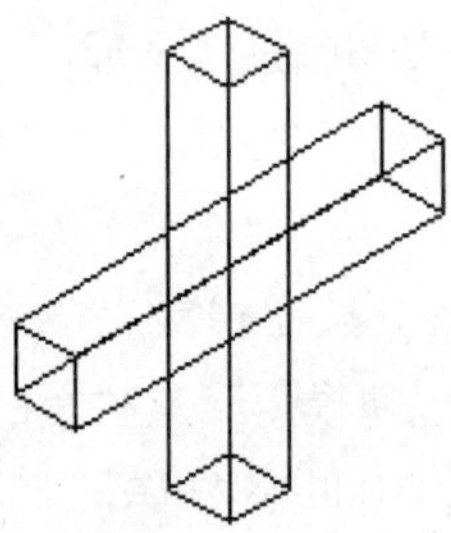

图12-159 装饰

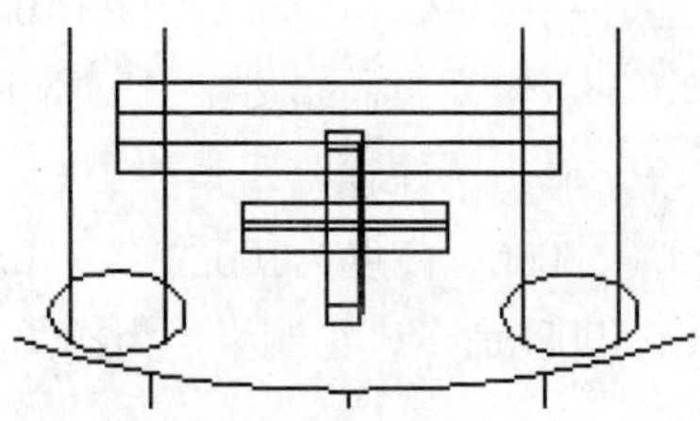

图12-160 休息台

22 单击“建模”工具栏上的“并集”按钮或在命令行中输入UNION命令，将休息台进行并集运算，消隐后的结果如图12-161所示。

23 选择“修改”→“三维操作”→“三维阵列”菜单命令，将休息台进行阵列，数目为4，如图12-162所示。

24 单击“建模”工具栏上的“圆锥体”按钮或在命令行中输入CONE命令，绘制一个圆锥体，底面的半径为300，顶面的半径为150，高度为300。再绘制一个圆锥体，底面的半径为150，顶面的半径为300，高度为300，如图12-163所示。

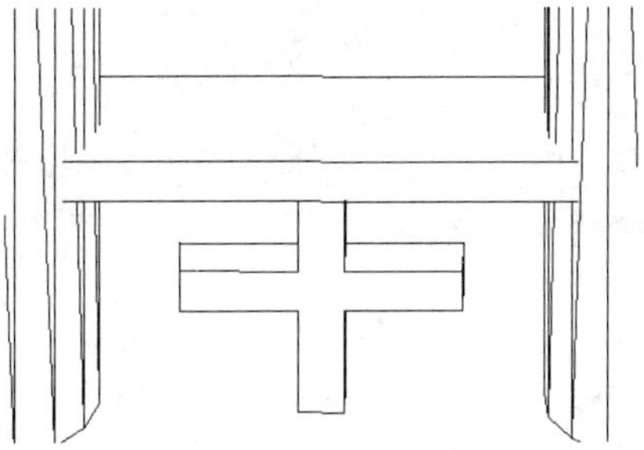

图12-161　消隐

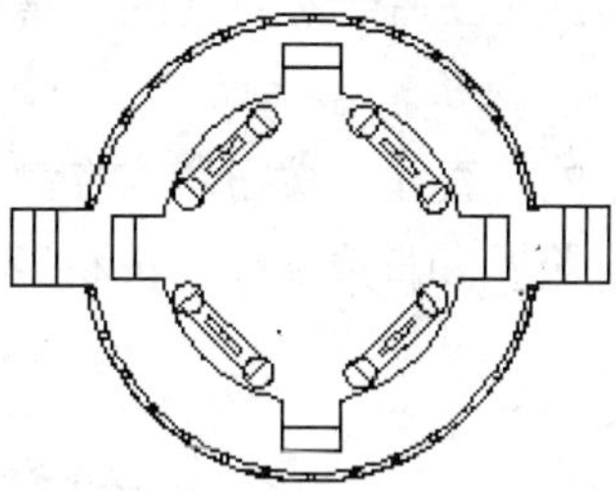

图12-162　阵列

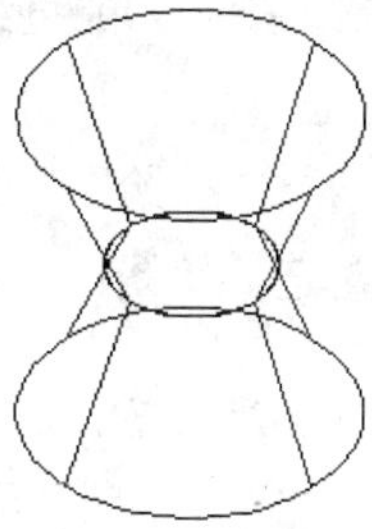

图12-163　圆台

25 单击“建模”工具栏上的“圆柱体”按钮或在命令行中输入CYLINDER命令，绘制半径为500，高度为100的圆柱体，如图12-164所示。

26 单击“建模”工具栏上的“圆柱体”按钮或在命令行中输入CYLINDER命令，绘制半径为200，高度为400的圆柱体，布置在圆桌的周围，如图12-165所示。

27 将圆桌和圆凳移动到亭子的中央，如图12-166所示。

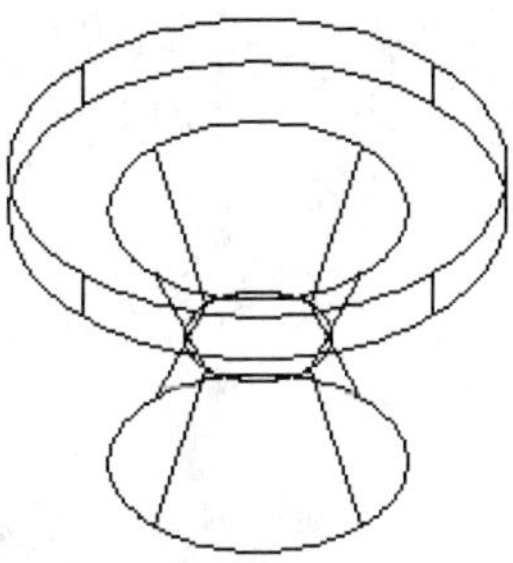

图12-164　圆柱体

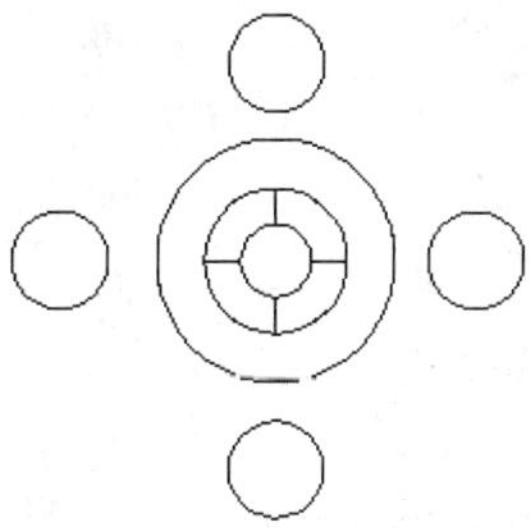

图12-165　圆凳

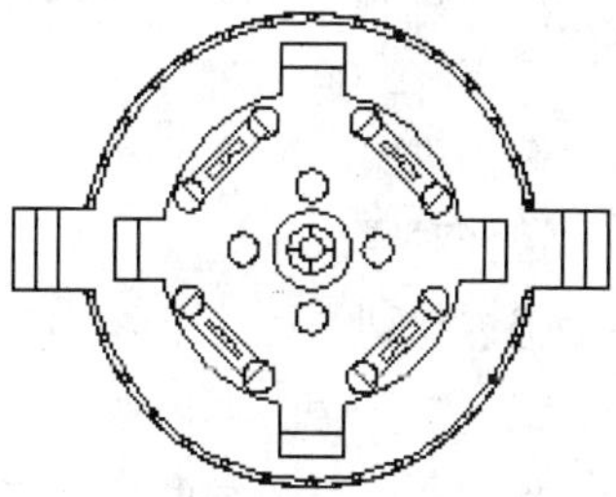

图12-166　亭子

28 单击“绘图”工具栏中的“正多边形”按钮或在命令行中输入PLINE命令，绘制一个正八边形，内接半径为2500，如图12-167所示。

29 单击“修改”工具栏上的“偏移”按钮或在命令行中输入OFFSET命令，偏移正八边形，偏移距离为200，如图12-168所示。

30 选择“绘图”→“圆弧”→“三点”菜单命令，绘制如图12-169所示的圆弧。

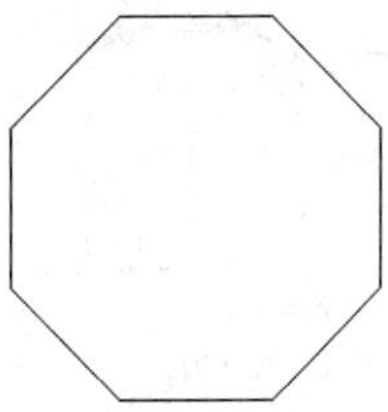

图12-167　正八边形

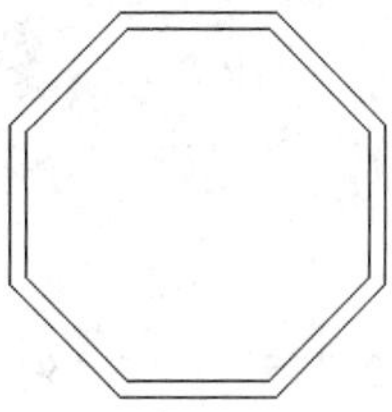

图12-168　偏移

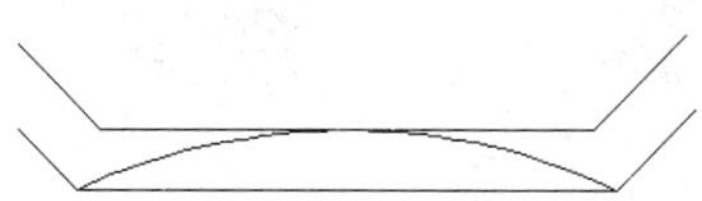

图12-169　圆弧1

31 在正八边形的每条边处都绘制圆弧后，将两个正八边形删除，如图12-170所示。

32 选择“视图”→“三维视图”→“西南等轴测”菜单命令，进入西南等轴测视图。单击“绘图”工具栏中的“直线”按钮或在命令行中输入LINE命令，在圆弧的中心处向Z轴正方向绘制一条1000的直线，再用ICRCLE命令在直线的上端点处绘制一个半径为100的圆，如图12-171所示。

33 单击“绘图”工具栏中的“直线”按钮或在命令行中输入LINE命令，将圆弧的端点与圆相连，如图12-172所示。将圆和直线删除，再利用直线命令将端点连接，如图12-173所示。

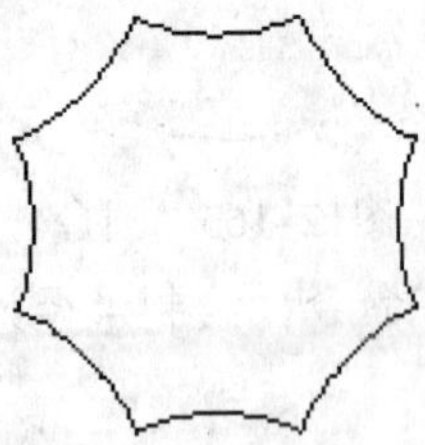

图12-170 圆弧2

图12-171 圆

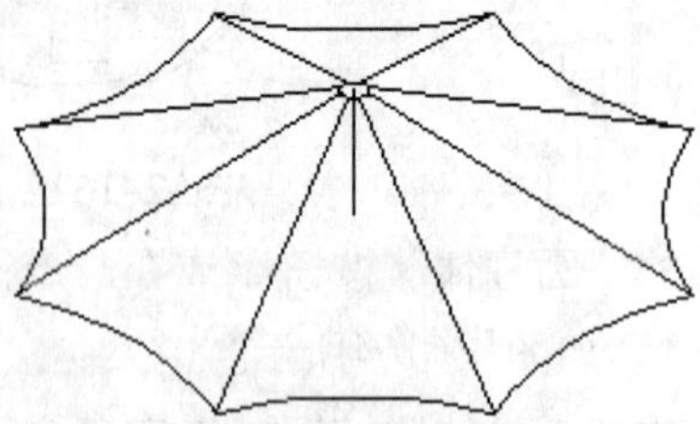

图12-172 连接圆弧

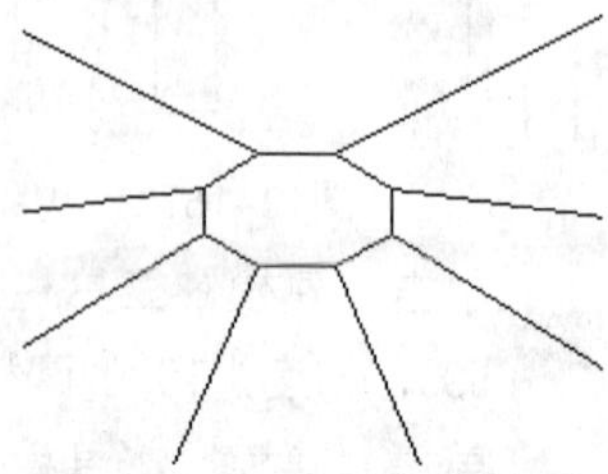

图12-173 直线

34 选择“绘图”→“建模”→“网格”→“边界网格”菜单命令，将直线和圆弧形成的封闭曲线创建成网格，如图12-174所示。

35 选择“修改”→“三维操作”→“三维阵列”菜单命令，将网格进行阵列，如图12-175所示。命令行提示如下：

命令：_3darray

选择对象：找到 1 个

选择对象：

输入阵列类型 [矩形(R)/环形(P)] <矩形>:p

输入阵列中的项目数目：8

指定要填充的角度（+=逆时针，-=顺时针）<360>:

旋转阵列对象？ [是(Y)/否(N)] <Y>:

指定阵列的中心点：

指定旋转轴上的第二点：

36 单击“建模”工具栏上的“球体”按钮或在命令行中输入SPHERE命令，绘制一个半径为100的球体，移动到凉亭顶部，如图12-176所示。

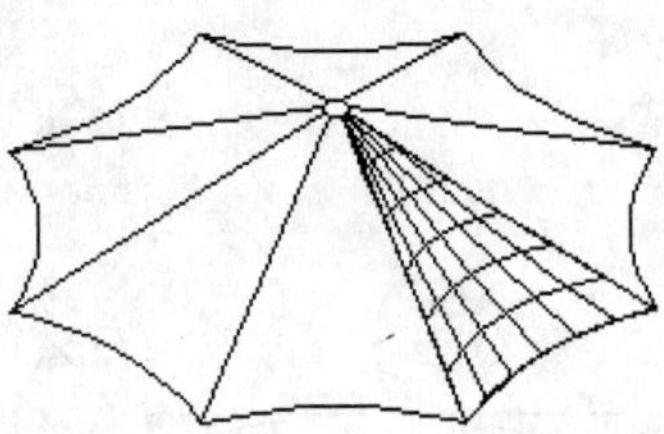

图12-174 边界网格

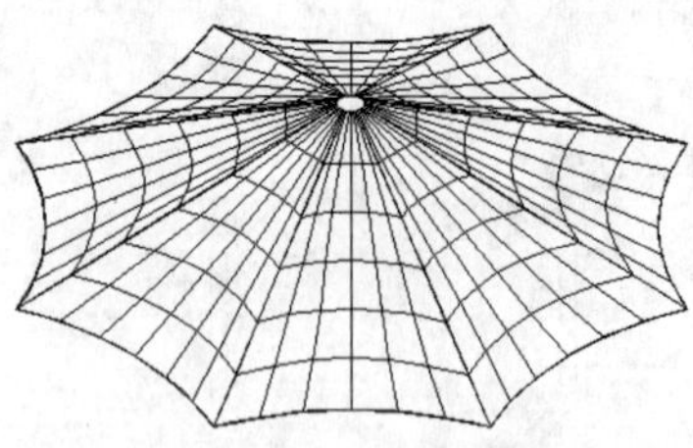

图12-175 三维阵列

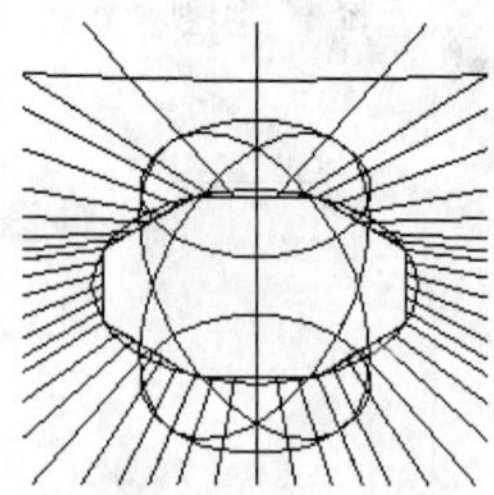

图12-176 球体

37 单击“修改”工具栏上的“移动”按钮或在命令行中输入MOVE命令，将凉亭顶移动到柱顶。选择“视图”→“三维视图”→“主视图”菜单命令，进入主视图，结果如图12-177所示。

38 选择“视图”→“三维视图”→“西南等轴测”菜单命令，进入西南等轴测视图，凉亭的模型如图12-178所示。

39 消隐后的效果如图12-179所示。

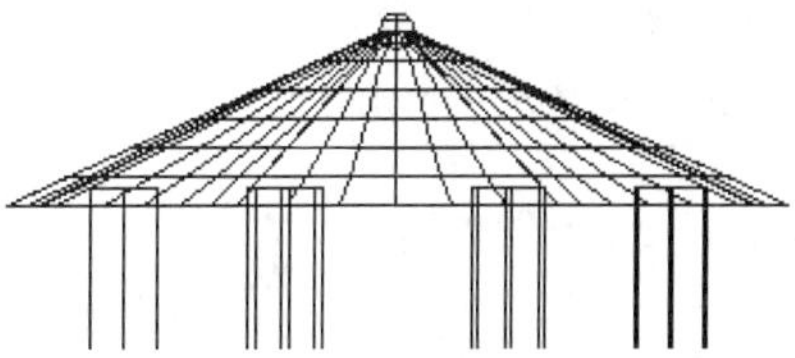

图12-177 凉亭1

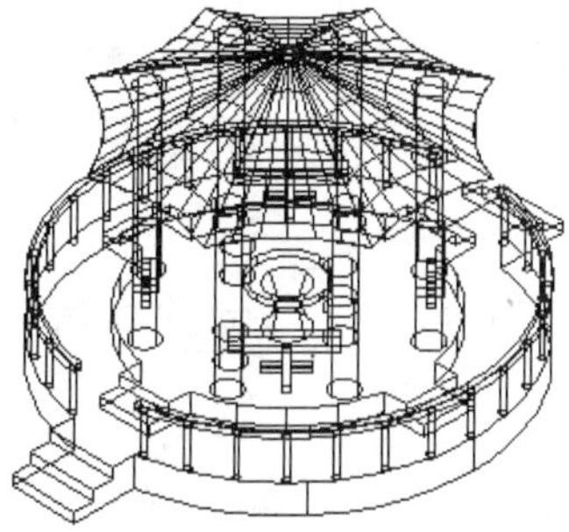

图12-178 凉亭2

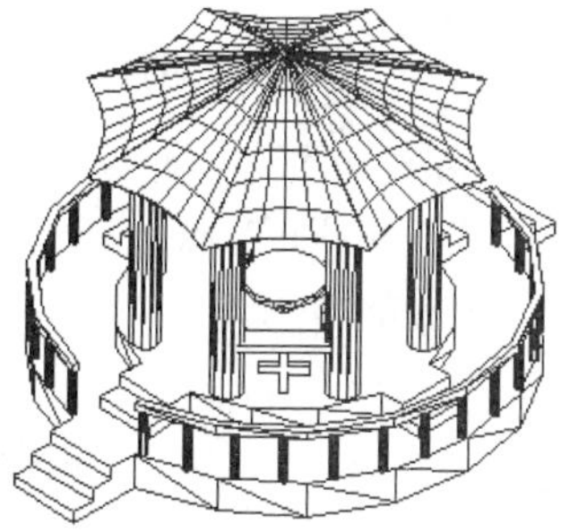

图12-179 消隐

2. 渲染

01 选择“工具”→“选项板”→“工具选项板”菜单命令，弹出“工具选项板”选项板。选择“砖石—材质样例”选项卡，选中“砖石.块体砖石.砖块.组合式.堆叠”，单击鼠标右键，在弹出的快捷菜单中选择“将材质应用到对象”，回到图形中选择凉亭底座。

02 选择“地板—材质样例”选项卡，选中“表面处理.地板材料.大理石.白色”，单击鼠标右键，在弹出的快捷菜单中选择“将材质应用到对象”，回到图形中选择底座栏杆。

03 选择“表面处理—材质样例”选项卡，选中“表面处理.墙面装饰面层.条纹.垂直.蓝灰色”，单击鼠标右键，在弹出的快捷菜单中选择“将材质应用到对象”，回到图形中选择柱子。

04 选择“砖石—材质样例”选项卡，选中“砖石.块体砖石.玻璃垫块.方块.堆砌”，单击鼠标右键，在弹出的快捷菜单中选择“将材质应用到对象”，回到图形中选择圆桌和圆凳以及柱间的休息台。

05 选择“木材和塑料—材质样例”选项卡，选中“木材—塑料.成品木器.木材.红木”，单击鼠标右键，在弹出的快捷菜单中选择“将材质应用到对象”，回到图形中选择凉亭顶。

06 选择“视图”→“渲染”→“渲染”菜单命令或单击“渲染”工具栏上的“渲染”按钮，则在一个新的窗口中，对当前的图形进行渲染，渲染的效果如图12-180所示。

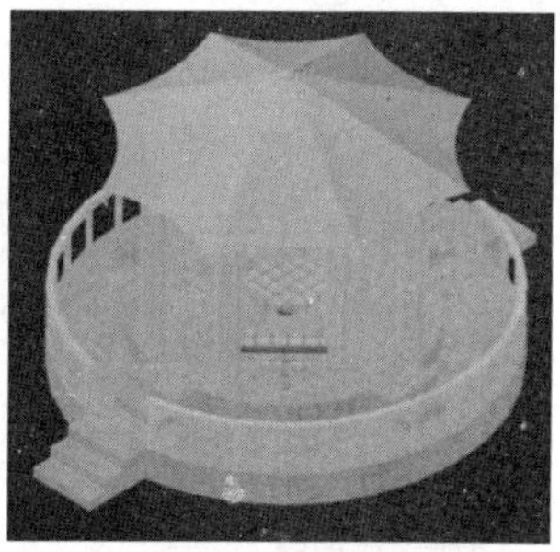

图12-180 渲染

12.6.9 拱桥的制作

拱桥效果如图12-181所示。

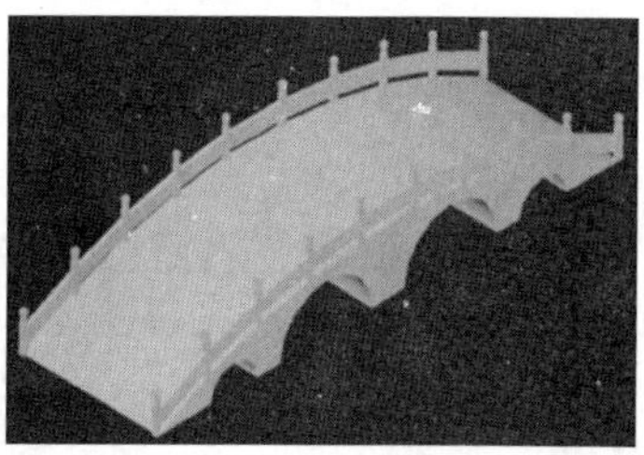

图12-181 效果图

1. 制作模型

01 选择“视图”→“三维视图”→“主视图”菜单命令，进入主视图。单击“绘图”工具栏中的“多段线”按钮或在命令行中输入PLINE命令，绘制一条多段线，如图12-182所示。

命令行提示如下：

命令: _pline

指定起点:

当前线宽为 0.0000

指定下一个点或 [圆弧(A)/半宽(H)/长度(L)/放弃(U)/宽度(W)]: a

指定圆弧的端点或

[角度(A)/圆心(CE)/方向(D)/半宽(H)/直线(L)/半径(R)/第二个点(S)/放弃(U)/宽度(W)]: r

指定圆弧的半径: 10000

指定圆弧的端点或 [角度(A)]: a

指定包含角: 60

指定圆弧的弦方向 <240>:

指定圆弧的端点或

[角度(A)/圆心(CE)/闭合(CL)/方向(D)/半宽(H)/直线(L)/半径(R)/第二个点(S)/放弃(U)/宽度(W)]: l

指定下一点或 [圆弧(A)/闭合(C)/半宽(H)/长度(L)/放弃(U)/宽度(W)]: c

02 选择“视图”→“三维视图”→“西南等轴测”菜单命令，进入西南等轴测视图，单击“建模”工具栏上的“拉伸”按钮，将多段线拉伸，拉伸长度为3000，如图12-183所示。

03 选择“视图”→“三维视图”→“主视图”菜单命令，进入主视图。单击“绘图”工具栏中的“多段线”按钮或在命令行中输入PLINE命令，绘制如图12-184所示的多段线，小圆的半径为500，距端点1150，大圆的半径为1000，两圆之间的间距为480，对称布置。命令行提示如下：

命令: _pline

指定起点:

当前线宽为 0.0000

指定下一个点或 [圆弧(A)/半宽(H)/长度(L)/放弃(U)/宽度(W)]: a

指定圆弧的端点或

[角度(A)/圆心(CE)/方向(D)/半宽(H)/直线(L)/半径(R)/第二个点(S)/放弃(U)/宽度(W)]: r

指定圆弧的半径: 500

指定圆弧的端点或 [角度(A)]:

指定圆弧的端点或

[角度(A)/圆心(CE)/闭合(CL)/方向(D)/半宽(H)/直线(L)/半径(R)/第二个点(S)/放弃(U)/宽度(W)]: l

指定下一点或 [圆弧(A)/闭合(C)/半宽(H)/长度(L)/放弃(U)/宽度(W)]: c

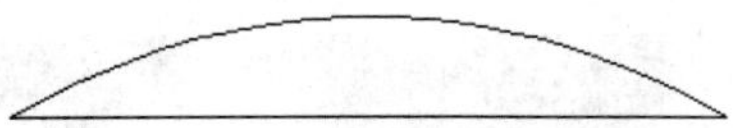

图12-182　多段线

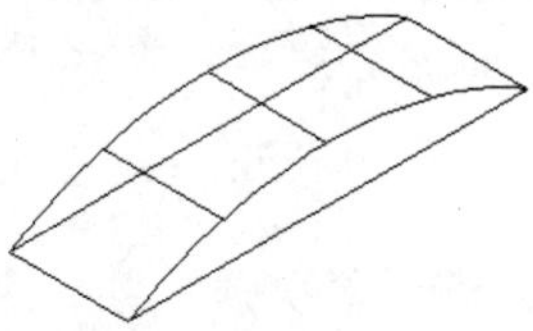

图12-183　拉伸

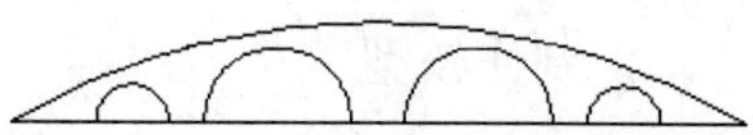

图12-184　多段线

04 选择“视图”→“三维视图”→“西南等轴测”菜单命令，进入西南等轴测视图。单击“建模”工具栏上的“拉伸”按钮，将多段线拉伸，拉伸长度为-3000，如图12-185所示。

05 选择“建模”工具栏上的“差集”按钮或在命令行中输入SUBTRACT命令，将4个半圆柱体从大实体中去除，如图12-186所示。

06 单击“建模”工具栏上的“长方体”按钮或在命令行中输入BOX命令，绘制一个长方体，长为100，宽为100，高为600，如图12-187所示。

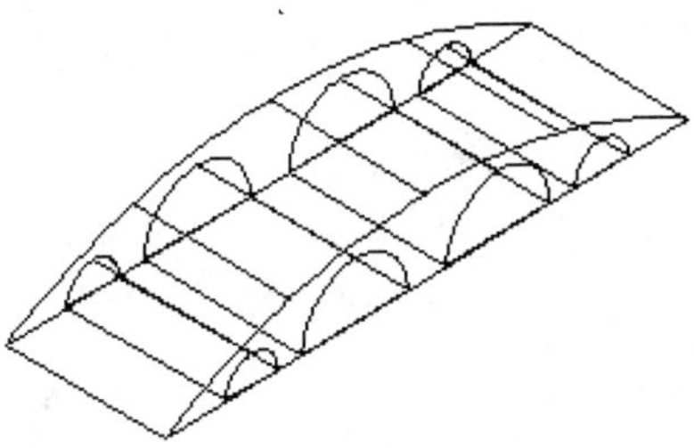

图12-185　拉伸

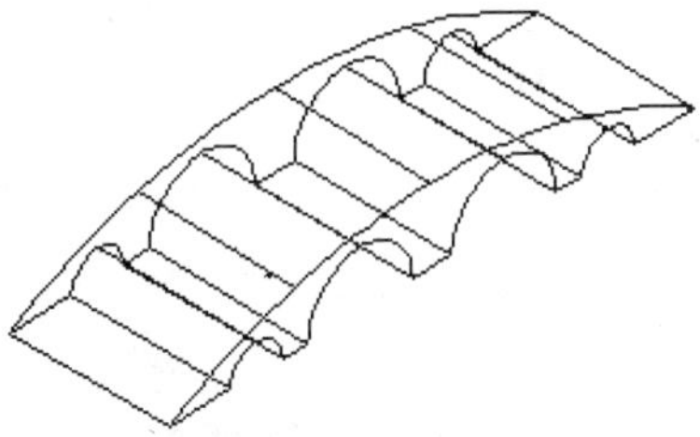

图12-186　差集

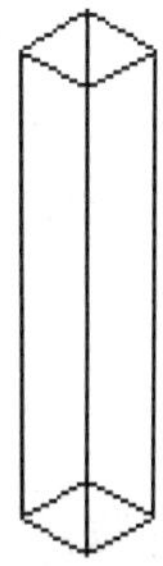

图12-187　长方体1

07 单击“建模”工具栏上的“长方体”按钮或在命令行中输入BOX命令，绘制一个长方体，长为80，宽为80，高为800，如图12-188所示。

08 单击“建模”工具栏上的“长方体”按钮或在命令行中输入BOX命令，绘制一个长方体，长为100，宽为100，高为100，如图12-189所示。

09 单击“建模”工具栏上的“并集”按钮或在命令行中输入UNION命令，将3个长方体进行并集运算作为栏杆柱。

10 将栏杆适当调整后布置到拱桥上，柱之间的净距为1000，如图12-190所示。

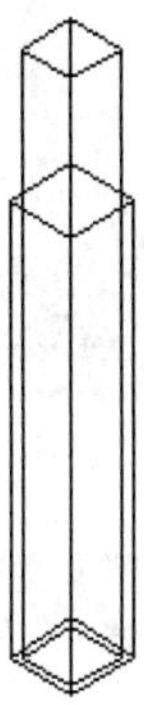

图12-188　长方体2

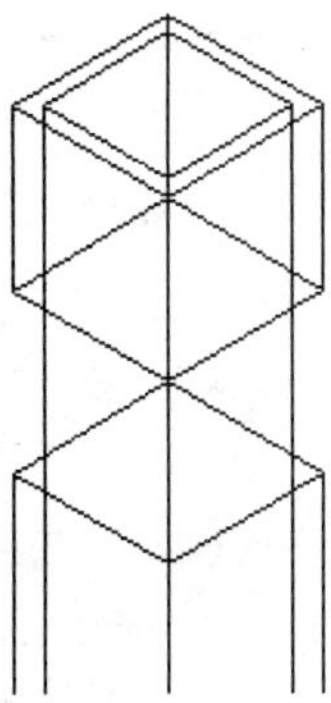

图12-189　长方体3

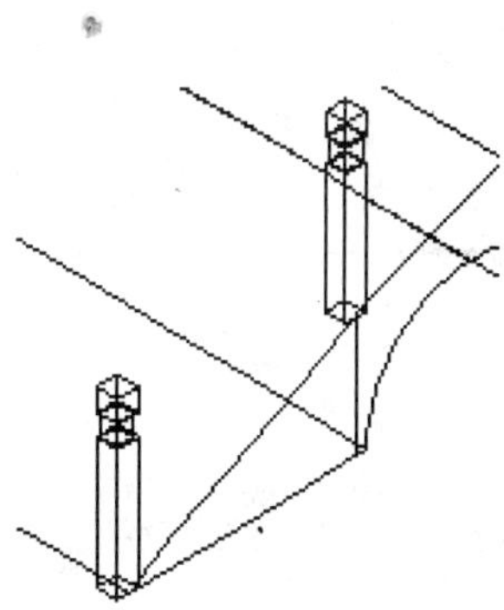

图12-190　栏杆1

11 最后布置的栏杆如图12-191所示。

12 选择“视图”→“三维视图”→“主视图”菜单命令，进入主视图。单击“绘图”工具栏中的“多段线”按钮或在命令行中输入PLINE命令，绘制如图12-192所示的多段线，居中布置，高度为300。

13 选择“视图”→“三维视图”→“西南等轴测”菜单命令，进入西南等轴测视图。单击“建模”工具栏上的“拉伸”按钮，将多段线拉伸，拉伸长度为100，如图12-193所示。

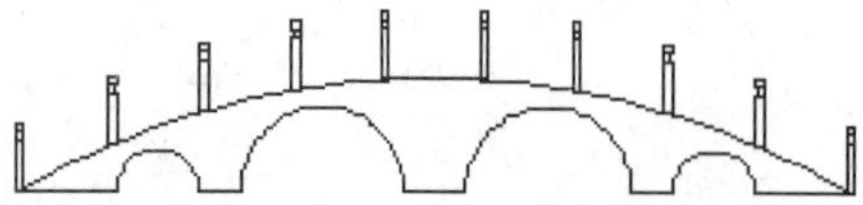

图12-191　栏杆2

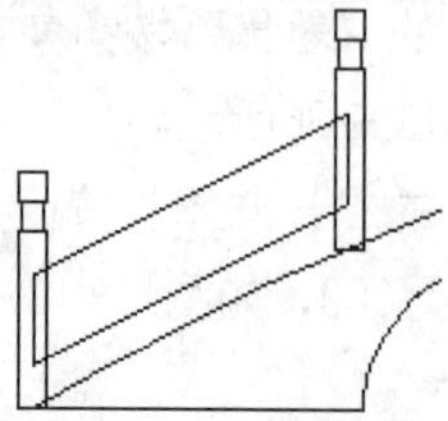

图12-192　多段线

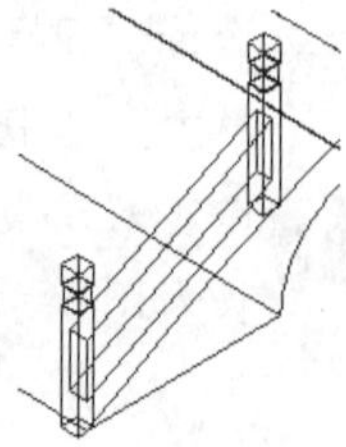

图12-193　拉伸

14 其他的栏杆护栏绘制方法一样，结果如图12-194所示。

15 栏杆的最后结果如图12-195所示。

16 消隐后的效果如图12-196所示。

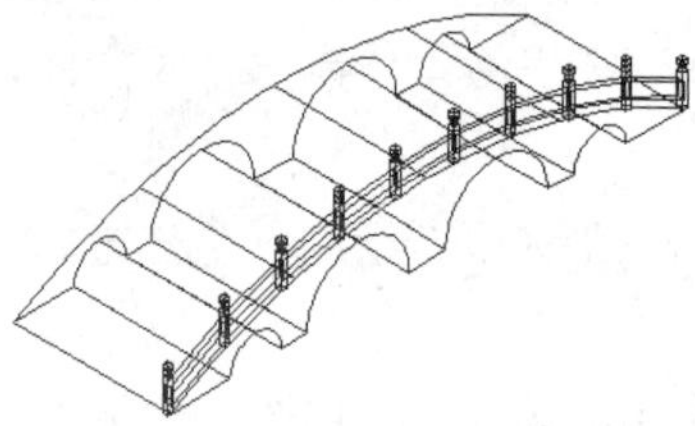

图12-194　栏杆1

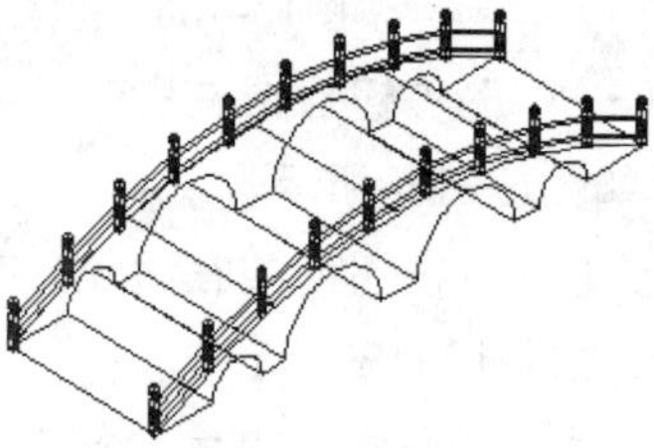

图12-195　栏杆2

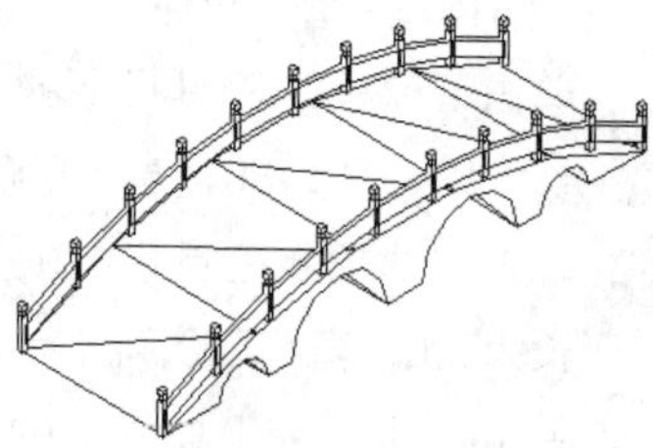

图12-196　消隐

2. 渲染

01 选择“工具”→“选项板”→“工具选项板”菜单命令，弹出“工具选项板”选项板。选择“地板—材质样例”选项卡，选中“表面处理.地板材料.大理石.白色”，单击鼠标右键，在弹出的快捷菜单中选择“将材质应用到对象”，回到图形中选择全部实体。

02 选择“视图”→“渲染”→“渲染”菜单命令或单击“渲染”工具栏上的“渲染”按钮，则在一个新的窗口中，对当前的图形进行渲染，渲染的效果如图12-197所示。

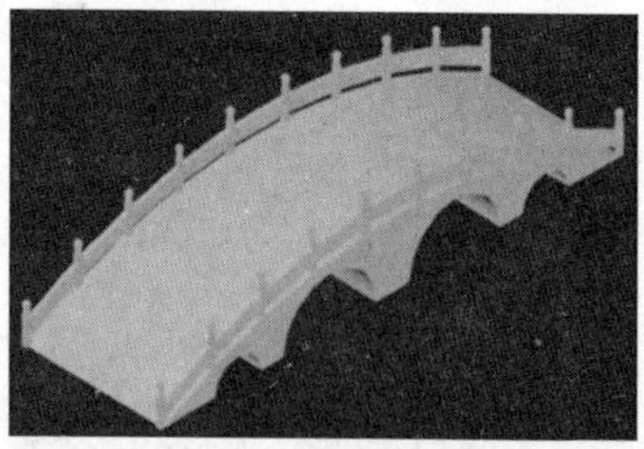

图12-197　渲染

12.6.10　牌坊的制作

牌坊效果如图12-198所示。

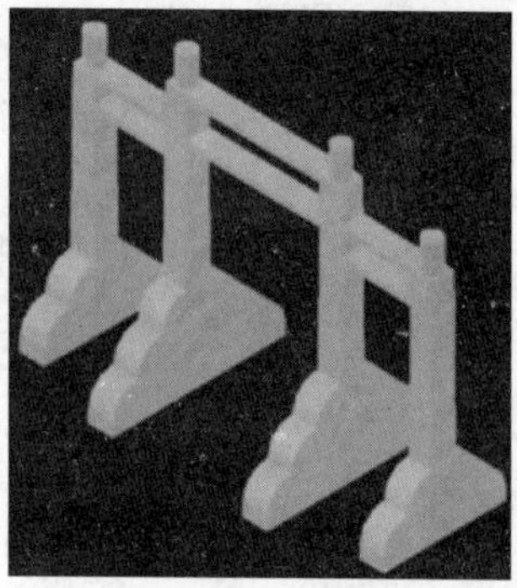

图12-198　效果图

1. 制作模型

01 选择“视图”→“三维视图”→“西南等轴测”菜单命令，进入西南等轴测视图。单击“建模”工具栏上的“棱锥面”按钮或在命令行中输入PYRAMID命令，绘制一个棱锥面，底面的半径为200，顶面的半径为180，高度为3500，如图12-199所示。

02 单击“建模”工具栏上的“棱锥面”按钮或在命令行中输入PYRAMID命令，绘制一个棱锥面，底面的半径为200，顶面的半径为180，高度为4000，两个实体的间距为1500，如图12-200所示。

03 单击“修改”工具栏上的“复制”按钮或在命令行中输入COPY命令，将长的棱锥面复制，复制距离为2500，如图12-201所示。

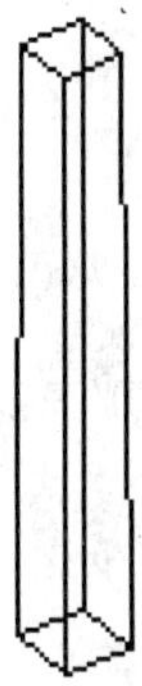

图12-199　棱锥面1

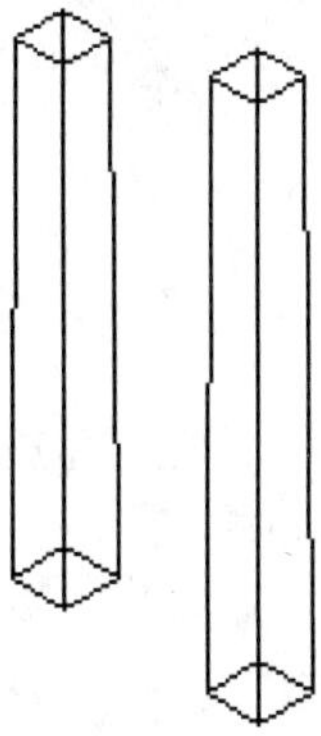

图12-200　棱锥面2

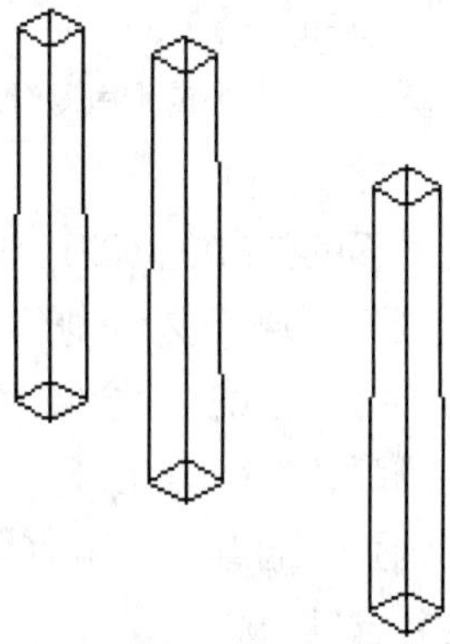

图12-201　棱锥面1

04 单击“修改”工具栏上的“复制”按钮或在命令行中输入COPY命令，将短的棱锥面复制，复制距离为5500，如图12-202所示。

05 单击“建模”工具栏上的“长方体”按钮或在命令行中输入BOX命令，绘制一个长方体，长为2000，宽为400，高为200，如图12-203所示，居中布置。

06 单击“建模”工具栏上的“长方体”按钮或在命令行中输入BOX命令，绘制一个长方体，长为3200，宽为400，高为200，如图12-204所示，居中布置。

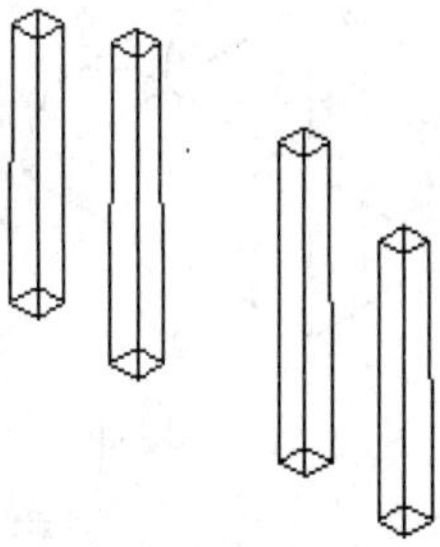

图12-202　棱锥面2

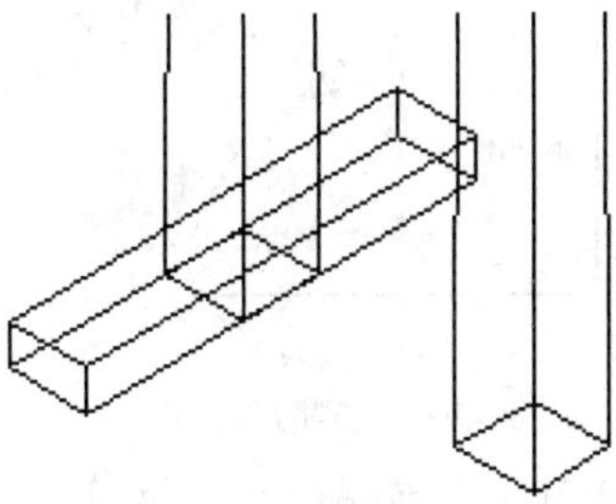

图12-203　长方体1

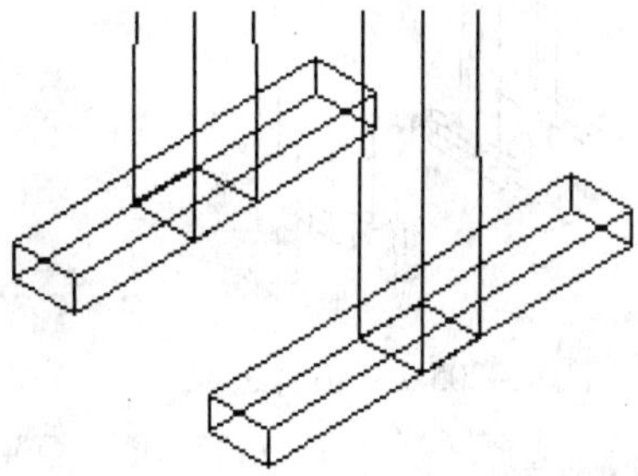

图12-204　长方体2

07 最后的修效果如图12-205所示。

08 选择“视图”→“三维视图”→“主视图”菜单命令，进入主视图。单击“绘图”工具栏中的“多段线”按钮或在命令行中输入PLINE命令，绘制一条多段线，如图12-206所示。命令行提示如下：

命令: _pline

指定起点:

当前线宽为 0.0000

指定下一个点或 [圆弧(A)/半宽(H)/长度(L)/放弃(U)/宽度(W)]: 800

指定下一点或 [圆弧(A)/闭合(C)/半宽(H)/长度(L)/放弃(U)/宽度(W)]: 800

指定下一点或 [圆弧(A)/闭合(C)/半宽(H)/长度(L)/放弃(U)/宽度(W)]: a
指定圆弧的端点或
[角度(A)/圆心(CE)/闭合(CL)/方向(D)/半宽(H)/直线(L)/半径(R)/第二个点(S)/放弃(U)/宽度(W)]: r
指定圆弧的半径: 400
指定圆弧的端点或 [角度(A)]: a
指定包含角: 90
指定圆弧的弦方向 <0>:
指定圆弧的端点或
[角度(A)/圆心(CE)/闭合(CL)/方向(D)/半宽(H)/直线(L)/半径(R)/第二个点(S)/放弃(U)/宽度(W)]: r
指定圆弧的半径: 400
指定圆弧的端点或 [角度(A)]: a
指定包含角: 90
指定圆弧的弦方向 <180>:
指定圆弧的端点或
[角度(A)/圆心(CE)/闭合(CL)/方向(D)/半宽(H)/直线(L)/半径(R)/第二个点(S)/放弃(U)/宽度(W)]: cl

09 选择“视图”→“三维视图”→“西南等轴测”菜单命令，进入西南等轴测视图。单击“建模”工具栏上的“拉伸”按钮，将多段线拉伸，拉伸长度为400，如图12-207所示。

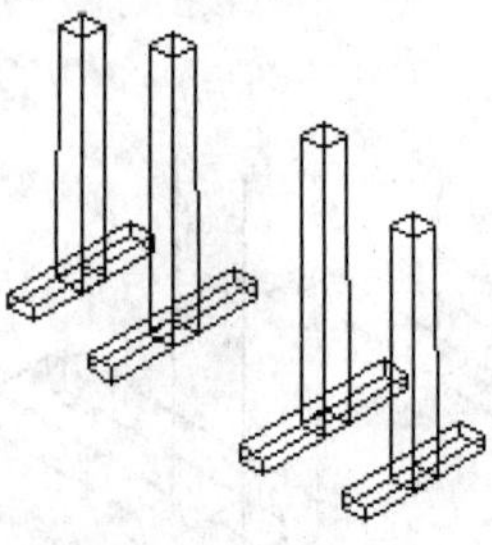
图12-205 长方体3

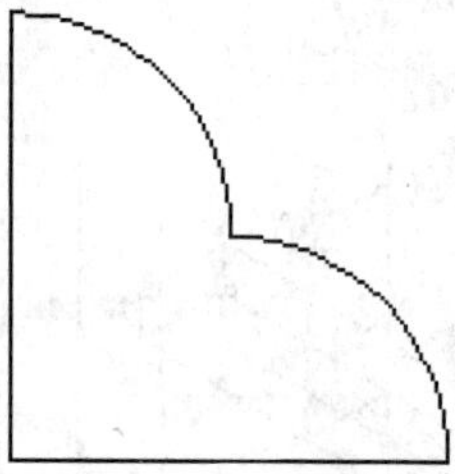
图12-206 多段线

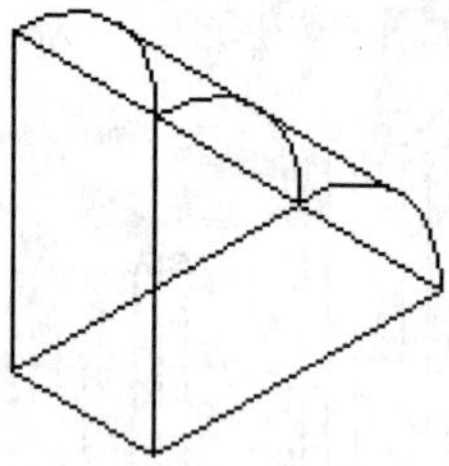
图12-207 拉伸

10 选择“视图”→“三维视图”→“主视图”菜单命令，进入主视图。单击“绘图”工具栏中的“多段线”按钮或在命令行中输入PLINE命令，绘制一条多段线，如图12-208所示。命令行提示如下：

命令: _pline
指定起点:
当前线宽为 0.0000
指定下一个点或 [圆弧(A)/半宽(H)/长度(L)/放弃(U)/宽度(W)]: 1200
指定下一点或 [圆弧(A)/闭合(C)/半宽(H)/长度(L)/放弃(U)/宽度(W)]: 1200
指定下一点或 [圆弧(A)/闭合(C)/半宽(H)/长度(L)/放弃(U)/宽度(W)]: a
指定圆弧的端点或
[角度(A)/圆心(CE)/闭合(CL)/方向(D)/半宽(H)/直线(L)/半径(R)/第二个点(S)/放弃(U)/宽度(W)]: r
指定圆弧的半径: 400

指定圆弧的端点或 [角度(A)]: a
指定包含角: 90
指定圆弧的弦方向 <0>:
指定圆弧的端点或
[角度(A)/圆心(CE)/闭合(CL)/方向(D)/半宽(H)/直线(L)/半径(R)/第二个点(S)/放弃(U)/宽度(W)]: r
指定圆弧的半径: 400
指定圆弧的端点或 [角度(A)]: a
指定包含角: 90
指定圆弧的弦方向 <180>:
指定圆弧的端点或
[角度(A)/圆心(CE)/闭合(CL)/方向(D)/半宽(H)/直线(L)/半径(R)/第二个点(S)/放弃(U)/宽度(W)]: r
指定圆弧的半径: 400
指定圆弧的端点或 [角度(A)]: a
指定包含角: 90
指定圆弧的弦方向 <180>:
指定圆弧的端点或
[角度(A)/圆心(CE)/闭合(CL)/方向(D)/半宽(H)/直线(L)/半径(R)/第二个点(S)/放弃(U)/宽度(W)]: CL

11 选择“视图”→“三维视图”→“西南等轴测”菜单命令，进入西南等轴测视图。单击“建模”工具栏上的“拉伸”按钮，将多段线拉伸，拉伸长度为400，如图12-209所示。

12 将实体移动到如图12-210所示的位置。

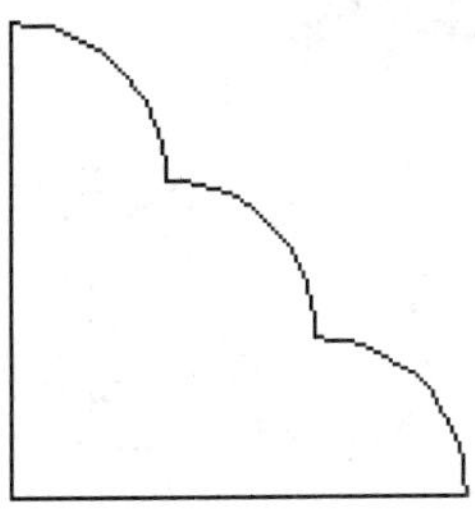

图12-208　多段线

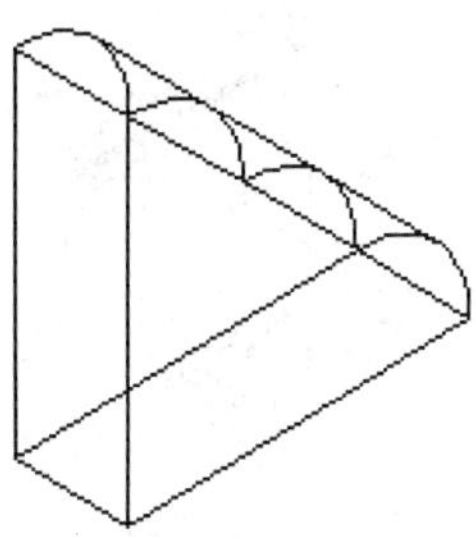

图12-209　拉伸

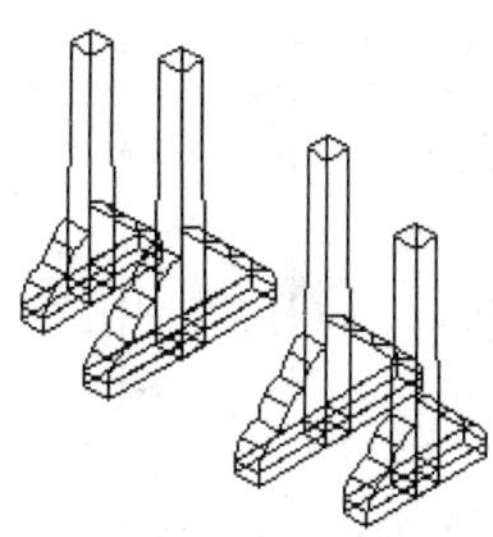

图12-210　修饰

13 单击“建模”工具栏上的“长方体”按钮或在命令行中输入BOX命令，绘制一个长方体，长为360，宽为2500，高为100，如图12-211所示，居中布置。

14 单击“修改”工具栏上的“复制”按钮或在命令行中输入COPY命令，将长方体向下复制，复制距离为600，如图12-212所示。

15 单击“建模”工具栏上的“长方体”按钮或在命令行中输入BOX命令，绘制一个长方体，长为360，宽为1500，高为100，如图12-213所示，居中布置。

16 单击“修改”工具栏上的“复制”按钮或在命令行中输入COPY命令，将长方体向下复制，复制距离为400，如图12-214所示。

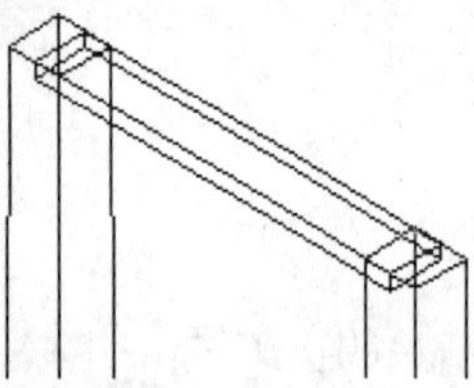

图12-211　长方体

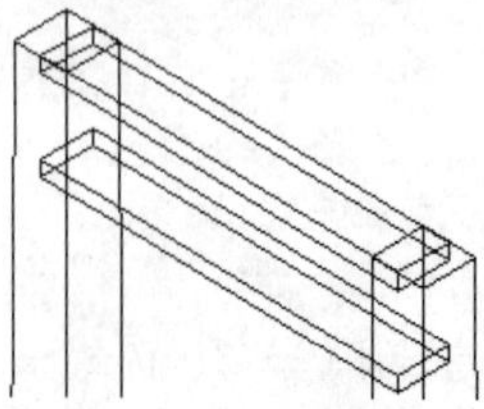

图12-212　复制

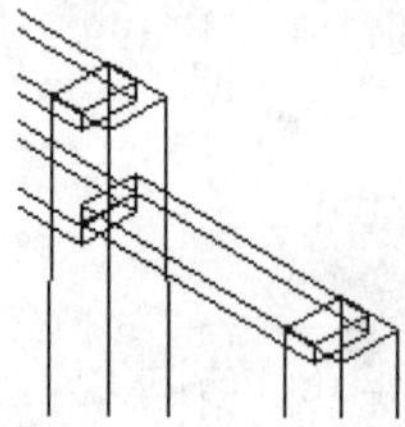

图12-213　长方体

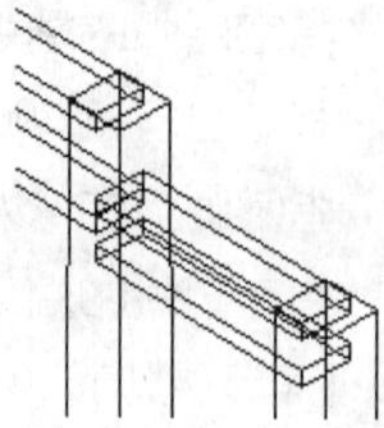

图12-214　复制

17 选择“视图”→“三维视图”→“左视图”菜单命令，进入左视图，结果如图12-215所示。

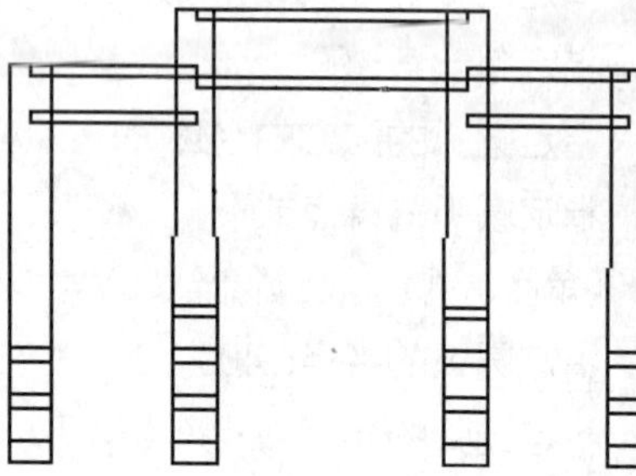

图12-215　左视图

18 选择“视图”→“三维视图”→“西南等轴测”菜单命令，进入西南等轴测视图。单击“建模”工具栏上的“圆柱体”按钮或在命令行中输入CYLINDER命令，绘制半径为150，高度为450的圆柱体，如图12-216所示。

19 单击“修改”工具栏上的“移动”按钮，在命令行中输入MOVE命令，将圆柱体移动到柱的顶部，如图12-217所示。

20 单击“建模”工具栏上的“并集”按钮或在命令行中输入UNION命令，将所有实体进行并集运算。

21 消隐后的效果如图12-218所示。

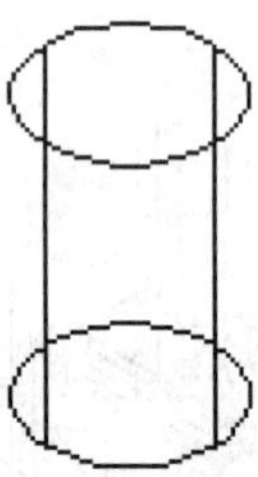

图12-216　圆柱体

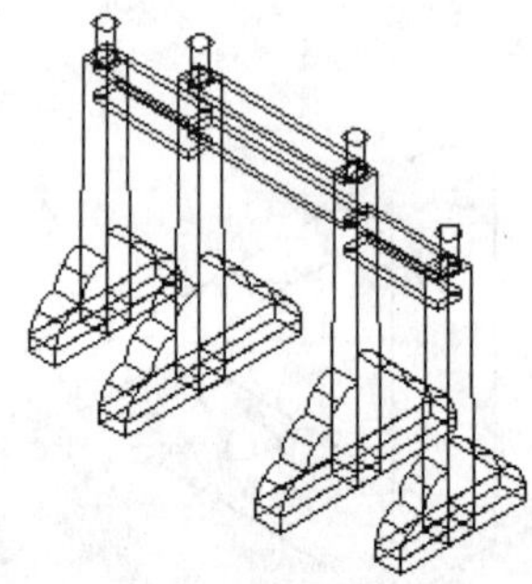

图12-217　移动圆柱体

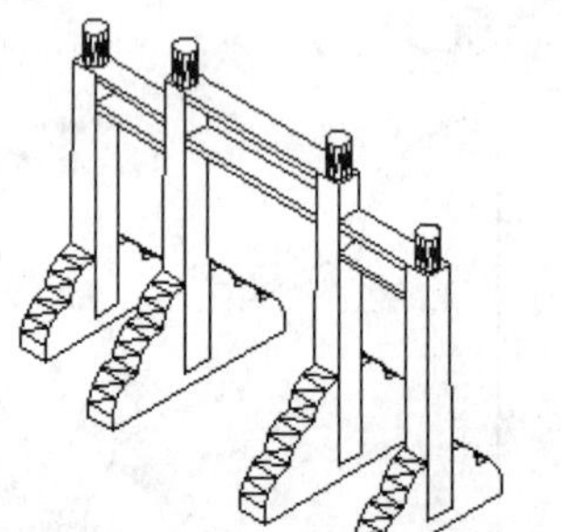

图12-218　消隐

2. 渲染

01 选择“工具”→“选项板”→“工具选项板”菜单命令，弹出“工具选项板”选项板。选择“地板—材质样例”选项卡，选中“表面处理.地板材料.大理石.白色”，单击鼠标右键，在弹出的快捷菜单中选择“将材质应用到对象”，回到图形中选择全部实体。

02 选择“视图”→“渲染”→“渲染”菜单命令或单击“渲染”工具栏上的“渲染”按钮，则在一个新的窗口中，对当前的图形进行渲染，渲染的效果如图12-219所示。

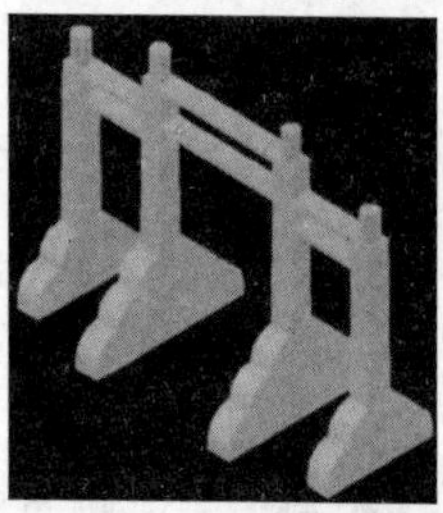

图12-219　渲染

12.6.11　塔的制作

塔效果如图12-220所示。

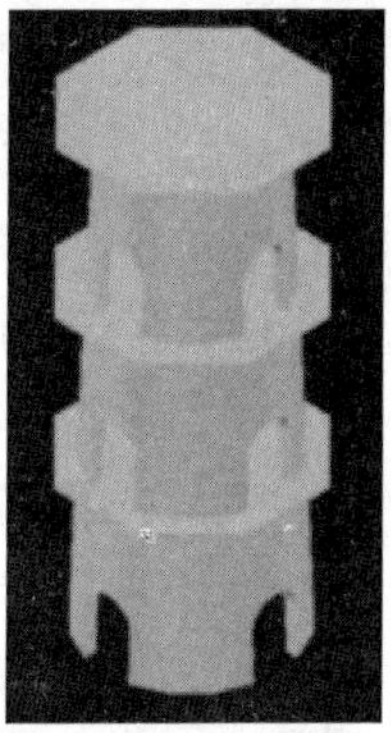

图12-220　效果图

1. 制作模型

01 选择“视图”→“三维视图”→“西南等轴测”菜单命令，进入西南等轴测视图。单击“建模”工具栏上的“圆锥体”按钮或在命令行中输入CONE命令，绘制一个圆锥体，底面的半径为2500，顶面的半径为2000，高度为12000，如图12-221所示。

02 单击“建模”工具栏上的“圆锥体”按钮或在命令行中输入CONE命令，绘制一个圆锥体，底面的半径为2200，顶面的半径为1700，高度为12000，如图12-222所示。

03 单击“建模”工具栏上的“差集”按钮或在命令行中输入SUBTRACT命令，将小圆柱体从中除去，使之形成一个圆环体。

04 单击“绘图”工具栏中的“正多边形”按钮或在命令行中输入PLINE命令，绘制一个正八边形，内接半径为3000。单击“修改”工具栏上的“偏移”按钮或在命令行中输入OFFSET命令，偏移正八边形，偏移距离为200，如图12-223所示。

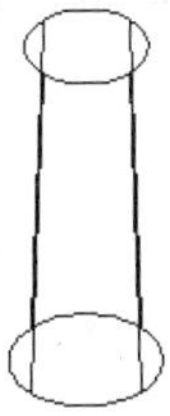

图12-221　圆锥体1

图12-222　圆锥体2

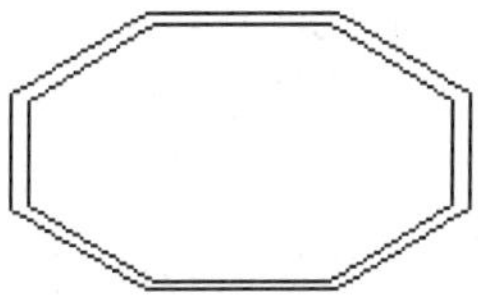

图12-223　正八边形

05 单击“建模”工具栏上的“拉伸”按钮，将图形拉伸，大正八边形拉伸长度为100，小正八边形拉伸长度为200，如图12-224所示。

06 单击“建模”工具栏上的“并集”按钮或在命令行中输入UNION命令，将两个实体进行并集运算。将合并的实体移动到塔身处，并复制形成塔层，层高为4000，如图12-225所示。

07 选择“视图”→“三维视图”→“主视图”菜单命令，进入主视图。单击“绘图”工具栏中的“多段线”按钮或在命令行中输入PLINE命令，绘制如图12-226所示的一条闭合的多段线。命令行提示如下：

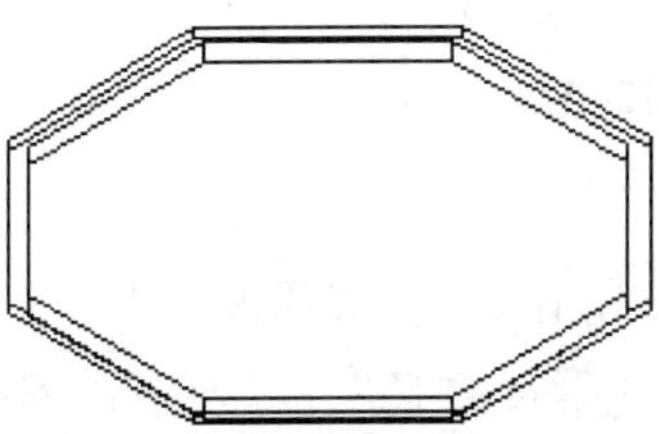

图12-224　拉伸

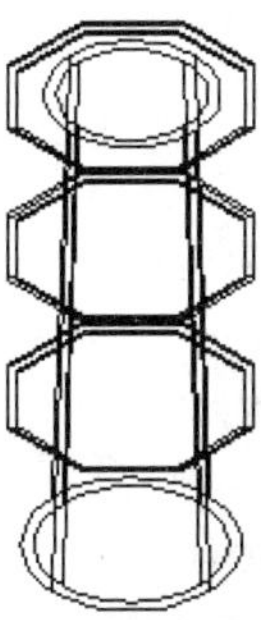

图12-225　塔层

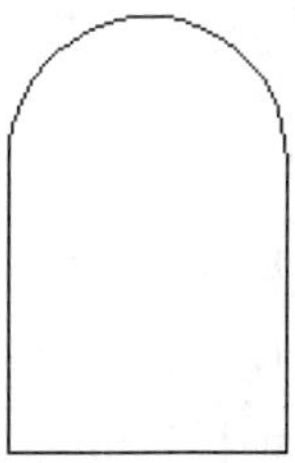

图12-226　多段线

命令: _pline
指定起点:
当前线宽为 0.0000
指定下一个点或 [圆弧(A)/半宽(H)/长度(L)/放弃(U)/宽度(W)]: 1200
指定下一点或 [圆弧(A)/闭合(C)/半宽(H)/长度(L)/放弃(U)/宽度(W)]: 1200
指定下一点或 [圆弧(A)/闭合(C)/半宽(H)/长度(L)/放弃(U)/宽度(W)]: a
指定圆弧的端点或
[角度(A)/圆心(CE)/闭合(CL)/方向(D)/半宽(H)/直线(L)/半径(R)/第二个点(S)/放弃(U)/宽度(W)]: r
指定圆弧的半径: 600
指定圆弧的端点或 [角度(A)]: a
指定包含角: 180
指定圆弧的弦方向 <90>:
指定圆弧的端点或
[角度(A)/圆心(CE)/闭合(CL)/方向(D)/半宽(H)/直线(L)/半径(R)/第二个点(S)/放弃(U)/宽度(W)]: cl

08 单击“建模”工具栏上的“拉伸”按钮，选择多段线为拉伸对象，拉伸长度为1000，角度为0，将其移动到塔身中，如图12-227所示。

09 选择“视图”→“三维视图”→“俯视图”菜单命令，进入俯视图。单击“修改”工具栏上的“阵列”按钮或在命令行中输入ARRAY命令，将图12-227的实体以正六边形的中心为阵列中心进行阵列，项目总数为6，如图12-228所示。

10 选择“视图”→“三维视图”→“西南等轴测”菜单命令，进入西南等轴测视图。单击“建模”工具栏上的差集按钮或在命令行中输入SUBTRACT命令，将实体进行差集运算，以将其他层的窗开洞，消隐后的结果如图12-229所示。

11 单击“建模”工具栏上的“并集”按钮或在命令行中输入UNION命令，将所有实体进行并集运算，如图12-230所示。

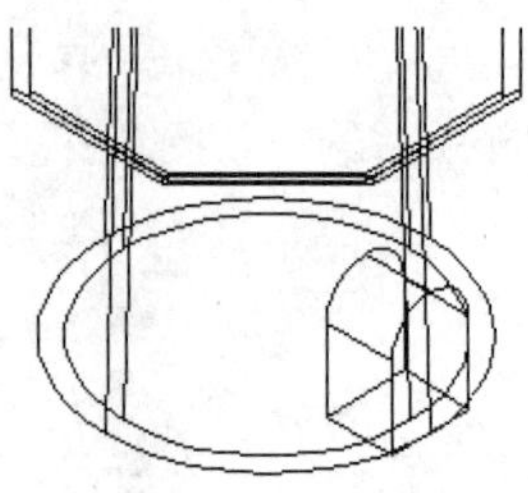
图12-227 拉伸

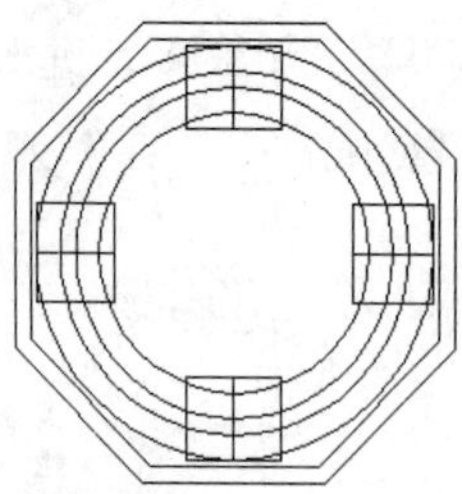
图12-228 阵列

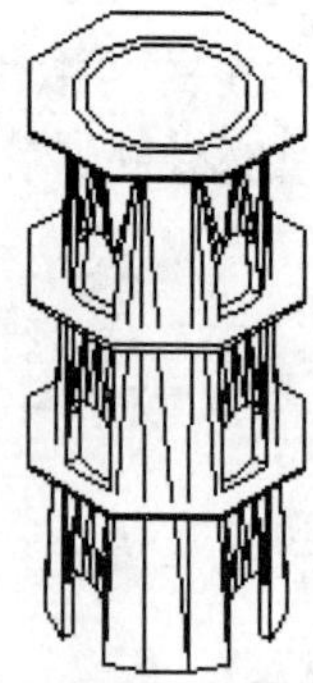
图12-229 差集

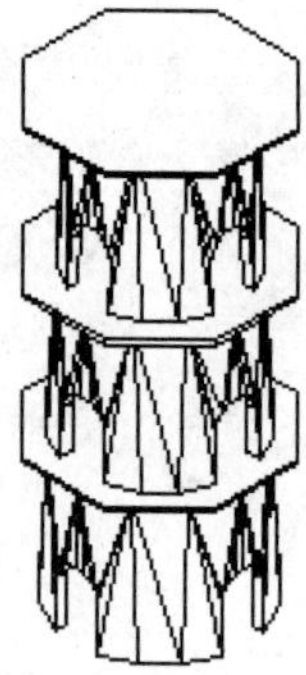
图12-230 塔

2. 渲染

01 选择“工具”→“选项板”→“工具选项板”菜单命令，弹出“工具选项板”选项项。选择“地板—材质样例”选项卡，选中“表面处理.地板材料.大理石.白色”，单击鼠标右键，在弹出的快捷菜单中选择“将材质应用到对象”，回到图形中选择全部实体。

02 选择“视图”→“渲染”→“渲染”菜单命令或单击“渲染”工具栏上的“渲染”按钮，则在一个新的窗口中，对当前的图形进行渲染，渲染的效果如图12-231所示。

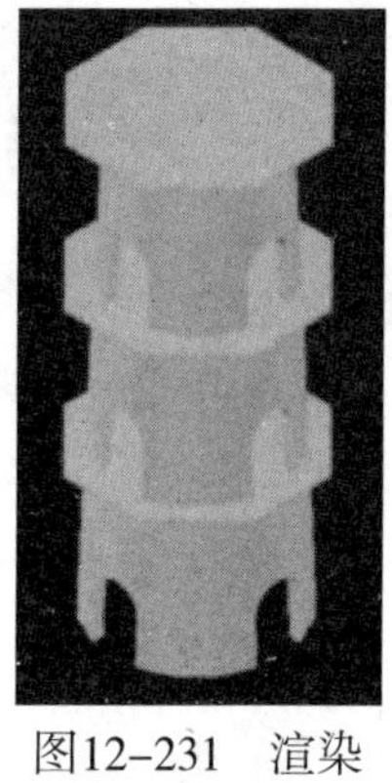

图12-231　渲染

12.7 本章小结

本章主要通过一个实例来讲解三维实体的基本绘制。通过本章的学习，读者应该能熟练的掌握三维绘图的基本方法。

12.8 课后练习

（1）床体是在建筑室内设计和工业设计中比较常见的家具。利用多段线、长方体、偏移、复制、圆角、面域等命令，进行如图12-232所示双人床三维造型的绘制。

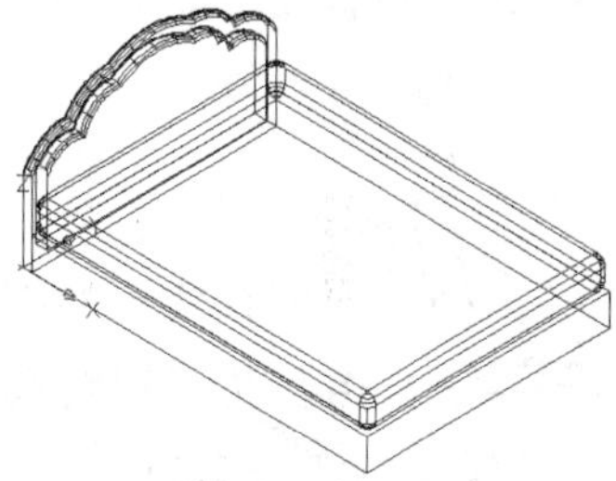

图12-232　双人床

（2）圆凳是建筑室内设计和工业设计中很常见的家具之一。利用多段线、圆、圆角、拉伸面、移动等命令，进行如图12-233所示三维圆凳的绘制。

（3）茶几是建筑室内设计和工业设计中常见的一种物体，虽然看起来并不起眼，但实际作用不可忽视。利用矩形、拉伸面、旋转面、长方体、圆柱体等命令进行如图12-234所示三维茶几的绘制。

（4）酒杯是在三维图形绘制中最简单基础的图形。利用直线、圆、修剪、圆角、旋转等命令学习如图12-235所示三维酒杯的绘制。

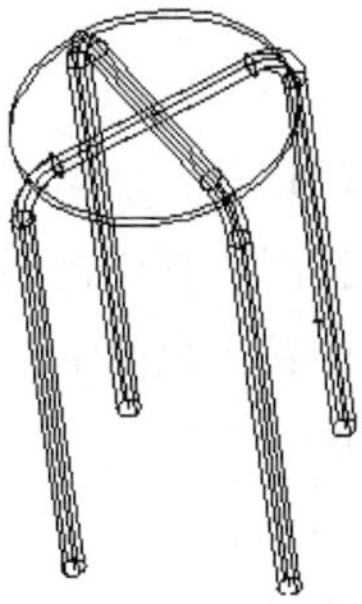

图12-233　三维圆凳

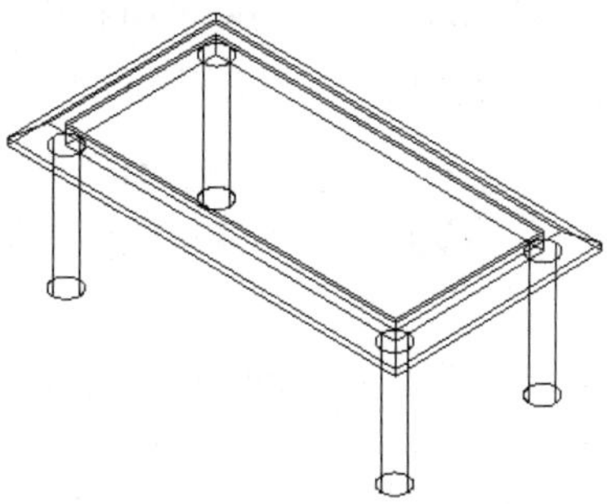

图12-234　三维茶几

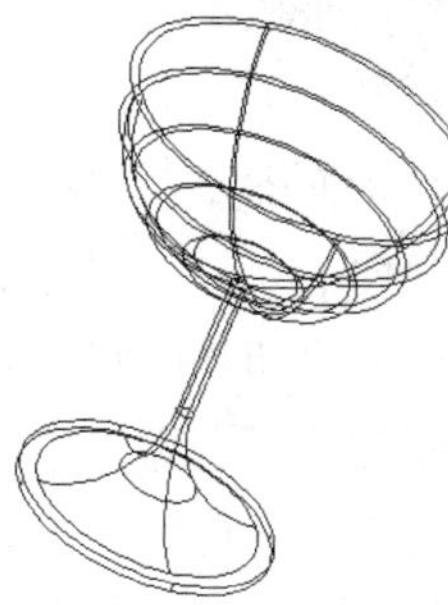

图12-235　三维酒杯

第13章 结构施工图

本章内容提示

本章将通过一个建筑物的结构施工图详细介绍结构施工图的主要内容和绘制方法，包括基础图绘制、结构平面图绘制、框架配筋图绘制、楼梯结构详图绘制等，通过一个工程实例讲解具体的绘制过程，使读者体会绘制一幅施工图的过程、步骤和方法。

学习要点

- □ 结构施工图的内容
- □ 结构施工图的绘制过程

结构施工图是表示建筑物的各承重构件的布置、形状、大小、数量、类型、材料做法、相互关系和结构形式。结构施工图主要有基础图、结构平面图、框架结构详图和楼梯结构详图等内容，是施工的依据和参考。

下面将详细介绍基础图、结构平面图、框架配筋图和楼梯结构详图的绘制过程。

13.1 基础图的绘制

基础图是表示建筑物室内地坪以下基础部分即管沟的平面布置和详细构造的详图，它是建筑物地下部分承重结构的施工图，基础图分为基础平面图和基础详图两部分。

基础平面图是假想用一个水平剖切平面，沿着房屋的室内地面与基础之间切开，然后移去上部结构，向下投影得到的水平剖面图。基础平面图主要表示基础的平面布置情况，只需画出基础墙、柱的断面和基础底面的轮廓线即基础的中心位置即可。基础详图是假想用一个铅垂的剖切平面，在基础的指定部位进行剖切，用较大的比例画出基础的断面图。基础详图主要用来表示基础的细部尺寸和材料做法等。

基础平面图的定位轴线及编号应与建筑平面图相一致，应标明基础的平面定位尺寸和主要定形尺寸，若有些尺寸或要求各处都完全一样，可以省略不注，而用文字统一说明。基础详图应标注室内外地坪的标高和基础的埋置深度，标出基础各个部位的详细尺寸，标明材料的图例符号等。对于条形基础，基础详图就是基础的垂直断面图；对于独立基础，应画出基础的平面图、立面图和断面图。

基础图是施工放线、开挖基槽、砌筑基础和管沟墙的一个重要依据，主要包括以下内容：

- 图名、比例。

- 基础平面图的比例应与建筑平面图相同。
- 基础平面图应标出与建筑平面图相一致的轴线及其编号。
- 基础平面图应反映基础墙、柱、基础底面的形状、大小及基础与轴线之间的关系。
- 基础的编号、基础梁的代号、基础断面的剖切位置和编号。
- 基础的详细尺寸，基础墙的厚度，基础的宽、高，垫层的厚度等。
- 室内外地面标高及基础底面标高。
- 基础及垫层的材料、强度等级、配筋规格及布置。
- 防潮层、圈梁的作法和位置。
- 施工说明等。

13.1.1　柱下独立基础平面图的绘制

下面通过一个实例介绍绘制过程。

1. 设置绘图环境

01 设置图形界限。本例采用的绘图比例为1:100，故图形界限设置为59400×29700。

02 设置绘图单位。在“图形单位”对话框“长度”选项组“类型”下拉列表中选择“小数”，在“精度”下拉列表中选择0.00，其他设置保持系统默认参数。

03 设置线型。选择加载DASHDOTX2线型作为轴线的线型。

04 设置图层。在“图层特性管理器”选项板中，依次创建轴线、柱、轮廓线、基础梁、标注及图框等图层，其中“轴线”图层的“线型”选择DASHDOTX2，“轮廓线”图层的“线宽”选择“0.35毫米”，“柱”图层的“线宽”选择“0.35毫米”。

05 设置文字样式。在“文字样式”对话框中，新建一个“文字”文字样式和一个“数字”文字样式，“文字”文字样式的具体设置参数为：“字体名”选择“仿宋_GB2312”，“宽度因子”设为0.70；“数字”文字样式的具体设置参数为：“字体名”选择“txt.shx”，勾选“使用大字体”，“大字体”中选择“gbcbig.shx”，“宽度因子”设为0.70。

06 设置标注样式。在“标注样式”对话框中，新建一个“1:100”标注样式，具体设置参数为：在“线”选项卡中，将“超出尺寸线”设为1，“起点偏移量”设为5；“符号和箭头”选项卡中，在“箭头”下拉列表中选择“建筑标记”；“文字样式”选项卡中，在“文字样式”下拉列表中选择“数字”；“调整”选项卡中，“文字位置”选择“尺寸线上方，不带引线”，“使用全局比例”设为100。

2. 绘制轴线和柱

01 在“图层”下拉列表中选择“轴线”图层作为当前层。利用直线命令绘制轴线，横向轴线的间距为6000，4500，6000，纵向轴线的间距均为6000，修改线型比例后，结果如图13-1所示。

02 在“图层”下拉列表中选择“柱”图层作为当前层。在轴线的交点处中心布置大小为400×400的矩形柱，利用矩形命令绘制出柱的轮廓线，再利用图案填充命令填充SOLID图案类型，结果如图13-2所示。

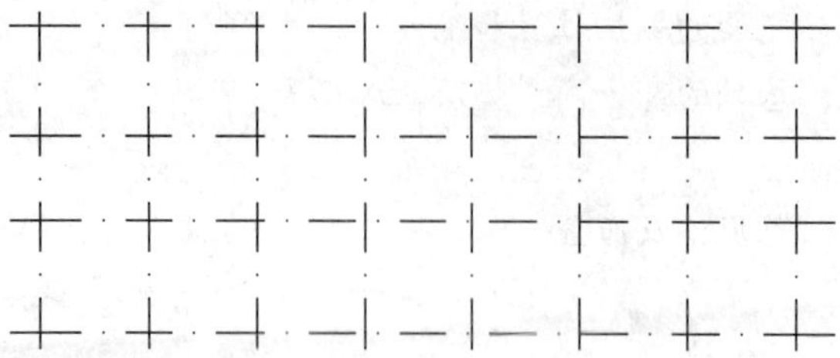

图13-1 轴线

图13-2 柱

03 将柱依次布置轴线的交点处，结果如图13-3所示。

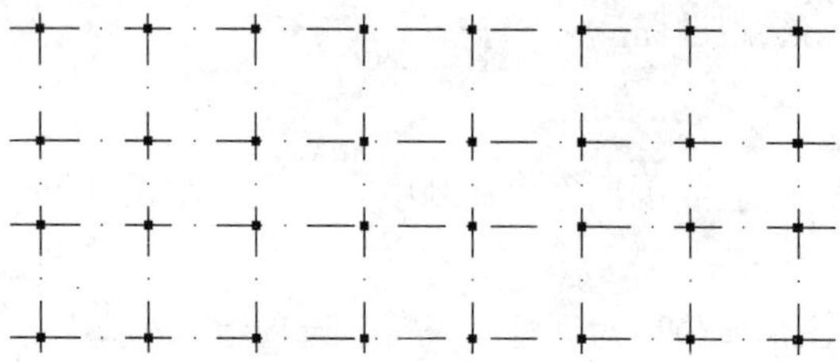

图13-3 布置柱

3. 绘制基础轮廓线和基础梁

01 在“图层”下拉列表中选择“基础梁”图层作为当前层。基础梁的尺寸为200，中心对称布置轴线两侧，如图13-4所示。

02 在“图层”下拉列表中选择“轮廓线”图层作为当前层。基础轮廓线的尺寸为2200×2200，中心布置在轴线交点处，如图13-5所示。

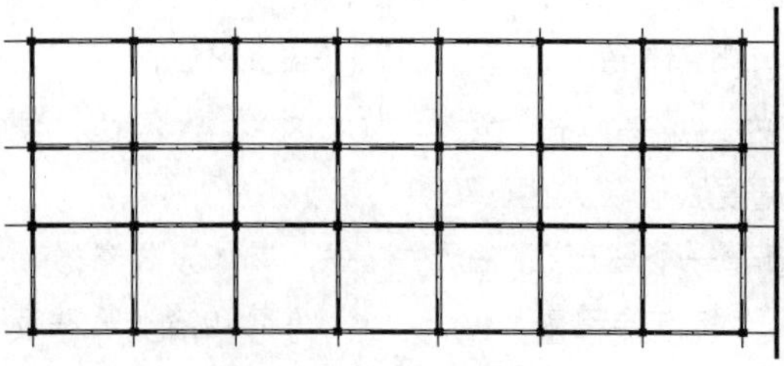

图13-4 基础梁

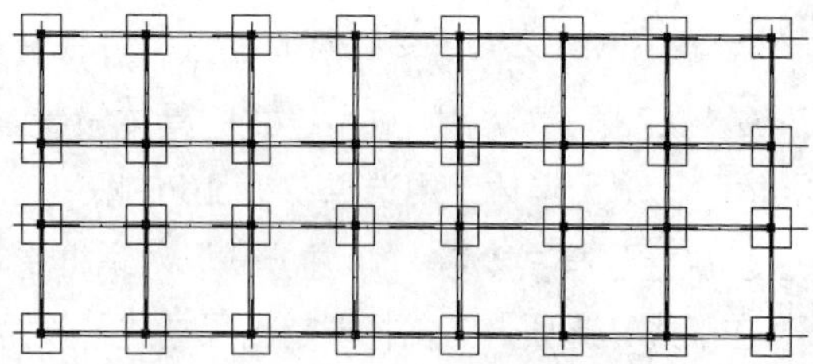

图13-5 基础轮廓线

4. 标注尺寸

01 在“图层”下拉列表中选择“标注”图层作为当前层。标注基础的尺寸和编号、基础梁的尺寸和代号，如图13-6所示。

02 其余的基础和基础梁只需标注其编号或代号即可，如图13-7所示。

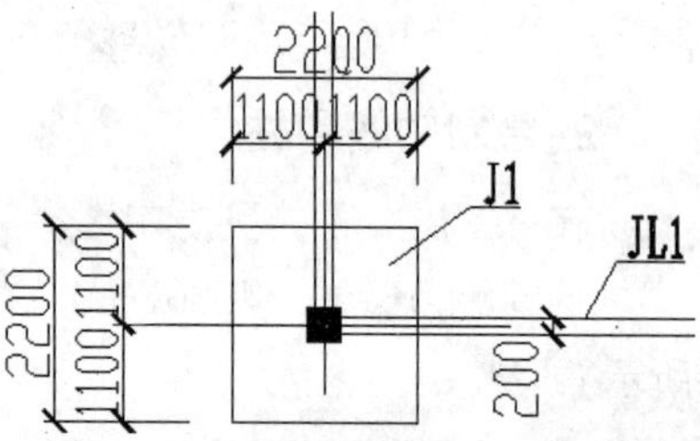

图13-6 基础标注

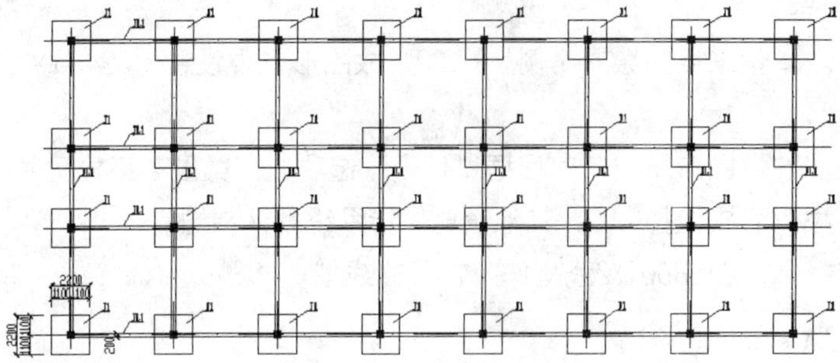

图13-7　基础标注

03 最后的标注结果如图13-8所示。

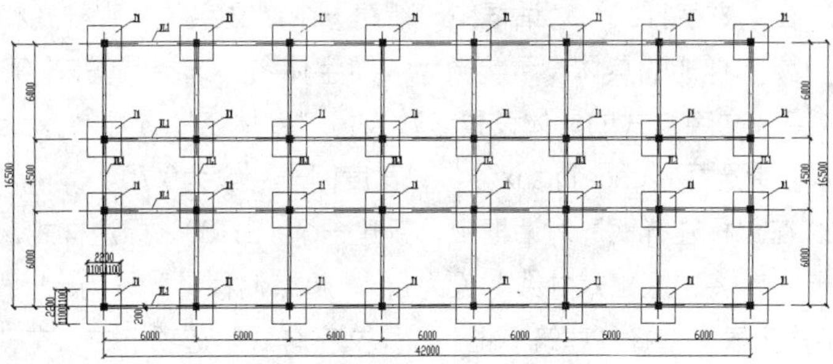

图13-8　标注

5. 添加图框

在“图层”下拉列表中选择“图框”图层作为当前层。图框大小采用A2图幅放大100倍，添加后的结果如图13-9所示。

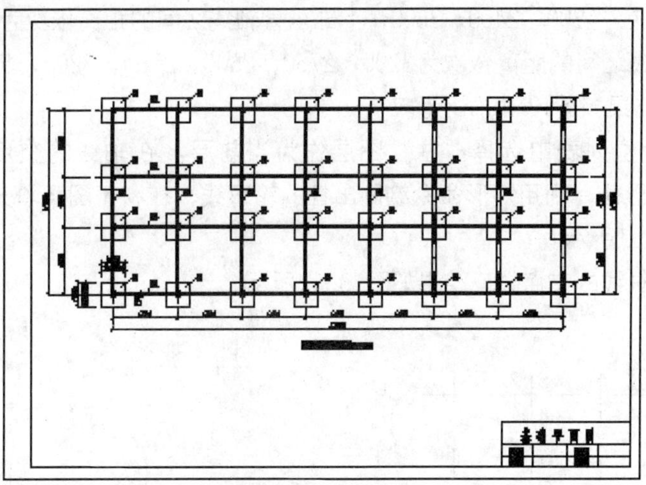

图13-9　添加图框

13.1.2　条形基础平面图的绘制

下面通过一个实例介绍绘制过程。

1. 设置绘图环境

01 设置图形界限。本例采用的绘图比例为1:100，故图形界限设置为59400×29700。

02 设置绘图单位。在“图形单位”对话框“长度”选项组“类型”下拉列表中选择“小数”，在“精度”下拉列表中选择0.00，其他设置保持系统默认参数。

03 设置线型。选择加载DASHDOTX2线型作为轴线的线型。

04 设置图层。在“图层特性管理器”选项板中，依次创建轴线、柱、轮廓线、墙体、标注及图框等图层，其中“轴线”图层的“线型”选择DASHDOTX2，“轮廓线”图层的“线宽”选择“0.35毫米”，“柱”图层的“线宽”选择“0.35毫米”。

05 设置文字样式。在“文字样式”对话框中，新建一个“文字”文字样式和一个“数字”文字样式，“文字”文字样式的具体设置参数为：“字体名”选择“仿宋_GB2312”，“宽度因子”设为0.70；“数字”文字样式的具体设置参数为：“字体名”选择“txt.shx”，勾选“使用大字体”，“大字体”中选择“gbcbig.shx”，“宽度因子”设为0.70。

06 设置标注样式。在“标注样式”对话框中，新建一个“1:100”标注样式，具体设置参数为：在“线”选项卡中，将“超出尺寸线”设为1，“起点偏移量”设为5；“符号和箭头”选项卡中，在“箭头”下拉列表中选择“建筑标记”；“文字样式”选项卡中，在“文字样式”下拉列表中选择“数字”；“调整”选项卡中，“文字位置”选择“尺寸线上方，不带引线”，“使用全局比例”设为100。

2. 绘制轴线和柱

01 在“图层”下拉列表中选择“轴线”图层作为当前层。利用直线命令绘制轴线，水平轴线之间的距离依次为4800，2400，3600，下部垂直轴线之间的距离依次为3200，4000，4000，3200，上部垂直轴线之间的距离依次为3200，2750，2500，2750，3200，将中间3条轴线调整，修改线型比例后，结果如图13-10所示。

02 在“图层”下拉列表中选择“柱”图层作为当前层。在轴线的交点处中心布置大小为200×200的矩形柱，利用矩形命令绘制出柱的轮廓线，在利用图案填充命令填充SOLID图案类型，结果如图13-11所示。

03 将柱依次布置轴线的交点处，结果如图13-12所示。

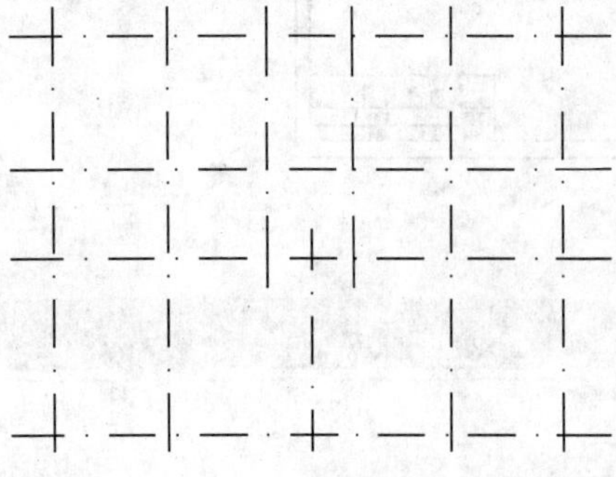
图13-10　轴线

图13-11　柱

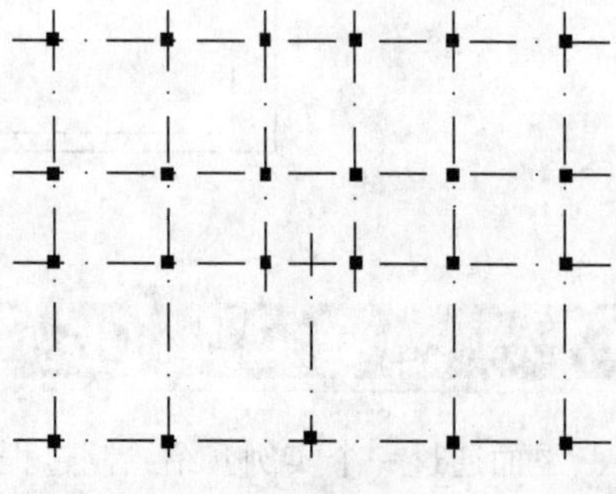
图13-12　布置柱

3. 绘制墙体和基础轮廓线

01 在“图层”下拉列表中选择“墙体”图层作为当前层。墙体厚200，对称于轴线，如图13-13所示。

02 在“图层”下拉列表中选择“轮廓线”图层作为当前层。基础轮廓线的宽度为2200，对称于轴线，修剪后的结果如图13-14所示。

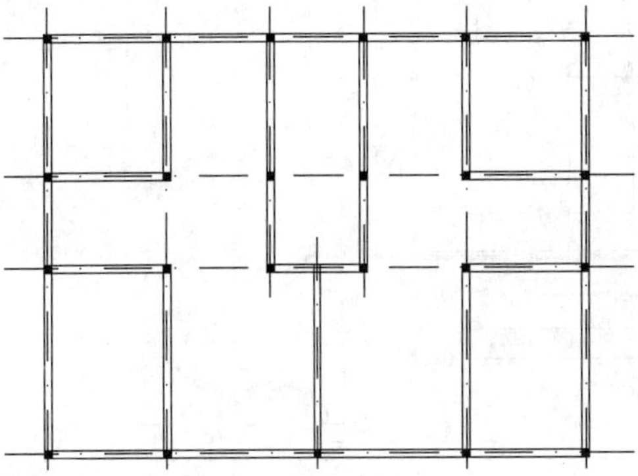

图13-13　墙体

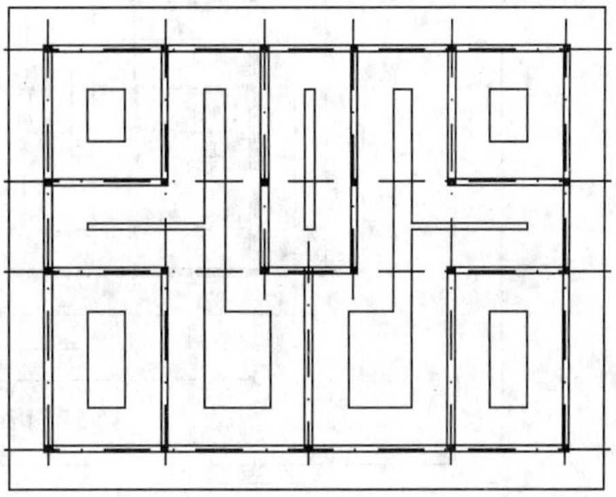

图13-14　基础轮廓线

4. 标注尺寸

01 在“图层”下拉列表中选择“标注”图层作为当前层。需要标注条形基础的尺寸和断面的剖切符号以及墙体的厚度，如图13-15所示。

02 其余的基础均需要标出断面的剖切符号，如图13-16所示。

03 最后的标注结果如图13-17所示。

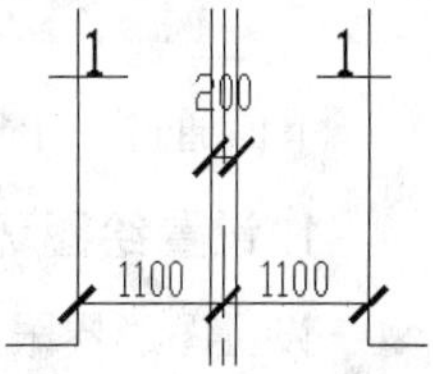

图13-15　基础标注

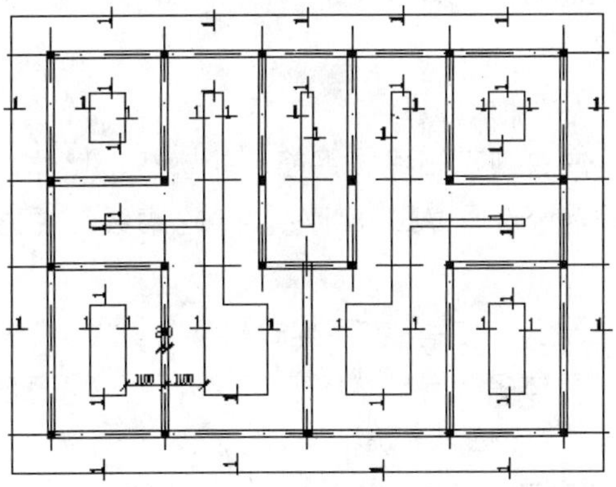

图13-16　基础标注

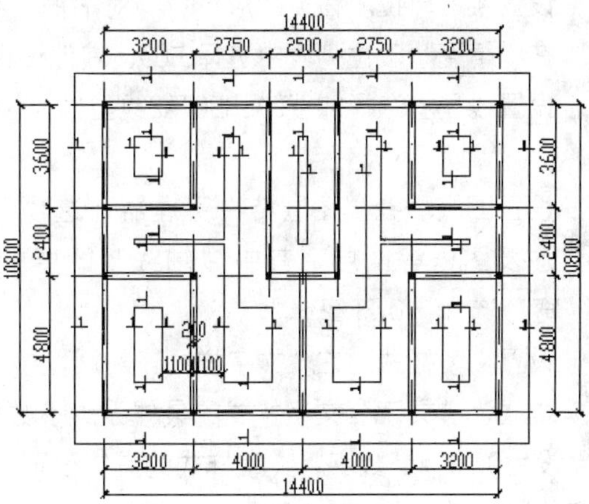

图13-17　标注

5. 添加图框

在“图层”下拉列表中选择“图框”图层作为当前层。图框大小采用A4图幅放大100倍，添加后的结果如图13-18所示。

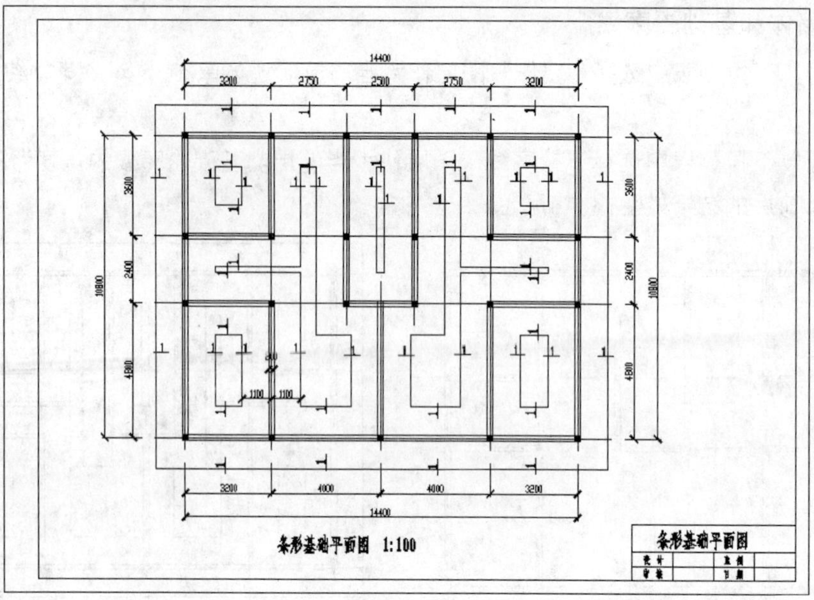

图13-18　添加图框

13.1.3　基础配筋图的绘制

下面通过一个实例介绍绘制过程。

1. 设置绘图环境

01 设置图形界限。本例采用的绘图比例为1:20，故图形界限设置为5940×2970。

02 设置绘图单位。在“图形单位”对话框“长度”选项组“类型”下拉列表中选择“小数”，在“精度”下拉列表中选择0.00，其他设置保持系统默认参数。

03 设置线型。选择加载DASHDOTX2线型作为轴线的线型。

04 设置图层。在“图层特性管理器”选项板中，依次创建轴线、钢筋、轮廓线、墙体、标注及图框等图层，其中“轴线”图层的“线型”选择DASHDOTX2，“轮廓线”图层的“线宽”选择“0.35毫米”。

05 设置文字样式。在“文字样式”对话框中，新建一个“文字”文字样式和一个“数字”文字样式，“文字”文字样式的具体设置参数为：“字体名”选择“仿宋_GB2312”，“宽度因子”设为0.70；“数字”文字样式的具体设置参数为：“字体名”选择“txt.shx”，勾选“使用大字体”，“大字体”中选择“gbcbig.shx”，“宽度因子”设为0.70。

06 设置标注样式。在“标注样式”对话框中，新建一个“1:20”标注样式，具体设置参数为：在“线”选项卡中，将“超出尺寸线”设为1，“起点偏移量”设为5；“符号和箭头”选项卡中，在“箭头”下拉列表中选择“建筑标记”；“文字样式”选项卡中，在“文字样式”下拉列表中选择“数字”；“调整”选项卡中，“文字位置”选择“尺寸线上方，不带引线”，“使用全局比例”设为20。

2. 绘制轴线和墙体

01 在“图层”下拉列表中选择“轴线”图层作为当前层，利用直线命令绘制轴线。

02 在“图层”下拉列表中选择“墙体”图层作为当前层。墙体的厚度为200，大放脚的台阶尺寸为60×120，结果如图13-19所示。

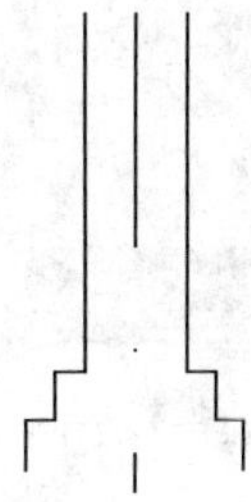

图13-19　轴线和墙体

3. 绘制基础轮廓线

01 在“图层”下拉列表中选择“轮廓线”图层作为当前层。条形基础的尺寸为2200×550，其中倾斜部分的高度为350，垂直部分的高度为200，基础垫层为2400×100，结果如图13-20所示。

02 将圈梁的位置绘制出来，并将墙体进行填充，选择ANSI31图案类型，比例为30，结果如图13-21所示。

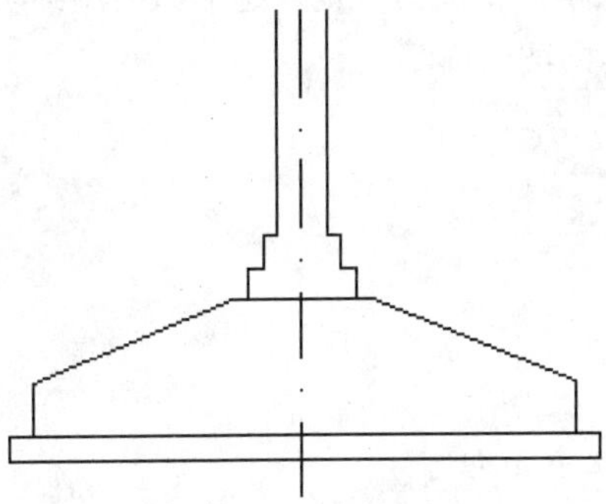

图13-20　基础轮廓线

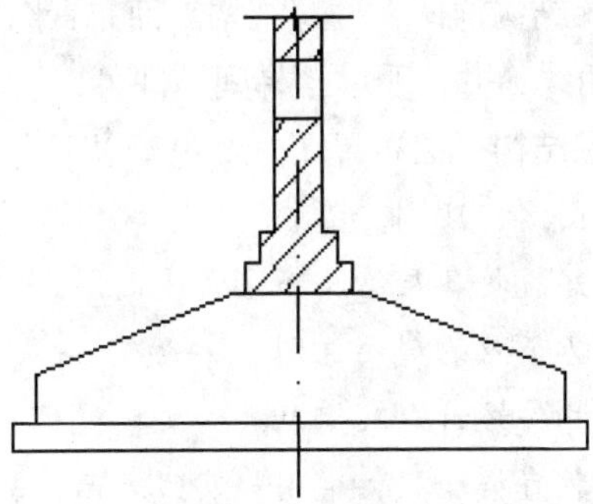

图13-21　填充

4. 绘制钢筋

在“图层”下拉列表中选择“钢筋”图层作为当前层。钢筋采用多段线命令绘制，设置多段线的宽度为25毫米。钢筋的断面采用圆环命令来绘制，设圆环的内径为0，外径为35，结果如图13-22所示。

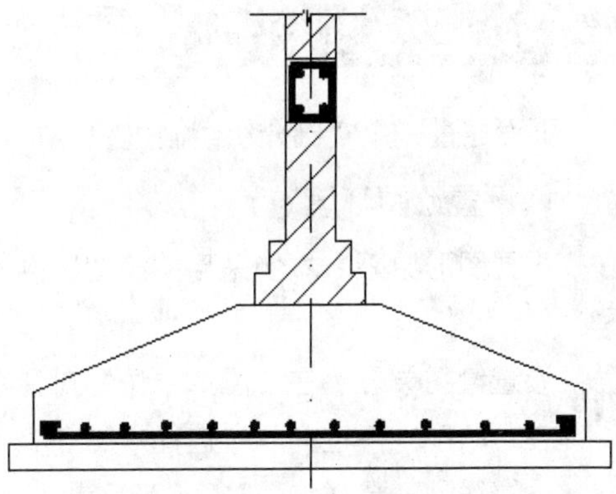

图13-22　钢筋

5. 标注尺寸

在“图层”下拉列表中选择“标注”图层作为当前层。需要标注出钢筋的直径和间距及有关尺寸，如图13-23所示。

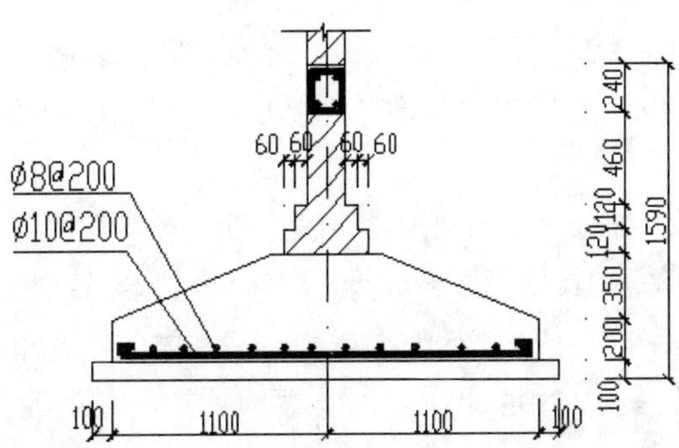

图13-23　标注

13.2 结构平面布置图的绘制

13.2.1 结构平面布置图概述

楼层结构平面布置图是假想用一个水平剖切面沿着楼面将房屋剖切得到的水平投影。它表示房屋各层平面承重构件的平面关系，可以得到轴线、墙和柱等的位置，梁板等构件的名称编号，平面位置及定位尺寸等信息。

在楼层结构平面图中，若房间的进深和开间相同，配筋也相同时，可以详细画出一个房间的尺寸和配筋等，同时注明该房间的编号，其他房间直接标注相同的房间编号即可，从而简化绘图，提高绘图速度。

楼梯结构详图在楼层结构平面布置图中由于比例较小，不能清楚地表达，只需用细实线画出两条对角线，并注明“楼梯间”即可，然后单独绘制楼梯结构详图。

楼层结构平面布置图主要包括以下内容：

- 图名、比例。
- 建筑物各层结构布置的平面图。
- 各节点的截面详图。
- 构件统计表及钢筋表和文字说明。
- 柱直接涂黑，梁用粗实线表示，其他采用细实线表示即可。

13.2.2 结构平面布置图的绘制

下面通过一个实例介绍绘制过程。

1. 设置绘图环境

01 设置图形界限。本例采用的绘图比例为1:100，故图形界限设置为59400×29700。

02 设置绘图单位。在“图形单位”对话框“长度”选项组“类型”下拉列表中选择“小数”，在“精度”下拉列表中选择“0.00”，其他设置保持系统默认参数。

03 设置线型。选择加载DASHDOTX2线型作为轴线的线型。

04 设置图层。在“图层特性管理器”选项板中，依次创建轴线、柱、钢筋、梁、标注及图框等图层，其中“轴线”图层的“线型”选择DASHDOTX2，“梁”图层的“线宽”选择“0.35毫米”。

05 设置文字样式。在“文字样式”对话框中，新建一个“文字”文字样式和一个“数字”文字样式，“文字”文字样式的具体设置参数为：“字体名”选择“仿宋_GB2312”，“宽度因子”设为0.70；“数字”文字样式的具体设置参数为：“字体名”选择“txt.shx”，勾选“使用大字体”，“大字体”中选择“gbcbig.shx”，“宽度因子”设为0.70。

06 设置标注样式。在“标注样式”对话框中，新建一个“1:100”标注样式，具体设置参数为：在“线”选项卡中，将“超出尺寸线”设为1，“起点偏移量”设为5；“符号和箭头”选项卡中，在“箭头”下拉列表中选择“建筑标记”；“文字样式”选项卡中，在“文字样式”下拉列表中选择“数字”；“调整”选项卡中，“文字位置”选择“尺寸线上方，不带引线”，“使用全局比例”设为100。

2. 绘制轴线

在“图层”下拉列表中选择“轴线”图层作为当前层。利用直线命令绘制轴线，纵向轴线的间距为3300，横向轴线的间距为6600，2400，6600，如图13-24所示。

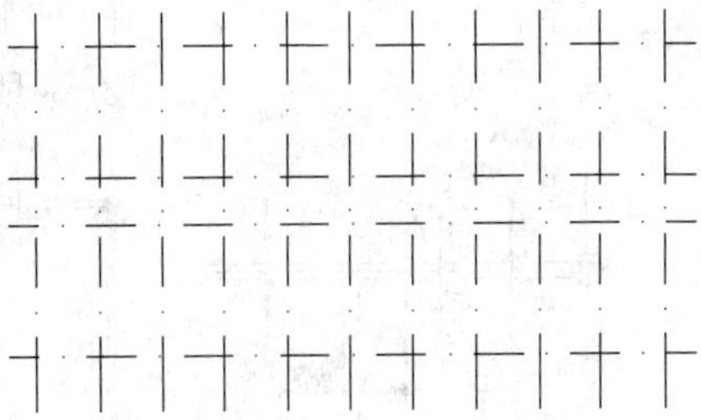
图13-24 轴线

3. 绘制梁柱的平面布置

01 在“图层”下拉列表中选择“柱”图层作为当前层，在轴线的交点处布置大小为400×400的矩形柱，利用矩形命令绘制出柱的轮廓线，再利用图案填充命令填充SOLID图案类型，结果如图13-25所示。

02 将柱依次布置在轴线的交点处，结果如图13-26所示。

03 在“图层”下拉列表中选择“梁”图层作为当前层。设置梁的宽度为200，中心对称布置轴线两侧，修剪后的结果如图13-27所示。

图13-25 柱

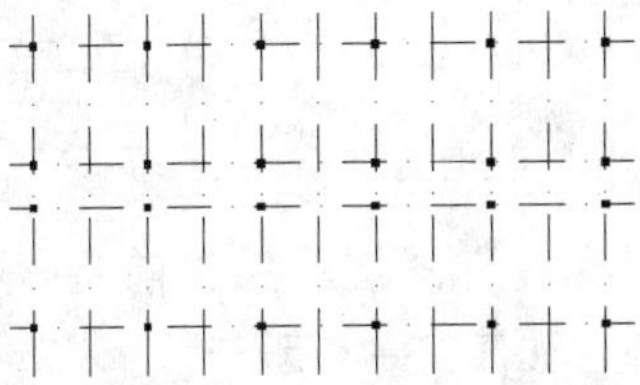
图13-26 布置柱

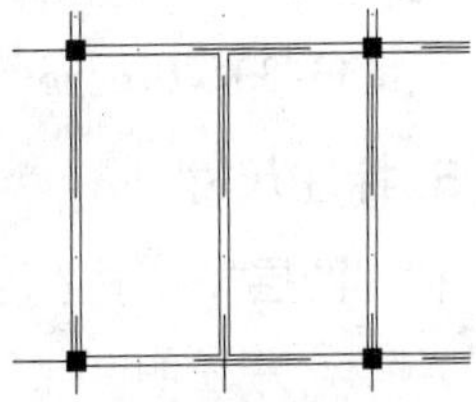
图13-27 基础梁

4. 绘制板配筋

01 在“图层”下拉列表中选择“钢筋”图层作为当前层。钢筋采用多段线命令绘制，设置多段线的宽度为25毫米，受力筋如图13-28所示。

02 分布筋如图13-29所示。

图13-28 受力筋

图13-29 分布筋

03 板负筋如图13-30所示。

04 主梁上的负筋如图13-31所示。

05 次梁上的负筋如图13-32所示。

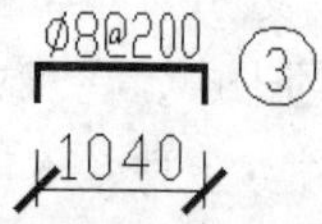

图13-30 板负筋

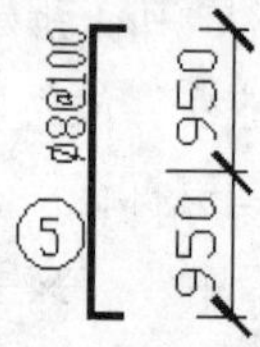

图13-31 主梁上负筋

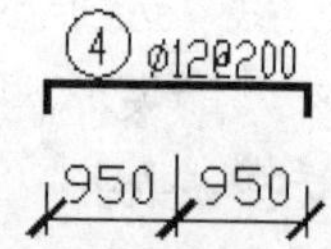

图13-32 次梁上负筋

06 最后将各种配筋绘制到图形中，如图13-33所示。

07 在结构平面图中，可以只在一个房间内绘制板的配筋及其配筋的尺寸标注，其他板中可以只画出配筋及其编号，如图13-34所示。

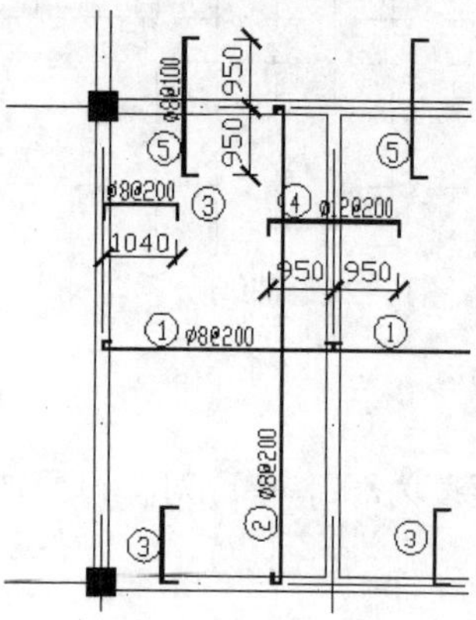

图13-33 板配筋

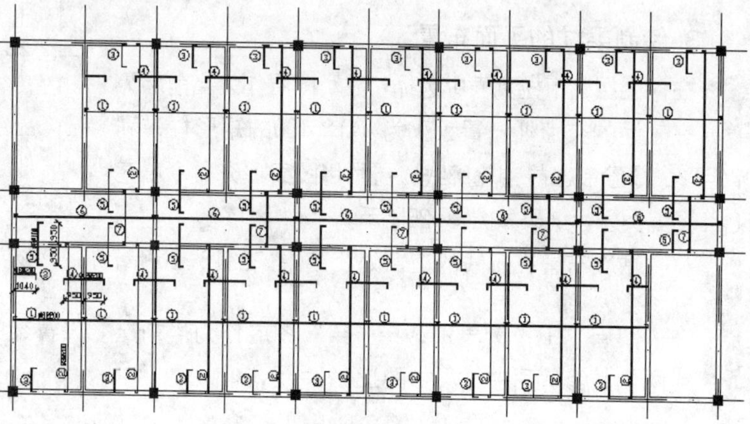

图13-34 板配筋

5. 标注尺寸

01 在“图层”下拉列表中选择“标注”图层作为当前层。楼梯间只需用细实线画出两条对角线，并注明“楼梯间”即可，如图13-35所示。

02 标注的结果如图13-36所示。

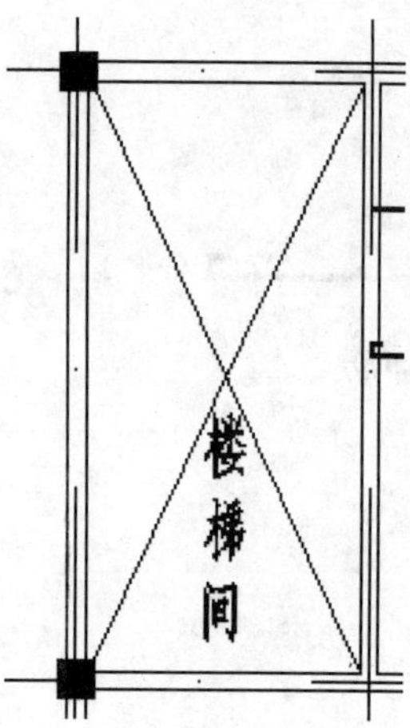

图13-35 楼梯间

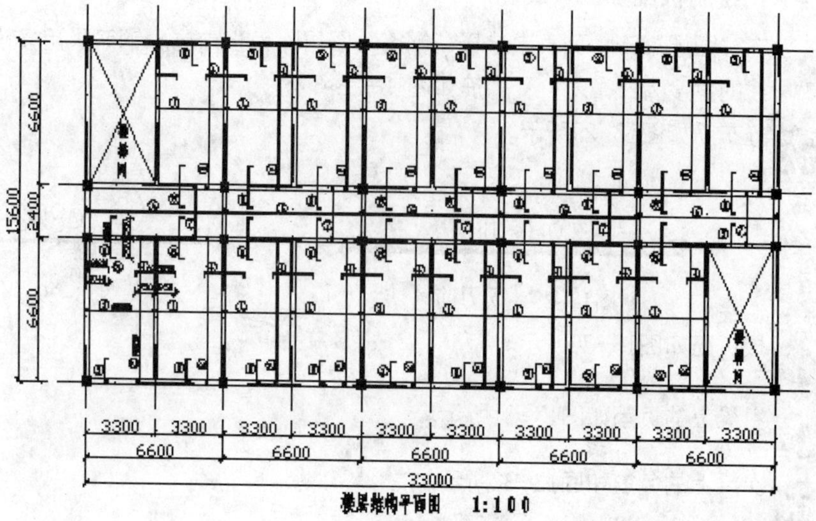

图13-36 标注

6. 添加图框

在“图层”下拉列表中选择“图框”图层作为当前层。图框大小采用A3图幅放大100倍，添加后的结果如图13-37所示。

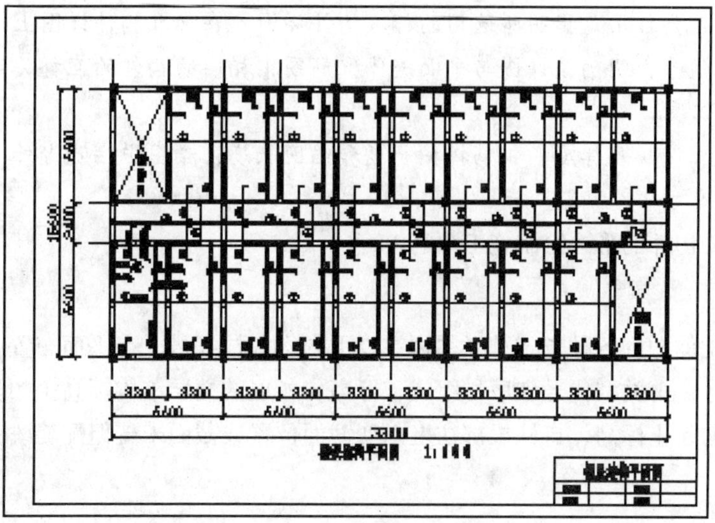

图13-37　添加图框

13.3 梁柱平法施工图的绘制

13.3.1　结施平法简介

结施平法是结构施工图平面整体表示法的简称。“平法”技术产生于1991年，成熟于1995年。1996年，“平法”被建设部列为科技成果重点推荐项目，被国家科委列为《“九五”国家级科技成果重点推荐计划》项目。

平法的表达方式是按照平面整体标注法的制图规则，把结构构件的尺寸和配筋及构造整体直接表达在各类平面布置图上（称为平面整体配筋图），再与标准构件详图相配合，构成一套新型完整的施工图。它改革了传统的逐个构件的表达方式，大大减少了传统设计中同值性重复表达的内容，并将这部分表达内容用可重复使用的标准图集方式固定下来，从而使结构设计快捷方便，表达准确、全面、唯一，又易于修正，提高设计效率，并使施工和预（决）算中的看图十分方便。同时，由于表达顺序和施工相一致，因此也便于施工和质量检查，令各个环节都大量节省时间。

为了规范使用结构施工图平法设计，保证按平法绘制的施工图实现全国统一，确保设计和施工质量，在遵循国家现行有关制图标准和规范的前提下，还应遵循以下制图规则：

- 本制图规则暂时只适用于各种现浇钢筋混凝土结构的基础、柱、剪力墙、梁、板、楼梯等构件的施工图平法设计。
- 平法施工图由构件平面整体配筋图和标准构件详图两大部分组成。
- 平面整体配筋图是按照各类构件的制图规则，在结构平面布置图上直接表达的尺寸、配筋和所选用的标准构件详的图样。

- 平法根据表示各构件尺寸和配筋值的方式，有平面注写方式、截面注写方式和列表注写方式3种，可根据具体情况选择使用。
- 用平法绘制施工图时，应对图中所有构件进行编号，编号中含有类型代号和序号等。类型代号的主要作用是指明所选用的标准构件详图，在标准构件详图上，按其所属的构件类型注有代号，明确该详图与平面整体配筋图中相同的构件的互补关系，两者合并构成完整的施工图。
- 对于混凝土保护层厚度、钢筋搭接长度和锚固长度，除图中注明者外，均须按标准构造详图中的有关构造规定执行。

下面介绍几种构件的平法绘制施工图的内容。

1. 柱

柱平面整体配筋图的各种方式都必须通注以下内容：柱编号，在平面布置图上对所有的柱截面按规定进行编号，由类型代号和序号组成；标高，各层的楼层结构标高（扣除建筑面层）和结构层高，各段柱的起止标高，自柱根部往上以变截面位置或截面未变但配筋改变处为界分层或分段注写。

> **提示**
>
> 柱类型和代号的对应关系如下：KZ代表框架柱，KZZ代表框支柱，LZ代表梁上柱，QZ代表剪力墙上柱。

柱的平面整体配筋图的表达方式有两种：截面注写方式和列表注写方式。

（1）截面注写方式

截面注写方式的柱的平面整体配筋图是在柱平面布置图上分别从不同编号中各选一个截面，用另一种比例放大绘制截面配筋图，注写柱截面尺寸和配筋数值。除以上通注内容以外，还应注写的内容和注写方法如下：截面尺寸b×h及其与轴线的关系；角筋和全部纵筋（纵筋采用一种钢筋时）。当纵筋采用两种钢筋时，需注写截面中部的钢筋数值，对称的矩形截面可只注一边；箍筋的钢筋级别以及直径和间距的具体数值；当箍筋设有加密区时，用“/”区分加密和非加密区的间距，加密区范围按标准构件详图的规定取值。

（2）列表注写方式

列表注写方式的柱的平面整体配筋图是在柱平面布置图上分别从不同编号中各选一个截面标注几何参数代号，在柱表中注写几何尺寸和配筋数值，并配以各种柱截面形状及其箍筋类型来表达。

除以上通注内容以外，在柱表中还应注写的内容和注写方法如下：柱截面与轴线关系的几何代号；柱纵筋，包括角筋、b边中部筋和h边中部筋，对称配筋的矩形柱可只标注一侧，而圆柱则将全部纵筋注在角筋栏中；柱箍筋型号和肢数：在箍筋类型栏中注写箍筋类型号，并在图中适当位置绘出柱截面形状和箍筋类型图；柱箍筋的钢筋级别和直径及间距：当箍筋设有加密区时，用“/”区分加密和非加密区的间距，加密区范围按标准构件详图的规定取值。

2. 梁

梁的平面整体配筋图是在梁平面布置图上采用平面注写或截面注写方式表达。梁平面布置图应分别按梁的不同结构层，将全部梁和与其相连的柱、墙、板一起绘制。梁的平面整体配筋图应注明各层的楼层结构标高和结构层高。轴线未居中的梁应注明其偏心定位尺寸（贴柱边的梁不注）。

（1）平面注写方式

平面注写方式的梁平面整体配筋图是在梁平面布置图上分别从不同编号的梁中各选择一种梁，直接注明梁的截面尺寸和配筋具体数值的方式来表达梁配筋图。平面注写包括集中标注和原位标注：集中标注表达梁的通用数值，原位标注表达梁的特殊数值。当集中标注中的某项数值不适用于该梁的某部位时，则将该项数值按原位标注。

①梁集中标注的内容规定有4项必注值和1项选注值，集中标注可以从梁的任意一跨引出。

- 梁的编号规则：KL代表楼层框架梁，WKL代表屋面框架梁，KZL代表框支梁，XL代表悬挑梁，L代表非框架梁。
- 梁截面尺寸：等截面梁用b×h表示；加腋梁用b×h，Yc1×c2表示，其中c1为腋长，c2为腋高。
- 梁箍筋：包括钢筋级别、直径、加密区与非加密区的间距及肢数，箍筋肢数应写在括号内。箍筋加密与非加密区的不同间距及肢数需用“/”分隔，相同时则不需用斜线；加密区与非加密区的箍筋肢数相同时，则肢数只注写一次。
- 梁上部贯通筋或架立筋根数：应根据结构受力要求及箍筋肢数等构造要求确定，需将架立筋写在括号内，以示与贯通筋的区别。
- 梁顶面标高高差：相对于楼层结构标高的高差值，需将其写入括号内。本项为选注内容，有高差时注写，当梁顶面高于所在楼面时为正值，反之为负值。如注写（−0.100）表示某梁低于它所在的楼层0.100米。

②梁原位标注的内容包括以下内容。

- 梁支座上部纵筋（含贯通筋）：
  - 当上部纵筋多于一排时，用“/”将各排纵筋自上而下分开，如注写6Φ25 4/2表示上排4Φ25下排2Φ25。
  - 当同排纵筋有两种直径时，用“+”将两种直径的纵筋相联，且角筋写在前面，如注写2Φ25 +2Φ22，表示2Φ25放在两角，2Φ22放在中部。
  - 当梁中间支座两边的上部纵筋相同时，仅标注一边的配筋值，另一边可不注。
  - 当梁某跨支座和跨中的上部纵筋相同，且其配筋值与集中标注的梁上部贯通筋相同时，则不需在该跨上部作原位标注；若与集中标注值不同，可仅在上部注写一次，支座处省略不注。
- 梁下部纵筋：
  - 当下部纵筋多于一排时，用“/”将各排纵筋分开。
  - 当同排纵筋有两种直径时，用“+”将两种直径的纵筋相联，且角筋写在前面。
- 侧面纵向构造钢筋或侧面抗扭纵筋：
  - 当梁高于700时，需设置的侧面纵向构造钢筋按标准构造详图施工，平面整体配筋图中不注。
  - 当梁某跨侧面有抗扭纵筋时，需在该跨的适当位置标注抗扭纵筋的总配筋值并在其前加“*”号。

- 附加箍筋或吊筋：将其直接标注在平面图中的主梁上，用线引注写总配筋值。当多数附加箍筋或吊筋相同时，在梁平面整体配筋图上可不画而用文字统一注明，少数与统一注明的不同时，在原位标注。

（2）截面注写方式

截面注写方式的梁平面整体配筋图与传统的断面图相似，在梁的平面布置图上对所有的梁按规定进行编号，然后分别从不同编号的梁中各选择一种梁，在用剖面号引出的截面配筋图上注写截面尺寸和配筋数值来表达梁的平面整体配筋图。

截面注写方式方法如下：从相同编号的梁中选择一种梁，先将单边截面号画在该梁上，再将截面配筋详图画在本图上或其他图上。在截面配筋详图上注写截面尺寸、上部筋、下部筋、侧面筋和箍筋的具体数值。截面注写方式既可单独使用，也可与平面注写方式结合使用。

3. 剪力墙

剪力墙的平面整体配筋图是在画出剪力墙平面布置图的同时列出有关表格，在表中注写有关数值来表达的方式。

剪力墙的平面布置图可单独绘制，也可以与柱或梁合并绘制。当剪力墙较复杂时，应根据情况分层分别绘制剪力墙平面布置图。

列表注写方式表达的剪力墙要求的有关内容如下所示。

- 编号规则。墙身编号由墙身代号和序号组成；墙梁编号由墙梁类型代号和序号组成；墙柱编号由柱梁类型代号和序号组成。
- 剪力墙平面整体配筋图中注明各层楼层结构标高和结构层高。在剪力墙柱表、剪力墙梁表及剪力墙身表中，对应于剪力墙平面布置图上的编号，注写相应的数值或绘制截面配筋图及几何尺寸。
- 剪力墙柱表中表达的内容包括填写墙身编号，绘制墙身的截面图并标注几何尺寸；填写各段墙身起止标高；注写水平分布筋、竖直分布筋和拉筋。
- 剪力墙梁表中表达的内容包括填写墙梁编号；填写墙梁所在的楼层号；填写墙梁顶面标高差；注写墙梁的截面尺寸、上部纵筋、下部纵筋和箍筋的具体数值。
- 剪力墙身表中表达的内容包括填写墙柱编号；注写各段墙柱起止标高；注写纵向钢筋和箍筋，纵向钢筋注写总配筋值。

13.3.2 梁的平法施工图绘制

下面通过一个实例介绍绘制过程。

1. 设置绘图环境

01 设置图形界限。本例采用的绘图比例为1:100，故图形界限设置为59400×29700。

02 设置绘图单位。在“图形单位”对话框中“长度”选项组“类型”下拉列表中选择“小数”，在“精度”下拉列表中选择0.00，其他设置保持系统默认参数。

03 设置线型。选择加载DASHDOTX2线型作为轴线的线型。

04 设置图层。在“图层特性管理器”选项板中，依次创建轴线、柱、配筋、梁、标注及图框等图层，其中“轴线”图层的“线型”选择DASHDOTX2，“梁”图层的“线宽”选择“0.35毫米”。

05 设置文字样式。在“文字样式”对话框中，新建一个“文字”文字样式和一个“数字”文字样式，“文字”文字样式的具体设置参数为：“字体名”选择“仿宋_GB2312”，“宽度因子”设为0.70；“数字”文字样式的具体设置参数为：“字体名”选择“txt.shx”，勾选“使用大字体”，“大字体”中选择“gbcbig.shx”，“宽度因子”设为0.70。

06 设置标注样式。在“标注样式”对话框中，新建一个“1:100”标注样式，具体设置参数为：在“线”选项卡中，将“超出尺寸线”设为1，“起点偏移量”设为5；“符号和箭头”选项卡中，在“箭头”下拉列表中选择“建筑标记”；“文字样式”选项卡中，在“文字样式”下拉列表中选择“数字”；“调整”选项卡中，“文字位置”选择“尺寸线上方，不带引线”，“使用全局比例”设为100。

2. 绘制轴线

在“图层”下拉列表中选择“轴线”图层作为当前层。利用直线命令绘制轴线，纵向轴线的间距为6000，横向轴线的间距为6000，如图13-38所示。

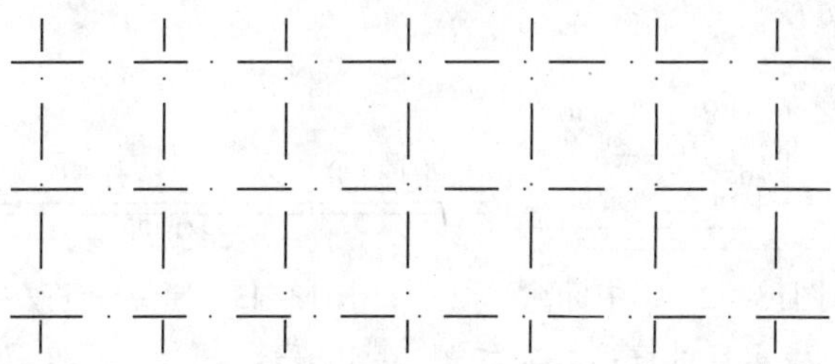

图13-38　轴线

3. 绘制梁注

01 在“图层”下拉列表中选择“柱”图层作为当前层。在轴线的交点处布置大小为400×400的矩形柱，利用矩形命令绘制出柱的轮廓线，再利用图案填充命令填充SOLID图案类型，结果如图13-39所示。

02 将柱依次布置轴线的交点处，结果如图13-40所示。

图13-39　柱

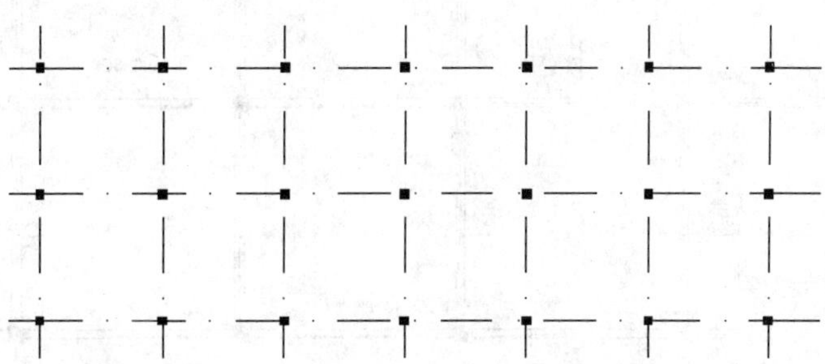

图13-40　布置柱

03 在“图层”下拉列表中选择“梁”图层作为当前层。梁的尺寸为250×600，中心对称布置在轴线两侧，修剪后的结果如图13-41所示。

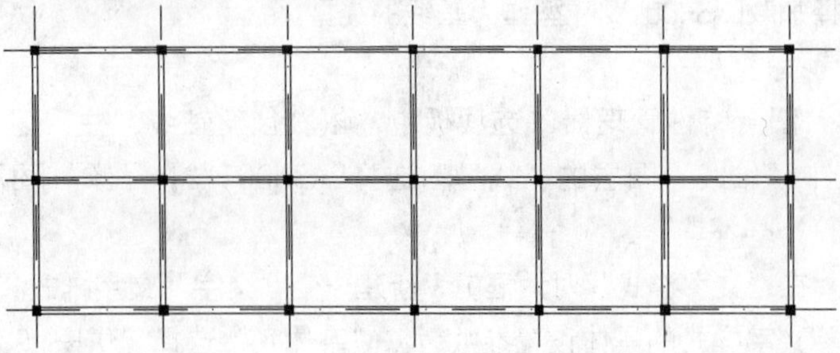

图13-41　梁

4. 绘制梁配筋

01 在“图层”下拉列表中选择“配筋”图层作为当前层，梁的集中标注如图13-42所示。若集中标注未能表达清楚，可以使用梁的原位标注，如图13-43所示。

02 若其他处梁的配筋与标注的梁的配筋相同，只需标注梁的代号即可，如标注KL-1，如图13-44所示。

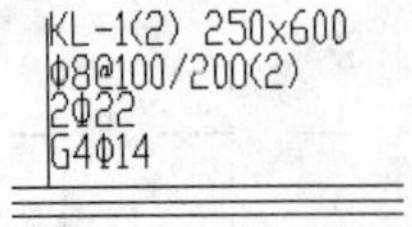

图13-42　集中标注

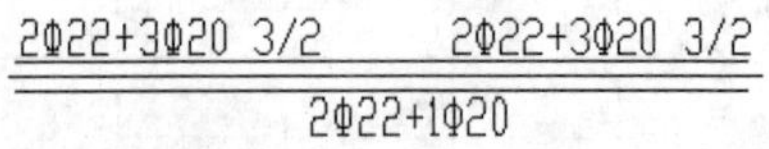

图13-43　原位标注

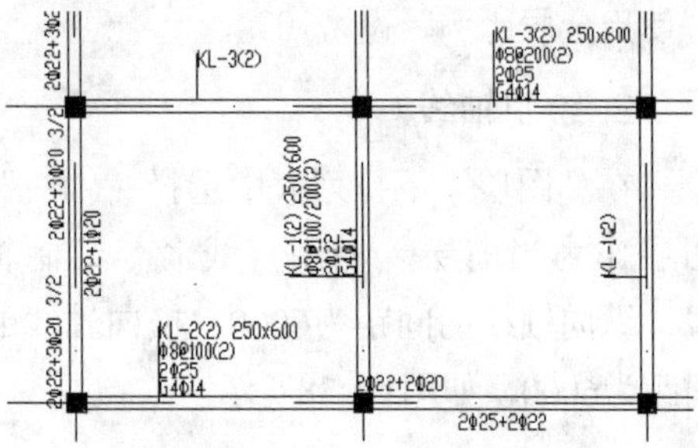

图13-44　配筋

03 最后的标注结果如图13-45所示。

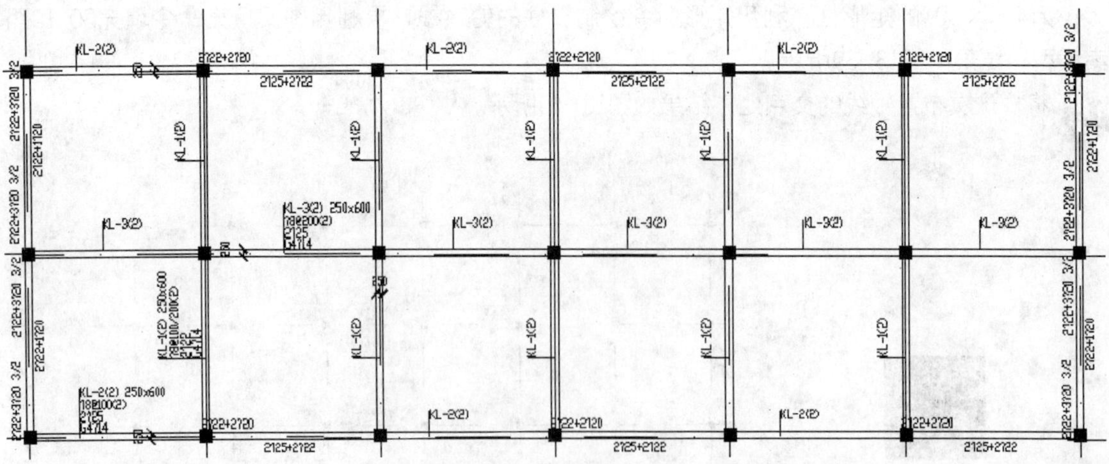

图13-45　配筋

5. 标注尺寸

在“图层”下拉列表中选择“标注”图层作为当前层，需要标注梁的尺寸以及轴线间的尺寸如图13-46所示。

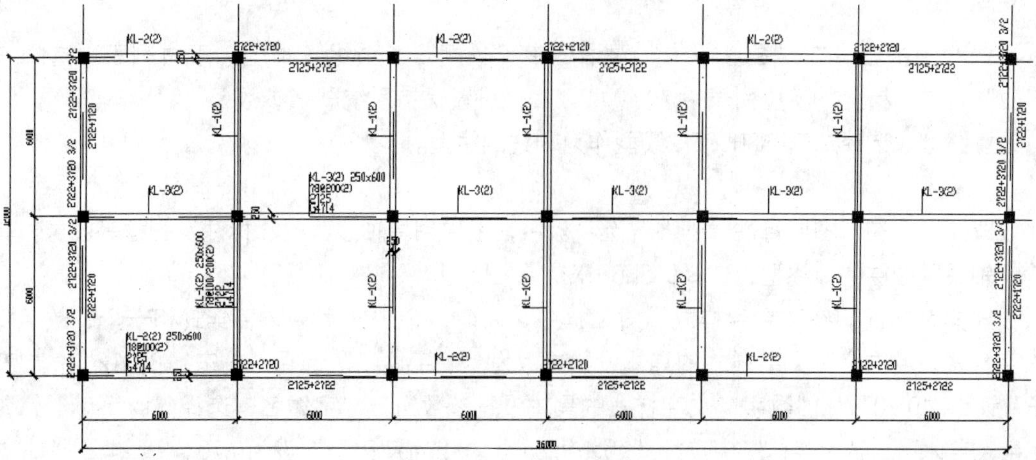

图13–46　标注

6. 添加图框

在“图层”下拉列表中选择“图框”图层作为当前层。图框大小采用A3图幅放大100倍，添加后的结果如图13–47所示。

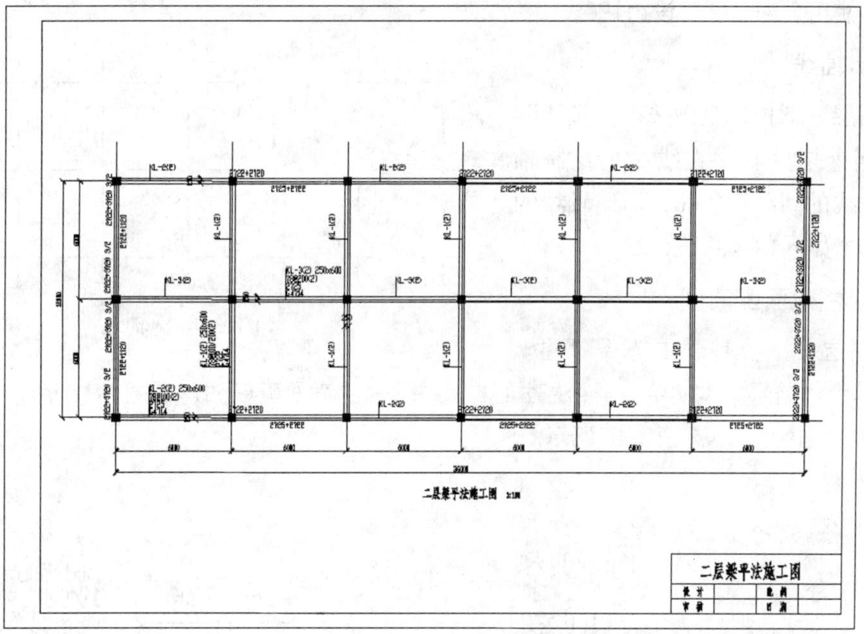

图13–47　添加图框

13.3.3　柱的平法施工图绘制

下面通过一个实例介绍绘制过程。

1. 设置绘图环境

01 设置图形界限。本例采用的绘图比例为1:100，故图形界限设置为59400×29700。

02 设置绘图单位。在“图形单位”对话框中“长度”选项组“类型”下拉列表中选择“小数”，在“精度”下拉列表中选择0.00，其他设置保持系统默认参数。

03 设置线型。选择加载DASHDOTX2线型作为轴线的线型。

04 设置图层。在“图层特性管理器”选项板中，依次创建轴线、柱、标注及图框等图层，其中“轴线”图层的“线型”选择DASHDOTX2。

05 设置文字样式。在“文字样式”对话框中，新建一个“文字”文字样式和一个“数字”文字样式，“文字”文字样式的具体设置参数为：“字体名”选择“仿宋_GB2312”，“宽度因子”设为“0.70”；“数字”文字样式的具体设置参数为：“字体名”选择“txt.shx”，勾选“使用大字体”，“大字体”中选择“gbcbig.shx”，“宽度因子”设为0.70。

06 设置标注样式。在“标注样式”对话框中，新建一个“1:100”标注样式，具体设置参数为：在“线”选项卡中，将“超出尺寸线”设为“1”，“起点偏移量”设为“5”；“符号和箭头”选项卡中，在“箭头”下拉列表中选择“建筑标记”；“文字样式”选项卡中，在“文字样式”下拉列表中选择“数字”；“调整”选项卡中，“文字位置”选择“尺寸线上方，不带引线”，“使用全局比例”设为100。

2. 绘制轴线

在“图层”下拉列表中选择“轴线”图层作为当前层。利用直线命令绘制轴线，纵向轴线的间距为6000，横向轴线的间距为6000，如图13-48所示。

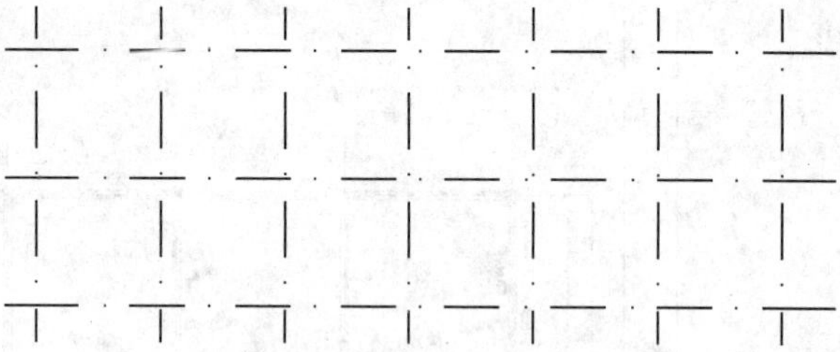

图13-48 轴线

3. 绘制柱截面配筋图

01 在“图层”下拉列表中选择“柱”图层作为当前层。本例中有3种柱截面，其中KZ-1的截面配筋图，如图13-49所示。

02 KZ-2的截面配筋图如图13-50所示。

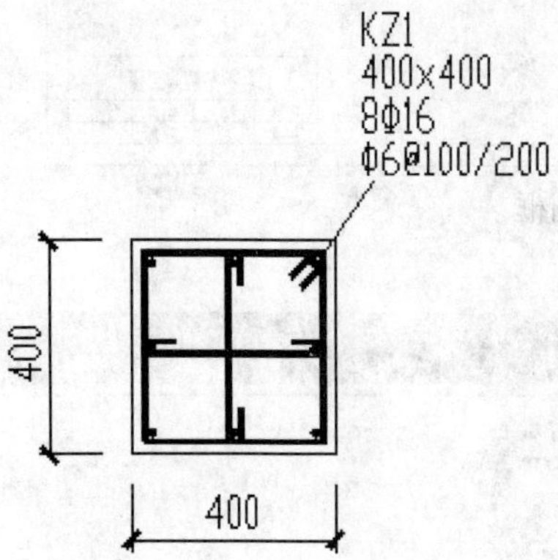

图13-49 柱截面配筋图1

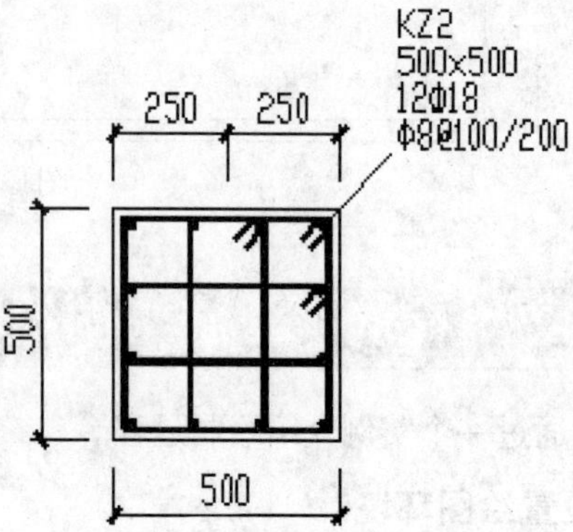

图13-50 柱截面配筋图2

03 KZ-3的截面配筋图如图13-51所示。

04 若其他处柱的配筋与绘制的柱的配筋相同，只需标注柱的代号即可，如标注KZ-2，如图13-52所示。

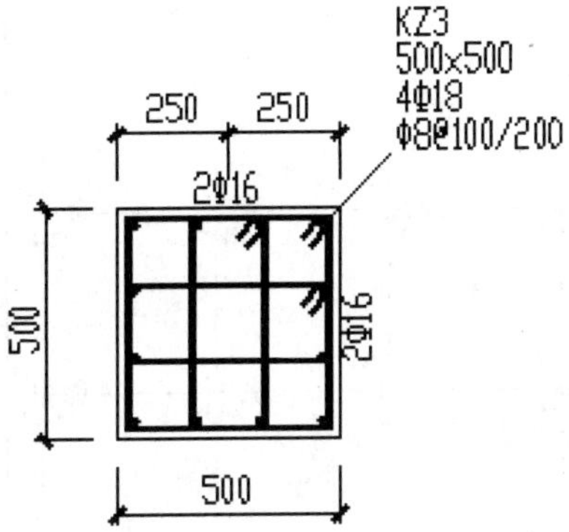

图13-51　柱截面配筋图3

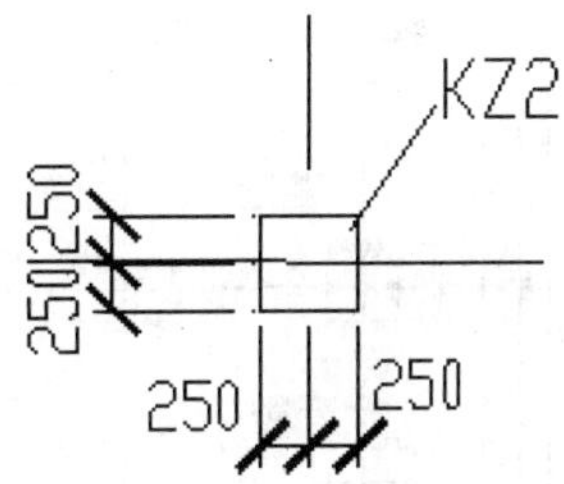

图13-52　柱代号

05 最后的结果如图13-53所示。

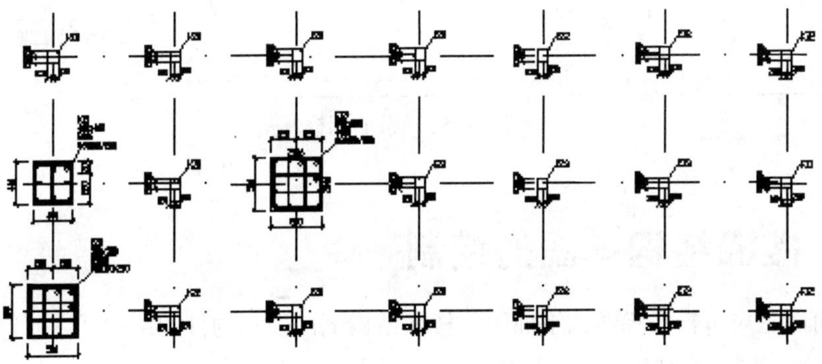

图13-53　柱截面配筋图

4. 标注尺寸

在“图层”下拉列表中选择“标注”图层作为当前层，需要标注轴线间的尺寸如图13-54所示。

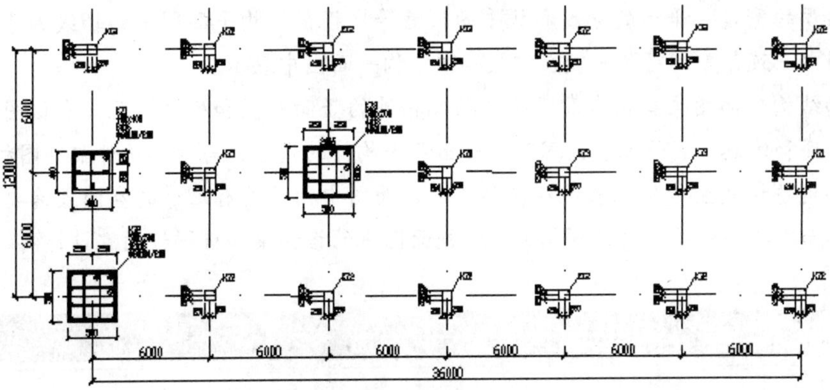

图13-54　标注

5. 添加图框

在“图层”下拉列表中选择“图框”图层作为当前层。图框大小采用A3图幅放大100倍，添加后的结果如图13-55所示。

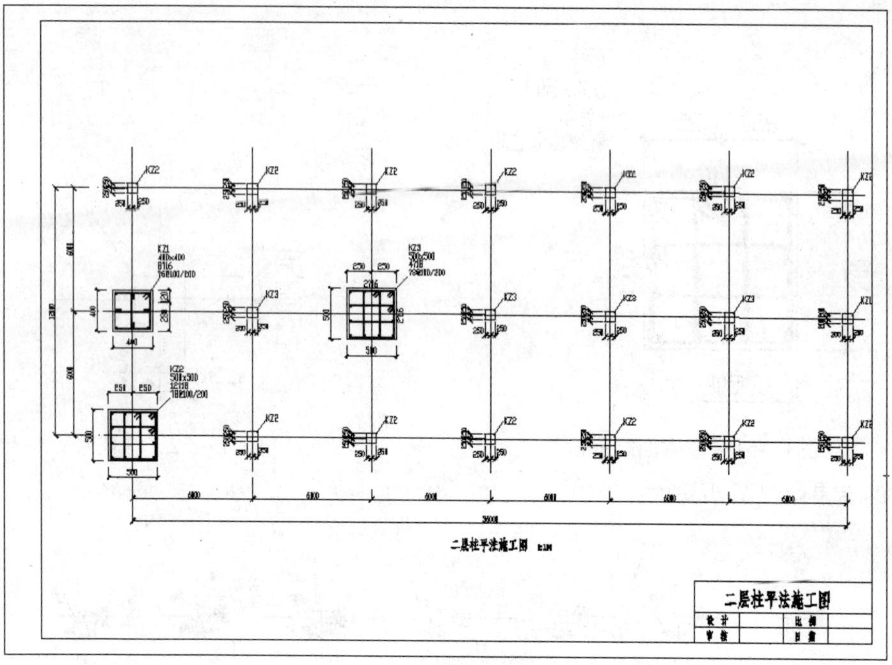

图13-55　添加图框

13.4 楼梯结构详图的绘制

楼梯结构详图应包括楼梯结构平面图、楼梯结构剖面图和构件的结构详图。这3种结构图所表达的内容有所不同，绘制的方法和步骤也有所不同。

- 楼梯结构平面图主要用来表示楼梯间各构件的平面布置的代号、大小、定位尺寸等情况，如楼梯梁、楼梯板、平台板等。楼梯结构详图与楼梯建筑详图比较，楼梯结构详图主要表示楼梯间各构件的情况，而楼梯建筑详图主要表示楼梯段的水平长度和宽度、各级踏步的宽度、平台的宽度和扶手的位置等。楼梯结构平面图中的轴线编号应与建筑施工图中一致，剖切符号一般在首层楼梯结构平面图中表示。
- 楼梯结构剖面图主要用来表示楼梯间各构件的竖向布置和构件情况，在该图中应标出楼梯高度和休息平台的高度，同时应标出各个构件的代号，与楼梯构件配筋图相对应。
- 楼梯构件详图主要用来表示在平面图和剖面图中由于没有足够的空间或需要较大的输出比例而需要单独绘制的楼梯构件，如剖面图中的楼梯梁和楼梯板的配筋详图。

13.4.1 楼梯结构平面图的绘制

下面通过一个实例介绍绘制过程。

1. 设置绘图环境

01 设置图形界限。本例采用的绘图比例为1:50，故图形界限设置为59400×29700。

02 设置绘图单位。在“图形单位”对话框“长度”选项组“类型”下拉列表中选择“小数”，在“精度”下拉列表中选择0.00，其他设置保持系统默认参数。

03 设置线型。选择加载DASHDOTX2线型作为轴线的线型。

04 设置图层。在“图层特性管理器”选项板中，依次创建轴线、柱、墙体、配筋、楼梯线、标注及图框等图层，其中“轴线”图层的“线型”选择DASHDOTX2，“墙体”图层的“线宽”选择“0.35毫米”。

05 设置文字样式。在“文字样式”对话框中，新建一个“文字”文字样式和一个“数字”文字样式，“文字”文字样式的具体设置参数为：“字体名”选择“仿宋_GB2312”，“宽度因子”设为0.70；“数字”文字样式的具体设置参数为：“字体名”选择“txt.shx”，勾选“使用大字体”，“大字体”中选择“gbcbig.shx”，“宽度因子”设为0.70。

06 设置标注样式。在“标注样式”对话框中，新建一个“1:100”标注样式，具体设置参数为：在“线”选项卡中，将“超出尺寸线”设为1，“起点偏移量”设为5；“符号和箭头”选项卡中，在“箭头”下拉列表中选择“建筑标记”；“文字样式”选项卡中，在“文字样式”下拉列表中选择“数字”；“调整”选项卡中，“文字位置”选择“尺寸线上方，不带引线”，“使用全局比例”设为100。

2. 绘制轴线和柱

01 在“图层”下拉列表中选择“轴线”图层作为当前层。利用直线命令绘制轴线，横向轴线的间距为7800，纵向轴线的间距为3900，修改线型比例后，结果如图13-56所示。

02 在“图层”下拉列表中选择“墙体”图层作为当前层。墙体的厚度为250，中心对称于轴线。在“图层”下拉列表中选择“柱”图层，作为当前层。在轴线的交点处布置大小为600×600的矩形柱，利用矩形命令绘制出柱的轮廓线，再利用图案填充命令填充SOLID图案类型，结果如图13-57所示。

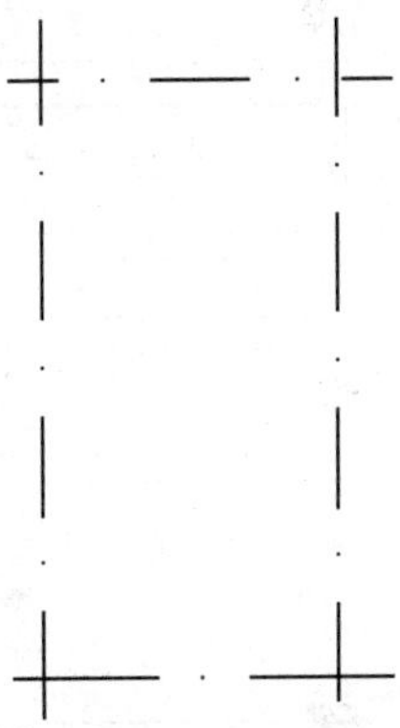

图13-56　轴线

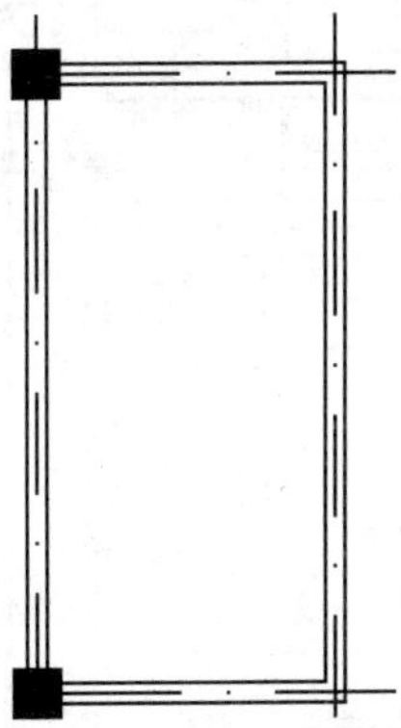

图13-57　墙体和柱

3. 绘制楼梯线

在“图层”下拉列表中选择“楼梯线”图层作为当前层。绘制楼梯的踏步宽度为300，同时绘制出楼梯梁和楼梯柱，楼梯梁的宽度为200，楼梯柱的尺寸为200×200，结果如图13-58所示。

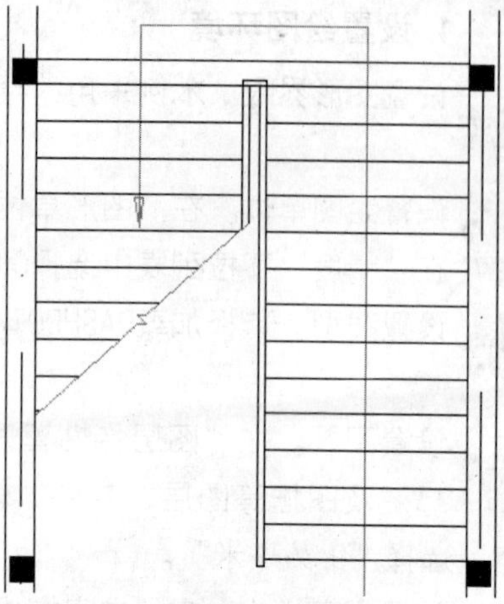

图13-58 楼梯线

4. 绘制楼梯平台的配筋

01 在“图层”下拉列表中选择“配筋”图层作为当前层。钢筋采用多段线命令绘制，设置多段线的宽度为25毫米，平台受力筋如图13-59所示。

02 平台分布筋如图13-60所示。

图13-59 受力筋

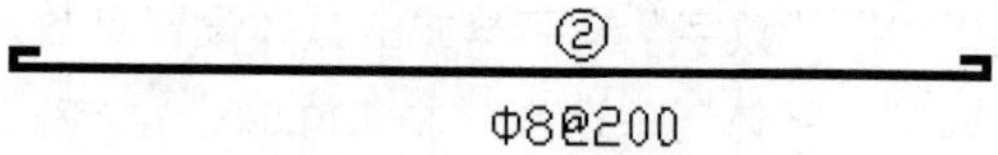

图13-60 分布筋

03 平台负筋如图13-61所示。

04 最后将各种配筋绘制到图形中，如图13-62所示。

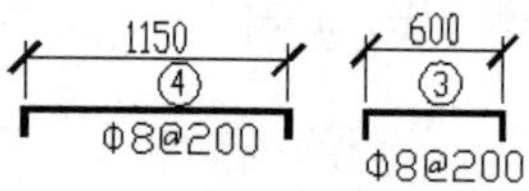

图13-61 平台负筋

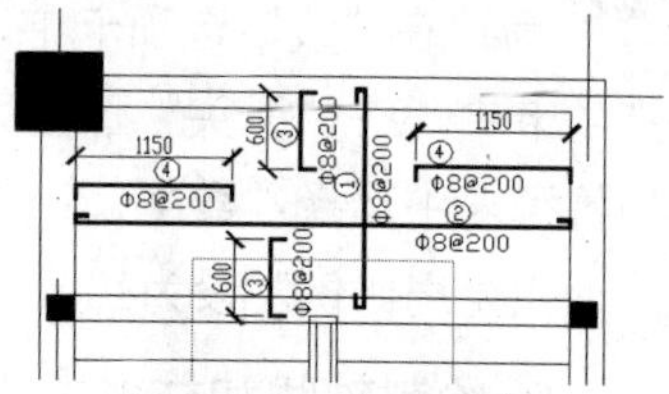

图13-62 平台配筋

5. 标注

01 在“图层”下拉列表中选择“墙体”图层作为当前层，需要标注轴线间的尺寸、楼梯位置与轴线的关系，如图13-63所示。

02 楼梯其他层的平面图不再一一绘制，如图13-64~图13-66所示。

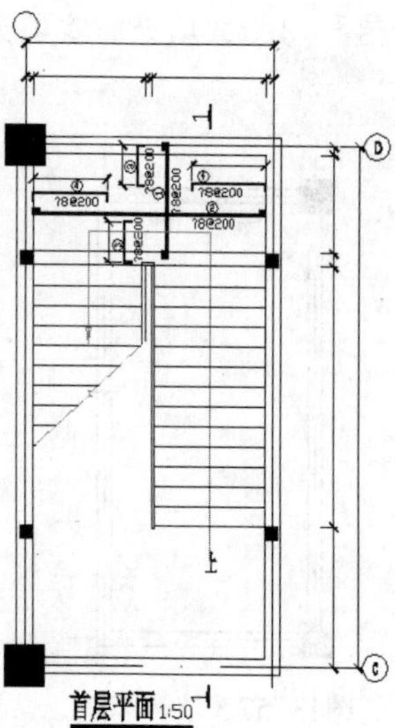

图13-63 标注

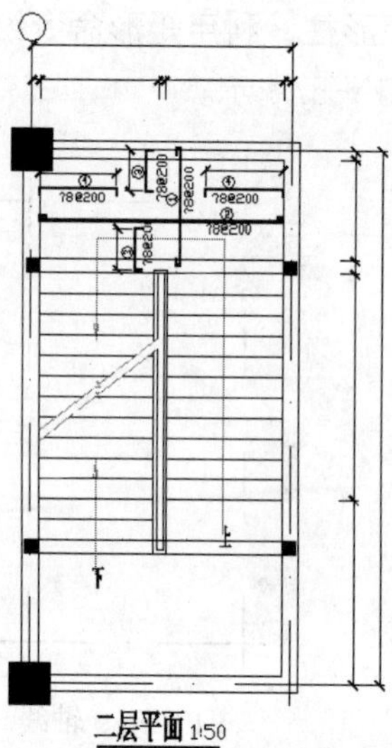

图13-64 二层平面图

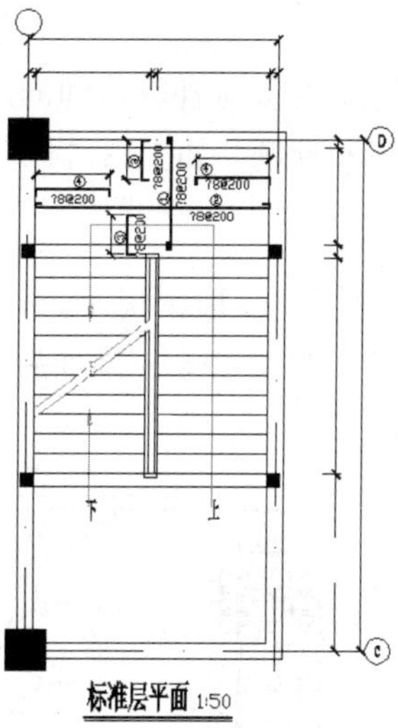

图13-65　标准层平面图

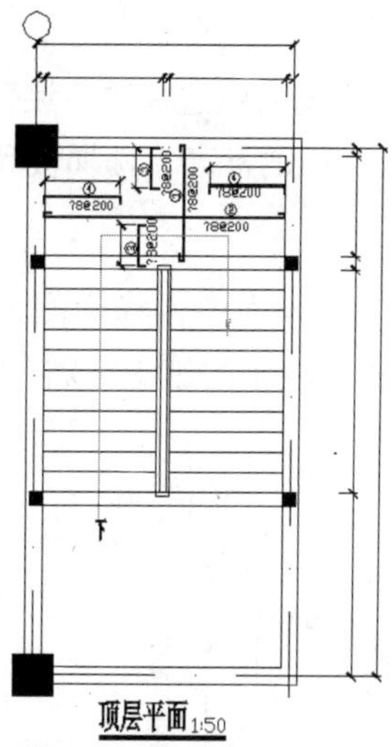

图13-66　顶层平面图

13.4.2　楼梯剖面图的绘制

下面继续绘制实例的剖面图。

1. 绘制轴线和墙体

01 在“图层”下拉列表中选择“轴线”图层作为当前层。利用直线命令绘制轴线，轴线的间距为7800。

02 在“图层”下拉列表中选择“墙体”图层作为当前层。墙体的厚度为250，柱的截面宽度为600，结果如图13-67所示。

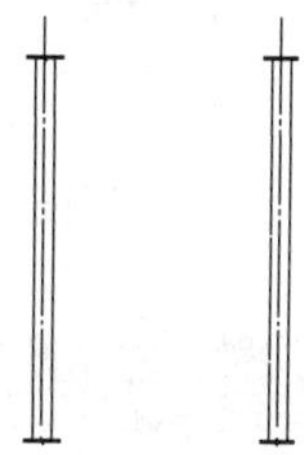

图13-67　轴线和墙体

2. 绘制楼梯

01 在“图层”下拉列表中选择“楼梯线”图层作为当前层。首层楼梯的基础形式如图13-68所示，上顶面的宽度为300，下顶面的宽度为800，上面矩形的高度为600，下面矩形的高度为400。

02 休息平台与墙体连接的具体形式如图13-69所示。

03 楼梯的最后形式如如图13-70所示。

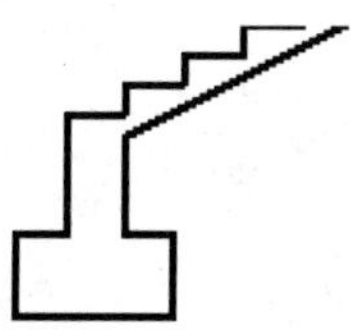

图13-68　基础形式

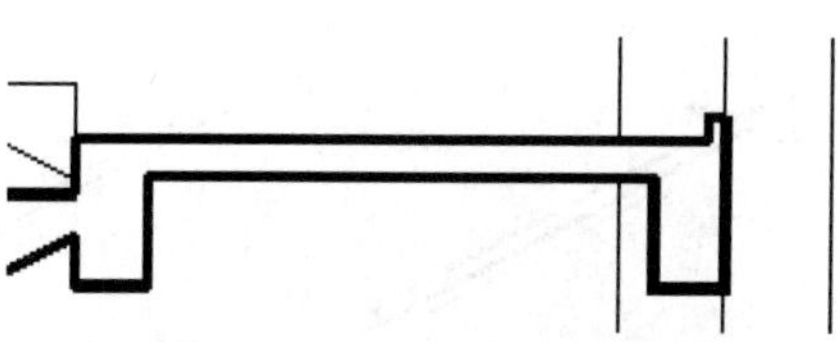

图13-69　与墙体的连接形式

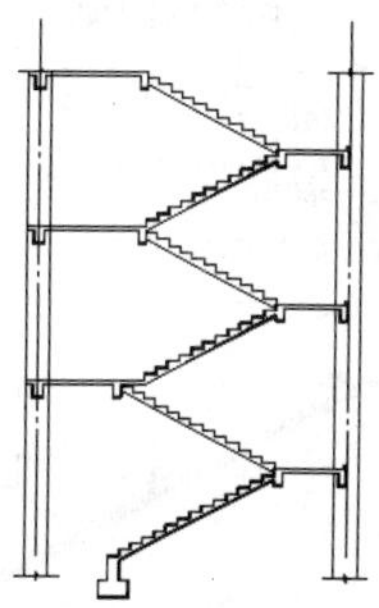

图13-70　楼梯

3. 标注

在“图层”下拉列表中选择“标注”图层作为当前层。需要标注轴线间的尺寸、楼梯的踏步高度、休息平台和楼板的标高、楼梯板和楼梯梁的代号以及标题，如图13-71所示。

4. 添加图框

在“图层”下拉列表中选择“图框”图层作为当前层。一般情况下，楼梯的结构平面图和楼梯的剖面图放到一张图纸上，将构件的详图另放到一张图纸上，添加后的结果如图13-72所示。

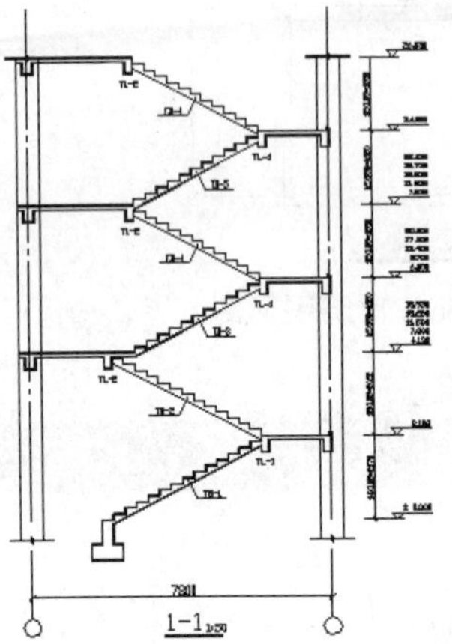

图13-71　标注

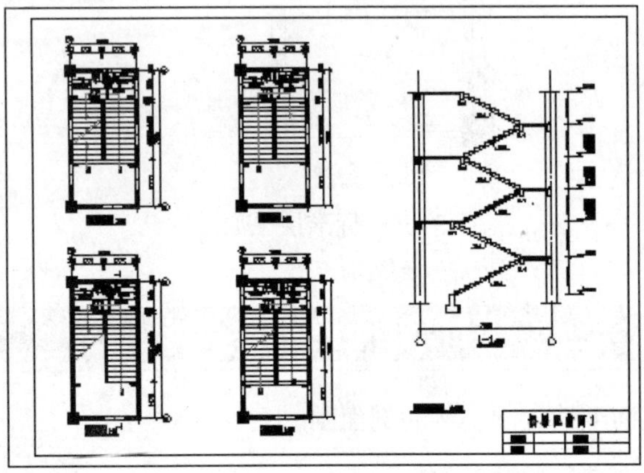

图13-72　添加图框

13.4.3　构件详图的绘制

下面继续绘制实例的构件详图。

1. 绘制楼梯

在“图层”下拉列表中选择“楼梯线”图层作为当前层。楼梯的踏步宽度为300，踏步高度为155，楼板厚为100，楼梯梁的尺寸为200×400，结果如图13-73所示。

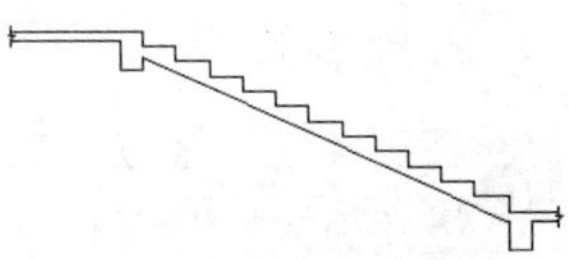

图13-73　楼梯

2. 绘制配筋

01 在“图层”下拉列表中选择“配筋”图层作为当前层。钢筋采用多段线命令绘制，设置多段线的宽度为25，钢筋的断面采用圆环命令绘制，圆环的内径为0，外径为35，如图13-74所示。然后绘制楼梯上下的负筋，如图13-75和图13-76所示。

02 最后结果如图13-77所示。

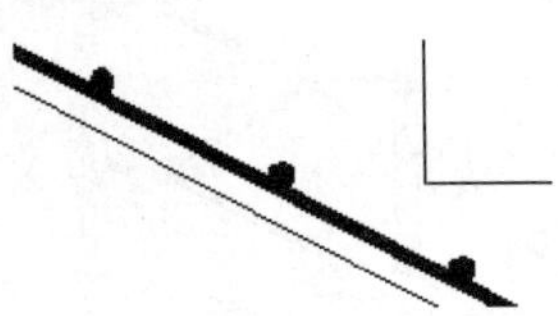

图13-74　分布筋

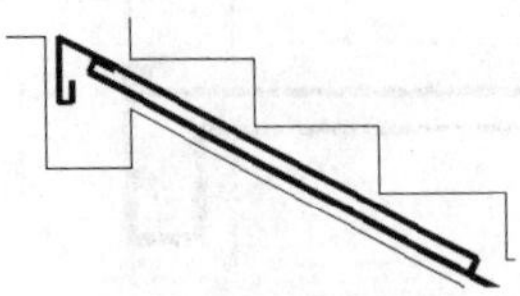

图13-75　上负筋

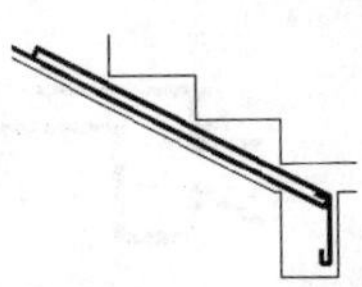

图13-76　下负筋

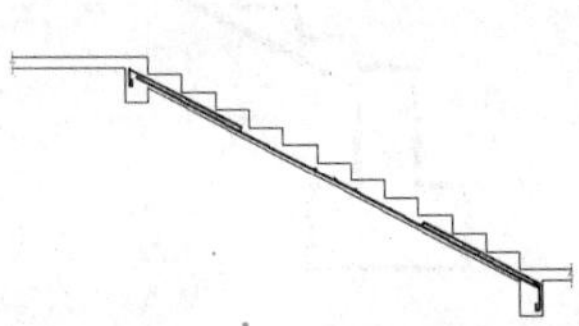

图13-77　楼梯配筋

3. 标注

在“图层”下拉列表中选择“标注”图层作为当前层。需要标注楼梯的踏步高度、休息平台和楼板的标高、楼梯板和楼梯梁的代号以及标题，如图13-78所示。

其他楼梯板的配筋图不再一一绘制。

4. 楼梯梁的配筋

TL-1的配筋如图13-79所示，TL-1的配筋如图13-80所示，TZ-1的配筋如图13-81所示。

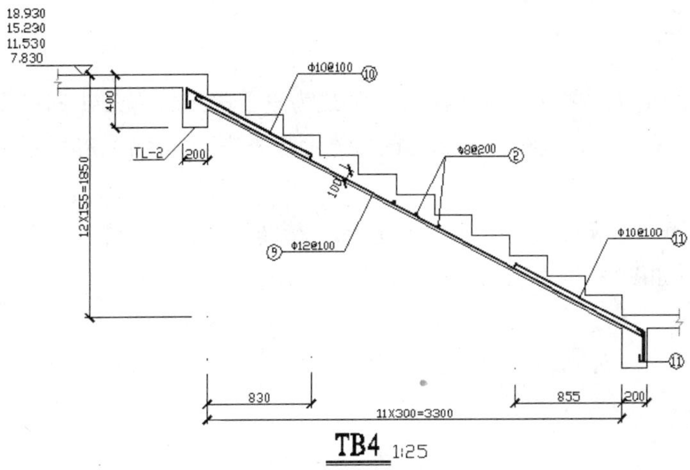

图13-78　标注

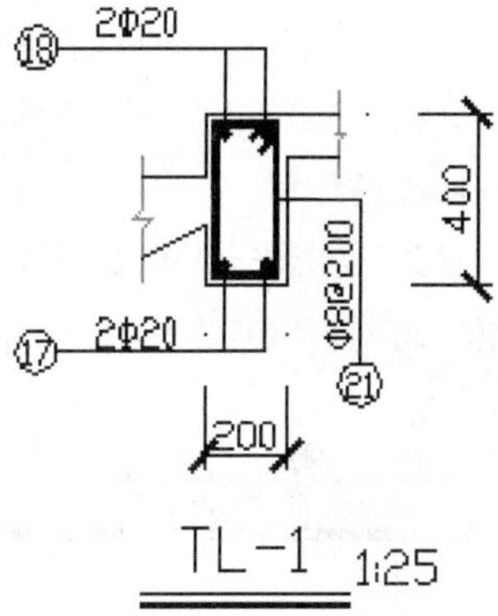

图13-79　TL-1的配筋图

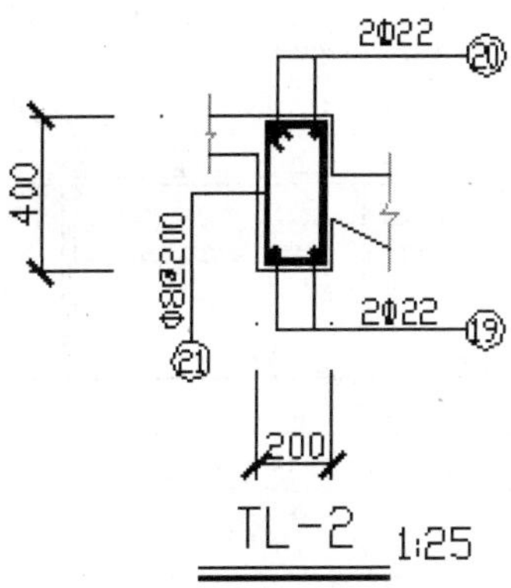

图13-80　TL-1的配筋图

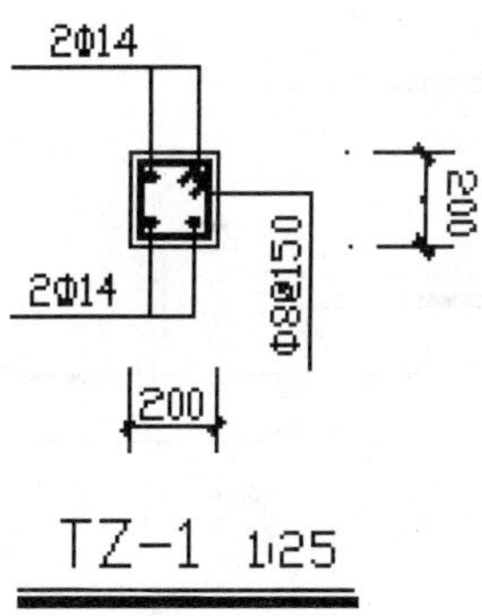

图13-81　TZ-1的配筋图

5. 添加图框

在“图层”下拉列表中选择“图框”图层，作为当前层。一般情况下，楼梯的结构平面图和楼梯的剖面图放到一张图纸上，将构件的详图另放到一张图纸上，添加后的结果如图13-82所示。

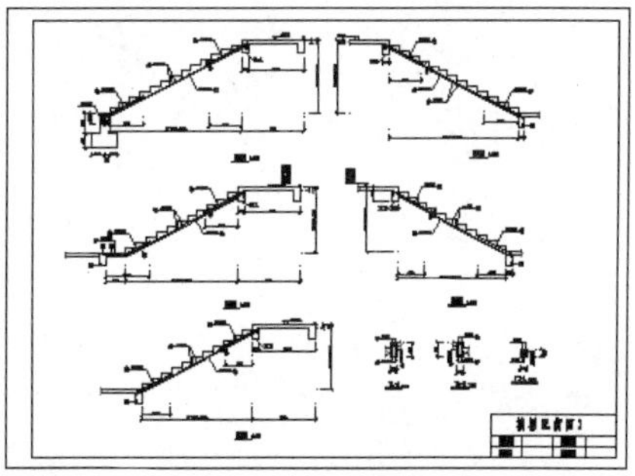

图13-82　添加标注

13.5 本章小结

本章主要介绍了结构施工图的基本知识，并通过实例讲解了结构施工图的绘制过程，使读者对结构施工图的绘制内容和要求有了一定的了解。通过本章的学习，读者应该了解结构施工图包含的内容及绘制要求，掌握绘制结构施工图的基本方法和技巧。

13.6 课后练习

（1）建筑主体图也就是建筑平面图，它是建筑设计表达中最为重要的组成部分。利用图层、直线、偏移、复制、矩形、线性标注、连续标注等基础的二维命令来进行如图13-83所示建筑主体图的绘制。

（2）剖面图是图纸审核中必不可少的资料之一。利用圆柱体、旋转曲面、长方体、并集、差集、材质、光源和渲染等命令进行如图13-84所示的别墅剖面图的绘制。

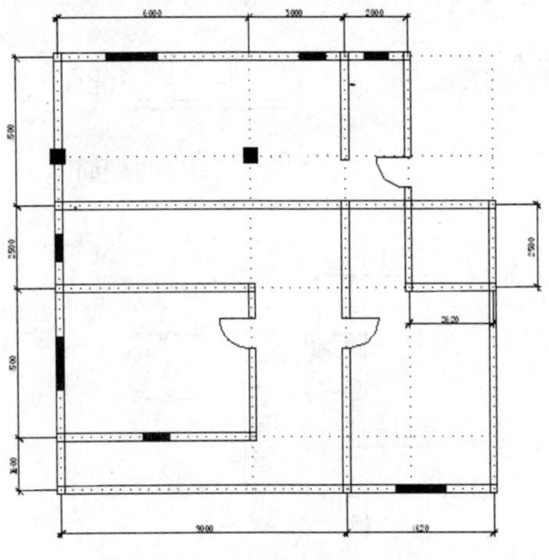

图13-83　建筑主体图

图13-84　别墅剖面图

第14章 布局和打印

本章内容提示

建筑图形的输出是整个设计过程的最后一步，即将设计的成果显示在图纸上。本章将学习打印机的设置及创建图纸布局的方法，并通过设置打印样式、图纸尺寸、打印比例等来打印出满意的图形。

学习要点

- □ 设置打印机
- □ 工作空间
- □ 布局设置
- □ 页面设置
- □ 打印设置

14.1 打印输出

完成建筑图形的绘制后，要将绘制好的图形打印到图纸上，以方便指导工程设计和施工，打印出的图形可以是图形的单一视图，也可以是较复杂的是图排列，根据不同的需要，可以打印一个或者多个视窗，还可以通过选项的设置来决定打印的内容和图纸的布局。下面介绍如何打印图纸。

14.1.1 打印过程

通过“打印”对话框可以很容易地创建一个打印比例，当进入“打印”对话框时，屏幕上将提示指定打印参数，如图14-1所示。

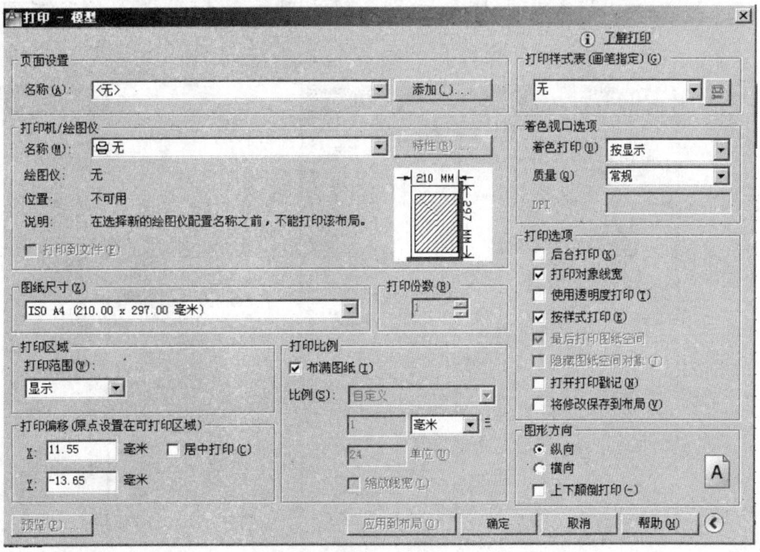

图14-1 “打印”对话框

设置“打印”对话框有如下步骤。

01 如果一个命名的页面设置已经被定义并保存，可以从“页面设置”选项组的“名称”下拉列表中选取。

02 核实所需打印机是否为当前打印机。

03 设置打印参数。包括图纸尺寸、打印区域、图纸定位、打印比例、图形方向及打印选项等设置。

04 单击“预览”按钮，对打印图形进行预览。

05 如果预览结果不满意，重新设置打印参数。

06 单击“确定”按钮，打印出图。

14.1.2 打印输出

安装好打印机后就可以打印图形了。单击“标准”工具栏中的“打印”按钮，弹出“打印”对话框，其中各选项的功能如下所示。

- “页面设置”选项组中“名称”选项：用来显示已命名的和已保存的页面设置，可以选择一个已命名的页面设置作为当前页面设置的基础，或单击“添加”按钮，添加新的命名页面设置，如图14-2所示。

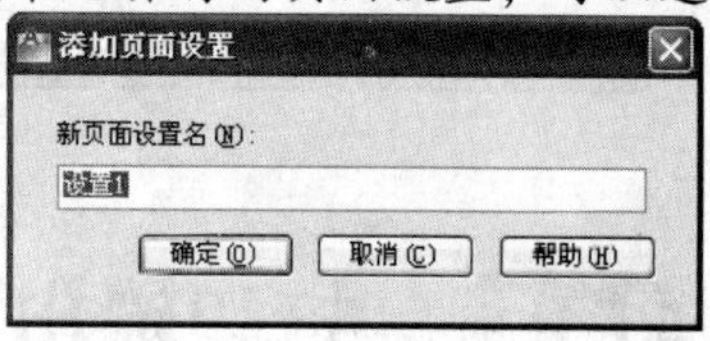

图14-2 “添加页面设置”对话框

- “打印机/绘图仪”选项组：用于配置打印机和打印样式等打印参数，以便打印布局。
  - ◆ “名称”下拉列表用来选择当前的打印设备，
  - ◆ “特性”按钮用来查看和修改当前打印机的配置、端口连接、介质、自定义图纸尺寸及修改打印区域等设置，如图14-3所示。
- “打印样式表”组合框：用来指定当前配置于布局或视口的打印样式表。在下拉列表中显示可以打印的当前图形或布局的样式表。如果将打印附着于一个布局、模型空间或视口，或者改变打印样式，则应用于该打印样式的所有图形对象都由其控制。单击“编辑”按钮，则弹出“打印样式表编辑器”对话框，如图14-4所示。

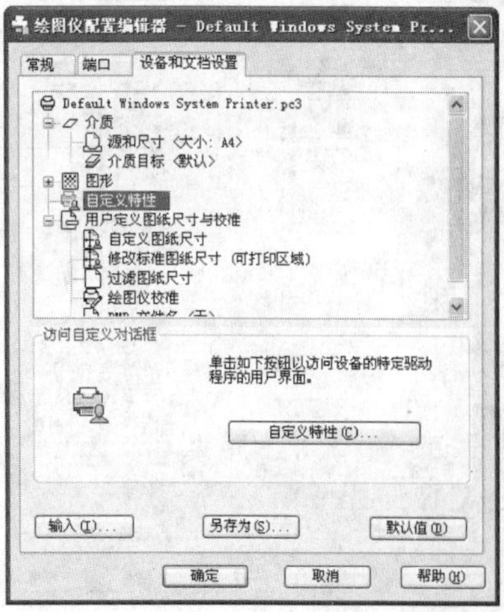

图14-3 “绘图仪配置编辑器”对话框

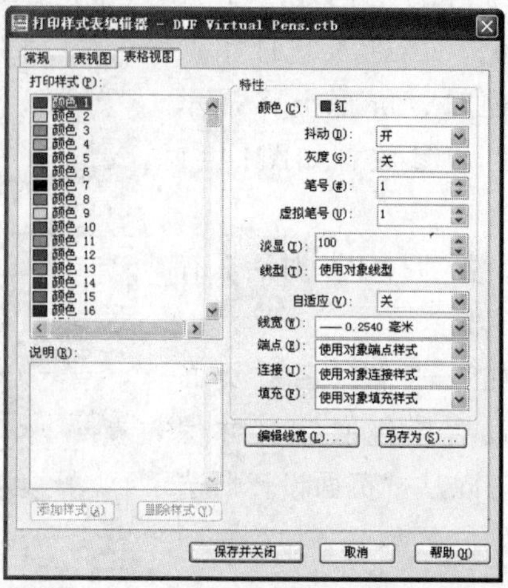

图14-4 “打印样式表编辑器”对话框

- “预览”按钮：按执行PREVIEW命令时在图纸上打印的方式显示图形。要退出打印预览并返回“打印”对话框，按Ese键后按Enter键，或单击鼠标右键选择“退出”。在将图形发送到打印机或绘图仪之前，最好先生成打印图形的预览。生成预览可以节约时间和材料。
- “着色视口选项”选项组：指定着色和渲染视口的打印方式，并确定它们的分辨率大小和每英寸点数。
  - “着色打印”：指定视图的打印方式。要为布局选项卡上的视口指定此设置，先选择该视口，然后在“工具”菜单中选择“特性”命令。
  - “质量”：指定着色和渲染视口的打印分辨率。
  - “DPI”：指定渲染和着色视图的每英寸点数，最大可为当前打印设备的最大分辨率。只有在“质量”下拉列表框中选择了“自定义”后，此选项才可用。

布局设置的几个选项组，用于指定打印的具体设置，如图纸尺寸、打印比例和打印区域等。其中：

- “图纸尺寸”选项组：用来指定打印机可用图纸尺寸的大小和单位。
- “打印区域”选项组：用来确定图形中要打印的区域，其中“图形界限”选项是使用当前图形界限来定义整个图形的打印区域；较常用的是“窗口”选项，直接通过窗口选择指定打印区域。
- “打印比例”选项组：用来指定图形输出的比例。
- “打印偏移”选项组：用来指定打印区域相对于图纸的左下角的偏移量。

14.1.3　打印预览和打印

当设置好打印设备和打印页面后，便可以执行打印预览和打印操作。如设置“打印设备”名称为“DWF6 ePlot.pc3”，“图纸尺寸”选择“ISO A2 (59400×4200毫米)”，“打印比例”选择“1:100”，并指定“1毫米＝100单位”，用“窗口”选择图框的外边框为打印区域，其他采用默认值，单击“预览”按钮，预览效果如图14-5所示。

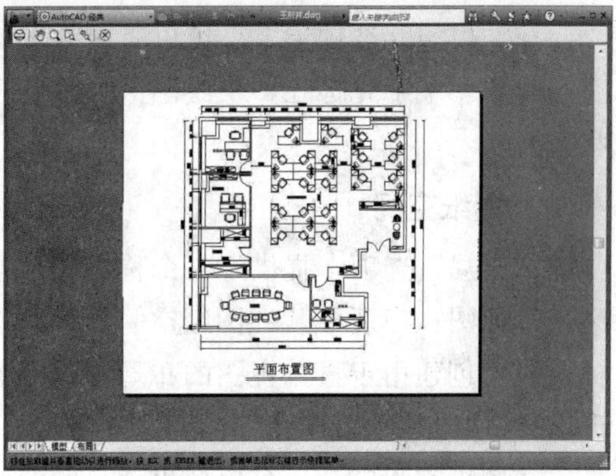

图14-5　“预览”的效果

14.2 工作空间

在利用AutoCAD进行绘图之前，理解模型空间、图纸空间的概念是很重要的。模型空间是完成绘图和设计工作的工作空间，一般图形的绘制都是在模型空间中完成的；而图纸空间是图纸布局环境，用来创建最终的打印布局，可以在这里指定图纸大小、添加标题栏、显示模型的多个视图以及创建图形标注和注释。图纸空间如图14-6所示。

AutoCAD窗口中提供了两个并行的工作环境，即“模型”选项卡和“布局”选项卡。在“模型”选项卡上工作时，可以绘制主题的模型。在“布局”选项卡上，可以布置模型的多个“快照”。一个布局代表一张可以使用各种比例显示一个或多个模型视图的图纸。系统窗口底部有一系列选项卡，包括一个“模型”选项卡和一个或多个“布局”选项卡，如图14-7所示。

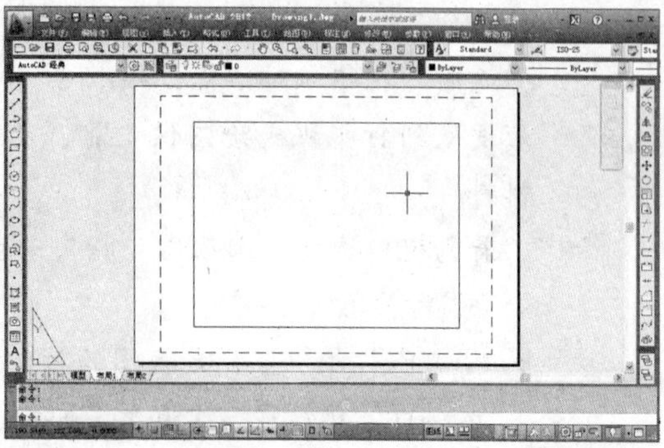

图14-6　图纸空间

图14-7 “模型”与“布局”选项卡

14.2.1　模型空间与图纸空间

1. 模型空间

“模型”选项卡提供了一个无限的绘图区域，称为模型空间，如图14-8所示。在模型空间中，可以绘制、查看和编辑模型。

在模型空间中，可以按1:1的比例绘制模型，并确定一个单位表示1毫米、1分米、1英寸、1英尺还是表示其他在工作中使用最方便或最常用的单位。

在“模型”选项卡上，可以查看并编辑模型空间对象。十字光标在整个绘图区域都处于激活状态。

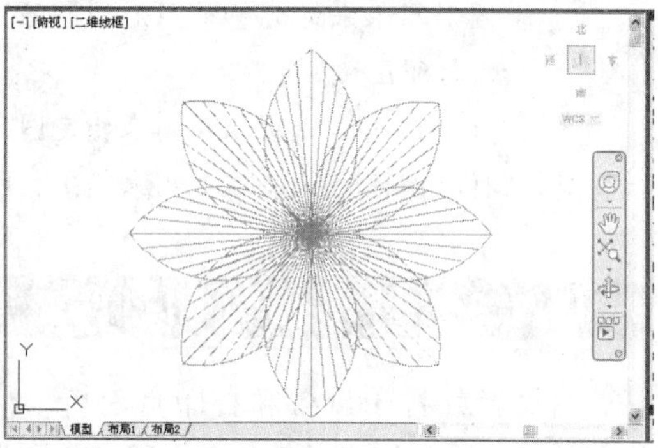

图14-8　模型空间

2. 图纸空间

“布局”选项卡提供了一个称为图纸空间的区域，如图14-9所示。在图纸空间中，可以放置标题栏、创建用于显示视图的布局视口、标注图形以及添加注释。

在图纸空间中，一个单位表示打印图纸上的图纸距离。根据绘图仪的打印设置，单位可以是毫米或英寸。

图14-9　图纸空间

在“布局”选项卡上，可以查看和编辑图纸空间对象，例如布局视口和标题栏。也可以将对象（如引线或标题栏）从模型空间移到图纸空间（反之亦然）。十字光标在整个布局区域都处于激活状态。

通常在模型空间内完成图形绘制和编辑工作。绘图完成后，在图纸空间内输出图形。虽然在模型空间内可以进行图形打印，但只能打印当前活动视窗中的视图，也就是说在一张图纸上只能打印一个视图。图纸空间提供了图形排列、绘制、局部放大及绘制多视图等功能，还允许一个图形进行多次布局，即在一个图形文件中可以保存多种出图方式的信息。通常所说的布局就是指图纸空间。

注意

可以隐藏这些选项卡，而不是显示为应用程序窗口中下部状态栏上的按钮。要隐藏这些选项卡，可在“模型”或“布局”按钮上单击鼠标右键，从快捷菜单中选择“隐藏布局和模型选项卡”命令。要显示模型和布局选项卡，可选择“工具”→“选项”菜单命令，打开“选项”对话框，在“显示”选项卡“图形元素”选项组中选择“显示布局和模型选项卡”复选框即可，如图14-10所示。

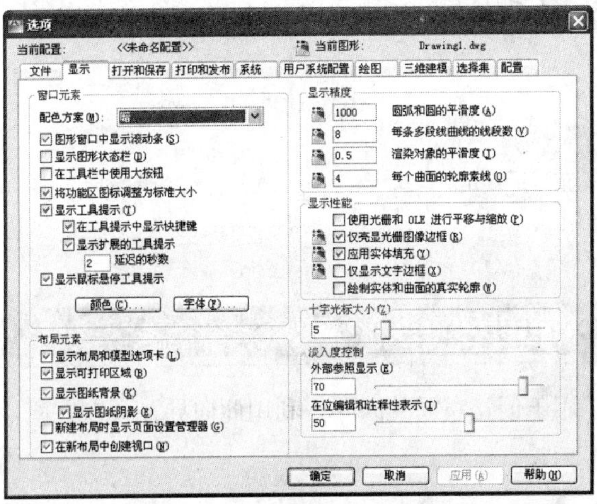

图14-10 “选项”对话框

14.2.2 模型空间与图纸空间的切换

在AutoCAD中，可以通过以下3种方法实现模型空间和图纸空间的转换：

- 单击状态栏中的“模型”或“布局”按钮，如图14-11所示。
- 在命令行输入MSPACE命令进入模型空间或输入PSPACE命令进入图纸空间。
- 修改变量TILEMODE的值，值为0时表示在图纸空间，值为1时表示在模型空间。

最后一种方法的命令提示行如下：

```
命令: TILEMODE
输入 TILEMODE 的新值 <1>: 0
恢复缓存的视口 - 正在重生成布局。
命令: TILEMODE
输入 TILEMODE 的新值 <0>: 1
恢复缓存的视口
```

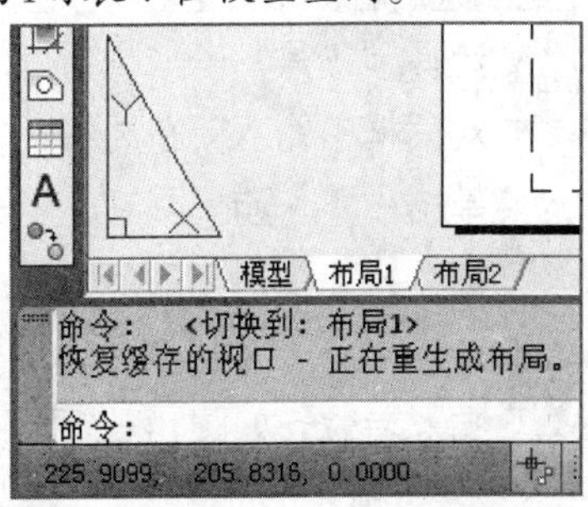

图14-11 单击“布局1”选项卡

14.3 布局

布局主要是为了在输出图形时进行布置。通过布局，可以同时输出该图形的不同视口，满足各种不同出图要求，还可以添加标题栏等。

一般情况下，使用布局进行打印包含以下几个步骤：

01 创建模型图形。

02 配置打印设备。

03 激活或创建布局。

04 指定布局页面设置，如打印设备、图纸尺寸、打印区域、打印比例和图形方向。

05 插入标题栏。

06 创建浮动视口并将其置于布局。

14.3.1 利用向导创建布局

AutoCAD 2012提供了用于创建布局的向导。利用此向导，可以方便地创建布局。

1. 命令功能

创建新的布局选项卡并指定页面和打印设置。

2. 命令调用

可以用以下3种方法调用布局向导：

- 在命令行输入LAYOUTWIZARD命令。
- 选择“工具”→“向导”→“创建布局”菜单命令。
- 选择“插入”→“布局”→“创建布局向导”菜单命令。

边学边练：061 利用向导创建布局

01 选择“工具”→“向导”→“创建布局”菜单命令，弹出“创建布局-开始”对话框。在该对话框中输入新布局名，如图14-12所示。

02 单击“下一步”按钮，打开“创建布局-打印机”对话框。在该对话框中选择合适的打印机类型，如图14-13所示。

03 单击“下一步”按钮，打开“创建布局-图纸尺寸”对话框，在该对话框中设置图形尺寸和图形单位，如图14-14所示。

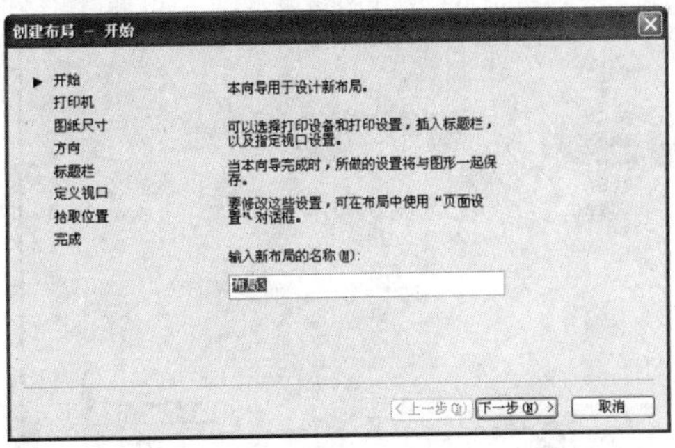

图14-12 “创建布局-开始”对话框

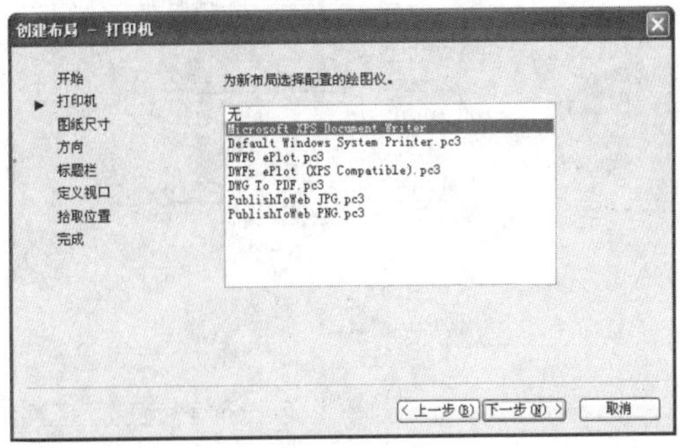

图14-13 “创建布局-打印机”对话框

04 单击“下一步”按钮，打开“创建布局-方向”对话框。在该对话框中选中“纵向”或“横向”单选按钮，如图14-15所示。

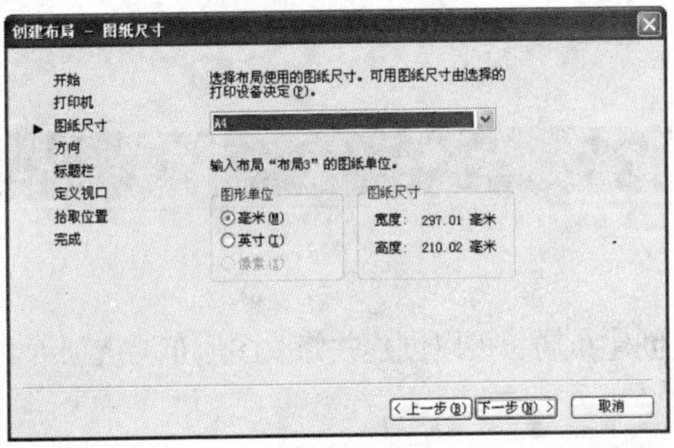

图14-14 “创建布局-图纸尺寸”对话框

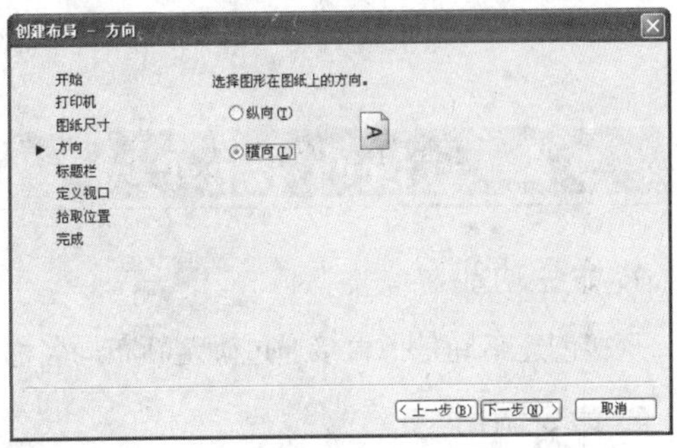

图14-15 “创建布局-方向”对话框

05 单击“下一步”按钮，打开“创建布局-标题栏”对话框。在该对话框的“路径”列表框中选择需要的标题栏选项，如图14-16所示。

06 单击“下一步”按钮，打开“创建布局-定义视口”对话框。在该对话框中选择相应的视口设置和视口比例，如图14-17所示。

07 单击“下一步”按钮，打开“创建布局-拾取位置”对话框，如图14-18所示。

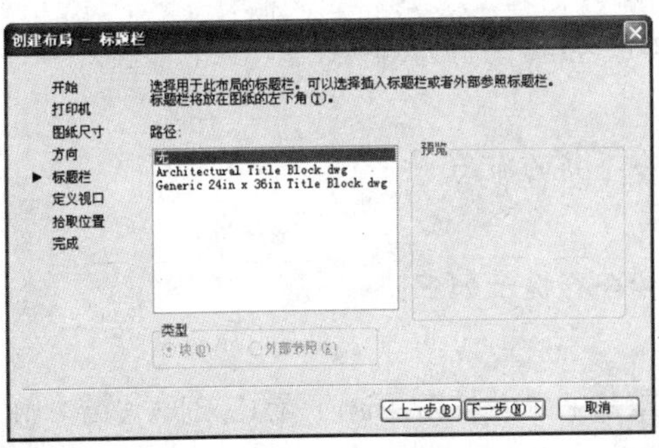

图14-16 “创建布局-标题栏”对话框

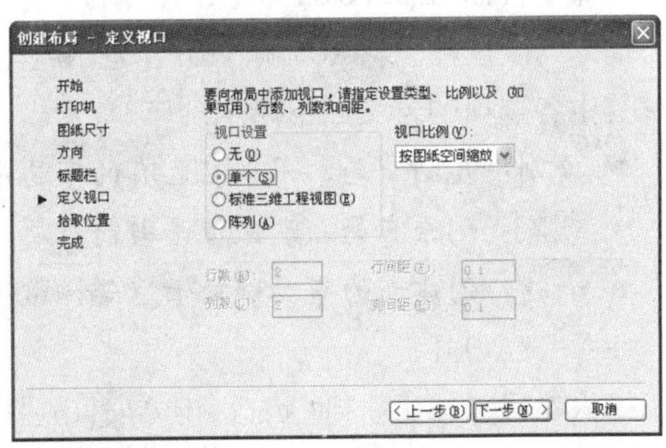

图14-17 “创建布局-定义视口”对话框

08 在该对话框中单击“选择位置”按钮，进入绘图区，通过鼠标来指定视口的大小和位置。

09 单击“下一步”按钮，打开“创建布局-完成”对话框，如图14-19所示。单击“完成”按钮，即可创建出新的布局。

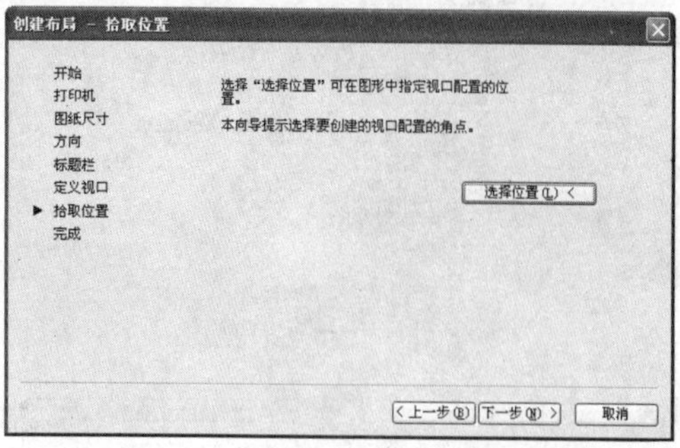

图14-18 “创建布局-拾取位置”对话框

图14-19 “创建布局-完成”对话框

该向导会一步步引导用户进行创建布局的操作，过程中会分别对布局的名称、打印机、图形尺寸和单位、图纸方向、是否添加标题栏及标题栏的类型、视口的类型及视口的大小和位置等进行设置。利用向导创建布局的过程比较简单，而且一目了然。

14.3.2 直接创建新布局

1. 命令功能

直接创建布局是指直接通过确定新布局名称的方式创建布局，可以创建并修改图形布局选项卡。

2. 命令调用

可以用以下4种方法直接创建布局：

- 在命令行输入LAYOUT命令。
- 单击“布局”工具栏中的“新建布局”按钮。
- 选择“插入”→“布局”→“新建布局”菜单命令。
- 在绘图区的“模型”选项卡或某个布局选项卡上单击鼠标右键，然后选择“新建布局”命令。

在命令行输入LAYOUT命令，命令行会给出如下提示：

输入布局选项[复制(C)/删除(D)/新建(N)/样板(T)/重命名(R)/另存为(SA)/设置(S)/?]<设置>:

其中各选项的含义如下所示。

- 复制：复制布局。用来在已有的布局中复制一个新的布局。
- 删除：删除布局。默认值是当前布局。
- 新建：创建新的布局选项卡。选择该项后，命令行提示如下：

命令：LAYOUT

输入布局选项 [复制(C)/删除(D)/新建(N)/样板(T)/重命名(R)/另存为(SA)/设置(S)/?] <设置>: N

输入新布局名 <布局1>:

- 样板：基于样板（DWT）、图形（DWG）或图形交换（DXF）文件中现有的布局创建新的布局，指定的模板文件或者图形中的布局将插入到当前图形中。选择一个样板后，则打开“插入布局”对话框，如图14-20所示。

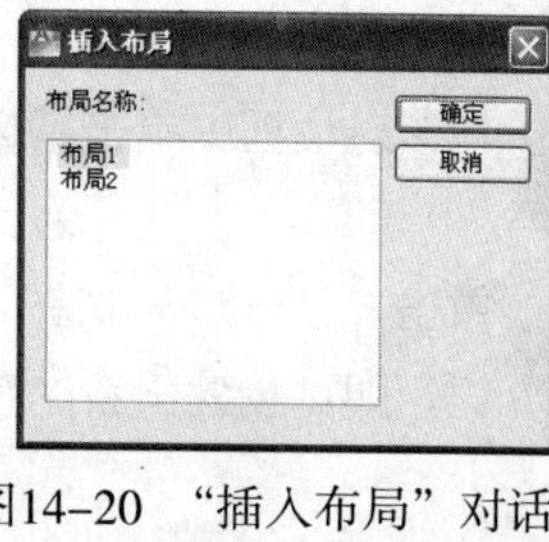

图14-20 “插入布局”对话框

● 重命名：给布局重新命名。要重命名的布局的默认值为当前布局，布局的名称必须是唯一的。选择该项后，命令行提示如下：

输入要重命名的布局 <布局1>: //选择要重命名的布局

输入新布局名: //输入新的布局名

● 另存为：该选项用来保存布局。所有的布局将会保存在模板文件中，用户可以指定要保存的模板文件，最后使用的布局将作为默认布局保存。调用此命令后，命令行提示：

输入要保存到样板的布局<当前>:

按Enter确认后，将弹出“创建图形文件”对话框，在此输入文件名保存即可。

● 设置：指定某一布局为当前布局。选择该项后，命令行提示如下：

输入要置为当前的布局 <布局1>: //输入要设为当前的布局

● ？：列出图形中定义的所有布局。选择该项后，命令行提示如下：

活动布局:

布局: 布局1，块名为: *Paper_Space。

布局: 布局2，块名为: *Paper_Space0。

布局: 布局3，块名为: *Paper_Space1。

执行其他3种方法将直接新建布局，命令行会提示：

输入新布局名 <布局4>:

用此种方式创建新布局时，系统并不要求用户进行页面设置，此时可通过页面设置管理器来对其进行具体设置。

提示

可以在图形中创建多个布局，每个布局都可以包含不同的打印设置和图纸尺寸。但为了避免在转换和发布图形时出现混淆，通常建议每个图形只创建一个布局。

14.4 页面设置管理器

1. 命令功能

设置将图形打印输出时的图纸页面、打印设备等内容。

2. 命令调用

可以用以下3种方法打开页面设置管理器：

● 在命令行输入PAGESETUP命令。

● 单击“布局”工具栏中“页面设置管理器”按钮。

● 选择“文件”→“页面设置管理器”菜单命令。

执行上述命令后，弹出如图14-21所示的“页面设置管理器”对话框。

单击“新建”或“修改”按钮，进入“页面设置”对话框，如图14-22所示。

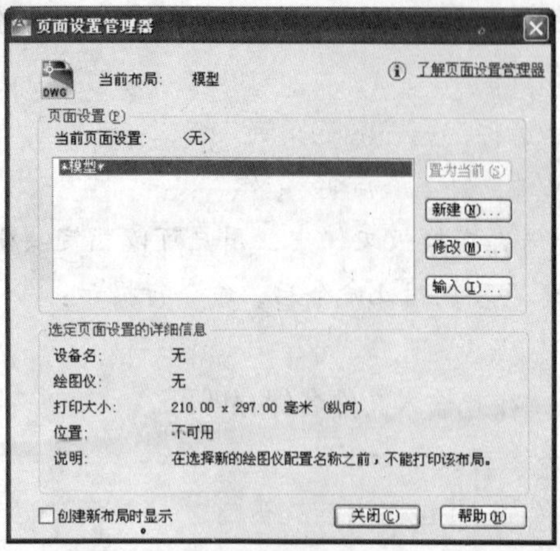

图14-21 “页面设置管理器”对话框

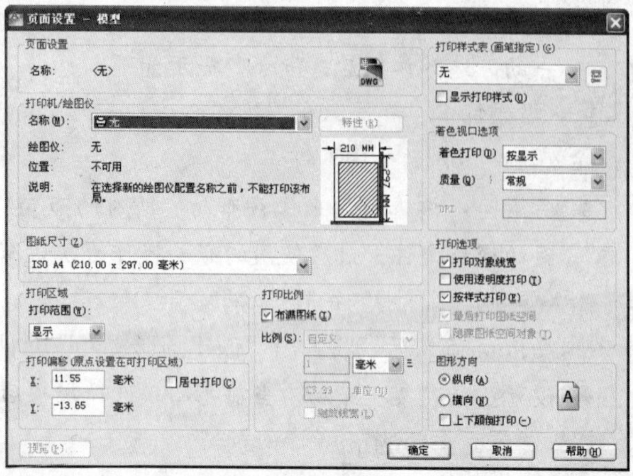

图14-22 “页面设置”对话框

其中部分选项的功能如下所示。

- “页面设置”选项组：显示当前页面设置。
- “打印机/绘图仪”选项组：该选项组用于显示当前设置的打印设备、与之连接的端口、在网络上的位置，以及用户定义的与之有关的所有附加注释。在“名称”下拉列表中列出了可用于打印的系统打印机及PC3文件。单击“特性”按钮，会弹出“绘图仪配置编辑器”选项组，通过它可以浏览和修改当前绘图仪的配置、端口等设置情况。
- “打印样式表”选项组：用于指定当前配置于布局或视口的打印样式表。

14.5 使用样板创建布局

使用样板创建布局，对于在建筑等工程领域中遵循某种通用标准进行绘图和打印的用户，非常有意义。

1. 命令功能

基于样板、图形或图形交换文件中现有的布局创建新布局选项卡。

2. 命令调用

使用样板创建布局有2种方法：

- 单击“布局”工具栏中的“来自样板的布局”按钮。
- 选择“插入”→“布局”→“来自样板的布局”菜单命令。

执行以上任一操作，会打开“从文件选择样板”对话框，如图14-23所示。

图14-23 “从文件选择样板”对话框

从该对话框中选择合适的模板

后，单击“打开”按钮，会弹出如图14-24所示的“插入布局”对话框。单击“确定”按钮即可。

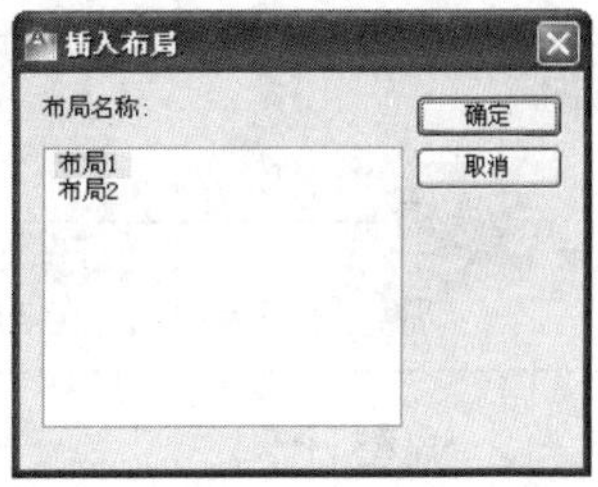

图14-24　“插入布局”对话框

14.6 图纸空间的打印输出

图纸空间是专门用来布局和输出图形的，它体现为“布局”选项卡，数量最多时可达255个。利用布局输出不但可以同时打印多个布局中的图形，还可以打印输出在模型空间中各个不同视角下产生的视图。

14.6.1　打印

每个布局都有自己的页面设置，单击绘图区下方的“布局1”标签，进入“布局1”的图纸空间，在布局空间打印图纸时，默认打印当前布局内容，不用再选择打印内容，图14-25所示。

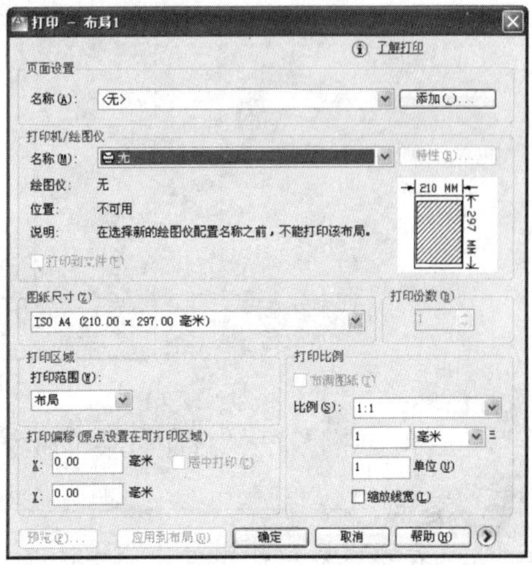

图14-25　“页面设置—布局1”对话框

14.6.2　单个视口的打印输出

1. 创建视口

创建视口的步骤如下：

01 使用图层命令，新建一个“视口层”的新图层，并将其设置为当前图层。

02 选择“视图”→“视口”→“一个视口”菜单命令，在当前的布局中捕捉内边框的各个角点，新建一个多边形活动视口，如图14-26所示。

03 指定对角点后，即可看到布局中的视口，如图14-27所示。

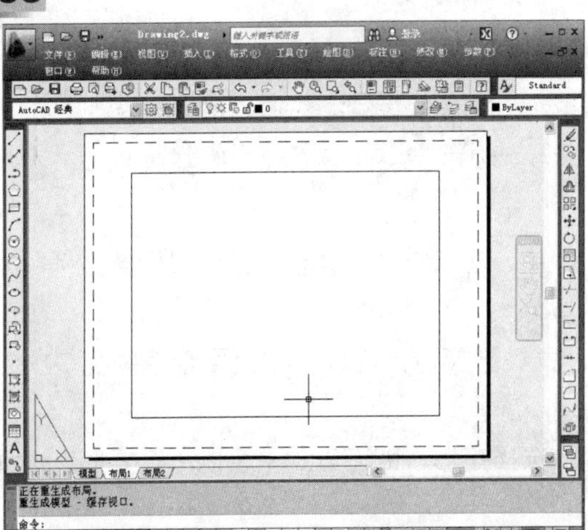

图14-26　在布局中创建视口

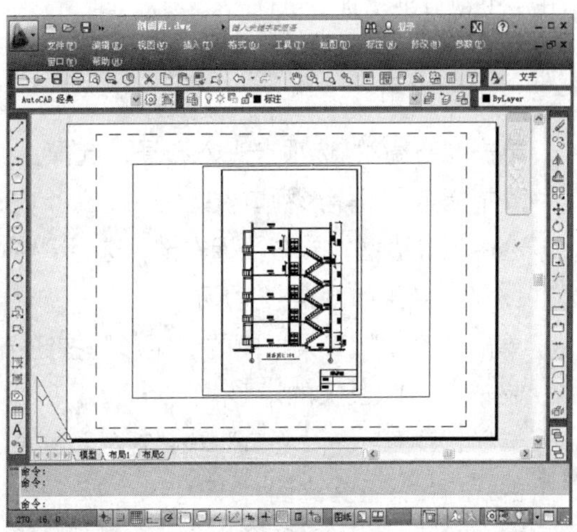

图14-27　在布局中创建一个视口

04 此时视口还未激活，在命令行输入MSPACE命令，即可看到视口边线框变为粗线状。

提示

切换到布局后，在布局中会自动创建出一个视口，用ERASE命令删除该视口即可。

2. 调整比例

选择视口边界，单击鼠标右键，在“特性”面板中将“标准比例”设置为1:100，结果如图14-28所示。

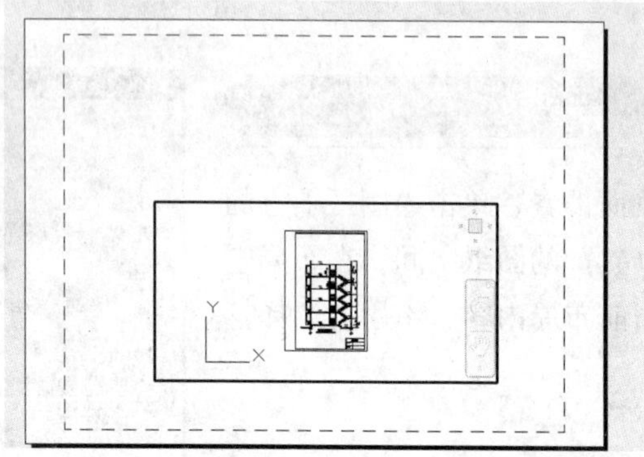

图14-28　改变比例

选择“文件”→“打印”菜单命令，弹出“打印—布局1”对话框，可进行预览和打印。

提示

在状态栏中的视口比例中选择“自定义”选项，在弹出的“编辑比例列表”对话框中单击“添加”按钮，可添加新的比例。

14.6.3　多个视口的打印输出

如果想要在同一张图纸上打印出图形的不同比例时的显示状态，可以通过在布局的主视口中再开一个视口来实现。

01 将“0层”图层设置为当前层。

02 单击“布局2”选项卡进入布局，选择“视图”→“视口”→“单个视口”菜单命令，在布局中指定一个矩形视口。

03 选中视口边框，单击鼠标右键，选择“特性”命令，在“特性”面板中设置“标准比例”为1:200，结果如图14-29所示。

04 单击“绘图”工具栏中的“矩形”按钮，设置线型颜色为红色，在上面创建的视口中绘制一个550×1500的矩形。

05 选择“视图”→“视口”→“对象”菜单命令，选择矩形，即可看到一个以小红矩形为边框的视口，设置其比例为1:50。

06 在命令行输入MSPACE命令，既可激活小矩形视口，视口边框变为粗红色，如图14-30所示。

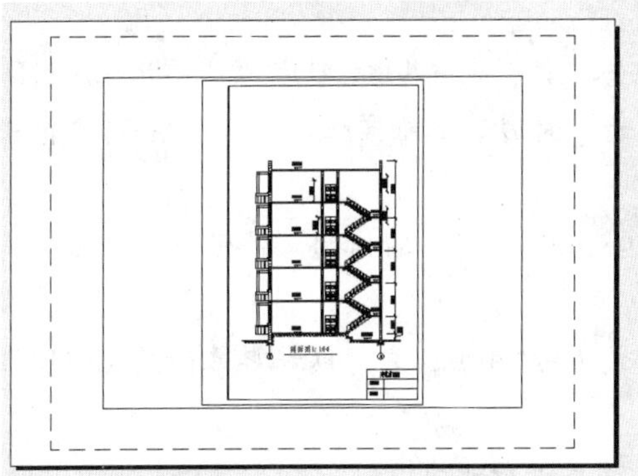

图14–29　设置视口比例为1:200

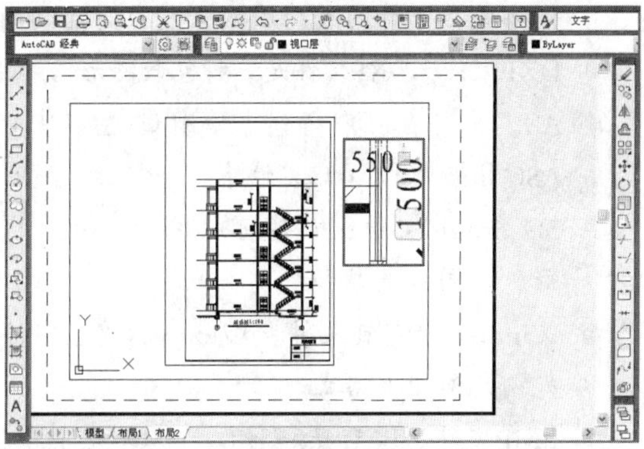

图14–30　在单个视口中再开一个视口

07 单击“标准”工具栏中的按钮，按住鼠标左键，实时平移小红矩形视口中的图形对象，结果如图14–31所示。

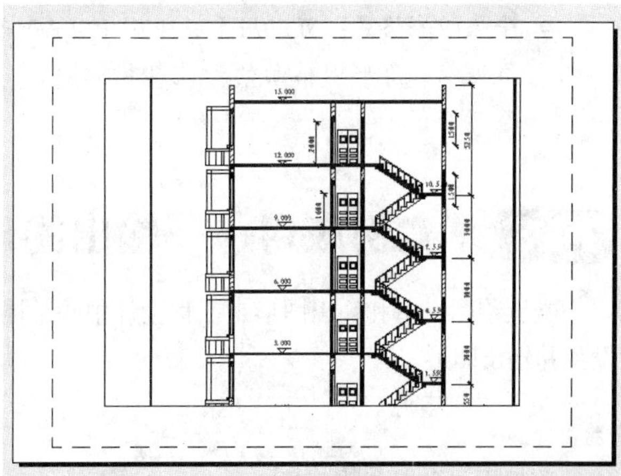

图14–31　在同一布局中的不同比例显示

14.7 输入与输出图形

通过AutoCAD提供的输入/输出功能，不仅可以将在其他应用软件中处理好的数据导入到AutoCAD中，还可以将在AutoCAD中绘制好的图形输出成其他格式的图形。

14.7.1　输入图形

在实际应用中，AutoCAD一般是作为一种原创软件来使用的。AutoCAD能提供各种类型的导出文件，供其他应用程序使用，但使用其他应用程序所创建的文件来创建图形文件并不常见。

在AutoCAD中，选择“插入”菜单中的某个选项，系统会弹出如图14–32所示的“插入”对话框（依文件类型不同），在对话框中选择图形文件，单击“确定”按钮将其导入。

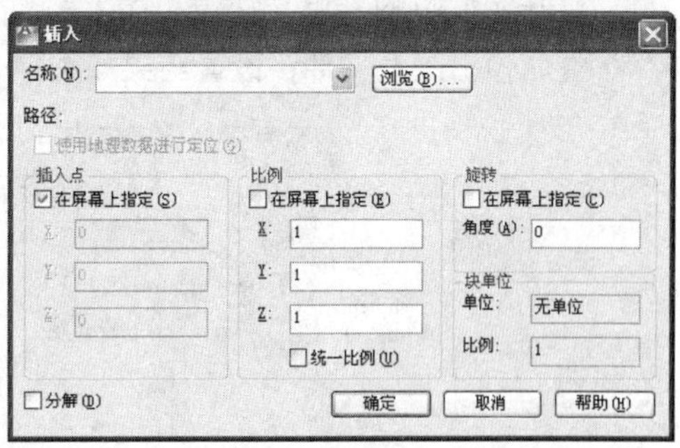

图14–32　“插入”对话框

14.7.2　输出图形

在AutoCAD中，单击菜单浏览器按钮，选择“文件”→“输出”命令，弹出“输出数据”对话框，在其中的文件类型下拉列表中，可以选择需要导出文件的类型。

AutoCAD可以导出下列类型的文件。

- DWF文件：DWF文件是一种图形Web格式文件，属于二维矢量文件。可以通过这种文件格式在因特网或局域网上发布自己的图形。

- DXF文件：DXF文件是一种包含图形信息的文本文件，能被其他CAD系统或应用程序读取。
- ASIC文件：可以将代表修剪过的NURB表面、面域和三维实体的AutoCAD对象输出到ASCⅡ格式的ACIS文件中。
- 3D Studio文件：创建可以用于3dsmax的3D Studio文件，输出的文件保留了三维几何图形、视图、光源和材质。
- Windows WMF文件：Windows图元文件格式（WMF），文件包括屏幕向量几何图形和光栅几何图形格式。
- BMP文件：BMP是一种位图格式文件，在图像处理行业应用相当广泛。
- PostScript文件：可创建包含所有或部分图形的PostScript文件。
- 平板印刷格式：可以用平板印刷（SLA）兼容的文件格式输出AutoCAD实体对象。实体数据以三角形网格面的形式转换为SLA。SLA工作站使用这个数据定义代表部件的一系列层面。

14.8 实例应用——输出图形

配置绘图设备和输出图形是工程设计中的结尾工作，下面利用前面学习的基本知识配置绘图设备并输出图形。

01 关闭主机电源。

02 将绘图设备与主机连接。

03 利用“系统配置”对话框配置所连绘图设备。

04 打开光盘中的“源文件\第14章\装修图1.dwg”图形，利用“打印-模型”对话框进行打印配置后输出图形文件，设置结果如图14-33所示。

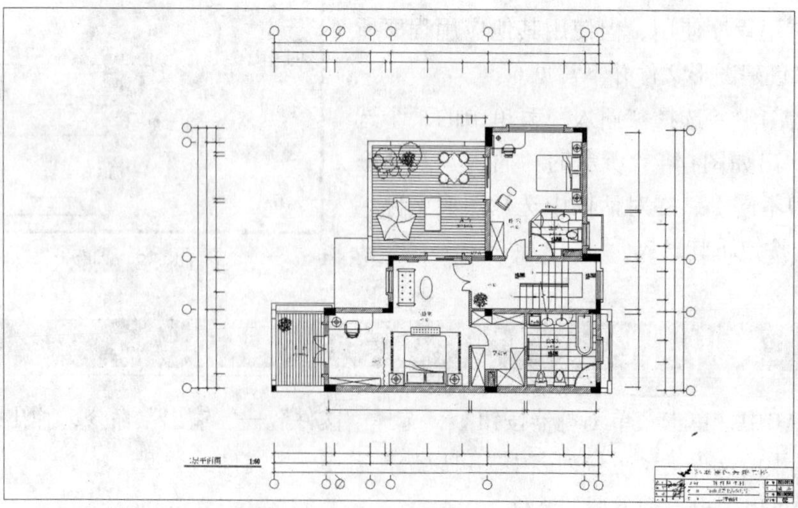

图14-33 “装修图1”打印图纸

05 打开光盘中的“源文件\第14章\装修图2.dwg”图形，利用“打印-模型”对话框进行打印配置后输出图形文件，设置结果如图14-34所示。

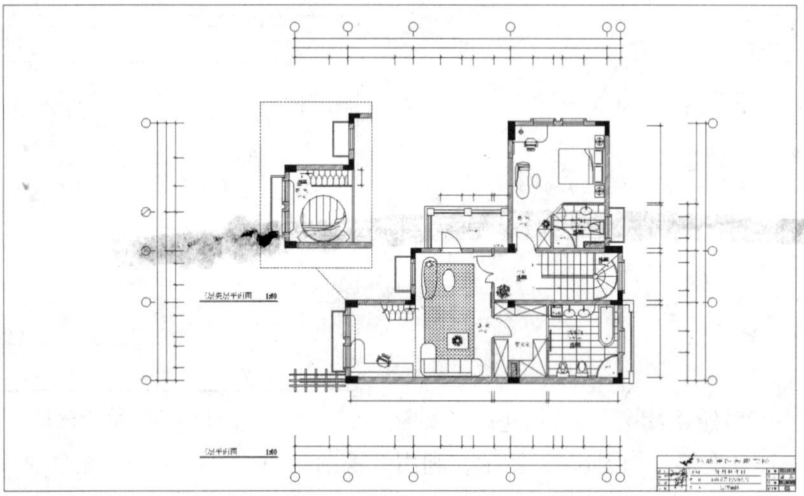

图14-34　“装修图2”打印图纸

14.9 本章小结

AutoCAD不仅允许将所绘图形以不同样式通过绘图仪或打印机输出，还能够将不同格式的图形导入AutoCAD或将AutoCAD图形以其他格式输出，增强了灵活性。因此，当图形绘制完成之后，可以使用多种方法将其输出。本章主要介绍了图形在最后打印和输出时的操作和应注意的问题。

14.10 课后练习

（1）打开“图纸.dwg”图形，利用“打印-模型”对话框进行打印配置并预览，如图14-35所示。

（2）用“新建布局”命令创建新布局，效果如图14-36所示。

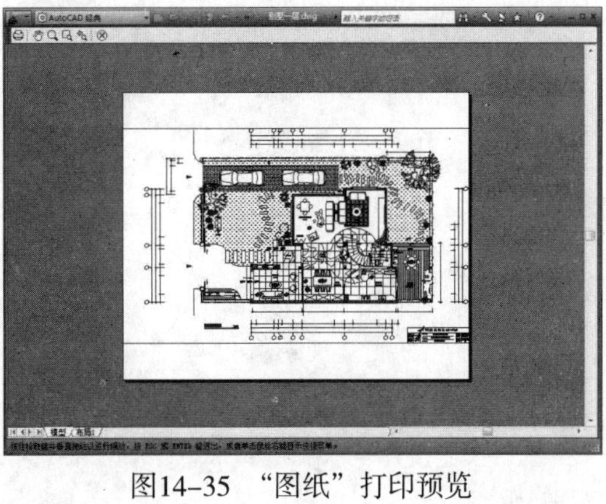

图14-35　“图纸”打印预览

图14-36　新建布局

（3）画一任意图形，如图14-37所示，然后单击“布局2”选项卡进入布局，选择“视图”→“视口”→“单个视口”菜单命令，在布局中指定一个矩形视口，如图14-38所示。

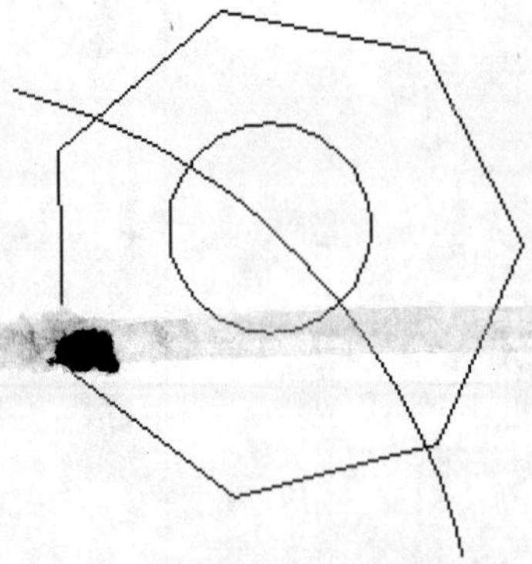

图14-37　任意图形

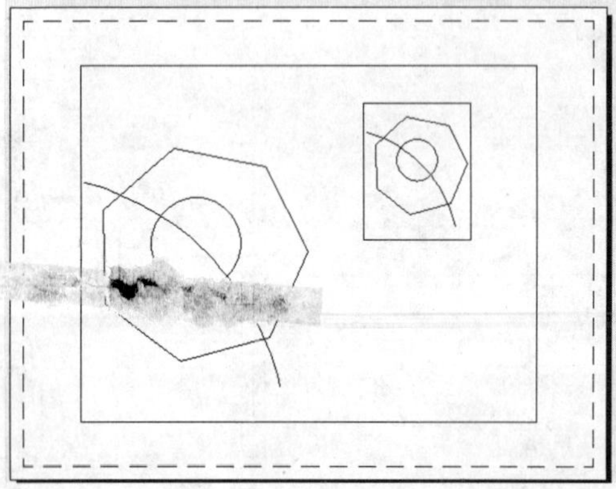

图14-38　单个视口

（4）画一任意图形，如图14-39所示，利用“视图”→“视口”→“三个视口”菜单命令，获得最终效果，如图14-40所示。

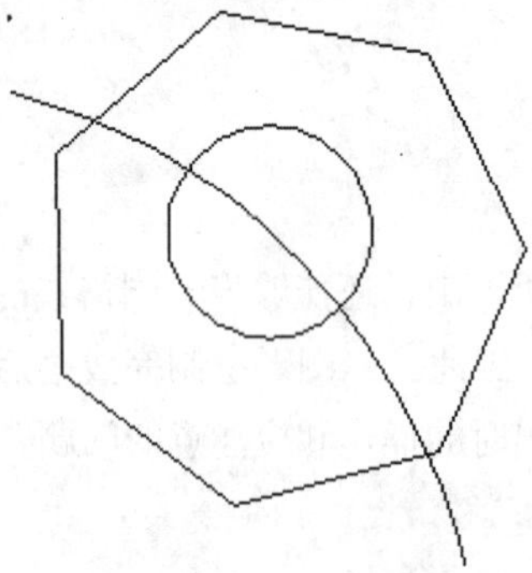

图14-39　任意图形

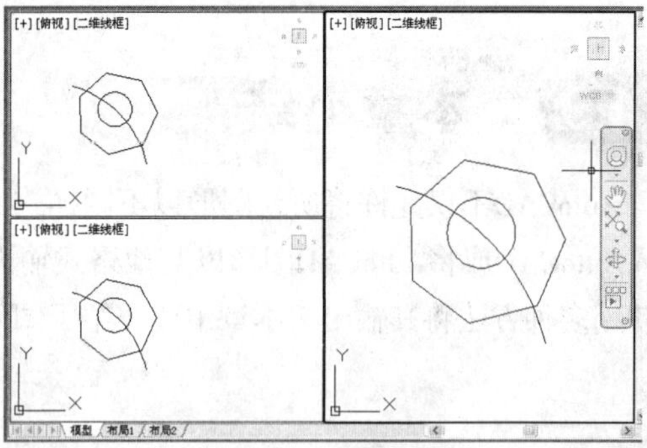

图14-40　多个视口